**Christian FG Schendera**
Regressionsanalyse mit SPSS

Christian FG Schendera

# Regressionsanalyse mit SPSS

2. korrigierte und aktualisierte Auflage

**DE GRUYTER**
OLDENBOURG

ISBN    978-3-11-035985-5
eISBN   978-3-11-037721-7

**Bibliografische Information der Deutschen Nationalbibliothek**
Die Deutsche Nationalbibliothek verzeichnet diese Publikation in der Deutschen Nationalbiblio-
grafie; detaillierte bibliografische Daten sind im Internet über http://dnb.dnb.de abrufbar.

**Library of Congress Cataloging-in-Publication Data**
A CIP catalog record for this book has been applied for at the Library of Congress.

© 2014  Oldenbourg Wissenschaftsverlag GmbH
Rosenheimer Straße 143, 81671 München, Deutschland
www.degruyter.com
Ein Unternehmen von De Gruyter

Lektorat: Dr. Stefan Giesen
Herstellung: Tina Bonertz
Titelbild: Norma Cornes/Getty Images/Hemera

Druck und Bindung: CPI books GmbH, Leck

Gedruckt in Deutschland
Dieses Papier ist alterungsbeständig nach DIN/ISO 9706.

# Vorwort zur zweiten Auflage

Nach dem Erscheinen von „Regressionsanalyse mit SPSS" war angesichts der großen Beliebtheit eine Neuauflage schnell absehbar. Immer wieder verzögert durch die erhebliche berufliche Auslastung des Verfassers (die sich, neben der eigentlichen Tätigkeit in der Forschungs- und Unternehmensberatung, u.a. auch im Abfassen von „Clusteranalyse mit SPSS" (2010) und weiteren Büchern niederschlug), liegt nun eine aktualisierte Auflage von „Regressionsanalyse mit SPSS" vor. Alle Analysen sind mit SPSS v21 geprüft und wo notwendig, aktualisiert, um mit der Entwicklung von SPSS auf Augenhöhe zu sein (die erste Auflage war noch für v16 geschrieben). An PLS wird eine unkomplizierte Erweiterung von SPSS v21 durch Python-Extensionen veranschaulicht. Ebenfalls wurde sichergestellt, dass die dargestellten Syntax-Beispiele auch in SPSS v21 funktionieren. Kapitel 6, das weitere Regressionsansätze für Menüs bzw. mit Syntax steckbriefartig vorstellt, wurde erweitert. Unter den dort vorgestellten Ansätzen sind nun u.a. die Automatische lineare Modellierung (SPSS Prozedur LINEAR), Probit-Analyse (PROBIT), Weighted Least Square-Methode (syn.: Gewichtungsschätzung, WLS), das Verfahren der zweistufigen kleinsten Quadrate (2SLS), verallgemeinerte lineare Modelle (u.a. für Zähldaten, z.B. Poisson- und Gamma-Regression) (GENLIN), eine quantitative kategoriale Regression (syn.: Optimale Skalierung, CATREG) sowie gemischte Modelle (MIXED, GENLINMIXED), z.B. Zufallskoeffizientenansätze und Syntaxbeispiele für Mehrebenenmodelle. SPSS (als Firma) wurde zwischenzeitlich von IBM aufgekauft. Entsprechend der Branding-Richtlinien heißt SPSS (als Produkt) zwischenzeitlich „IBM SPSS Statistics". Zwecks Lesbarkeit wird im Text weiterhin kurz und knapp „SPSS" verwendet; auch, um Nutzer älterer Software-Versionen mit anzusprechen. Die Kommunikation mit der Leserschaft trug zur Qualität dieser Neuauflage mit bei: Stellvertretend für viele Feedbacks seien die engagierten Rückmeldungen und Anregungen genannt von Dipl.-Psych. Jesko Kaltenbaek (Berlin), Mag. Antonia Griesbacher (Graz) und Ewald Gassner (Zürich). Auch über Rückmeldungen zu der hier vorliegenden Neuauflage würde ich mich sehr freuen. Die Emailadresse finden Sie gegen Ende des Buches.

Herrn Dr. Giesen danke ich für das Engagement, von diesem Buch nun auch bei DeGruyter eine zweite Auflage zu veröffentlichen. Nachträglich sei auch den Drs. Adzerßen und Strowitzki von der Heidelberger Brustkrebsstudie gedankt. Meiner Frau, Yun, danke ich für ihre Geduld, Weitsicht und Verständnis. Daten und Syntax zu „Regressionsanalyse mit SPSS" können von der Webseite des Verfassers unter *www.method-consult.ch* heruntergeladen werden.

Hergiswil, Januar 2014

Dr. CFG Schendera

# Vorwort

Die Regressionsanalyse und ihre Varianten gehört zu den in Wissenschaft und Forschung am häufigsten eingesetzten statistischen Verfahren (z.B. Hsu, 2005; Pötschke & Simonson, 2003; Elmore & Woehlke, 1998, 1996; Goodwin & Goodwin, 1985), wobei dies einer ständigen zu fordernden und zu fördernden Weiterentwicklung von Fachbereichen, Forschung, wie auch der Statistik selbst unterliegt (vgl. z.B. Rigby et al., 2004; Ripoll et al. 1996).

Von einigen Autoren wird die Regressionsanalyse auch zu einem der ältesten statistischen Verfahren gezählt. Stanton (2001) führt die grundlegende statistische Entwicklung der linearen Regression v.a. auf die Arbeiten von Karl Pearson (z.B. 1896) zurück. Howarth (2001) führt z.B. die Regressionsanalyse und verwandte Verfahren sogar bis auf eine Arbeit von Bond im Jahre 1636 zurück (vgl. auch Finney, 1996).

Meilensteine in der Entwicklungsgeschichte der Regressionsanalyse waren grundlegende Rechenansätze und damit im Zusammenhang stehend die Entdeckung des „Kleinste Quadrate"-Ansatzes in der Mitte des 18. Jahrhunderts. Erst die Erfindung von Computern in der Mitte des 20. Jahrhunderts übernahm den mit der Anwendung multivariater regressionsanalytischer Ansätze verbundenen immensen (und fehleranfälligen) Rechenaufwand und beschleunigte dadurch die Anwendung, Weiterverbreitung und Weiterentwicklung u.a. regressionsanalytischer Verfahren. Als weitere (willkürlich ausgewählte) Meilensteine in der Weiterentwicklung regressionsanalytischer Ansätze können z.B. die Ridge-Regression in den 70er Jahren, die robuste Regression in den 80er Jahren sowie die generalisierten bzw. gemischten Ansätze in den 90er Jahren des vergangenen Jahrhunderts gezählt werden. Die Regressionsanalyse als scheinbar traditionelles Verfahren wird auch beim Data Mining jedoch nicht nur gleichrangig neben neueren Ansätzen, wie z.B. neuronalen Netzen, eingesetzt (z.B. SPSS, 2012b, Kap. 10; Rud, 2001; Berry & Linoff, 2000; Graber, 2000), sondern z.T. auch weit häufiger als andere Ansätze (z.B. Rexer et al. 2007; Ayres, 2007). Auch für die bedienungsfreundlichste Data Mining-Anwendung gilt jedoch: Data Mining ersetzt keine Statistik- oder auch Informatikkenntnisse, sondern setzt diese voraus (Schendera, 2007; Khabaza, 2005; Chapman et al., 1999). Die Grundlagen, die dieses Buch für das Anwenden regressionsanalytischer Ansätze in SPSS bereitet, sollten daher auch erste Schritte im Data Mining-Bereich ermöglichen.

Einsteiger in die Statistik könnten überrascht sein, wie mächtig, vielfältig und flexibel Verfahrensfamilien wie die „Regression" sein können. Für Fortgeschrittene mag es (immer wieder von Neuem) interessant sein, wie mittels regressionsanalytischer Verfahren zahlreiche heterogene Fragestellungen bearbeitet werden können, u.a. einfache und multiple (non)lineare Regressionsanalysen, individuelle Wachstumskurven, Überlebenszeitanalysen, Zeitreihenanalysen usw. Diesem Anwendungsspektrum steht auf der anderen Seite das Problem gegenüber, dass man nicht ohne Weiteres gebetsmühlenartig herunterleiern kann: „Für ein lineares Kausalmodell mit einer intervallskalierten abhängigen Variable verwendet man eine lineare Regression, für ein Kausalmodell mit einer dichotomen abhängigen Variablen z.B. eine logistische Regression usw." Oder: „Für eine lineare Regression verwendet man die SPSS Prozedur REGRESSION, für logistische Regressionen nimmt man die SPSS Prozeduren LOGISTIC oder NOMREG, oder für Überlebensdaten z.B. SURVIVAL, KM oder COXREG usw."

Im Gegenteil, die Statistik wie auch SPSS sind hochgradig komplex, flexibel und vielseitig. Die Prozedur REGRESSION kann von fortgeschrittenen Anwendern u.a. auf lineare, kollineare Daten oder auch Zeitreihendaten angewandt werden. Die SPSS Prozedur GLM ermöglicht z.B. sowohl die Berechnung einer Varianzanalyse im Rahmen des Allgemeinen Linearen Modells (ALM), aber auch die Durchführung einer Regressionsanalyse mit *mehreren* abhängigen Variablen. Die relativ neue Prozedur GENLIN (seit SPSS Version 15) ermöglicht z.B. als *verallgemeinertes lineares Modell* sowohl die Berechnung einer Gamma-Regression, einer binären logistischen Regression im Messwiederholungsdesign oder auch die einer komplementären Log-Log-Regression für intervallzensierte Überlebensdaten.

Zusätzlich ist die Vielfalt der Statistik deutlich größer als selbst der Funktionsumfang von SPSS. Überlebensdaten können z.B. auch in *ein* erwartetes Risiko (konventionelle Überlebenszeitanalyse, survival analysis), *mehrere* erwartete exklusiv-disjunkte Risiken (competing risk survival analysis) oder auch *wiederkehrende* Risiken (recurrent risk survival analysis) differenziert werden.

Die Wahl des angemessenen regressionsanalytischen Verfahrens hängt somit *nicht* nur von zur Verfügung stehenden SPSS Menüs, Prozeduren oder „Kochrezepten" ab, sondern konkret von inhaltlichen und methodologischen Aspekten, z.B. von der untersuchenden Fragestellung (Hypothese; es gibt versch. Arten, z.B. Unterschied vs. Zusammenhang), aber auch von festzulegenden Definitionen, wie z.B. Messniveau der Daten, Verteilungen, Transformationen, (Un-)Verbundenheit der Daten, die Modellierung von Haupt- und Interaktionseffekten und vielem anderen mehr ab. Die Auswahl sollte in Absprache mit einem erfahrenen Methodiker bzw. Statistiker erfolgen. Bei speziellen Fragestellungen ist es möglich, dass die erforderlichen statistischen Verfahren nicht in der Standardsoftware implementiert sind. In diesem Falle kann das Verfahren z.B. mit SPSS oder Python selbst programmiert (vgl. u.a. das Makro „Ridge-Regression.sps") oder auch auf spezielle Analysesoftware ausgewichen werden. Das Vorgehen bei der Modellspezifikation und inferenzstatistischen Hypothesentestung entspricht üblicherweise einer schrittweisen Komplexitätssteigerung (vgl. Schendera, 2007, 401–403).

Dieses Buch führt ein in die grundlegenden Verfahren Korrelation, Regression (linear, multipel, nichtlinear), logistische (binär, multinomial) und ordinale Regression sowie die Überlebenszeitanalyse (Sterbetafel-Methode, Kaplan-Meier-Ansatz sowie Regressionen nach Cox). Weitere Abschnitte behandeln zusätzliche regressionsanalytische Ansätze und Modelle (z.B. die Modellierung individueller Wachstumskurven, PLS-Regression, Ridge-Regression, Gematchte Fall-Kontrollstudie).

Das Ziel dieser Einführung in die Regressionsanalyse mit SPSS ist, eine erste Übersicht und eine tragfähige Grundlage zu schaffen, auf deren Grundlage der dann routinierte Anwender auch im Anwendungsbereich des Data Mining, z.B. mittels Clementine, alleine voranschreiten kann. Viele weitere Regressionsvarianten und -anwendungen (z.B. nichtparametrische Regression, kategoriale Regression, Weibull-Regression, hedonische Regression usw.) können und sollen aus Platzgründen nicht vorgestellt werden (vgl. dazu *Kapitel 6*).

Dieses Buch führt ein in die grundlegenden Ansätze Korrelation (*Kapitel 1*), Regression (linear, multipel, nichtlinear; *Kapitel 2*), logistische und ordinale Regression (*Kapitel 3*) sowie die Überlebenszeitanalyse (Survivalanalyse; *Kapitel 4*). Bei allen Ansätzen werden

Voraussetzungen und häufig begangene Fehler ausführlich erläutert. *Kapitel 5* stellt speziellere Anwendungen der Regression vor (Partial-Regression, Modellierung sog. individueller Wachstumskurven, Ridge-Regression). *Kapitel 6* weist auf weitere Möglichkeiten mit SPSS hin (z.B. Regressionsanalysen für mehrere abhängige Variablen).

Zahlreiche Rechenbeispiele werden von der Fragestellung, der Anforderung der einzelnen Statistiken (per Maus, per Syntax) bis hin zur Interpretation der SPSS Ausgaben systematisch durchgespielt. Es wird auch auf diverse Fehler und Fallstricke eingegangen. Zur Prüfung von Daten vor der Durchführung einer statistischen Analyse wird auf „Datenqualität mit SPSS" (Schendera, 2007) verwiesen.

Separate Abschnitte stellen die diversen Voraussetzungen für die Durchführung der jeweiligen Analyse sowie Ansätze zu ihrer Überprüfung zusammen. Dieses Buch ist verständlich und anwendungsorientiert geschrieben, ohne jedoch die Komplexität und damit erforderliche Tiefe bei der Erläuterung der Verfahren zu vernachlässigen. Dieses Buch ist für Einsteiger in die Regressionsanalyse, Studierende sowie fortgeschrittene Wissenschaftler und Anwender in den Wirtschafts-, Bio- und Sozialwissenschaften gleichermaßen geeignet.

Das Buch wurde sowohl für die Menüführung, aber auch für SPSS Syntax (derzeit Version 16) entwickelt. Einsteiger in SPSS für Windows sollten dabei wissen, dass SPSS Syntax über Mausklicks automatisch angefordert werden kann bzw. selbst einfach zu programmieren ist (vgl. Schendera, 2007, 2005). Für SPSS Programmierer (aber auch Mauslenker!) wird die Erweiterung von SPSS über Python anhand der Prozedur PLS vorgeführt. Die (u.a.) Ridge-Regression wird anhand des gleichnamigen SPSS-Makros vorgestellt.

*Kapitel 1* führt ein in die erfahrungsgemäß unterschätzte Korrelationsanalyse (SPSS Prozedur CORRELATIONS). Gleich zu Beginn beschäftigt sich das Kapitel mit der Interpretation von Zusammenhängen (Kausalität) und stellt mehrere Beispiele von Fehlschlüssen vor, u.a. den oft zitierten Zusammenhang zwischen dem Konsum von gewalttätigen Computerspielen und Gewaltbereitschaft. Jedem Leser, der sich für die Regressionsanalyse interessiert, wird dringend empfohlen, zuvor das Kapitel zur Korrelationsanalyse zu lesen. Anhand der Korrelationsanalyse werden erste, auch für die (lineare) Regressionsanalyse geltende Voraussetzungen wie z.B. Skalenniveau, Homoskedastizität und Kontinuität erläutert. Weitere Abschnitte behandeln die Themen Linearität, Scheinkorrelation und Alphafehler-Kumulation. Auch wird erläutert, warum die bloße Angabe eines Korrelationskoeffizienten im Prinzip Unfug ist. Als spezielle Anwendungen werden u.a. der Vergleich von Korrelationskoeffizienten und die Kanonische Korrelation vorgestellt. Ein abschließender Abschnitt stellt die diversen Voraussetzungen für die Durchführung der Korrelationsanalyse sowie Ansätze zu ihrer Überprüfung zusammen.

*Kapitel 2* führt ein in die Regressionsanalyse. Das Kapitel ist schrittweise aufgebaut, um das Grundprinzip beim Durchführen einer Regressionsanalyse transparent zu machen und so den Lesern zu helfen, oft begangene fundamentale Fehler von Anfang an zu vermeiden.

*Kapitel 2.1* führt zunächst ein in die einfache, lineare Regressionsanalyse (SPSS Prozedur REGRESSION). Kapitel 2.1 setzt *Kapitel 1* voraus. An einem einfachen Beispiel wird die Überprüfung der Linearität und Identifikation von Ausreißern anhand von Hebelwerten und Residuen erläutert. Auch wird das Überprüfen auf eine möglicherweise vorliegende Autokorrelation erläutert. Im Allgemeinen kann nur eine lineare Funktion mittels einer linearen Regressionsanalyse untersucht werden. Eine *nichtlineare* Funktion mittels einer linearen Regressionsanalyse zu untersuchen mündet in fehlerhaften Ergebnissen.

*Kapitel 2.2* erläutert, was getan werden kann, wenn die Daten nicht linear, sondern kurvilinear verteilt sind. Kapitel 2.2 setzt *Kapitel 2.1* voraus. Das Kapitel bietet zwei Lösungsmöglichkeiten an: Eine nichtlineare Funktion kann linearisiert und mittels einer linearen Regression analysiert werden. Alternativ kann eine nichtlineare Funktion mittels einer nichtlinearen Regression geschätzt werden (SPSS Prozeduren CNLR und NLR). Die nichtlineare Regression ist das zentrale Thema dieses Kapitels, einschließlich einer nichtlinearen Regression mit zwei Prädiktoren. Darüber hinaus werden Sinn und Grenzen der SPSS Prozedur CURVEFIT für die (non)lineare Kurvenanpassung erläutert. Abschließende Abschnitte stellen die diversen Annahmen der nichtlinearen Regression sowie in einer Übersicht eine Auswahl der bekanntesten Modelle einer nichtlinearen Regression mit einem oder mehr Prädiktoren zusammen.

*Kapitel 2.3* führt ein in die multiple lineare Regressionsanalyse (SPSS Prozedur REGRESSION). Kapitel 2.3 setzt *Kapitel 2.2* voraus. Die Tatsache, dass mehrere anstelle nur einer unabhängigen Variablen im Modell enthalten sind, bedingt Besonderheiten, die v.a. die Verhältnisse der unabhängigen Variablen untereinander betreffen. Dieses Kapitel geht u.a. auf die Themen Modellbildung, Variablenselektion, Multikollinearität und andere Fallstricke ein. Neben dem Identifizieren und Beheben von Multikollinearität wird auch auf das Umgehen mit zeitabhängigen (autoregressiven) Daten eingegangen. Ein abschließender Abschnitt stellt die diversen Voraussetzungen für die Durchführung der (non)linearen Regressionsanalyse sowie Ansätze zu ihrer Überprüfung zusammen.

*Kapitel 3* führt ein in die grundlegenden Verfahren der logistischen und ordinalen Regression. Das Kapitel ist nach dem Skalenniveau der abhängigen Variablen aufgebaut. Separate Abschnitte stellen abschließend jeweils die diversen Voraussetzungen der vorgestellten Ansätze zusammen sowie Ansätze zu ihrer Überprüfung.

Die binäre logistische Regression (SPSS Prozedur LOGISTIC REGRESSION, *Kapitel 3.2*) erwartet eine zweistufige abhängige Variable; Ranginformationen in der abhängigen Variablen werden vom Verfahren nicht berücksichtigt. Als grundlegendes Verfahren wird zunächst die binäre logistische Regression vorgestellt und die Gemeinsamkeiten und Unterschiede zu anderen Verfahren erläutert (u.a. Modell, Skalenniveau). Anhand mehrerer Rechenbeispiele werden u.a. die unterschiedlichen Verfahren der Variablenselektion sowie die Interpretation der ausgegebenen Statistiken erläutert. Abschließend wird auf das häufige Auseinanderklaffen von Modellgüte und Vorhersagegenauigkeit eingegangen.

Die ordinale Regression (SPSS Prozedur PLUM, *Kapitel 3.3*) erwartet eine *mindestens* zweistufige (ordinal skalierte) abhängige Variable; Ranginformationen in der abhängigen Variablen werden berücksichtigt. Die Gemeinsamkeiten und Unterschiede mit den anderen Verfahren werden erläutert (u.a. Modell, Skalenniveau). Anhand mehrerer Rechenbeispiele werden u.a. die Interpretation der SPSS Ausgaben für Modelle mit intervallskalierten und kategorial skalierten Prädiktoren erläutert.

Die multinomiale logistische Regression (SPSS Prozedur NOMREG, *Kapitel 3.4*) erwartet ebenfalls eine mindestens zweistufige, jedoch nominal skalierte abhängige Variable; Ranginformationen in der abhängigen Variablen werden vom Verfahren nicht berücksichtigt. Die multinomiale logistische Regression wird analog zu 3.2 behandelt. Zusätzlich wird der Spezialfall der Gematchten Fall-Kontrollstudie (1:1) mit metrischen Prädiktoren vorgestellt.

*Kapitel 4* führt ein in die Verfahren der Überlebenszeitanalyse. Die Überlebenszeitanalyse untersucht im Prinzip die Zeit bis zum Eintreten eines definierten Zielereignisses. Dies kann ein erwünschtes Ereignis (z.B. Vertragsverlängerung, Anstellung, Lernerfolg, Heilung usw.) oder auch ein unerwünschtes Ereignis sein (z.B. Kündigung, Defekt, Rückfall, Tod usw.). Aus der unterschiedlichen Bewertung der Zielereignisse rühren auch die ausgesprochen heterogenen Bezeichnungen dieser Verfahrensgruppe, z.B. Survivalanalyse, Lebenszeitanalyse, time to effect bzw. event Analyse etc. Je nach Bewertung der Zielereignisse sind jedoch v.a. die Diagramme unterschiedlich zu interpretieren.

*Kapitel 4.1* stellt zunächst das Grundprinzip der Überlebenszeitanalyse sowie beispielhafte Fragestellungen und die Ziele einer Überlebenszeitanalyse vor.

*Kapitel 4.2* erläutert die Bestimmung der verschiedenen Überlebensfunktionen (u.a. kumulative $S(t)$, Eins-minus-Überlebensfunktion ($1-S(t)$), Dichtefunktion $f(t)$, logarithmierte Überlebensfunktion $l(t)$ sowie Hazard-Funktion $h(t)$).

*Kapitel 4.3* führt in die Zensierung von Daten ein. Bei einer Überlebenszeitanalyse kann es vorkommen, dass bei manchen Fällen das Zielereignis *nicht wie erwartet* eintritt, d.h. das Zielereignis tritt *gar nicht* oder *nicht aus den erwarteten* (definierten) Gründen ein. Um diese Fälle von denjenigen mit den erwarteten Ereignissen abzugrenzen, werden sie anhand sog. Zensierungen markiert. Links-, Rechts- und Intervallzensierung werden vorgestellt, ebenso wie das Interpretieren von Zensierungen im Rahmen eines (non)experimentellen Untersuchungsdesigns.

*Kapitel 4.4* erläutert am Beispiel der versicherungsmathematischen Methode (Sterbetafel-Ansatz) und der Kaplan-Meier-Methode, wie diese Verfahren die Überlebensfunktion rechnerisch ermitteln und dabei mit zensierten Fällen umgehen. Beispiele mit SPSS werden ab *Kapitel 4.6* vorgestellt.

*Kapitel 4.5* stellt diverse Tests für den Vergleich zwischen Gruppen vor: Log Rang-Test (syn.: Log Rank- bzw. Mantel-Cox-Test), Breslow-Test (syn: modifizierter Wilcoxon-Test, Wilcoxon-Gehan-Test), Tarone-Ware-Test und Likelihood-Ratio-Test. Dieses Kapitel stellt darüber hinaus eine vergleichende Zusammenfassung sowie auch Empfehlungen für die Interpretation dieser Tests zusammen.

In *Kapitel 4.6* werden die versicherungsmathematische Methode (SPSS Prozedur SURVIVAL) und der Kaplan-Meier-Ansatz (SPSS Prozedur KM) mit SPSS gerechnet und interpretiert. Die Regressionen nach Cox werden in einem eigenen Kapitel behandelt. Bei der Sterbetafel-Methode werden Beispiele mit bzw. ohne Faktoren vorgestellt. Beim Kaplan-Meier-Ansatz werden Beispiele mit/ohne Faktoren, mit Schichtvariablen sowie für die Ermittlung von Konfidenzintervallen vorgestellt.

*Kapitel 4.7* führt zunächst in die Besonderheiten des Cox-Modells ein (SPSS Prozedur COXREG) und vergleicht diesen Ansatz mit Sterbetafelmethode, Kaplan-Meier und linearer Regression. Anschließend werden mehrere Varianten der Regression nach Cox (zeitunabhängige Kovariaten, zeitabhängige Kovariaten, Interaktionen sowie sog. „Muster") mit SPSS gerechnet und interpretiert. Separate Abschnitte stellen die Verfahren zur Überprüfung der speziellen Voraussetzungen der Cox-Regression (u.a. Analyse von Zensierungen, Multikollinearität und Proportionalitätsannahme) sowie Möglichkeiten der Bildung von Kontrasten vor („Abweichung", „Einfach", „Helmert" usw.). Weitere Abschnitte stellen abschließend jeweils die diversen Voraussetzungen der vorgestellten Verfahren zusammen sowie Ansätze zu ihrer Überprüfung.

*Kapitel 5* stellt anhand von exemplarischen SPSS Analysen weitere Anwendungsmöglichkeiten regressionsanalytischer Ansätze vor.

*Kapitel 5.1* stellt die Partial-Regression in zwei Varianten vor. Kapitel 5.1.1 stellt die Partial-Regression mittels partieller kleinster Quadrate (Partial Least Squares, PLS) vor. Die PLS-Regression kann u.a. dann eingesetzt werden, wenn viele Prädiktoren vorliegen, wenn die Einflussvariablen untereinander hoch korrelieren und/oder wenn die Anzahl der Einflussvariablen die Anzahl der Fälle übersteigt. Die PLS-Regression vereinigt in sich Merkmale der Hauptkomponentenanalyse und der multiplen Regression und ermöglicht dadurch, Kausalverhältnisse zwischen einer beliebigen Anzahl (latenter) Variablen mit beliebigem Messniveau als *lineare* Strukturgleichungsmodelle zu modellieren. PLS unterstützt darüber hinaus gemischte Regressions- und Klassifikationsmodelle. Die unabhängigen sowie abhängigen Variablen können intervall- oder kategorialskaliert sein. Der Befehl PLS steht erst ab SPSS Version 16 zur Verfügung. PLS basiert auf einer Python-Erweiterung. In Kapitel 5.1.2 wird eine Variante der Partial-Regression auf der Basis der Korrelationsanalyse mittels der SPSS Prozedur REGRESSION vorgestellt.

*Kapitel 5.2* stellt die lineare Modellierung sog. individueller Wachstumskurven anhand des Ansatzes linearer gemischter Modelle (SPSS Prozedur MIXED) vor. Individuelle Wachstumskurven (individual growth modeling) können im vorgestellten Fall in etwa als „Varianzanalysen mit Messwiederholung für Individuen" umschrieben werden. Bei der „normalen" linearen Regression würde eine einzige Regressionslinie (wie sie z.B. auch eine Varianzanalyse mit Messwiederholung erzeugen würde) unterschiedlichen individuellen (linearen) Verläufen oft nicht gerecht werden. Eine vorgeschaltete Modellierung mittels des Zufallskoeffizientenmodells ermöglicht jedoch, individuelle Verläufe anhand von Intercept, Steigung und beiden Parametern zugleich zu schätzen. Anhand einer dreistufigen Beispielanalyse wird demonstriert, ob und inwieweit sich Teilnehmer an einem Trainingsprogramm über die Zeit hinweg in ihrer Performanz unterscheiden. Im Beispiel wird konkret geprüft: (a) bewegen sich die Trainingsteilnehmer auf unterschiedlichen (Leistungs-)Niveaus (Intercept), (b) verbessern sie sich unterschiedlich gut bzw. schnell (Steigung), bzw. (c) verbessern sich die Trainingsteilnehmer unterschiedlich unter zusätzlicher Berücksichtigung ihres Leistungsniveaus (beide Parameter)?

*Kapitel 5.3* stellt die Ridge-Regression (SPSS Makro „Ridge-Regression.sps") vor. Die Ridge-Regression ist eine (u.a. visuelle) Möglichkeit, potentiell multikollineare Daten auf eine Analysierbarkeit mittels der multiplen linearen Regressionsanalyse zu überprüfen. Im Gegensatz zu den anderen statistischen Verfahren wird die Ridge-Regression von SPSS nicht über Menü-Führung, sondern ausschließlich in Form eines Makros angeboten. Die Durchführung einer Ridge-Regression ist jedoch unkompliziert. Dieses Kapitel demonstriert u.a. die Visualisierung von Multikollinearität, wie auch die Berechnung einer Ridge-Regression für einen ausgewählten K-Wert.

*Kapitel 6* stellt in einer Übersicht weitere Möglichkeiten des Durchführens von Regressionsanalysen mit SPSS vor (z.B. Regressionsanalysen für mehrere abhängige Variablen). Im Gegensatz zu den vorangegangenen Kapiteln werden keine exemplarischen SPSS Analysen durchgerechnet. Diese Zusammenstellung hat keinen Anspruch auf Vollständigkeit. Zur Illustration werden unkommentierte Syntaxbeispiele für exemplarische Analyse zusammengestellt, u.a. weil z.T. die Anforderung nur auf diese Weise möglich bzw. transparent ist.

Zur Beurteilung der SPSS Ausgaben sind Kenntnisse ihrer statistischen Definition und Herleitung unerlässlich. In einem abschließenden Kapitel sind ausgewählte Formeln der wichtigsten behandelten Verfahren zusammengestellt.

Bevor Sie sich an die Analyse machen, stellen Sie bitte *zuvor* sicher, dass Ihre Daten analysereif sind. Prüfen Sie Ihre Daten auf mögliche Fehler (u.a. Vollständigkeit, Einheitlichkeit, Missings, Ausreißer, Doppelte). Vertrauen ist gut; Kontrolle ist besser. Für Kriterien zu Datenqualität und ihre Überprüfung mit SPSS wird der interessierte Leser auf Schendera (2007) verwiesen.

*... für das Lächeln im Knurren des chinesischen Drachens ...*

Zu Dank verpflichtet bin ich für fachlichen Rat und/oder auch einen Beitrag in Form von Syntax, Daten und/oder auch Dokumentation unter anderem: Prof. Vijay Chatterjee (Mount Sinai Medical School, New York University, USA), Prof. Mark Galliker (Universität Bern, Schweiz), Prof. Jürgen Janssen (Universität Hamburg), Prof. Mitchel Klein (Emory University, Rollins School of Public Health, Atlanta), Prof. Roderick J.A. Little (University of Michigan USA), Prof. Daniel McFadden (University of Berkeley USA), Prof. Rainer Schlittgen (Universität Hamburg), Prof. Stephen G. West (Arizona State University USA), Matthew M. Zack (Centers for Disease Control, Atlanta, Georgia (USA).

Mein Dank an SPSS Deutschland geht stellvertretend an Herrn Alexander Bohnenstengel sowie Frau Sabine Wolfrum und Frau Ingrid Abold von der Firma SPSS GmbH Software (München) für die großzügige Bereitstellung der Software und der technischen Dokumentation. Gleichermaßen geht mein Dank an SPSS Schweiz, namentlich an Josef Schmid und Dr. Daniel Schloeth.

Herrn Dr. Schechler vom Oldenbourg Verlag danke ich für das Vertrauen, auch dieses Buch zu veröffentlichen sowie die immer großzügige Unterstützung. Peter Bonata (Köln) schuf die Grundlagen für das Kapitel zur Cox-Regression. Volker Stehle (Eppingen) gestaltete die Druckformatvorlage. Stephan Lindow (Hamburg) entwarf die Grafiken. Markus Schreiner (Heidelberg) stellte freundlicherweise Zufallsdaten spezieller Verteilungen zur Verfügung. Falls in diesem Buch noch irgendwas unklar oder fehlerhaft sein sollte, so liegt die Verantwortung alleine beim Autor.

Bern, Mai 2008

CFG Schendera

# Inhalt

# 1 Korrelation

Kapitel 1 führt ein in die erfahrungsgemäß unterschätzte Korrelationsanalyse (SPSS Prozedur CORRELATIONS). Gleich zu Beginn beschäftigt sich das Kapitel mit der Interpretation von Zusammenhängen (Kausalität) und stellt mehrere Beispiele von Fehlschlüssen vor, u.a. den oft zitierten Zusammenhang zwischen dem Konsum von gewalttätigen Computerspielen und Gewaltbereitschaft (vgl. 1.1). Anhand der Korrelationsanalyse werden erste, auch für die (lineare) Regressionsanalyse geltende Voraussetzungen wie z.B. Skalenniveau, Homoskedastizität und Kontinuität erläutert (vgl. 1.2, 1.3). Weitere Abschnitte behandeln die Themen Linearität, Scheinkorrelation und Alphafehler-Kumulation. Auch wird erläutert, warum die bloße Angabe eines Korrelationskoeffizienten im Prinzip kaum weiterhilft (vgl. 1.7). Die Statistik und Interpretation des Korrelationskoeffizienten wird ebenso vorgestellt wie grafische Tests auf (u.a.) Linearität (vgl. 1.4, 1.5). Anschließend wird der Korrelationskoeffizient mit SPSS berechnet und interpretiert (vgl. 1.6). Als spezielle Anwendungen werden u.a. der Vergleich von Korrelationskoeffizienten und die Kanonische Korrelation vorgestellt (vgl. 1.8). Ein abschließender Abschnitt stellt die diversen Voraussetzungen für die Durchführung der Korrelationsanalyse sowie Ansätze zu ihrer Überprüfung zusammen (vgl. 1.9). Jedem Leser, der sich für die Regressionsanalyse interessiert, wird dringend empfohlen, zuvor dieses Kapitel zur Korrelationsanalyse zu lesen.

## 1.1 Einführung

**Zusammenhang ohne Kausalrichtung**
**Korrelation ist nicht gleich Kausation**

Häufig besteht das Ziel einer wissenschaftlichen Untersuchung in der Analyse des Zusammenhangs zwischen zwei Variablen. Folgende Fragestellungen sind Anwendungsbeispiele für Korrelationsanalysen:

- Hängen Schwangerschaftsdauer und Geburtsgewicht von Neugeborenen miteinander zusammen?
- Hängen Gewicht (z.B. in Gramm) und Nährstoffgehalt (z.B. in Joule) von Lebensmitteln zusammen?
- Hängen Motorleistung und Kraftstoffverbrauch eines Autos miteinander zusammen?

Bei der Zusammenhangsanalyse gilt es vorab einen wichtigen Grundsatz zu beachten: Korrelation ist nicht gleich Kausation! „Correlation is no proof of causation" (Pedhazur, 1982, 579). Eine Korrelationsanalyse erlaubt nur die Aussage darüber, ob und in welchem *Ausmaß* zwei Variablen zusammenhängen, aber nicht über die *Art* ihres Zusammenhangs, also welche der beiden Variablen (wenn überhaupt!) die Ursache, welche die Wirkung repräsentiert. Umgekehrt gilt jedoch: Liegt keine bivariate Korrelation vor, liegt auch keine bivariate Kausation vor.

Wenn z.B. ein statistisch bedeutsamer Zusammenhang zwischen zwei Variablen A und B beobachtet wird, sind im Prinzip vier Kausalinterpretationen möglich (vgl. Pedhazur, 1982, 110ff., 578ff.):

- A beeinflusst B kausal
- B beeinflusst A kausal
- A und B werden von einer dritten oder mehr Variablen kausal beeinflusst
- A und B beeinflussen sich gegenseitig (kausal).

Der Korrelationskoeffizient erlaubt keinen Aufschluss darüber, welche Kausalinterpretation richtig ist. Eine Korrelation zwischen zwei Variablen ist eine notwendige, aber keine hinreichende Bedingung für Kausalzusammenhänge.

Welches der Kausalmodelle das plausibelste ist (es sind im Prinzip viele weitere denkbar), wird nicht durch die Korrelation zwischen A *und* B, sondern allein durch eine sachnahe Theorie bestimmt. Nur Logik und plausible Schlussfolgerungen sind eine tragfähige Grundlage der Interpretation von Korrelationen.

Auch in Veröffentlichungen wird Korrelation häufig mit Kausation verwechselt; dies jedoch sollte, wenn schon nicht vom Autor, dann doch vom Leser kritisch auseinander gehalten werden:

**Beispiel 1:** Gale et al. (2006) berichten einen Zusammenhang zwischen einem hohen IQ in der Kindheit und einer höheren Wahrscheinlichkeit, im Erwachsenenalter Vegetarier zu sein. Hier wird Korrelation mit Monokausalität verwechselt, denn: Werden Menschen Vegetarier, weil sie intelligent sind? Oder werden Menschen einfach nur deshalb Vegetarier, weil sie Wert auf eine gesunde Ernährung legen, was ja nicht notwendigerweise mit einem hohen IQ gleichzusetzen ist?

**Beispiel 2:** Eine Publikation aus der Krebsforschung argumentiert ähnlich. Die Gabe von Hormonen während der Hormontherapie begünstigt eher den Brustkrebs bei Frauen, als ihn zu bekämpfen. Laut Peter Ravdin (2006) gehe nun jedoch z.B. die Zahl der Brustkrebsdiagnosen zurück, weil immer mehr Frauen in den USA die Hormontherapie absetzen würden. Zahlreiche Frauen brachen die Hormontherapie ab, mit dem Effekt, dass damit einhergehend auch die Zahl der Brustkrebsfälle innerhalb weniger Monate ungewöhnlich stark gefallen sei. Tatsächlich liegt trotz aller sachnaher Plausibilität eine Gleichsetzung von Korrelation mit Kausation vor: Auch wenn Hormontherapie und erhöhtes Brustkrebsrisiko tatsächlich miteinander zusammenhängen, ist nicht automatisch der Umkehrschluss zulässig, dass weniger Hormontherapie (z.B. durch eine veränderte Verordnungspraxis) automatisch ein verringertes Brustkrebsrisiko nach sich zieht. Die Gabe von Hormonen ist nicht der alleinige karzinogene Faktor.

**Beispiel 3:** Cha et al. (2001) veröffentlichten z.B. im angesehenen Journal of Reproductive Medicine einen scheinbar empirisch nachgewiesen Zusammenhang zwischen Gebeten und der Wahrscheinlichkeit, schwanger zu werden. Demnach würden unfruchtbare Frauen doppelt so häufig schwanger, wenn für sie eine Gebetsgruppe betete, als Frauen, für die nicht gebetet wurde. Die Studie wurde eine Zeit lang als „Miracle Study" bezeichnet, unter anderem aus dem Grund, weil die Frauen gar nicht wussten, dass für sie gebetet wurde und weil die Gebete in einigen Tausend Kilometern Entfernung stattfanden. Um es bei diesem Beispiel kurz zu machen: Die Veröffentlichung von Cha et al. (2001) zum Zusammenhang zwischen Gebeten und der Wahrscheinlichkeit, schwanger zu werden, war schlichtweg Betrug. Einer der Verfasser wurde wegen mehrfachen Betrugs schließlich rechtskräftig verurteilt. Es ist nicht einmal bewiesen, dass diese Studie jemals durchgeführt wurde. Replikationen konnten den behaupteten Zusammenhang zwischen Beten und Schwangerschaft nicht bestätigen. Die unkritische Öffentlichkeit hindert dies jedoch nicht, sich durch das Zitieren dieser Studie als Beleg für den Effekt des sog. „faith healing" zu blamieren.

**Beispiel 4:** Im Forschungsbereich der Medienrezeption werden beim oft behaupteten Zusammenhang zwischen dem Konsum gewalttätiger Computerspiele und der Gewaltbereitschaft der Spieler Ursache und Zusammenhänge oft auf mehreren Ebenen verwechselt. Tatsächlich ist diese „Argumentation" ein schönes Beispiel für die wissenschaftlich nicht korrekte Interpretation von Zusammenhängen, besonders in Gestalt von Korrelationskoeffizienten:

**Ebene 1: Reduktion einer zweiseitigen Korrelation auf eine einseitige Kausalrichtung:**
Der behauptete (und nur implizit zweiseitig gemeinte) Zusammenhang des Konsums gewalttätiger Computerspielen und Gewaltbereitschaft wird auf den Konsum gewalttätiger Computerspiele als einseitige *Ursache* von Gewaltbereitschaft reduziert. Die zweite potentielle Wirkrichtung, dass Gewaltbereitschaft eine mögliche Ursache des Konsums gewalttätiger Computerspiele sei, wird inkorrekterweise ausgeklammert; keinesfalls stützt dies die Plausibilität der These der ersten, beibehaltenen Wirkrichtung des Konsums von gewalttätigen Computerspielen als *alleinige* Ursache von Gewaltbereitschaft.

**Ebene 2: Reduktion eines komplexen Beziehungsgeflechts auf eine einzige Ursache (Monokausalität):**
Implizit ist in der behaupteten alleinigen Wirkrichtung von gewalttätigen Computerspielen auf Gewaltbereitschaft die These der Monokausalität des Konsums von gewalttätigen Computerspielen als *einzigem verursachendem Faktor* formuliert. In den Sozialwissenschaften ist eine solche Auffassung gleichermaßen anachronistisch wie simplifizierend. Die Tatsache, dass ein Zusammenhang, z.B. eine Korrelation, nur zwei Größen in ein Modell zu bringen vermag, besagt nichts darüber aus, ob dieses Modell der Komplexität empirischer Realität angemessen ist.

**Ebene 3: Ablenkung von der Komplexität empirischer Realität durch realitätsfern simple Thesen:**

Die Komplexität der empirischen Realität sozialwissenschaftlicher Forschungsgegenstände ist nur ausnahmsweise durch monokausal-monotone Variableneinflüsse beschreibbar; stattdessen ist hier üblicherweise von komplex-dynamischen Faktorengeflechten auszugehen. In der Realität des Medienkonsums ist angesichts des Verhältnisses der verkauften bzw. gespielten Spiele und der Anzahl von z.B. Amokläufern eher von folgenden Konstellationen auszugehen: Fast jeder Amokläufer hat gewalttätige Computerspiele gespielt, jedoch läuft nicht jeder Computerspieler Amok. Genau betrachtet lässt diese Beobachtung mind. zwei Fehler im eingangs behaupteten Zusammenhang zwischen dem Konsum gewalttätiger Computerspielen und der Gewaltbereitschaft der Spieler erkennen.

Zum einen liegt ein Ziehungsfehler vor: Es wird von Befunden an einer verhältnismäßig kleinen Extremgruppe, z.B. Amokläufern, als Teil („pars") auf die Grundgesamtheit aller Spieler („toto") geschlossen. Aufgrund des Ziehungsfehlers ist die Extremgruppe jedoch nicht repräsentativ für die Gesamtgruppe. Zusätzlich liegt hier der Missbrauch des pars pro toto-Prinzips vor.

Zum anderen liegt ein Denkfehler vor: Über all der Argumentation über die Ursachen bei Amokläufern (die auch gewalttätige Computerspiele konsumieren, jedoch eindeutig zahlenmäßig in der Minderheit sind), gewalttätig zu werden, wird in der Dominanz des Diskurses im Wesentlichen übergangen, warum die überwältigende *Mehrheit* von Spielern gewalttätiger Spiele *nicht* Amok läuft. Die Schlussfolgerung ist eindeutig: (a) Weil die Wirkrichtung womöglich genau umgekehrt sein kann: Die psychosoziale Befindlichkeit der Spieler entscheidet nicht nur, ob man gewalttätige Computerspiele konsumiert, sondern auch, ob man (eigenes) gewalttätiges Verhalten zulässt. (b) Weil damit die These des monokausalen Effekts gewalttätiger Computerspiele gegenstandslos ist. Computerspiele zu verbieten ändert nichts an der vorgebrachten pseudo-wissenschaftlichen Argumentation: Korrelation ist nicht gleich Kausation.

Für die direkte Verbindung zwischen Computer-Spielen (z.B. World of Warcraft) und gewalttätigem Verhalten findet die aktuelle medienpsychologische Forschung keinen Beleg. Im Gegenteil werden Publikationsbias, unerwartete Effekte (z.B. entspanntes Verhalten nach dem Spielen gewalttätiger Computer-Spiele), wie auch vermittelnde Faktoren wie z.B. Alter, Geschlecht, Persönlichkeits- und Sozialstrukturen berichtet (z.B. Kutner & Olson, 2008; Barnett, 2008; Ferguson, 2007). Kausalitätsmodelle können auch mittels komplexerer statistischer Verfahren, z.B. der multiplen Regression „konstruiert" werden. Solche Kausalitätskonstruktionen sind in dieser Verkleidung oftmals schwieriger zu durchschauen. Solche Kausalitätskonstruktionen münden in pseudo-wissenschaftliche „Erfindungen" in der Form überzogener Schlussfolgerungen, die von den zugrundeliegenden Daten bei genauerer Analyse gar nicht unterstützt werden. Beispiele für diese „Erfindungen" sind Behauptungen wie z.B., dass die Todesstrafe oder auch das Tragen von Schusswaffen die Kriminalitätsrate senke (vgl. z.B. Goertzel, 2002).

Die Korrelation zwischen zwei Variablen ist nicht gleichzusetzen mit dem Zusammenhang zwischen zwei Konstrukten; nur angedeutet werden sollen Aspekte wie z.B. operationale Definition oder Stichprobenabhängigkeit. Eine Korrelationsanalyse kann auch als statistische Modellierung einer niedrigkomplexen Operationalisierung wenig erklärungshaltiger, einfacher Theorien verstanden werden. Ein statistisch signifikantes Ergebnis einer Korrelationsanalyse schließt die Gültigkeit anderer, konkurrierender Modelle nicht aus. Die Interpretation einer Korrelationsanalyse als monokausal begeht somit gleich mehrere Fehler gleichzeitig:

- Gleichsetzung einer Variablen mit einem Konstrukt
- Reduktion einer Korrelation auf eine Kausalrichtung
- Reduktion eines komplexen Beziehungsgeflechts auf eine einzige Ursache (Monokausalität)

Der „Beweis" seitens einer Korrelationsanalyse, dass z.B. ein behaupteter Zusammenhang zwischen zwei Variablen tatsächlich auch statistische Signifikanz erzielt, sollte daher mit einer gewissen Zurückhaltung betrachtet werden (auch, was die Verabsolutierung der Signifikanz angeht, z.B. Witte, 1980; Schendera, 2007).

Soll ein Kausalmodell überprüft werden, also ob eine Variable systematisch die Variation einer anderen Variable verursacht, dann kann u.a. anstelle der Korrelation das Verfahren der Regression gewählt werden. Für komplexere Modelle sind u.a. die Partialkorrelation (5.3) bzw. -regression, ggf. auch die Pfadanalyse (5.1) in Frage kommende Verfahren.

In der Statistik wurden viele Messverfahren entwickelt, um das Ausmaß des Zusammenhangs zwischen zwei Variablen zu messen. Die Terminologie für Zusammenhangsmaße („Korrelation"; „Assoziation") ist in der Literatur leider nicht immer einheitlich (siehe auch Lorenz, 1992, 58ff.). Wird z.B. die Stärke eines (linearen) Zusammenhangs zwischen Reihen von Wertepaaren untersucht, spricht man bei intervall- bzw. ordinalskalierten Daten von Korrelation (Maß-, Rang-). Bei Kreuztabellen, Vierfeldertafeln bzw. Kontingenztafeln wird von Assoziation oder manchmal auch von Kontingenz gesprochen. Bei ordinalskalierten Variablen wird die Stärke eines Zusammenhangs nach Spearman als Korrelation bezeichnet, nach Kendall oder Somer dagegen als Kontingenz oder Assoziation. Bortz (1993, Kap. 6.3) spricht sogar bei dichotomen Variablen von Korrelation. Die Entscheidung für das Verfahren der Wahl hängt letztlich von der Anzahl der Variablenausprägungen, ihrer Verteilung und dem Skalierungsniveau ab (vgl. auch das Kapitel zur Tabellenanalyse). Wichtig ist u.U. auch, ob ein Kausalmodell vorliegt (z.B. ‚X verursacht Y'), der Ursache der Beziehung, der Anzahl der Variablen und anderes mehr. Alle Verfahren folgen aber einem generellen Prinzip. Es erfolgt ein Vergleich zwischen den Variablen bezüglich dem empirisch beobachteten und dem theoretisch möglichen maximalen Zusammenhang. Mit anderen Worten: Es wird verglichen, was den Variablen gemeinsam ist, mit dem, was den Variablen hätte gemeinsam sein können, wenn deren Beziehung perfekt gewesen wäre.

Der Pearson-Korrelationskoeffizient (syn.: Produkt-Moment-Korrelation, Bravais-Pearson-Korrelation) beschreibt die Stärke (syn.: Enge) des Zusammenhangs zweier metrisch skalierter, linear verbundener Variablen (Messwertreihen) unabhängig von ihrer Einheit.

## 1.2    Erste Voraussetzung: Das Skalenniveau

Die Art der Skalierung entscheidet darüber, in welcher Form der (lineare) Zusammenhang zwischen den Variablen nachgewiesen werden kann. Sind die Daten intervallskaliert, kann als Maß die Korrelation nach Pearson bestimmt werden. Stetig ordinalskalierte Variablen werden mittels den Verfahren nach Kendall oder Spearman untersucht; diese Verfahren (z.B. Spearman's Rangkorrelation) können auch dann eingesetzt werden, wenn zwei intervallskalierte Variablen nicht linear, sondern nur monoton zusammenhängen und diese Information ausreichend ist.

Liegen diskret skalierte Ordinalvariablen vor, könnten z.B. die Maße Gamma, Somer usw. eingesetzt werden (zu Details wird auf die Tabellenanalyse verwiesen, vgl. z.B. Schendera, 2004, Kap. 12).

Bei zwei nominalskalierten („qualitativen") Variablen kann der Zusammenhang z.B. durch einen Kontingenzkoeffizienten beschrieben werden. Wichtig ist also, dass das gewählte Verfahren für eine Analyse auf Zusammenhang dem Skalenniveau der untersuchten Variablen entspricht. Bei Variablenpaaren mit unterschiedlichem Skalenniveau sollte immer auf das Skalenniveau der niedriger skalierten Variable ausgewichen werden.

**Übersicht: Eine erste Übersicht zu Maßen der Assoziation und Korrelation**

|            | intervall   | ordinal                                                                                            | nominal                                                         |
|------------|-------------|---------------------------------------------------------------------------------------------------|----------------------------------------------------------------|
| intervall  | Pearson's r |                                                                                                   | $Eta^2(R^2)$                                                    |
| ordinal    |             | Pearson's r (falls gleiche Abstände), Spearman's R Gamma, Kendall's tau-b, Stuart's tau-c, Somer's D |                                                                |
| nominal    |             |                                                                                                   | Phi-Koeffizient Cramer's V Kontingenzkoeffizient               |
|            |             |                                                                                                   | Lambda Unsicherheitskoeffizient                                |
|            |             |                                                                                                   | Kontingenzkoeffizient Cochran's Q                              |

Die Tabelle enthält mit Ausnahme von $Eta^2$ sogenannte symmetrische Maße. Bei der Berechnung einer Korrelation bzw. Assoziation ist dabei unerheblich, welche die unabhängige Variable und welche die abhängige Variable ist. $Eta^2$ kann z.B. in dem Fall angewendet werden, wenn die unabhängige Variable intervallskaliert und die abhängige Variable nominalskaliert ist. Wichtig ist, dass die anschließend gewählte Statistik der festgestellten Form

(Funktion) der Messwertverteilung entspricht. Cohen et al. (2003³, 60–63) raten bei der Korrelation zweier Verhältnismaße zur Vorsicht bzw. ganz davon ab.

Im Folgenden wird die Korrelationsanalyse nach Pearson vorgestellt; dieses Verfahren setzt zwei Variablen auf mind. Intervallskalenniveau voraus, aber wie bereits angedeutet auch, dass der Zusammenhang zwischen den beiden untersuchten Variablen *linear* ist.

# 1.3 Weitere Voraussetzungen: Linearität, Homoskedastizität und Kontinuität

Eine genauer zu betrachtende Voraussetzung der Korrelation nach Pearson ist, dass die beiden untersuchten Variablen (bzw. genauer: ihre Messwertpaare) grafisch einen linearen Zusammenhang zeigen. Messwertpaare ordnen sich als „in etwa" linear an, z.B. in einem Streudiagramm. Zeigt ein Streudiagramm eine lineare Anordnung der Daten, kann ein Maß für einen linearen Zusammenhang gewählt werden.

Der maximal mögliche positive Zusammenhang (r=1,0) wird dann erreicht, wenn beide Variablen exakt dieselbe Verteilungsform aufweisen (jedoch nicht notwendigerweise eine Normalverteilung). Der maximal mögliche negative Zusammenhang (r=–1,0) wird dann erreicht, wenn beide Variablen genau spiegelverkehrte Verteilungen besitzen. Für die Beschreibung eines bivariaten Zusammenhangs mittels eines Pearson-Korrelationskoeffizienten müssen die Variablen nicht notwendigerweise normalverteilt sein. Je weiter beide Variablen gegenläufig verteilt sind, umso niedriger wird der Zusammenhang (Cohen et al., 2003³, 53).

Linearität ist genau betrachtet, eine Kombination dreier, auch grafisch (z.B. eines Streudiagramms) überprüfbarer Merkmale:

- Lineare Anordnung der Messwertpaare: Eine kurvilineare Messwertverteilung kann durch den Pearson-Korrelationskoeffizienten nicht angemessen beschrieben werden.
- Streuung um die Gerade: Je enger die Streuung, umso höher ist der Koeffizient. Je diffuser, wolkenartiger die Punkte angeordnet sind, desto niedriger ist der Korrelationskoeffizient.
- Ausschluss von Ausreißern: Ausreißer sind nicht vorhanden. Sowohl Ausreißer in Richtung der Funktion, wie z.B. auch orthogonal zu ihr, verzerren den Koeffizienten (vgl. Schendera, 2007).

Ein hoher Korrelationskoeffizient setzt somit Linearität voraus, um gültig zu sein und kann daher kein Linearitätstest sein, sondern muss Linearität voraussetzen. Ein niedriger Korrelationskoeffizient kann deshalb entstehen, wenn mind. eines der drei Merkmale nicht vorliegt, z.B. lineare Funktion, minimale Streuung und/oder Ausreißer. Weil ein niedriger Korrelationskoeffizient auch deshalb entstehen kann, weil ein einzelner Ausreißer (bei einer ansonsten perfekten linearen Korrelation) massiv den Schätzvorgang verzerrt, kann auch hier der Korrelationskoeffizient nicht als Linearitätstest bezeichnet werden.

Zeigt ein Streudiagramm einen eher kurvenartigen Verlauf der Daten, so kann kein Maß für einen linearen Zusammenhang gewählt werden, sondern stattdessen ein Maß für einen nicht-linearen Zusammenhang. Anders formuliert: Das Standardmaß der Statistik für das Ausmaß eines Zusammenhangs, der Korrelationskoeffizient nach Pearson, setzt eine lineare Anordnung der Daten voraus. Das Vorliegen der sog. „Linearität" kann unkompliziert anhand eines bivariaten Streudiagramms überprüft werden und ist somit ein sog. „grafischer Test auf Linearität".

# 1.4      Exkurs: Grafische Tests auf Linearität

## 1.4.1      Prozedur GRAPH, Scatterplot Option

Streudiagramme bilden Messwertpaare in einem Koordinatensystem ab (,Punkteschwarm'). Streudiagramme sind geeignet, um die Beziehung zwischen mindestens zwei intervallskalierten, metrischen Variablen grafisch abzubilden. Oft werden in Streudiagramme (Regressions-)Geraden eingebettet, die den (kurvi-)linearen Zusammenhang beider Variablen repräsentieren (siehe z.B. weiter unten CURVEFIT).

**Beschreibung**
Das folgende Streudiagramm stellt zwei Variablen auf zwei Skalenachsen dar. Eine Variable legt dabei die horizontale, die andere die vertikale Achse fest. Jeder Wert der Variable auf der X-Achse (hier: Taillenumfang) ist mit dem dazugehörigen Wert der auf der Y-Achse abgetragenen Variable (hier: Gewicht) in das Koordinatensystem eingetragen. Anhand der so entstandenen Punktewolke kann man nun den Zusammenhang zwischen beiden Variablen darstellen. In diesem Beispiel besteht ein positiver linienförmiger Zusammenhang zwischen beiden Variablen (sog. grafischer ,Linearitätstest'). Da die Messwertpaare durchgehend in annähernd parallelem Abstand um eine gedachte Korrelationslinie streuen, ist gleichzeitig Homoskedastizität gegeben (Gleichheit der Streuungen). Da die Linie keine Lücken aufweist, z.B. keine unterbrochene Verteilung wie sie z.B. bei der Analyse von Extremgruppen zutage treten könnte, ist auch die Kontinuität der Linie gegeben.

**Voreinstellungen**
*Pfad: Bearbeiten → Optionen → Reiter „Viewer"*
Stellen Sie sicher, dass unter „Ausgabeelemente anzeigen" die Option „Befehle im Log anzeigen" aktiviert ist. In früheren SPSS Versionen hiess der „Viewer" noch „Text-Viewer".

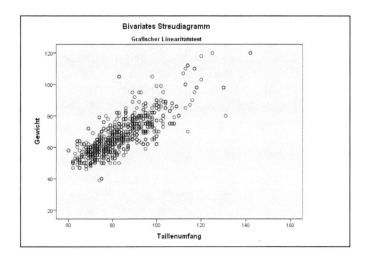

*Pfad: Diagramme → Veraltete Dialogfelder [nicht bei älteren SPSS Versionen] → Streu-/Punkt-Diagramm → Einfach → Definieren.*

Klicken Sie TAILLE in die X-Achse und GEWICHT in die Y-Achse. Beachten Sie, dass SPSS automatisch die Vorgehensweise „Listenweiser Fallausschluss" für den Umgang mit fehlenden Werten einstellt (vgl. „Optionen"). Legen Sie über „Titel" Titel und Untertitel fest. Fordern Sie die Grafik mit „OK" an.

```
GRAPH
/SCATTERPLOT(BIVAR)=
            taille WITH gewicht
/MISSING=LISTWISE
/TITLE= "Bivariates Streudiagramm"
/SUBTITLE= "Grafischer Linearitätstest".
```

**Erläuterung:**
Der Befehl GRAPH fordert ein Diagramm an. Mit /SCATTERPLOT (BIVAR) wird der Typ, ein bivariates Streudiagramm, festgelegt. Nach dem Gleichheitszeichen folgen die Namen der beiden Variablen, deren Wertepaare eingetragen werden sollen. Die zuerst genannte Variable (hier: TAILLE, Taillenumfang) wird auf der x-Achse abgetragen. GEWICHT wird auf der y-Achse abgetragen. Nach MISSING= wird festgelegt, wie mit möglicherweise fehlenden Werten umgegangen werden soll. Die gewählte Option LISTWISE führt den Fallausschluss listenweise durch (über VARIABLEWISE kann alternativ erreicht werden, dass die Fälle Variable für Variable ausgeschlossen werden). Mittels TITLE, SUBTITLE und ggf. FOOTNOTE wird der Text für die Überschrift, den Untertitel und die Fußnote angegeben.

## 1.4.2    SPSS Prozedur CURVEFIT

Ein linearer Zusammenhang gehört zu einer der Grundvoraussetzungen für einen hohen Korrelationskoeffizienten bzw. für die Berechnung einer Pearson-Regression. Mit der Prozedur CURVEFIT bietet SPSS eine weitere Möglichkeit an, zwei Variablen daraufhin zu überprüfen, ob zwischen ihnen ein linearer Zusammenhang besteht oder ob eine andere Funktion diesen Zusammenhang nicht besser erklären könnte.

**Beschreibung**
Der Leistungsumfang der Prozedur CURVEFIT geht über die einfache Anforderung des bivariaten Streudiagramms hinaus. CURVEFIT überprüft nicht nur auf einen möglichen linearen Zusammenhang, sondern auf zehn weitere Zusammenhangsmodelle (u.a. Exponent, exponentiell, invers, kubisch, logarithmisch, quadratisch, S, Wachstum, zusammengesetzt). CURVEFIT trägt in die Anordnung der empirisch vorliegenden Messwertpaare ('Beobachtet') die jeweils ermittelte Funktion als Linie ab (werden zahlreiche Funktionen auf einmal eingezeichnet, kann dies u.U. etwas unübersichtlich werden). CURVEFIT ermittelt für jede Funktion zusätzlich statistische Parameter, wie z.B. $R^2$ usw. Der Vergleich der verschiedenen Kurvenmodelle erfolgt daher nicht nur per Augenschein anhand der Linien, sondern auch auf der Basis von statistischen Parametern und erlaubt darüber hinaus relativ unkompliziert zu entscheiden, welche Funktion den Zusammenhang zwischen den beiden untersuchten Variablen möglicherweise besser als das lineare Modell erklärt.

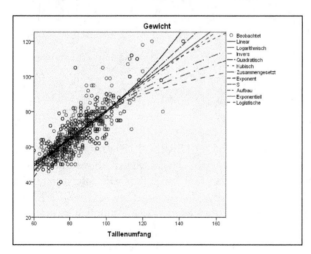

*Pfad: Analysieren → Regression ... → Kurvenanpassung.*
Legen Sie GEWICHT als abhängige Variable und TAILLE als unabhängige Variable fest. Wählen Sie unter den angebotenen Modellen (s.u.) die gewünschten Kurvenfunktionen. Aktivieren Sie „Konstante in Gleichung einschließen" und „Diagramm der Modelle". Fordern Sie die Kurvenanpassung mit „OK" an.

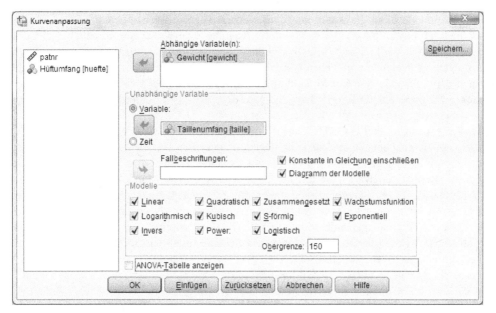

```
TSET NEWVAR=NONE .
CURVEFIT
/VARIABLES=gewicht  WITH taille
/CONSTANT
/MODEL=
  LINEAR LOGARITHMIC INVERSE
  QUADRATIC CUBIC COMPOUND
  POWER S GROWTH EXPONENTIAL
  LGSTIC
/UPPERBOUND=150
/PLOT FIT .
```

**Erläuterung der Syntax**

CURVEFIT fordert das Verfahren zur Kurvenanpassung an. CURVEFIT gibt standardmäßig ein Kurvenanpassungsdiagramm und eine zusammenfassende Tabelle der Regressionsstatistiken aus, darin u.a. Kurvenfunktion bzw. -methode, $R^2$, Freiheitsgrade, F-Wert, Signifikanzniveau, ggf. Obergrenze (Upper bound), Konstante (b0) und Regressionskoeffizient/en (b1, b2, b3). Das Konfidenzintervall ist bei 95% voreingestellt. CURVEFIT schließt Missings standardmäßig listenweise aus.

Nach VARIABLES folgen die Namen der beiden Variablen, für die Kurvenfunktionen an die Daten angepasst werden sollen. Die zuerst genannte Variable (hier: TAILLE, Taillenumfang) wird als unabhängige Variable in die Modellbildung einbezogen; es kann nur eine unabhängige Variable angegeben werden. Die anschließend genannte Variable (hier: GEWICHT) bildet die abhängige Variable; es können mehrere abhängige Variablen angegeben werden. Wird TAILLE zur AV und GEWICHT zur UV, sind konsequenterweise andere Funktionen das Ergebnis (siehe dazu die Erläuterung der einfachen linearen Regression); das $R^2$ ist jedoch jeweils dasselbe. Es kann nur eine VARIABLES-Anweisung angegeben werden. /CONSTANT bestimmt, ob die Regressionsgleichung eine Konstante enthalten soll (oder nicht: NOCONSTANT). Nach /MODEL= können insgesamt bis zu elf verschiedene Regressionsmodelle auf einmal angegeben werden (alternativ über die Option: ALL). CURVEFIT erzeugt dabei für jede AV und Modellkurve vier neue Variablen. Bei großen Datenmengen sollten nicht mehr als die jeweils notwendigen Modellkurven angefordert werden. Die verschiedenen Regressionsmodelle werden weiter unten im Detail vorgestellt. Wird ein logistisches Regressionsmodell (LGSTIC) angefordert, muss mittels /UPPERBOUND separat ein oberer Grenzwert angegeben werden, der positiv und auch größer als der größte Wert in allen angegebenen abhängigen Variablen ist; für die vorliegenden Daten wurde der Wert 150 angegeben. Dieser Grenzwert wird für das logistische Regressionsmodell im Output angegeben. Mittels PLOT=FIT (voreingestellt) wird das Kurvenanpassungsdiagramm angefordert, PLOT=NONE unterdrückt die Ausgabe des Kurvenanpassungsdiagramms.

Das CURVEFIT vorausgehende TSET NEWVAR= legt Voreinstellungen für den Umgang mit abhängigen Daten fest, z.B. Zeitreihen und Sequenzvariablen. Bei NONE werden keine neuen Variablen abgespeichert. Bei CURRENT (voreingestellt) und ALL wird dagegen abgespeichert, wobei CURRENT bereits vorhandene Variablen ersetzt, ALL dagegen nicht. Das vorgestellte Beispiel ist nicht für Zeitreihendaten geeignet. Die Ausgabe ist gekürzt.

**Modellzusammenfassung und Parameterschätzer**

Abhängige Variable:Gewicht

| Gleichung | Modellzusammenfassung | | | | | Parameterschätzer | | | |
|---|---|---|---|---|---|---|---|---|---|
| | R-Quadrat | F | Freiheits-grade 1 | Freiheits-grade 2 | Sig. | Konstante | b1 | b2 | b3 |
| Linear | ,645 | 1247,205 | 1 | 686 | ,000 | 1,532 | ,791 | | |
| Logarithmisch | ,632 | 1176,897 | 1 | 686 | ,000 | −232,420 | 67,965 | | |
| Invers | ,607 | 1058,998 | 1 | 686 | ,000 | 136,157 | −5604,780 | | |
| Quadratisch | ,646 | 625,993 | 2 | 685 | ,000 | 14,652 | ,490 | ,002 | |
| Kubisch | ,646 | 625,993 | 2 | 685 | ,000 | 14,652 | ,490 | ,002 | ,000 |
| Zusammengesetzt | ,633 | 1183,187 | 1 | 686 | ,000 | 26,405 | 1,011 | | |
| Potenzfunktion | ,633 | 1184,755 | 1 | 686 | ,000 | ,958 | ,961 | | |
| S-förmig | ,620 | 1120,686 | 1 | 686 | ,000 | 5,176 | −79,995 | | |
| Aufbaufunktion | ,633 | 1183,187 | 1 | 686 | ,000 | 3,274 | ,011 | | |
| Exponentiell | ,633 | 1183,187 | 1 | 686 | ,000 | 26,405 | ,011 | | |
| Logistisch | ,643 | 1236,631 | 1 | 686 | ,000 | ,051 | ,978 | | |

Die unabhängige Variable ist Taillenumfang.

**Erläuterung der Ausgabe**

Das Kurvenanpassungsdiagramm wurde bereits weiter oben abgebildet. In die Anordnung der empirisch vorliegenden Messwertpaare (‚Beobachtet‘) wurde für jede angeforderte Funktion eine Linie in den Punkteschwarm eingezeichnet (linear, logarithmisch usw.). Beschränkt man den Vergleich der Linien auf den Bereich der Datengrundlage (SPSS führt die eingezeichneten Linien über den zugrunde liegenden Datenbereich hinaus, was eigentlich nicht zulässig ist), kann man bereits grafisch anhand des Kurvenanpassungsdiagramms feststellen, dass einige der ermittelten Funktionen zum annähernd gleichen Ergebnis führen; wobei dieses „gleich" nicht mit einem „gleich gut" zu verwechseln ist. Für eine begründetere Wahl zwischen den Funktionen können die Regressionsstatistiken in der Tabelle befragt werden. Die Tabelle „Modellzusammenfassung und Parameterschätzer" listet Gleichungen und Kennwerte für das untersuchte Modell auf; die AV („Gewicht") bzw. UV („Taillenumfang") sind dabei jeweils über bzw. unter der Tabelle angegeben. Unter „Gleichung", „Modellzusammenfassung" und „Parameterschätzer" sind die Gleichungen der angepassten Kurvenfunktionen und die dazugehörigen $R^2$ [„R-Quadrat"], F-Wert [„F"], Freiheitsgrade [„1" bzw. „2"], Signifikanzniveau [„Sig."] und die Konstante (b0) und ab „b1" je nach Modell die diversen Regressionskoeffizienten aufgelistet. Im Gegensatz zu früheren SPSS Versionen werden angegebene Obergrenzen, wie auch (nicht) eingehaltene Toleranzen in einer anderen Tabelle ausgegeben. Das Toleranzkriterium für QUA und CUB kann über TSET eingestellt werden.

Voraussetzung für die Wahl einer Kurvenfunktion anhand von Parametern ist zunächst, dass anhand des Kurvenanpassungsdiagramms davon ausgegangen werden kann, dass die jeweils eingezeichnete Linie eine angemessene Schätzung der beobachteten Messwertpaare darstellt. Die besten Parameter sind sinnfrei, wenn die ermittelte Kurve gar nicht die empirische Verteilung widerspiegelt. Das nächste Kriterium ist das der Signifikanz. Es werden zunächst nur die Kurvenfunktionen weiter betrachtet, deren F-Test Signifikanz erreicht (im Beispiel wären dies alle Modelle). Das nächste Kriterium ist das $R^2$. Es werden von den signifikanten Modellen nur die Kurvenfunktionen mit dem höchsten $R^2$ weiter betrachtet (im Beispiel wären dies LIN, QUA und CUB). Das nächste Kriterium ist die Einfachheit der Modellgleichung. Dem Ausmaß der größeren Varianzaufklärung steht also eine komplexere Modellgleichung gegenüber, deren Komplexität jedoch nicht immer durch eine marginal bessere Varianzaufklärung gerechtfertigt ist. Wenn sich z.B. das $R^2$ des linearen und des kubischen Regressionsmodells nur um 0.001 unterscheidet, der Preis dafür jedoch zwei zusätzliche Variablen in der Gleichung der quadratischen Funktion sind (siehe Übersicht), dann sollte die einfachere Gleichung, also in diesem Falle die lineare Regressionsfunktion vorgezogen werden. Der Vorteil ist dabei nicht nur der, dass mit linearen Korrelations- bzw. Regressionsmodellen ohne substantiellen Informationsverlust weitergerechnet werden kann, sondern dass die Interpretation der Ergebnisse bzw. Modelle vor dem Hintergrund linearer Modelle um einiges einfacher ist, als wenn dies anhand quadratischer Modelle gemacht werden müsste. Dennoch sollte man sich abschließend rückversichern, ob die grafisch und statistisch gefundene Kurvenfunktion tatsächlich zur inhaltlichen Beschreibung der miteinander zusammenhängenden Konstrukte geeignet ist. Für diese abschließende Betrachtung ist es oft aufschlussreich auszuprobieren, welche inhaltlichen Konsequenzen es nach sich ziehen könnte, wenn die gefundene Funktion über den Bereich der vorliegenden Daten verlängert würde oder ob die Gesamtfunktion je nach Datenbereich auch in einzelne, womöglich unterschiedliche Funktionen zerlegt werden könnte.

# 1.5    Statistik und Interpretation des Korrelationskoeffizienten

Wie wird nun ein Korrelationskoeffizient nach Pearson berechnet und interpretiert?

## 1.5.1    Statistik des Korrelationskoeffizienten

Für die Berechnung des Pearson-Korrelationskoeffizienten zirkulieren mehrere Formel- bzw. Notationsvarianten.

$$r = \frac{s_{xy}}{\sqrt{s_x{}^2 \cdot s_y{}^2}} \quad \text{bzw.} \quad r = \frac{\text{cov}(x, y)}{s_x \cdot s_y} \quad \text{bzw.} \quad r = \frac{\sum_i^n \left((x_i - \bar{x}) \cdot (y_i - \bar{y})\right)}{n \cdot s_x \cdot s_y}$$

$$\text{bzw.} \quad r = \frac{n \sum x_i y_i - (\sum x_i)(\sum y_i)}{\sqrt{((n \sum x_i{}^2) - (\sum x_i)^2)((n \sum y_i{}^2) - (\sum y_i)^2)}}$$

In der ersten Formel sind z.B. $s_{x^2}$ und $s_{y^2}$ die Varianzen der beiden Variablen x und y. $s_{xy}$ ist die Kovarianz von x und y; demnach ist der Pearson-Korrelationskoeffizienten r definiert als die Kovarianz von x und y relativiert an der Quadratwurzel des Produktes der Varianzen der beiden Variablen x und y. Der Koeffizient wird dann maximal, wenn die beiden Variablen gleich variieren (s.u.). Unter Varianz wird die Streuung von mind. intervallskalierten Variablen verstanden. Die beiden anderen Formeln sind Varianten der ersten; die dritte Schreibweise deutet die Ähnlichkeit zur Ermittlung der einfachen linearen Regression an. Als Kovarianz ist die gemeinsame Streuung zweier mind. intervallskalierten Variablen definiert. Bei standardisierten Variablen ist die Kovarianz identisch mit der Korrelation.

Für die Berechnung des Korrelationskoeffizienten *r* als *deskriptives Maß* sind keinerlei Annahmen über die Verteilungen der beiden Variablen erforderlich. Die Berechnung von *r* für einen *Hypothesen- bzw. Signifikanztest* setzt jedoch eine bivariate Normalverteilung voraus (z.B. Pedhazur, 1982², 40; vgl. Schendera, 2007, wie mit abgeschnittenen, sog. trunkierten Verteilungen umzugehen ist).
Die Interpretation des Korrelationskoeffizienten  setzt einen *linearen* Zusammenhang zwischen den beiden Variablen voraus (erkennbar z.B. an einem Streudiagramm). Bilden die Datenpunkte eine perfekte Linie, wird der Maximalbetrag von 1.0 erreicht. r ist den Daten dann am besten angemessen, weil es auf der minimalen Summe quadrierter Abstände zwischen den beobachteten und den geschätzten Werten basiert. Je größer die (systematische) Streuung der Datenpunkte um die (gedachte) Gerade, desto größer ist die Fehlervarianz und somit niedriger wird *r*. Je kurvilinearer eine bivariate Streuung ist, desto weniger ist der

lineare Korrelationskoeffizient als ein Index für die Streuung der vorliegenden Daten geeignet. Stattdessen sind passende Kurvenfunktionen zu wählen (z.B. kubisch, quadratisch usw.).
Was sagt ein Korrelationskoeffizient aus? r basiert auf standardisierten (z-transformierten)
Werten. r ist eine reine Zahl und unabhängig von den Messeinheiten der beiden miteinander
korrelierten Variablen. Der absolute r-Wert drückt somit den Grad des linearen Zusammenhangs zwischen zwei Variablen in z-Wert-Einheiten aus. Je höher r ist, desto besser kann die
eine der beiden Variablen durch die jeweils vorhergesagt werden. Die Rangkorrelation, der
Phi-Koeffizient und u.a. das punktbiseriale r sind lediglich Berechnungsäquivalente auf der
Basis der Formel von r (vgl. Cohen et al. 2003³, Kap.2).
Das Quadrat des Korrelationskoeffizienten (r²) drückt den Anteil der gemeinsamen Varianz
von x und y bzw. den Varianzanteil der linearen Assoziation zwischen den beiden Variablen
aus („Überlappung"). r² wird auch als Determinationskoeffizient bezeichnet.
1 – r² drückt die nichtgemeinsame Varianz aus bzw. den Anteil der *nicht* linearen Assoziation zwischen den beiden Variablen („Nichtüberlappung"). 1 – r² kann auch als Vorhersagefehler (Varianzschätzfehler) der jeweils einen Variablen durch die andere interpretiert werden.

## 1.5.2    Interpretation des Korrelationskoeffizienten

Mit einer Korrelationsanalyse wird üblicherweise untersucht, ob zwischen zwei Variablen
ein Zusammenhang besteht. Der Korrelationskoeffizient nach Pearson (auch: Maßkorrelati-
onskoeffizient, oder auch einfach nur: Korrelationskoeffizient) ist ein Maß für den linearen
Zusammenhang zwischen zwei kontinuierlich skalierten Variablen. Wie eingangs gesehen,
gibt es neben dem Pearson-Korrelationskoeffizient noch weitere Zusammenhangsmaße. Der
Korrelationskoeffizient kann Werte zwischen –1 und 1 annehmen. Das Vorzeichen des Koeffizienten gibt die Richtung des Zusammenhangs und sein Absolutwert die Stärke an. Eine
positive Korrelation bedeutet, dass, sobald sich Werte der einen Variable erhöhen, sich auch
Werte der anderen Variable erhöhen (grafisch: von links unten nach rechts oben ansteigende
Gerade: positives Vorzeichen). Eine negative Korrelation bedeutet, dass die Werte der einen
Variable abnehmen, während die Werte der anderen Variable ansteigen (grafisch: von links
oben nach rechts unten fallende Gerade: negatives Vorzeichen). Ein niedriger Korrelations-
koeffizient drückt aus, dass kein linearer Zusammenhang zwischen den beiden untersuchten
Variablen vorliegt. Werte um +/- 1 drücken einen perfekten linearen Zusammenhang aus.
Bei einer Korrelation um Null besteht kein linearer Zusammenhang zwischen beiden Variablen.

Unter der Voraussetzung, dass intervallskalierte und zuverlässig gemessene Variablen vorliegen, werden niedrige Korrelationen durch die Messwertverteilung verursacht, nicht durch
das Messniveau selbst. Die Korrelation zweier Variablen ist nicht gleichzusetzen mit dem
Zusammenhang zweier Konstrukte; es besteht auch die Möglichkeit, dass mind. eines der
Konstrukte unzuverlässig gemessen wurde (vgl. Cohen et al., 2003³, 53–55).

Der Signifikanztest zum Korrelationskoeffizienten wird auch von der Größe der zugrunde
liegenden Stichprobe mit beeinflusst. Signifikanz bedeutet hier nicht immer auch Relevanz.
Wichtiger als die Signifikanz des Hypothesentests ist die Größe des Koeffizienten.

Die Bewertung des Koeffizienten hängt dabei stark von der jeweiligen Fragestellung ab. Oft wird folgende Interpretation für Korrelationsbeträge zwischen 0 und 1 verwendet:

**Tabelle: Interpretationshilfe für Korrelationskoeffizienten r**

| r | Interpretation |
|---|---|
| < 0,2 | Sehr geringe Korrelation |
| < 0,5 | Geringe Korrelation |
| < 0,7 | Mittlere Korrelation |
| < 0,9 | Hohe Korrelation |
| ≥ 0,9 | Sehr hohe Korrelation |

Solche „Interpretationshilfen" sind im Prinzip eine Beeinträchtigung der einander ergänzenden Information von Korrelationskoeffizient (Präzision) und Streudiagramm (Differenziertheit).

Nur im oberen Korrelationsbereich ist eine lineare Funktion dann als hohe Korrelation zu interpretieren, wenn z.B. der Range der Funktion auch aus pragmatischer Sicht ausgesprochen hoch ist, was sich sowohl grafisch in einer linearen Anordnung, wie auch numerisch in einem hohen Koeffizienten ausdrückt. Nicht jeder quantitativ hohe Korrelationskoeffizient kann z.B. als qualitativ hohe Korrelation interpretiert werden.

- Beispiel 1: Die Höhe eines Zusammenhangs ist abhängig von den jew. Verteilungsformen der Variablen, jedoch nicht von ihrer jeweiligen Lage auf der x- und y-Achse. Beträgt z.B. bei einer bivariaten Korrelation der Koeffizient 0,9, so würde dieser Wert z.B. durch die Multiplikation oder Division aller Werte einer (oder auch beider) Variablen durch eine Konstante, z.B. 10, nicht verändert werden. Ein gleich hoher numerischer Koeffizient kann demnach inhaltlich völlig andere Zusammenhänge ausdrücken.
- Beispiel 2: Dasselbe gilt für eine Einschränkung eines Ranges i.S.v. Messwertbereichen (Streuung) der jeweiligen Variablen: Ist z.B. der Range der Daten (z.B. 1 bis 100) auf einen kleinen Ausschnitt eingeschränkt (z.B. 1 bis 10), kann zwar immer noch eine lineare Anordnung bzw. Funktion die Folge sein, jedoch nicht mehr ohne Weiteres als „hoch" verallgemeinernd i.S.v. repräsentativ für den theoretisch möglichen Range beschrieben werden, auch falls dies ein hoher Koeffizient suggerieren sollte.

Gleich hohe Korrelationskoeffizienten können daher je nach Fragestellung oder Datenlage unterschiedlich bedeutsam sein, wie auch unterschiedlich hohe Korrelationskoeffizienten inhaltlich durchaus dasselbe repräsentieren können.

Vor allem für Koeffizienten im mittleren bis niedrigen Korrelationsbereich ergibt sich zusätzlich das Problem (v.a. bei großen Datenmengen), dass Streuungsmuster nicht mehr ohne Weiteres grafisch interpretiert werden können (z.B. aufgrund übereinander liegender Messwertpaare). Ähnlich erscheinende Punktewolken werden oft durch verschiedene Koeffizienten beschrieben.

Kann jedoch ein präzises Maß, wie z.B. ein Korrelationskoeffizient, nicht einmal mehr anhand der Differenziertheit eines Streudiagramms genauer interpretiert werden, dann umso weniger eine Beschreibung qua Adjektivierung.
Von der Verwendung von wertenden Termini wie z.B. „hoch" oder „gering" ist daher ausdrücklich abzuraten; stattdessen sind die Werte der Koeffizienten mit dem empirischen wie auch theoretisch möglichen Range der jeweils dazugehörigen Variablen anzugeben.

Wichtig zu wissen ist, dass die Höhe von Korrelationskoeffizienten nicht nur durch Untersuchungsbedingungen (Versuchsanlage), sondern auch durch Merkmale der Stichprobe mit beeinflusst wird (Zufallscharakter, Merkmalsvariabilität/Repräsentativität und Größe).
Die Höhe des Korrelationskoeffizienten wird auch durch die jeweilige Variabilität, also des Ranges der beiden Variablen mitbestimmt. Ist der Range mind. eine der beiden Variablen beeinträchtigt, wird der Korrelationskoeffizient künstlich gesenkt. An verschiedenen Stichproben ermittelte Zusammenhänge ergeben verschiedene Korrelationseffizienten für dieselbe Grundgesamtheit. Der Zufallscharakter repräsentativer Ziehungen bedingt eine spezifische Stichprobenvariation und damit stichprobenspezifische Korrelationen; bei nichtrepräsentativen Ziehungen fällt dieser Effekt weitaus stärker aus:

Der Range wird bei nichtrepräsentativen Ziehungen oft durch den ausschnittartigen Charakter der Ziehung der Stichprobe beeinträchtigt. Werden z.B. Intelligenzfaktoren nicht an einer repräsentativen, sondern nur an einer studentischen Stichprobe untersucht, ist davon auszugehen, dass nur ein oberer, aber kein repräsentativer Ausschnitt aus dem Gesamtrange der Intelligenzfaktoren in die Analyse eingeht.
Eine präzise Schätzung eines Korrelationskoeffizienten für eine Grundgesamtheit ist nur mittels einer hinreichend großen Stichprobe möglich; nur anhand hinreichend großer Stichproben sind Vergleiche verschiedener Korrelationskoeffizienten möglich (unterstellt, sie stammen aus derselben Grundgesamtheit). Diehl & Kohr (1999, 237–239) geben z.B. eine Tabelle für das Ausmaß der Abhängigkeit der Variation von Korrelationskoeffizienten von der Stichprobengröße an.

**Tabelle: Abhängigkeit der Variation des Korrelationskoeffizienten**

| Stichprobengröße | 90% Grenzen des Koeffizienten |
|---|---|
| 5 | −0.82 bis + 0.82 |
| 10 | −0.55 bis + 0.55 |
| 20 | −0.38 bis + 0.38 |
| 30 | −0.31 bis + 0.31 |
| 50 | −0.24 bis + 0.24 |
| 100 | −0.17 bis + 0.17 |
| 300 | −0.10 bis + 0.10 |
| 1000 | −0.05 bis + 0.05 |

Die Tabelle basiert auf einer angenommenen Korrelation von 0,00 und demonstriert, dass mit zunehmender Stichprobengröße die Variation der Koeffizienten abnimmt. Bei n=10 liegen 90% der Koeffizienten im Bereich zwischen +/- 0.55. Bei n=100 liegen 90% der Koeffizienten im Bereich zwischen +/- 0.17. Bei n=1000 liegen 90% der Koeffizienten im Bereich zwischen +/- 0.05.

Von Anfang an sollte vielleicht auch darauf hingewiesen werden, dass aus einem *Korrelationskoeffizient um Null* nicht auf eine Unkorreliertheit der untersuchten Merkmale geschlossen werden kann. Je weiter die Messwertpaare von der Korrelationslinie abweichen, desto mehr unterschätzt der Korrelationskoeffizient die Stärke der bivariat-linearen Beziehung. Die untersuchten Merkmale können durchaus nicht-linear miteinander zusammenhängen, z.B. in Gestalt von U-förmigen Kurven. Ein Korrelationskoeffizient sollte also erst dann berechnet bzw. interpretiert werden, nachdem man sich mittels eines Streudiagramms ein genaues Bild von der konkreten Verteilung der Messwerte verschafft hat.

Bei der Zusammenhangsanalyse gilt es immer den wichtigen Grundsatz zu beachten: Korrelation ist nicht gleich Kausation! Eine Korrelationsanalyse erlaubt nur die Aussage darüber, ob und in welchem *Ausmaß* zwei Variablen zusammenhängen, aber nicht über die *Art* ihres Zusammenhangs, also welche der beiden Variablen die Ursache, welche die Wirkung repräsentiert. Soll ein Kausalmodell überprüft werden, also ob eine Variable systematisch die Variation einer anderen Variable verursacht, dann ist statt der Korrelation das Verfahren der Regression zu wählen. Umgekehrt gilt jedoch: Liegt keine bivariate Korrelation vor, liegt auch keine bivariate Kausation vor.

Multivariate Varianten der einfachen (bivariaten) Korrelation sind z.B. die partielle Korrelation, die multiple Korrelation und die kanonische Korrelation. Eine partielle Korrelation (auch: Partialkorrelation) ist z.B. die Korrelation, die zwischen zwei Variablen verbleibt, nachdem die Korrelation rechnerisch entfernt wurde, die durch den Effekt anderer, korrelierender Variablen verursacht worden war.

# 1.6    Berechnung mit SPSS (Beispiel)

Im Folgenden wird für den ungerichteten Zusammenhang zwischen Taillenumfang und Gewicht das Ausmaß der Korrelation (zweiseitig) nach Pearson berechnet.

**Maussteuerung**
*Pfad: Analysieren → Korrelation → Bivariat...*

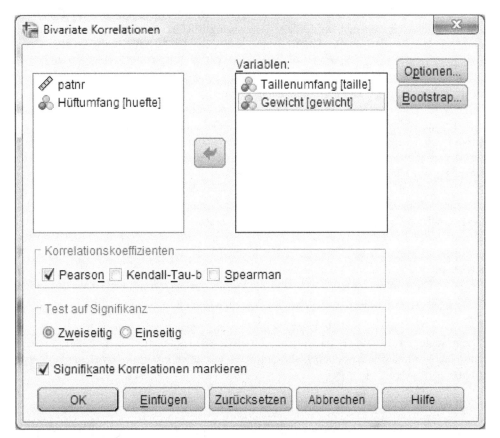

Markieren und Klicken Sie die beiden Variablen TAILLE und GEWICHT in das Auswahlfenster. Aktivieren Sie als Korrelationskoeffizienten „Pearson" und unter Test auf Signifikanz „zweiseitig". Aktivieren Sie „Signifikante Korrelationen markieren". Wählen Sie unter „Optionen" „Paarweiser Fallausschluss" für den Umgang mit fehlenden Werten. Starten Sie die Berechnung mit „OK".

**Syntax:**

```
CORRELATIONS
  /VARIABLES=taille gewicht
  /PRINT=TWOTAIL NOSIG
  /MISSING=PAIRWISE .
```

Der Befehl CORRELATIONS fordert die Berechnung einer Pearson Produkt-Moment-Korrelation an. Hinter /VARIABLES= werden die Namen der Variablen (hier: TAILLE GEWICHT) angegeben, deren Zusammenhang berechnet werden soll; es können auch mehr als zwei Variablen angegeben werden. Die Anweisung /PRINT= legt Testrichtung und Markierung signifikanter Korrelationskoeffizienten fest. Über ONETAIL/TWOTAIL kann eine einseitige oder zweiseitige Testrichtung angegeben werden. TWOTAIL (voreingestellt) für eine zweiseitige Testrichtung ist v.a. dann geeignet, wenn die Richtung des Zusammenhangs vorher nicht bekannt ist. Der Zusammenhang kann sowohl positiv, also auch negativ sein. ONETAIL ist dann geeignet, wenn die Richtung des Zusammenhangs vorher bekannt ist bzw. nur eine bestimmte Richtung erwartet wird. Der Zusammenhang darf entweder nur positiv oder nur negativ werden. Über NOSIG können signifikante Korrelationen mit Sternchen hervorgehoben werden. Signifikante Werte bei einem Alpha von 0.05 erhalten ein Sternchen, signifikante Werte bei einem Alpha von 0.01 erhalten zwei Sternchen (vgl. Schendera, 2007, Kap. 19, zur Interpretation von Asterisken). Verwirrend ist, dass SIG für Nichtkennzeichnen steht, vermutlich wäre es andersherum leichter nachzuvollziehen. Über MISSING wird der Umgang mit fehlenden Werten festgelegt. PAARWISE schließt Missings paarweise aus, LISTWISE dagegen listenweise. Bei nur zwei Variablen führt dies zum selben Ergebnis; bei mehr als zwei Variablen können drastisch verschiedene N in den jew. Analysen die Folge sein, v.a. beim listenweisen Ausschluss von Missings. Zusätzlich können über INCLUDE anwenderdefinierte Missings in die Analyse einbezogen bzw. über EXCLUDE anwender- und systemdefinierte Missings aus der Analyse ausgeschlossen werden.

Die Syntax erlaubt über die Maussteuerung hinaus u.a. folgende Möglichkeiten:
Mit dem Schlüsselwort WITH im Unterbefehl VARIABLES können die Korrelationen zwischen allen Variablen einer ersten Liste und allen Variablen einer zweiten Liste berechnet werden.

```
  /VARIABLES=VAR1 VAR2 VAR3 with VAR4 VAR5 VAR6
```

Es werden dabei nur die angegebenen listenweisen Korrelationen ermittelt, z.B. VAR1 mit VAR4 usw., allerdings nicht die Korrelation zwischen VAR1 und VAR2. Die WITH-Option ist sehr geeignet, die manchmal unüberschaubaren Korrelationstabellen auf die interessierenden Variablenpaare zu beschränken.

Mit der Anweisung /MATRIX kann z.B. eine Matrix für Pearson-Korrelationen in einen Datensatz geschrieben werden.

```
CORRELATIONS
  /VARIABLES= VAR1 VAR2 VAR3 VAR4 VAR5 VAR6
  /MATRIX OUT(*).
```

Im Beispiel werden z.B. für die Variablen VAR1 bis VAR6 die Mittelwerte, Standardabweichungen und N sowie die Korrelationskoeffizienten in einen temporären Datensatz geschrieben. Diese Matrizen können mit mehreren Verfahren weiter verarbeitet werden, u.a. Regression (SPSS Prozedur REGRESSION), Faktoren- und Clusteranalyse (FACTOR, CLUSTER), vgl. auch Schendera (2010).

**Output:**

**Korrelationen**

|  |  | Taillenum-fang | Gewicht |
|---|---|---|---|
| Taillenumfang | Korrelation nach Pearson | 1 | ,803** |
|  | Signifikanz (2-seitig) |  | ,000 |
|  | N | 711 | 688 |
| Gewicht | Korrelation nach Pearson | ,803** | 1 |
|  | Signifikanz (2-seitig) | ,000 |  |
|  | N | 688 | 719 |

**. Die Korrelation ist auf dem Niveau von 0,01 (2-seitig) signifikant.

Die Tabelle „Korrelationen" enthält die Pearson-Korrelationskoeffizienten, Signifikanzen und die Anzahl der Fälle ohne Missings (z.B. N=688 bei der paarweisen Korrelation). In konventionellen Korrelationsmatrizen befindet sich auf der Diagonalen immer der Wert 1, weil jede Variable eine perfekte lineare Korrelation mit sich selbst hat. In konventionellen Korrelationsmatrizen spiegeln sich somit auch die Koeffizienten an dieser Diagonalen.
Werden jedoch Korrelationsanalysen mittels der WITH-Option angefordert, sind die Koeffizienten weder gespiegelt, noch enthält die Tabelle eine 1er-Diagonale. Im Beispiel erreicht die Korrelation zwischen Taillenumfang und Gewicht die Signifikanz von p=0,000 und einen Korrelationskoeffizienten von 0.803. Da kein negatives Vorzeichen angegeben ist, korrelieren diese beiden Variablen signifikant, positiv und hoch miteinander.

# 1.7     Fallstricke: Linearität, Scheinkorrelation und Alphafehler-Kumulation

Auch wenn die Korrelation nach Pearson rechnerisch relativ unkompliziert erscheint, werden bei ihrer Interpretation nicht selten Fehler begangen. Die häufigsten Fehler betreffen Linearität, Scheinkorrelation und Alphafehler-Kumulation durch das fishing for significance.
Ein nicht seltener Fehler ist die Ableitung der Linearität aus der Signifikanz. Anhand einer Signifikanz kann nicht abgeleitet werden, dass ein linearer Zusammenhang vorliegt i.S.e. Folge der Signifikanz. Im Gegenteil: die Linearität ist die Voraussetzung, überhaupt eine Korrelationsanalyse durchführen zu dürfen. Um es an dieser Stelle nochmals zu wiederholen:

Wenn zwei Variablen miteinander in starker Beziehung stehen, der Zusammenhang *aber nicht* linear ist, ist der Korrelationskoeffizient nach Pearson keine geeignete Statistik zum Messen dieses Zusammenhangs. Etwas knapp formuliert: Die Linearität ist Voraussetzung, nicht Folge der Signifikanz.

Ebenso ist zu beachten, dass eine statistisch hohe Korrelation im rechnerischen Sinne zwar richtig sein mag, aber oft als rein statistischer Zusammenhang nicht ohne Weiteres in die Realität empirischer Zusammenhänge zurück übertragen werden kann. Oftmals kommt eine bivariat-signifikante Korrelation nur dadurch zustande, weil der Einfluss einer Drittvariablen nicht berücksichtigt wurde.

Wenn z.B. eine hohe Korrelation zwischen Lebensalter und dem Preis einer Tageszeitung ermittelt wurde, obwohl zwischen den beiden Variablen eindeutig kein direkter Zusammenhang besteht, dann deshalb, weil eine Drittvariable, die Teuerungsrate, nicht berücksichtigt wurde, die diesen Zusammenhang erst künstlich schuf.

Bei bivariaten Korrelationen besteht nicht selten die Gefahr, dass ein künstlicher Zusammenhang mit einem empirisch gegebenen Zusammenhang verwechselt wird. Wie der Einfluss der Störvariablen kontrolliert werden kann, wird weiter unten an der Partialkorrelation gezeigt.

Eine weitere Gefahr liegt im oft und gerne praktizierten „fishing for significance". Aus einer planlos angelegten Korrelationsmatrix werden dabei unkritisch die „besten", also die signifikantesten i.S. einer Hypothesenbestätigung ausgewählt, ohne sich der Gefahr wegen der Alphafehler-Kumulation zufällig entstandener Korrelationen und daher damit einhergehend dem Risiko des Aufsitzens auf Artefakte bewusst zu sein.

## 1.7.1    Scheinkorrelation und partielle Korrelation

Oft erhält man bei Zusammenhangsberechnungen Werte, die auf hohe bis sehr hohe Korrelationen schließen lassen, z.B. zwischen Güte einer Wohngegend und den jeweils auftretenden Todesfällen durch Krebs, einem Zusammenhang zwischen Alter und BMI bei Heranwachsenden, oder auch einem Zusammenhang der Anzahl der Störche und der jährlichen Geburtenrate.

Eine nachgewiesene Korrelation wird durch eine fehlende Erklärung noch nicht hinfällig. Ihre Abgrenzung von sog. nonsense correlations, z.B. dem Zusammenhang zwischen der Anzahl der Störche und der jährlichen Geburtenzahl, gelingt nur durch sorgfältige inhaltliche und statistische Überprüfung. Das Storch-Beispiel hält einer inhaltlichen Prüfung erst gar nicht stand; eine statistische Überprüfung erübrigt sich daher. Anders verhält es sich bei den beiden anderen Beispielen.

Beim Zusammenhang zwischen der Güte einer Wohngegend (operationalisiert über m²-Preise) und den jeweils auftretenden Todesfällen durch Krebs wurde die ungleiche Verteilung des Alters der Menschen auf die Wohngegenden übersehen. Die teuren Wohngegenden konnten sich nur jüngere Doppelverdienerpaare leisten, die älteren Menschen dagegen nur die einfacheren Wohngegenden. Dass die Menschen in diesen Gegenden eher an Krebs starben, hatte mit ihrem Alter zu tun, aber nicht mit der Wohngegend. Der Zusammenhang zwischen Wohngegend und der Krebssterblichkeit ist also in Wirklichkeit eine (anfangs unentdeckte) Scheinkorrelation.

Mit dem Verfahren der partiellen Korrelation kann aus einem Zusammenhang zwischen zwei Variablen der mögliche Einfluss einer dritten Variablen herausgerechnet werden. Bei der Partialkorrelation wird aus den beiden Variablen QMPREIS und KREBSTOD der Variationsanteil herausgerechnet, der aus der Variation in ALTER linear vorhersagbar ist; anschließend werden die Residuen von QMPREIS und KREBSTOD miteinander korreliert (bei der allgemeineren Semi-Partialkorrelation wird nur aus KREBSTOD der Variationsanteil von ALTER herauspartialisiert; anschließend werden die Residuen von KREBSTOD mit QMPREIS korreliert).

```
CORRELATIONS
 /VARIABLES=
  QMPREIS WITH KREBSTOD
 /PRINT=TWOTAIL NOSIG
 /MISSING=LISTWISE .
```

**Korrelationen**

|  |  | Krebssterb-lichkeit |
|---|---|---|
| qm-Preise | Korrelation nach Pearson | ,796[**] |
|  | Signifikanz (2-seitig) | ,000 |
|  | N | 344 |

[**]. Die Korrelation ist auf dem Niveau von 0,01 (2-seitig) signifikant.

```
PARTIAL CORR
 /VARIABLES=
  QMPREIS KREBSTOD BY ALTER
 /SIGNIFICANCE=TWOTAIL
 /MISSING=LISTWISE .
```

**Korrelationen**

| Kontrollvariablen |  |  | qm-Preise | Krebssterblichkeit |
|---|---|---|---|---|
| Alter | qm-Preise | Korrelation | 1,000 | ,351 |
|  |  | Signifikanz (zweiseitig) | . | ,000 |
|  |  | Freiheitsgrade | 0 | 341 |
|  | Krebssterblichkeit | Korrelation | ,351 | 1,000 |
|  |  | Signifikanz (zweiseitig) | ,000 | . |
|  |  | Freiheitsgrade | 341 | 0 |

Der Abschnitt **CORRELATIONS** ermittelt den Zusammenhang zwischen Wohngegend (Variable QMPREISE) und Krebssterblichkeit (Variable KREBSTOD); der Zusammenhang ist signifikant, positiv und hoch (r=0,796, p=0,000). Es wird im Beispiel der Einfachheit halber davon ausgegangen, dass die weiteren Bedingungen für die Durchführung einer Korrelationsanalyse erfüllt sind.

Der Abschnitt **PARTIAL CORR** rechnet aus dem Zusammenhang zwischen QMPREISE und KREBSTOD den möglichen Einfluss der Variablen ALTER heraus. Das Ergebnis ist eindeutig: Der Zusammenhang zwischen Wohngegend und Krebssterblichkeit ist zwar noch signifikant, jedoch nur noch gering (r=0,351, p=0,000). Die Signifikanz wird z.T. durch die Größe der Stichprobe (N=344) mit beeinflusst. PARTIAL CORR basiert auf dem Pearson-

Korrelationskoeffizienten und hat insofern alle Bedingungen für die Durchführung einer Korrelationsanalyse zu erfüllen. Im Beispiel wird davon ausgegangen, dass die Voraussetzungen aller Variablen erfüllt sind (wichtig ist auch auf die annähernd gleiche Anzahl von Fällen bzw. Missings zu achten).

Der globale Zusammenhang zwischen Alter und BMI bei Heranwachsenden ist unscheinbar, aber nicht minder aufschlussreich. Das folgende Beispiel behandelt nicht eine intervallskalierte, sondern eine kategorial skalierte Störvariable. Effekte kategorial skalierter Störvariablen können über eine partielle Korrelation nicht kontrolliert werden, aber über eine sog. „Blockbildung" zunächst unkompliziert miteinander verglichen werden.

```
CORRELATIONS
  /VARIABLES=
    alter WITH bmi
  /PRINT=TWOTAIL NOSIG
  /MISSING=LISTWISE .
```

**Korrelationen**

|       |                            | BMI    |
|-------|----------------------------|--------|
| Alter | Korrelation nach Pearson   | ,231** |
|       | Signifikanz (2-seitig)     | ,005   |
|       | N                          | 144    |

**. Die Korrelation ist auf dem Niveau von 0,01 (2-seitig) signifikant.

```
SORT CASES BY gschlcht .
SPLIT FILE
  LAYERED BY gschlcht .

CORRELATIONS
  /VARIABLES=age WITH bmi
  /PRINT=TWOTAIL NOSIG
  /MISSING=LISTWISE .

SPLIT FILE
  OFF .
```

**Korrelationen**

| Geschlecht |       |                          | BMI    |
|------------|-------|--------------------------|--------|
| männlich   | Alter | Korrelation nach Pearson | -,028  |
|            |       | Signifikanz (2-seitig)   | ,812   |
|            |       | N                        | 77     |
| weiblich   | Alter | Korrelation nach Pearson | ,502** |
|            |       | Signifikanz (2-seitig)   | ,000   |
|            |       | N                        | 67     |

**. Die Korrelation ist auf dem Niveau von 0,01 (2-seitig) signifikant.

Werden die Daten nach dem Geschlecht (Variable GSCHLCHT) der Personen gruppiert, zeigt sich ein völlig gegenläufiger Effekt. Während der Zusammenhang zwischen ALTER und BMI für die Heranwachsenden insgesamt (N=144) zwar signifikant, aber gering (0,231) war, fallen für Jungen und Mädchen separat ermittelte Korrelationen völlig verschieden aus. Für Jungen (N=67) wird der Zusammenhang zwischen ALTER und BMI erst gar nicht signifikant; für Mädchen (N=77) erreicht der Zusammenhang zwischen ALTER und BMI nicht nur Signifikanz (p=0,000), sondern auch ein beträchtliches Ausmaß (0,502). Das erzielte Ergebnis ist also ziemlich komplex:

Die eingangs ermittelte Korrelation war wahrscheinlich durch die Größe der Stichprobe insgesamt (N=144) mit verursacht worden. Darüber hinaus täuschte das Unspezifische dieses ersten Ergebnisses über einen möglicherweise differentiellen Effekt der Variable Geschlecht hinweg, der sich dann in geschlechtsspezifischen Zusammenhängen zwischen ALTER und

BMI niederschlug. Wichtig ist auch hier die annähernd gleiche Anzahl von Fällen bzw. Missings in den miteinander verglichenen Gruppen. Wie verschiedene Korrelationskoeffizienten direkt miteinander verglichen werden können, wird in einem späteren Abschnitt vorgestellt. Bei Kategorialdaten ist die Berechnung partieller Korrelationen durch das Einbeziehen einer Kontrollvariable beim Erstellen von Kreuztabellen (z.B. CROSSTABS) möglich.

Eine Scheinkorrelation entsteht also statistisch dadurch, dass eine dritte Variable zwischen den beiden geprüften Variablen einen künstlichen Zusammenhang herstellt, der dadurch Gefahr läuft, dann falsch interpretiert zu werden, wenn die Interpretation den Einfluss der Drittvariablen nicht einbezieht (vgl. Cohen et al., 2003[3], 75–79; Litz, 2000, 77–91; Pedhazur, 1982, 110–111).

Wichtig ist, dass bei der Herauspartialisierung von Störeffekten durch Partialkorrelationen nur Variablen gewählt werden, die tats. sachlogisch in Frage kommen bzw. überhaupt vorliegen. Wurden die Variablen nicht erhoben, kann ihr Effekt auch nicht ausgeschlossen werden.

Bei der Berechnung der Partialkorrelation sollte man sich über die Theorie, wie auch die zulässigen Kausalmodelle im Klaren sein, die mit diesem Verfahren untersucht werden können. Nach Pedhazur (1982, 110–111) sind z.B. die beiden folgenden Modellstrukturen zwei von mehreren Alternativen:

| $X \rightarrow Y \rightarrow Z$ | $X \leftarrow Y \rightarrow Z$ |
|---|---|
| z.B. QMPREISE $\rightarrow$ ALTER $\rightarrow$ KREBSTOD | z.B. QMPREISE $\leftarrow$ ALTER $\rightarrow$ KREBSTOD |

Im ersten Modell beeinflusst Y die Effekte von X auf Z (Y ist eine Mediatorvariable); im zweiten Modell ist Y eine gemeinsame Ursache von X und Z und verursacht eine Scheinkorrelation zwischen X und Z.

Die Kausalkorrelation ist dann nicht geeignet, wenn sie Wechselwirkungen oder indirekte Effekte (Moderatorvariablen) untersuchen soll, z.B. wenn mehr Relationen als Prädiktoren vorhanden sind, z.B. wenn X Z sowohl direkt, wie auch indirekt über Y beeinflusst, oder wenn X und Y korrelierte Ursachen von Z sind. Für solche und andere Modelle bietet die Pfadanalyse angemessenere Analysetechniken.

## 1.7.2     Das Problem der Alphafehler-Kumulierung

Auch wenn die Korrelationsanalyse von manchen Autoren im Kontext der deskriptiven Statistik vorgestellt wird, liegt ihr beim Schluss von einer Stichprobe auf eine Grundgesamtheit dennoch ein Hypothesentest zugrunde. Eine Hypothese wird formuliert, geprüft und anschließend angenommen oder abgelehnt. Zu beachten ist hier, dass eine Korrelation auf zwei Variablen basiert. Die rechnergestützte Datenanalyse (unabhängig davon, ob dies nun per Maus oder Syntax erfolgt) bietet jedoch die Möglichkeit an, Korrelationen von weit mehr als nur zwei Variablen anzufordern und sich aus der Menge der signifikanten Korrelationen die eindrucksvollsten herauszufischen. Wo liegt das Problem? Das Problem dieses sprichwörtlichen „fishing for significance" ist vielfältig und fängt mit dem zugrunde liegenden „running for significance" an, als ob Zusammenhänge wichtiger wären als ausbleibende Zusammenhänge; im Gegenteil, beide Befundlagen sind formal gesehen gleichwertig. Diese Signifikanz-Fixiertheit führte jedoch zu einem massiven „publishing error" ausschließlich signifikanter Ergebnisse. Arbeiten, die keinen Unterschied aufzeigen können (vielleicht, weil auch keiner existiert), werden wegen des ,running for significance' und der Alphafehler-Kumulation gar nicht erst veröffentlicht (z.B. Witte, 1980, 51–59; Bredenkamp, 1972, 53) und führen somit auch zu einer verzerrten Repräsentation von (z.B. klinischer) Wirklichkeit (z.B. Turner et al., 2008; Hackbarth, 2008). Eine konkrete Gegenmaßnahme bestand u.a. in der Herausgabe von Zeitschriften, die sich das Ziel gesetzt haben, ausschließlich nicht signifikante Ergebnisse zu veröffentlichen, z.B. das Journal of Negative Results in Biomedicine.

Das nächste Problem ist, dass diese Analysepraxis im Prinzip nicht mehr dem klassischen Hypothesentest entspricht; es werden ja gar keine Hypothesen formuliert, sondern gleich alle ausgewählten Zusammenhänge auf einmal analysiert, auf Signifikanzen abgesucht und unreflektiert veröffentlicht (ob überhaupt überprüft wird, ob alle Voraussetzungen für das Anfordern eines Korrelationskoeffizienten erfüllt waren, ist bei solch einer Vorgehensweise nicht sehr wahrscheinlich). Dieses allzu typische „fishing for significance", die Annahme, je mehr Korrelationsanalysen durchgeführt werden, umso größer sei die Chance, Signifikanzen zu finden, zieht zu keinem Zeitpunkt in Betracht, dass weil so viele Korrelationsanalysen durchgeführt wurden (dies gilt im Prinzip für alle wiederholt angewandten multivariaten Verfahren), aufgrund ihrer großen Zahl auch einige Signifikanzen zufälliger Natur sein könnten. Als Daumenregel gilt, dass bei 100 nacheinander durchgeführten Tests 5 Signifikanzen zufällig zustande gekommen sein können. Das Unwissenschaftliche an dem „fishing for significance" ist daher, dies nicht nur nicht zu wissen, sondern auch die zufällig zustande gekommenen nicht von den hypothesengeleitet ermittelten (Nicht-)Signifikanzen unterscheiden zu können.

Man stelle sich einen Dartspieler vor, der 100-mal mit verbunden Augen auf eine Dartscheibe wirft. Jeder Wurf entspräche einer durchgeführten Korrelationsanalyse. Jeder Treffer der Scheibe entspräche einer Signifikanz. Solche Treffer würden aber noch lange nicht beweisen, dass der Betreffende Dart spielen könne, noch dass die Treffer ernst zu nehmen sind, eben weil sie nicht kontrolliert bzw. nicht theoriegeleitet zustande gekommen sind. Und jetzt stelle man sich vor, dass dieser Dartspieler seine 5 mit verbunden Augen erzielten Treffer veröffentlicht, ohne anzugeben, wie viele Tests (Würfe) er vorgenommen hat, bis er zu seinen Resultaten gelangt ist. Je mehr Analysen (Würfe) durchgeführt werden, umso übertriebener und unglaubwürdiger (weil zufälliger) sind die angegebenen Signifikanzen (Treffer). Ein solches Vorgehen ist in der Wissenschaft, wie auch beim Dartspiel (was durchaus auch eine Wissenschaft für sich sein kann) mehr als zweifelhaft.

Vom klassischen Schema des Hypothesentests her ist bekannt, dass die Wahrscheinlichkeit, die Null-Hypothese korrekt anzunehmen $(1 - 0{,}05) = 0{,}95$ beträgt. $0{,}05$ bezeichnet dabei den Alphafehler, die Wahrscheinlichkeit, eine Signifikanz anzunehmen, obwohl in Wirklichkeit die Nullhypothese wahr ist. Bei zwei (unabhängigen) Tests ist diese Wahrscheinlichkeit schon etwas niedriger: $0{,}95^2 = 0{,}90$, bei drei Tests ist man schon bei $0{,}95^3 = 0{,}86$ angekommen, bei vier bei $0{,}95^4 = 0{,}81$ und bei fünf $0{,}95^5 = 0{,}77$ usw. Konträr erhöht sich der Alphafehler deutlich von anfangs $0{,}05$, über $0{,}10$, $0{,}19$ hin zu $0{,}23$. Dieses Phänomen, allgemein als

Alphafehler-Kumulierung bekannt, bezieht sich darauf, dass mit zunehmender Testzahl die Wahrscheinlichkeit rapide ansteigt, zufällig zustande gekommene Signifikanzen fälschlicherweise als korrekt anzunehmen.

**Beispiel:**
Werden nur fünf Variablen miteinander korreliert, entstehen zehn verschiedene Hypothesentests; wem die Formel (N/2) * (N – 1) [im Beispiel entspricht N der Anzahl 5] zu abstrakt ist, kann die Anzahl der Felder links bzw. rechts von der Diagonalen in der Abbildung unten gegenzählen. Die Wahrscheinlichkeit, eine H0 korrekt anzunehmen, beträgt nur noch 0,60; die Wahrscheinlichkeit, eine H0 fälschlicherweise anzunehmen dagegen bereits 0,40. Von einem puren Raten ist man an dieser Stelle nicht mehr weit entfernt. Ein weiteres Problem ist: Die seitens SPSS ermittelten Signifikanzen sind nicht gegen die Alphafehler-Kumulation korrigiert. Diese Korrektur muss der Anwender selbst vornehmen.

Der Alphafehler-Kumulation kann jedoch relativ unkompliziert mittels der sog. Bonferonni-Korrektur gegengesteuert werden. Bei der Bonferroni-Korrektur wird einfach der jeweils ermittelte Signifikanzwert mit der Anzahl der Hypothesentests (hier: 10) multipliziert. Liegen die multiplizierten Signifikanzen immer noch unter dem Ausgangs-Alpha (hier: 0,05), dann können sie als signifikant gelten.

**Korrelationen**

|  |  | kör | ene | psy | soz | ess |
|---|---|---|---|---|---|---|
| kör | Korrelation nach Pearson | 1 | ,613** | ,517** | ,454** | ,210** |
|  | Signifikanz (2-seitig) |  | ,000 | ,000 | ,000 | ,003 |
|  | N | 191 | 191 | 191 | 191 | 191 |
| ene | Korrelation nach Pearson | ,613** | 1 | ,572** | ,620** | ,144* |
|  | Signifikanz (2-seitig) | ,000 |  | ,000 | ,000 | ,046 |
|  | N | 191 | 191 | 191 | 191 | 191 |
| psy | Korrelation nach Pearson | ,517** | ,572** | 1 | ,418** | ,092 |
|  | Signifikanz (2-seitig) | ,000 | ,000 |  | ,000 | ,208 |
|  | N | 191 | 191 | 191 | 191 | 191 |
| soz | Korrelation nach Pearson | ,454** | ,620** | ,418** | 1 | ,197** |
|  | Signifikanz (2-seitig) | ,000 | ,000 | ,000 |  | ,006 |
|  | N | 191 | 191 | 191 | 191 | 191 |
| ess | Korrelation nach Pearson | ,210** | ,144* | ,092 | ,197** | 1 |
|  | Signifikanz (2 seitig) | ,003 | ,046 | ,208 | ,006 |  |
|  | N | 191 | 191 | 191 | 191 | 191 |

**. Die Korrelation ist auf dem Niveau von 0,01 (2-seitig) signifikant.

*. Die Korrelation ist auf dem Niveau von 0,05 (2-seitig) signifikant.

In der o.a. Abbildung beträgt der Zusammenhang zwischen ESS und ENE p=0,046 und ist somit (eventuell zufällig) signifikant. Nach der Korrektur um die Anzahl der durchgeführten Hypothesentests beträgt das p=0,46 und ist damit eindeutig nicht mehr signifikant. Der Zusammenhang zwischen ESS und KÖR bleibt nach der Bonferonni-Korrektur signifikant (unkorrigiert: 0,003; korrigiert: 0,03).

# 1.8    Spezielle Anwendungen

Unter den speziellen Anwendungen werden der direkte Vergleich von Korrelationskoeffizienten, die Überprüfung von Korrelationen auf Gleichheit und die Berechnung der Kanonischen Korrelation vorgestellt.

## 1.8.1    Vergleich von Korrelationskoeffizienten

Der Vergleich von Korrelationskoeffizienten ist mit SPSS auf mehrere Arten möglich. Die
erste Variante erlaubt den Korrelationskoeffizienten einer Stichprobe (CSAMPLE) bei Angabe ihrer Größe (NSAMPLE) gegen den Koeffizienten der Grundgesamtheit (POPCOEFF)
zu testen. Die beiden einzigen Annahmen dieses Ansatzes sind, dass der Korrelationskoeffizient der Grundgesamtheit ungleich Null ist und das die zugrundeliegenden z-Werte in etwa
standardnormalverteilt sind. Die Nullhypothese lautet: Der Korrelationskoeffizient der Stichprobe und der Korrelationskoeffizient der Grundgesamtheit sind gleich.
Als Daten werden jeweils die Koeffizienten aus dem Beispiel zum unterschiedlichen Zusammenhang zwischen BMI und ALTER für Jungen und Mädchen verwendet. Der Zusammenhang zwischen ALTER und BMI erreichte für Jungen und Mädchen (N=144) zusammen
signifikante 0,231; dieser Wert wird im Beispiel als der Korrelationskoeffizient für die
Grundgesamtheit einbezogen. Die Korrelationen für Jungen und Mädchen fielen jedoch
jeweils völlig verschieden aus. Für Jungen (N=67) wurde der Zusammenhang zwischen
ALTER und BMI (–0,028) erst gar nicht signifikant. Für Mädchen (N=77) erreicht derselbe
Zusammenhang signifikante 0,502.
Im nachfolgenden COMPUTE-Beispiel wird der Korrelationskoeffizient der Mädchen
(0,502, N=77) gegen den Koeffizienten der Heranwachsenden insgesamt (0,231, N=144)
getestet, in einem weiteren Schritt wird zusätzlich der Korrelationskoeffizient für die Jungen
auf dieselbe Weise getestet. Es werden jeweils gerundete Werte in die Analyse einbezogen.
Der durchgeführte Test ist zweiseitig; der Koeffizient der Grundgesamtheit darf jedoch nicht
Null sein. Im COMPUTE-Beispiel können auch negative Koeffizienten angegeben werden.
Der POPCOEFF-Wert darf jedoch nicht gleich Null sein.

```
data list free
/ CSAMPLE NSAMPLE POPCOEFF.
begin data
 0,50 77 0,23
-0,03 67 0,23
end data.
compute #ZSAMPLE = .5* (ln ((1 + CSAMPLE) / (1 - CSAMPLE))).
compute #ZPOP = .5* (ln ((1 + POPCOEFF) / (1 - POPCOEFF))).
compute Z = (#ZSAMPLE-#ZPOP)/(1/(sqrt(NSAMPLE-3))).
compute PWERT = 2*(1-cdfnorm(abs(Z))).
exe.
format NSAMPLE (F3.0) CSAMPLE POPCOEFF PWERT (F8.3).
list.
```

Nach DATA LIST werden als CSAMPLE der Koeffizient der jeweiligen Stichprobe (Mädchen, Jungen), nach NSAMPLE die jeweilige Größe der Stichprobe und als POPCOEFF der Koeffizient der Grundgesamtheit eingelesen.

**Ausgabe:**

```
CSAMPLE   NSAMPLE   POPCOEFF        Z      PWERT

   .500        77       .230     2.71      .007
  -.030        67       .230    -2.11      .035


Number of cases read:   2    Number of cases listed:   2
```

Die ermittelten Signifikanzen (PWERT) liegen jeweils unter einem Alpha von 0,05. Der Korrelationskoeffizient der Mädchen unterscheidet sich statistisch signifikant vom Korrelationskoeffizienten der Grundgesamtheit (p=0,007); dasselbe gilt für den Korrelationskoeffizienten der Jungen (p=0,035).
Die SPSS Command Syntax Reference enthält auch eine Makrovariante für diesen Test; dieses Makro erlaubt jedoch nicht, negative Koeffizienten für die Stichprobe anzugeben.
Der Vergleich von Korrelationskoeffizienten ist nur unter Berücksichtigung des jew. zugrunde liegenden Ranges bzw. der jew. Lage der Verteilung auf x- bzw. y-Achse sinnvoll (vgl. 1.5.2).

## 1.8.2     Vergleich von Korrelationen auf Gleichheit

Liegen Daten in gruppierter Form vor, z.B. ALTER und BMI nach Geschlecht, so können verschiedene Gruppen auf die Nullhypothese gleicher bivariater Korrelationen überprüft werden, also z.B., ob die Korrelationen zwischen BMI und ALTER für Jungen und Mädchen gleich sind. Der Lösungsansatz basiert auf der Überprüfung der Gleichheit der Steigungen (Regressionshomogenität) auf der Basis z-standardisierter Variablen, wobei die Regressionssteigungen den Korrelationen entsprechen. Diese Variablen werden anschließend in eine Kovarianzanalyse einbezogen, wobei die Interaktion zwischen der Gruppierungsvariable (hier: GSCHLCHT) und einer der beiden z-standardisierten Variablen (welche, ist unerheblich) die Nullhypothese der Gleichheit der Steigungen (Korrelationen) über verschiedene Gruppen hinweg testet.

```
DESCRIPTIVES
  VARIABLES=age bmi
  /SAVE
  /STATISTICS=MEAN STDDEV MIN MAX .


UNIANOVA
  zbmi BY gschlcht WITH zage
  /METHOD = SSTYPE(3)
  /INTERCEPT = INCLUDE
```

```
/CRITERIA = ALPHA(.05)
/DESIGN = gschlcht*zage  .
```

Beim Ermitteln z-standardisierter Variablen mittels DESCRIPTIVES ist darauf zu achten, dass die Anzahl der Fälle bzw. Missings denen der durchgeführten Korrelationen bzw. Kovarianzanalyse entsprechen.

**Zwischensubjektfaktoren**

|  |  | Wertelabel | N |
|---|---|---|---|
| Geschlecht | 1,00 | männlich | 77 |
|  | 2,00 | weiblich | 67 |

**Tests der Zwischensubjekteffekte**

Abhängige Variable: Z-Wert: BMI

| Quelle | Quadratsumme vom Typ III | df | Mittel der Quadrate | F | Signifikanz |
|---|---|---|---|---|---|
| Korrigiertes Modell | 19,953[a] | 2 | 9,977 | 9,671 | ,000 |
| Konstanter Term | 17,070 | 1 | 17,070 | 16,548 | ,000 |
| gschlcht * Zage | 19,953 | 2 | 9,977 | 9,671 | ,000 |
| Fehler | 145,451 | 141 | 1,032 |  |  |
| Gesamt | 180,591 | 144 |  |  |  |
| Korrigierte Gesamtvariation | 165,405 | 143 |  |  |  |

a. R-Quadrat = ,121 (korrigiertes R-Quadrat = ,108)

Diese Interaktion zwischen der Gruppierungsvariable (hier: GSCHLCHT) und der z-standardisierten Variablen ZAGE (z-Standardisierung von AGE) ist signifikant. Die Nullhypothese der Gleichheit der Steigungen (Korrelationen) wird zurückgewiesen. Die Steigungen (Korrelationen) für Jungen und Mädchen sind verschieden. Auch hier gilt jedoch, dass der Vergleich von Korrelationen ohne Berücksichtigung des jew. zugrunde liegenden Ranges bzw. der Lage einer Verteilung auf x- bzw. y-Achse nur eingeschränkt sinnvoll ist (vgl. 1.5.2).

## 1.8.3    Kanonische Korrelation

Mittels einer kanonischen Korrelation (syn.: set correlation) kann der lineare Zusammenhang zwischen zwei Gruppen (Sätzen, Sets) von Variablen ermittelt werden, z.B. einem Satz von Prädiktoren und einem Satz von Kriterien. Der Einsatz dieses Verfahrens ist also v.a. dann sinnvoll, wenn der Zusammenhang zweier Merkmale untersucht werden soll, die sich jeweils aus mehreren Variablen zusammensetzen. Das größte Problem der kanonischen Korrelation ist die Interpretierbarkeit der ermittelten kanonischen Korrelationskoeffizienten. Maximale lineare Korreliertheit bedingt nicht selten minimale Interpretierbarkeit.

**Kurzdarstellung des Verfahrens der kanonischen Korrelation:**

Beim Verfahren der kanonischen Korrelation wird in jeder der beiden Gruppen zunächst eine Linearkombination der Variablen (sog. kanonische Variable) mit der Zieleigenschaft ermittelt, dass die Korrelation zwischen den beiden kanonischen Variablen $K_1$ und $K_2$ maximal ist. Die Korrelation zwischen $K_1$ und $K_2$ ist die erste kanonische Korrelation. Nach der Extraktion von $K_1$ und $K_2$ verbleibt für jedes Set eine Restvarianz, für die ebenfalls Linearkombinationen ermittelt werden, die maximal miteinander korrelieren (die ermittelten kanonischen Korrelationen werden sukzessive immer kleiner). Dieser Vorgang wird solange wiederholt, bis die Gesamtvarianz in einem der beiden Sets ausgeschöpft ist. Die Anzahl der kanonischen Korrelationen ist i.A. kleinergleich der Anzahl an Variablen im kleineren der beiden Sets. Die kanonische Korrelation ist immer größergleich wie die größte der einzelnen multiplen Korrelationen. Die kanonischen Variablen innerhalb eines Sets korrelieren miteinander zu Null (Orthogonalität).

**Beispiel:**

```
GET FILE "C:\...\IHREDATEN.SAV".
INCLUDE "C:\...\SPSS\Canonical correlation.sps".
CANCORR
      SET1=ENE ESS
   / SET2=KÖR PSY SOZ.
```

Das Berechnen der kanonischen Korrelation(en) ist unkompliziert. Über GET FILE wird zunächst der Datensatz angefordert, in dem sich die Variablen befinden, die in die kanonische Korrelation einbezogen werden sollen. Über INCLUDE wird das SPSS Makro „Canonical correlation" in die Analyse einbezogen. Am Makro muss im Prinzip nichts angepasst werden; es genügt die Einbindung über INCLUDE. Das Makro befindet sich meist im Unterverzeichnis „.../SPSS". Nach CANCORR werden nur noch die Variablen für die beiden Sets, SET1= und SET2=, angegeben (im Beispiel ENE und ESS für das erste Set und KÖR, PSY und SOZ für das zweite Set), für die die kanonischen Variablen $K_1$ bis $K_n$ bzw. dazugehörigen kanonischen Korrelationen ermittelt werden sollen.

**Ausgabe (Ausschnitt):**

```
Correlations Between Set-1 and Set-2
        kör      psy      soz
ene   ,6132    ,5715    ,6201
ess   ,2104    ,0916    ,1974


Canonical Correlations
1        ,761
2        ,115


Test that remaining correlations are zero:
      Wilk's   Chi-SQ      DF       Sig.
1      ,415   164,596    6,000      ,000
2      ,987     2,489    2,000      ,288
```

Unter „Correlations Between Set-1 and Set-2" werden zunächst die multiplen Korrelations-koeffizienten ausgegeben. Unter „Canonical Correlations" werden die kanonischen Korrela-tionskoeffizienten zwischen den beiden Sets SET1 und SET2 ausgegeben, diese betragen 0,761 bzw. 0,115. Unter „Test that remaining correlations are zero" wird nach jeder ermittel-ten kanonischen Korrelation die Nullhypothese geprüft, dass die nächste kanonische Korrela-tion gleich Null ist.

Nach der ersten kanonischen Korrelation wird die Nullhypothese zurückgewiesen (p=0,000); tatsächlich wird noch eine zweite Korrelation mit 0,115 ermittelt. Nach der zweiten kanoni-schen Korrelation wird die Nullhypothese jedoch beibehalten (p=0,288); es wird keine weite-re Korrelation ermittelt.

Zu den wichtigsten Voraussetzungen des Verfahrens gehört, dass die Korrelations- bzw. Varianz-Kovarianzmatrizen auf linearen Zusammenhängen zwischen den einzelnen Variab-lenpaaren basieren. Darüber hinaus sollten die Variablen u.a. intervallskaliert, multivariat normalverteilt und frei von Ausreißern sein. Bei dichotomen Prädiktorvariablen müssen die Kriteriumsvariablen in allen durch die Prädiktorvariablen definierten Subpopulationen nor-malverteilt sein. Liegen keine linearen Zusammenhänge vor, kann auf eine nichtlineare, kanonische Korrelationsanalyse mittels der SPSS Prozedur OVERALS ausgewichen werden (Menüpunkt: „Optimale Skalierung …").

# 1.9    Voraussetzungen für die Berechnung des Pearson-Korrelationskoeffizienten

Für die Berechnung einer Pearson-Korrelation sind zahlreiche Voraussetzungen bzw. Beson-derheiten zu beachten, die im Folgenden zusammengestellt wurden (vgl. Cohen et al., 2003[3]):

1.  Eine Korrelation erlaubt kein Kausalverhältnis zwischen zwei Variablen zu prüfen (vgl. Regression). Liegt jedoch keine bivariate Korrelation vor, dann besteht auch keine biva-riate Kausation.
2.  Nonsenskorrelationen, z.B. zwischen der Anzahl nistender Störche und der Anzahl neu-geborener Kinder, sind von vornherein sachlogisch auszuschließen.
3.  Die paarweisen Messungen $x_i$ und $y_i$ müssen zum selben Objekt gehören. In anderen Worten: Die untersuchten Merkmale werden dem gleichen Element einer Stichprobe ent-nommen.
4.  Für den benötigten Stichprobenumfang liegen mehrere Daumenregeln vor; diese empfeh-len mind. N=50 (Green, 1991) bzw. N=30 (Borg & Gall, 1989). Liegen schiefe Vertei-lungen oder messfehlerbehaftete Daten vor, werden weit mehr Fälle benötigt. Weniger Messwertpaare (z.B. N=6) sind dann zulässig, wenn die Daten annähernd perfekt linear angeordnet sind und eine Korrelation für einen idealen Zusammenhang berechnet werden soll.

5. Die Variablen sind jeweils intervallskaliert. Treppenartige Muster in einem Streudiagramm sind ein Hinweis darauf, dass mind. eine der beiden Variablen nicht intervallskaliert ist.

6. Messfehler (Zuverlässigkeit, Bias): Beide Variablen sollten hoch zuverlässig, also idealerweise ohne Fehler gemessen worden sein. Messfehler verringern die Korrelation. Ein bivariater Bias überhöht die Korrelation (z.B. Selektionsmechanismen, die Division beider Variablen durch denselben Zähler oder Nenner, oder bei der Korrelation von einzelnen Items mit zusammengesetzten Maßen, sog. Teil-Ganzes-Korrelationen).

7. Wenn von einer Stichprobe auf eine Grundgesamtheit geschlossen werden soll, z.B. mittels eines Signifikanztests, müssen die Daten beider Variablen jeweils einer Normalverteilung folgen. Liegt keine sog. zweidimensionale Normalverteilung vor, kann ein nichtlineares Zusammenhangsmaß oder eines auf einem niedrigeren Skalenniveau berechnet werden.

8. Zwischen beiden Variablen besteht ein linearer Zusammenhang. Der Pearson-Korrelationskoeffizient ist nicht zur Berechnung des Ausmaßes eines Zusammenhangs geeignet, wenn der Zusammenhang zwischen beiden Zufallsvariablen nichtlinear oder kurvilinear ist. Wenn die Messwertpaare in annähernd parallelem (möglichst dichtem) Abstand um die Korrelationslinie streuen, ist Homoskedastizität gegeben (Konstanz der Streuungen).

9. Läge dagegen Heteroskedastizität vor, würde der als Durchschnittswert ermittelte Standardschätzfehler weite Streuungen unterschätzen und dicht anliegende Streuungen überschätzen. Insofern wäre der Durchschnittswert nicht mehr für die Abbildung des linearen Zusammenhangs brauchbar. In diesem Fall bestünde die Möglichkeit, die Gesamtstreuung durch Bildung von Untergruppen zu unterteilen und die Korrelationskoeffizenten für die einzelnen Bereiche separat zu ermitteln. Das ähnliche anmutende Phänomen unterbrochener Linien erfordert ein anderes Vorgehen.

10. Die Korrelationslinie sollte Kontinuität aufweisen. Weist eine Linie (eine oder auch mehrere) Lücken auf, so ist dies als Hinweis auf eine nicht repräsentative Stichprobe zu interpretieren. Es sollte die Stichprobe über weitere Ziehungen so weit aufgefüllt werden, dass die Lücken geschlossen sind. Im anderen Falle wäre ein doppeltes Problem die Folge: Verzerrte Schätzungen für eine nichtrepräsentative Stichprobe.

11. Ausreißer liegen nicht vor. Ausreißer, die auf Störungseinflüssen basieren, sind zu entfernen, da sie zu irreführenden Korrelationen führen (v.a. bei kleinen Stichproben). Ausreißer in Richtung der Funktion überhöhen den Korrelationskoeffizienten; Ausreißer (z.B.) orthogonal zur Funktion führen zu einer Unterschätzung des Korrelationskoeffizienten. Lücken (s.o.) zu Ausreißern, die valide sind, aber auf einer nichtrepräsentativen Stichprobe basieren, sind über zusätzliche Ziehungen aufzufüllen.

12. Die Höhe des Korrelationskoeffizienten wird durch die jeweilige Variabilität der beiden Variablen mitbestimmt. Ist der Range mind. einer der beiden Variablen beeinträchtigt, wird der Korrelationskoeffizient künstlich gesenkt (Cohen et al., 2003[3], 57). Dieses Problem kann nur über eine repräsentative Stichprobe behoben werden. Eine Korrelation sollte grafisch weder über den vorliegenden Messwertbereich hinaus geführt, noch darüber hinaus interpretiert werden.

13. Die Signifikanz wird auch von der Größe der zugrunde liegenden Stichprobe mit beeinflusst. Signifikanz bedeutet nicht immer auch Relevanz.

14. Effekte von Drittvariablen: Korrelationen können Einflüssen anderer Variablen ausgesetzt sein. Die Korrelationskoeffizienten von Untergruppen können sich vom Korrelationskoeffizienten für die Gesamtkorrelation unterscheiden. Die Effekte können dabei je nach untersuchtem Gegenstand völlig verschieden sein. Korrelationskoeffizienten sollten daher auf jeden Fall gegenüber dem artifiziellen Einfluss heterogener Subgruppen abgesichert werden. Scheinkorrelationen, also Korrelationen, die nicht durch die beiden untersuchten Variablen, sondern durch eine dritte Variable verursacht werden, sind konzeptionell und rechnerisch über die Berechnung von Semi- bzw. Partialkorrelationen auszuschließen.

15. Die Variablen sind in derselben Richtung gepolt (v.a. bei der Interpretation interkorrelierter psychometrischer Skalen hilfreich).

16. Bei der Interpretation der Koeffizienten ist die Richtung des erwarteten Zusammenhangs und damit die des Tests zu beachten. Das Ergebnis eines einseitigen Test kann nicht bereits bei Signifikanz alleine angenommen werden; der vor dem Test verbindlich festgelegte Zusammenhang (positiv oder negativ) muss auch eingetreten sein.

17. Die zeitliche Unabhängigkeit der Messwerte (Autokorrelation) zählt im Allgemeinen *nicht* zu den Voraussetzungen einer Korrelation. Eine Messreihe kann u.a. mittels eines Durbin-Watson-Tests oder einem Autokorrelationsdiagramm auf das mögliche Vorliegen von Autokorrelation geprüft werden.

# 2 Lineare und nichtlineare Regression

Kapitel 2 führt ein in die Regressionsanalyse. Das Kapitel ist schrittweise aufgebaut, um das Grundprinzip beim Durchführen einer Regressionsanalyse transparent zu machen und so den Lesern zu helfen, oft begangene fundamentale Fehler von Anfang an zu vermeiden.

Kapitel 2.1 führt zunächst ein in die einfache, lineare Regressionsanalyse (SPSS Prozedur REGRESSION). Kapitel 2.1 setzt Kapitel 1 voraus. An einem einfachen Beispiel wird die Überprüfung der Linearität und Identifikation von Ausreißern anhand von Hebelwerten und Residuen erläutert. Auch wird das Überprüfen auf eine möglicherweise vorliegende Autokorrelation erläutert. Im Allgemeinen kann nur eine lineare Funktion mittels einer linearen Regressionsanalyse untersucht werden. Eine *nichtlineare* Funktion mittels einer linearen Regressionsanalyse zu untersuchen mündet in fehlerhaften Ergebnissen. Die Voraussetzungen für eine einfache lineare Regression sind nicht immer erfüllt. Das zweite Kapitel will daher den Übergang von der linearen Regression zur nichtlinearen Regression möglichst unkompliziert gestalten und helfen, u.a. folgende Fragen zu beantworten: Was ist zu tun, wenn der Zusammenhang zwischen zwei Variablen nicht linear ist? Was ist zu tun, wenn sich Residuen eines bivariaten linearen Regressionsmodells nicht zufällig, sondern nichtlinear verteilen? Was ist zu tun, wenn bei einem bivariaten linearen Regressionsmodell Heteroskedastizität vorliegt?

Kapitel 2.2 erläutert, was getan werden kann, wenn die Daten nicht linear, sondern kurvilinear verteilt sind. Kapitel 2.2 setzt Kapitel 2.1 voraus. Das Kapitel bietet zwei Lösungsmöglichkeiten an: Eine nichtlineare Funktion kann linearisiert und mittels einer linearen Regression analysiert werden. Alternativ kann eine nichtlineare Funktion mittels einer nichtlinearen Regression geschätzt werden (SPSS Prozeduren CNLR und NLR). Die nichtlineare Regression ist das zentrale Thema dieses Kapitels, einschließlich einer nichtlinearen Regression mit zwei Prädiktoren. Darüber hinaus werden Sinn und Grenzen der SPSS Prozedur CURVEFIT für die (non)lineare Kurvenanpassung erläutert. Abschließende Abschnitte stellen die diversen Annahmen der nichtlinearen Regression sowie in einer Übersicht eine Auswahl der bekanntesten Modelle einer nichtlinearen Regression mit einem oder mehr Prädiktoren zusammen.

Kapitel 2.3 führt ein in die multiple lineare Regressionsanalyse (SPSS Prozedur REGRESSION), die im Gegensatz zur einfachen linearen Regression um einiges komplexer ist. Kapitel 2.3 setzt Kapitel 2.2 voraus. Die Tatsache, dass mehrere anstelle nur einer unabhängigen Variablen im Modell enthalten sind, bedingt Besonderheiten, die v.a. die Verhältnisse der unabhängigen Variablen untereinander betreffen. Dieses Kapitel geht u.a. auf die Themen Modellbildung, Variablenselektion, Multikollinearität und andere Fallstricke ein. Neben dem

Identifizieren und Beheben von Multikollinearität wird auch auf das Umgehen mit zeitabhängigen (autoregressiven) Daten eingegangen. An einem ersten Beispiel werden die besonderen Kenngrößen der multiplen Regression vorgestellt; am zweiten Beispiel wird das Problem der Multikollinearität, seine Identifikation, wie auch den Umgang damit behandelt. Auch
werden Hinweise für die Berechnung einer Partial-Regression gegeben. Ein abschließender
Abschnitt stellt die diversen Voraussetzungen für die Durchführung der (non)linearen Regressionsanalyse sowie Ansätze zu ihrer Überprüfung zusammen (vgl. 2.4).

# 2.1 Lineare Regression: Zusammenhang mit Kausalrichtung

Dieses Kapitel beginnt mit einer Einführung in die einfache lineare Regression (paramet-
risch) und ihre unkomplizierte Anforderung per Maus. Anhand der ausgegebenen Syntax
wird beispielhaft die Angemessenheit der angegebenen Optionen der durchgeführten Analyse überprüft (vgl. auch Schendera, 2005). Ist der korrekte Ablauf der Berechnung sichergestellt, werden zunächst die hilfreichen Diagramme der grafischen Residuenanalyse erläutert
und danach die Statistiken der angeforderten Regressionsanalyse.

## 2.1.1 Bivariate lineare Regression: Einführung in die Regressionsanalyse mit REGRESSION

Mit einer Regressionsanalyse wird ähnlich wie bei einer Korrelationsanalyse untersucht, ob
zwischen Variablen ein Zusammenhang besteht. Es bestehen neben dem Rechenverfahren
selbst mind. drei weitere grundsätzliche Unterschiede (s.u.): Die Regressionsanalyse unterstellt z.B. ein Kausalmodell (z.B. ‚X verursacht Y‘) und erlaubt somit nicht nur eine Aussage
darüber, ob und in welchem Ausmaß zwei Variablen zusammenhängen, sondern auch die
Überprüfung der Richtung des Zusammenhangs, also des Kausalmodells selbst, also inwieweit eine unabhängige Variable (UV, Regressor, Prädiktor, erklärende Variable, Einfluss-
größe) einen Einfluss auf eine abhängige Variable (AV, Regressand, Kriterium, Zielvariable
bzw. -größe) ausübt.

Die in der Regressionsanalyse verwendete Terminologie wird manchmal auch danach unterschieden, ob es sich beim Forschungsziel um eine Vorhersage (prädikativ) oder eher um eine
Erklärung (explanativ) handelt. Der Unterschied liegt u.a. darin begründet, dass eine Regressionsanalyse oft Vorhersagen gestattet, ohne jedoch immer auch eine Erklärung mitliefern zu
können. Für eine prädikative Regressionsanalyse werden oft nur die Begriffspaare „Regressor"/„Regressand" bzw. „Prädiktor"/„Kriterium" verwendet, für eine explanative Regressionsanalyse oft nur die Termini erklärende Variable/Effekt (Pedhazur, 1982[2], 135–137).

Folgende Fragestellungen sind Anwendungsbeispiele für Regressionsanalysen:

- Hat die Zahl der benötigten Arbeitskräfte einen Einfluss auf ihre Löhne?
- Hat die Schwangerschaftsdauer einen Einfluss auf das Geburtsgewicht von Neugeborenen?
- Hat die Motorleistung einen Einfluss auf den Kraftstoffverbrauch eines Autos?

Wenn Sie die Formulierung dieser Fragenstellungen mit den Beispielen zur Korrelationsanalyse vergleichen, werden Sie feststellen, dass hier eine Kausalrichtung vorgegeben ist. Diese Fragen können darüber hinaus nach der (positiven, negativen) Richtung und dem Ausmaß des vermuteten Einflusses differenziert werden.

Im Unterschied zur Korrelationsanalyse liegt also bei der Regressionsanalyse eine vorgegebene Kausalrichtung vor. Die Einflussrichtung (Bestimmung der Variablen als unabhängig bzw. abhängig) wird theoretisch festgelegt und geht der Regressionsanalyse voraus. Des Weiteren wird eine lineare Beziehung zwischen der bzw. den unabhängigen Variable(n) und der abhängigen Variable vorausgesetzt. Im Gegensatz zur Fragestellung der Korrelationsanalyse, die lautet „Wie stark ist die eine Variable durch die andere Variable bestimmt und umgekehrt?" lautet die Fragestellung der Regressionsanalyse „Wie ändert sich eine abhängige Variable, wenn die unabhängige Variable systematisch variiert wird?". Der zweite Unterschied betrifft in diesem Zusammenhang das Zustandekommen der (un-)abhängigen Variablen; beide Variablen müssen nicht notwendigerweise Zufallsvariablen sein. Die Werte der unabhängigen Variablen werden z.B. oft systematisch variiert; entsprechend variieren die Werte der abhängigen Variable, womit diese nicht notwendigerweise eine Zufallsvariable ist (Pedhazur, 1982², 33–40). Der dritte Unterschied betrifft die Anzahl der Variablen. Eine Korrelation besteht immer nur aus Zusammenhängen zweier Variablen; auch eine Korrelationsmatrix setzt sich aus vielen bivariaten Zusammenhängen zusammen. Eine Regressionsanalyse kann jedoch von einer einfachen bivariaten Regression bis hin zur multivariaten, sog. Multiplen Regression bzw. Mehrfachregression (vgl. 2.3) erweitert werden.

Im bivariaten Fall (einfache lineare Regression) wird von einer unabhängigen Variable X auf eine abhängige Variable Y geschlossen. Bei der Multiplen Regression werden die Werte der abhängigen Variable Y durch die Linearkombination mehrerer unabhängiger Variablen X1, X2,... vorhergesagt.

Allerdings nur, was die Anzahl der unabhängigen Variablen betrifft; es kann am Standardmodell von Regression immer nur der Einfluss auf eine einzelne Variable berechnet werden. Soll ein Modell überprüft werden, das den Einfluss auf mehrere abhängige Variablen zugleich beschreibt, wäre z.B. die Pfadanalyse das Verfahren der Wahl (vgl. ANOVA/MANOVA vgl. Kap. 6).

Der „Beweis" einer Regressionsanalyse, wenn z.B. eine behauptete Kausalität „Signifikanz" erzielt, sollte mit einer gewissen Zurückhaltung betrachtet werden (auch, was die Verabsolutierung der Signifikanz angeht, z.B. Witte, 1980). Die Regressionsanalyse schließt damit die Gültigkeit anderer, konkurrierender (z.B. auch völlig entgegengesetzt formulierter) Modelle nicht aus. Wurde jedoch keine Signifikanz erzielt, dann liegt auch keine Kausalität vor, zumindest nicht in der behaupteten Form.

SPSS v21 bietet neben der einfachen (bivariat-linearen) Regression (Prozedur REGRESSI-
ON; auch: Prozedur GLM) u.a. an

- die schrittweise Regression (REGRESSION, Option STEPWISE)
- die Vorwärts- bzw. Rückwärtsregression (REGRESSION, Optionen FORWARD bzw.
  BACKWARD)
- die nichtlineare Regression (SPSS Prozeduren NLNR, CNLR)
- die multiple lineare Regression (REGRESSION; auch Prozedur GLM)
- die kategoriale Regression (Prozeduren CATREG, LOGISTIC REGRESSION, PLUM,
  NOMREG und PROBIT)
- die Cox-Regression (SPSS Prozedur COXREG)
- die Partial-Regression (SPSS Prozedur PLS)
- die Weighted Least Squares-Regression (SPSS Prozedur WLS)
- die 2SLS-Regression (2stufige LS-Regression, SPSS Prozedur 2SLS)
- die Ridge-Regression (SPSS Makro „Ridge-Regression Macro")
- wie auch zur Kurvenanpassung die Prozedur CURVEFIT.
  Eine Partial-Regression kann alternativ über separat durchgeführte multiple lineare Regressionen berechnet werden.

Im Folgenden werden die Grundgedanken und Rechenschritte der einfachen linearen Regres-
sion erläutert.
Als einführende Literatur zur Regressionsanalyse werden Chatterjee & Price (1995²) und
Pedhazur (1982²) empfohlen.


**Der Grundgedanke der einfachen linearen Regression**
Eine lineare Regression zu berechnen ist nur dann sinnvoll, wenn eine (möglichst hohe)
Korrelation zwischen den beiden Variablen X und Y besteht (wobei zu beachten ist, dass bei
einer geringen Korrelation ein kurvilinearer Zusammenhang vorliegen und somit eine nichtlineare Regression eher geeignet sein könnte). Diese Messwertpaare bilden in einem Streudiagramm, das nichts anderes ist als ein X-Y-Koordinatensystem, eine idealerweise linien-
bzw. bandförmige Punkteanordnung (siehe auch die Beispiele zu den Streudiagrammen in
diesem Kapitel). Wenn die Punkte bandförmig auf oder um eine gedachte Linie streuen, dann
ist die Annahme eines linearen Verlaufs gerechtfertigt und die Punktwolke kann durch eine
lineare Funktion beschrieben werden. Lineare Funktion deshalb, weil die grafische Form der
Regressionsfunktion eine *gerade Linie* ist. Bei kurvenartigen Punkteschwärmen sind dagegen nichtlineare (z.B. quadratische oder kubische) Regressionsfunktionen angebracht. Einige
Funktionen können auch durch Transformation linearisiert werden.


**Die Bestimmung der Regressionsgeraden**
Rechnerisch bestimmt man die gerade Linie durch die Punktewolke mittels der Methode der
kleinsten Quadrate (syn.: OLS, Ordinary Least Squares; nicht zu verwechseln mit WLS,
Weighted Least Squares, Methode der gewichteten kleinsten Quadrate). Die Methode der
kleinsten Quadrate minimiert dabei die Abstände der beobachteten zu den Werten auf der
Regressionsgerade in Richtung der Variable Y, und zwar so, dass die Summe der Quadrate

der Abstände aller Punkte von der gesuchten Geraden minimal wird. Die errechnete Gerade ist nach der Methode der kleinsten Quadrate somit immer auch die beste Schätzgerade zur Beschreibung eines linearen Zusammenhangs zwischen einer X- und Y-Variable.

Normalerweise versteht man unter Abstand den kürzesten Weg zwischen zwei Punkten. Dieser ergibt sich zwischen einem Punkt ($x_i$ ; $y_i$) und einer Linie aus der von der Linie rechtwinklig abgehenden Verbindungslinie (mittlere Abbildung). Bei der Regression wird der Abstand aber immer in Richtung der abhängigen Variablen gemessen; wobei die Konvention ist, dass die abhängige Variable auf der y-Achse abgetragen ist. Ein Lineal wird also nicht rechtwinklig zur Linie angelegt, sondern immer parallel zur y-Achse (linke Abbildung; vgl. auch Pedhazur, 1982[2], 22–24).

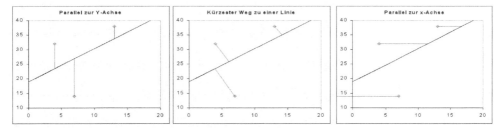

Abb.: Abstandsermittlung zu einer Linie: Links: Parallel zur Y-Achse, mitte: kürzester Weg zu einer Linie, rechts: Parallel zur x-Achse. Die Abbildung rechts demonstriert anhand derselben Werte, wie das Messen von Abständen parallel zur x-Achse zu völlig anderen Abständen führen würde.

Wird nun in die Abbildung irgendwo auf der y-Achse der geschätzte Mittelwert abgetragen und dieser parallel zur x-Achse bis zur Schätzfunktion mittels einer Geraden eingezeichnet und dann noch ein beliebiger Punkt ($x_i$, $y_i$) bis zur Funktion ($\hat{y} = a + bx$) mit einer Linie parallel zur y-Achse, dann lassen sich daraus drei Abstandsmaße ableiten.

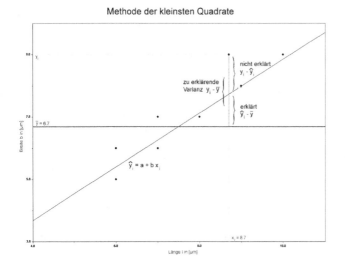

Der Abstand des Punktes ($x_i$, $y_i$) zu $\overline{y}$ bezeichnet die zu erklärende Varianz, die sich in die Anteile der erklärten Varianz ($\hat{y}_i - \overline{y}$) und die nicht erklärte Varianz ($y_i - \hat{y}_i$) zerlegen lässt. Das Ziel der Regressionsanalyse ist also eine Aufteilung der zu erklärenden Abweichung ($y - \overline{y}$) in einen möglichst großen Anteil der erklärten Abweichung ($\hat{y}_i - \overline{y}$) und in einen möglichst geringen Anteil der nicht erklärten Abweichung ($y_i - \hat{y}_i$): ($y - \overline{y}$) = ($y - \hat{y}$) + ($\hat{y} - \overline{y}$) bzw. das Minimum der Summe der quadrierten Abweichungen: $\sum(y_i - \hat{y}_i)^2$ = Minimum.

## Die Interpretation der Regressionsfunktion

Die Regressionsgerade basiert auf der Gleichung $y = a + b \cdot x$. Damit ist eine Regressionsgerade nicht nur eine Beschreibung, sondern anhand dieser Gleichung auch eine *statistische Interpretation* der vorliegenden Daten.

Die Regressionsgleichung kann somit u.a zur Deskription, Schätzung und Prognose, wie auch zur Simulation angewendet werden. Sind a (Intercept, Konstante) und b (Steigung) bekannt, so kennt man die genaue Lage der dazugehörigen Geraden. Die Regression beschreibt, schätzt und prognostiziert zugleich den Wert einer Variablen y aufgrund der Kenntnis einer anderen Variablen x desselben Messwertpaares.

Wenn die Messwerte zu $x_i$ mit $y_i$ bezeichnet werden, dann werden die y-Werte auf der zugehörigen Regressionslinie mit $\hat{y}_i$ (Schätzwerte von y) bezeichnet. Die sog. Minimumeigenschaft lautet: Die Summe der Abstandsquadrate der Punkte von der Geraden ist kleiner als bei jeder anderen Geraden; mathematisch ausgedrückt: $\sum_{i=1}^{n}(\hat{y}_i - y_i)^2$ = minimal. Die Regressionslinie soll eine Gerade sein. Daher gilt $\hat{y}_i = a_x + b_x \cdot x_i$. Eingesetzt in die erste Gleichung ergibt sich $\sum_{i=1}^{n}(a_x + b_x \cdot x_i - y_i)^2$ = minimal. Mittels der Differentialrechnung ergibt sich für die Regressionslinie von x auf y (und zur Demonstration von y auf x, s.u.):

**Regression von x auf y**                          **Regression von y auf x**

$$b_x = \frac{\sum_{i=1}^{n}((x_i - \overline{x}) \cdot (y_i - \overline{y}))}{\sum_{i=1}^{n}(x_i - \overline{x})^2}$$          $$b_y = \frac{\sum_{i=1}^{n}((x_i - \overline{x}) \cdot (y_i - \overline{y}))}{\sum_{i=1}^{n}(y_i - \overline{y})^2}$$

$$a_x = \overline{y} - b_x \cdot \overline{x}$$                          $$a_y = \overline{x} - b_y \cdot \overline{y}$$

Die (idealerweise möglichst kleine) Differenz zwischen einem beobachteten Wert und dem durch die Regressionsgleichung geschätzten (vorhergesagten) Wert wird als Residuum (syn.: Residualwert, Fehler) bezeichnet. Liegt ein beobachteter Wert (idealerweise genau) auf der eingezeichneten Regressionsgeraden, ist das Residuum ist gleich Null (der beobachtete Wert und der dazugehörige Schätzwert sind identisch). Je geringer die Abweichungen der Residuen insgesamt sind, umso besser wird die Streuung der Punkte durch die Regressionsfunktion erklärt. Liegen alle Werte des Modells exakt auf der Regressionsgeraden, beschreibt die Modellgleichung den Zusammenhang zwischen den Variablen perfekt. R bzw. $R^2$ würden unter diesen Bedingungen maximal mögliche Werte erreichen. Je größer die Abweichungen sind, umso weniger aussagefähig ist die Modellgleichung. Die Residuen und die vorhergesagten Werte müssen für die Beurteilung des Modells weitere Eigenschaften erfüllen, u.a. die der Normalverteilung.

Die Beurteilung der Modellangemessenheit anhand einer sorgfältigen (grafischen) Analyse der Residuen ist nach Meinung einiger Autoren wichtiger als die Berechnung der Regression selbst (z.B. Chatterjee & Price, 1995[2]).

Dies gilt umso mehr, weil die Betrachtung der statistischen Kennziffern alleine irreführend sein kann. Dieselben Regressionskoeffizienten können z.B. je nach Datengrundlage mal Signifikanz erreichen, unter anderen Bedingungen wieder nicht. Zentrale statistische Kennziffern wie z.B. $R^2$, F-Wert und damit Signifikanz der Regressionsgleichung werden u.a. durch die Größe der Stichprobe, wie auch durch Wertebereich und -variation der erfassten Daten mit beeinflusst, alles Merkmale, die in Streudiagrammen unkomplizierter als in Datenlisten zu erkennen sind (vgl. Pedhazur, 1982[2], 30–32). Dieses Phänomen ist u.a. für die Interpretation von $R^2$ bedeutsam. $R^2$ steigt z.B. mit zunehmender Variablenzahl, während ein zunehmend größeres N das $R^2$ wieder senkt. Hohe $R^2$ bei Modellen mit vielen Fällen haben also eine völlig andere Bedeutung als hohe $R^2$ bei Modellen mit wenigen Fällen. Im Falle der einfachen linearen Regression entspricht $R^2$ dem quadrierten Koeffizienten der Pearson-Korrelation zwischen Prädiktor und Kriterium ($R^2 = r^2_{xy}$).

Für einen gegebenen x-Wert erhält man durch Einsetzen den erwarteten y-Wert (z.B. Modell1: UV: LANGE $\rightarrow$ AV: BREITE). Möchte man aus einem gegebenen y-Wert den erwarteten x-Wert berechnen (z.B. Modell2: BREITE $\rightarrow$ AV: LANGE), so darf man die Geradengleichung von Modell 1 nicht einfach umstellen, vielmehr muss für Modell 2 eine eigene Regressionsfunktion errechnet werden.

**Beispiel: Hefezellen**

Für die mikroskopische Ausmessung von Hefezellen in Länge und Breite soll eine Regressionsanalyse berechnet werden. Der Anschaulichkeit halber sollen zwei Kausalmodelle berechnet werden: Es soll zunächst der Einfluss der Länge einer Hefezelle auf die Breite ermittelt werden und umgekehrt die Breite einer Hefezelle auf ihre Länge (zum Begriff der ‚Regression zweiter Art' siehe Lorenz, 1992, 72).

```
DATA LIST FREE
/ LANGE BREITE.
BEGIN DATA
6 5   7 6   6 6   7 6   8 7   9 8   10 9   8 7   7 7   7 6
END DATA.
EXE.
```

Es ergeben sich folgende Regressionsfunktionen:

**Regression von x auf y**                    **Regression von y auf x**

$$b_x = \frac{\sum_{i=1}^{10}\left((x_i - 7,5)\cdot(y_i - 6,7)\right)}{\sum_{i=1}^{10}(x_i - 7,5)^2} = \frac{12,5}{14,5} = 0,862 \qquad b_y = \frac{\sum_{i=1}^{10}\left((x_i - 7,5)\cdot(y_i - 6,7)\right)}{\sum_{i=1}^{10}(y_i - 6,7)^2} = \frac{12,5}{12,1} = 1,033$$

$$a_x = 6,7 - 0,862 \cdot 7,5 = 0,235 \qquad\qquad a_y = 7,5 - 1,033 \cdot 6,7 = 0,579$$

$$\hat{y}_i = 0,235 + 0,862 \cdot x_i \qquad\qquad \hat{x}_i = 0,579 + 1,033 \cdot y_i$$

Die beiden Regressionslinien sind in die folg. Abbildung eingetragen. Normalerweise sollte eine Regression nicht über den vorhandenen Messwertbereich hinaus geführt werden. Dies ist hier geschehen, um den Punkt deutlich zu machen, wo die Linie jeweils auf die x- bzw. y-Achse, den sog. Intercept, trifft. Außerdem ist das Bestimmtheitsmaß angegeben, das in beiden Fällen gleich sein muss und auch ist.

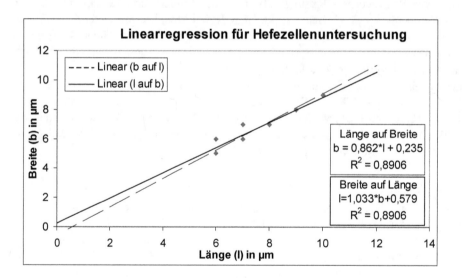

Diese Grafik zeigt zwei Modelle: Mit einer durchgezogenen Regressionslinie das Modell UV:Länge mit AV:Breite und mit der durchgezogenen Linie die Regressionsfunktion für das Modell UV:Breite bei AV:Länge. Die in der Legende angegebenen (z.B. Koeffizienten) und auch viele andere Kenngrößen werden in den folgenden Abschnitten ausführlich erläutert.

## 2.1.2 Beispiel und Syntax für eine bivariate lineare Regression – Durchgang 1: Überprüfung der Linearität und Identifikation von Ausreißern anhand von Hebelwerten und Residuen

Auf der Basis von klinischen Daten wird mit SPSS die Berechnung einer einfachen (bivariaten) linearen Regression durchgeführt. In diesem Kapitel wird eine erste Analyse einschließlich der Überprüfung der Linearität, Varianzengleichheit (Homoskedastizität) und der Identifikation von Ausreißern anhand von Hebelwerten und Residuen durchgeführt. Dass die Annahmen und Anforderungen der Regressionsanalyse nachweislich allgemein vernachlässigt werden, ändert nichts an der Fahrlässigkeit dieses zu unterlassenden Tuns und der Fragwürdigkeit der solcherart erzielten „Ergebnisse" (vgl. Weinzimmer et al., 1994). In einem separaten Kapitel werden eine Folge-Analyse ohne die identifizierten Ausreißer durchgeführt und die Ergebnisse mit der ursprünglichen Analyse verglichen. Die Prozedur REGRESSION besitzt eine Vielzahl von Optionen und Anweisungen, die in späteren Kapiteln zur Regression erläutert werden.

**Beispiel:**
An einer klinischen Stichprobe (N = 711 Frauen) wurden pro Person der Umfang von Taille und Hüfte gemessen. Das Kausalmodell legt vor der Durchführung der eigentlichen Analyse die Hüft-Daten als unabhängige Variable („huefte") und die Taille-Daten („taille") als abhängige Variable fest; für die umgekehrte Berechnungsrichtung (UV: Taille → AW: Hüfte) würde eine andere, leicht verschiedene Regressionsfunktion ermittelt werden. Vorausgeschickt werden soll noch, dass im Datensatz die Werte der Variablen PATNR den Zeilennummern entsprechen (in der ersten Auflage ermittelt über compute ID=$CASENUM).

**Voreinstellungen**
*Pfad: Bearbeiten → Optionen → Reiter „Viewer"*
Stellen Sie sicher, dass unter „Ausgabeelemente anzeigen" die Option „Befehle im Log anzeigen" aktiviert ist. In früheren SPSS Versionen hiess der „Viewer" noch „Text-Viewer".

**Maussteuerung**
*Pfad: Analysieren → Regression → Linear...*
Ziehen Sie die Variable TAILLE in das Fenster „Abhängige Variable". Ziehen Sie die Variable HUEFTE in das Fenster „Unabhängige Variable(n)". Stellen Sie unter „Methode" „Einschluss" ein.

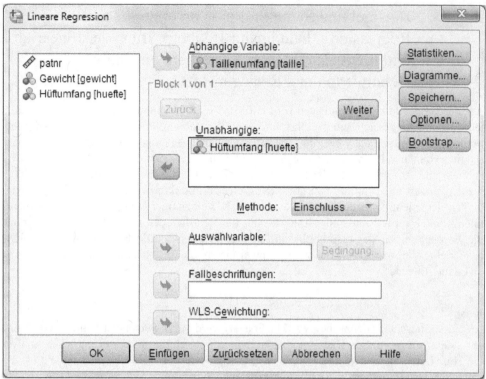

*Unterfenster „Statistiken"...:* Markieren Sie unter „Regressionskoeffizienten" „Schätzer" und „Konfidenzintervalle". Markieren Sie weiterhin „Anpassungsgüte des Modells" und „Deskriptive Statistik". Fordern Sie unter „Residuen" „Durbin-Watson" und die „Fallweise Diagnose" mit Ausreißern außerhalb von 3 Standardabweichungen an. Klicken Sie auf „Weiter".

*Unterfenster „Diagramme..."*: Fordern Sie für die „Standardisierten Residuen" das „Histogramm" und das „Normalverteilungsdiagramm" an. Fordern Sie bei den Diagrammen probeweise mehrere bivariate Streudiagramme an. Wenn Sie dabei einheitlich so vorgehen, dass Sie die standardisierten Residuen (ZRESID) immer auf der y-Achse abtragen und auf der x-Achse immer die unabhängige Variable bzw. vorhergesagten y-Werte (ZPRED), dann erleichtert Ihnen dies im Laufe der Zeit die Interpretation (die Angabe der unabhängigen Variable auf der x-Achse ist derzeit nur per Syntaxsteuerung möglich, siehe unten). Die separate Anforderung von Streudiagrammen über „Diagramme" → „Veraltete Dialogfelder" → „Streu-/Punkt-Diagramm" → „Einfach…" ist zwar nicht ganz so komfortabel, jedoch sicherer und erlaubt darüber hinaus auf den kompletten Leistungsumfang der GRAPH-Prozedur zuzugreifen.

*Unterfenster „Speichern..."*: Markieren Sie unter „Vorhergesagte Werte" die Variante „Standardisiert", ebenfalls unter „Residuen". Fordern Sie unter den „Distanzen" „Mahalanobis", „nach Cook" und „Hebelwerte" an. Klicken Sie auf „Weiter".

*Unterfenster „Optionen...":* Wählen Sie für „Fehlende Werte" die Option „Listenweiser Fallausschluss". Die gewählte Methode „Einschluss" ist eine schrittweise Methode, wenn auch nur mit einem einzelnen Schritt. Als „Kriterien für die Schrittweise Methode" können die Signifikanz (Wahrscheinlichkeit) des F-Werts oder der F-Wert selbst angegeben werden. Nehmen Sie an den Voreinstellungen keine Änderung vor. Markieren Sie die Option „Konstante in Gleichung einschließen". Klicken Sie auf „Weiter".
Starten Sie die Berechnung mit „OK".
Bevor Sie nun die Ergebnisse der Regressionsanalyse einsehen, fordern Sie die bivariaten Streudiagramme an.

*Pfad: Diagramme → Veraltete Dialogfelder [nicht bei älteren SPSS Versionen] → Streu-/Punkt-Diagramm → Einfach...*
Platzieren Sie die standardisierten Residuen (ZRE_1, siehe Datensatz) bzw. abhängige Variable (TAILLE) auf der y-Achse und die unabhängige Variable (HUEFTE) bzw. die vorhergesagten y-Werte (ZPR_1, siehe Datensatz) auf der x-Achse. Achten Sie bei der Festlegung der Diagramme nicht nur darauf, dass Sie die Variablen den Achsen korrekt zuweisen, sondern auch, dass Sie immer auch die richtigen Residuen des gewünschten Regressionsmodells einbeziehen. Mit jedem durchgeführten Rechendurchgang bzw. Speichervorgang werden die abgespeicherten Variablen um 1 hochgezählt. Die Variablen des zuletzt berechneten (also: aktuellen) Modells weisen die höchste Endziffer auf (z.B. ZPR_2, ZPR_3,...).

*Unterfenster „Titel...":* Versehen Sie die Diagramme mit Überschriften und Fußnoten Ihrer Wahl.

*Unterfenster „Optionen...":* Stellen Sie sicher, dass für „Fehlende Werte" dieselbe Option eingestellt ist wie bei der Regressionsanalyse, in diesem Beispiel also „Listenweiser Fallausschluss".
Falls Sie das nicht tun und Ihre Daten weisen Lücken auf, werden Berechnung und Diagramm(e) auf unterschiedlichen Daten basieren und wahrscheinlich zu erheblicher Irritation führen.

Fordern Sie jeweils die gewünschten Grafiken mit OK an.

**Anforderung einer Regressionsanalyse und einer grafischen Residuenanalyse mittels Syntax**
Sehen Sie die ausgegebene Syntax ein und überprüfen Sie sie als Protokoll Ihrer Vorgaben daraufhin, ob Sie alles wunschgemäß angegeben haben. Ihre Syntax muss der unten angegebenen Syntax entsprechen mit der Ausnahme, dass ggf. die Reihenfolge der Befehlszeilen eine etwas andere sein kann. Einzelne Optionen oder komplette Befehlszeilen dürfen jedoch nicht fehlen.
Kontrollieren Sie immer die Syntax, bevor Sie Ihren Output einsehen.

```
REGRESSION
  /MISSING LISTWISE
  /DESCRIPTIVES MEAN STDDEV CORR SIG N
  /STATISTICS COEFF OUTS CI R ANOVA
```

```
/CRITERIA=PIN(.05) POUT(.10)
/NOORIGIN
/DEPENDENT taille
/METHOD=ENTER huefte
/RESIDUALS ID(PATNR) DURBIN HIST(ZRESID) NORM(ZRESID)
/CASEWISE OUTLIERS(3) PLOT(ZRESID)
/SCATTERPLOT=(taille,huefte)
/SCATTERPLOT=(*ZRESID,huefte)
/SCATTERPLOT=(*ZRESID ,*ZPRED )
/SAVE ZPRED COOK LEVER ZRESID MAHAL.
```

Die Residuen des berechneten Modells werden anschließend einer grafischen Residuenanalyse unterzogen.

Chatterjee & Price (1995[2]) empfehlen für die Überprüfung der Residuen eines Modells mind. folgende drei Streudiagramme anzufordern: $x * y$, $x * y_{Residuen}$ und $y_{Schätzwerte} * y_{Residuen}$. Die nachfolgende GRAPH-Syntax fordert also drei Diagramme an: Das erste Streudiagramm enthält die Werte der unabhängigen und der abhängigen Variable. Das zweite Streudiagramm gibt die Werte der unabhängigen Variablen („huefte") und die Residuen der abhängigen Variablen „taille" wieder. Das dritte Streudiagramm enthält die Schätzwerte und die Residuen der abhängigen Variable („taille").

```
GRAPH
  /SCATTERPLOT(BIVAR)= huefte WITH taille
  /MISSING=LISTWISE
  /TITLE= "Linearitätstest"
  /FOOTNOTE "Datenbasis: Beobachtungen".
GRAPH
  /SCATTERPLOT(BIVAR)= huefte WITH ZRE_1
  /MISSING=LISTWISE
  /TITLE= "Test auf Varianzungleichheit und Ausreißer (1)"
  /FOOTNOTE "Datenbasis: UV-Beobachtungen, AV-Residuen".
GRAPH
  /SCATTERPLOT(BIVAR)= ZPR_1 WITH ZRE_1
  /MISSING=LISTWISE
  /TITLE= "Test auf Varianzungleichheit und Ausreißer (2)"
  /FOOTNOTE "Datenbasis: AV-Schätzer, AV-Residuen".
```

Für die Überprüfung auf Heteroskedastizität finden sich in der Literatur auch mehrere Ansätze zur inferenzstatistischen Absicherung, die jedoch selbst wiederum diverse Voraussetzungen und damit einhergehend Vor- und Nachteile haben können (vgl. als erste Übersicht Cohen et al., 2003[3], 130–133). Bei dem Ansatz von Darlington (1990) werden z.B. die über /SAVE SRESID (das o.a. Beispielprogramm wäre dahingehend zu ergänzen) abgespeicherten studentisierten Residuen quadriert und über RANK VARIABLES normalisiert und in der angelegten Variable (z.B.) NORMSRQ abgelegt.

```
compute SRE1QUAD = SRE_1*SRE_1
exe.

rank
    variables= SRE1QUAD (a)
/normal
/print=yes
/ties=mean
/fraction=BLOM
/rank into NORMSRQ.
```

Anschließend wird mittels UNIANOVA eine Regression der SRE1QUAD-Werte auf den/die Prädiktoren des ursprünglichen Modells einschl. ihrer jew. Quadrate berechnet (vgl. /DESIGN=). Bei mehreren Prädiktoren wären nach DESIGN auch alle möglichen Interaktionen der Prädiktoren untereinander anzugeben.

```
UNIANOVA
normsrq WITH taille
/METHOD = SSTYPE(3)
/INTERCEPT = INCLUDE
/CRITERIA = ALPHA(.05)
/DESIGN = taille taille*taille .
```

Ein Heteroskedastizitätsproblem liegt möglicherweise dann vor, wenn sich in der SPSS Ausgabe in der Zeile „Korrigiertes Modell" eine Signifikanz findet. „Möglicherweise" deshalb, weil eine Signifikanz auch andere Ursachen haben kann. Die Ausgabe dieses Tests wird bei den Diagrammen zur Varianzheterogenität angegeben. Diagramme und Grafiken müssen nicht notwendigerweise übereinstimmen; welchem Test sie den Vorzug geben (und auch: warum!), müssen Anwender selbst entscheiden können.

**Erläuterung der Syntax für die Regressionsanalyse (Einführung)**
Zunächst wird die Syntax der Regressionsanalyse vorgestellt; anschließend wird die Syntax der grafischen Residuenanalyse mittels GRAPH erläutert. Im anschließenden Abschnitt werden die Ergebnisse der grafischen Residuenanalyse vor den Ergebnissen der Regressionsanalyse dargestellt.

REGRESSION fordert die SPSS Prozedur für die Berechnung von Regressionsanalysen an. Nach dem Unterbefehl /MISSING wurde angegeben, wie mit möglicherweise fehlenden Werten umgegangen werden soll. LISTWISE führt den Fallausschluss für alle Variablen listenweise durch; die Option LISTWISE kann um INCLUDE ergänzt werden. Es ist unbedingt darauf zu achten, dass die Behandlung von Missings in deskriptiven und inferenzstatistischen Analysen übereinstimmt.

Mit dem Unterbefehl /DESCRIPTIVES wurden deskriptive Statistiken (MEAN, Mittelwert; STDDEV, Standardabweichung), Pearson-Korrelationskoeffizienten, dazugehörige einseitige Signifikanzen und die Anzahl der Fälle für die Berechnung der Korrelationen (CORR, SIG,

N) angefordert. Die deskriptiven Parameter werden nur für die angegebenen Variablen und auch nur für die gültigen Fälle ermittelt. Bei LISTWISE werden nur Fälle mit gültigen Werten über alle Variablen hinweg in die Berechnung der deskriptiven Statistiken einbezogen.

Mit dem Unterbefehl /STATISTICS wurden Statistiken für die Regressionsgleichung und für die unabhängigen Variablen angefordert: R (R, R², Standardfehler für den angezeigten Schätzer), ANOVA (Varianzanalyse einschl. Quadratsummen der Regression bzw. Residuen, mittlere Quadratsummen, F-Wert und Signifikanz des F-Wertes), COEFF (nicht standardisierte Regressionskoeffizienten B, Standardfehler der Koeffizienten, standardisierte Regressionskoeffizienten (Beta), T und die einseitige T-Signifikanz), OUTS (Statistiken für Variablen, die noch nicht in der Gleichung aufgenommen wurden: Beta, T, zweiseitige T-Signifikanz und Minimaltoleranz), CI (95% Konfidenzintervall für die nichtstandardisierten Regressionskoeffizienten). STATISTICS muss vor DEPENDENT und METHOD angegeben werden.

Unter /CRITERIA werden über PIN die Parameter für die Aufnahme von Variablen in das Modell festgelegt. Eine Variable wird in das Modell aufgenommen, wenn ihre Statistik kleiner als der Aufnahmewert ist. Je größer der angegebene Aufnahmewert (PIN; alternativ: FIN) ist, umso eher wird eine (auch nichtsignifikante) Variable ins Modell aufgenommen. CRITERIA muss vor DEPENDENT und METHOD angegeben werden.

Der Unterbefehl /NOORIGIN bezieht die Konstante in das Modell ein. /NOORIGIN muss vor DEPENDENT und METHOD angegeben werden.

Unter dem Unterbefehl /DEPENDENT wird die abhängige Variable des Regressionsmodells angegeben, hier z.B. die Variable TAILLE. Es kann nur ein DEPENDENT-Unterbefehl angegeben werden. Einem DEPENDENT-Unterbefehl muss direkt mindestens ein METHOD-Unterbefehl folgen.

Nach dem Unterbefehl /METHOD wurde die Methode für die Variablenauswahl angegeben, im Beispiel: ENTER. Die direkte Methode wurde verwendet, weil das Modell fest vorgegeben war. Nach der Methode werden die Einflussvariablen angegeben, im Beispiel z.B. die Variable „HUEFTE". Es muss mindestens eine Einflussvariable angegeben werden.

Über den Unterbefehl /RESIDUALS wurde eine erste Residuendiagnostik angefordert. Über ID(PATNR) wird u.a. für die spätere fallweise Diagnostik eine ID-Variable festgelegt, z.B. PATNR. Die Option DURBIN fordert die Durbin-Watson-Statistik an. HIST fordert im Beispiel ein Histogramm einschl. Normalverteilungskurve für die von SPSS angelegte Variable ZRESID an; ZRESID enthält die standardisierten Residuen des Modells. Über die Option NORM wird für ZRESID ein P-P-Diagramm angefordert.

Mit dem /SCATTERPLOT-Unterbefehl werden drei bivariate Streudiagramme angefordert (s.o.), wobei die systemdefinierten Schlüsselwörter mit einem *-Präfix versehen werden, um sie von anwenderdefinierten Variablen unterscheiden zu können. Achtung: Diese Variablen werden unter einem anderen Namen in den Datensatz abgelegt (vgl. dazu die GRAPH-Syntax). Im Gegensatz zur Maussteuerung können per Syntax auch unabhängige Variablen unter /SCATTERPLOT angegeben werden.

Über den Unterbefehl /CASEWISE wurde für die Residuen eine umfangreiche Einzelfalldiagnostik angefordert. Über OUTLIERS(3) wurde die Ausgabe auf Fälle mit standardisierten Residuen über 3 Standardabweichungen eingestellt. Über PLOT(ZRESID; voreingestellt) wurde für standardisierte Residuen ein fallweises Diagramm angefordert. Die Angabe mehrerer /CASEWISE-Befehlszeilen ist leider nicht möglich.

Über den Unterbefehl /SAVE wurden die oben vorgestellten vorhergesagten Werte, Hebelwerte, Distanzen (Cook, Mahalanobis) und Residuen abgespeichert.

**Erläuterung der Syntax für die grafische Residuenanalyse**
Über GRAPH werden dieselben Grafiken erzeugt, die in REGRESSION mit dem
/SCATTERPLOT-Unterbefehl angefordert werden, wobei drei Unterschiede zu beachten
sind: Mittels GRAPH können u.a. Überschriften und Fußnoten vergeben werden; darüber
hinaus kann auf den ganzen Leistungsumfang der GRAPH-Prozedur zurückgegriffen werden
(u.a. Schablonen). In GRAPH wird zuerst die Variable für die x-Achse angegeben, unter
/SCATTERPLOT die Variable für die y-Achse. In GRAPH und /SCATTERPLOT sind für
dieselben, vom System ermittelten Variablen unterschiedliche Zugriffe erforderlich. GRAPH
greift z.B. auf standardisierte Residuen über „ZRE_1" zu, während unter /SCATTERPLOT
die Angabe als „*ZRESID" erforderlich ist.
Mittels GRAPH werden für die Untersuchung des Zusammenhangs zwischen den beiden
Variablen HUEFTE und TAILLE drei einfache Streudiagramme angefordert, um mittels sog.
grafischer Voraussetzungstests grundlegende Bedingungen für die Berechnung einer linearen
Regression zu überprüfen.
Das erste Diagramm überprüft, ob zwischen den beiden Variablen HUEFTE und TAILLE
überhaupt ein Zusammenhang vorliegt und ob dieser durch eine gerade Linie wiedergegeben
werden kann. Dieses erste Diagramm basiert auf den Beobachtungsdaten.

Am Ende dieses Kapitels wird ein GGRAPH-Beispiel für eine Grafik mit eingezeichneter
Regressionsgerade vorgestellt. Eine Regressionsgerade kann jedoch u.U. irreführend sein.
Geraden werden z.B. auch dann eingezeichnet, wenn die Verteilung kurvilinear ist oder Ausreißer aufweist; daher sollten bei der Beurteilung von Verteilungen entweder Grafiken ohne
möglicherweise irreführende Interpretationshilfen verwendet werden oder ein Diagramm mit
mehreren Beschreibungsvarianten, die miteinander verglichen werden können, wie sie z.B.
die SPSS Prozedur CURVEFIT anbietet.

Das zweite Diagramm überprüft den Zusammenhang der unabhängigen Variable (HUEFTE)
und den standardisierten Residuen der abhängigen Variable (TAILLE) auf das Vorliegen von
Normalität, Varianzheterogenität und Ausreißern.
Das dritte Streudiagramm überprüft ebenfalls das Vorliegen von Normalität, Varianzhetero-
genität und Ausreißern, dieses mal jedoch anhand der geschätzten (vorhergesagten) TAIL-
LE-Werte und den standardisierten Residuen der abhängigen Variablen (TAILLE).

## 2.1.3    Output und Erläuterungen

**Grafische Voraussetzungstests**
Für die Überprüfung der Residuen eines Modells wurden drei Streudiagramme angefordert: x
* y, x * $y_{Residuen}$ und $y_{Schätzwerte}$ * $y_{Residuen}$. Das erste Streudiagramm enthält die Werte der unabhängigen und der abhängigen Variable. Das zweite Streudiagramm gibt die Werte der
unabhängigen Variablen („huefte") und die Residuen der abhängigen Variablen „taille" wieder. Das dritte Streudiagramm enthält die Schätzwerte und die Residuen der abhängigen

Variable („taille"). Die GRAPH- und /SCATTERPLOT-Grafiken sollten zum selben Ergebnis kommen, da sie auf denselben Daten desselben Modells basieren; sollten sich GRAPH-
und /SCATTERPLOT-Grafiken unterscheiden, kann eine Ursache sein, dass in GRAPH ein
anderer Umgang mit Missings eingestellt wurde oder dass SCATTERPLOT nicht auf die
Residuen des gewünschten Modells zugreift. Im Folgenden werden nur die GRAPH-
Diagramme dargestellt und besprochen; das Gesagte gilt uneingeschränkt auch für die
SCATTERPLOT-Diagramme.

## 1. Grafik: Überprüfung auf Linearität

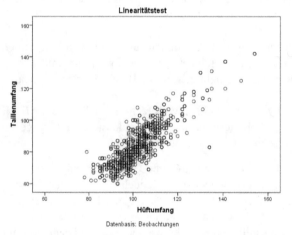

Interpretation: Der Zusammenhang zwischen den beiden Variablen „Hüftumfang" und „Taillenumfang" ist keineswegs unspezifisch wolkenartig, sondern eindeutig linear. Die Grundannahme der Linearität kann als gegeben angenommen werden. Der Pearson-
Korrelationskoeffizient ist zur Berechnung des Zusammenhangs geeignet. Die Linie verläuft
darüber hinaus eindeutig nicht als Parallele zur x-Achse (die Steigung ist somit ungleich
Null); daraus kann der Schluss gezogen werden, dass „Hüftumfang" eindeutig einen Einfluss
auf die Variable „Taillenumfang" ausübt. Der Punkt eines Wertepaares (HUEFTE, ca. 135
(Beobachtung) / TAILLE, ca. 80 (Beobachtung)) erscheint in diesem Streudiagramm als
Ausreißer.

Ausreißer können bei der Regressionsanalyse zwei völlig verschiedene „Gesichter" und
entsprechend zwei diametrale Konsequenzen auf die Schätzung der Regressionsgeraden
haben:

- Ausreißer können querab einer tats. vorliegenden linearen Verteilung liegen und dadurch
  die Schätzung einer solchen Verteilung teilweise oder völlig unterlaufen (wie z.B. in diesem Beispiel angedeutet). Im Extremfall kann keine brauchbare Regressionsgleichung
  geschätzt werden, obwohl eine Linearität vorhanden ist. Das Entfernen der Ausreißer ermöglicht die optimierte Schätzung des linearen Zusammenhangs.

- Ausreißer können zufällig linear angeordnet sein und das Vorliegen einer linearen Verteilung simulieren, während die übrigen Daten durchaus diffus bzw. punktwolkenartig verteilt sein können. Die Linearität wird also durch wenige Ausreißer gebildet und nicht durch den Großteil der Daten. Das Ergebnis einer solchen Schätzung ist, dass wenige linear angeordnete Ausreißer ausreichen, eine Linearität vorzutäuschen bzw. einen fehlenden Zusammenhang zu kaschieren. Im Extremfall wird eine Regressionsgleichung geschätzt, obwohl keine Linearität vorhanden ist. Das Entfernen der Ausreißer ermöglicht festzustellen, dass keine Linearität vorliegt. Eine scheinplausible Regressionsgleichung wird vermieden.

Bei beiden Varianten können sehr wenige Ausreißer, z.B. bereits 4–5 Ausreißer auf 1000 Werte, völlig ausreichen, die Schätzung der eigentlichen Verteilung völlig zu verzerren (umso mehr natürlich bei einem ungünstigeren Verhältnis zwischen Ausreißern und den übrigen Daten). Beeinträchtigt sind somit Regressionskoeffizienten, ihre Standardfehler, das $R^2$ sowie letztlich die Gültigkeit der getroffenen Schlussfolgerungen. Es kann beim sukzessiven Prüfen und Entfernen von Ausreißern übrigens durchaus vorkommen, dass anfangs die eigentliche Verteilung noch nicht (grafisch, zumind. bei einfachen linearen Regressionen) zu erkennen ist und dass das Entfernen von Ausreißern zunächst Nonlinearität andeutet und nach dem Entfernen weiterer Ausreißer dagegen Linearität. Und es kann auch der umgekehrte Fall auftreten.

**2. Grafik: Überprüfung auf Varianzheterogenität und Ausreißer (1)**
Normalität wäre im folgenden Diagramm daran zu erkennen, dass sich die Werte gleichmäßig über und unter der Nulllinie verteilen. Varianzheterogenität wäre im folgenden Diagramm daran zu erkennen, wenn sich die Werte etwa in Gestalt einer von links nach rechts sich öffnenden Schere bzw. trichterförmig verteilen, wobei mit zunehmenden x-Werten (Werte der unabhängigen Variablen, z.B. HUEFTE) der Streubereich der (standardisierten) Residuen der abhängigen Variable (TAILLE) immer größer wird. Würde also die Streuung (Variabilität) der Variable „Taillenumfang" bei zunehmenden Werten der Variable „Hüftumfang" ebenfalls zunehmen, läge ein Hinweis auf das Problem der Varianzenungleicheit (Heteroskedastizität, nonkonstante Varianz) der Fehler vor.

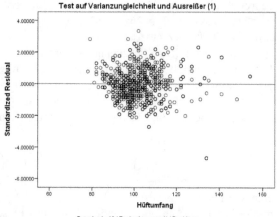

Datenbasis: UV-Beobachtungen, AV-Residuen

Interpretation: Die Streuung (Variabilität) der Residuen von „Taillenumfang" bleibt auch bei zunehmenden Werten der Variable „Hüftumfang" in etwa konstant. Varianzungleichheit (Heteroskedastizität) läge dann vor, wenn die Streuung (Variabilität) der Residuen der Variable „Taillenumfang" bei zunehmenden Werten der Variable „Hüftumfang" (v.a. deren Fehler) zunähme. Der Anteil der Werte über bzw. unter der Nulllinie scheint in keiner Weise auffällig unausgewogen; grafisch spricht nichts gegen Normalität. Die Werte streuen auch zufällig, d.h. in keiner Weise systematisch um die Nulllinie, z.B. auch nicht kurvilinear.

Die Heteroskedastizität (Varianzungleichheit) ist nicht leicht zu erkennen. Blickt man nach rechts, ist keine scherenartig zunehmende Streuung der Daten zu erkennen. Blickt man jedoch nach links, fällt ein trichterförmiges Zusammenlaufen der Wertestreuung auf. Dieses Diagramm deutet ein mögliches Heteroskedastizitätsproblem an. In diesem Streudiagramm erscheint der Punkt eines Wertepaares (HUEFTE, ca. 135 (Beobachtung) / TAILLE, ca. −4,5 (Residuum)) grafisch als Ausreißer.

### Tests der Zwischensubjekteffekte

Abhängige Variable: Rank of SRE1QUAD

| Quelle | Quadratsumme vom Typ III | df | Mittel der Quadrate | F | Signifikanz |
|---|---|---|---|---|---|
| Korrigiertes Modell | 1234906,420[a] | 2 | 617453,21 | 15,223 | ,000 |
| Konstanter Term | 1176938,529 | 1 | 1176938,5 | 29,017 | ,000 |
| taille | 704498,932 | 1 | 704498,93 | 17,369 | ,000 |
| taille * taille | 844291,996 | 1 | 844292,00 | 20,816 | ,000 |
| Fehler | 28716729,580 | 708 | 40560,353 | | |
| Gesamt | 120060932,000 | 711 | | | |
| Korrigierte Gesamtvariation | 29951636,000 | 710 | | | |

a. R-Quadrat = ,041 (korrigiertes R-Quadrat = ,039)

Das Ergebnis des Tests nach Darlington (1990) stimmt mit dem grafischen Befund überein. Die Zeile „Korrigiertes Modell" erreicht Signifikanz (p=0,000). Auch die inferenzstatistische Überprüfung deutet also ein Heteroskedastizitätsproblem an.

### 3. Grafik: Überprüfung auf Varianzheterogenität und Ausreißer (2)

Das dritte Streudiagramm überprüft ebenfalls das Vorliegen von Normalität, Varianzheterogenität und Ausreißern, dieses mal jedoch anhand der geschätzten (vorhergesagten) Werte und den standardisierten Residuen jeweils der abhängigen Variable (TAILLE).

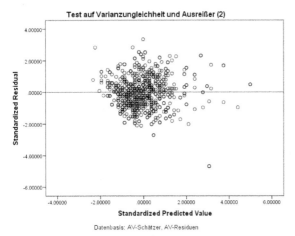

Datenbasis: AV-Schätzer, AV-Residuen

Interpretation: Die Werte streuen ausgewogen und zufällig, d.h. nicht systematisch um die Nulllinie. Normalität ist gegeben; auch dieses Diagramm deutet ein mögliches Heteroskedastizitätsproblem an. Bei diesen Daten liefern die beiden letzten Diagramme dieselbe Aussage (die Nulllinien auf der y-Achse wurden jeweils nachträglich hinzugefügt). Alle Streudiagramme sollen Heteroskedastizität identifizieren helfen, also ob die Streuung der Residuen mit den vorhergesagten bzw. beobachteten Werten zunimmt. Die Streuung der Daten ist in allen Diagrammen annähernd dieselbe. Man kann hier ebenfalls nicht ohne Weiteres sehen, dass die Streuung systematisch zunimmt. Geht die Blickrichtung jedoch nach links, kann Heteroskedastizität nicht ganz ausgeschlossen werden. Das Vorliegen von Homoskedastizität ist nicht eindeutig gewährleistet. In diesen Diagrammen deutet sich auch grafisch mind. ein Ausreißer an; das Entfernen dieses Ausreißers dürfte zu einer besseren Modellanpassung führen (vgl. dazu 2.1.4).

Die Ergebnisse der nachfolgenden Regressionsanalyse können nach dieser grafischen (und inferenzstatistischen) Residuenanalyse, abgesehen von einer möglichen Heteroskedastizität, als vermutlich auf einem linearen und gut angepassten Modell basierend bewertet und entsprechend interpretiert werden. Ob Homoskedastizität vorliegt, wäre ggf. noch genauer zu prüfen.

**Ergebnisse der Regressionsanalyse**

## Regression

Nach dieser Überschrift folgt die Ausgabe der angeforderten linearen Regression, im Beispiel ein Modell, in dem Werte des Taillenumfangs aus Werten des Hüftumfangs vorhergesagt werden.

**Deskriptive Statistiken**

|              | Mittelwert | Standardab-weichung | N   |
|--------------|------------|---------------------|-----|
| Hüftumfang   | 102,23     | 10,367              | 711 |
| Taillenumfang| 83,80      | 13,145              | 711 |

Die Tabelle „Deskriptive Statistiken" zeigt für die gültigen Fälle (jew. N=711) Mittelwerte, Standardabweichungen und N als deskriptive Statistik für alle Variablen im Modell an (hier: Hüftumfang, Taillenumfang).

**Korrelationen**

|                           |               | Hüftumfang | Taillenum-fang |
|---------------------------|---------------|------------|----------------|
| Korrelation nach Pearson  | Hüftumfang    | 1,000      | ,831           |
|                           | Taillenumfang | ,831       | 1,000          |
| Signifikanz (einseitig)   | Hüftumfang    | .          | ,000           |
|                           | Taillenumfang | ,000       | .              |
| N                         | Hüftumfang    | 711        | 711            |
|                           | Taillenumfang | 711        | 711            |

Der Tabelle „Korrelationen" kann entnommen werden, dass zwischen den beiden Variablen ein hoher Zusammenhang besteht (0,831, p=0,000) und dass somit der Berechnung der eigentlichen linearen Regression nichts entgegensteht. Je höher der Betrag des Korrelationskoeffizienten (Range: −1 bis 1), desto stärker ist der Zusammenhang. Ein nicht signifikanter Koeffizient ist so zu verstehen, dass die beiden untersuchten Variablen nichtlinear oder gar nicht zusammenhängen. Der Pearson-Korrelationskoeffizient ist zur Berechnung des Zusammenhangs nicht geeignet, wenn ein zuvor durchgeführter grafischer Linearitätstest ergeben hat, dass der Zusammenhang zwischen beiden Variablen nichtlinear oder kurvilinear ist. Die Korrelationskoeffizienten nach Pearson setzen für einen Hypothesentest darüber hinaus jeweils die bivariate Normalverteilung jedes Variablenpaars voraus.

**Aufgenommene/Entfernte Variablen[b]**

| Modell | Aufgenommene Variablen | Entfernte Variablen | Methode |
|--------|------------------------|---------------------|---------|
| 1 | Hüftumfang[a] | . | Eingeben |

a. Alle gewünschten Variablen wurden aufgenommen.

b. Abhängige Variable: Taillenumfang

Die Tabelle „Aufgenommene/Entfernte Variablen" zeigt Statistiken für bei jedem Schritt aufgenommene bzw. je nach Methode auch wieder entfernte Variablen an. Der Inhalt dieser Tabelle hängt davon ab, welche Methode gewählt und welche Voreinstellungen vorgenommen wurden (u.a. FIN/FOUT, TOLERANCE usw.). Die Spalte „Modell" ist bei schrittweisen Verfahren synonym als „Schritt" zu lesen. Die Spalte „Methode" gibt das voreingestellte Verfahren wieder (im Beispiel: „Eingeben"); je nach Methode sind dort auch Hinweise wie z.B. „Schrittweise Auswahl" und die eingestellten F-Werte für Aufnahme und Ausschluss zu finden. Da die direkte Methode für das Beispiel bereits nach dem ersten Schritt stoppt, enthält diese Tabelle nur eine Zeile, nämlich für das erste (hier zugleich auch das letzte) Modell 1. Der Spalte „Aufgenommene Variablen" können die aufgenommenen Variablen entnommen werden, in diesem Fall „Hüftumfang". Der Spalte „Entfernte Variablen" können die entfernten Variablen entnommen werden, in diesem Fall ist keine Variable angegeben. Die Spalte „Entfernte Variablen" bleibt dann leer, wenn z.B. die Methode kein Entfernen von Variablen vorsieht bzw. alle aufgenommenen Variablen den voreingestellten Kriterien entsprechen. Den Angaben unterhalb der Tabelle kann entnommen werden, dass alle gewünschten Variablen aufgenommen wurden (in diesem Falle „Hüftumfang") und dass „Taillenumfang" die abhängige Variable im Modell ist.

**Modellzusammenfassung[b]**

| Modell | R | R-Quadrat | Korrigiertes R-Quadrat | Standardfehler des Schätzers | Durbin-Watson-Statistik |
|--------|-----|-----------|------------------------|------------------------------|-------------------------|
| 1 | ,831[a] | ,691 | ,691 | 7,310 | 1,783 |

a. Einflussvariablen : (Konstante), Hüftumfang

b. Abhängige Variable: Taillenumfang

Der Tabelle „Modellzusammenfassung" können zu jedem Modell bzw. Schritt die zentralen Kennziffern des jeweiligen Modells bestehend aus dem Zusammenhang zwischen der/den unabhängigen und der abhängigen Variable entnommen werden. Unterhalb der Tabelle werden die Einflussvariablen (syn.: unabhängige Variablen, Prädiktoren) und die abhängige Variable des Modells angegeben. Der Inhalt dieser Tabelle hängt davon ab, welche Methode voreingestellt wurde; für direkte Methoden wird i.A. nur eine Zeile ausgegeben. Für das Modell 1 (Hüftumfang, Taillenumfang) werden R, korrigiertes $R^2$, der Standardfehler des Schätzers und die Durbin-Watson-Statistik ausgegeben. R drückt das Ausmaß der linearen Korrelation zwischen den beobachteten und den durch das Modell vorhergesagten Werten der abhängigen Variablen aus (Range: 0 bis 1). Bei einem einzelnen Prädiktor im Modell entspricht R dem Pearson-Korrelationskoeffizienten aus der Tabelle „Korrelationen". Die

Interpretation ist jew. dieselbe: Je höher R ist, desto höher ist der Zusammenhang zwischen Modell und abhängiger Variable. R=0,831 drückt einen hohen Zusammenhang zwischen Modell und abhängiger Variable aus. R-Quadrat (Range: 0 bis 1) ist der sog. Determinationskoeffizient und basiert auf dem quadrierten R-Wert. Je höher das $R^2$ ist, desto mehr Varianz erklärt das Modell in der abhängigen Variable. $R^2$=0,691 drückt aus, dass mehr als 2/3 der Variation in der abhängigen Variable durch das Modell erklärt werden können. Das Modell ist zur Erklärung des Einflusses von Hüftumfang auf Taillenumfang geeignet. Der Standardfehler des Schätzers ist ebenfalls ein Maß der Modellanpassung. Verglichen mit der Standardabweichung für die abhängige Variable (im Beispiel: Taillenumfang) in der Tabelle „Deskriptive Statistiken" ergibt sich dort ohne Kenntnis der unabhängigen Variablen eine Standardabweichung von 13,145. Mit Informationen über die unabhängigen Variablen (im Beispiel: Hüftumfang) ergibt sich jedoch ein deutlich niedrigerer Fehler der Schätzung, nämlich 7,310. Die Durbin-Watson-Statistik prüft die Residuen auf Autokorrelation, d.h. innerhalb einer Wertereihe die Unabhängigkeit eines Residuums vom direkten Vorgänger. Der ermittelte Wert von 1,783 erlaubt nicht direkt auf die Signifikanz der Unabhängigkeit der Residuen zu schließen. Erst anhand von Durbin-Watson Tabellenbänden (z.B. näherungsweise T=750, K=2, Alpha=0,05) kann festgestellt werden, dass der ermittelte Wert außerhalb des unteren Indifferenzbereichs ($L_U$ = 1.87736, $L_O$ = 1.88270) liegt und somit auf die Signifikanz positiver Autokorrelation hinweist. Die Unabhängigkeit der Residuen ist demnach nicht gewährleistet. Autokorrelation kann demnach nicht ausgeschlossen werden. Allerdings kann über die LAG-Funktion das Ausmaß der direkten (zeitlichen, räumlichen) Versetzung der standardisierten Residuen in der Datenreihe ermittelt und in der Variablen VERSETZ abgelegt werden. Wird diese mit den standardisierten Residuen korreliert, ergeben sich weitere Hinweise, wie die Signifikanz der Autokorrelation zu verstehen ist.

```
compute VERSETZ =lag(ZRE_1, 1).
exe.


variable labels
  ZRE_1 "Standardisierte Residuen"
  VERSETZ "'Versetzungs'maß".
exe.
```

**Korrelationen**

|  |  | Standardisierte Residuen | 'Versetzungs'maß |
|---|---|---|---|
| Standardisierte Residuen | Korrelation nach Pearson | 1 | ,101** |
|  | Signifikanz (2-seitig) |  | ,008 |
|  | N | 711 | 681 |
| 'Versetzungs'maß | Korrelation nach Pearson | ,101** | 1 |
|  | Signifikanz (2-seitig) | ,008 |  |
|  | N | 681 | 710 |

**. Die Korrelation ist auf dem Niveau von 0,01 (2-seitig) signifikant.

Die explorativ eingesetzte Pearson-Korrelation zeigt, dass zwar der Zusammenhang signifikant ist, jedoch vom Betrag her marginal (0,101) ist und auf die Größe der Stichprobe (N=681) zurückgeführt werden kann. Werden die standardisierten Residuen und das ermittelte Ausmaß der versetzten Abhängigkeit in ein Streudiagramm eingezeichnet, so zeigt sich, dass auch grafisch kein linearer Zusammenhang i.S.e. Abhängigkeit der Residuen von den direkt (zeitlich, räumlich) vorangehenden Werten erkennbar ist und somit die ermittelte Signifikanz des Durbin-Watson-Test vor allem durch die Größe der Stichprobe mitverursacht worden war.

```
GRAPH
  /SCATTERPLOT(BIVAR)
  =VERSETZ WITH ZRE_1
  /MISSING=LISTWISE .
```

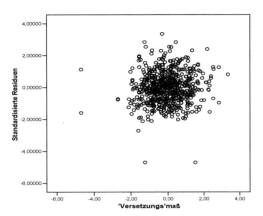

Das Streudiagramm zeigt keine lineare Verteilung. Von Autokorrelation im Sinne einer (zeitlichen, räumlichen) Abhängigkeit der Residuen von den direkt vorangehenden Werten ist demnach nicht auszugehen. Die Signifikanz des Durbin-Watson Tests wurde durch die Größe der Stichprobe verursacht.

**ANOVA[b]**

| Modell | | Quadratsumme | df | Mittel der Quadrate | F | Signifikanz |
|---|---|---|---|---|---|---|
| 1 | Regression | 84804,128 | 1 | 84804,128 | 1587,015 | ,000[a] |
| | Residuen | 37886,305 | 709 | 53,436 | | |
| | Gesamt | 122690,433 | 710 | | | |

a. Einflussvariablen : (Konstante), Hüftumfang

b. Abhängige Variable: Taillenumfang

Die Tabelle „ANOVA" enthält die Ergebnisse einer Varianzanalyse, die auf dem Verhältnis der beiden Variationsquellen „Regression" (erklärte Varianz) und „Residuen" (nicht erklärte Varianz) des untersuchten Modells aufbaut und gibt entsprechend Summen und Mittelwerte (Summe dividiert durch df) der Quadrate, Freiheitsgrade (df), den F-Wert und die ermittelte Signifikanz wieder. Unterhalb der Tabelle werden die Einflussvariablen (unabhängige Variablen) und die abhängige Variable des Modells angegeben. Die durchgeführte Varianzanalyse prüft die Nullhypothese „Zwischen der unabhängigen Variable ‚Hüftumfang' und der abhängigen Variable ‚Taillenumfang' besteht kein linearer Zusammenhang". Liegt die erzielte Signifikanz (wie z.B. in der Tabelle) unter dem voreingestellten Alpha (z.B. 0.05), kann davon ausgegangen werden, dass die unabhängige(n) Variable(n) die Variation der abhängigen Variablen gut erklären; liegt die erzielte Signifikanz jedoch über dem voreingestellten Alpha, kann die Variation der abhängigen Variablen nicht erklärt werden. Anhand der ermittelten Signifikanz kann die Nullhypothese zurückgewiesen werden; zwischen der unabhängigen Variable ‚Hüftumfang' und der abhängigen Variable ‚Taillenumfang' besteht ein linearer Zusammenhang. Der F-Wert basiert auf dem Mittel der Quadrate der Variationsquelle „Regression" dividiert durch das Mittel der Quadrate der Variationsquelle „Residuen". Je größer also der Anteil der Regressionsquadratsummen bzw. geringer der Anteil der Residuenquadratsummen (dem Anteil der Abstände der beobachteten Werte von den Werten auf der geschätzten Regressionsgerade), desto besser erklärt das Modell die Variation der abhängigen Variablen. Der erklärte Anteil (84804,1) ist größer als der nicht erklärte Anteil (37886,3). Vor diesem Hintergrund kann die F-Statistik auch als Überprüfung der Hypothese interpretiert werden, ob $R^2$ gleich Null ist. Das untersuchte Modell ist zur Erklärung der Variation der abhängigen Variablen geeignet. Die Zeilen „Regression" bzw. „Residuen" enthalten Details zur vom Modell erklärten bzw. nicht erklärten Variation. Die Zeile „Gesamt" enthält die jeweiligen Summen der Quadratsummen und Freiheitsgrade der beiden Variationsquellen.

**Koeffizienten[a]**

| Modell | Nicht standardisierte Koeffizienten | | Standardisierte Koeffizienten | T | Signifikanz | 95%-Konfidenzintervall für B | |
|---|---|---|---|---|---|---|---|
| | B | Standard-fehler | Beta | | | Untergrenze | Obergrenze |
| 1  (Konstante) | –23,969 | 2,719 | | –8,815 | ,000 | –29,308 | –18,631 |
| Hüftumfang | 1,054 | ,026 | ,831 | 39,837 | ,000 | 1,002 | 1,106 |

a. Abhängige Variable: Taillenumfang

Die Tabelle „Koeffizienten" gibt für die Einflussvariablen (im Beispiel für Hüftumfang) des geschätzten Modells jeweils den nicht standardisierten Regressionskoeffizienten B (1,054) und die dazugehörigen Standardfehler (0,026) bzw. Konfidenzintervalle (1,002 bzw. 1,106) aus. Weiter werden der standardisierte Regressionskoeffizient Beta (0,831), der T-Wert und die dazugehörige Signifikanz angegeben. Nichtstandardisierte Regressionskoeffizienten können sich von standardisierten massiv unterscheiden und ein völlig falsches Bild vom Effekt der jew. Einflussvariablen vermitteln (siehe auch die Werte im Beispiel):

Die Lineargleichung auf der Basis nichtstandardisierter Koeffizienten lautet:
        Taillenumfang = –23,969 (Konstante) + 1,054*Hüftumfang.
Die Lineargleichung auf der Basis standardisierter (vgl. das Präfix „z") Koeffizienten lautet:
        zTaillenumfang = 0,831*zHüftumfang.

Standardisierte Regressionskoeffizienten werden üblicherweise für den Vergleich metrischer Variablen innerhalb einer Stichprobe/Population bzw. für metrische Variablen ohne gemeinsame Einheit empfohlen, wobei bei Letzterem berücksichtigt werden sollte, dass ihre Ermittlung abhängig von der gewählten Stichprobe sein und je nach Modellgüte nur unter Vorbehalt verallgemeinert werden könnte. Nicht standardisierte Regressionskoeffizienten werden für den Vergleich metrischer Variablen zwischen Stichproben/Populationen bzw. für metrische Variablen mit natürlichen bzw. gemeinsamen Einheiten empfohlen. Pedhazur (1982², 247–251) rät aufgrund ihrer jeweiligen Stärken und Schwächen dazu, beide Maße anzugeben. Werden die Daten vor der Analyse z-standardisiert, werden Beta-Werte als B-Werte angegeben.

Wichtig für die Interpretation der Koeffizienten sind Signifikanz und T-Wert, Betrag und Vorzeichen. Eine Variable ist dann nützlich für ein Modell, wenn ihre Signifikanz unter (z.B.) Alpha 0,05 liegt. Üblicherweise werden nur signifikante Einflussvariablen interpretiert. Die Signifikanz ist so zu interpretieren, dass sich der jeweils geprüfte Koeffizient signifikant vom Wert Null unterscheidet. Da die zusätzlich ausgegebenen Konfidenzintervalle jeweils weit von Null (Null: kein Effekt des betreffenden Parameters) entfernt liegen, kann daraus geschlossen werden, dass der ermittelte B-Wert ein bedeutsamer Parameter ist.

Die standardisierten Regressionskoeffizienten liefern einen ersten Hinweis zur Interpretation; je betragsmäßig größer ein Regressionskoeffizient ist (Maximum: 1), umso größer ist der Einfluss des betreffenden Prädiktors (auf Besonderheiten im Zusammenhang mit der Interpretation der Regressionskoeffizienten wird weiter unten verwiesen). Standardisierte Regressionskoeffizienten > 0 zeigen bei zunehmenden Prädiktorwerten zunehmende Werte der abhängigen Variable an (positiver linearer Zusammenhang); standardisierte Regressionskoeffizienten < 0 geben bei zunehmenden Prädiktorwerten abnehmende Werte der abhängigen Variable an (negativer linearer Zusammenhang). Ein Regressionskoeffizient = 0 besagt, dass der betreffende Prädiktor völlig ohne Einfluss ist.

Am T-Wert kann die relative Bedeutung der jew. Variablen im Modell abgelesen werden; als Faustregel gilt, dass der Betrag des T-Werts deutlich größer als 2 sein sollte. Koeffizienten mit positiven (negativen) Vorzeichen erhöhen (mindern) die Werte der abhängigen Variablen. Je stärker sich der Betrag der Koeffizienten von 1 unterscheidet, umso größer ist ihr Einfluss auf die abhängige Variable. Beträgt der Koeffizient 1, entspricht der Wert der abhängigen Variablen exakt dem Wert der unabhängigen Variablen. Im Beispiel ist der positive standardisierte Koeffizient (0,831) also als positiver linearer Zusammenhang zu verstehen: Auf größere Werte des Hüftumfangs folgen größere Werte zum Taillenumfang.

In anderen Worten: Wird im Modell die Variable „Hüftumfang" um eine Maßeinheit vergrößert, vergrößern sich die Werte zur Variable „Taillenumfang" (multipliziert mit 0.831 Maßeinheiten). Ist in einem Konstanten-Modell mit einer einzelnen Einflussvariablen der Koeffizient gleich 0, so entsprechen alle Werte der abhängigen Variablen der Konstanten.

Im Beispiel umschließen die untere (1,002) bzw. obere (1,106) Grenze den ermittelten Regressionskoeffizienten; daraus kann daraus geschlossen werden, dass der B-Wert 1,054 mit 95%iger Wahrscheinlichkeit in diesem Intervall enthalten ist. Die Konfidenzintervalle werden von SPSS nur für die nichtstandardisierten Regressionskoeffizienten (B) ausgegeben, nicht für die standardisierten Koeffizienten (Beta).

Da die vorangegangenen Analysen für das Modell bzw. für den Erklärungsbeitrag der unabhängigen Variable recht gute Werte lieferten, kann die Variable „Hüftumfang" auch alleine zur Vorhersage herangezogen werden. Nichtsdestotrotz könnte z.B. über einen schrittweisen Ansatz geprüft werden, ob zusätzliche Variablen dem Modell zu einer noch besseren Vorhersage verhelfen können.

**Fallweise Diagnose[a]**

| Fallnummer | PATNR | Standardisierte Residuen | Taillenumfang | Nicht standardisierter vorhergesagter Wert | Nicht standardisierte Residuen |
|---|---|---|---|---|---|
| 21 | 21 | -4,691 | 83 | 117,29 | -34,291 |
| 392 | 392 | -4,691 | 83 | 117,29 | -34,291 |
| 574 | 574 | 3,344 | 108 | 83,56 | 24,443 |

a. Abhängige Variable: Taillenumfang

In der Tabelle „Fallweise Diagnose" werden die Fälle mit standardisierten Residuen mit Standardabweichungen über dem vorgegebenen Höchstwert 3 ausgegeben. Für das Beispiel werden die Fallnummer (die Zeile des aktiven Datensatzes), die Identifikationsvariable PATNR sowie weitere Werte der abhängigen Variablen (im Beispiel: Taillenumfang) angezeigt, u.a. der nicht standardisierte vorhergesagte Wert und die nicht standardisierten Residuen.

„Fallnummer" gibt üblicherweise nicht die Ausprägung einer bestimmten ID-Variablen an, sondern die *Zeilen*nummer des jeweils aktiven Datensatzes, in der er sich befindet. Würden z.B. über compute ID=$CASENUM die Zeilennummern als Ausprägungen von ID angelegt werden, werden unter „Fallnummer" und ID dieselben Werte angezeigt (vgl. PATNR).

Die nicht standardisierten Residuen leiten sich über die Differenz zwischen den jew. Werten der abhängigen Variablen (im Beispiel: Taillenumfang) und dem nicht standardisierten vorhergesagten Wert her. Für den Fall in der Zeile 21 des aktiven Datensatzes beträgt z.B. der Wert des Taillenumfangs 83 und der nicht standardisierte vorhergesagte Wert 117,29. Das dazugehörige nicht standardisierte Residuum beträgt 83 minus 117,29, also –34,291. Standardisierte Residuen sind Residuen dividiert durch ihre Stichprobenstandardabweichung und besitzen einen Mittelwert von 0 und eine Standardabweichung von 1. Der Ausschluss dieser drei Fälle kann zu einer besseren Modellanpassung führen.

**Residuenstatistik[a]**

| | Minimum | Maximum | Mittelwert | Standardab-weichung | N |
|---|---|---|---|---|---|
| Nicht standardisierter vorhergesagter Wert | 58,26 | 138,37 | 83,80 | 10,929 | 711 |
| Standardisierter vorhergesagter Wert | -2,337 | 4,993 | ,000 | 1,000 | 711 |
| Standardfehler des Vorhersagewerts | ,274 | 1,397 | ,364 | ,134 | 711 |
| Korrigierter Vorhersagewert | 58,20 | 138,24 | 83,80 | 10,929 | 711 |
| Nicht standardisierte Residuen | -34,291 | 24,443 | ,000 | 7,305 | 711 |
| Standardisierte Residuen | -4,691 | 3,344 | ,000 | ,999 | 711 |
| Studentisierte Residuen | -4,726 | 3,346 | ,000 | 1,001 | 711 |
| Gelöschtes Residuum | -34,800 | 24,477 | ,001 | 7,331 | 711 |
| Studentisierte ausgeschlossene Residuen | -4,798 | 3,370 | ,000 | 1,003 | 711 |
| Mahalanobis-Abstand | ,001 | 24,933 | ,999 | 2,203 | 711 |
| Cook-Distanz | ,000 | ,166 | ,002 | ,009 | 711 |
| Zentrierter Hebelwert | ,000 | ,035 | ,001 | ,003 | 711 |

a. Abhängige Variable: Taillenumfang

In der Tabelle „Residuenstatistik" werden deskriptive Statistiken (Mittelwert, Standardab-weichung, Minimum, Maximum, N) ausgegeben für die vorhergesagten Werte (nicht standardisiert, standardisiert, Vorhersagefehler, korrigiert), Residuen (Diskrepanzen) (nicht standardisiert, standardisiert, studentisiert, gelöscht, studentisiert ausgeschlossen) und Hebel- und Einflusswerte (Mahalanobis-Abstand, Hebelwert, Cook-Distanz). Standardisierte Residuen bzw. vorhergesagte Werte haben einen Mittelwert von 0 und eine Standardabweichung von 1. Betragsmäßig auffällig hohe Residuen (vgl. Maxima, Minima) sind z.B. Hinweise auf eine nicht optimale Modellangemessenheit. Die anderen Maße, z.B. Hebel- und Einflusswerte, werden im Detail etwas anders interpretiert. Details zu den ausgegebenen Maßen und ihrer Interpretation können dem Abschnitt zur Beurteilung der Modellangemessenheit entnommen werden, wie auch dem ausführlichen Abschnitt zur REGRESSION-Syntax.

Der Tabelle „Residuenstatistik" kann nicht entnommen werden, ob die Verteilung der Residuen einer Normalverteilung folgt. Diese Information kann den angeforderten Diagrammen entnommen werden.

**Diagramme**

Der Überschrift „Diagramme" folgen im Output die mittels REGRESSION angeforderten Diagramme. Das Histogramm bzw. das P-P-Diagramm sind grafische Voraussetzungstests für die standardisierten Residuen der abhängigen Variablen.

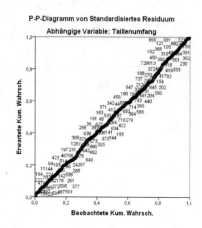

Das Histogramm zeigt, dass die standardisierten Residuen der abhängigen Variablen der eingezeichneten Normalverteilung folgen; links ist ein Ausreißer zu erkennen. Laut dem Histogramm ist die Normalverteilung der standardisierten Residuen gegeben. Das P-P-Diagramm zeigt, dass die standardisierten Residuen der abhängigen Variablen auf der eingezeichneten Linie der Referenzverteilung (Normalverteilung) liegen; das P-P-Diagramm entdeckt den Ausreißer dagegen nicht. Auch laut dem P-P-Diagramm liegt eine Normalverteilung der standardisierten Residuen vor. Das Vorliegen einer Normalverteilung der standardisierten Residuen als Voraussetzung einer linearen Regression kann als erfüllt betrachtet werden.

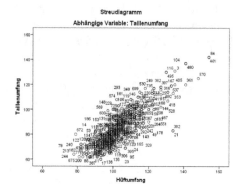

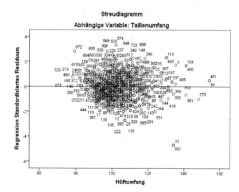

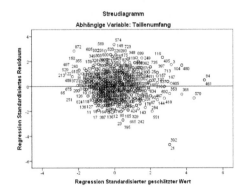

Die drei Streudiagramme wurden über den Unterbefehl /SCATTERPLOT= angefordert und geben besondere bivariate Verteilungen zur Identifikation von Ausreißern und einflussreichen Werten wieder (x * y, x *$y_{Residuen}$ und y $_{Schätzwerte}$ * $y_{Residuen}$), die bereits im vorangegangenen Abschnitt zur Residuenanalyse erläutert wurden (die Nulllinien auf der y-Achse wurden nachträglich hinzugefügt).

## Die Beurteilung der Modellangemessenheit

Signifikanz oder hohe (adjustierte) $R^2$-Maße sind keine Gewähr für eine zuverlässige Anpassung des Modells an die Daten, u.a. deshalb, weil sie vom N abhängig sind (vgl. Chatterjee & Price, 1995[2], 9ff., 29–32); auch Diagramme haben oft (v.a. bei multiplen Regressionsmodellen) die Grenze ihrer Brauchbarkeit erreicht. Geschätzte Regressionskoeffizienten wie auch die weiteren Parameter reagieren auf Ausreißer bzw. einflussreiche Werte sehr empfindlich. Es ist sehr gut möglich, dass wenige, aber einflussreiche Daten den Einfluss einer sonst sich unauffällig verteilenden Datenmenge bei der Ermittlung der Regressionsgleichung dominieren können.

Neben den bereits vorgestellten grafischen Ansätzen (z.B. Residuenplots) wurden für die Beurteilung des Einflusses von Beobachtungen auf multivariate (Regressions-)Modelle verschiedene statistische Maße entwickelt, die im Folgenden an den Daten des im vorangegangenen Abschnitt berechneten bivariaten Modells erläutert werden sollen. Beobachtungen können als Ausreißer (Residuen), Hebel-, Diskrepanz- und Einflussmaße beschrieben werden und sind u.a. auch für die Beurteilung der Modellangemessenheit multipler Regressionen nützlich. Die korrekte ex post Interpretation dieser Maße ist kein Ersatz für einen gewissenhaften Umgang mit Daten und für Plausibilitätskontrollen (vgl. Rasch et al., 1996, 571). Die weitere Darstellung der Hebel-, Diskrepanz- und Einflussmaße, auch in Schendera (2007, 183–195), orientiert sich in Statistik und Terminologie an Cohen et al. (2003[3], 394f., 406ff.).

Die *Hebelwirkung* (leverage) bezeichnet den Einfluss eines Falles auf die Bestimmung des Schätzers an dieser Stelle. Hebelwerte messen somit den Einfluss eines Punktes in der x-Dimension auf die Anpassung der Regression. Ein Fall (Ausreißer) hat dann eine große Hebelwirkung, wenn er räumlich weit entfernt vom Zentrum der restlichen Verteilung liegt, unabhängig davon, in welcher Richtung. Ein Fall weist dann eine große *Diskrepanz* auf, wenn er weit abgelegen neben der (linearen) Verteilung der übrigen Werte liegt, v.a. die

Diskrepanz (Distanz) zwischen dem vorhergesagten und dem beobachteten Y-Wert. *Einfluss* ist eine Folge von Hebelwirkung und Diskrepanz. Ist von Hebelwirkung und Diskrepanz mind. eine Größe eher gering, so ist auch der Einfluss eher gering. Sind Hebel und Diskrepanz jew. groß, so ist auch der Einfluss des Falles groß. Einflussmaße messen die Wirkung, die das Weglassen eines Punktes aus dem Schätzvorgang für die Schätzung selbst hat. Diese Werte sind v.a. für die Beurteilung der Modellangemessenheit multivariater Modelle nützlich, z.B. der multiplen linearen Regression.


**Hebelwerte**

Die Hebelwirkung (leverage) bezeichnet den Einfluss eines Falles auf die Bestimmung des Schätzers an dieser Stelle. Hebelwerte messen somit den Einfluss eines Punktes in der x-Dimension auf die Anpassung der Regression. Ein Fall (Ausreißer) hat dann eine große Hebelwirkung, wenn er räumlich weit entfernt vom Zentrum (Mittelwert, Zentroid) der restlichen Verteilung liegt, unabhängig davon, in welcher Richtung. Hebelwerte können somit auch am extremen Ende einer geschätzten Gerade liegen und darüber eine große Hebelwirkung ausüben. Parameter für die Hebelwirkung sind u.a. die Mahalanobis-Distanz und die sog. Hebelwerte. Die Mahalanobis-Distanz gibt an, wie sehr sich ein einzelner Fall vom Durchschnitt der anderen Fälle bzgl. der/den erklärenden Variablen unterscheidet. Weist ein Fall eine große Mahalanobis-Distanz auf, so kann davon ausgegangen werden, dass er bei einem oder mehreren Prädiktoren sehr hohe Werte aufweist und somit einen starken Einfluss auf die ermittelte Modellgleichung haben könnte. Beide Statistiken können direkt auseinander abgeleitet werden. Hebelwert = Mahalanobis-Distanz / (N–1). Mahalanobis-Distanz = Hebelwert*(N–1). Hebelwerte wie auch Mahalanobis-Distanzen bewegen sich zwischen 0 und (N–1)/N. Je höher der Wert, desto höher die Hebelwirkung. Fälle (Punkte) mit hohen Hebelwerten sollten auf Einfluss untersucht werden, besonders, wenn sie sich deutlich vom Rest der Verteilung unterscheiden, z.B. in Visualisierungen (vgl. Cohen et al., 2003[3], 395ff.).


Überprüfung von Hebelwerten:

```
sort cases by LEV_1 (D).
exe.

temp.
list variables= PATNR LEV_1.
```

**Diskrepanzwerte**

Ein Fall (Ausreißer) weist dann eine große Diskrepanz auf, wenn er weit abgelegen neben der (linearen) Verteilung der übrigen Werte liegt, v.a. die Diskrepanz (Distanz) zwischen dem vorhergesagten und dem beobachteten Y-Wert. Zu den Diskrepanz-Statistiken gehören u.a. Residuen (Cohen et al., 2003[3], 398ff.). Residuen geben die Modellangemessenheit in Form der Abweichung einer einzelnen Beobachtung von ihrem dazugehörigen Schätzwert an. Auf ein Residuendiagramm bezogen: Ein Residuum bezeichnet den Abstand eines Punktes von der Linie der eingezeichneten Funktion. Chatterjee & Price (1995[2], 9) empfehlen immer die Überprüfung standardisierter Residuen. Gemäß der Terminologie von Cohen et al. (2003[3], 402) sind standardisierte Residuen synonym zu intern studentisierten Residuen. Der

Mittelwert von standardisierten Residuen ist gleich Null und ihre Standardabweichung beträgt 1. Laut einer allgemeinen Konvention gelten Absolutwerte über 3 eindeutig als Ausreißer bzw. einflussreiche Fälle; Absolutwerte über 2 sollten genauer untersucht werden. Cohen et al. (2003³, 401) empfehlen für größere Datenmengen höhere Cutoffs, z.B. 3 oder 4. Die Brauchbarkeit von Residuen ist auf die Überprüfung einfacher (bivariater) Regressionen beschränkt und ist nicht für multiple Regressionsmodelle geeignet (Chatterjee & Price, 1995², 86).

Überprüfung von Residuen (z.B.):

```
if abs(ZRE_1) >= 2 AUSREISR=2.
exe.
if abs(ZRE_1) >= 3 AUSREISR=3.
exe.

temp.
select if AUSREISR >= 2.
list variables= PATNR ZRE_1.
```

*Beispielhafte Ausgabe (Residuen)*

```
    PATNR            ZRE_1

       21         -4,69092
      392         -4,69092
      574          3,34377
```

```
Number of cases read:  3    Number of cases listed:  3
```

Die Fälle 21, 392 und 574 mit den beispielhaft angeforderten Residuen (Beträge >= 3) werden in einem nachfolgenden Analysedurchgang ausgeschlossen. Die Ausgabe und Beurteilung der anderen Maße werden nicht weiter dargestellt.

**Einflussmaße**

Einfluss ist eine Folge von Hebelwirkung und Diskrepanz. Ist von Hebelwirkung und Diskrepanz mind. eine Größe eher gering, so ist auch der Einfluss eher gering. Sind Hebel und Diskrepanz jew. groß, so ist auch der Einfluss des Falles groß. Einflussmaße messen die Wirkung, die das Weglassen eines Punktes aus dem Schätzvorgang für die Schätzung selbst hat. In anderen Worten: Einflusswerte sind ein Maß dafür, wie stark sich die Residuen aller übrigen Fälle ändern würden, wenn ein spezieller Fall von der Ermittlung der Regressionsfunktion ausgeschlossen würde. In der Regel wird immer nur ein Punkt auf einmal aus dem Schätzvorgang ausgeschlossen (Cohen et al., 2003³, 402). Im Folgenden werden das Einflussmaß DfFit und die Cook-Distanz vorgestellt. Beide Maße sind nahezu redundant; der einzige Unterschied ist, dass Cook-Werte nicht negativ werden.
Das Einflussmaß DfFit (Abkürzung für „difference in fit, standardized") bezeichnet die Änderung im vorhergesagten Wert, die sich durch den Ausschluss einer bestimmten Beobach-

tung ergibt. Für standardisierte DfFits gilt die Konvention, alle Fälle mit absoluten Werten größer als 2 (multipliziert mit der Quadratwurzel von p/N) zu überprüfen, wobei p die Anzahl der unabhängigen Variablen in der Gleichung und N die Anzahl der Fälle darstellt. Cohen et al. (2003³, 404) empfehlen für mittlere bzw. größere Datenmengen die Cutoffs 1 bzw. 2. Chatterjee & Price (1995², 89) empfehlen auch für dieses Einflussmaß die Überprüfung aller Werte mit auffällig hohen Werten.

Überprüfung von DfFit-Statistiken (z.B.):

```
sort cases by DFF_1 (D).
exe.
list variables= PATNR DFF_1.
exe.
```

Bei der Cook-Distanz handelt es sich um die durchschnittliche quadratische Abweichung zwischen den Schätzwerten des vollen und des um die eine Beobachtung reduzierten Datensatzes im Verhältnis zum mittleren quadratischen Fehler im geschätzten Modell. Eine hohe Cook-Distanz zeigt an, dass der Ausschluss des betreffenden Falles die Berechnung der Regressionsfunktion der übrigen Fälle substantiell verändert. Laut einer allgemeinen Konvention gelten Cook-Distanzen über 1 als einflussreich (z.B. Cohen et al., 2003³, 404). Alternative Heuristiken für D sind u.a. $D=4/N_{Fälle}$ bzw. $D=N_{Prädiktoren}/N_{Fälle}$. Chatterjee & Price (1995², 89) empfehlen die Überprüfung aller auffällig hoher Cook-Distanzen.

Überprüfung von Cook-Distanzen (z.B.):

```
temp.
select if COO_1 >= 1.
list variables= PATNR COO_1.
exe.
```

Die Ausgabe und Beurteilung der anderen Maße werden nicht weiter dargestellt. Die Bedeutung von Ausreißern bzw. einflussreichen Werten wird in der Praxis dadurch evaluiert, indem zunächst eine Regression mit und anschließend ohne diese Fälle durchgeführt wird. Auch die neu entwickelten Modelle werden anschließend einer Residuenanalyse unterzogen. Die Ausreißer selbst sollten dabei nicht nur aus einer rein formalen, sondern auch aus einer inhaltlichen Perspektive untersucht werden. Oft genug sind auffällige Werte Hinweise auf Messfehler, aber auch möglicherweise inhaltlich Interessantes. In dem im nächsten Abschnitt durchgeführten, weiteren Analysedurchgang werden die PATNR 21, 392 und 574 aus der Regressionsanalyse ausgeschlossen. Die beispielhaft vorgestellte Residuenanalyse ist auch für dieses Modell vorzunehmen; es ist nicht auszuschließen, dass weitere Ausreißer identifiziert, überprüft und in einem *weiteren* Analysedurchgang ausgeschlossen werden müssen. Die Regressionsanalyse ist u.a. wegen der Analyse der Residuen ein *iteratives* Verfahren.

## 2.1.4    Durchgang 2: Der Effekt des Ausschlusses von Ausreißern – Ausgewählter Output

Vor diesem Rechendurchgang wurden die im vorangegangen Abschnitt identifizierten Ausreißer (N=3) aus der grafischen und inferenzstatistischen Analyse ausgeschlossen; bis auf diese drei Fälle basieren die Ergebnisse auf den absolut identischen Daten (N=708) und der absolut identischen Syntax.

Die folgenden Kommentierungen beschränken sich auf die Änderungen der wichtigsten Kennziffern durch das Entfernen von drei Fällen aus einer Gesamtstichprobe von N = 711. Die auf den Quadratsummen basierenden F-Statistiken der ANOVA sind nicht miteinander vergleichbar (und werden somit auch nicht dargestellt), da sie nicht auf der gleichen Anzahl der Fälle basieren.

In der Analysepraxis wird die im vorangegangenen Abschnitt vorgestellte (grafische) Residuenanalyse auch an dem neuen Modell ohne Ausreißer durchgeführt (wird hier nur aus Platzgründen nicht nochmals dargestellt). Eine Regressionsanalyse ist insofern ein iterativer Prozess.

**Diagramm**

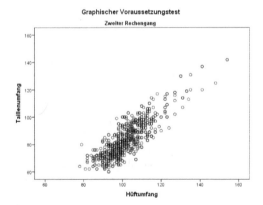

Im Gegensatz zum ersten Durchlauf sind in diesem Streuungsdiagramm keine Ausreißer mehr zu entdecken.

## Regression

**Korrelationen**

|  |  | Hüftumfang | Taillenum-fang |
|---|---|---|---|
| Korrelation nach Pearson | Hüftumfang | 1,000 | ,845 |
|  | Taillenumfang | ,845 | 1,000 |
| Signifikanz (einseitig) | Hüftumfang | . | ,000 |
|  | Taillenumfang | ,000 | . |
| N | Hüftumfang | 708 | 708 |
|  | Taillenumfang | 708 | 708 |

Der Zusammenhang nach Pearson ändert sich von 0,831 auf 0,845.

**Modellzusammenfassung[b]**

| Modell | R | R-Quadrat | Korrigiertes R-Quadrat | Standardfehler des Schätzers | Durbin-Watson-Statistik |
|---|---|---|---|---|---|
| 1 | ,845[a] | ,714 | ,714 | 7,028 | 1,769 |

a. Einflussvariablen : (Konstante), Hüftumfang
b. Abhängige Variable: Taillenumfang

R und R-Quadrat ändern sich von 0,831 zu 0,845 (R) bzw. von 0,691 zu 0,714 ($R^2$).

**Koeffizienten[a]**

| Modell | Nicht standardisierte Koeffizienten | | Standardisierte Koeffizienten | T | Signifikanz | 95%-Konfidenzintervall für B | |
|---|---|---|---|---|---|---|---|
|  | B | Standard-fehler | Beta |  |  | Untergrenze | Obergrenze |
| 1    (Konstante) | −26,916 | 2,647 |  | −10,168 | ,000 | −32,113 | −21,719 |
|       Hüftumfang | 1,084 | ,026 | ,845 | 42,026 | ,000 | 1,033 | 1,134 |

a. Abhängige Variable: Taillenumfang

Der nichtstandardisierte Koeffizient ändert sich von 1,054 zu 1,084. Der standardisierte Koeffizient ändert sich von 0,831 zu 0,845.

Diese marginalen Änderungen mögen in manchen Anwendungsbereichen (Sozialwissenschaften, Biometrie) unbedeutend sein; für ökonometrische Modellierungen v.a. geldwerter Informationen haben solche marginal erscheinende Änderungen jedoch weitreichende Konsequenzen.

Auf die Wiedergabe der weiteren Statistiken (z.B. Ausreißer, Residuen) und Diagramme wird verzichtet.

## 2.1.5    Exkurs: Grafik mit eingezeichneter Regressionsgerade (GGRAPH)

Über die Prozedur GGRAPH können auch Streudiagramme mit eingezeichneter Regressionsgerade angefordert werden. Die eingezeichneten linearen Regressionsfunktionen können jedoch irreführend sein. Geraden werden z.B. auch dann eingezeichnet, wenn die Verteilung kurvilinear ist oder Ausreißer aufweist (vgl. Chatterjee & Price, 1995², 10).

**Syntax:**

```
GGRAPH
    /GRAPHDATASET NAME="graphdataset" VARIABLES=huefte taille
    /GRAPHSPEC  SOURCE=INLINE  INLINETEMPLATE=
                ["<addFitLine type='linear'target='pair'/> "].
BEGIN GPL
  SOURCE: s = userSource(id("graphdataset"))
  DATA: taille=col(source(s), name("taille"))
  DATA: huefte=col(source(s), name("huefte"))
  GUIDE: text.title(label("Streudiagramm
         \n mit eingezeichneter Regressionsgeraden"))
  GUIDE: axis(dim(1), label("Hüftumfang"), delta(20))
  GUIDE: axis(dim(2), label("Taillenumfang"), delta(20))
  SCALE: linear(dim(1), min(50), max(160))
  SCALE: linear(dim(2), min(50), max(160))
  ELEMENT: point(position(huefte*taille), color(color.gray)))
  ELEMENT: line(position(smooth.linear(huefte*taille)),
                                    color(color.black))
END GPL.
```

**Grafik:**

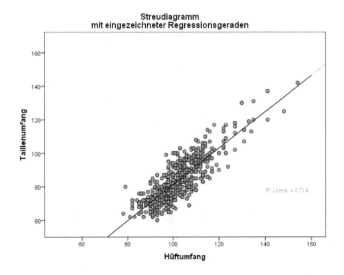

## 2.2    Nichtlineare einfache Regression

### Linearisierung nichtlinearer intrinsisch linearer Modelle

Die Voraussetzungen für eine einfache lineare Regression sind nicht immer erfüllt. Dieses Kapitel will den Übergang von der linearen Regression zur nichtlinearen Regression möglichst unkompliziert gestalten und helfen, u.a. folgende Fragen zu beantworten:

- Was ist zu tun, wenn der Zusammenhang zwischen zwei Variablen nicht linear ist?
- Was ist zu tun, wenn sich Residuen eines bivariaten linearen Regressionsmodells nicht zufällig, sondern nichtlinear verteilen?
- Was ist zu tun, wenn bei einem bivariaten linearen Regressionsmodell Heteroskedastizität vorliegt?

Bei der Untersuchung des gerichteten Zusammenhangs zweier Variablen können verschiedene Hinweise das Vorliegen eines nichtlinearen Zusammenhangs andeuten (Chatterjee & Price, 1995², 32–33):

1.  Ein konzeptioneller Grund kann sein: Das theoretische Modell unterstellt von vornherein, dass kein linearer, sondern ein nichtlinearer Zusammenhang vorliegt.
    Ein sog. intrinsisches nichtlineares Modell liegt dann vor, wenn es in den Parametern nichtlinear ist. Intrinsisch nichtlineare Modelle sind i.A. nicht für die Analyse mittels der OLS-Regression geeignet (Pedhazur, 1982², 404–405).

2.  Ein empirischer Befund kann sein: Die Überprüfung der Residuen eines linearen Modells hat ergeben, dass gar keine lineare, sondern eine nichtlineare Beziehung vorliegt und dass somit eine Transformation des Modells erforderlich ist, um die üblichen linearen Methoden anwenden zu können.
    Ein sog. intrinsisches lineares Modell liegt dann vor, wenn es in den Parametern linear ist, aber nicht in den Variablen. Intrinsisch lineare Modelle können über geeignete Transformationen linearisiert werden und mittels der OLS-Regression analysiert werden.

3.  Ein wahrscheinlichkeitstheoretischer Grund kann sein: Bei der abhängigen Variablen hängen Mittelwert und Varianz miteinander zusammen. Anstelle einer Varianzgleichheit liegt Varianzheterogenität vor, was zu ungenauen Schätzern führt.
    Heteroskedastizität ist ein Verstoß gegen die Gleichheit der Varianzen beim linearen Modell. Heteroskedastizität kann i.A. durch eine unkomplizierte Transformation behoben werden.

Diese Probleme lassen sich nicht immer leicht identifizieren und beheben. Vom Versuch, nichtlinearisierte intrinsisch lineare bzw. intrinsisch nichtlineare Funktionen mittels linearen Regressionsmodellen oder mit zufällig vorhandenen bzw. willkürlich gewählten Funktionen „approximativ" beschreiben bzw. erklären zu wollen, wird jedoch dringend abgeraten.

Im Prinzip unterscheidet sich der Ansatz der nichtlinearen Regression nicht vom Ansatz der linearen Regression. Beiden gemeinsam ist die Voraussetzung, dass vor der eigentlichen

Analyse die Funktion bekannt sein muss, die dem (bivariaten) Modell zugrunde liegt. Die (nicht-)lineare Regression ist daher weniger ein datenstrukturierendes Verfahren, sondern beschreibt und überprüft die Anpassung von Modellen an bereits gegebenen Datenstrukturen. In der Praxis bedeutet dies vereinfacht ausgedrückt Folgendes:

- Wenn ein lineares Modell mittels einer linearen Regression untersucht wird, so sollten sich die Beobachtungen linear und die (standardisierten) Residuen des Modells in etwa zufällig um die Nulllinie verteilen (vgl. Abschnitt 2.2.1).
- Wenn ein nichtlineares (z.B. logarithmisches) Modell mittels einer linearen Regression untersucht wird, werden sich die Residuen des Modells nichtlinear verteilen (vgl. Abschnitt 2.2.2).
- Werden jedoch Variablen des nichtlinearen (z.B. exponentiellen) Modells geeigneten Transformationen unterzogen und anschließend mittels einer linearen Regression untersucht, so sollten sich die Residuen des linearisierten Modells nach der Transformation zufällig um die Nulllinie verteilen (vgl. Abschnitt 2.2.3, Variante des intrinsisch linearen Modells).
- Ein intrinsisch nichtlineares Modell kann und sollte nur mittels einer nichtlinearen Regression untersucht werden (vgl. Abschnitt 2.2.4; zur nichtparametrischen Regression vgl. Cohen et al., 2003[3], 252–253).

Anm.: „Vereinfacht" kann hier z.B. bedeuten, dass keine Ausreißer, Varianzheterogenität oder andere Probleme vorkommen.

## 2.2.1    Eine lineare Funktion wird mittels einer linearen Regressionsanalyse untersucht

Wenn ein lineares Modell mittels einer linearen Regression untersucht wird, so sollte der Verlauf der Residuen dem Modell der Beziehung zwischen beiden Variablen entsprechen. In anderen Worten: Bei einer linearen Regression müssen die Verteilung der Werte linear und die Varianzen der Residuen gleich sein. In Streudiagrammen sollten sich also die Beobachtungen linear und die Residuen des Modells in etwa zufällig um die Nulllinie verteilen. Die folgenden Diagramme stammen aus der Einführung zur einfachen Regression.

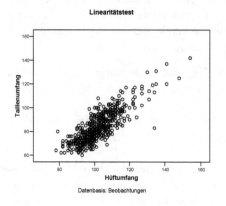

Linearitätstest

Datenbasis: Beobachtungen

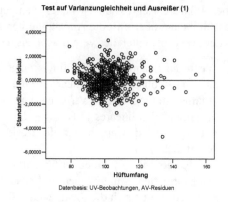

Test auf Varianzungleichheit und Ausreißer (1)

Datenbasis: UV-Beobachtungen, AV-Residuen

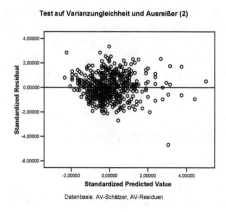

Test auf Varianzungleichheit und Ausreißer (2)

Datenbasis: AV-Schätzer, AV-Residuen

Die Voraussetzungen Linearität, Normalität und Varianzengleichheit sind erfüllt. Die Regressionsgleichung ist angemessen und genau, noch mehr nach dem Entfernen des Ausreißers.

## 2.2.2 Eine nichtlineare Funktion wird mittels einer linearen Regressionsanalyse untersucht

Wenn eine nichtlineare (z.B. logarithmische) Funktion mittels einer linearen Regression untersucht wird, werden sich die Residuen des Modells nichtlinear verteilen, in diesem Fall logarithmisch.

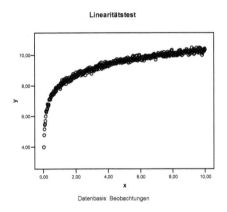

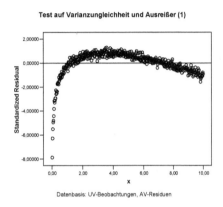

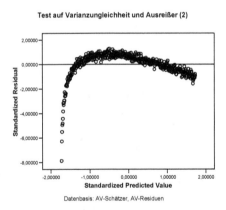

Linearität ist nicht gegeben. Normalität ist nicht gegeben. Die Residuen sind nicht gleich Null und streuen sehr stark. Die Eigenschaften der untersuchten Verteilung zeigen, dass die Daten für eine Analyse mittels einer linearen Regression nicht geeignet sind. Die geschätzte lineare Modellgleichung ist der nichtlinearen Verteilung nicht angemessen und wenig aussagefähig (die Nulllinien auf der y-Achse wurden nachträglich hinzugefügt).

## 2.2.3     Eine nichtlineare Funktion wird linearisiert und mittels einer linearen Regression untersucht

Werden jedoch die Variablen des nichtlinearen (z.B. exponentiellen) Modells geeigneten Transformationen unterzogen und anschließend mittels einer linearen Regression untersucht, so sollten sich die Residuen des linearisierten Modells nach der Transformation zufällig um die Nulllinie verteilen. Die Daten zu den Diagrammen wurden Chatterjee & Price (1995², 38–39) entnommen.

Hinweis: Die Logarithmierung der abhängigen Variable ist eine gebräuchliche Technik, um Varianzheterogenität zu beseitigen, zieht jedoch auch die Verringerung von Streuung und Asymmetrie nach sich (Chatterjee & Price, 1995², 53).

```
* (a) Grafik der Originalwerte *.

GRAPH
  /SCATTERPLOT(BIVAR)=zeit WITH n
  /MISSING=LISTWISE
  /TITLE= 'Bakteriensterblichkeit
  bei Röntgenbestrahlung'
  'Verteilung der Messwerte'
  /FOOTNOTE= 'Quelle: Chatterjee &
Price, 1995'.
```

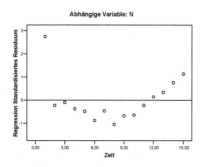

```
*(b) Lineare Analyse einer nichtli-
nearen Verteilung basierend auf
nichttransformierten Werten *.

REGRESSION
  /MISSING LISTWISE
  /STATISTICS COEFF OUTS R ANOVA
  /CRITERIA=PIN(.05) POUT(.10)
  /NOORIGIN
  /DEPENDENT n
  /METHOD=ENTER zeit
  /SCATTERPLOT=(*ZRESID,zeit)
  /RESIDUALS NORM(ZRESID) .
```

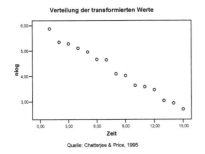

Bakteriensterblichkeit bei Röntgenbestrahlung

Verteilung der transformierten Werte

Quelle: Chatterjee & Price, 1995

```
* (c) Transformation der AV*.

compute nlog=ln(n).
exe.


*(d) Grafik der transformierten
Werte *.

GRAPH
  /SCATTERPLOT(BIVAR)=zeit WITH nlog
  /MISSING=LISTWISE
  /TITLE= 'Bakteriensterblichkeit
  bei Röntgenbestrahlung'
  'Verteilung der transformierten
  Werte'
  /FOOTNOTE= 'Quelle: Chatterjee &
  Price, 1995'.
```

Streudiagramm

Abhängige Variable: nlog

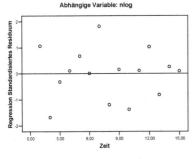

```
* (d) Regressionsanalyse einer li-
nearisierten Verteilung *.

REGRESSION
  /MISSING LISTWISE
  /STATISTICS COEFF OUTS R ANOVA
  /CRITERIA=PIN(.05) POUT(.10)
  /NOORIGIN
  /DEPENDENT nlog
  /METHOD=ENTER zeit
  /SCATTERPLOT=(*ZRESID,zeit)
  /RESIDUALS NORM(ZRESID)  .
```

Die Residuen des linearisierten Modells verteilen sich nach der Transformation linear, normal und zufällig um die Nulllinie. Die Voraussetzungen der linearen Regression sind nach der Linearisierung der nichtlinearen Verteilung erfüllt. Die geschätzte Regressionsgleichung ist stabil und genau. Eine Linearisierung intrinsisch linearer Funktionen erlaubt den Einsatz der Schätzmethoden des OLS-Ansatzes.

Das einzige Problem, das an dieser Stelle noch auftreten könnte, ist das der Interpretation der Regressionsgleichung. Oft liegt dabei ein doppeltes Problem vor. Zwar ist der Zusammenhang zwischen transformierter abhängiger Variable und nichttransformierter unabhängiger Variable direkt und linear. Jedoch fällt es schon weniger leicht, eine manchmal nicht unkompliziierte mathematische Transformation anzuwenden bzw. zu verstehen. Ganz schwierig kann es aber dann werden, wenn diese Ergebnisse, die auf einer Transformation innerhalb eines numerischen Relativs gewonnen wurden, wieder auf das empirische Relativ des Forschungszusammenhangs zurück übertragen werden sollen. In anderen Worten: In der Modellgleichung befinden sich nicht mehr die ursprünglich erhobenen, sondern die transformierten Variablen. Ein Zusammenhang zwischen der unveränderten Variable Bakteriensterblichkeit und der Zeit ist daher wahrscheinlich leichter vorstellbar als der zwischen der logarithmierten Bakteriensterblichkeit und der Zeit. Was bedeutet es denn z.B. genau, wenn die logarithmierte Bakteriensterblichkeit mit der Zeit abnimmt? Beim Vergleich zwischen verschiedenen, gut angepassten Modellgleichungen sollten daher nicht nur möglichst optimale Parameter (z.B. $R^2$ etc.) entscheidend sein, sondern auch eine relativ unkomplizierte Interpretation, die idealerweise auf einer möglichst einfachen Transformation der Ursprungsvariablen basiert. Die begründete Entscheidung zwischen der Präzision einer Modellgleichung und ihrer Praxistauglichkeit kann nur der Anwender selbst treffen und nur in Abstimmung auf Anspruchsniveau, Anwendungszusammenhang und Folgenabschätzung treffen (vgl. den nächsten Abschnitt zum Einfluss von Anwendungszweck und Kriterien für die Bewertung von Regressionsgleichungen).

## 2.2.4    Eine nichtlineare Funktion wird mittels einer nichtlinearen Regression untersucht: Nichtlineare Regression

Ein nichtlineares Modell kann auch mittels einer nichtlinearen Regression untersucht werden. Die nichtlineare Regression basiert auf einem iterativen Schätzungsalgorithmus, wobei hier je nach Modell zwischen dem Levenberg-Marquardt-Schätzalgorithmus (NLR, Modell ohne Nebenbedingungen) oder einem sequentiellen quadratischen Optimierungsalgorithmus (CNLR, Modell mit Nebenbedingungen) gewählt werden kann.

Das Verfahren der nichtlinearen Regression ist nicht zu verwechseln mit der WLS-Methode (Weighted Least Squares; Methode der Gewichteten Kleinsten Quadrate), mit der ebenfalls nichtlineare Regressionsmodelle geschätzt werden können. Bei der sog. WLS-Methode erfolgt die Parameterschätzung durch die Minimierung einer gewichteten Summe der Residuenquadrate. Bei der OLS-Methode erfolgt die Parameterschätzung durch die Minimierung der ungewichteten Summe der Residuenquadrate. Die Gewichtung bei der WLS-Methode wird dabei proportional zu den Kehrwerten der Störtermvarianzen gewählt. Nach Chatterjee & Price ($1995^2$, 53) ist WLS gleichbedeutend mit der Anwendung von OLS auf die transformierten Variablen y/x und 1/x.

Das einzige Problem, das sich hier v.a. Einsteigern noch stellen könnte, ist die Frage: „Ja, welche Funktion liegt denn meiner (bivariaten) Verteilung zugrunde?" Mathematisch geschulte Wissenschaftler, z.B. Mathematiker, Physiker oder Statistiker, können oft durch bloßes Betrachten einer Verteilungskurve eine nicht selten gut treffende Funktionsgleichung entwickeln, z.B. ob die Funktion ansteigend/abfallend, exponentiell oder logarithmisch ist usw. Um die Vorgehensweise bei der nichtlinearen Regression transparent zu machen, verwenden wir zur Einführung zunächst die Modellgleichung einer bereits bekannten *linearen* Funktion.

Aufgrund der Iterativität des Schätzvorgangs dürfte die Syntaxansteuerung der Maussteuerung in Transparenz und Effizienz überlegen sein (vgl. Schendera, 2005). Im Folgenden wird also wegen der intuitiv besseren Nachvollzieh- und Kontrollierbarkeit der berechneten Modellgleichungen die Programmiervariante erläutert.

**Fall 1: Die Funktion ist bekannt (Beispiel: Lineare Funktion)**
Aus dem Kapitel zur einfachen linearen Regression ist die Modellgleichung bekannt. Die Linearbleichung auf der Basis nichtstandardisierter Koeffizienten lautete: „taille" = –23,969 + 1,054 *„huefte". Diese (bereits bekannten) Parameter werden gerundet als Startwerte unter MODEL PROGRAM angegeben. Kenntnisse über den Untersuchungsgegenstand, auf den sich die Modellgleichung beziehen soll, sind hilfreich bei der Festlegung der Parameter bzw. Startwerte. Sind die Startwerte zu schlecht gewählt, kann es trotz einer korrekten Modellfunktion passieren, dass der iterative Algorithmus überhaupt nicht konvergiert, inhaltlich unsinnige Schätzungen ausgibt (vgl. später das Kosinus-Beispiel), oder anstelle einer global optimalen nur eine lokal optimale Lösung liefert. Die NLR-Syntax wird unter 2.2.6 weiter erläutert. Die benötigte Gleichung ist der Übersicht 2.2.4 „CURVEFIT-Funktionen: Name, Anforderung, Gleichungen und Residuen" entnommen.

**Syntax:**

```
MODEL PROGRAM b0 = -23.0  b1 = 1.0 .
COMPUTE NPRED = b0 + b1*huefte.
NLR taille
 /PRED=NPRED
 /SAVE RESID PRED
 /CRITERIA ITER 100 SSCONVERGENCE 1E-8 PCON 1E-8 .
```

**Erläuterungen:**
Unter MODEL PROGRAM-Befehl werden grobe Schätzer für die Parameter (Effekte) der Modellgleichung und jeweils Anfangswerte angegeben, in diesem Fall die gerundeten Effekte bzw. nichtstandardisierte Koeffizienten aus der bereits bekannten Modellgleichung. Unter COMPUTE wird die Modellgleichung selbst angegeben, in diesem Fall die bereits bekannte lineare Modellgleichung; die Werte der vorhergesagten Variablen werden in der Variablen NPRED abgelegt. NLR fordert das Berechnen einer nichtlinearen Regression an. Direkt nach NLR wird die abhängige Variable aus dem Modell und nach /PRED nochmals die abhängige Variable angegeben, die die vorhergesagten Werte enthalten soll (NPRED). Durch SAVE werden Residuen (RESID) und vorhergesagte Werte (PRED) abgespeichert. Nach CRITERIA können Einstellungen bzw. Kriterien für den iterativen Schätzalgorithmus angegeben werden, u.a. Anzahl der Iterationen und Abbruchkriterien. Für Details wird auf die später folgenden Erläuterungen zur NLR- bzw. CNLR-Syntax verwiesen.

## Nichtlineare Regressionsanalyse

### Parameterschätzer

| Parameter | Schätzer | Standard-fehler | 95%-Konfidenzintervall | |
| --- | --- | --- | --- | --- |
| | | | Untere Grenze | Obere Grenze |
| b0 | −23,969 | 2,719 | −29,308 | −18,631 |
| b1 | 1,054 | ,026 | 1,002 | 1,106 |

Mittels NLR wurde gerade eine lineare Funktion mit einem nichtlinearen Verfahren modelliert. Dabei wurde dieselbe Modellgleichung (vgl. Tabelle „Parameterschätzer") wie bei der Analyse mit einem linearen Verfahren ermittelt, nämlich mit der Konstanten (b0) −23.97 und dem Steigungsparameter (a bzw. b1) 1,05 (vgl. Tabelle „Parameterschätzer"). Die Interpretation ihrer funktionalen Beziehung kann nur im Rahmen der unter COMPUTE angegebenen Modellgleichung erfolgen. Da es sich hier um eine Linearbeziehung handelt, können b0 und b1 auch entsprechend einer linearen Regression interpretiert werden. Die Parameter einer nichtlinearen Regression können in der Regel jedoch nur ausnahmsweise wie eine lineare Regression interpretiert werden. Die weiteren Tabellen werden im nächsten Abschnitt erläutert.

### Fall 2: Die Funktion ist nicht bekannt (Beispiel: Nichtlineare Funktion): Kurvenanpassung mittels CURVEFIT

Eine möglichst optimale Modellanpassung gehört zu einer der Grundvoraussetzungen für die Berechnung einer (nicht-)linearen Regression. Für den Fall, dass ein fähiger Statistiker gerade nicht zur Hand ist, bietet SPSS die Funktion CURVEFIT an. Mit der Prozedur CURVEFIT bietet SPSS eine unkomplizierte Möglichkeit an zu ermitteln, welche Funktion den Zusammenhang zwischen zwei Variablen am besten erklären könnte.

### Modellanpassung mittels CURVEFIT

CURVEFIT überprüft nicht nur auf einen möglichen linearen Zusammenhang, sondern auf zehn weitere Zusammenhangsmodelle (u.a. Exponent, exponentiell, invers, kubisch, logarithmisch, quadratisch, S, Wachstum, zusammengesetzt). CURVEFIT trägt in die Anordnung der empirisch vorliegenden Messwertpaare („Beobachtet") die jeweils geschätzte Funktion als Linie ab (werden zahlreiche Funktionen auf einmal eingezeichnet, kann dies u.U. etwas unübersichtlich werden). CURVEFIT ermittelt für jede Funktion zusätzlich statistische Parameter, wie z.B. Signifikanz, $R^2$ usw. Der Vergleich der verschiedenen Kurvenmodelle erfolgt daher nicht nur per Augenschein anhand der Linien, sondern auch auf der Basis von statistischen Parametern und erlaubt darüber hinaus relativ unkompliziert zu entscheiden, welche Funktion den Zusammenhang zwischen den beiden untersuchten Variablen am besten erklärt. Zu beachten ist, dass der Anwendungszweck die Kriterien mit festlegt, die bei der Konstruktion der Regressionsgleichung zu optimieren sind.

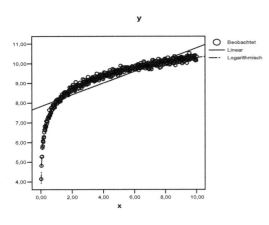

*Pfad: Analysieren → Regression ... → Kurvenanpassung → Definieren.*

Legen Sie Y als abhängige Variable und X als unabhängige Variable fest. Wählen Sie unter den angebotenen Modellen (s.u.) die gewünschten Kurvenfunktionen. Aktivieren Sie „Konstante in Gleichung einschließen" und „Diagramm der Modelle". Fordern Sie die Kurvenanpassung mit „OK" an.

```
TSET NEWVAR=NONE .
CURVEFIT
/VARIABLES= y WITH x
/CONSTANT
/MODEL=
  LINEAR LOGARITHMIC INVERSE
  QUADRATIC CUBIC COMPOUND
  POWER S GROWTH EXPONENTIAL
  LGSTIC
/UPPERBOUND=11
/PLOT FIT .
```

Damit das Diagramm nicht allzu unübersichtlich wird, wurden nur die lineare und die logarithmische Funktion eingezeichnet. Die übrigen Funktionen werden weiter unten anhand ihrer Parameter vorgestellt.

**Erläuterung:**
CURVEFIT fordert das Verfahren zur Kurvenanpassung an. CURVEFIT gibt standardmäßig ein Kurvenanpassungsdiagramm und eine zusammenfassende Tabelle der Regressionsstatistiken aus, darin u.a. Kurvenfunktion bzw. -methode, $R^2$, Freiheitsgrade, F-Wert, Signifikanzniveau, ggf. Obergrenze (Upper bound), Konstante ($b_0$) und Regressionskoeffizient/en ($b_1$, $b_2$, $b_3$). Das Konfidenzintervall ist bei 95% voreingestellt. CURVEFIT schließt Missings standardmäßig listenweise aus.
Nach VARIABLES folgen die Namen der beiden Variablen, für die Kurvenfunktionen an die Daten angepasst werden sollen. Die zuerst genannte Variable (hier: X) wird als unabhängige Variable in die Modellbildung einbezogen; es kann nur eine unabhängige Variable angegeben werden. Die anschließend genannte Variable (hier: Y) bildet die abhängige Variable; es können mehrere abhängige Variablen angegeben werden. Wird X zur AV und Y zur UV, sind konsequenterweise andere Funktionen das Ergebnis (siehe dazu die Erläuterung der einfachen linearen Regression); das $R^2$ ist jedoch jeweils dasselbe. Es kann nur eine VARI-ABLES-Anweisung angegeben werden. /CONSTANT bestimmt, ob die Regressionsgleichung eine Konstante enthalten soll (oder nicht: NOCONSTANT). Nach /MODEL= können insgesamt bis zu elf verschiedene Regressionsmodelle auf einmal angegeben werden (alternativ über die Option: ALL). Da CURVEFIT für jede AV und Modellkurve automatisch vier

neue Variablen anlegt, sollten v.a. bei großen Datensätzen nicht mehr als die notwendigen Kurvenanpassungen angefordert werden. Die verschiedenen Regressionsmodelle werden weiter unten im Detail vorgestellt. Wird ein logistisches Regressionsmodell (LGSTIC) angefordert, muss mittels /UPPERBOUND ein oberer Grenzwert angegeben werden, der positiv und auch größer als der größte Wert in allen angegebenen abhängigen Variablen ist; für die vorliegenden Daten wurde der Wert 11 angegeben. Dieser Grenzwert wird für das logistische Regressionsmodell im Output angegeben. Mittels PLOT=FIT (voreingestellt) wird das Kurvenanpassungsdiagramm angefordert, PLOT=NONE unterdrückt die Ausgabe des Kurvenanpassungsdiagramms.

Das CURVEFIT vorausgehende TSET NEWVAR= legt Voreinstellungen für den Umgang mit Regressionsstatistiken fest. Bei NONE werden die Regressionsstatistiken überprüft, ohne die vorhergesagten und Residuenwerte abzuspeichern; bei CURRENT und ALL wird dagegen abgespeichert, wobei CURRENT frühere Variablen ersetzt, ALL dagegen nicht. Das vorgestellte Beispiel ist nicht für Zeitreihendaten geeignet.

**Output:**

**Modellzusammenfassung und Parameterschätzer**

Abhängige Variable:y

| Gleichung | Modellzusammenfassung | | | | | Parameterschätzer | | | |
|---|---|---|---|---|---|---|---|---|---|
| | R-Quadrat | F | Freiheits-grade 1 | Freiheits-grade 2 | Sig. | Konstante | b1 | b2 | b3 |
| Linear | ,768 | 1650,680 | 1 | 498 | ,000 | 7,831 | ,296 | | |
| Logarithmisch | ,989 | 46150,544 | 1 | 498 | ,000 | 8,010 | ,996 | | |
| Invers | ,346 | 263,200 | 1 | 498 | ,000 | 9,456 | -,206 | | |
| Quadratisch | ,901 | 2271,498 | 2 | 497 | ,000 | 7,029 | ,775 | -,048 | |
| Kubisch | ,946 | 2897,764 | 3 | 496 | ,000 | 6,477 | 1,433 | -,212 | ,011 |
| Zusammengesetzt | ,684 | 1077,833 | 1 | 498 | ,000 | 7,806 | 1,035 | | |
| Potenzfunktion | ,981 | 25667,595 | 1 | 498 | ,000 | 7,903 | ,121 | | |
| S-förmig | ,443 | 395,667 | 1 | 498 | ,000 | 2,245 | -,028 | | |
| Aufbaufunktion | ,684 | 1077,833 | 1 | 498 | ,000 | 2,055 | ,034 | | |
| Exponentiell | ,684 | 1077,833 | 1 | 498 | ,000 | 7,806 | ,034 | | |
| Logistisch | ,908 | 4932,228 | 1 | 498 | ,000 | ,040 | ,815 | | |

Die unabhängige Variable ist x.

**Erläuterung:**

Das Kurvenanpassungsdiagramm wurde bereits weiter oben abgebildet. In die Anordnung der empirisch vorliegenden Messwertpaare (Punkteschwarm) wurde für jede angeforderte Funktion eine Linie eingezeichnet (linear, logarithmisch usw.). Beschränkt man den Vergleich der Linien auf den Bereich der Datengrundlage (SPSS führt die eingezeichneten Linien über den zugrunde liegenden Datenbereich hinaus, was eigentlich nicht zulässig ist), kann man bereits grafisch anhand des Kurvenanpassungsdiagramms feststellen, dass einige der ermittelten Funktionen zum annähernd gleichen Ergebnis führen; wobei dieses „gleich" nicht mit einem „gleich gut" zu verwechseln ist. Für eine begründete Entscheidung zwischen den Funktionen können zunächst die Regressionsstatistiken in der Tabelle eingesehen werden.

Die Tabelle „Modelzusammenfassung und Parameterschätzer" listet für das untersuchte Modell (vgl. Überschrift und Legende) und jeweils die angelegte Kurvenfunktion bzw. -methode eine Zusammenfassung des Modells und der geschätzten Parameter auf. Unter „Gleichung" ist die jeweils angelegte Kurvenfunktion bzw. -methode angegeben, unter „Modelzusammenfassung" R-Quadrat, F-Wert, Freiheitsgrade1 und 2, der erzielte Signifikanzwert [„Sig."]. Frühere SPSS Ausgaben enthielten außerdem noch die eingestellte Obergrenze („Upper bound"). Unter „Parameterschätzer" sind die Parameter des jeweiligen Modells aufgeführt: Konstante (b0), b1, b2 sowie b3.

Falls das Toleranzkriterium nicht erreicht wurde, würde unter der Tabelle ein Hinweis erscheinen. Das Toleranzkriterium für QUA und CUB kann über TSET eingestellt werden. Die logarithmische Funktion schneidet mit einem $R^2$ von 0,989 eindeutig am besten ab. Den schlechtesten $R^2$-Wert für die Modellanpassung liefert die inverse Funktion ($R^2$=0,346).

**Wahl der Modellgleichung (Kriterien für die Modellgüte)**

Voraussetzung für die Wahl einer Modellgleichung anhand der ausgegebenen Parameter ist zunächst, dass die Variablenauswahl dem Anwendungszweck der Regressionsgleichung angemessen ist. Anhand des Kurvenanpassungsdiagramms sollte davon ausgegangen werden können, dass die eingezeichnete Linie eine angemessene Schätzung der beobachteten Messwertpaare darstellt. Die Fehlerstreuung sollte minimal sein bzw. idealerweise alle Punkte auf der Funktion liegen, was im Diagramm bei der logarithmischen Funktion eindeutig eher der Fall ist als z.B. bei der linearen Funktion.

Ein wichtiger Hinweis auf eine Modellangemessenheit ist die Passung der Funktion für x-Werte im Bereich von Minimum bzw. Maximum (grafisch ausgedrückt: Anfang bzw. Ende der Linie in Höhe von Minimum bzw. Maximum der x-Achse). Zeigen diese *nicht* in dieselbe Richtung wie die Daten, liegt ein Hinweis vor, dass die Funktion den Daten nicht gut angepasst ist und dass sie v.a. für Prognosen nicht geeignet sein dürfte (vgl. dazu das später folgende Beispiel zur Kosinus-Funktion). Die besten Parameter sind sinnfrei, wenn die ermittelte Kurve gar nicht die empirisch vorliegende bzw. zu erwartende Verteilung widerspiegelt. Wenn z.B. die Daten ganz klar einen monotonen Aufwärtstrend zeigen, dann sollte keinesfalls eine Kurve gewählt werden, die in einen Abwärtstrend mündet.

Es gibt weitere Momente zur Beurteilung der Angemessenheit einer Funktion. Neben den bereits erwähnten Hoch- und Tiefpunkten und der Monotonie (steigend vs. fallend) gibt es die sog. Wendepunkte einer Kurve, die Nullstellen (Schnittpunkte mit der x-Achse) und die Krümmung. Mögliche *Lücken* (in Kurven und/oder Daten) können einerseits auf Ziehungsfehler, aber evtl. auch auf *zusammengesetzte* Daten und/oder Funktionen hinweisen.

Das nächste Kriterium ist das der Signifikanz. Es werden zunächst die Kurvenfunktionen weiter betrachtet, deren F-Test Signifikanz erreicht (im Beispiel wären dies alle Modelle). Ein weiteres Kriterium wäre dann $R^2$ (es gibt weitere Kriterien: $s^2$ und Cp; Chatterjee & Price, 1995², 246ff). Es werden von den signifikanten Modellen nur die Kurvenfunktionen mit den höchsten $R^2$-Werten weiter betrachtet (im Beispiel wäre dies nur LOG).

Die relative Einfachheit der Modellgleichung ist das nächste Kriterium. Besseren Modellparametern (z.B. $R^2$) steht z.B. oft eine komplexere Modellgleichung gegenüber, deren Komplexität jedoch nicht immer durch marginal bessere Werte aufgewogen wird. Wenn sich z.B.

das $R^2$ eines linearen und eines kubischen Regressionsmodells nur um 0.001 unterscheiden würde, der Preis dafür jedoch zwei zusätzliche Variablen in der Gleichung der quadratischen Funktion wäre (siehe Übersicht), dann könnte in diesem Fall die einfachere Gleichung, also in diesem Falle die lineare Regressionsfunktion vorgezogen werden.

Der Vorteil ist dabei nicht nur der, dass mit linearen Korrelations- und Regressionsmodellen ohne substantiellen Informationsverlust weitergerechnet werden kann, sondern dass die Interpretation der Ergebnisse bzw. Modelle vor dem Hintergrund linearer Modelle um einiges einfacher ist, als wenn dies anhand quadratischer Modelle gemacht werden müsste. Dennoch sollte man sich abschließend rückversichern, ob die grafisch und statistisch gefundene Kurvenfunktion tatsächlich zur inhaltlichen Beschreibung der miteinander zusammenhängenden Konstrukte geeignet ist.

Für diese abschließende Betrachtung ist es oft aufschlussreich auszuprobieren, welche inhaltlichen Konsequenzen es nach sich ziehen könnte, wenn die gefundene Funktion über den Bereich der vorliegenden Daten verlängert würde oder ob die Gesamtfunktion je nach Datenbereich nicht auch in einzelne, womöglich unterschiedliche Funktionen zerlegt werden könnte.

**Anwendung der identifizierten Funktion auf die Daten**

Die von CURVEFIT ermittelte Funktion wird nun mittels CNLR an die Daten angepasst. Syntax und Ausgabe der CNLR-Anweisung entsprechen bis auf die Nebenbedingung „b0 >= 0" dem Vorgehen unter 2.2.4, Fall 1. Die Syntax wird unter 2.2.6 weiter erläutert. Die benötigte Gleichung ist der Übersicht 2.2.4 „CURVEFIT-Funktionen: Name, Anforderung, Gleichungen und Residuen" entnommen.

**Syntax:**

```
MODEL PROGRAM b0=8.0  b1=1.0 .
COMPUTE NPRED = b0+ln(b1*x).
CNLR y
  /PRED=NPRED
  /SAVE RESID PRED
  /BOUNDS b0 > 0
  /CRITERIA STEPLIMIT 2 ISTEP 1E+20 .
```

**Output:**

## Nichtlineare Regressionsanalyse mit Nebenbedingungen

### Iterationsprotokoll[b]

| Iteration[a] | Residuenquadrat-summe | Parameter | |
|---|---|---|---|
| | | b0 | b1 |
| 1.0 | 5,109 | 8,000 | 1,000 |
| 1.1 | 1,589E8 | −562,085 | 571,090 |
| 1.2 | 1401894,858 | −49,006 | 58,011 |
| 1.3 | 7228,312 | 2,302 | 6,703 |
| 1.4 | 12,283 | 7,433 | 1,573 |
| 1.5 | 5,097 | 7,946 | 1,060 |
| 2.0 | 5,097 | 7,946 | 1,060 |
| 2.1 | 5,112 | 7,836 | 1,178 |
| 2.2 | 5,095 | 7,935 | 1,072 |
| 3.0 | 5,095 | 7,935 | 1,072 |
| 3.1 | 5,095 | 7,913 | 1,096 |
| 3.2 | 5,095 | 7,933 | 1,075 |
| 4.0 | 5,095 | 7,933 | 1,075 |
| 4.1 | 5,095 | 7,929 | 1,079 |

Die Ableitungen werden numerisch berechnet.

a. Nummer der primären Iteration wird links vom Dezimalwert angezeigt und die Nummer der untergeordneten Iteration rechts vom Dezimalwert.

b. Die Ausführung wurde nach 14 Modellauswertungen und 4 Ableitungsaus-wertungen angehalten, da die relative Verringerung zwischen aufeinander folgenden Residuenquadratsummen höchstens SSCON = 1,00E-008 beträgt.

Die Tabelle „Iterationsprotokoll" gibt die Schritte des Schätzvorgangs an. In der Spalte „Iteration" gibt der Wert links neben dem Dezimalpunkt die Nummer der primären Iteration an. Der Wert rechts neben dem Dezimalpunkt gibt die Nummer der sekundären (untergeordneten) Iteration an. Die Lösung wurde somit nach vier primären Iterationen gefunden. Die weiteren Spalten enthalten die Residuenquadratsummen und Parameterschätzer der jeweiligen Iterationsschritte.

### Parameterschätzer

| Parameter | Schätzer | Standardfehler | 95%-Konfidenzintervall | |
|---|---|---|---|---|
| | | | Untere Grenze | Obere Grenze |
| b0 | 7,933 | 169924,814 | −333849,973 | 333865,839 |
| b1 | 1,075 | 182600,920 | −358762,070 | 358764,220 |

Die Tabelle „Parameterschätzer" fasst die Schätzer für jeden Parameter zusammen. Da in diesem Beispiel die Parameter vor der Analyse bekannt und via CURVEFIT bereits gut geschätzt und in die Regressionsgleichung aufgenommen worden waren, sind die gewonnenen Schätzer annähernd perfekt. Die Parameter einer nichtlinearen Regression werden nicht notwendigerweise wie die Parameter einer linearen Regression interpretiert. Im Beispiel entspricht $b_0$ einer Konstanten, $b_1$ entspricht einem logarithmierten Steigungsparameter. Wenn die oberen und unteren Grenzen des 95%Konfidenzintervalles weit vom Wert Null (Null: kein Effekt des betreffenden Parameters) entfernt liegen, kann auf bedeutsame Parameter geschlossen werden.

**Korrelationen der Parameterschätzer**

|     | b0     | b1     |
|-----|--------|--------|
| b0  | 1,000  | -1,000 |
| b1  | -1,000 | 1,000  |

Die Tabelle „Korrelationen der Parameterschätzer" gibt die Interkorreliertheit der Parameter wieder. Liefert die nur bei einer ausreichend großen Stichprobe („asymptotisch") korrekte Korrelationsmatrix der Parameterschätzer sehr hohe Korrelationen, so sind diese auf eine mögliche Überparametrisierung des Modells, überflüssige Modellparameter oder auch ungünstige Datenverhältnisse zu überprüfen. Für das Beispiel wäre dies z.B. ein Hinweis, den Parameter $b_1$ versuchsweise aus der Modellgleichung zu entfernen, da er fast gleich 1 ist.

**ANOVA[a]**

| Quelle                       | Quadratsumme | df  | Mittel der Quadrate |
|------------------------------|--------------|-----|---------------------|
| Regression                   | 43863,769    | 2   | 21931,885           |
| Residuen                     | 5,095        | 498 | ,010                |
| Nicht korrigierter Gesamtwert| 43868,864    | 500 |                     |
| Korrigierter Gesamtwert      | 476,538      | 499 |                     |

Abhängige Variable: y

a. R-Quadrat = 1 – (Residuenquadratsumme) / (Korrigierte Quadratsumme) = ,989.

Die Tabelle „ANOVA" enthält die Ergebnisse einer Varianzanalyse. Die Interpretation der Variationsquellen „Regression" (erklärte Varianz) bzw. „Residuen" (nicht erklärte Varianz) des untersuchten Modells entspricht der vergleichbaren Ausgabe bei der linearen Regression. Es werden jedoch kein F-Wert und keine Signifikanz ausgegeben. Ein „Nicht korrigierter Gesamtwert" entspricht der Gesamtvariabilität i.S.e. Summe von „Regression" und „Residuen". Ein „Korrigierter Gesamtwert" drückt die Variabilität „durchschnittlicher" y-Werte aus. „R-Quadrat" ($R^2$) wird über 1 minus („Residuen" / „Korrigierter Gesamtwert") berechnet. Ein $R^2$ von 0.989 bedeutet, dass das Modell ca. 98,9% der Variabilität der abhängigen Variable erklärt.

Im Gegensatz zur OLS-Regression werden bei der nichtlinearen Regression keine Inferenzstatistiken ausgegeben. Bei der nichtlinearen Regression können daher nur auf der Grundlage großer Stichproben zuverlässige, sog. asymptotische Standardfehler und Vertrauensintervalle ermittelt werden.

Mittels CLNR wurde mit einer nichtlinearen Regression die Anpassung einer mittels CURVEFIT ermittelten nichtlinearen Funktion an die Daten überprüft. Wir haben gesehen, dass dabei die absolut identische Modellgleichung ermittelt wurde, nämlich mit der Konstanten (b0) 8.00 und dem Steigungsparameter (a bzw. b1) 1,00. Die asymptotische Korrelations-matrix weist darauf hin, dass der Parameter b1 überflüssig sein könnte, da er fast gleich 1 ist und somit ohne wesentlichen Informationsverlust aus der Modellgleichung entfernt werden könnte.

**CURVEFIT-Funktionen: Name, Anforderung, Gleichungen und Residuen**

| Option | Gleichung | Lineargleichung | Logarithmiertes Residuum |
|---|---|---|---|
| **[LIN]EAR** Linear | $y = b_0 + b_1*x$ | $y = b_0 + b_1*x$ | |
| **[LOG]ARITHMIC** Logarithmisch | $y = b_0 + b_1*\ln(x)$ | $Y = b_0 + b_1*\ln(x)$ | |
| **[INV]ERSE** Invers | $y = b_0 + b_1/x$ | $y = b_0 + b_1/x$ | |
| **[QUA]DRATIC** Quadratisch | $y = b_0 + b_1*x + b_2*x^2$ | $y = b_0 + b_1*x + b_2*x^2$ | |
| **[CUB]IC** Kubisch | $y = b_0 + b_1*x + b_2*x^2 + b_3*x^3$ | $y = b_0 + b_1*x + b_2*x^2 + b_3*x^3$ | |
| **[COM]POUND** Zusammengesetzt | $y = b_0*b_1^x$ | $\ln(y) = \ln(b_0) + x*\ln(b_1)$ | COMPUTE NEWVAR = LN(VAR) - LN(FIT#n). |
| **[POW]ER** Exponent | $y = b_0(x^{b1})$ | $\ln(y) = \ln(b_0) + b_1*\ln(x)$ | COMPUTE NEWVAR = LN(VAR) - LN(FIT#n). |
| **S** | $y = e^{b0 + b1/x}$ | $\ln(y) = b_0 + b_1/x$ | COMPUTE NEWVAR = LN(VAR) - LN(FIT#n). |
| **[GRO]WTH** Wachstum | $y = e^{b0 + b1x}$ | $\ln(y) = b_0 + b_1*x$ | COMPUTE NEWVAR = LN(VAR) - LN(FIT#n). |
| **[EXP]ONENTIAL** Exponentiell | $y = b_0(e^{b1x})$ | $\ln(y) = \ln(b_0) + b_1*x$ | COMPUTE NEWVAR = LN(VAR) - LN(FIT#n). |
| **[LGS]TIC** Logistisch | $y = (1/u + b_0 b_1^t)^{-1}$ | $\ln(1/y - 1/u) = \ln(b_0) + x*\ln(b_1)$ | COMPUTE NEWVAR = LN(VAR) - LN(1/FIT#n) Bzw. mit angegebener Obergrenze: COMPUTE NEWVAR = LN(1/VAR - 1/u) - LN(1/FIT#n). |

*Legende*: *Y/VAR*: Abhängige Variable. *X*: Unabhängige Variable oder Zeitwert. *B_0*: Konstante. *B_n*: Regressionskoeffizient/en. *e*: Eulersche Zahl: 2,71828). *Ln/LN*: Natürlicher Logarithmus. *u*:  Obergrenze bei LGSTIC. *NEWVAR*: Logarithmiertes Residuum. *FIT#n*: Name der durch CURVEFIT erzeugten Anpassungsvariablen.

Für die Modelle COMPOUND, POWER, S, GROWTH, EXPONENTIAL und LGSTIC können Log-Transformationen dann nicht vorgenommen werden, wenn die Werte in der/den abhängigen Variablen kleiner oder gleich 0 sind. Für eine weitergehende Regressionsdiagnostik kann über eine COMPUTE-Anweisung das logarithmierte Residuum ermittelt werden. Die Gleichung für POWER ist in der Dokumentation für SPSS V13 nicht korrekt.

**Fall 3: Die gesuchte Funktion ist nicht in der Prozedur CURVEFIT enthalten: Sinn und Grenzen von CURVEFIT**

Sollte die gesuchte Funktion weder bekannt sein, noch in CURVEFIT enthalten sein, bietet sich u.a. die Möglichkeit, mit Hilfe eines erfahrenen Statistikers die gesuchte Funktion einzugrenzen. Für das folgende Beispiel wird nun eine Funktion gewählt, die von CURVEFIT nicht angeboten wird. Der allererste Schritt ist, die Verteilung der Daten zu beschreiben.

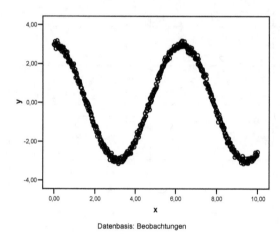

Datenbasis: Beobachtungen

```
GRAPH
    /SCATTERPLOT(BIVAR)= x
WITH y
    /MISSING=LISTWISE
    /TITLE= "Beschreibung
einer unbekannten Funktion"
    /FOOTNOTE "Datenbasis:
Beobachtungen".
```

Der nächste Schritt wäre, über CURVEFIT eine erste Annäherung zu versuchen.

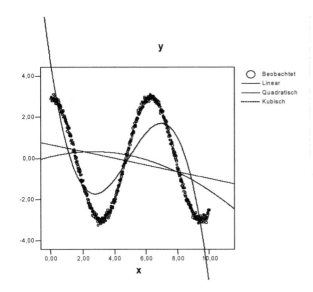

```
TSET NEWVAR=NONE .
CURVEFIT
/VARIABLES=y WITH x
/CONSTANT
/MODEL=
  LINEAR LOGARITHMIC
INVERSE
  QUADRATIC CUBIC
COMPOUND
  POWER S GROWTH EX-
PONENTIAL
  LGSTIC
/UPPERBOUND=4
/PLOT FIT .
```

CURVEFIT konnte nur die lineare, quadratische und die kubische Funktion an die Daten anpassen (siehe unten). Zur Hervorhebung wurde der Verlauf der kubischen Funktion über den Rahmen des Diagramms hinausgeführt.

CURVEFIT konnte nur die lineare, quadratische und die kubische Funktion an die Daten anpassen; für allen anderen angeforderten Funktionen werden daher keine weiteren Parameter ausgegeben.

**Output:**

**Modellzusammenfassung und Parameterschätzer**

Abhängige Variable:y

| | Modellzusammenfassung | | | | | Parameterschätzer | | | |
|---|---|---|---|---|---|---|---|---|---|
| Gleichung | R-Quadrat | F | Freiheits-grade 1 | Freiheits-grade 2 | Sig. | Konstante | b1 | b2 | b3 |
| Linear | ,050 | 26,212 | 1 | 499 | ,000 | ,671 | -,167 | | |
| Logarithmisch[a] | , | , | , | , | , | ,000 | ,000 | | |
| Invers[b] | , | , | , | , | , | ,000 | ,000 | | |
| Quadratisch | ,064 | 16,914 | 2 | 498 | ,000 | ,108 | ,171 | -,034 | |
| Kubisch | ,715 | 415,010 | 3 | 497 | ,000 | 4,672 | −5,333 | 1,343 | −,092 |
| Zusammengesetzt[c] | | | | | | ,000 | ,000 | | |
| Potenzfunktion[a] | | | | | | ,000 | ,000 | | |
| S-förmig[b] | | | | | | ,000 | ,000 | | |
| Aufbaufunktion[c] | | | | | | ,000 | ,000 | | |
| Exponentiell[c] | | | | | | ,000 | ,000 | | |
| Logistisch[c] | | | | | | ,000 | ,000 | | |

Die unabhängige Variable ist x.

a. Die unabhängige Variable (x) enthält nicht-positive Werte. Der Minimalwert ist ,00. Das logarithmische Modell bzw. Potenzmodell kann nicht berechnet werden.

b. Die unabhängige Variable (x) enthält Nullwerte. Das Invers-Modell bzw. Holt-Modell kann nicht berechnet werden.

c. Die abhängige Variable (y) enthält nicht-positive Werte. Der Minimalwert ist −3,15. Die Log-Transformation kann nicht angewendet werden. Das zusammengesetzte Aufbaumodell, das Potenzmodell, das Holt-Modell, das Aufbaumodell, das exponentielle Modell und das logistische Modell können für diese Variable nicht berechnet werden.

**Erläuterungen:**

Das Kurvenanpassungsdiagramm wurde bereits weiter oben abgebildet. Von den angeforderten Funktionen konnten nur die Modellgleichungen linear, quadratisch und kubisch an die vorliegenden Daten angepasst werden. Die Tabelle listet daher nur die Parameter für LIN, QUA und CUB auf. Die kubische Modellgleichung (CUB) schneidet nach CURVEFIT augenscheinlich am besten ab ($R^2=0{,}715$).

Würde dieses Ergebnis gewählt werden, würde man einen Fehler begehen. Wird das Streudiagramm genau betrachtet, würde man feststellen, dass ganz rechts die wellenförmige Linie der empirisch erfassten Beobachtungen wieder ansteigt, während die kubische Funktion dagegen weiter abfällt. Daten und kubische Funktion klaffen also zunehmend auseinander. Würde man sich nun an eine Statistikerin wenden, so würde diese angesichts der wellenförmigen Beschreibung der Daten wahrscheinlich spontan sagen. „Also, so wie ich diese Kurve lese, liegt ihr wahrscheinlich eine Kosinus-Funktion mit der Amplitude 3 zugrunde."

Die Funktion y = 3 cosinus wird nun einer nichtlinearen Regression mittels NLR unterzogen und das Ausmaß der Varianzaufklärung überprüft. Die NLR-Syntax wird unter 2.2.6 weiter erläutert, darunter auch die benötigte Gleichung.

**Syntax:**

```
MODEL PROGRAM b1=3 .
COMPUTE NPRED = b1*cos(x) .
NLR y
```

```
/PRED=NPRED
/SAVE RESID PRED
/CRITERIA ITER 100 SSCONVERGENCE 1E-8 PCON 1E-8 .
```

**Output:**

## Nichtlineare Regressionsanalyse

### Iterationsprotokoll[b]

| Iteration[a] | Residuenquadrat-summe | Parameter b1 |
|---|---|---|
| 1.0 | 5,152 | 3,000 |
| 1.1 | 5,139 | 2,993 |
| 2.0 | 5,139 | 2,993 |

Die Ableitungen werden numerisch berechnet.

a. Nummer der primären Iteration wird links vom Dezimalwert angezeigt und die Nummer der untergeordneten Iteration rechts vom Dezimalwert.

b. Die Ausführung wurde nach 3 Modellauswertungen und 2 Ableitungsauswertungen angehalten, da die relative Verringerung zwischen aufeinander Parameterschätzern höchstens PCON = 1,00E-008 beträgt.

### Parameterschätzer

| Parameter | Schätzer | Standardfehler | 95%-Konfidenzintervall | |
|---|---|---|---|---|
| | | | Untere Grenze | Obere Grenze |
| b1 | 2,993 | ,006 | 2,981 | 3,005 |

### ANOVA[a]

| Quelle | Quadratsumme | df | Mittel der Quadrate |
|---|---|---|---|
| Regression | 2349,334 | 1 | 2349,334 |
| Residuen | 5,139 | 500 | ,010 |
| Nicht korrigierter Gesamtwert | 2354,473 | 501 | |
| Korrigierter Gesamtwert | 2340,313 | 500 | |

Abhängige Variable: y

a. R-Quadrat = 1 − (Residuenquadratsumme) / (Korrigierte Quadratsumme) = ,998.

**Erläuterung:**

$R^2$ („R-Quadrat") erreicht 0,998 und übertrifft somit eindeutig die Modellgüte (z.B. Varianzaufklärung) der kubischen Modellfunktion.

Würde die über CURVEFIT ermittelte kubische Modellgleichung in eine nichtlineare Regression mittels NLR einbezogen werden (die benötigte Gleichung ist der Übersicht 2.2.4 „CURVEFIT-Funktionen: Name, Anforderung, Gleichungen und Residuen" entnommen), würde sich das Ausmaß der aufgeklärten Varianz nicht ändern, sondern beim in etwa selben $R^2$ bleiben (0,715). Die Ursache dafür ist also keinesfalls die Art und Weise der Ermittlung der Gleichung (also einmal über CURVEFIT, ein anderes mal über NLR; in früheren SPSS Versionen können hier tats. leichte Unterschiede auftreten), sondern die Tatsache, dass die kubische Funktion einfach nicht den Daten angemessen ist und dass daran auch die jew. angewandte SPSS Prozedur nichts ändert.

**Beispiel: Umsetzung der kubischen Funktion in NLR**

```
MODEL PROGRAM b0=4 b1=-5 b2=1 b3=-0.1.
COMPUTE NPRED = b0+(b1*x)+(b2*x*x)+(b3*x*x*x).
NLR y
  /PRED=NPRED
  /SAVE RESID PRED
  /CRITERIA ITER 100 SSCONVERGENCE 1E-8 PCON 1E-8 .
```

**Ergebnis (Ausschnitt):**

ANOVA[a]

| Quelle | Quadratsumme | df | Mittel der Quadrate |
|---|---|---|---|
| Regression | 1689,386 | 4 | 422,347 |
| Residuen | 668,979 | 497 | 1,346 |
| Nicht korrigierter Gesamtwert | 2358,365 | 501 | |
| Korrigierter Gesamtwert | 2344,835 | 500 | |

Abhängige Variable: y

a. R-Quadrat = 1 − (Residuenquadratsumme) / (Korrigierte Quadratsumme) = ,715.

Der Sinn von CURVEFIT kann also darin bestehen, unkompliziert Standardfunktionen an eine gegebene Verteilung anzupassen und, sofern eine Standardfunktion in den Daten verborgen sein sollte, unkompliziert die zugrunde liegende Modellgleichung zu ermitteln. Natürlich muss damit gerechnet werden, dass die Verteilung eine Funktion aufweist, die nicht in CURVEFIT enthalten ist. Die eigentliche Grenze von CURVEFIT kann jedoch die grafische Wiedergabe der geschätzten Funktionen sein. Automatisch vergebene (abgeschnittene) Achsenlängen können u.U. einen Kurvenverlauf vorgeben, der gar nicht vorliegt; zu dicke Punkte können u.U. Wendepunkte kurvilinearer Funktionen verdecken (vgl. dazu das o.a. Beispiel zur Kosinusfunktion).

Die ermittelten $R^2$ der Modellgleichungen können ebenfalls irreführend sein. Selbst eine Varianzaufklärung von knapp 70% ist kein Hinweis auf eine korrekt gewählte Funktion. Bei unbekannten Funktionen sollten daher erfahrene Statistikerinnen oder Statistiker mit Kenntnissen über den untersuchten Gegenstand herangezogen werden.
Es sind spezielle Kurvenanpassungsprogramme auf dem Markt, die in Anspruch nehmen, buchstäblich Tausende von Funktionen u.a. auch für Modelle mit zwei oder mehr Prädiktoren anpassen zu können. Die Erfahrung zeigt jedoch, dass es empfehlenswert ist, die ausgegebenen Gleichungen in anderen Programmen gegenzuprüfen. Ein Grund ist, weil die Programme nicht immer auch Kriterien (z.B. $R^2$) mit ausgeben, die die Güte der ausgegebe-

nen Gleichungen zu beurteilen erlauben. Eine Überprüfung in einem anderen Programm, z.B. SPSS, kann z.B. dann zum Ergebnis kommen, dass eine Gleichung, die von einem Programm mittels einer Chi²-Statistik als optimal ausgegeben wird, in SPSS nur annähernd zufriedenstellende $R^2$-Werte erreicht.

## 2.2.5 Etwas Anspruchsvolleres: Eine nichtlineare Regression mit zwei Prädiktoren

Die bisher behandelten nichtlinearen Modelle enthielten nur einen Prädiktor. SPSS ist jedoch in der Lage, auch Modelle mit mehr als einem Prädiktor anzupassen. Die zur Demonstration verwendeten Daten bzw. Modellfunktion basieren auf einer Analyse des Leistungsabfalls mit zwei Prädiktoren (Nelson, 1981). Die Prädiktorvariablen sind Zeit (in Wochen) und Temperatur (in Celsius); die abhängige Variable misst die Stärke eines dialektrischen Grenzwertes in Kilovolt. Die Modellfunktion ist bekannt.

Die Exploration der Messwertverteilung mittels eines dreidimensionalen Würfels deutet den Einfluss der beiden Prädiktoren $x_1$ (Zeit, in Wochen) und $x_2$ (Temperatur, in Celsius) an.

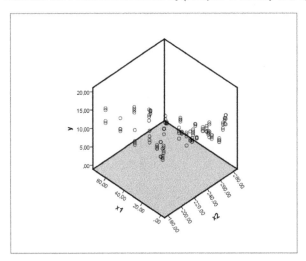

**Modellformel:**

Die Modellfunktion lautet:

$$\log_y = \beta_1 - \beta_2\, x_1 * \exp(-\beta_3\, x_2) + e.$$

```
compute YLOG=ln(Y).
exe.


MODEL PROGRAM b1=2.5 b2=0.000000005 b3=-0.05 .
COMPUTE NPRED = b1-(b2*x1*exp(-b3*x2)) .
NLR ylog
  /PRED=NPRED
```

```
/SAVE RESID PRED
/CRITERIA ITER 100 SSCONVERGENCE 1E-8 PCON 1E-8 .
```

## Nichtlineare Regressionsanalyse

Iterationsprotokoll[b]

| Iteration[a] | Residuenquadrat-summe | Parameter | | |
|---|---|---|---|---|
| | | b1 | b2 | b3 |
| 1.0 | 48,490 | 2,500 | 5,000E-9 | -,050 |
| 1.1 | 6,035E16 | 2,590 | -4,043E-8 | -,113 |
| 1.2 | 5,702 | 2,480 | 1,184E-8 | -,055 |
| 2.0 | 5,702 | 2,480 | 1,184E-8 | -,055 |
| 2.1 | 3,981 | 2,594 | 8,344E-9 | -,056 |
| 3.0 | 3,981 | 2,594 | 8,344E-9 | -,056 |
| 3.1 | 4,462 | 2,591 | 5,018E-9 | -,058 |
| 3.2 | 3,801 | 2,593 | 7,445E-9 | -,057 |
| 4.0 | 3,801 | 2,593 | 7,445E-9 | -,057 |
| 4.1 | 3,923 | 2,591 | 5,416E-9 | -,058 |
| 4.2 | 3,799 | 2,593 | 7,258E-9 | -,057 |
| 5.0 | 3,799 | 2,593 | 7,258E-9 | -,057 |
| 5.1 | 3,799 | 2,592 | 6,860E-9 | -,057 |
| 6.0 | 3,799 | 2,592 | 6,860E-9 | -,057 |
| 6.1 | 3,800 | 2,591 | 6,111E-9 | -,057 |
| 6.2 | 3,798 | 2,592 | 6,687E-9 | -,057 |
| 7.0 | 3,798 | 2,592 | 6,687E-9 | -,057 |
| 7.1 | 3,798 | 2,592 | 6,339E-9 | -,057 |
| 8.0 | 3,798 | 2,592 | 6,339E-9 | -,057 |
| 8.1 | 3,798 | 2,591 | 6,013E-9 | -,057 |
| 9.0 | 3,798 | 2,591 | 6,013E-9 | -,057 |
| 9.1 | 3,798 | 2,591 | 5,704E-9 | -,058 |
| 10.0 | 3,798 | 2,591 | 5,704E-9 | -,058 |
| 10.1 | 3,798 | 2,591 | 5,619E-9 | -,058 |
| 11.0 | 3,798 | 2,591 | 5,619E-9 | -,058 |
| 11.1 | 3,798 | 2,591 | 5,618E-9 | -,058 |
| 12.0 | 3,798 | 2,591 | 5,618E-9 | -,058 |
| 12.1 | 3,798 | 2,591 | 5,618E-9 | -,058 |

Die Ableitungen werden numerisch berechnet.

a. Nummer der primären Iteration wird links vom Dezimalwert angezeigt und die Nummer der untergeordneten Iteration rechts vom Dezimalwert.

b. Die Ausführung wurde nach 28 Modellauswertungen und 12 Ableitungsauswertungen angehalten, da die relative Verringerung zwischen aufeinander folgenden Residuenquadratsummen höchstens SSCON = 1,00E-008 beträgt.

Die Tabelle „Iterationsprotokoll" gibt die Schritte des Schätzvorgangs an. Die Lösung wurde somit nach zwölf primären Iterationen gefunden.

**Parameterschätzer**

| Parameter | Schätzer | Standardfehler | 95%-Konfidenzintervall | |
|---|---|---|---|---|
| | | | Untere Grenze | Obere Grenze |
| b1 | 2,591 | ,019 | 2,553 | 2,629 |
| b2 | 5,618E-9 | ,000 | −6,480E-9 | 1,772E-8 |
| b3 | -,058 | ,004 | -,066 | -,050 |

Die Tabelle „Parameterschätzer" gibt die Schätzer für jeden Parameter wieder. Da in diesem Beispiel die Schätzer vor der Analyse bekannt und in die Regressionsgleichung aufgenommen worden waren, entsprechen ihnen die gewonnenen Schätzer in etwa. Da die oberen und unteren Grenzen des 95%Konfidenzintervalls von Null (kein Effekt des betreffenden Parameters) weit entfernt liegen, kann vielleicht mit Ausnahme von b3 auf bedeutsame Parameter geschlossen werden.

**Korrelationen der Parameterschätzer**

| | b1 | b2 | b3 |
|---|---|---|---|
| b1 | 1,000 | ,451 | ,442 |
| b2 | ,451 | 1,000 | 1,000 |
| b3 | ,442 | 1,000 | 1,000 |

Die Tabelle „Korrelationen der Parameterschätzer" weist darauf hin, dass der Parameter b3 perfekt mit b2 korreliert und probeweise aus der Modellgleichung entfernt werden könnte.

**ANOVA[a]**

| Quelle | Quadratsumme | df | Mittel der Quadrate |
|---|---|---|---|
| Regression | 716,368 | 3 | 238,789 |
| Residuen | 3,798 | 125 | ,030 |
| Nicht korrigierter Gesamtwert | 720,165 | 128 | |
| Korrigierter Gesamtwert | 54,413 | 127 | |

Abhängige Variable: YLOG

a. R-Quadrat = 1 − (Residuenquadratsumme) / (Korrigierte Quadratsumme) = ,930.

Das Modell mit zwei Prädiktoren erklärt ca. 93% der Variabilität der abhängigen Variablen.

## 2.2.6    Die Prozeduren NLR und CNLR für die nichtlineare Regression

SPSS bietet für die Berechnung von nichtlinearen Regressionen die Funktionen NLR und CNLR an, die durch den Einsatz eines iterativen Algorithmus im Prinzip zur Schätzung von willkürlichen Beziehungen zwischen den unabhängigen und der abhängigen Variablen geeignet sind.

**Der Unterschied zwischen NLR und CNLR**

Die beiden wesentlichen Unterschiede sind, dass CNLR die Angabe von Nebenbedingungen (sog. Constraints, vgl. /BOUNDS) für die Parameter erlaubt und sich daher auch im Schätzalgorithmus (z.B. ISTEP) unterscheidet. Der Vorteil von LNR ist, dass die Anwendung einfacher als CNLR ist, da keine Nebenbedingungen angegeben werden brauchen. Der folgende Vergleich enthält die Programmierung derselben nichtlinearen Regression, einmal mittels NLR und einmal mit CNLR. Beide Beispiele stützen sich auf dasselbe Modell und dieselben Daten. Aus Darstellungsgründen wird der Output in der Tabelle als Text wiedergegeben.

---

**Syntax:**

**NLR**
```
MODEL PROGRAM
        b0=5.0  b1=-0.20 .
COMPUTE NPRED = b0+b1*ZEIT.
NLR nlog
 /PRED=NPRED
 /SAVE RESID PRED
 /CRITERIA ITER 100
            SSCONVERGENCE
            1E-8 PCON 1E-8.
```

**Output (Ausschnitte):**

**Nichtlineare Regression**

```
R squared = 1 - Residual SS / Corrected SS =    ,98836
```

|            |             | Asymptotic | Asymptotic 95 % Confidence Interval | |
|------------|-------------|------------|--------|--------|
| Parameter  | Estimate    | Std. Error | Lower  | Upper  |
| B0         | 5,973160267 | ,059778098 | 5,844017539 | 6,102302996 |
| B1         | -,218425255 | ,006574714 | -,232629062 | -,204221449 |

---

```
         Syntax:

CNLR   MODEL PROGRAM
           b0=5.0  b1=-0.20 .
       COMPUTE NPRED = b0+b1*ZEIT.
       CNLR nlog
         /PRED NPRED
         /SAVE RESID PRED
         /BOUNDS B0 >= 0
         /CRITERIA STEPLIMIT 2
                   ISTEP 1E+20.
```

**Output (Ausschnitte):**

**Nichtlineare Regression mit Nebenbedingungen**

```
R squared = 1 - Residual SS / Corrected SS =      ,98836

                                     Asymptotic 95 %
                       Asymptotic   Confidence Interval
Parameter  Estimate   Std. Error   Lower        Upper

B0     5,973160267  ,059778098  5,844017539  6,102302996
B1     -,218425255  ,006574714  -,232629062  -,204221449
```

Beide Anweisungen können dann zum absolut identischen Ergebnis führen (obwohl CNLR eine Nebenbedingung aufweist, nämlich B0>0), wenn z.B. in CLR eine Nebenbedingung angegeben ist, die nicht effektiv ist. Im o.a. Beispiel ist z.B. in den Daten der Parameter B0 von vornherein größer als Null. In CNLR ist also eine eigentlich nicht benötigte Nebenbedingung angegeben. Das Ergebnis von CNLR und LNR stimmt absolut überein.

**Die Syntax von NLR und CNLR für die vorgestellten Beispiele**
In diesem Abschnitt wird die in den vorangegangenen Beispielen verwendete NLR- und CNLR-Syntax erläutert. Für Details und weitere Informationen wird auf die SPSS Command Syntax Reference verwiesen.

**MODEL PROGRAM** Befehl
Mit dem notwendigen MODEL PROGRAM-Befehl werden alle Parameter und ihre Werte angegeben, die für die danach angegebene (nicht-)lineare Modellgleichung (ab dem NLR- bzw. CNLR-Befehl) benötigt werden. Zu den Parametern zählen additive Konstanten, multiplikative Koeffizienten, Exponenten oder Werte, die bei der Analyse von Funktionen verwendet werden sollen. Der MODEL PROGRAM-Befehl muss dem NLR- bzw. CNLR-

Befehl vorausgehen. Im Prinzip kann jede Bezeichnung angegeben werden; der Übersicht halber wird jedoch empfohlen, sich an die Konventionen für die Formulierung für Gleichungen zu halten, also z.B. B0, B1 usw. Wird unter MODEL PROGRAM ein Parameter vergessen, werden NLR bzw. CNLR nicht ausgeführt. Für die Parameter können im Prinzip beliebige Werte angegeben werden. Bei der Angabe der Werte 0 bzw. 1 sollte man Vorsicht walten lassen, da diese entweder eine Konstante repräsentieren (1) bzw. keine Information (0) enthalten können.

### COMPUTE Befehl

Unter COMPUTE wird die (nicht-)lineare Modellgleichung angegeben, um die vorhergesagten Werte für die abhängige Variable berechnen zu können. Die vorhergesagten Werte der abhängigen Variablen definieren das (nicht-)lineare Modell. Die Modellgleichung muss den Konventionen für die Formulierung (nicht-)linearer Gleichungen entsprechen und somit neben der unabhängigen Variablen mindestens einen der Parameter aus dem MODEL PRO-GRAM-Befehl enthalten. Für die Variable, die die vorhergesagten Werte enthalten soll, kann im Prinzip jede Bezeichnung angegeben werden; voreingestellt ist PRED. In den Beispielen wird die Bezeichnung NPRED verwendet. Je nach benötigter Modellgleichung muss nicht notwendigerweise der COMPUTE-Befehl angegeben werden; anstelle COMPUTE ist die Angabe vieler weiterer Anweisungen möglich, z.B. IF, DO IF, END IF, LOOP, END LOOP oder COUNT.

### CNLR / NLR Befehl

Je nach eingesetzter Anwendung muss entweder der NLR- oder der CNLR-Befehl angegeben werden. Direkt nach NLR oder CNLR wird die abhängige Variable der (nicht-)linearen Regression angegeben. Es kann nur eine abhängige numerische Variable aus dem aktiven Datensatz angegeben werden.

Nach dem /PRED-Unterbefehl wird die Variable angegeben, die die vorhergesagten Werte enthält. Ihr Name muss der Bezeichnung entsprechen, die in der Modellgleichung festgelegt wird. In den Beispielen wird als Bezeichnung NPRED angegeben; daher wird nach /PRED der Variablenname NPRED angegeben, um anzuzeigen, dass diese Variable die Schätzwerte für die abhängigen Variablen enthält. Die vorhergesagten Werte werden erst dann im Arbeitsdatensatz abgelegt, wenn die definierte Variable mittels SAVE explizit gespeichert wird.

### SAVE Unterbefehl

Mittels SAVE können temporäre Variablen für die vorhergesagte Werte, Residuen und Ableitungen (Derivate) des Modells permanent im Arbeitsdatensatz gespeichert werden, um z.B. in nachfolgenden Analysen die Anpassungsgüte des Modells zu überprüfen. Nach SA-VE muss mindestens eines der folgenden Schlüsselwörter angegeben werden.

PRED Speichert die vorhergesagten Werte der abhängigen Variablen.

RESID Speichert die Residuen. In Klammern kann ein eigener Variablenname angegeben werden. Wird z.B. nach RESID „(RESX)" angegeben, werden die Residuen im Datensatz unter der Bezeichnung „RESX" abgelegt.

DERIVATIVES Speichert alle Ableitungen (Derivate).

LOSS (nur für CNLR und nur dann, wenn der /LOSS-Unterbefehl angegeben wurde) Speichert die vom Anwender definierte Variable für die Verlustfunktion *(loss function)*. Die Verlustfunktion in der nichtlinearen Regression ist die vom Algorithmus minimierte Funktion.

Die Abfolge und Zusammenstellung der Schlüsselwörter ist unerheblich. Falls jedoch die Bezeichnungen der zu speichernden Variablen bereits im geöffneten Datensatz vorhanden sind, wird keine Speicherung vorgenommen.

**CRITERIA** Unterbefehl
Mittels CRITERIA kann der iterative Schätzalgorithmus eingestellt werden, u.a. Anzahl der Iterationen und Abbruchkriterien. Da sich die Schätzalgorithmen von CNLR und LNR unterscheiden, werden unter CRITERIA im Allgemeinen verschiedene Optionen angegeben.

*Optionen für LNR:*
NLR verwendet einen Levenberg-Marquardt-Schätzalgorithmus, für den mehrere Abbruchkriterien vorgegeben werden können: Die Maximalzahl der Iterationen, die Konvergenz der Quadratsummen und die Parameter-Konvergenz. Eine optimale Lösung ist gefunden, sobald der iterative Algorithmus eines der angegebenen Abbruchkriterien erreicht hat.

ITER n: Maximalzahl (n) der Iterationen. Für ITER können beliebige positive ganzzahlige Werte angegeben werden; voreingestellt ist 100 pro Parameter.

SSCONVERGENCE n: Konvergenzkriterium für die Quadratsummen. Für SSCONVERGENCE können beliebige nicht-negative Werte angegeben werden; voreingestellt ist 1E-8. Wenn aufeinander folgende Iterationen die Summe der Quadrate nicht um dieses Verhältnis ändern können, wird der Algorithmus angehalten. Über die Angabe von 0 wird dieses Kriterium deaktiviert.

PCON n: Kriterium für die Parameter-Konvergenz. Für PCON können beliebige nicht-negative Werte angegeben werden; voreingestellt ist 1E-8. Wenn in aufeinander folgenden Iterationen keiner der Parameterwerte um diesen Anteil geändert wird, hält die Prozedur an. Über die Angabe von 0 wird dieses Kriterium deaktiviert.

*Optionen für CNLR:*
CNLR verwendet einen sequentiellen quadratischen Optimierungsalgorithmus, für den die Maximalzahl der Iterationen, die Schrittweite, Optimalitätstoleranz, Funktionsgenauigkeit und unendliche Schrittweite vorgegeben werden können. Eine optimale Lösung ist gefunden, wenn die Optimalitätstoleranz erreicht wurde.

ITER n: Maximalzahl (n) der Iterationen. Für ITER können beliebige positive ganzzahlige Werte angegeben werden.

STEPLIMIT n: Schrittweite. Die Schrittweite n verhindert, dass sich der Optimierungsalgorithmus von guten Anfangsschätzern entfernt. Für STEPLIMIT können beliebige positive Werte angegeben werden. Voreingestellt ist der Wert 2.

ISTEP n: Unendliche Schrittweite n. Die unendliche Schrittweite ist das Ausmaß der Veränderung in den Parametern, die als unendlich definiert ist. Sobald das Ausmaß der Veränderung in den Parametern größer als das ISTEP-Kriterium ist, bricht die Schätzung ab. Für ISTEP können beliebige positive Werte angegeben werden; voreingestellt ist 1E+20.

**BOUNDS** Unterbefehl (nur CNLR)
Nach BOUNDS können Nebenbedingungen für die Parameter im MODEL PROGRAM-Befehl angegeben werden. Eine Nebenbedingung ist eine Einschränkung der Werte eines oder mehrerer Parameter bei der iterativen Lösungssuche. Nach BOUNDS können einzelne oder auch mehrere, durch Semikola getrennte lineare oder nichtlineare Nebenbedingungen angegeben werden. Die Nebenbedingungen können unterschiedlich komplex sein und von einfachen univariaten Bedingungen bis hin zu komplexen multivariaten Bedingungen reichen. Unter BOUNDS können nur Nebenbedingungen für die Parameter im MODEL PRO-GRAM-Befehl angegeben werden. Nur arithmetische und relationale Operatoren können verwendet werden. Für die Angabe nichtlinearer Nebenbedingungen wird auf die SPSS Command Syntax Reference verwiesen.

## 2.2.7    Annahmen der nichtlinearen Regression

Kenntnisse über den Untersuchungsgegenstand, auf den sich die Modellgleichung beziehen soll, sind hilfreich bei der Festlegung der Funktion und der Anfangswerte für den iterativen Schätzalgorithmus.

1. Linearisierung eines nichtlinearen Modells vs. Nichtlineare Regression: Vor dem Durch-führen einer nichtlinearen Regression mittels LNR bzw. CNL sollte überprüft werden, ob ein nichtlinear erscheinendes Modell in ein lineares Modell transformiert werden kann, das z.B. mittels einer OLS-Regression (Prozedur REGRESSION) analysiert werden könnte.
2. Variablen: Die abhängigen und die unabhängigen Variablen müssen quantitativ sein. Kategorial skalierte Variablen können in eine nichtlineare Regression einbezogen wer-den, sofern sie zuvor in dichotome Variablen umkodiert wurden.
3. Funktion: Die Ergebnisse einer nichtlinearen Regression sind nur dann zuverlässig, wenn die festgelegte Modellgleichung (Funktion) dem Zusammenhang zwischen der abhängi-gen Variable und den unabhängigen Variablen genau entspricht, wenn also idealerweise alle Datenpunkte auf der grafisch eingezeichneten Funktion zum Liegen kommen. Eine Funktion sollte weder über den vorliegenden Messwertbereich hinaus geführt, noch dar-über hinaus interpretiert werden.
4. Startwerte: Für den iterativen Algorithmus sollten die Startwerte für die Parameter des zu schätzenden Modells möglichst gut gewählt werden, da die Startwerte die Konvergenz beeinflussen. Die Startwerte sollten so weit wie möglich der erwarteten endgültigen Lö-sung für die Modellfunktion entsprechen.
   Streudiagramme ermöglichen erste Annäherungen an die zu modellierenden Parameter; je nach zu modellierender Funktion können u.a. Minimum, Maximum, bestimmte Diffe-renzen oder Verhältnisse zwischen den einzelnen Variablen hilfreich sein. Sind die Startwerte zu schlecht gewählt, kann es trotz einer korrekten Modellfunktion passieren, dass der iterative Algorithmus überhaupt nicht konvergiert, inhaltlich unsinnige Schät-zungen ausgibt oder anstelle einer global optimalen nur eine lokal optimale Lösung lie-

fert; ggf. ist für das erfolgreiche Konvergieren die Angabe von Nebenbedingungen erforderlich.

5. Anzahl der Iterationen: Die Anzahl der Iterationen sollte ausreichend hoch sein, so dass die Lösung vor dem Erreichen der Maximalzahl gefunden werden kann. Wenn die Iteration lediglich deshalb stoppt, weil die maximale Anzahl der Iterationen erreicht ist, so ist das ermittelte Modell möglicherweise keine gute Lösung. Wird trotz höherer Iterationen keine Lösung gefunden, sollten ggf. die Startwerte bzw. die Modellgleichung verändert werden.

6. Stichprobenumfang: Die Ergebnisse einer nichtlinearen Regression sind nur dann zuverlässig, wenn der Stichprobenumfang ausreichend groß ist. Im Gegensatz zur OLS-Regression werden bei der nichtlinearen Regression keine Inferenzstatistiken ausgegeben. Bei einer nichtlinearen Regression können daher nur auf der Grundlage großer Stichproben zuverlässige Standardfehler und Vertrauensintervalle ermittelt werden.

7. Große Werte: Modelle, die die Potenzierung von oder mit großen Datenwerten erforderlich machen, können unter Umständen Werte ermitteln, die zu groß oder zu klein sind, um sie anzeigen zu können. Dieser sog. Über- oder Unterlauf kann ggf. durch geeignete Startwerte oder Nebenbedingungen verhindert werden.

## 2.2.8    Übersicht: Modelle für die nichtlineare Regression

Die folgende Übersicht führt einzelne Beispiele für verschiedene nichtlineare Modelle auf. Die Liste ist nach der Anzahl der Parameter (b1–n) und nach der Anzahl der unabhängigen Variablen geordnet. Die jeweils gelistete Gleichung ist v.a. bei den mehrstelligen Gleichungen oft nur eine von mehreren möglichen Formulierungsvarianten. Die ausgewählten Gleichungen mit Eigennamen sollen nicht darüber hinwegtäuschen, dass es darüber hinaus unüberschaubar viele „namenlose" Funktion(svariant)en gibt.

| Anzahl Parameter | Bezeichnung bzw. Beschreibung der Funktion | |
|---|---|---|
| | Eine unabhängige Variable (x) | Modellformel |
| 1 | Konstanten-Modell | b1  (Konstante, a) |
| | Gerade Linie durch den Ursprung | b1*x |
| | Parabel durch den Ursprung | b1*x**2 |
| | Hyperbel | b1/x |

| 2 | Gerade Linie | b1*x+ b2 |
|---|---|---|
|   | Parabel | b1*x**2+ b2 |
|   | Power | b1*x**b2 |
|   | Exponential | b1*exp(b2*x) |
|   | Hypergeometrisch | b1*x**(b2*x) |
|   | Logarithmisch | b1 + b2*ln(x) |
|   | Kosinus | b1*cos(b2*x) |
|   | Sinus | b1*sin(b2*x) |
|   | Tangens | b1*tan(b2*x) |
| 3 | Ellipse | sqrt(b1 – b2*(x – b3)**2) |
|   | Hoerl | b1*(b2**x)*x**b3 |
|   | Michaelis-Menten | b1*x / (x+b2) |
|   | Asymptotische Regression | b1 + b2 *exp(b3*x) |
|   | Beta | b1(x**b2*(1–x)**b3 |
|   | Cauchy | 1 / (b1*(x+b2)**2) + b3) |
|   | Dichte | (b1 + b2 * x)**(–1 / b3) |
|   | Freundich | b1*x**(b2*x**b3) |
|   | Gauss | b1 * (1– b3 *exp(–b2*x**2)) |
|   | Gamma | b1*((x/b2)**b3)*exp(x/b2) |
|   | Gompertz | b1*exp(b2*exp(b3*x)) |
|   | Gunary | x / (b1+b2*x+b3*sqrt(x)) |
|   | Harris | 1 / (b1+b2*x**b3) |
|   | Johnson-Schumacher | b1 *exp(–b2 / (x + b3)) |
|   | Langmuir | b1 / (b2+x**b3) |
|   | Logistisch | b1 / (1+b2*exp(b2*x)) |
|   | Log-modifiziert | (b1 + b3*x)**b2 |
|   | Log-logistisch | b1 –ln(1+ b2*exp(–b3 * x)) |
|   | Metcherlich-Gesetz der abnehmenden Erträge | b1 + b2 *exp(–b3 * x) |
|   | Verhulst | b1 / (1 + b3 * exp(– b2 * x)) |
|   | Ertragsdichte | (b1 + b2*x + b3*x**2)**(–1) |

| 4 | Morgan-Mercer-Florin | (b1*b2 + b3*x**b4) / (b2 + x**b4) |
|---|---|---|
| | Verhältnis der Quadrate | (b1 + b2*x + b3*x**2) / (b4*x**2) |
| | Richards | 1 / ((b1+ b2*exp(b3*x))** b4 |
| | Von Bertalanffy | (b1**(1 – b4) – b2*exp(–b3*x))**(1/(1–b4)) |
| | Weibull | b1*exp(b2*x** b3)+b4 |
| 5 | Peal-Reed | b1 / (1 + b2*exp(–(b3*x + b4*x**2 <br> + b5*x**3))) |
| | Verhältnis der 3. Potenzen | (b1 + b2*x + b3*x**2 + b4*x**3) <br> / (b5*x**3) |
| | **Zwei unabhängige Variablen <br> (x1, x2)** | |
| 2 | Inverse Hyperbel | x1 / (b1 + b2*x2); <br> alternativ: x2 / (b1 + b2*x1) |
| | Hypergeometrisch | b1*x1**(b2*x2); <br> alternativ: b1*x2**(b2*x1) |
| 3 | Hoerl | b1*(b1**x1)*x2**b3; alternativ: usw. |
| | Freundich | b1*x1**(b2*x2**b3) |
| | Gamma | b1*((x1/b2)**b3)*exp(x2/b2) |
| | Gunary | x1 / (b1+ b2*x2 + b3*sqrt(x2)) |
| | Parabel | b1+ b2*x1 + b3*x2**2 |
| 4 | MMF | (b1 + b2*x1**b4) / (b3 + x2**b4) |
| | Rational | (b1 + b2*x1) / (1 + b3*x2 + b4*x2**2 |
| 5 | Gauss | b1*exp(((x1–b2)**2)/b3 + ((x2–b4)**2)/b5 |

Anm.: Die Gleichungen wurden mit der gebotenen Sorgfalt zusammengestellt. Die Korrektheit der dabei verwendeten Literatur konnte jedoch nicht in jedem Einzelfall gegengeprüft werden.

Es ist nicht möglich, für die angegebenen Modellgleichungen Diagramme anzugeben, die z.B. einen beispielhaften Kurvenverlauf wiedergeben könnten. Funktionen hängen maßgeblich vom Wertebereich der einzelnen Parameter ab, so dass Änderungen der Parameter (z.B. des Vorzeichens) bereits völlig andere Kurven ergeben können und somit eine Kurve als Beispiel für den Augenschein eher irreführend als hilfreich wäre.

## 2.3    Multiple lineare Regression: Multikollinearität und andere Fallstricke

Eine lineare Regressionsanalyse kann von einer einfachen bivariaten Regression (vgl. 2.1) bis hin zur multivariaten, sog. Multiplen Regression bzw. Mehrfachregression, erweitert werden. Im bivariaten Fall (einfache lineare Regression) wird von einer unabhängigen Variable x auf eine abhängige Variable y geschlossen. Bei der Multiplen Regression werden die Werte der abhängigen Variable y durch die Linearkombination mehrerer unabhängiger Variablen x1, x2,... vorhergesagt. Während bei der einfachen linearen Regression der Zusammenhang zwischen einer abhängigen und einer  unabhängigen Variable mittels der Gleichung $y = a + b*x +  u_i$ (für die Schätzwerte von y: $\hat{y} = a + b*x$) erklärt wird, werden bei der multiplen linearen Regression mehrere unabhängige Variablen entsprechend der folgenden Lineargleichung in das Modell einbezogen: $y = a + b_1* x_{1i} + b_2 * x_{2i} + ... + b_n* x_{ni}  + u_i$ (für die Schätzwerte von y: $\hat{y} = a + b_1* x_{1i} + b_2 * x_{2i} + ... + b_n* x_{ni}$). Die Residuen $e_i = y - \hat{y}$ werden herangezogen, um die Modellangemessenheit zu beurteilen (vgl. auch 2.1.1 „Die Bestimmung der Regressionsgeraden" und 2.3.2 „Syntax und Erläuterung – Vertiefung").

y bezeichnet die abhängige Variable. $x_{1,...n}$ bezeichnet die jeweilige unabhängige Variable im Modell; $b_{1,...n}$ bezeichnet ihr jeweiliges (nichtstandardisiertes) Einflussgewicht (Regressionskoeffizient). i=1,2,3,...n spezifiziert die Anzahl der jeweiligen unabhängigen Variablen bzw. Einflussgewichte (Betas). a ist der Intercept bzw. Schnittpunkt (syn.: Konstante $b_0$) der y-Achse. $u_i$ bezeichnet einen zufälligen Störterm. $e_i$ bezeichnet die Residuen. Die Methode der kleinsten Quadrate zielt auch bei der multiplen Regression darauf ab, die Summe der quadrierten Residuen zu minimieren. Das ermittelte $R^2$ ist somit ein Maß für den Zusammenhang zwischen der abhängigen Variable und einer optimal gewichteten Kombination von zwei oder mehr unabhängigen Variablen.

Die multiple Regression unterstellt ein multivariates Kausalmodell (z.B. ‚$x_1$, $x_2$, $x_3$ verursachen y') und erlaubt somit nicht nur eine Aussage darüber, ob und in welchem Ausmaß mehrere Variablen zusammenhängen, sondern auch die Überprüfung der Richtung des Zusammenhangs, also des Kausalmodells selbst, also inwieweit mehrere unabhängige Variablen (syn.: UV, Regressoren, Prädiktoren, erklärende Variablen, Einflussgrößen) einen Einfluss auf eine abhängige Variable (syn.: AV, Regressand, Kriterium, Zielvariable bzw. -größe, Response- bzw. Reaktionsvariable) ausüben könnten.

Das Ziel der multiplen Regressionsanalyse ist eine Modellgleichung zu ermitteln, in der ein Regressionskoeffizient als ein Maß für die Änderung der abhängigen Variable interpretiert werden kann, wenn der entsprechende Prädiktor um eine Einheit ansteigt und alle anderen Prädiktoren konstant gehalten werden können (vgl. dazu die nachfolgenden Ausführungen zur Multikollinearität).

Folgende Fragestellungen sind Anwendungsbeispiele für multiple Regressionen (vgl. Cohen et al., 2003[3]; Chatterjee & Price, 1995[2]; Pedhazur, 1982[2]):

- Welche Parameter üben einen Einfluss auf den Absatz eines Produktes aus?
- Welche Faktoren beeinflussen die Führungsqualitäten von Vorgesetzten?
- Anhand welcher Laborparameter kann die Rekonvaleszenz von Patienten beschrieben werden?

Analog zur einfachen Regression können diese Fragenstellungen um Überlegungen zur (positiven, negativen) Richtung und dem Ausmaß des vermuteten Einflusses ergänzt werden. Die multiple Regression erlaubt darüber hinaus z.B. zu untersuchen, welche Prädiktoren besser als andere sind, inwieweit sich eine Vorhersagemodellierung verändert, wenn ein Prädiktor aufgenommen bzw. entfernt wird oder ob bestimmte Blöcke von Prädiktoren besser sind als andere und inwieweit die Güte einer Vorhersagegleichung nach einer Kreuzvalidierung als stabil betrachtet werden kann.

Als verwandte Verfahren bzw. Verfahrensalternativen gelten je nach Skalenniveau der abhängigen Variable z.B. die (Binäre, Multinomiale) Logistische Regression, die Ordinale Regression oder, je nach Analysemodell, die Pfad-, Diskriminanz- und (multivariate) (Ko-)Varianzanalyse.
Auf Längsschnittdaten mit zeitabhängigen oder saisonalen Strukturen bzw. Einflüssen könnte einerseits die OLS-Regression eingesetzt werden (vgl. z.B. Wooldridge, 2003, v.a. Kap. 10 und 11; Cohen et al., 2003[3], Kap. 15; Chatterjee & Price, 1995[2], Kap. 7). Darüber hinaus könnten auch aber auch spezielle Verfahren der Zeitreihenanalyse ergiebig sein (z.B. Hartung, 1999, Kap. XII; Schlittgen, 2001; Schlittgen & Streitberg, 2001[9]; Yaffee & McGee, 2000).

## 2.3.1    Besonderheiten der Multiplen Regression

Die Tatsache, dass mehrere anstelle nur einer unabhängigen Variablen im Modell enthalten sind, bedingt Besonderheiten, die v.a. die Verhältnisse der unabhängigen Variablen untereinander betreffen.
Eine erste Besonderheit betrifft die Art und Weise der Variablenselektion, und zwar in inhaltlich-theoretischer, wie auch formell-statistischer Hinsicht. Da notwendigerweise mehrere unabhängige Variablen „im Spiel" sind, sollte man sich in der Phase der theoriegeleiteten Modellbildung versichern, dass inhaltlich zentrale und optimal messende Variablen ein Modell bilden, das auch einer kritischen inhaltlich-theoretischen Prüfung standhalten kann. Die Theorie spielt eine zentrale Rolle bei der Modellbildung. Verschiedene Theorien bedingen verschiedene (gleichwertige, konkurrierende) Modelle, die wiederum zum unterschiedlichen Nachweis der einzelnen Prädiktoren führen können. Übliche sog. „Spezifikationsfehler" sind z.B., wenn relevante Variablen fehlen, irrelevante Variablen vorkommen, oder anstelle eines angenommenen linearen tatsächlich ein kurvilinearer Zusammenhang vorliegt (vgl. Pedhazur, 1982[2], 225–230, 251–254).

Eng verknüpft mit der inhaltlich-theoretischen Modellbildung ist die formell-statistische Variablenauswahl. Die Regressionsanalyse stellt mehrere Ansätze und Kriterien bereit, aus einer Vorauswahl tatsächlich oder potentiell relevanter Variablen (ggf. bzgl. statistischer Prognoserelevanz und theoretischem Erklärungsgehalt) formell relevante Prädiktoren auszuwählen.
Liegt das zu prüfende Modell bereits fest, wenn also Anzahl und prognostische Effizienz der Einflussvariablen bekannt oder zumindest fest vorgegeben sind, und es soll unverändert einer Regressionsanalyse unterzogen werden, kann die sogenannte „direkte Methode" gewählt werden.

Liegt das zu prüfende Modell noch nicht fest (es liegt nur eine Menge vorselektierter, wahrscheinlich relevanter Prädiktoren vor, aus denen das Modell ermittelt werden soll), dann können für eine v.a. formell-statistische Modellbildung schrittweise Methoden verwendet werden.

Bei der blockweisen Überprüfung von Variablensätzen (z.B. ein Satz mit ökonometrischen Indizes, ein Satz mit Bildungsmaßen, ein Satz mit physiologischen Labordaten) werden die Variablen en bloc in das Modell aufgenommen. Weil üblicherweise Variablen innerhalb des jeweiligen Blocks interkorreliert sind, birgt die Variante der blockweisen Überprüfung von Variablen in sich das Risiko, dass die Aufnahme in das Modell von der Reihenfolge der Blöcke beeinflusst sein kann. Variablen aus früheren Blöcken werden unter Umständen eher aufgenommen werden als Variablen aus später in die Analyse einbezogenen Blöcken. Verschiedene Abfolgen der Blöcke können u.U. zu verschiedenen Schlussfolgerungen führen. Die Abfolge der Blöcke sollte daher nach der zu erwarteten Vorhersageleistung geordnet sein (Pedhazur, 1982², 164–167).

Die theoriegeleitete Modellbildung (v.a. hinsichtlich Gegenstandsangemessenheit, Logik und Kausalität) ist bei der direkten Methode durch die konzeptionelle Vorarbeit ex ante geleistet, bei der schrittweisen Methode, wenn überhaupt, durch die Vorauswahl der Variablen durch den Versuchsleiter. Ein schrittweise ermitteltes Modell sollte daher unbedingt ex post auf inhaltliche Plausibilität überprüft werden, da schrittweise Verfahren nicht in der Lage sind, bei der Modellbildung inhaltliche Kriterien zu berücksichtigen.

Die Auswahl von Variablen ist bei Weitem schwieriger, als es Statistikprogramme vermuten lassen. Samprit Chatterjee und Bertram Price muss uneingeschränkt zugestimmt werden, wenn sie (an zwei Stellen!) schreiben, dass die der Modellbildung zugrunde liegende „Variablenselektion nicht nur eine Wissenschaft, sondern auch eine Kunst ist und Sorgfalt und Mühe verlangt" (Chatterjee & Price, 1995², 265 u. 267).

Die statistische Unabhängigkeit der unabhängigen Variablen untereinander ist eine weitere formelle Voraussetzung der multiplen Regression; es dürfen also *keine* Interkorrelationen, genauer: *keine* Multikollinearität der erklärenden Variablen untereinander vorliegen (u.a. prüfbar über VIF/Toleranz, Eigenwerte, Konditionszahlen und Varianzanteile). Liegen keine Interkorrelationen vor, so sind die Variablen orthogonal; liegt Multikollinearität vor, so sind die Variablen nicht-orthogonal. Multikollinearität bedeutet zunächst, dass im Modell die Prädiktoren (unabhängigen Variablen) linear und hoch miteinander korrelieren (vgl. Pedhazur, 1982², 232–247). Jeder Prädiktor bestimmt also die anderen Prädiktoren mit, in anderen Worten: Jede unabhängige Variable kann eine lineare Funktion anderer unabhängiger Variablen sein. Im Extremfall könnte jeder Prädiktor von den jeweils anderen ersetzt werden. Was bedeutet dies konkret? Das Ziel der multiplen Regressionsanalyse ist eine Modellgleichung zu ermitteln, in der ein Regressionskoeffizient als ein Maß für die Änderung der abhängigen Variable interpretiert werden kann, wenn der entsprechende Prädiktor um eine Einheit ansteigt und alle anderen Prädiktor konstant gehalten werden können. Bei Multikollinearität, also hoher Interkorrelation, ist es aber nicht mehr möglich, eine Variable zu ändern, während alle anderen Prädiktoren konstant gehalten werden. Regressionskoeffizienten, Standardfehler, Signifikanztest und Konfidenzintervalle einer multikollinearen Modellgleichung sind nicht mehr interpretierbar; die Regressionskoeffizienten werden ggf. sogar mit erwartungswidrig umgekehrten Vorzeichen ausgegeben. Informationen über den Einfluss der unabhängigen Variablen auf die abhängige Variable sind nicht ableitbar; als einziges brauchbares Maß verbleibt $R^2$ (Pedhazur, $1982^2$, 235).

Bei der multiplen Regression ist beim Vergleich verschiedener Modelle mittels $R^2$ zu beachten, dass das $R^2$ mit zunehmender Variablenzahl ansteigt, während ein zunehmend größeres N das $R^2$ wieder senkt. Hohe $R^2$ bei Modellen mit wenigen Prädiktoren und vielen Fällen haben also eine völlig andere Bedeutung als hohe $R^2$ bei Modellen mit vielen Prädiktoren und wenigen Fällen. Im Falle der multiplen linearen Regression entspricht $R^2$ der quadrierten Korrelation zwischen beobachtetem und vorhergesagtem Kriterium ($R^2 = r^2_{y\hat{y}}$). Für den Vergleich verschiedener Modelle sollte evtl. das adjustierte $R^2$ verwendet werden, das im Vergleich zum Standardfehler darüber hinaus den Vorteil hat, unabhängig von der Einheit der abhängigen Variable zu sein.

Chatterjee & Price ($1995^2$, 184, 248, 253, 259–260) empfehlen daher, bei Vorliegen von Multikollinearität bei allen wesentlichen, auf der Regressionsanalyse basierenden Schlüssen extrem vorsichtig zu sein (vgl. dazu auch die demonstrierte Fehlinterpretation im zweiten Beispiel), u.a. auch deshalb, weil bereits die Phase der Variablenselektion durch die Multikollinearität beeinträchtigt sein könnte. Schrittweise Verfahren sind z.B. mit Ausnahme des Rückwärts-Verfahrens bei kollinearen Daten nicht empfehlenswert; ggf. können eine Partial- oder eine Ridge-Regression als Hilfsverfahren zur Modellbildung mit kollinearen Variablen eingesetzt werden.

Multikollinearität kann durch VIF (Toleranz), Eigenwerte, Konditionszahlen und Varianzanteile exploriert werden. Varianzinflationsfaktoren (VIF) und Toleranz sind spezielle Maße für die Linearität zwischen den Prädiktoren. $VIF(X_i)$ ist ein Maß für die Zuverlässigkeit des jew. Koeffizienten und basiert auf dem quadrierten Korrelationskoeffizienten ($R_i^2$) des Prädiktors $X_i$ auf alle anderen Prädiktoren in der Form $VIF(X_i) = 1 / (1 - R_i^2)$. Gibt es keinen linearen Zusammenhang zwischen den Prädiktoren, so ist $R_i^2 = 0$ und somit $VIF(X_i) = 1$. Je größer der lineare Zusammenhang zwischen den Prädiktoren ist, umso eher geht $R_i^2$ in Richtung 1 und umso größer wird $VIF(X_i)$. VIF größer als 10 sind i.d.R. als Hinweise auf Multikollinearität zu verstehen. Toleranz entspricht dem direkten Kehrwert von VIF (Toleranz=1/VIF) und kann als der Varianzanteil einer Variablen interpretiert werden, der *nicht* durch die anderen Variablen im Modell erklärt wird. Sind alle Prädiktoren orthogonal zueinander, ist $VIF(x_i)=1$. Liegen alle VIF der Prädiktoren ($VIF(x_i)=1/(1 - R_i^2)$) im Modell unter 10, gilt die Kollinearität noch als unproblematisch. Eigenwerte (syn.: Varianzen der Hauptkomponenten) der Kovarianzmatrix der standardisierten Prädiktoren (entspricht der Korrelationsmatrix der nicht standardisierten Prädiktoren) weisen darauf hin, ob und wie viele Dimensionen zwischen den Prädiktoren vorliegen. Kleine Eigenwerte ($< 0{,}01$) sind Hinweise auf Kollinearität (ein Eigenwert gleich Null zeigt perfekte Kollinearität an), ebenfalls Konditionszahlen $> 15$. Konditionszahlen sind die Quadratwurzeln des Verhältnisses des größten Eigenwerts zum kleinsten Eigenwert einer Korrelationsmatrix. Maßnahmen sollten bei Konditionszahlen $> 30$ ergriffen werden (Chatterjee & Price, $1995^2$, 201–206 und 249).
Ursachen von Multikollinearität können u.a. Dummy-Variablen, Spezifikationsfehler, Stichprobenfehler oder auch Merkmale des untersuchten Gegenstands sein. Hinweise zum Beheben von Multikollinearität sind am Ende des Kapitels zusammengestellt.

## 2.3.2     Ein erstes Beispiel: Die Interpretation der speziellen Statistiken der multiplen Regression

Mit der folgenden multiplen Regression soll der Einfluss verschiedener Einflussfaktoren (Prädiktoren: „Beschwerden", „Privilegien", „Fortbildung", „Leistung", „Versagen", „Beförderung") auf das Verhalten von Vorgesetzten (Kriterium „Bewertung") untersucht werden. Beispiel und Daten sind Chatterjee & Price (1995², 69–75) entnommen. Da das untersuchte Modell feststeht, wird die direkte Einschlussmethode ENTER gewählt.

Für die Berechnung eines multiplen Regressionsmodells sei dabei vorab auf die von Chatterjee & Price (1995², 265–268) empfohlenen Schritte zur Berechnung einer multiplen Regression verwiesen.

**Syntax und Erläuterung (Vertiefung)**

```
GRAPH
  /SCATTERPLOT(MATRIX)=Beschwerden Privilegien Fortbildung
  Leistung Versagen Beförderung
  /MISSING=LISTWISE
  /TITLE= 'Ein erstes Überprüfen auf Multikollinearität'
  /FOOTNOTE= 'Quelle: Chatterjee & Price, 1995², 70'.
```

Die GRAPH-Syntax wurde bereits im Zusammenhang mit dem einfachen linearen Modell erläutert.

```
REGRESSION
  /DESCRIPTIVES MEAN STDDEV CORR SIG N
  /MISSING LISTWISE
  /STATISTICS COEFF OUTS CI R ANOVA COLLIN TOL ZPP
  /CRITERIA=PIN(.05) POUT(.10)
  /NOORIGIN
  /DEPENDENT Bewertung
  /METHOD=ENTER Beschwerden Privilegien Fortbildung
                Leistung Versagen Beförderung
  /PARTIALPLOT ALL
  /SCATTERPLOT=(Bewertung ,*ZRESID ) (Bewertung ,*ZPRED )
  /RESIDUALS DURBIN HIST(ZRESID) NORM(ZRESID)
  /SAVE ZPRED COOK LEVER ZRESID DFBETA DFFIT .
```

REGRESSION fordert die SPSS Prozedur für die Berechnung von linearen Regressionen an. Nach VARIABLES = können alle Variablen der Analyse aufgeführt werden, also die abhängige(n) zusammen mit den unabhängigen Variablen (vgl. dazu das Importdaten-Beispiel). Zwei Variablen sind die Minimalangabe, jeweils eine abhängige und eine unabhängige Variable, für eine einfache lineare Regression. Anstelle langer Variablenlisten kann auch der Ausdruck „VARIABLES=(COLLECT)" angegeben werden. VARIABLES= muss im Programm vor /DEPENDENT und /METHOD stehen.

Nach dem Unterbefehl /MISSING kann angegeben werden, wie mit möglicherweise fehlenden Werten umgegangen werden soll. Während die Option LISTWISE den Fallausschluss für alle Variablen listenweise durchführt, kann über PAIRWISE erreicht werden, dass die Fälle pro Variablenpaar ausgeschlossen werden. Mittels MEANSUBSTITUTION können Missings um den jew. Mittelwert der Variablen ersetzt werden; ersetzte Werte werden als gültige Werte in die Analysen einbezogen (vgl. Schendera, 2007, Kap. 6). Bei INCLUDE werden anwenderdefinierte Missings als gültige Werte in die Analyse einbezogen; die Optionen LISTWISE, PAIRWISE und MEANSUBSTITUTION können jew. um INCLUDE ergänzt werden; bei MEANSUBSTITUTION werden die anwenderdefinierten Missings in die Berechnung der eingesetzten Mittelwerte einbezogen. Es ist unbedingt darauf zu achten, dass die Behandlung von Missings in deskriptiven und inferenzstatistischen Analysen übereinstimmt.

Anhand des Unterbefehls /DESCRIPTIVES können deskriptive Statistiken (MEAN, Mittelwert; STDDEV, Standardabweichung) und Pearson-Korrelationskoeffizienten, dazugehörige einseitige Signifikanzen und die Anzahl der Fälle für die Berechnung der Korrelationen (CORR, SIG, N) angefordert werden. Weiter könnten angefordert werden: Varianzen (VARIANCE), Kovarianzen (COV), Quadratsummen und Kreuzproduktabweichungen vom Mittelwert der Korrelationsmatrix (XPROD), wie auch die Anzeige der Korrelationskoeffizienten nur für den Fall, dass sich einige Koeffizienten nicht ermitteln lassen (BADCORR). Diese deskriptiven Parameter werden nur für die angegebenen Variablen und auch nur für die gültigen Fälle ermittelt. Für PAIRWISE und MEANSUBSTITUTION basieren die deskriptiven Statistiken auf gültigen Werten aller Fälle pro Variable; bei LISTWISE werden nur Fälle mit gültigen Werten über alle Variablen hinweg in die Berechnung der deskriptiven Statistiken einbezogen. Wird der Unterbefehl /ORIGIN (s.u.) angegeben, werden die deskriptiven Statistiken so berechnet, als ob der Mittelwert 0 wäre.

Mit dem Unterbefehl /STATISTICS können Statistiken für die Regressionsgleichung und für die unabhängigen Variablen angefordert werden. Optionen für die Regressionsgleichung sind: R (multiples R, einschl. $R^2$, korrigiertes $R^2$ und Standardfehler für den angezeigten Schätzer), ANOVA (Varianzanalyse einschl. Quadratsummen der Regression bzw. Residuen, mittlere Quadratsummen, F-Wert und Signifikanz des F-Wertes), CHA (Änderung im $R^2$ zwischen einzelnen Schritten einschl. F-Wert und Signifikanz des F-Wertes, nur für schrittweise Methoden), BCOV (Varianz-Kovarianz-Matrix für nicht standardisierte Regressionskoeffizienten), XTX (XTX Matrix, sweep matrix), COLLIN (Kollinearitätsdiagnostik, darunter u.a. VIF (Varianzinflationsfaktoren), Eigenwerte der skalierten bzw. nichtzentrierten Kreuzproduktmatrix, Konditionsindexe und Varianzanteile) und SELECTION (Auswahlstatistiken, u.a. AIK, PC, Cp und SBC). Optionen für die unabhängigen Variablen sind: COEFF (nicht standardisierte Regressionskoeffizienten B, Standardfehler der Koeffizienten, standardisierte Regressionskoeffizienten (Beta), T und die einseitige T-Signifikanz), OUTS (Statistiken für Variablen, die noch nicht in der Gleichung aufgenommen wurden: Beta, T, zweiseitige T-Signifikanz und Minimaltoleranz), ZPP (Korrelationen nullter Ordnung, Teil- und Partialkorrelationen), CI (95% Konfidenzintervall für die nichtstandardisierten Regressionskoeffizienten), SES (ungefährer Standardfehler der standardisierten Regressionskoeffizienten), TOL (Toleranzen für Variablen in der Regressionsgleichung; für Variablen nicht in der Regressionsgleichung jeweils Ermittlung einer Toleranz, als ob sie anschließend als einzige

Variable aufgenommen würde) und F (F-Werte für nicht standardisierte Regressionskoeffizienten und die dazugehörige Signifikanz). STATISTICS muss vor DEPENDENT und METHOD angegeben werden. Über ALL können alle Optionen außer F angefordert werden.

Unter /CRITERIA können über PIN (für die Methoden FORWARD und STEPWISE) und POUT (für die Methoden BACKWARD und ebenfalls STEPWISE) Parameter für die Aufnahme bzw. den Ausschluss von Variablen in das Modell festgelegt werden. Die Methoden ENTER, REMOVE und TEST verwenden die TOLERANCE Option. Mit PIN(.05) wird der Wert für eine Aufnahme einer Variablen in das Modell vorgegeben. Eine Variable wird in das Modell aufgenommen, wenn die Wahrscheinlichkeit ihrer Statistik kleiner als der Aufnahmewert ist; je größer der angegebene Aufnahmewert (PIN; alternativ: FIN) ist, umso eher wird eine Variable ins Modell aufgenommen. Das seitens SPSS voreingestellte .05 gilt als relativ restriktiv; zur Aufnahme potentiell relevanter Einflussvariablen ist bis zu .20 akzeptabel. Mit POUT(.10, voreingestellt) wird der Wert für den Ausschluss einer Variablen aus dem Modell definiert. Die Variable wird entfernt, wenn die Wahrscheinlichkeit größer als der Ausschlusswert ist; je größer der angegebene Aufnahmewert (POUT; alternativ: FOUT) ist, umso eher verbleibt eine Variable im Modell. Der Aufnahmewert muss kleiner sein als der Ausschlusswert. Der voreingestellte Wert für FIN= ist 3.84 und für FOUT= 2.71. Sind auch PIN= und POUT= angegeben, sind die unter FIN= und FOUT= angegebenen F-Werte ohne Wirkung. PIN/POUT und FIN/FOUT sind in ihrer Wirkweise nicht identisch. Da das Signifikanzniveau des F-Wertes (PIN/POUT) von der Anzahl der Freiheitsgrade und damit der Anzahl der bereits aufgenommen Variablen abhängt, erzielen PIN/POUT und FIN/FOUT nur im Falle einer verbliebenen Einflussvariablen identische Ergebnisse.

Über die Option TOLERANCE kann für die Methoden ENTER, REMOVE und TEST die zulässige Toleranz angegeben werden, die eine Variable aufweisen kann, um noch in die Analyse aufgenommen werden zu können. Die Toleranz einer Variablen ist, einfach ausgedrückt, das Ausmaß ihrer zulässigen Korreliertheit mit anderen unabhängigen Variablen (auf das Problem der Multikollinearität wurde bei der Einführung in die multiple Regressionsanalyse eingegangen). Variablen mit sehr niedrigen Toleranzen sind annähernd lineare Funktionen anderer Variablen. Als Toleranz kann ein Wert für das Ausmaß der gerade noch akzeptierten Interkorrelation zwischen 0 und 1.0 angegeben werden (voreingestellt ist 0.001). Variablen mit Werten unter der angegebenen Toleranzschwelle werden nicht ins Modell aufgenommen; ihre Aufnahme würde die Analyse des Modells unzuverlässig bzw. instabil machen. Über CIN[(Wert)] kann der Prozentwert des Konfidenzintervalls zur Berechnung spezieller temporärer Variablen adjustiert werden. Unter MAXSTEPS[(n)] kann für die angegebenen Methoden die maximale Schrittzahl vorgegeben werden; v.a. für suboptimale Ein- und Ausschlusskriterien bei schrittweisen Verfahren kann über MAXSTEPS das schleifenartige Aus- und Einschließen einer Variablen verhindert werden. Der voreingestellte Wert ist verfahrensabhängig und entspricht für STEPWISE z.B. der doppelten Anzahl der unabhängigen Variablen.

CRITERIA muss vor DEPENDENT und METHOD angegeben werden.

Der Unterbefehl /NOORIGIN bezieht die Konstante in das Modell ein (Voreinstellung). Bei der Angabe von /ORIGIN wird die Regressionsgerade durch den Ursprung gelegt und somit keine Konstante ausgegeben. Wird ORIGIN angegeben, werden die deskriptiven Statistiken so berechnet, als ob der Mittelwert 0 wäre. Beim Einlesen und Schreiben von Matrizendaten sollte jew. derselbe Unterbefehl verwendet werden. /NOORIGIN bzw. /ORIGIN müssen vor DEPENDENT und METHOD angegeben werden.

Unter dem Unterbefehl /DEPENDENT werden die abhängigen Variablen des Regressions-modells angegeben, also die Variablen, für die eine Regressionsgleichung ermittelt werden soll, hier z.B. die Variable „Bewertung". Es muss mindestens eine Variable angegeben wer-den. Werden mehrere Variablen angegeben, werden mit denselben Einstellungen, Methoden, Kriterien und unabhängigen Variablen separate Regressionsmodelle und -gleichungen ermit-telt. – Sollen Regressionsmodelle mit mehreren abhängigen Variablen gerechnet werden, wird z.B. auf die Prozeduren ANOVA, MANOVA und GLM verwiesen (vgl. Kap. 6). – Es kann nur ein DEPENDENT-Unterbefehl angegeben werden. Einem DEPENDENT-Unterbefehl muss direkt mindestens ein METHOD-Unterbefehl folgen. Nach dem Unter-befehl /METHOD kann die Methode für die Variablenauswahl angegeben werden (im Beispiel: ENTER); nach der Methode werden im Allgemeinen (Ausnahmen: REMOVE, TEST) die unabhängigen Variablen angegeben, im Beispiel „Beschwerden", „Privilegien" bis „Beförde-rung".

Für die Modellspezifikation können die Variablen einzeln oder blockweise mit einem der folgenden Verfahren ein- bzw. ausgeschlossen werden: „Einschluss" (ENTER, Voreinstel-lung), „Schrittweise" (STEPWISE), „Ausschluss", (REMOVE), „Vorwärts" (FORWARD) und „Rückwärts" (BACKWARD) und TEST. Die direkte Methode sollte dann verwendet werden, wenn Anzahl und prognostische Effizienz der Einflussvariablen bekannt oder zu-mindest fest vorgegeben sind. Schrittweise Methoden können dann eingesetzt werden, wenn das prognostische Potential unklar ist bzw. ein effizientes Prognosemodell mit wenigen Va-riablen ermittelt werden soll. Die Reihenfolge der formell schrittweise ausgewählten Variab-len sagt nichts über ihre inhaltliche Relevanz aus (Chatterjee & Price, 1995$^2$, 252). Die Me-thoden „Schrittweise", „Ausschluss", „Vorwärts" und „Rückwärts" können auch bei einem einzelnen Prädiktor eingesetzt werden, sind dort jedoch nur begrenzt sinnvoll.

**Direkte Methoden:**
ENTER (Einschluss): Alle Variablen werden in einem Schritt aufgenommen (ENTER stoppt somit immer nach Schritt 1). Sind mehrere Variablen angegeben, hängt ihre Reihenfolge von ihren Toleranzen ab. Die Variablen werden nach abnehmenden Toleranzwerten aufgenom-men. ENTER wird dann verwendet, wenn Anzahl und prognostische Effizienz der Einfluss-variablen bekannt oder zumindest fest vorgegeben sind. Schrittweise Methoden (z.B. über STEP) sollten dann eingesetzt werden, wenn das prognostische Potential unklar ist bzw. ein effizientes Prognosemodell mit wenigen Variablen ermittelt werden soll.

REMOVE (Entfernen): Alle Variablen eines Blocks werden in einem Schritt ausgeschlossen.

TEST (Subset) (Subset) (...) ...: Die in Klammer nach TEST angegebenen Variablen-Subsets werden zunächst blockweise *auf einmal* der Regressionsgleichung hinzugefügt; anschließend wird jedes Subset aus der Gleichung ausgeschlossen und die R$^2$-Statistik und die dazugehöri-ge Signifikanz angezeigt.

**Schrittweise Methoden:**

STEPWISE (Schrittweise): Sind in der Regressionsgleichung bereits Variablen enthalten, wird zunächst die Variable mit dem größten Signifikanzwert entfernt, sofern dieser Wert größer als POUT ist. Die Regressionsgleichung wird ohne die Variable neu berechnet und der Prozess so lange wiederholt, bis keine unabhängige Variable mehr entfernt werden kann. Anschließend wird die nicht in der Gleichung enthaltene unabhängige Variable mit dem kleinsten Signifikanzwert aufgenommen, sofern dieser Wert kleiner als PIN ist. Alle Variablen im Modell werden nun wieder auf Ausschluss überprüft. Dieser Prozess wird so lange wiederholt, bis keine Variable mehr entfernt oder aufgenommen werden kann, oder die maximale Anzahl der voreingestellten Schritte (MAXSTEPS) erreicht ist.

FORWARD (Vorwärts): Die Variablen werden *nacheinander* auf Aufnahme ins Modell getestet. Die Variable mit dem kleinsten Signifikanzwert wird zuerst aufgenommen, vorausgesetzt, dieser Wert ist kleiner als PIN. Dieser Prozess wird solange wiederholt, bis keine Variable mehr das Aufnahmekriterium erfüllt.

BACKWARD (Rückwärts): Im ersten Schritt werden alle Variablen *auf einmal* ins Modell aufgenommen und nacheinander auf Ausschluss getestet. Die Variable mit dem höchsten Signifikanzwert wird zuerst entfernt, vorausgesetzt, dieser Wert ist größer als das voreingestellte POUT. Dieser Prozess wird solange wiederholt, bis keine Variable mehr das Ausschlusskriterium erfüllt.

Nach der Methode werden die Einflussvariablen angegeben, im Beispiel die Variablen „Beschwerden", „Privilegien", „Fortbildung" usw. Es muss mindestens eine Einflussvariable angegeben werden.

Die Angabe eines /METHOD-Unterbefehls ist unbedingt erforderlich; es können mehrere /METHOD-Befehlszeilen gleichzeitig angegeben werden. Werden mehrere METHOD-Unterbefehle angegeben, werden die zuerst angegebenen Prädiktoren immer auch zu den Prädiktoren aus nachfolgend angegebenen METHOD-Unterbefehlen hinzugefügt. Wird z.B. in einem ersten /METHOD-Befehl nur die Variable VAR1 angegeben und in der zweiten /METHOD-Befehlszeile nur die Variable VAR2, so lautet die Variablenliste für die zweite Regressionsgleichung insgesamt VAR1 VAR2.

Über den Unterbefehl /RESIDUALS kann eine umfangreiche Residuendiagnostik angefordert werden (vgl. z.B. Kapitel 2.1.3). Diverse Optionen dienen der Benennung, wie auch der statistischen und grafischen Analyse zahlreicher Kennziffern, u.a. Durbin-Watson, vorhergesagte Werte, Residuen, oder auch Distanzen. Die (im Beispiel nicht verwendete) Option ID(Variablenname) ist z.B. nützlich bei der fallweisen Diagnostik, z.B. bei der Identifikation von Ausreißern, wie auch bei der Anzeige von Punkten in Diagrammen (/RESIDUALS, /SCATTERPLOT, /PARTIALPLOT); ist keine anwenderdefinierter ID-Variable angegeben, können die Fälle anhand der Nummer der Zeile („Fallnummer") des aktiven Arbeitsdatensatzes identifiziert werden. Die Option DURBIN fordert die Durbin-Watson-Statistik an. Die Durbin-Watson-Statistik ist wichtig zur Beurteilung der Autokorrelation. HIST fordert im Beispiel ein Histogramm einschl. Normalverteilungskurve für die temporäre Variable ZRESID an; ZRESID enthält die standardisierten Residuen des Modells (alternativ zulässig: PRED, ZPRED, ADJPRED, SEPRED, RESID, DRESID, SRESID, SDRESID, MAHAL, COOK und LEVER). Über die Option NORM bzw. NORMPROB wird für ZRESID ein P-P-

Diagramm angefordert (alternativ zulässig: PRED, ZPRED, RESID, DRESID, SRESID und SDRESID). P-P-Diagramme werden immer standardisiert angezeigt, d.h. die Anforderung von PRED, RESID, oder DRESID führt zur standardisierten Anzeige in Gestalt von ZPRED, ZRESID bzw. SDRESID.

Die weitere Darstellung orientiert sich an Cohen et al. (2003[3]). Für Details wird auf die Einführung zur einfachen linearen Regression verwiesen.

**Optionen für vorausgesagte Werte im Detail:**
Optionen für die vom Regressionsmodell vorhergesagten Werte:

PRED: Vorhergesagt (geschätzt). Nicht standardisiert. Der Wert, den das Modell für die abhängige Variable vorhersagt.

ZPRED: Standardisiert. Bei der Standardisierung eines vorhergesagten (geschätzten) Wertes wird die Differenz zwischen dem vorhergesagten Wert und dem mittleren vorhergesagten Wert durch die Standardabweichung der vorhergesagten Werte dividiert. Standardisierte vorhergesagte (geschätzte) Werte haben einen Mittelwert von 0 und eine Standardabweichung von 1.

ADJPRED: Korrigiert. Der vorhergesagte Wert für einen Fall, wenn dieser Fall von der Berechnung der Regressionskoeffizienten ausgeschlossen ist.

SEPRED: Standardfehler der vorhergesagten Werte. Ein Schätzwert der Standardabweichung des Durchschnittswertes der abhängigen Variablen für die Fälle, die dieselben Werte für die unabhängigen Variablen haben.

**Optionen für ermittelte Hebelwerte im Detail:**
Hebelwerte bezeichnen den Einfluss eines Falles auf die Bestimmung des Schätzers an dieser Stelle. Ein Fall (Ausreißer) hat dann eine große Hebelwirkung, wenn er räumlich weit entfernt vom Zentrum (Mittelwert, Zentroid) der restlichen Verteilung liegt. Zu den Hebelmaßen gehören die Mahalanobis-Distanz und die sog. Hebelwerte (vgl. Cohen et al., 2003[3], 395ff.).

LEVER: Hebelwerte, die den Einfluss eines Punktes auf die Anpassung der Regression messen. Der zentrierte Wert für die Hebelwirkung bewegt sich zwischen 0 (kein Einfluss auf die Anpassung) und $(N-1)/N$.

MAHAL: Das Mahalanobis-Maß stellt fest, wie weit die Werte der unabhängigen Variablen eines Falles vom Mittelwert aller Fälle abweichen. Ein großer Mahalanobis-Abstand bezeichnet also einen Fall, der bei einer oder mehreren unabhängigen Variablen extrem hohe Werte besitzt.

**Optionen für Residuen (Diskrepanzen) im Detail:**
Als Residuum wird der Abstand zwischen dem beobachteten Wert der abhängigen Variablen und dem dazugehörigen vorhergesagten Wert bezeichnet. Cohen et al. (2003[3], 398ff.) zählen Residuen zu den Diskrepanz-Statistiken.

RESID: Nicht standardisiert. Die Differenz zwischen einem beobachteten Wert und dem durch das Modell vorhergesagten Wert.

ZRESID: Standardisiert. Der Quotient aus dem Residuum und einem Schätzer seines Standardfehlers. Standardisierte Residuen, auch bekannt als Pearson-Residuen, haben einen Mittelwert von 0 und eine Standardabweichung von 1.

DRESID: Studentisiert. Ein Residuum, das durch seine geschätzte Standardabweichung geteilt wird, die je nach der Distanz zwischen den Werten der unabhängigen Variablen des Falles und dem Mittelwert der unabhängigen Variablen von Fall zu Fall variiert.

SRESID: Ausgeschlossen. Das Residuum für einen Fall, wenn dieser Fall nicht in die Berechnung der Regressionskoeffizienten eingegangen ist. Es ist die Differenz zwischen dem Wert der abhängigen Variablen und dem korrigierten Schätzwert.

SDRESID: Studentisiert, ausgeschlossen. Der Quotient aus dem ausgeschlossenen Residuum eines Falles und seinem Standardfehler. Die Differenz zwischen einem studentisierten, ausgeschlossenen Residuum und dem entsprechenden studentisierten Residuum gibt an, welchen Unterschied die Entfernung eines Falles für dessen eigene Vorhersage bewirkt.

**Optionen für ermittelte Einflussmaße im Detail:**
Einfluss ist eine Folge von Hebelwirkung und Diskrepanz. Einflusswerte sind ein Maß dafür, wie stark sich die Residuen aller übrigen Fälle ändern werden, wenn ein spezieller Fall von der Ermittlung der Regressionsfunktion ausgeschlossen würde. In der Regel wird immer nur ein Punkt auf einmal aus dem Schätzvorgang ausgeschlossen (Cohen et al., 2003[3], 402). Die beiden Einflussmaße DfFit und Cook-Distanz sind nahezu redundant; der einzige Unterschied ist, dass Cook-Werte nicht negativ werden.
Das Einflussmaß DfFit (Abkürzung für „difference in fit, standardized") bezeichnet die Änderung im vorhergesagten Wert, die sich durch den Ausschluss einer bestimmten Beobachtung ergibt. Für standardisierte DfFits gilt die Konvention, alle Fälle mit absoluten Werten größer als 2 geteilt durch die Quadratwurzel von p/N zu überprüfen, wobei p die Anzahl der unabhängigen Variablen in der Gleichung und N die Anzahl der Fälle darstellt. Cohen et al. (2003[3], 404) empfehlen für mittlere bzw. größere Datenmengen die Cutoffs 1 bzw. 2. Chatterjee & Price (1995[2], 89) empfehlen auch für dieses Einflussmaß die Überprüfung aller Werte mit auffällig hohen Werten.
Bei der Cook-Distanz handelt es sich um die durchschnittliche quadratische Abweichung zwischen den Schätzwerten des vollen und des um die eine Beobachtung reduzierten Datensatzes im Verhältnis zum mittleren quadratischen Fehler im geschätzten Modell. Eine hohe Cook-Distanz zeigt an, dass der Ausschluss des betreffenden Falles die Berechnung der Regressionsfunktion der übrigen Fälle substantiell verändert. Laut einer allgemeinen Konvention gelten Cook-Distanzen über 1 als einflussreich (Cohen et al., 2003[3], 404). Chatterjee & Price (1995[2], 89) empfehlen die Überprüfung aller auffällig hoher Cook-Distanzen.

Mit dem /SCATTERPLOT-Unterbefehl werden drei bivariate Streudiagramme angefordert, wobei die systemdefinierten Schlüsselwörter mit einem *-Präfix versehen werden, um sie von anwenderdefinierten Variablen unterscheiden zu können. Zulässig sind die Schlüsselwörter PRED, RESID, ZPRED, ZRESID, DRESID, ADJPRED, SRESID, SDRESID, SE-PRED, MAHAL, COOK und LEVER. Achtung: Diese Variablen werden unter einem anderen Namen in den Datensatz abgelegt (vgl. die o.a. GRAPH-Syntax). Zum Erzeugen eines Streudiagramms muss mindestens eine unabhängige Variable im Modell enthalten sein. Im Gegensatz zur Maussteuerung können auch unabhängige Variablen per Syntax unter /SCATTERPLOT angegeben werden.

SPSS enthält an dieser Stelle einen anfangs möglicherweise irritierenden Hinweis. Die Überschrift in den ausgegebenen Scatterplots bezeichnet immer die abhängige Variable des *Modells* und *nicht* die abhängige Variable im *Diagramm*. Wird z.B. die unabhängige Variable (wie im Beispiel unten) an die Position der abhängigen Variablen (auf der y-Achse) platziert, wird sie durch die im Diagramm automatisch vergebene Überschrift als scheinbar abhängig bezeichnet, was zunächst irritierend sein kann. In der Abbildung links ist die abhängige Variable auf der y-Achse abgetragen. In der Abbildung rechts sind die x- und y-Variablen vertauscht (was noch an den korrekten Bezeichnungen für die x- und y-Achsen erkennbar ist), die automatisch vergebene Überschrift bezeichnet aber nur scheinbar die y-Achse als abhängig. Diese Überschrift bezeichnet somit immer die Variable des Modells, nicht die Variable auf der y-Achse des Diagramms.

```
z.B.
...
/SCATTERPLOT=(*ZRESID,huefte)
/SCATTERPLOT=(huefte,*ZRESID)
...
```

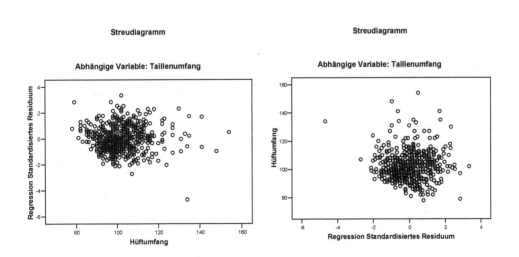

Ähnliches gilt für die Anforderung eines sog. Partialdiagramms über den Unterbefehl /PARTIALPLOT bzw. PARTIAL. Partialdiagramme basieren auf den Residuen aller unabhängigen Variablen und den Residuen der abhängigen Variablen, wenn beide Variablen für den Rest der unabhängigen Variablen einer getrennten Regression unterzogen werden. Zum Erzeugen eines Partialdiagramms müssen also mindestens zwei unabhängige Variablen im Modell enthalten sein.

Wird über den Befehl /SELECT eine Kreuzvalidierung angefordert, kann anhand der (vor-eingestellten) Option SEPARATE vorgegeben werden, dass für ausgewählte und nicht aus-gewählte Fälle eine getrennte Residuendiagnostik vorgenommen wird. POOLED fasst dage-gen alle Fälle für die Residuendiagnostik zusammen.

Über den Unterbefehl /CASEWISE kann für Residuen eine umfangreiche Einzelfalldiagnos-tik angefordert werden. Über ALL werden alle Fälle in der fallweisen Diagnose ausgegeben; über OUTLIERS(Wert) kann für umfangreiche Datensätze die Ausgabe auf Fälle mit stan-dardisierten Residuen mit Standardabweichungen über einen vorgegebenen Wert (voreinge-stellt: 3) eingegrenzt werden (sog. „Ausreißer").

Zulässige Schlüsselwörter für ALL bzw. OUTLIERS sind: DEPENDENT (abhängige Vari-able), PRED, RESID, DRESID, SRESID, SDRESID, MAHAL, LEVER und COOK. All diese Variablen können auch auf einmal angefordert werden; voreingestellt sind DEPEN-DENT, PRED und RESID. Wurde über ID eine ID-Variable angegeben, werden in der Aus-gabe neben der aktuellen Zeilennummer auch die ID-Werte einzeln aufgelistet, was die Iden-tifikation der Fälle sehr erleichtert, auch weil sie dann unabhängig von der temporären Sor-tierung des Datensatzes sind. Ist die Option ALL angegeben, wird die Option OUT-LIERS(Wert) ignoriert. Sind weder ALL noch OUTLIERS angegeben, so betrachtet SPSS OUTLIERS als Voreinstellung.

Über PLOT(ZRESID; voreingestellt) wird für ein fallweises Diagramm die Ausgabe des angegebenen Residuentyps angefordert (alternativ zulässig: RESID, DRESID, SRESID, SDRESID); in dem fallweisen Diagramm können nur Residuen dargestellt werden und nur jeweils eine Residuenart. Falls angefordert, wird RESID in der Ausgabe standardisiert bzw. DRESID studentisiert angezeigt.

Die Angabe mehrerer /CASEWISE-Befehlszeilen ist leider nicht möglich.

Über den Unterbefehl /SAVE können mehrere Residuen und Einfluss-Statistiken in den aktuellen Arbeitsdatensatz abgespeichert werden. Neben den bereits oben vorgestellten vor-hergesagten Werten, Hebelwerten und Residuen (Diskrepanzen) können auch Einfluss-Statistiken abgespeichert werden: DfBetas, standardisierte DfBetas, DfFits, standardisierte DfFits, wie auch das Kovarianzverhältnis.

**DFBETA:** Nicht standardisierte DfBetas. Die Differenz im Beta-Wert entspricht der Ände-rung im Regressionskoeffizienten, die sich aus dem Ausschluss eines bestimmten Falls ergibt. Für jeden Term im Modell, einschließlich der Konstanten, wird ein Wert berechnet.

**SDBETA:** Standardisierte DfBetas. Die standardisierte Differenz im Beta-Wert. Die Ände-rung des Regressionskoeffizienten, die sich durch den Ausschluss eines bestimmten Falls ergibt. Es empfiehlt sich, Fälle mit absoluten Werten größer als 2 geteilt durch die Quadrat-wurzel von N zu überprüfen (wobei N die Anzahl der Fälle darstellt). Für jeden Term im Modell, einschließlich der Konstanten, wird ein Wert berechnet.

**DFFIT:** DfFits. Die Differenz im vorhergesagten Wert ist die Änderung im vorhergesagten Wert, die sich aus dem Ausschluss eines bestimmten Falls ergibt.

**SDFIT:** Standardisierte DfFits. Die standardisierte Differenz im Anpassungswert. Die Änderung des Schätzwertes, die sich durch Ausschluss eines bestimmten Falls ergibt. Es empfiehlt sich, Fälle mit absoluten Werten größer als 2 geteilt durch die Quadratwurzel von p/N zu überprüfen, wobei p die Anzahl der unabhängigen Variablen in der Gleichung und N die Anzahl der Fälle darstellt.

**COVRATIO:** Kovarianzverhältnis. Das Verhältnis der Determinante der Kovarianzmatrix bei Ausschluss eines bestimmten Falles von der Berechnung des Regressionskoeffizienten zur Determinante der Kovarianzmatrix bei Einschluss aller Fälle. Wenn der Quotient dicht bei 1 liegt, beeinflusst der ausgeschlossene Fall die Kovarianzmatrix nur unwesentlich.

**FITS:** Fordert DFBETA, SDBETA, DFFIT, SDFIT und COVRATIO auf einmal an.

Je nach Art des Abspeicherns können im Datensatz anwender- und systemdefinierte Variablennamen abgespeichert werden.

*Beispiel für systemdefinierte Variablennamen:*

/SAVE=COOK LEVER

Die Werte werden im aktiven Datensatz in Variablen mit den automatisch vergebenen Bezeichnungen (z.B.) „COO_1" und „LEV_1" abgelegt.

*Beispiel für anwenderdefinierte Variablennamen:*

/SAVE COOK(CWERTE) LEVER (LWERTE)

Dieselben Werte werden im aktiven Datensatz in Variablen mit den vom Anwender vergebenen Bezeichnungen „CWERTE" und „LWERTE" abgelegt.


**Output**

Im folgenden Output wird analog zur einfachen linearen Regression die grafische Residuenanalyse vorangestellt, um die Angemessenheit des Modells vor Inaugenscheinnahme der ermittelten Statistiken beurteilen zu können. Da viele der Ausgabeelemente bereits in dem Kapitel zur bivariaten linearen Regression vorgestellt wurden, konzentriert sich dieser Abschnitt auf Besonderheiten von Daten, Modell, wie auch Statistiken der multiplen Regression. Grundlagen können nochmals in dem Kapitel zur bivariaten linearen Regression eingesehen werden.

**Ein erstes Überprüfen auf Multikollinearität**

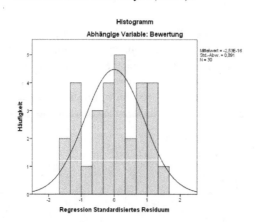

Quelle: Chatterjee & Price, 1995², 70

Lineare Messwertverteilungen unter den Prädiktoren wären erste Hinweise auf Multikolline-arität, ein spezielles Problem multipler Regressionen. Die bivariaten Streudiagramme enthal-ten keinesfalls eindeutig lineare Verteilungen; eine gewisse Linearität deutet der Zusammen-hang zwischen „Fortbildung" und „Leistung" an, wenn nicht mehrere Punkte sehr weit streu-en würden. Multikollinearität ist wenig wahrscheinlich. Die Nichtlinearität dieser Verteilun-gen ist auch ein Hinweis darauf, dass die später ermittelten Pearson-Korrelationen ungültig sind, da diese eben die (nicht gegebene) Linearität voraussetzen.

Grafische Residuenanalyse *(unten)*:

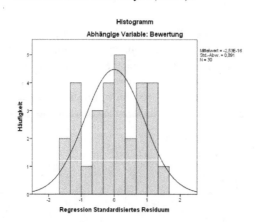
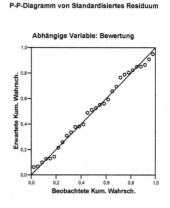

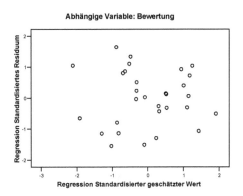

Im Histogramm ist kein Ausreißer festzustellen. Im P-P-Plot liegen alle standardisierten Residuen auf der Referenzlinie der Normalverteilung (Linearität, Normalität). Im Streudiagramm der standardisierten Residuen in Abhängigkeit vom geschätzten Wert ist nur die gewünschte zufällige, aber keine (unerwünschte) systematische Streuung der Residuen festzustellen. Es liegen somit keine Hinweise auf nichtlineare Zusammenhänge bzw. Fehlspezifikationen des Modells vor.

Bei der multiplen Regression wird für jeden im Modell enthaltenen Prädiktor ein separates Streudiagramm für die ermittelten Residuen angefordert. Die Daten sollten in den sog. partiellen Regressionsdiagrammen zufällig verteilt sein.

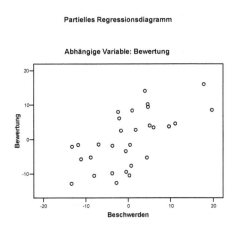

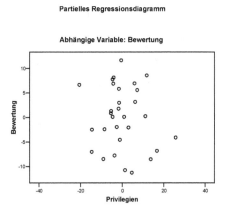

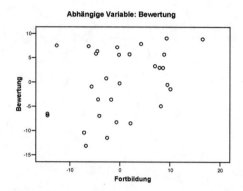

Keines der partiellen Regressionsdiagramme für „Beschwerden", „Privilegien" bzw. „Fortbildung" enthält auffällige Hinweise auf verletzte Modellannahmen.

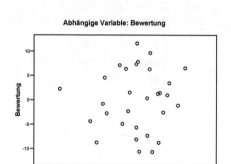

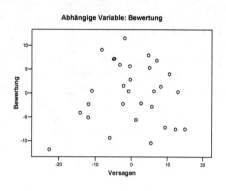

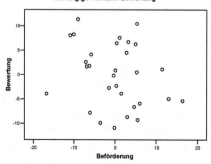

Die partiellen Regressionsdiagramme für „Leistung", „Versagen" und „Beförderung" enthalten ebenfalls keine Hinweise auf Verletzung der Modellannahmen.

Hinweis: Obwohl über die Option CASEWISE eine detaillierte Auflistung der Residuen angefordert wurde, gibt SPSS für dieses Modell keine Tabelle „Fallweise Diagnose" aus. Der Grund ist: Dieses Modell enthält keine Ausreißer, die der vorgegebenen Definition entsprechen, was wiederum ebenfalls für eine gelungene Anpassung des Modells spricht. Dieser Befund wird durch Betrachtung der Maxima und Minima in der Tabelle „Residuenstatistik" bestätigt.

**Residuenstatistik [a]**

|  | Minimum | Maximum | Mittelwert | Standardab-weichung | N |
|---|---|---|---|---|---|
| Nicht standardisierter vorhergesagter Wert | 42,60 | 84,55 | 64,63 | 10,419 | 30 |
| Standardisierter vorhergesagter Wert | -2,114 | 1,911 | ,000 | 1,000 | 30 |
| Standardfehler des Vorhersagewerts | 1,635 | 5,209 | 3,269 | 1,003 | 30 |
| Korrigierter Vorhersagewert | 40,32 | 88,68 | 64,99 | 10,736 | 30 |
| Nicht standardisierte Residuen | -10,942 | 11,599 | ,000 | 6,294 | 30 |
| Standardisierte Residuen | -1,548 | 1,641 | ,000 | ,891 | 30 |
| Studentisierte Residuen | -1,861 | 1,769 | -,021 | 1,009 | 30 |
| Gelöschtes Residuum | -15,818 | 13,479 | -,361 | 8,184 | 30 |
| Studentisierte ausgeschlossene Residuen | -1,975 | 1,861 | -,024 | 1,031 | 30 |
| Mahalanobis-Abstand | ,585 | 14,787 | 5,800 | 4,176 | 30 |
| Cook-Distanz | ,000 | ,221 | ,045 | ,051 | 30 |
| Zentrierter Hebelwert | ,020 | ,510 | ,200 | ,144 | 30 |

a. Abhängige Variable: Bewertung

In der Tabelle „Residuenstatistik" sind z.B. die zentrierten Hebelwerte ausgesprochen niedrig und auch die Cook-Distanzen liegen weit unter 1. Die standardisierten Residuen liegen ebenfalls unter 2.0, wobei jedoch zu beachten ist, dass die Brauchbarkeit von Residuen auf einfache (bivariate) Regressionsmodelle beschränkt und nicht für die Überprüfung multipler Regressionen geeignet ist (Chatterjee & Price, 1995[2], 86).

**Statistiken der multiplen Regressionsanalyse:**

### Deskriptive Statistiken

|              | Mittelwert | Standardab-weichung | N  |
|--------------|-----------|---------------------|----|
| Bewertung    | 64,63     | 12,173              | 30 |
| Beschwerden  | 66,60     | 13,315              | 30 |
| Privilegien  | 53,13     | 12,235              | 30 |
| Fortbildung  | 56,37     | 11,737              | 30 |
| Leistung     | 64,63     | 10,397              | 30 |
| Versagen     | 74,77     | 9,895               | 30 |
| Beförderung  | 42,93     | 10,289              | 30 |

Die Tabelle „Deskriptive Statistiken" gibt Mittelwert, Standardabweichung und die Anzahl der Fälle wieder. Die angegebenen Standardabweichungen können im Falle der multiplen Regression nicht ohne Weiteres mit der Tabelle „Modellzusammenfassung" abgeglichen werden.

### Korrelationen

|                          |              | Bewertung | Beschwerden | Privilegien | Fortbildung | Leistung | Versagen | Beförderung |
|--------------------------|--------------|-----------|-------------|-------------|-------------|----------|----------|-------------|
| Korrelation nach Pearson | Bewertung    | 1,000     | ,825        | ,426        | ,624        | ,590     | ,156     | ,155        |
|                          | Beschwerden  | ,825      | 1,000       | ,558        | ,597        | ,669     | ,188     | ,225        |
|                          | Privilegien  | ,426      | ,558        | 1,000       | ,493        | ,445     | ,147     | ,343        |
|                          | Fortbildung  | ,624      | ,597        | ,493        | 1,000       | ,640     | ,116     | ,532        |
|                          | Leistung     | ,590      | ,669        | ,445        | ,640        | 1,000    | ,377     | ,574        |
|                          | Versagen     | ,156      | ,188        | ,147        | ,116        | ,377     | 1,000    | ,283        |
|                          | Beförderung  | ,155      | ,225        | ,343        | ,532        | ,574     | ,283     | 1,000       |
| Signifikanz (einseitig)  | Bewertung    | .         | ,000        | ,009        | ,000        | ,000     | ,205     | ,207        |
|                          | Beschwerden  | ,000      | .           | ,001        | ,000        | ,000     | ,160     | ,116        |
|                          | Privilegien  | ,009      | ,001        | .           | ,003        | ,007     | ,219     | ,032        |
|                          | Fortbildung  | ,000      | ,000        | ,003        | .           | ,000     | ,271     | ,001        |
|                          | Leistung     | ,000      | ,000        | ,007        | ,000        | .        | ,020     | ,000        |
|                          | Versagen     | ,205      | ,160        | ,219        | ,271        | ,020     | .        | ,065        |
|                          | Beförderung  | ,207      | ,116        | ,032        | ,001        | ,000     | ,065     | .           |
| N                        | Bewertung    | 30        | 30          | 30          | 30          | 30       | 30       | 30          |
|                          | Beschwerden  | 30        | 30          | 30          | 30          | 30       | 30       | 30          |
|                          | Privilegien  | 30        | 30          | 30          | 30          | 30       | 30       | 30          |
|                          | Fortbildung  | 30        | 30          | 30          | 30          | 30       | 30       | 30          |
|                          | Leistung     | 30        | 30          | 30          | 30          | 30       | 30       | 30          |
|                          | Versagen     | 30        | 30          | 30          | 30          | 30       | 30       | 30          |
|                          | Beförderung  | 30        | 30          | 30          | 30          | 30       | 30       | 30          |

Die Tabelle „Korrelationen" enthält zwei Informationen: (1) die Korreliertheit aller Prädiktoren untereinander (unerwünscht; Ziel: minimale Korrelation) und (2) die Korreliertheit der Prädiktoren mit der abhängigen Variablen (erwünscht; Ziel: maximale Korrelation). Die bloße Inaugenscheinnahme der numerischen Pearson-Statistik ist nicht ausreichend. Grafische Voraussetzungstests müssen die Voraussetzung der Linearität ergeben (siehe oben). Bei nichtlinearen Zusammenhängen sind Pearson-Koeffizienten ungültig. Nur bei grafisch linearen Verteilungen und einer Signifikanz $p < 0.05$ (einseitig) kann auf bivariat-lineare Zusammenhänge geschlossen werden.

**Aufgenommene/Entfernte Variablen[b]**

| Modell | Aufgenomme ne Variablen | Entfernte Variablen | Methode |
|---|---|---|---|
| 1 | Beförderung, Beschwerden, Versagen, Privilegien, Fortbildung, Leistung[a] | . | Eingeben |

a. Alle gewünschten Variablen wurden aufgenommen.

b. Abhängige Variable: Bewertung

Die Tabelle „Aufgenommene/Entfernte Variablen" zeigt Statistiken für die bei jedem Schritt aufgenommenen bzw. je nach Methode auch wieder entfernten Prädiktoren an. Die Spalte „Entfernte Variablen" bleibt dann leer, wenn z.B. die Methode kein Entfernen von Variablen vorsieht bzw. alle aufgenommenen Variablen den voreingestellten Kriterien entsprechen. Den Angaben unterhalb der Tabelle kann entnommen werden, dass alle gewünschten Variablen aufgenommen wurden und dass „Bewertung" die abhängige Variable des Modells ist.

**Modellzusammenfassung[b]**

| Modell | R | R-Quadrat | Korrigiertes R-Quadrat | Standardfehler des Schätzers | Durbin-Watson-Statistik |
|---|---|---|---|---|---|
| 1 | ,856[a] | ,733 | ,663 | 7,068 | 1,795 |

a. Einflussvariablen : (Konstante), Beförderung, Beschwerden, Versagen, Privilegien, Fortbildung, Leistung

b. Abhängige Variable: Bewertung

Der Tabelle „Modellzusammenfassung" können für jedes Modell bzw. jeden Schritt zusammenfassende Maße zum Zusammenhang zwischen dem jeweiligen Modell und der abhängigen Variablen entnommen werden. Für direkte Methoden wird i.a. nur eine Zeile ausgegeben.

Bei multiplen Regressionsmodellen sind v.a. R, korrigiertes $R^2$, der Standardfehler des Schätzers und die Durbin-Watson-Statistik genauer zu betrachten. R drückt das Ausmaß der linearen Korrelation zwischen den beobachteten und den durch das Modell vorhergesagten Werten der abhängigen Variablen aus (Range: 0 bis 1). Bei mehreren Prädiktoren entspricht R dem multiplen Korrelationskoeffizienten; bei einem einzelnen Prädiktor im Modell entspricht R dem Pearson-Korrelationskoeffizienten. Auch bei der multiplen Regression gilt die Interpretation: Je höher R ist, desto höher ist der Zusammenhang zwischen Modell und abhängiger Variable. R=0,856 drückt einen hohen Zusammenhang zwischen Modell und abhängiger Variable aus. Das R-Quadrat (Determinationskoeffizient, $R^2$) von 0,733 drückt aus, dass ca. 3/4 der Variation in der abhängigen Variable durch das Modell erklärt werden können. Das Modell ist zur Erklärung des Einflusses des multivariaten Zusammenhangs geeignet. Die Durbin-Watson-Statistik prüft die Residuen auf Autokorrelation. Der ermittelte Wert von 1,795 deutet zwar positive Autokorrelation an, erlaubt jedoch nicht direkt auf Signifikanz der Unabhängigkeit der Residuen zu schließen. Erst nach Überprüfung anhand von

Durbin-Watson Tabellenbänden (T=30, K=6, Alpha=0,05) kann festgestellt werden, dass der ermittelte Wert zwar in Richtung positiver Autokorrelation, aber noch innerhalb des Indifferenzbereichs ($L_U$ = 1.07060, $L_O$ = 1.83259) liegt. Autokorrelation kann ausgeschlossen werden. Für Modelle mit mehreren Einflussvariablen ist zu beachten, dass $R^2$ auch von der Anzahl der Regressoren abhängt; beim Vergleich mehrerer Modelle ist es sinnvoll, auf das Maß „Korrigiertes R-Quadrat" zurückzugreifen. „Korrigiertes R-Quadrat" ist um die Anzahl der unabhängigen Variablen korrigiert.

**ANOVA[b]**

| Modell | | Quadratsumme | df | Mittel der Quadrate | F | Signifikanz |
|---|---|---|---|---|---|---|
| 1 | Regression | 3147,966 | 6 | 524,661 | 10,502 | ,000[a] |
| | Residuen | 1149,000 | 23 | 49,957 | | |
| | Gesamt | 4296,967 | 29 | | | |

a. Einflussvariablen : (Konstante), Beförderung, Beschwerden, Versagen, Privilegien, Fortbildung, Leistung

b. Abhängige Variable: Bewertung

Die Varianzanalyse prüft mit Hilfe eines F-Tests die Regressionserklärung des Modells. Der F-Wert ergibt sich dabei aus dem Verhältnis zwischen Regression (erklärte Varianz) und die Residuen (Fehlervarianz). Erreicht das Modell statistische Signifikanz wie im obigen Beispiel, so besagt dies, dass die unabhängigen Variablen die Variation der abhängigen Variablen gut erklären; liegt die erzielte Signifikanz jedoch über dem voreingestellten Alpha, kann das Modell die Variation der abhängigen Variablen nicht erklären.

**Koeffizienten[a]**

| Modell | | Nicht standardisierte Koeffizienten | | Standardisierte Koeffizienten | T | Signifikanz | Korrelationen | | | Kollinearitätsstatistik | |
|---|---|---|---|---|---|---|---|---|---|---|---|
| | | B | Standardfehler | Beta | | | Nullter Ordnung | Partiell | Teil | Toleranz | VIF |
| 1 | (Konstante) | 10,787 | 11,589 | | ,931 | ,362 | | | | | |
| | Beschwerden | ,613 | ,161 | ,671 | 3,809 | ,001 | ,825 | ,622 | ,411 | ,375 | 2,667 |
| | Privilegien | -,073 | ,136 | -,073 | -,538 | ,596 | ,426 | -,112 | -,058 | ,625 | 1,601 |
| | Fortbildung | ,320 | ,169 | ,309 | 1,901 | ,070 | ,624 | ,368 | ,205 | ,440 | 2,271 |
| | Leistung | ,082 | ,221 | ,070 | ,369 | ,715 | ,590 | ,077 | ,040 | ,325 | 3,078 |
| | Versagen | ,038 | ,147 | ,031 | ,261 | ,796 | ,156 | ,054 | ,028 | ,814 | 1,228 |
| | Beförderung | -,217 | ,178 | -,183 | -1,218 | ,236 | ,155 | -,246 | -,131 | ,512 | 1,952 |

a. Abhängige Variable: Bewertung

Hinweis: Die mittels der o.a. Syntax angeforderten Konfidenzintervalle (Option „CI") wurden entfernt, damit die Tabelle auf dieser Seite Platz findet.

Wichtig für die Interpretation der Koeffizienten sind Signifikanz und T-Wert, Betrag und Vorzeichen. Üblicherweise werden nur signifikante Einflussvariablen interpretiert, z.B. „Beschwerden". Bei der Interpretation der (nicht) standardisierten Koeffizienten ist auf ihre jeweiligen Stärken und Schwächen zu achten (vgl. dazu die Ausführungen beim bivariaten Beispiel). Mittels der in der Tabelle „Koeffizienten" ausgegebenen signifikanten nichtstandardisierten Koeffizienten kann die Modellgleichung formuliert werden: „Bewertung" = 10,787 + 0,613*„Beschwerden".

Anm.: Eine Modellgleichung, die auch die nicht signifikanten Variablen einschließt, z.B.:

„Bewertung"=10,787+0,613*„Beschwerden" − 0,073*„Privilegien" + 0,320*„Fortbildung"
+ 0,082*„Leistung" + 0,038*„Versagen" − 0,217*„Beförderung",

würde zu einem anderen Ergebnis kommen.

Der standardisierte Regressionskoeffizient (0,671) liefert zwei Hinweise: Der Einfluss ist relativ hoch (Maximum: Betrag von 1) und der Einfluss verläuft in positiver Richtung. Auf hohe bzw. kleine „Beschwerden"-Werte folgen jeweils hohe bzw. kleine „Bewertung"-Werte.
Die Korrelationen „Nullter Ordnung" entsprechen den bivariaten Korrelationskoeffizienten aus der Tabelle „Koeffizienten" und beziehen sich auf den linearen Zusammenhang zwischen der abhängigen Variable und des jeweiligen Prädiktors. Im Beispiel beträgt z.B. die Pearson-Korrelation Nullter Ordnung zwischen „Beschwerden" und „Bewertung" 0,825 (vgl. auch die Tabelle „Koeffizienten"). Die Spalte „Partiell" enthält die partiellen Korrelationskoeffizienten; die Spalte „Teil" enthält die semi-partiellen Korrelationskoeffizienten (vgl. Cohen et al., 2003[3], 69–75).

Bei den partiellen Korrelationskoeffizienten wird der Einfluss aller anderen Prädiktoren sowohl aus dem Prädiktor, wie auch der abhängigen Variablen im  Pearson-Koeffizienten „herausgerechnet" (die jeweils anderen Prädiktoren werden „konstant" gehalten). Der Zusammenhang zwischen „Beschwerden" und „Bewertung" sinkt z.B. auf 0,622, sobald diese beiden Variablen um den Einfluss der anderen Prädiktoren bereinigt sind. Die Spalte „Teil" enthält die semi-partiellen Korrelationskoeffizienten; hier wird der Einfluss aller anderen Prädiktoren nur aus dem betreffenden Prädiktor herausgerechnet. Der Zusammenhang zwischen „Beschwerden" und „Bewertung" sinkt z.B. auf 0,411, sobald „Beschwerden" um den Einfluss der anderen Prädiktoren bereinigt ist und gibt somit den „reinen" Einfluss eines Prädiktors auf die abhängige Variable an. Der semi-partielle Korrelationskoeffizient gilt daher als das wichtigere Maß, um den Einfluss eines Prädiktors einschätzen zu können. Auch wenn die Prädiktoren nicht interkorreliert sind, addieren sich die semi-partiellen Korrelationskoeffizienten nicht notwendigerweise zu $R^2$ auf (im Beispiel zu 0,763; $R^2 = 0,733$).

„VIF" und „Toleranz" sind Größen der Multikollinearität. Alle VIF der Prädiktoren im Modell liegen unter 10, die Kollinearität ist demnach unproblematisch. Nur wenn hohe VIFs, also Hinweise auf Multikollinearität vorliegen, sollte die zusätzlich ausgegebene Tabelle „Kollinearitätsdiagnose" eingesehen werden, um die Art der Kollinearität genauer beurteilen zu können.

**Kollinearitätsdiagnose[a]**

| Modell | Dimen-sion | Eigen-wert | Konditions-index | Varianzanteile | | | | | | |
|---|---|---|---|---|---|---|---|---|---|---|
| | | | | (Konstante) | Beschwer-den | Privile-gien | Fortbil-dung | Leistung | Versagen | Beförde-rung |
| 1 | 1 | 6,875 | 1,000 | ,00 | ,00 | ,00 | ,00 | ,00 | ,00 | ,00 |
| | 2 | ,040 | 13,132 | ,00 | ,08 | ,20 | ,00 | ,00 | ,02 | ,31 |
| | 3 | ,035 | 13,968 | ,08 | ,00 | ,06 | ,07 | ,00 | ,13 | ,18 |
| | 4 | ,024 | 17,104 | ,00 | ,09 | ,66 | ,16 | ,02 | ,01 | ,03 |
| | 5 | ,013 | 23,208 | ,14 | ,25 | ,01 | ,61 | ,08 | ,00 | ,12 |
| | 6 | ,008 | 30,118 | ,75 | ,08 | ,02 | ,15 | ,02 | ,68 | ,12 |
| | 7 | ,006 | 34,409 | ,02 | ,50 | ,05 | ,01 | ,88 | ,16 | ,24 |

a. Abhängige Variable: Bewertung

Der Inhalt der Tabelle „Kollinearitätsdiagnose" und ihre Interpretation wird im nächsten Abschnitt anhand eines Beispiels mit Multikollinearität vorgestellt.

Zusammenfassend liegen keine Hinweise vor, dass das ermittelte Modell und die Variablenselektion durch Multikollinearität beeinträchtigt sein könnten.

## 2.3.3    Zweites Beispiel: Identifizieren und Beheben von Multikollinearität

Das nächste Beispiel untersucht ökonometrische Daten, und zwar Importdaten für Frankreich aus den Jahren 1949–1959 (N=11) in Milliarden Francs. Das Beispiel und die Daten wurden freundlicherweise von Prof. Samprit Chatterjee (New York) zur Verfügung gestellt.
Dieses Beispiel verdeutlicht die Rolle der Theorie bzw. Annahmen über die erwarteten Zusammenhänge zwischen unabhängigen und abhängigen Variablen. Es wird davon ausgegangen, dass die Variablen INPROD (Inlandproduktion), KONSUM (Konsum) und LAGER (Lagerhaltungen) das Ausmaß der Importe (IMPORTE) zu beschreiben bzw. vorherzusagen erlauben. Eine der Annahmen lautet, dass eine erhöhte Inlandproduktion auch erhöhte Importe (z.B. Rohstoffe) nach sich zieht; zwischen INPROD und IMPORTE wird also ein positiver Zusammenhang erwartet. Für andere Aspekte der Modellierung wird auf das Beispiel in Chatterjee & Price (1995[2]) verwiesen.

Chatterjee & Price (1995[2], 197–198, 228–235) empfehlen bei einer übersichtlichen Anzahl von Prädiktoren separate Regressionsanalysen für alle möglichen Prädiktorkombinationen, in diesem Fall z.B.

Modell 1: IMPORTE = INPROD
Modell 2: IMPORTE = LAGER
Modell 3: IMPORTE = KONSUM
Modell 4: IMPORTE = INPROD LAGER
Modell 5: IMPORTE = INPROD  KONSUM
Modell 6: IMPORTE = LAGER KONSUM
Modell 7: IMPORTE = INPROD  LAGER KONSUM

Bei den ermittelten Koeffizienten könnten folgende Auffälligkeiten auf Multikollinearität hinweisen:

- Große Veränderungen bei den Koeffizienten, wenn ein Prädiktor hinzugenommen oder weggelassen wird.
- Große Veränderungen bei den Koeffizienten, wenn ein Fall weggelassen oder transformiert wird.
- Die Vorzeichen der Koeffizienten entsprechen nicht der Theorie bzw. den Erwartungen.
- Die Koeffizienten relevanter Variablen weisen große Standardfehler auf.

Diese Vorgehensweise kann aus Platzgründen nicht dargestellt werden, ist jedoch dringlich nahezulegen. Bei großen Variablenmengen können eine „klassische" Partial- oder Ridge-Regression bei der Variablen-Selektion hilfreich sein (vgl. Kapitel 5), oder die eher dem Data Mining zuzurechnende SPSS Prozedur LINEAR (vgl. Kapitel 6.1). Die Arbeit mit *sehr* grossen Datenmengen kann durch zusätzliche *daten*geleitete Techniken unterstützt werden (z.B. Clusteranalysen, Hauptkomponentenanalyse, korrelatives Screening), die jedoch alle ihre jeweils eigenen Schwächen haben (vgl. auch Schendera, 2010).

**Syntax (ohne besondere Erläuterung)**
Hinweis: Die Multikollinearitätsberechnungen werden nur mit ausgewählten Zeilen der Importdaten (N=11) berechnet.

```
data list list
/x (a)  Zeile Jahr2 Importe InProd Lager Konsum.
begin data
X    1    49    15,9    149,3    4,2    108,1
X    2    50    16,4    161,2    4,1    114,8
X    3    51    19,0    171,5    3,1    123,2
X    4    52    19,1    175,5    3,1    126,9
X    5    53    18,8    180,8    1,1    132,1
X    6    54    20,4    190,7    2,2    137,7
X    7    55    22,7    202,1    2,1    146,0
X    8    56    26,5    212,4    5,6    154,1
X    9    57    28,1    226,1    5,0    162,3
X   10    58    27,6    231,9    5,1    164,3
X   11    59    26,3    239,0    0,7    167,6
X   12    60    31,1    258,0    5,6    176,8
X   13    61    33,3    269,8    3,9    186,6
X   14    62    37,0    288,4    3,1    199,7
X   15    63    43,3    304,5    4,6    213,9
X   16    64    49,0    323,4    7,0    223,8
X   17    65    50,3    336,8    1,2    232,0
X   18    66    56,6    353,9    4,5    242,9
end data.
compute Jahr=Jahr2+1900.
```

```
exe.
formats Zeile Jahr (F4.0)  Importe InProd Lager Konsum (F8.1).
save outfile="C:\CP193.sav".
exe.
```

```
GRAPH
  /SCATTERPLOT(MATRIX)=Importe InProd Lager Konsum
  /MISSING=LISTWISE
  /TITLE= 'Matrix zur Veranschaulichung'
          'von Multikollinearität'
  /FOOTNOTE= 'Chatterjee & Price, 1995², 192'.
```

Die GRAPH-Syntax wurde bereits im Zusammenhang mit dem einfachen linearen Modell erläutert.

```
CORRELATIONS
  /VARIABLES=InProd Lager Konsum
  /PRINT=TWOTAIL NOSIG
  /MISSING=PAIRWISE .
```

Die CORRELATIONS-Syntax wird nicht weiter erläutert.

```
REGRESSION VARIABLES = InProd, Lager, Konsum, Importe
  /MISSING LISTWISE
  /STATISTICS COEFF OUTS R ANOVA COLLIN TOL ZPP
  /CRITERIA=PIN(.05) POUT(.10)
  /NOORIGIN
  /DEPENDENT Importe
  /METHOD=ENTER InProd Lager Konsum
  /PARTIALPLOT ALL
  /SCATTERPLOT=(*ZRESID, *ZPRED)
  /RESIDUALS HIST(ZRESID) NORM(ZRESID)
 /CASEWISE OUTLIERS(3) PLOT(ZRESID)
 /SAVE ZPRED COOK LEVER ZRESID DFBETA DFFIT .
```

Die REGRESSION-Syntax wurde bereits im Zusammenhang mit der multiplen linearen Regression erläutert.


**Output: Hinweise auf Multikollinearität**
Ein erster Hinweis auf Multikollinearität sind lineare Zusammenhänge zwischen Prädiktoren, z.B. zwischen INPROD und KONSUM.

**Matrix zur Veranschaulichung**

**von Multikollinearität**

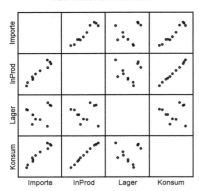

Chatterjee & Price, 1995², 192

Der Matrix schließt sich eine inferenzstatistische Überprüfung mittels der Pearson-Korrelation an.

**Korrelationen**

|         |                              | InProd  | Lager | Konsum  |
|---------|------------------------------|---------|-------|---------|
| InProd  | Korrelation nach Pearson     | 1       | ,026  | ,997**  |
|         | Signifikanz (2-seitig)       |         | ,940  | ,000    |
|         | N                            | 11      | 11    | 11      |
| Lager   | Korrelation nach Pearson     | ,026    | 1     | ,036    |
|         | Signifikanz (2-seitig)       | ,940    |       | ,917    |
|         | N                            | 11      | 11    | 11      |
| Konsum  | Korrelation nach Pearson     | ,997**  | ,036  | 1       |
|         | Signifikanz (2-seitig)       | ,000    | ,917  |         |
|         | N                            | 11      | 11    | 11      |

**. Die Korrelation ist auf dem Niveau von 0,01 (2-seitig) signifikant.

Der Zusammenhang zwischen den Prädiktoren INPROD und KONSUM ist beinahe perfekt positiv linear (0,997, p=0,000; abschließend wird zusätzlich eine Regression von INPROD auf KONSUM gerechnet, s.u.). Die Ursachen für Multikollinearität können komplizierter sein als die einfache Linearkombination von nur zwei Variablen; bei mehreren Variablen wäre dieser Effekt nicht so einfach in einer Streudiagrammmatrix erkennbar (vgl. dazu die Hinweise im einführenden Abschnitt).

**Modellzusammenfassung[b]**

| Modell | R      | R-Quadrat | Korrigiertes R-Quadrat | Standardfehler des Schätzers |
|--------|--------|-----------|------------------------|------------------------------|
| 1      | ,996[a] | ,992     | ,988                   | ,4889                        |

a. Einflußvariablen : (Konstante), Konsum, Lager, InProd

b. Abhängige Variable: Importe

Das adjustierte R-Quadrat zeigt, dass der Anteil der erklärten Varianz fast vollständig erklärt wird (99,2%). Da nur wenige Variablen vorliegen, ist das Ergebnis umso bedeutsamer. Die wenigen Fälle (N=11) relativieren jedoch das ermittelte adjustierte R².

**Koeffizienten[a]**

| Modell | | Nicht standardisierte Koeffizienten | | Standardisierte Koeffizienten | T | Signi-fikanz | Korrelationen | | | Kollinearitäts-statistik | |
|---|---|---|---|---|---|---|---|---|---|---|---|
| | | B | Standard-fehler | Beta | | | Nullter Ordnung | Partiell | Teil | Tole-ranz | VIF |
| 1 | (Konstante) | −10,128 | 1,212 | | −8,355 | ,000 | | | | | |
| | InProd | -,051 | ,070 | -,339 | -,731 | ,488 | ,965 | -,266 | -,025 | ,005 | 185,997 |
| | Lager | ,587 | ,095 | ,213 | 6,203 | ,000 | ,251 | ,920 | ,211 | ,981 | 1,019 |
| | Konsum | ,287 | ,102 | 1,303 | 2,807 | ,026 | ,972 | ,728 | ,095 | ,005 | 186,110 |

a. Abhängige Variable: Importe

Die Tabelle „Koeffizienten" enthält einen deutlichen und einen versteckten Hinweis auf Kollinearität. Die VIF-Werte sind eindeutig über der Grenze von 10 und somit ein sehr deutlicher Hinweis auf Kollinearität. Ein versteckter Hinweis ist das negative Vorzeichen von INPROD; das erwartungswidrige negative Vorzeichen widerspricht dem eigentlich erwarteten positiven Vorzeichen. Multikollinearität ist eine naheliegende Erklärung für dieses Phänomen. Mittels der nichtstandardisierten Koeffizienten kann die Modellgleichung formuliert werden:

IMPORTE = –10,128 – 0,051*INPROD + 0,587*LAGER + 0,287*KONSUM.

Der wegen Multikollinearität erwartungswidrig nichtsignifikante Effekt wird also in die Gleichung aufgenommen. Es wird erwartet, dass die Gleichung nur wegen der Multikollinearität statistisch artifiziell wirkt, aber ansonsten empirisch plausibel ist; es werden also dann realistische Prognosen erwartet, wenn und nur wenn der Effekt der Multikollinearität bei der Verwendung (Interpretation) der Gleichung berücksichtigt wird (vgl. dazu den nächsten Abschnitt).

**Kollinearitätsdiagnose[a]**

| Modell | Dimension | Eigenwert | Konditions-index | Varianzanteile | | | |
|---|---|---|---|---|---|---|---|
| | | | | (Konstan-te) | InProd | Lager | Konsum |
| 1 | 1 | 3,838 | 1,000 | ,00 | ,00 | ,01 | ,00 |
| | 2 | ,148 | 5,086 | ,01 | ,00 | ,94 | ,00 |
| | 3 | ,013 | 17,073 | ,77 | ,00 | ,03 | ,00 |
| | 4 | 5,447E-005 | 265,461 | ,22 | 1,00 | ,02 | 1,00 |

a. Abhängige Variable: Importe

Die Tabelle „Kollinearitätsdiagnose" enthält weiterführende Hinweise auf die Art der Multikollinearität. Der Eigenwert in der Dimension 4 ist z.B. kleiner als 0,01 und somit ein eindeutiger Hinweis auf Kollinearität, ebenfalls der dazugehörige Konditionsindex. Die „Varianzanteile" bezeichnen den Varianzanteil des Schätzers, der durch jede zu den Eigenwerten gehörige Dimension ermittelt wird. Kollinearität ist dann ein Problem, wenn eine Dimension mit einer hohen Konditionszahl (z.B. Dimension 4) essentiell zur Varianz von zwei oder mehr Variablen beitragen würde (INPROD, KONSUM).

**Umgehen mit Multikollinearität: Drei Ansätze**
Für den Umgang mit Multikollinearität werden in diesem Abschnitt drei Ansätze vorgestellt. Die Darstellung folgt dabei im Wesentlichen Chatterjee & Price (1995², 195–196, 210–212).

**Entfernen aus der Modellgleichung (Annahmen):**
Bei nur zwei beinahe perfekt miteinander korrelierenden Variablen ist die Multikollinearität unter bestimmten Umständen unkompliziert zu beheben.
Da die beiden interkorrelierenden Variablen (INPROD, KONSUM) jeweils nicht mit der verbleibenden dritten Variable (LAGER) im Modell korrelieren, können jeweils eine dieser interkorrelierenden Variablen aus dem Modell entfernt und zwei separate Regressionsanalysen (INPROD, LAGER; KONSUM, LAGER) auf IMPORTE berechnet werden, ohne Multikollinearität befürchten zu müssen. Dieser Ansatz braucht nicht weiter erläutert werden. Die Annahme bei diesem Vorgehen ist, dass zwei separate Modelle mit nur jeweils zwei Prädiktoren für das Analyseziel angemessen sind.
Sollen die kollinearen Prädiktoren jedoch in der Modellgleichung verbleiben, so bieten sich zwei weitere Ansätze an.

**Verbleib in der Modellgleichung (Annahmen und Gewichtung):**
Bei z.B. zwei hoch miteinander korrelierenden Variablen ist es aufschlussreich, die Beziehung zwischen diesen beiden Variablen vor dem Hintergrund eines plausiblen Kausalmodells genauer zu betrachten. Nach einer ersten Überlegung sollte die Inlandproduktion (INPROD, Prädiktor) einen Einfluss auf das Ausmaß des Konsums (KONSUM, abhängige Variable) haben. Die umgekehrte Einflussrichtung erscheint weniger naheliegend.

```
REGRESSION VARIABLES = InProd Konsum
 /MISSING PAIRWISE
 /STATISTICS COEFF OUTS R ANOVA COLLIN TOL ZPP
 /CRITERIA=PIN(.05) POUT(.10)
 /NOORIGIN
 /DEPENDENT Konsum
 /METHOD=ENTER InProd
 /PARTIALPLOT ALL
 /SCATTERPLOT=(*ZRESID, *ZPRED)
 /RESIDUALS HIST(ZRESID) NORM(ZRESID)
 /CASEWISE OUTLIERS(3) PLOT(ZRESID)
 /SAVE ZPRED COOK LEVER ZRESID DFBETA DFFIT .
```

**Koeffizienten[a]**

| Modell | | Nicht standardisierte Koeffizienten | | Standardisierte Koeffizienten | T | Signifikanz | Korrelationen | | | Kollinearitätsstatistik | |
|---|---|---|---|---|---|---|---|---|---|---|---|
| | | B | Standardf ehler | Beta | | | Nullter Ordnung | Partiell | Teil | Toleranz | VIF |
| 1 | (Konstante) | 6,259 | 3,335 | | 1,876 | ,093 | | | | | |
| | InProd | ,686 | ,017 | ,997 | 40,448 | ,000 | ,997 | ,997 | ,997 | 1,000 | 1,000 |

a. Abhängige Variable: Konsum

Die Modellgleichung lautet: KONSUM = 6,259 + 0,686*INPROD. Die Inlandproduktion weist demnach einen Anteil von ca. 69% an Konsum auf. Unter der Voraussetzung, dass also begründet angenommen werden darf, dass das Verhältnis der beiden korrelierenden Prädiktoren (z.B. auch zukünftig, wichtig für v.a. für Prognosen) *konstant* KONSUM=0,69*INPROD beträgt, so kann diese Information u.a. zur Interpretation der vollständigen Modellgleichung herangezogen werden.

An der vollständigen Modellgleichung werden im Folgenden zwei Interpretationen vorgenommen. Die erste Interpretation ignoriert den Effekt der Multikollinearität, die zweite Interpretation berücksichtigt diesen Effekt. Diese Beispiele werden zeigen, dass und warum auch ein nichtsignifikanter Effekt in einer Modellgleichung verbleiben kann und dass das Übersehen von Multikollinearität zu einer Fehlinterpretation der Modellgleichung führt. Für eine zuverlässige Interpretation der Modellgleichung sind genaue Kenntnisse über den zu modellierenden Gegenstand unerlässlich.

Die vollständige Modellgleichung lautet (vgl. 2.3.3 „Output: Hinweise auf Multikollinearität"):

IMPORTE = −10,128 − 0,051*INPROD + 0,587*LAGER + 0,287*KONSUM.

**Ansatz 1: Nichtberücksichtigen von Multikollinearität (Fehlinterpretation):**
Für eine Prognose wird z.B. angenommen, dass INPROD zukünftig um 10 Einheiten ansteigt, während alle anderen Einflussfaktoren konstant (Null) bleiben. Die Folge wären diese Modellgleichungen:

$$\text{IMPORTE}_{\text{Gegenwärtig}} = -0,51 * \text{INPROD}_{\text{Gegenwärtig}} \quad \text{bzw.}$$

$$\text{IMPORTE}_{\text{Zukünftig}} = \text{IMPORTE}_{\text{Gegenwärtig}} - 0,51.$$

Diese Modellgleichungen enthalten einen offensichtlichen und einen versteckten Fehler. Der offensichtliche Fehler ist der negative Zusammenhang zwischen Inlandproduktion und Importen. Dass ein prognostiziertes Ansteigen der Inlandproduktion zu einem Absinken der Importe (−0.51) führt, ist wirtschaftswissenschaftlich gesehen ausgesprochen erwartungswidrig. Der versteckte Fehler mag Ursache für dieses Phänomen sein. Der versteckte Fehler besteht darin, dass das Einsetzen der Werte in die Gleichung nicht das empirische Verhältnis zwischen KONSUM und INPROD 1 : 0,69 berücksichtigt, sondern ein von der Datenstruktur abweichendes, also künstliches Verhältnis der Werte unterstellt.

**Ansatz 2: Berücksichtigen von Multikollinearität (korrekte Interpretation):**
Für eine Prognose wird z.B. angenommen, dass INPROD um 10 Einheiten ansteigt und dass somit wegen der Multikollinearität auch KONSUM um ca. 14,5 Einheiten ansteigt (14,5=1/0,69*10; siehe auch die Anmerkungen unten). LAGER bleibt konstant (Null). Die eingesetzten Werte berücksichtigen somit die multikollinearen Verhältnisse der Variablen untereinander. Die Folge wären jetzt diese Modellgleichungen:

$$\text{IMPORTE}_{\text{Gegenwärtig}} = -0,51 * \text{INPROD}_{\text{Gegenwärtig}} + 4,16 * \text{KONSUM}_{\text{Gegenwärtig}},$$

$$\text{IMPORTE}_{\text{Zukünftig}} = \text{IMPORTE}_{\text{Gegenwärtig}} - 0,51 + 4,16$$

$$\text{IMPORTE}_{\text{Zukünftig}} = \text{IMPORTE}_{\text{Gegenwärtig}} + 3,65.$$

Anm.: Der Wert 14,5 ergibt sich über 1 dividiert durch 0,69 (angenommenes *konstantes* Verhältnis) multipliziert mit den 10 Einheiten eines *angenommen* höheren INPROD. Der Wert 4,16 (bei 4,16*KONSUM) ergibt sich über die Multiplikation von 0,287 (vgl. die o.a. Ausgangsgleichung) mit den zuvor ermittelten 14,5.
Das Ansteigen der Inlandproduktion und das mitberücksichtige Ansteigen des Konsums führen zusammen zu einem Anstieg der Importe (+3,65).
Wie an diesen beiden völlig unterschiedlichen Ergebnissen nach Ansatz 1 und Ansatz 2 zu sehen ist, ist bei der Interpretation von Modellgleichungen multikollinearer Daten höchste Sorgfalt angebracht.

**Ansatz 3: Gewichtung der multikollinearen Prädiktoren:**
Aus dem vorangegangenen Abschnitt ist bekannt, dass in den Daten das empirische Verhältnis zwischen KONSUM und INPROD 1 : 0,69 beträgt. Diese Gewichtung kann in die Ausgangsgleichung eingesetzt werden, um z.B. einen der beiden kollinearen Prädiktoren zu ersetzen; wegen der angenommenen Kausalrichtung wird im Beispiel KONSUM ersetzt.

*Ausgangsgleichung (mit Kollinearität):*

IMPORTE = −10,128 − 0,051*INPROD + 0,587*LAGER + 0,287*KONSUM.

*Gleichung (ohne Kollinearität):*

IMPORTE = −10,128 − (0,051+(0,69*0,287))*INPROD + 0,587*LAGER bzw.
IMPORTE = −10,128 − 0,249*INPROD + 0,587*LAGER.

In der neuen Gleichung ist Multikollinearität nicht mehr enthalten. Das auf diese Weise ermittelte Einflussgewicht von INPROD enthält demnach nicht nur den eigenen Effekt, sondern auch den von KONSUM. Die Annahme dieses Modells besteht wie oben darin, dass das Verhältnis zwischen den korrelierenden Prädiktoren *konstant* 1 : 0,69 bleibt.

Eine weitere Möglichkeit wäre die Konstruktion von Komponenten, z.B. mittels der Hauptkomponentenanalyse oder der Partial-Regression. Die ermittelten orthogonalen Komponenten könnten anschließend anstelle der korrelierten unabhängigen Variablen ins Modell eingesetzt werden. Die Variante der Partial-Regression (PLS) wird in Kapitel 5.1 ausführlich erläutert.

# 2.4    Voraussetzungen für die Berechnung einer linearen Regression

Die Voraussetzungen zur Berechnung linearer parametrischer Regressionen sind umfangreich und komplex, vgl. Cohen et al. (2003³), Chatterjee & Price (1995²) und Pedhazur (1982²).

Bei der Berechnung einer Regression sind zahlreiche Voraussetzungen zu beachten, die im Folgenden zusammengestellt wurden. Dazu gehören u.a. intervallskalierte Daten auf Seiten der abhängigen Variablen sowie linear bzw. normal verteilte Residuen. Die Unabhängigkeit der Prädiktoren voneinander ist eine besondere Voraussetzung der multiplen Regression; es darf also *keine* Multikollinearität der erklärenden Variablen untereinander herrschen (u.a. erkennbar an Eigenwerten, VIF und Konditionszahlen). Bei abhängigen Daten darf keine Autokorrelation der Residuen vorliegen (vgl. Durbin-Watson). Bei Modellen, die mit zeitbezogenen Daten arbeiten und mehrere unabhängige Variablen einbeziehen, sind mehrere Voraussetzungen auf einmal zu prüfen (z.B. Autokorrelation und Multikollinearität).

Für die Anwendung und Interpretation diverser Verfahren zur Selektion von Variablen (z.B. Varianzinflationsfaktoren), wichtiger Kriterien für die Beurteilung der Adäquatheit verschiedener Gleichungsschätzungen (z.B. $C_p$), oder die Diskussion des Einhaltens bzw. Verletzens von Modellannahmen im Allgemeinen wird auf Cohen et al. (2003³, 117–150), Chatterjee & Price (1995², 265–267) und Pedhazur (1982², 221–254) verwiesen.

1.  Der Zweck der Regressionsanalyse ist festgelegt: Deskription, Schätzung und Prognose, wie auch Simulation haben unterschiedliche Anforderungen an Variablenzahl und Modellqualitäten (u.a. Vorhersageleistung vs. Modellgenauigkeit). Der Anwendungszweck legt somit apriori auch Aspekte fest, die dann bei der Ermittlung einer Regressionsgleichung gezielt optimiert werden können (Chatterjee & Price, 1995², 245–246):
    Bei der (a) Deskription sollte mit der kleinsten Anzahl an Variablen der größte Anteil der Varianz der abhängigen Variablen erklärt werden können. Für (b) Schätzung und Prognose sollten Variablen mit einem minimalen mittleren quadratischen Prognosefehler ausgewählt werden. Für eine (c) Simulation sollten die Regressionskoeffizienten der Variablen in der Vorhersagegleichung möglichst genau geschätzt werden; ihre Standardfehler sollten also möglichst klein sein. Unter Umständen soll eine Regressionsgleichung auch mehrere Anforderungen auf einmal erfüllen.
    Dieses Feintuning ist in jedem Fall natürlich nur dann sinnvoll, wenn die Daten optimal fehlerfrei gemessen und alle Voraussetzungen der Regressionsanalyse zweifelsfrei erfüllt sind.

2.  Die Regressionsanalyse unterstellt ein Kausalmodell zwischen (mind.) einer unabhängigen Variablen (X) und einer abhängigen (Y) Variable. Nonsensregressionen, z.B. der Einfluss der Anzahl von Störchen auf die Anzahl der Geburten, sind von vornherein sach-

logisch auszuschließen. Nur relevante Variablen sind im Modell anzugeben, unwichtige Variablen sind auszuschließen.

3. Die Variablen sind jeweils intervallskaliert. Ob Messwertreihen metrisch skalierter Variablen vorliegen, kann entweder anhand der Projektdokumentation, der Datenansicht, der Variablenansicht (sofern das angegebene Messniveau korrekt ist), sondierenden deskriptiven Analysen (z.B. Häufigkeitsanalysen), oder auch anhand von grafischen Analysen (z.B. Streudiagrammen) bestimmt werden. Im Prinzip ist es auch möglich, in eine Regressionsanalyse 1/0-kodierte Dummy-Variablen (einschl. ihrer Interaktionen) einzubeziehen, was sie der (M)AN(C)OVA nicht nur gleichwertig, sondern unter bestimmten Umständen (z.B. ungleiche Zellhäufigkeiten) sogar überlegen machen kann (Pedhazur, $1982^2$, 271–333; Chatterjee & Price, $1995^2$, 99–125). Die Einführung von Kategorialvariablen birgt jedoch in sich das Risiko von Multikollinearität (vgl. Pedhazur, $1982^2$, 235).

4. Die paarweisen Messungen xi und yi müssen zum selben Objekt gehören. In anderen Worten: Die untersuchten Merkmale werden dem gleichen Element einer Stichprobe entnommen. Die Fälle müssen unabhängig sein. Die Regressionsanalyse ist für eine Analyse verbundener (abhängiger) Daten nicht geeignet (vgl. Autokorrelation, s.u.). Bei Beobachtungsdaten sollte sichergestellt sein, dass trotz ihrer geografischen oder anderen, situationsbedingten Definition von einer Repräsentativität und der Repräsentativität der Ergebnisse für eine bestimmte Grundgesamtheit ausgegangen werden kann.

5. Stichprobengröße: Für die Bestimmung der benötigten Stichprobengröße N gibt es verschiedene Kriterien. Die Anzahl der Fälle (Beobachtungen) ist größer als die Anzahl der unabhängigen Variablen bzw. der zu schätzenden Parameter. Als grobe Daumenregel gilt: $N \geq 50 + 8m$ ($m$ bezeichnet die gewünschte Anzahl der Prädiktoren im Modell). Je besser die Prognosequalität und größer die Power bzw. je kleiner die Effektstärken sein sollen, umso mehr Fälle sollten vorliegen.

   Green (1991) entwickelte z.B. eine Schätzgleichung, die die gewünschte Effektgröße mit berücksichtigt: $N \geq (8/f^2) + (m-1)$. $m$ bezeichnet die gewünschte Anzahl der Prädiktoren im Modell. $f^2$ bezeichnet die gewünschte Effektgröße nach Cohen et al. ($2003^3$), z.B. 0.01, 0.15 bzw. 0.35 für kleine, mittlere bzw. große Effekte. Soll z.B. ein Modell fünf Prädiktoren bei einer mittleren Effektgröße enthalten, so wird über $N \geq (8/f^2) + (m-1)$ ein Mindest-N von 58 Fällen benötigt.

   Es besteht auch das Risiko, zu viele Fälle zu haben. Bei zu vielen Fällen werden sich R bzw. $R^2$ immer signifikant von Null unterscheiden und auch eine völlig unbedeutende Variation der abhängigen Variable vorhersagen, was statistisch wie praktisch eher kontraproduktiv ist. Falls mehr Variablen als Fälle vorliegen, kann z.B. auch eine Partial-Regression (vgl. Kap. 5.1) eingesetzt werden.

6. Zwischen den Messwerten der abhängigen und der/den unabhängigen Variablen besteht ein bekannter Zusammenhang. Bei linearen Modellen ist der Zusammenhang linear, bei nichtlinearen Modellen muss die Funktion bekannt sein (z.B. Kosinus, logarithmisch, exponentiell usw.). Vor dem Hintergrund dieser Funktion sind beide Variablen idealerweise hoch korreliert, bei linear bzw. linearisiert z.B. nach der Pearson-Korrelation.

7. Ausreißer: Ausreißer liegen nicht vor bzw. sind zu entfernen. Die Regressionsanalyse reagiert sehr empfindlich auf Ausreißer. Schon wenige Ausreißer (Residuen bzw. Einflussreiche Werte) reichen aus, um einen nachhaltigen Einfluss auf das Regressionsergebnis (Präzision der Schätzung des Regressionsgewichts) ausüben zu können. *Vor* einer

Analyse können auffällige (univariate) Ausreißer z.B. mittels einer systematischen deskriptiven Analyse identifiziert werden (Hilfsregel: Ausreißer sind Werte über 4.5 Standardabweichungen vom Mittelwert entfernt). *Nach* einer Analyse können (multivariate) Ausreißer z.B. anhand hoher Mahalanobis-Distanzen identifiziert werden. Ausreißer sind vor dem Löschen bzw. einer Transformation sorgfältig zu prüfen. Nicht in jedem Fall ist ein formal auffälliger Wert immer auch ein inhaltlich auffälliger Wert (v.a. bei sozialwissenschaftlichen Daten); auch ist nicht auszuschließen, dass die Prüfstatistiken selbst unzuverlässig sein können.

8. Fehlende Daten (Missings): Fehlende Daten können bei der Entwicklung von Vorhersagemodellen zu Problemen führen. Fehlen keinerlei Daten, ist dies eine ideale Voraussetzung für ein Vorhersagemodell. Fehlen Daten völlig zufällig, entscheidet das konkrete Ausmaß, wie viele Daten proportional in der Analyse verbleiben, was durchaus zu einem Problem werden kann. Stellt sich anhand von sachnahen Überlegungen heraus, dass Missings in irgendeiner Weise mit den Zielvariablen zusammenhängen, entstehen Interpretations- und Modellierungsprobleme, sobald diese Missings aus dem Modell *ausgeschlossen* werden würden. Fehlende Daten können z.B. (a) modellierend über einen Missings anzeigenden Indikator und (b) durch Ersetzen fehlender Werte wieder in ein Modell einbezogen werden; jeweils nur unter der Voraussetzung, dass ihre Kodierung, Rekonstruktion und Modellintegration gegenstandsnah und nachvollziehbar ist. Konzentrieren sich Missings auf eine Variable, könnte diese evtl. auch aus der Analyse ausgeschlossen werden.

9. Messfehler: Die unabhängige Variable sollte hoch zuverlässig, also idealerweise ohne Fehler gemessen worden sein. Bei der einfachen Regression führen Messfehler in der unabhängigen Variablen zu einer Unterschätzung des/der Regressionskoeffizienten; Messfehler in der abhängigen Variablen beeinträchtigen nicht die Schätzung des/der Regressionskoeffizienten, erhöhen jedoch den Standardschätzfehler und beeinträchtigen somit den Signifikanztest. Bei der multiplen Regression führen Messfehler allgemein zu einer Unterschätzung von $R^2$; Messfehler in der AV können zu einer Unterschätzung, Messfehler in den UV können zu einer komplizierten Unter- aber auch Überschätzung der Regressionskoeffizienten führen (Pedhazur, $1982^2$, 230–232). Die unabhängige Variable sollte normalverteilt sein, muss es aber nicht.

10. Residuen: Für die Fehler gelten folgende Annahmen: Der Mittelwert der Residuen ist gleich Null. Die Varianz der Fehler ist konstant (Varianzhomogenität, Homoskedastizität, s.u.). Der Zusammenhang zwischen den Fehlern und den vorhergesagten Werten der abhängigen Variablen ist zufällig. Die Fehler korrelieren nicht mit der/den unabhängigen Variablen (vgl. partielle Regressionsdiagramme). Angewendet auf die grafische Residuenanalyse bedeutet dies: Die Vorhersagefehler (Residuen) eines Modells sind linear und normal verteilt und streuen um den Mittelwert 0 (Normalitätsannahme), vorausgesetzt, die Stichprobe ist groß genug. Heteroskedastizität liegt nicht vor. In partiellen Regressionsdiagrammen korrelieren die Fehler nicht mit der/den unabhängigen Variablen (vgl. Pedhazur, $1982^2$, 36–39; Chatterjee & Price, $1995^2$, passim).

11. Homoskedastizitätsannahme: Die Annahme der Varianzengleichheit (syn.: Homoskedastie) ist eine zentrale Annahme v.a. der multiplen Regression. Die Varianz der Fehler ist für alle vorhergesagten Werte der abhängigen Variable konstant. Heteroskedastizität ist in Residuenplots daran erkennbar, dass die Streuungsfläche z.B. nicht rechteckig-

symmetrisch, sondern sich von links nach rechts scherenförmig öffnet (vorausgesetzt, die Stichprobe ist groß genug).

12. Messwertvariation: Kennziffern wie z.B. $R^2$, F-Wert und damit Signifikanz der Regressionsgleichung, aber auch Phänomene wie z.B. Multikollinearität werden u.a. durch Wertebereich und -variation der Daten beeinflusst (vgl. Chatterjee & Price, 1995², 190; Pedhazur, 1982², 30–32). Zusätzliche bzw. ausgeglichene Daten können diese Indizes maßgeblich beeinflussen. Eine Regressionsfunktion sollte weder über den vorliegenden Messwertbereich hinaus geführt, noch darüber hinaus interpretiert werden.

13. Spezielle Regressionseffekte sind konzeptionell und rechnerisch auszuschließen. Bei der bivariaten Regression sollte z.B. sichergestellt sein, dass der Zusammenhang nur durch die beiden untersuchten Variablen und nicht durch weitere Variablen verursacht wurde (z.B. Partialkorrelation/-regression). Bei mehreren Prädiktoren sollte u.a. Multikollinearität ausgeschlossen und der Effekt von Suppressorvariablen festgestellt sein. Der Ausschluss von Autokorrelation gilt für bi- und multivariate Modellvarianten.

Prädiktoren heißen Suppressorvariablen, wenn sie durch ihre Interkorrelation mit anderen Prädiktoren deren irrelevante Varianz für die Vorhersage der abhängigen Variablen unterdrücken und somit ihre Regressionskoeffizienten bzw. das $R^2$ erhöhen. Bei mehreren Variablen ist es nicht unkompliziert, Suppressorvariablen zu identifizieren, vor allem, weil es verschiedene Arten des Suppressoreffektes gibt (vgl. z.B. Cohen et al., 2003[3]). Ein erster Anhaltspunkt können Auffälligkeiten in Korrelations- und Regressionskoeffizienten der Prädiktoren sein. Stimmen eine Korrelation mit der abhängigen Variable und die Regressionskoeffizienten eines Prädiktors in Höhe und Vorzeichen in etwa überein, könnte dies ein Hinweis auf eine Suppressorvariable sein. Wird nun diese Variable aus der Regressionsgleichung ausgeschlossen und es verschlechtern sich die Regressionskoeffizienten der anderen Variablen deutlich, so ist die ausgeschlossene Variable erfolgreich als Suppressorvariable identifiziert.

14. Die Polung der Variablen ist bei der v.a. bei der Interpretation von Regressionsergebnissen zu psychometrischen Skalen zu beachten.

15. Bei bestimmten Fragestellungen ist zu beachten, ob die Regressionsgeraden durch einen beliebigen Abschnitt der y-Achse gehen können oder im Nullpunkt beginnen sollten. Beim Vergleich von Modellen mit bzw. ohne Intercept in der Gleichung ist zu beachten, dass die $R^2$-Statistik aufgrund des unterschiedlichen Zustandekommens für einen direkten Modellvergleich nicht geeignet ist.

16. Spezifikationsfehler (Modellbildung): Vor allem bei der Überprüfung von multivariaten Modellen mittels multipler Regressionen können sog. Spezifikationsfehler auftreten (vgl. Pedhazur, 1982², 225–30, 251–254). Ein Spezifikationsfehler liegt dann vor, wenn ein formell-signifikantes Modell aus einer inhaltlich-theoretischen Position nicht haltbar ist. Übliche Fehler sind das Weglassen relevanter Variablen, die Aufnahme irrelevanter Variablen, oder auch die Annahme eines linearen anstelle eines kurvilinearen Zusammenhangs.

17. Die Theorie spielt eine zentrale Rolle bei der Modellbildung. Je nach entwickeltem Modell sind Einflussvariablen als effektiv nachweisbar oder auch nicht. Verschiedene Theorien bedingen verschiedene Modelle, die wiederum zum unterschiedlichen Nachweis der einzelnen Prädiktoren führen können. Was auf die Einflussfaktoren zurückbezogen wiederum bedeutet, dass der Einfluss eines Prädiktors nicht nur von Modellqualität (Mess-

fehler) und Merkmalen der zugrunde liegenden Stichprobe abhängt, sondern darüber hinaus vom jeweils formulierten bzw. geprüften Modell und insofern als *relativ* gelten kann.

18. Die Modellbildung sollte eher durch inhaltliche und statistische Kriterien als durch formale Algorithmen geleitet sein. Viele Autoren raten von der Arbeit mit Verfahren der automatischen Variablenauswahl ausdrücklich ab; als explorative Technik ist sie unter Vorbehalt jedoch sinnvoll. Für beide Vorgehensweisen empfiehlt sich folgendes Vorgehen: Zunächst Aufnahme inhaltlich relevanter Einflussvariablen, anschließend über Signifikanztests (T-Statistik) Ausschluss statistisch nicht relevanter Variablen.

19. Schrittweise Methoden: Schrittweise Methoden arbeiten z.B. auf der Basis von formalen Kriterien und sind daher für die theoriegeleitet Modellbildung nicht angemessen. Die rein *explorative* bzw. *prädikative* Arbeitsweise sollte anhand von plausiblen inhaltlichen Kriterien bzw. einer Kreuzvalidierung gegenkontrolliert werden. Die Rückwärtsmethode erlaubt im Gegensatz zur Vorwärtsmethode eine Rangreihe der Variablen mit der größten Varianzaufklärung unter teilweiser Berücksichtigung möglicher Wechselwirkungen zu identifizieren (Mantel, 1970). Schrittweise Methoden schließen jedoch keine Multikollinearität aus und sind daher mind. durch Kreuzvalidierungen abzusichern.

20. Multikollinearität: Multikollinearität ist ein spezielles Problem multipler Regressionen und kann u.a. durch Pearson-Korrelation (z.B. $> 0{,}70$), VIF (Toleranz), Eigenwerte und Konditionszahlen identifiziert werden, aber auch z.B. durch erwartungswidrige Vorzeichen bzw. Standardfehler der Koeffizienten (Chatterjee & Price, 1995[2], 184–196; 197–203, 258–260). Liegen alle VIF der Prädiktoren im Modell unter 10, ist die Kollinearität unproblematisch, ebenfalls bei kleinen Konditionszahlen ($< 15$) und großen Eigenwerten ($> 0{,}01$). Bei Konditionszahlen $> 30$ sollten jedoch Maßnahmen ergriffen werden.

Maßnahmen zur Behebung von Multikollinearität sollten erst nach der Spezifikation eines befriedigenden Modells und dem Entfernen von Residuen bzw. einflussreichen Werten ergriffen werden. Eine Ursache von Multikollinearität könnten z.B. Spezifikationsfehler sein: Multikollinearität verursachende Variablen sollten identifiziert und sofern möglich, aus dem Modell entfernt werden. Eine häufige Quelle von Multikollinearität ist die Einführung mehrerer gleichwertiger Indikatoren (z.B. mehrerer Intelligenztests oder ähnlicher ökonometrischer Indizes) gleichzeitig; auch eine spezifische Kodierung von Dummy-Variablen kann Multikollinearität verursachen. Eine zweite Ursache von Multikollinearität könnte z.B. ein Stichprobenfehler sein; es wurden z.B. nur wenige, aber dafür korrelierende Datenkombinationen gezogen. Eine Maßnahme könnte hier z.B. das zusätzliche Erfassen auch anderer Datenkombinationen sein. Eine weitere Ursache von Multikollinearität könnte z.B. sein, dass der Zusammenhang zwischen den Variablen eine dem untersuchten Gegenstand inhärente Eigenschaft ist. Ein solches Phänomen könnte nicht durch zusätzliche Daten kompensiert werden. In diesem Falle könnte z.B. mittels einer Partial- oder einer Ridge-Regression nach Faktoren gesucht werden, die die Verhältnisse zwischen den Prädiktoren klären könnten (Chatterjee & Price, 1995[2], 203–207, 221–228, 230–235).

21. Autokorrelation: Eine weitere Annahme der Regression ist die Unabhängigkeit der Residuen. Das Gegenteil, die Korreliertheit von Residuen, heißt Autokorrelation und bezeichnet die (meistens: zeitliche, oft aber auch: räumliche) Verbundenheit der Residuen aufeinanderfolgender Fälle.

Die Autokorrelation hängt meist vom Untersuchungsdesign ab. Liegt eine Querschnittstudie vor, die Daten werden also zeitgleich erhoben, ist die Autokorrelation nicht relevant. Liegt jedoch eine Längsschnittstudie vor, die Daten werden nacheinander erhoben, muss das Ausmaß der Autokorrelation überprüft werden (vgl. Chatterjee & Price, 1995², 179–181). Autokorrelation verweist z.B. bei Längsschnittdaten auf noch verborgene, oft zeitabhängige oder saisonale Strukturen bzw. Einflüsse; bei Querschnittdaten ist eine mögliche Autokorrelation ein Artefakt der Datenorganisation und meist nicht weiter relevant.

Autokorrelation ist ein ernstzunehmendes Problem. Folgen der Autokorrelation sind neben der Verzerrung der Residuen u.a. ungültige Signifikanztests, ungültige Konfidenzintervalle und ungenaue Schätzungen. Mögliche Ursachen für Autokorrelation können Datenprobleme (z.B. zeitliche oder sonstige kausale Abhängigkeiten; sog. „echte" Autokorrelation) oder Spezifikationsfehler sein (nichtlineare anstelle einer linearen Beziehung; relevante Variablen fehlen in der Gleichung; sog. „scheinbare" Autokorrelation).

Die Durbin-Watson-Statistik dient zur Überprüfung der Autokorrelation, und zwar erster Ordnung, d.h. sie überprüft die Abhängigkeit eines Residualwertes von seinem direkten Vorgänger. Die Durbin-Watson-Statistik prüft dabei die Nullhypothese, dass die Autokorrelation gleich Null ist gegen die Alternativhypothese, dass die Autokorrelation ungleich Null ist. Die Durbin-Watson-Statistik liegt zwischen 0 und 4. Je dichter der Prüfwert d bei 2 liegt, umso eher kann davon ausgegangen werden, dass keine Autokorrelation vorliegt. Abweichungen von 2 weisen auf Autokorrelation hin. Werte > 2 deuten eine negative Autokorrelation an (es folgen auf negative Residuen positive Werte bzw. umgekehrt); Werte < 2 deuten eine positive Autokorrelation an. SPSS gibt derzeit keinen Signifikanztest für die Durbin-Watson-Statistik aus. Für die Beurteilung, ob bestimmte Indifferenzbereiche mit den Grenzen $L_U$ ,$L_O$ bzw. 4-$L_U$ ,4-$L_O$ in Richtung Signifikanz überschritten sind, müssen Tabellenbände eingesehen werden. SPSS stellt dazu in einer separaten Dokumentation Durbin-Watson Werte nach Savin und White (Modelle mit Intercept) bzw. Farebrother (Modelle ohne Intercept) für Stichproben von N = 6 bis N = 200 zur Verfügung. „Echte" Autokorrelation kann mittels geeigneten Transformationen der betroffenen Daten behoben werden. „Scheinbare" Autokorrelation wird über Prüfung und Korrektur der möglichen Spezifikationsfehler behoben (Chatterjee & Price, 1995², 163–168).

Liegt Autoregression vor, könnte z.B. auf eine Partial-Regression oder eine Regressionsanalyse mit autoregressiven Fehlern (z.B. mittels Yule-Walker-Schätzern) ausgewichen werden. Für Längsschnittdaten mit zeitabhängigen oder saisonalen Strukturen bzw. Einflüssen könnte einerseits die OLS-Regression eingesetzt werden (vgl. z.B. Wooldridge, 2003, v.a. Kap. 10 und 11; Cohen et al., 2003³, Kap. 15; Chatterjee & Price, 1995², Kap. 7), aber auch spezielle Verfahren der Zeitreihenanalyse (z.B. Hartung, 1999, Kap. XII; Schlittgen, 2001; Schlittgen & Streitberg, 2001⁹; Yaffee & McGee, 2000).

22. Test der Vorhersagegüte (Ausschluss von Overfitting): Ein Modell sollte nach seiner Parametrisierung *immer* auf die praktische Relevanz seiner Vorhersagegüte getestet werden. Wird z.B. ein Modell ausschliesslich an der Stichprobe überprüft, anhand der es entwickelt wurde, ist das Modell erfahrungsgemäss zu optimistisch und die Trefferraten üblicherweise überschätzt (Overfitting). Overfitting tritt v.a. bei zu speziellen Modellen auf. Ursache sind oft Besonderheiten der verwendeten *Stichprobe* (Bias, Verteilungen

usw.). Das Modell enthält damit Besonderheiten, die nicht in der *Grundgesamtheit* auftreten und sich daher auch nicht replizieren lassen. Liefert das Modell große Leistungsunterschiede, werden z.B. mit den sog. „Trainingsdaten" oder „Lernstichprobe" (z.B. 80% der Daten) z.B. 80% der Fälle korrekt klassifiziert, an den Test- bzw. Validierungsdaten (z.B. 20% der Daten) aber vielleicht nur noch 50% der Fälle, dann liegt Overfitting vor. Beim Gegenteil, dem sog. *Underfitting*, werden wahre Datenphänomene übersehen. Underfitting kommt v.a. bei zu einfachen Modellen vor und bedeutet, dass ein Modell nicht alle relevante Variablen enthält (Maßnahme: ggf. einschließen). Overfitting bedeutet, dass ein Modell auch irrelevante Variablen enthalten kann (Maßnahme: ggf. ausschließen). Das Modell sollte daher anhand von Testdaten *immer* auf Overfitting überprüft werden, z.B. über eine Kreuzvalidierung. Eine Kreuzvalidierung ist ein Modelltest an einer oder mehreren *anderen (Teil)Stichprobe/n* (sog. „Testdaten"), in REGRESSION unkompliziert anzufordern über die Option /SELECT. Die Daten können vorher z.B. über folgende Syntax in Teildatensätze zum Training und zur Validierung zerlegt werden.

```
compute TRAINING=(uniform(1)<=.80).
variable label TRAINING  'Trainingsdaten (ca. 80%)'.
exe.
value label TRAINING
1 'Trainingsdaten'
0 'Validierungsdaten'.
exe.
```

Anm.: Bei der Funktion UNIFORM ist zu beachten, dass die Schätzung bei jedem Rechendurchgang anders ausfallen und der eingestellte Wert (z.B. 80%) einmal besser, einmal schlechter erreicht werden kann.

23. Alternative Verfahren zur Konstruktion von Kausalitätsmodellen, v.a. wenn die diversen Annahmen der klassischen Regressionsanalyse zweifelhaft sind, bieten u.a. die Gruppe der Verallgemeinerten linearen Modelle (SPSS Prozedur GENLIN), die der Verallgemeinerten linearen gemischten Modelle (z.B. GENLINMIXED) und die der Gemischten Modelle (MIXED) (vgl. Kapitel 6.1). Seit SPSS v18 steht auch Bootstrapping zur Verfügung. Bootstrapping ist ein Verfahren, das auf der wiederholten Ziehung von Teilstichproben basiert (Resampling). Bootstrapping kann ebenfalls eingesetzt werden, wenn die Annahmen der Regressionsanalyse zweifelhaft sind (z.B. Varianzhomogenität). Über Kategorisierung kann auch auf eine kategoriale Modellierung ausgewichen werden, z.B. mittels der Logistischen oder auch Kategorialen Regression.

24. Ebenen im Regressionsmodell: Eine implizite Annahme der klassischen Regressionsanalyse ist, dass sich alle Modellparameter (Outcome, Prädiktoren, Faktoren) auf einer einzigen, gemeinsamen Ebene befinden. Sollte das zu analysierende Modell jedoch auch *Hierarchien*, also *mehrere* Ebenen enthalten, so sind die Voraussetzungen der OLS-Regression meist nicht erfüllt (z.B. die Unabhängigkeit der Beobachtungen, Merkmale von Kunden innerhalb eines Geschäftes sind einander oft ähnlicher als im Vergleich zu den Kunden anderer Geschäfte) und sog. Mehrebenen-Regressionen (als Spezialfall der Mehrebenenanalyse) für die Modellierung besser geeignete Ansätze (vgl. Luke, 2004;

Hox, 2002; Kreft & de Leeuw, 1998). Ein Beispiel für Hierarchien kann sein: z.B. individuelle Fälle (Ebene 1, z.B. Kunden), in z.B. Geschäften innerhalb eines Mega-Stores (Ebene 2) verschiedener Megastore-Ketten (Ebene 3). Relationen zwischen den Fällen auf Ebene 1 sind oft durch hierarchisch höhere Ebenen beeinflusst. Ein extremes Beispiel kann z.B. die Relation zwischen Ausgaben und Merkmalen individueller Kundensein (Ebene 1) sein, die in verschiedenen Geschäften erhoben wurde (Ebene 2), die sich wiederum in verschiedenen Mega-Stores (mit verschiedenen Geschäften) (Ebene 3) befinden, in zentraler oder dezentraler Lage (Ebene 4), mit unterschiedlichen PR-Kampagnen (Ebene 5), vorgegeben vom Management verschiedener Megastore-Ketten (Ebene 6). Die Relation zwischen Ausgaben und Kundenmerkmalen wird vermutlich je nach hierarchischer Modellierung anders ausfallen. Eine Mehrebenen-Regression erlaubt dies und vieles mehr zu modellieren und verwendet dazu eine eigene Nomenklatur.

Ein Unterschied zwischen *Ebene* und (Klassifikations-)*Faktor* ist z.B., dass bei einer *Ebene* Fälle innerhalb einer höheren Einheit hierarchisch genestet sind, bei einem (Klassifikations)*Faktor* (oder auch nur *Klassifikation*) dagegen nicht. Gemeinsam von Ebenen und Faktoren ist, dass sie nun noch jeweils danach unterschieden werden, ob sie *zufällig* oder *fest* sind. Eine Ebene bzw. ein (Klassifikations-)Faktor wird als *fest* oder fix bezeichnet, wenn sich die Aussagen des Versuchs auf die im Versuch aufgenommenen Faktorstufen beschränken und nicht auf weitere Stufen verallgemeinert werden sollen. Die Effekte dieser Stufen sind konstante Größen. Wenn z.B. bei der Untersuchung von Schulleistungen die Klassen 4a, 4d und 4g *gezielt* gezogen und miteinander verglichen werden, gelten die Ausprägungen dieser Stufen als *feste* Effekte. Diese Ergebnisse können *nicht* auf die Stufengrundgesamtheit verallgemeinert werden. Sind alle Faktoren im Modell fest, wird es auch als *Modell I* bezeichnet.

Als *zufällig* werden Ebenen oder (Klassifikations-)Faktoren bezeichnet, wenn die in der Studie verwendeten Stufen zufällig aus einer als unendlich angenommenen Stufengrundgesamtheit ausgewählt werden. Wenn z.B. bei der Untersuchung von Schulleistungen nicht alle verfügbaren Schulklassen untersucht werden, sondern z.B. daraus nur eine zufällige Auswahl, z.B. sind die Klassen 4a, 4d und 4g *zufällig* gezogene Ausprägungen dieser Stufen und gelten entsprechend als *zufällige Effekte*. Sind alle Faktoren im Modell zufällig, wird es auch als *Modell II* bezeichnet.

Kommen in einem Modell gemischte Typen, also zufällige und feste Ebenen bzw. Faktoren vor, so wird dieses Modell als *gemischtes Modell* („mixed model") bzw. *Modell III* bezeichnet. Entsprechend sind diese Effekte korrekt zu modellieren. Die Mehrebenen-Regression, wie auch die Varianzanalyse mit Messwiederholung werden zu den Modellen mit gemischten Effekten (Modell III) gezählt (vgl. McCulloch & Searle, 2001).

# 3    Logistische und ordinale Regression

Kapitel 3 führt ein in grundlegende Verfahren der logistischen und ordinalen Regression. Das Kapitel ist nach dem Skalenniveau der abhängigen Variablen aufgebaut. Separate Abschnitte stellen abschließend jeweils die diversen Voraussetzungen der vorgestellten Ansätze zusammen sowie Ansätze zu ihrer Überprüfung.

Kapitel 3.1 stellt in einer ersten Übersicht eine *erste* Auswahl von in SPSS enthaltenen Verfahren zusammen, die für die Analyse von Modellen mit kategorial skalierten abhängigen Variablen geeignet sein könnten (vgl. auch 3.5; an dieser Stelle soll auch auf die Hinweise in Kapitel 6 verwiesen werden).

Die binäre logistische Regression (SPSS Prozedur LOGISTIC REGRESSION, Kapitel 3.2) erwartet eine zweistufige abhängige Variable; Ranginformationen in der abhängigen Variablen werden vom Verfahren nicht berücksichtigt. Als grundlegendes Verfahren wird zunächst die binäre logistische Regression vorgestellt und die Gemeinsamkeiten und Unterschiede zu anderen Verfahren erläutert (u.a. Modell, Skalenniveau). Anhand mehrerer Rechenbeispiele werden u.a. die unterschiedlichen Verfahren der Variablenselektion sowie die Interpretation der ausgegebenen Statistiken erläutert. Abschließend wird auf ein mögliches Auseinanderklaffen von Modellgüte und Vorhersagegenauigkeit eingegangen.

Die ordinale Regression (SPSS Prozedur PLUM, Kapitel 3.3) erwartet eine *mindestens* zweistufige (ordinal skalierte) abhängige Variable; Ranginformationen in der abhängigen Variablen werden berücksichtigt. Die Gemeinsamkeiten und Unterschiede mit den anderen Verfahren werden erläutert (u.a. Modell, Skalenniveau). Anhand mehrerer Rechenbeispiele werden u.a. die Interpretation der SPSS Ausgaben für Modelle mit intervallskalierten und kategorial skalierten Prädiktoren erläutert.

Die multinomiale logistische Regression (SPSS Prozedur NOMREG, Kapitel 3.4) erwartet ebenfalls eine mindestens zweistufige, jedoch nominal skalierte abhängige Variable; Ranginformationen in der abhängigen Variablen werden vom Verfahren nicht berücksichtigt. Die multinomiale logistische Regression wird analog zu 3.2 behandelt. Zusätzlich wird der Spezialfall der Gematchten Fall-Kontrollstudie (1:1) mit metrischen Prädiktoren vorgestellt.

# 3.1    Einführung: Kausalmodell und Messniveau der abhängigen Variable

Die Modelle der kategorialen Regression (synonym: qualitative bzw. diskrete Regression) dienen denselben Zielen wie die Modelle der metrischen Regression. Angestrebt wird eine möglichst einfache, parameterökonomische Darstellung des Zusammenhangs einer abhängigen und einer oder mehreren unabhängigen Variablen. Die Relevanz einzelner Einflussgrößen soll beurteilt werden können, und die abhängige Variable soll für bestimmte Kombinationen von Einflussgrößen möglichst gut vorhersagbar sein. Zur Modellevaluation (u.a. Residuen- und Devianzanalyse) speziell für kategoriale Regressionen wird auf Hosmer & Lemeshow (2000), Menard (2001) und Tutz (2000) verwiesen.

Kategoriale Regressionen untersuchen in ihrer einfachsten Form den Zusammenhang zwischen zwei Variablen. Im Unterschied zu einer (nicht-)parametrischen Korrelation bzw. (symmetrischen) Assoziation setzt eine Regression ein Kausalmodell, eine Ursache-Wirkungs-Beziehung (mindestens) zweier Variablen voraus. Das Ziel einer Regression ist es, die kausale Abhängigkeit einer Variablen von einer oder mehreren unabhängigen Variablen zu untersuchen.

Eine abhängige Variable wird dabei u.a. als Zielvariable, Regressand oder Kriterium bezeichnet; eine Einflussvariable heißt u.a. auch Vorhersagevariable, unabhängige Variable, Regressor oder Prädiktor. Ist nur eine unabhängige Variable im Modell enthalten, spricht man von einer Einfachregression, sind mehrere Variablen im Modell enthalten, wird von einer Mehrfach- bzw. multiplen Regression gesprochen.

Die in SPSS implementierten Modellierungen erlauben nur Analysen mit jew. einer abhängigen Variable und in nur jeweils einer Ebene. Regressionen mit mehreren abhängigen Variablen, in mehreren Hierarchieebenen, können evtl. mit Pfadanalysen berechnet werden. AMOS (ebenfalls von der Fa. SPSS) erlaubt, solche und ähnliche Fragestellungen zu berechnen, und erlaubt mehrere Ebenen und mehrere abhängige Variablen in ein gemeinsames Analysemodell aufzunehmen.

Die Varianten kategorialer Regression unterscheiden sich im Wesentlichen durch das Modell, also z.B. durch das Skalenniveau der abhängigen Variable, durch die zugrunde liegenden mathematischen Modelle und im Einzelnen u.a. auch im Skalenniveau der unabhängigen Variablen (Details am Ende des Kapitels).

Im Folgenden werden einige Varianten kategorialer Regressionen vorgestellt, die u.a. auch dann gewählt werden können, wenn eine oder mehrere der Voraussetzungen der metrischen Regression von den vorliegenden Daten nicht erfüllt werden. Um Missverständnissen vorzubeugen: Die im Folgenden vorgestellten kategorialen Regressionsverfahren werden allgemein zu den parametrischen Verfahren gezählt (vgl. Tutz, 2000; Böhning, 1998; Chatterjee & Price, 1995²).

Zu den in SPSS v21 im Modul „Regression" verfügbaren kategorialen Varianten zählen u.a. die binäre logistische Regression, die multinomiale logistische Regression, die ordinale Regression, die PLS-Regression und die Probit-Regression. Der Oberbegriff „Kategoriale Regression" ist nicht zu verwechseln mit der speziellen SPSS Prozedur CATREG (lizenziert über das Modul „Categories", aufgerufen über „Regression" → „Optimale Skalierung"). CATREG führt eine kategoriale Regression im engeren Sinne durch. CATREG arbeitet mittels einer sog. optimalen Skalierung auf der Basis alternierender kleinster Quadrate. Indem CATREG Kategorialdaten numerische Werte zuweist, können kategoriale Daten quantifiziert, skaliert und vergleichbar zu numerischen Variablen in eine lineare Regressionsgleichung aufgenommen werden. CATREG ermöglicht ausserdem, den Vorhersagefehler mittels Ridge-Regression, Lasso oder beide kombiniert (Elastic Net) zu verringern. CATREG unterscheidet sich von genuin regressionsanalytischen Ansätzen und wird aus Platzgründen nicht weiter vorgestellt. Kapitel 6 wird jedoch weitere, auch kategoriale Verfahrensvarianten knapp vorstellen, u.a. Probit, Loglineare Modelle, oder auch Gemischte, Verallgemeinerte und Verallgemeinerte gemischte Modelle.

**Übersicht 1: Vorgestellte Regressionsverfahren für kategoriale Daten**

| *Verfahren* | *UV* | *Skalierung AV* |
|---|---|---|
| Binäre logistische Regression | Faktoren: Kategorial Kovariablen: Intervall | Zwei Kategorien (dichotom). |
| Multinomiale logistische Regression | Faktoren: Kategorial Kovariablen: Intervall | Mehr als zwei Kategorien. Nominal. |
| Ordinale Regression | Faktoren: Kategorial Kovariablen: Intervall | Mehr als zwei Kategorien. Ordinal und diskret. |
| Probit-Regression | Faktoren: Kategorial Kovariablen: Intervall | Dichotom. Besonderheit: Werte dürfen nicht negativ sein. |
| Loglineare Analysen, z.B. Poisson, Logit-loglineare Analyse | Faktoren: Kategorial Kovariablen: Intervall | Kategorial. |
| Partielle Kleinste Quadrate (Partial-Regression, PLS) | Faktoren: Kategorial Kovariablen: Intervall | Kategorial, intervall |
| Kategoriale Regression | Spline ordinal, Spline nominal, kategorial, ordinal, numerisch. | Spline ordinal, Spline nominal, kategorial, ordinal, numerisch. |

Im Folgenden soll zunächst die Berechnung einer binären logistischen Regression, danach die einer ordinalen Regression in zwei Varianten ausführlich beschrieben und erläutert werden. Abschließend wird das Verfahren der multinomialen logistischen Regression vorgestellt.

Aufgrund mehrerer Besonderheiten der Prozeduren LOGISTIC REGRESSION und NOM-REG wird allen Anwenderinnen und Anwendern, die sich für das Verfahren der binären logistischen Regression interessieren, auch das Kapitel zur multinomialen Regression nahegelegt, wie auch alle, die sich eigentlich nur für das Verfahren der multinomialen Regression interessieren, sich auch über die binäre logistische Regression informieren sollten. Die PLS-Regression wird unter 5.1.1 vorgestellt, weitere Regressionsvarianten steckbriefartig in Kapitel.6.

Im Abschnitt zur Prozedur NOMREG wird auch die Analyse einer gematchten Fall-Kontrollstudie vorgestellt, die in dieser Form mit LOGISTIC REGRESSION nicht durchgeführt werden kann.

# 3.2     Binäre logistische Regression

Fragestellungen der binären logistischen Regression (syn.: Logistische Diskrimination) zeichnen sich v.a. durch dichotome („entweder-oder") Eintrittsmöglichkeiten von Ereignissen in der abhängigen Variable aus, z.B.:

*   Aufgrund welcher Laborparameter können Patienten entweder dem Krankheitsbild A oder dem Krankheitsbild B zugeordnet werden?
*   Welche Produktmerkmale führen dazu, dass ein Produkt entweder gekauft wird oder nicht?
*   Lassen sich Menschen anhand von Prädiktoren sicher als entweder „verheiratet" oder „single" identifizieren?
*   Aufgrund welcher Faktoren wird entweder der Öffentliche Nahverkehr oder ein eigenes Auto für die individuelle Mobilität gewählt?
*   Anhand welcher Bilanzparameter wird ein Bankkunde als entweder kreditwürdig oder als nicht kreditwürdig eingestuft?

Jede dieser Fragestellungen ist ein typisches Anwendungsbeispiel der binären logistischen Regression. Mit logistischer Regression ist im Folgenden immer die binäre logistische Regression für intervallskalierte Prädiktoren und einer dichotomen abhängigen Variable gemeint. Auf Besonderheiten der Modellierung, Programmierung und Interpretation diskret skalierter Prädiktoren wird in Anmerkungen eingegangen.

## 3.2.1     Das Verfahren und Vergleich zu anderen Verfahren

Die logistische Regression weist im Vergleich zu den anderen Verfahren der kategorialen Regression mehrere Unterschiede bzw. Gemeinsamkeiten auf (siehe auch die Übersichtstabelle am Ende des Kapitels).

Die binäre logistische Regression unterscheidet sich von der ordinalen Regression u.a. darin, dass sie die Ranginformation in der abhängigen Variable nicht berücksichtigt und dass die abhängige Variable nur zwei Ausprägungen annehmen kann. Eine Erweiterung der binären logistischen Regression ist die sog. multinomiale logistische Regression; sie kann die Ranginformation in der abhängigen Variablen mit zwei oder mehr Ausprägungen wahlweise berücksichtigen oder ignorieren. Bei überwiegend oder ausschl. metrischen Prädiktoren gilt die binäre logistische Regression als überlegen; bei überwiegend oder ausschl. kategorialen Prädiktoren gilt dagegen die multinomiale Regression als überlegen. Bei einer 0/1-kodierten abhängigen Variable und diskret skalierten Prädiktoren erzielen LOGISTIC REGRESSION und NOMREG daher dieselben Ergebnisse (z.B. Wald-Statistik o.ä.) und unterscheiden sich nur in der prozedurspezifischen SPSS Ausgabe. Bei einer 0/1-kodierten abhängigen Variable und metrisch skalierten Prädiktoren gelangen LOGISTIC REGRESSION und NOMREG dagegen zu verschiedenen Ergebnissen, da NOMREG auf den Einzelfällen aufbaut, während LOGISTIC REGRESSION mit gruppenweisen Daten arbeitet. LOGISTIC REGRESSION sollte daher für metrisch skalierte UV vorgezogen werden, während NOMREG vorzugsweise für überwiegend oder ausschließlich diskret skalierte Prädiktoren geeignet ist.

Die logistische Regression gilt auch als robuste Alternative zur Diskriminanzanalyse v.a. dann, wenn ihre eigenen Voraussetzungen erfüllt und die besonderen Voraussetzungen der Diskriminanzanalyse suboptimal oder gar nicht eingehalten sind im Falle extrem ungleich großer Gruppen, nicht gegebener multivariater Normalverteilung, oder auch dichotomer Einflussvariablen ist z.B. die logistische Regression der Diskriminanzanalyse vorzuziehen (z.B. Klecka, 1980, Press & Wilson, 1978). Sofern alle ihre Voraussetzungen eingehalten sind, ist die Diskriminanzanalyse der logistischen Regression überlegen, mit der Einschränkung, dass die Diskriminanzanalyse bei dichotomen Prädiktoren evtl. zur Überschätzung des Zusammenhangs neige (Hosmer & Lemeshow, 2000, 22, 43f.). Zu den neueren Alternativen zur logistischen Regression im Allgemeinen zählen z.B. Klassifikationsbäume (z.B. SPSS' AnswerTree), Neuronale Netze (wie z.B. SPSS' Clementine), oder auch die nichtparametrische Regression (Generalisierte additive Modelle, GAM).

Das logistische Modell gilt laut Rothman & Greenland (1998) als eines der am häufigsten eingesetzten Modelle der Epidemiologie und trug mit anderen kategorialen Regressionsvarianten zur Entwicklung eines eigenständigen Forschungsbereiches bei, des Bioassay, das u.a. sigmoide Dosis-Wirkungs-, Konzentrations-Wirkungs- und Zeit-Wirkungs-Beziehungen untersucht. Am Ende des Kapitels werden Voraussetzungen der logistischen Regression, wie auch Verfahrensvarianten vorgestellt. In mehreren Abschnitten finden Sie Vergleiche zu Gemeinsamkeiten und Unterschieden der statistischen Verfahren bzw. SPSS Prozeduren „Binäre logistische Regression" (LOGISTIC REGRESSION) und „Multinomiale logistische Regression" (NOMREG) in Theorie und Praxis. Die Bezeichnungen der beiden SPSS Prozeduren in Menüs bzw. Syntax können irritierend sein: Von (binärer, multinomialer) logistischer *Regression* wird normalerweise nur dann gesprochen, wenn die Prädiktoren intervallskaliert (metrisch) sind; sind die Prädiktoren kategorial, lautet die statistisch korrekte Bezeichnung eigentlich „Logistisches Modell" (auch: „Logit-Modell").

Mittels einer logistischen Regression können folgende Fragestellungen angegangen werden: die Überprüfung der Relevanz von Prädiktoren (ggf. ihrer Wechselwirkung untereinander bzw. mit Kovariaten), die Schätzung von Einflussgrößen, die Vorhersage eines Ereignisses bzw. einer Klassifikation und die Güte eines Klassifikationsmodells.

Die Logik der logistischen Regression kann man sich an einem einfachen Beispiel anhand einer dichotomen abhängigen Variablen („Ereignis tritt ein" bzw. „Ereignis tritt nicht ein") und einem metrischen Prädiktor (z.B. Anreiz) vorstellen. Die Kunden eines Supermarktes zum Beispiel, sind während einer Promotionsaktion bestimmten Werbereizen ausgesetzt. Ein getätigter Kauf gilt als „Ereignis tritt ein" bzw. kein Kauf als „Ereignis tritt nicht ein". Als metrischer Prädiktor wird die Exposition gegenüber Kaufanreizen protokolliert, z.B. in Form eines Indexes der Intensität (Ausmaß, z.B. optisch, akustisch), der Dauer (Länge, z.B. Zeit) oder auch als ökonomischer Stimulus (z.B. Preis).

Würde man die Zahlen für die beiden Gruppen „Kauf" bzw. „Kein Kauf" vergleichen, könnte man z.B. feststellen, dass die Gruppe der „Käufer" höheren Werbeanreizen ausgesetzt war und sich in dieser Gruppe somit die hohen Anreizwerte häufen („1", obere Linie), während bei der Gruppe „Kein Kauf" („0", untere Linie) eher niedrige Anreizwerte auftreten.

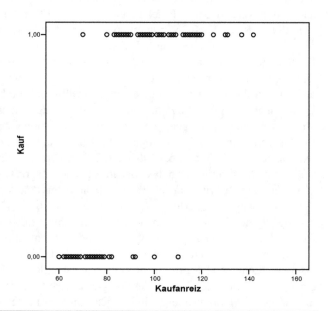

Im Streudiagramm rechts verdeutlichen zwei separate Datenreihen die absoluten Werte der Anreizwerte für beide Gruppen.

Der Anteil der „Käufer" ist also in höheren Anreiz-Intervallen *höher*, der Anteil der „Nicht-Käufer" wäre entsprechend *niedriger*.

Wird nun die Anreizskala in eine gröbere Skala transformiert (z.B. in 10er-Einheiten), und wird innerhalb jedes Intervalls ein Quotient aus der Anzahl der Käufer („Ereignis tritt ein") und der Personen insgesamt (ohne und mit Kauf) ermittelt, so lässt sich diese *metrische* relative Häufigkeit in einem Liniendiagramm abtragen (wobei die Quotienten innerhalb der verschiedenen Intervalle oft auf unterschiedlich großen Teilstichproben basieren). Im Diagramm rechts verdeutlicht ein Quotient die relativen Werte einer der beiden Gruppen, in diesem Falle die Zunahme eines Kaufentscheids bei höheren Anreizintervallen.

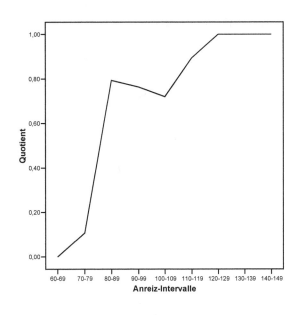

Das obige Diagramm basiert auf dem Verhältnis der Summe der Kaufentscheidungen im Verhältnis zur Gesamtzahl aller Kunden, die an dieser Promotionsaktion teilnahmen und gibt anhand der miteinander verbundenen Datenpunkte wieder, dass der Anteil der Personen *mit* Kauf in höheren Anreiz-Intervallen zunehmend *häufiger* wird. Wäre ein umgekehrtes Verhältnis gebildet worden, z.B. das Verhältnis der Entscheidungen zum Nicht-Kauf im Verhältnis zur Gesamtzahl aller Kunden, so wäre eine *abnehmende* Kurve die Konsequenz.

Oft geben solche Diagramme (kurvi-)lineare Funktionen wieder, und die Nützlichkeit der relativen Häufigkeit für die Beschreibung von (kurvi-)linearen Zusammenhängen zwischen dichotomen und metrischen Variablen ist demonstriert. Die logistische Regression baut auf diesen relativen Häufigkeiten zwischen 0 und 1 auf und interpretiert diese, vereinfacht ausgedrückt, als Wahrscheinlichkeiten zwischen 0 und 1. Auf der Grundlage dieser Werte kann in Abhängigkeit der jew. Ausprägung (Kategorie) der unabhängigen Variablen die Wahrscheinlichkeit des Eintretens der jeweiligen Kategorie der abhängigen Variable angegeben werden.

Der zentrale Unterschied zwischen der logistischen Regression und der linearen Regression basiert also auf dem Skalenniveau der abhängigen Variable. Während die intervallskalierte abhängige Variable der linearen Regression die Analyse beobachteter Messwertpaare ermöglicht, werden bei der logistischen Regression die relativen Häufigkeiten für das Eintreten eines Zielereignisses („1") als bedingte Wahrscheinlichkeiten für jede Stufe der unabhängigen Variable/n interpretiert. Je öfter ein Zielereignis bei einer bestimmten Stufen(kombination) einer oder mehrerer unabhängiger Variablen eintritt, umso wahrscheinlicher ist der Einfluss der betreffenden Variablenstufen(kombination). Wenn ein Zielereignis *immer (nie)* bei bestimmten Variablenstufen(kombinationen) eintritt, dann ist seine Wahrscheinlichkeit gleich *1 (0)*, ansonsten variieren die Wahrscheinlichkeitswerte zwischen 0 und 1.

Während also eine metrische Regression die lineare Beziehung zwischen Messwertpaaren darstellt, die sich aus jew. beobachteten Werten zusammensetzen, bildet im Vergleich dazu die logistische Regression die *nichtlineare* (monotone) Beziehung zwischen Messwertpaaren ab, die aus den beobachteten Werten der unabhängigen Variable/n und den ermittelten bedingten Wahrscheinlichkeiten („Chancen") gebildet werden. Werden die „Chancen" logarithmiert, erhält man die sog. „Logits", die *linear* mit den unabhängigen Variablen zusammenhängen (eine der zentralen Voraussetzungen der logistischen Regression), woraus sich wiederum zahlreiche Eigenschaften ableiten lassen, die wiederum mit jenen der linearen Regression vergleichbar sind (siehe dazu auch Hosmer & Lemeshow, 2000; Menard, 2001; Tutz, 2000; Böhning, 1998). Die logistische Regression ist auch mit der Kovarianzanalyse vergleichbar, da beide Verfahren um den möglichen Effekt von Kovariablen (Kovariaten) adjustieren. Die Kovarianzanalyse basiert dabei auf den Mittelwerten intervallskalierter Daten, die logistische Regression im Vergleich dazu auf den Anteilen (Proportionen) binomialer Daten.

**Beispiel:**
Gehören Personen mit unterschiedlich hohen Laborwerten entweder zu Kranken („1") oder zu Gesunden („0"), so können diese Klassifizierungen auch als Wahrscheinlichkeiten („Chancen", „Odds") ausgedrückt werden. Gehören z.B. Personen mit Laborwerten über einer bestimmten Schwelle immer zu den Kranken, so könnte man auch sagen, dass die Wahrscheinlichkeit für eine Person als krank („1") klassifiziert zu werden, für Laborwerte über dieser Schwelle gleich 1 ist. Gehören andererseits Personen mit Laborwerten unter einer bestimmten Schwelle immer zu den Gesunden, so ist die Wahrscheinlichkeit für eine Person als krank („1") klassifiziert zu werden, für Laborwerte unter dieser Schwelle gleich 0. Laborwerte zwischen diesen Schwellen führen zu Wahrscheinlichkeiten zwischen 0 und 1.

Mit der Paarbildung zwischen beobachtetem Messwert (Ausprägung der unabhängigen Variable) und bedingter Wahrscheinlichkeit (über die relative Häufigkeit der abhängigen Variable) ist der logistischen Regression die Beschreibung und Analyse des kurvilinearen Zusammenhangs zwischen einer oder mehreren intervallskalierten unabhängigen Variablen und einer dichotomen abhängigen Variable möglich.
Vor diesem Hintergrund kann anhand der Werte der Einflussvariablen das Eintreten oder das Nichteintreten einer Eigenschaft oder eines Ereignisses beschrieben bzw. vorhergesagt werden. Die Koeffizienten der logistischen Regression können dazu verwendet werden, um die Quotenverhältnisse der unabhängigen Variablen zu schätzen.

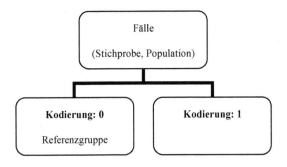

Dieses Diagramm verdeutlicht, warum es *vor* der Durchführung einer (binären) logistischen Regression erforderlich ist, sich Gedanken über Richtung und Kodierung für den Vergleich zwischen zwei (ggf. mehr) Gruppen zu machen. Grundsätzlich ist beim Vergleich, z.B. zwischen zwei Gruppen (z.B. A und B), die Vergleichsrichtung offen: A kann mit B verglichen werden, oder B mit A. Um aber die ausgegebenen Parameterschätzer für die Verhältnisse korrekt berechnen (und interpretieren) zu können, muss festgelegt werden, welche der beiden Gruppen die *Basis* für den Vergleich ist. Ein und dasselbe empirische Verhältnis erzielt (selbstverständlich) ein anderes Ergebnis, je nachdem, ob dieses Verhältnis aus der Sicht von A oder B quantifiziert wird. Beträgt z.B. das Verhältnis **A** *im Vergleich zu B* **1 : 3**, so beträgt *dasselbe* empirische Verhältnis aus der Sicht von **B** *im Vergleich zu A* **0.333 : 1**). Obwohl also das empirische Verhältnis dasselbe ist, macht es (selbstverständlich) einen großen Unterschied, ob dieses Verhältnis aus der Sicht von A oder B quantifiziert wird. Mit der einen zentralen Ausnahme perfekt-gleicher Verhältnisse zwischen beiden Gruppen wird eine logistische Regression immer unterschiedliche Odds Ratios zum Ergebnis haben, je nachdem, ob A oder B die Basis für den Vergleich bildet. Um also das Verhältnis zwischen zwei Gruppen korrekt interpretieren können, muss festgelegt werden, welche der beiden Gruppen die Referenzgruppe (die Gruppe, mit der verglichen wird, z.B. „Kontrolle") und welche die Vergleichsgruppe bildet (die Gruppe, die verglichen wird, z.B. „Fall"). Diese Festlegung beeinflusst die Schätzung des Odds Ratios sowie der dazugehörigen Konfidenzintervalle; beim Regressionskoeffizienten B wird u.a. das Vorzeichen beeinflusst. Standardfehler, Freiheitsgrade, Wald-Wert sowie Signifikanz sind nicht betroffen.

Im folgenden Beispiel wurde dasselbe Modell einmal mit einer 0/1-Kodierung für die abhängige Variable berechnet und ein weiteres mal mit einer 1/0-Kodierung für die abhängige Variable. Die Odds Ratios und der Regressionskoeffizient B ändern sich.

| Beispiel: Kodierung: 0/1 | | | | | |
|---|---|---|---|---|---|
| **Regressionskoeffizient B** | **Standardfehler** | **Wald** | **df** | **Sig.** | **Exp(B)** |
| 1,449 | 0,344 | 17,742 | 1 | 0,000 | 4,259 |
| **Beispiel: Kodierung: 1/0** | | | | | |
| −1,449 | 0,344 | 17,742 | 1 | 0,000 | 0,235 |

Das Verhältnis zwischen beiden Gruppen ist jedoch unverändert. Das Verhältnis von Gruppe **0** *im Vergleich zu 1* beträgt 1 : 4,259, aus der Sicht von **1** *im Vergleich zu 0* 0.235 : 1). Die Odds Ratios sind zueinander jeweils exakte Kehrwerte 1 : 4,259 ergibt 0,235; 1 : 0,235 ergibt 4,259.

In klinischen bzw. epidemiologischen Studien gilt z.B. die Konvention, dass Fälle immer mit Kontrollen verglichen werden (ein Fall wird dabei immer mit „1", eine Kontrolle immer mit „0" kodiert). SPSS ist von daher auch so voreingestellt, dass standardmäßig immer die „1" (Vergleichsgruppe) mit der „0" (Referenzgruppe) verglichen wird. In jedem anderen Fall ist die Angemessenheit der Kodierungen an die miteinander zu vergleichenden Gruppen unter Berücksichtigung der Fragestellung (Vergleichsrichtung) sorgfältig zu prüfen. Liegen andere Kodierungen vor, so kann die eigentlich gewünschte Vergleichsrichtung über RECODE auf der Ebene der Werte im Datensatz oder über die Optionen FIRST/LAST auf der Ebene der LOGISTIC Syntax an die Fragestellung angepasst werden.

Aus den geschätzten Quotenverhältnissen des entwickelten Modells kann über das sog. Odds Ratio abgeleitet werden, um wie viel wahrscheinlicher eine Person (im Vergleich zur jeweiligen Referenzgruppe) in die jeweils andere Gruppe fallen würde.
Standardmäßig wird 1 mit 0 (Referenzgruppe) verglichen.

Neben der bislang dargestellten 1/0-Kodierung (sog. reference cell-Kodierung) gibt es u.a. noch die Variante der „Deviation from means"-Kodierung (z.B. 1/−1). Die Art der Kodierung beeinflusst das ermittelte OR und die Endpunkte der Vertrauensbereiche. Die reference cell-Kodierung gilt jedoch als leichter interpretierbar (Hosmer & Lemeshow, 2000, 50–54).

## 3.2.2    Beispiel, Maus und Syntax: Schrittweise Methode (BSTEP)

Eine Stichprobe (abhängige Variable „GRUPPE") wird in Patienten mit dem Krankheitsbild „Ischämie" (GRUPPE-Ausprägung „Ischämie") und eine Kontrollgruppe (GRUPPE-Ausprägung „Kontrolle") aufgeteilt. An beiden Gruppen wurden diverse metrisch skalierte

Daten (v.a. Blutdruckparameter) erhoben. Die Gruppen werden in diesen Variablen miteinander verglichen. Da unklar ist, welche Blutdruckparameter wie stark zwischen den beiden Gruppen unterscheiden können, wird mittels einer schrittweisen Methode ein Modell entwickelt, das auf der Basis der unabhängigen Variablen die Wahrscheinlichkeit der Zugehörigkeit zur Gruppe „Ischämie" oder „Kontrolle" möglichst optimal vorhersagen soll. Das entwickelte Modell erlaubt auf der Basis der eingeschlossenen Variablen für jeden (z.B. dichotom skalierten) Faktor Schätzungen der Quotenverhältnisse abzuleiten, die angeben, um wie viel wahrscheinlicher eine Person in die Patientengruppe „Ischämie" im Vergleich zur Kontrollgruppe („Kontrolle" ist wegen der Kodierung mit 0 die Referenzkategorie) klassifiziert werden kann (Odds Ratio, Exp(B)). Aus den im Modell eingeschlossenen intervallskalierten Variablen können Einflussgewichte (B) abgeleitet werden, die in einer Modellgleichung für jeden Patienten die Wahrscheinlichkeit seiner bzw. ihrer Zugehörigkeit zu einer bestimmten Gruppe ausdrücken können.

Anm.: Vorab sollte vielleicht noch darauf hingewiesen werden, dass die verwendeten Daten des Modells realitätsnah, also suboptimal sind, um auch auf bestimmte Fußangeln bei der Interpretation hinweisen zu können.

**Maussteuerung (exemplarisch)**
*Pfad: Analysieren → Regression → Binär logistisch...*
Ziehen Sie die Variable GRUPPE in das Fenster „Abhängige Variable". Ziehen Sie die Variablen ALTER SYS_VT, SYS_VN, DIA_VT und DIA_VN in das Fenster „Kovariaten". Stellen Sie unter „Methode" „Rückwärts:LR" ein, eine schrittweise Methode.

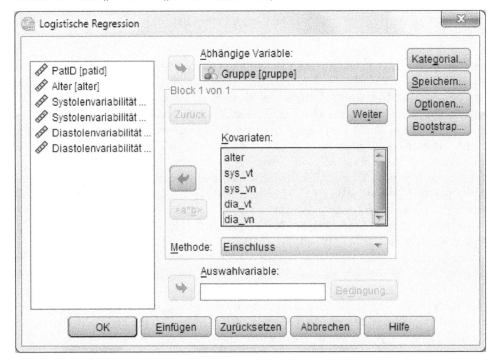

*Unterfenster „Kategorial...":* Dieses Unterfenster ist für diese Analyse nicht relevant. Das Analysemodell enthält keine kategorial skalierten Variablen. Klicken Sie auf „Weiter".

*Unterfenster „Optionen...":* Markieren Sie die Optionen „Klassifikationsdiagramme", „Hosmer-Lemeshow-Anpassungsstatistik" und „Konfidenzint. für Exp(B)". Wählen Sie unter „Anzeigen", dass Statistiken und Diagramme im Modus „Bei jedem Schritt" ausgegeben werden sollen. Unter „Wahrscheinlichkeit für schrittweise Methode" können Kriterien vorgegeben werden, nach denen unabhängige Variablen in die Gleichung aufgenommen (voreingestellt: p=0,05) oder aus dieser entfernt (voreingestellt: p=0,10) werden. Als „Klassifikationsschwellenwert" wird (standardmäßig) 0,5 als Trennwert für die Klassifikation von Fällen vorgegeben. Unter „Anzahl der Iterationen" wird mit dem voreingestellten Wert 20 festgelegt, dass das Modell bis zum Abschluss (nur) maximal 20mal iterieren kann. Das Markieren der Option „Konstante in Modell einschließen" legt fest, dass das Modell einen Intercept (b0) enthalten soll. Klicken Sie auf „Weiter".

*Unterfenster „Speichern...":* Speichern Sie in diesem Beispiel keine Residuen, Einfluss- oder vorhergesagte Werte ab. Klicken Sie auf „Weiter".

Starten Sie die Berechnung mit „OK".

**Syntax:**

```
LOGISTIC REGRESSION
  VARIABLES=gruppe
  /METHOD=BSTEP (LR) alter sys_vt sys_vn dia_vt dia_vn
  /PRINT=GOODFIT CI(95)
  /CRITERIA PIN(.05) POUT(.10) ITERATE(20) CUT(.5)
  /CLASSPLOT .
```

Anm.: Der Befehl LOGISTIC REGRESSION fordert das Verfahren der logistischen Regression an. Unter VARIABLES= wird eine dichotom skalierte abhängige Variable (hier: GRUPPE) mit den Ausprägungen „Ischämie" (kodiert als 1) und „Kontrolle" (kodiert als 0, Referenzkategorie) angegeben. Die abhängige Variable kann numerisch oder eine dichotome (idealerweise kurze) String-Variable sein. Unter /METHOD werden vor den Effekten des Modells die Methode (Einschluss, Vorwärts, Rückwärts) und eine Statistik (bedingt, Likelihood-Quotient, Wald) ihrer Auswahl festgelegt. Unter den Auswahlverfahren kann also zwischen den folgenden Kombinationen gewählt werden: „Einschluss", „Vorwärts:Bedingt", „Vorwärts:LQ", „Vorwärts:Wald", „Rückwärts:Bedingt", „Rückwärts:LQ" und „Rückwärts:Wald" (Details siehe unten). Bei schrittweisen Methoden kann der Ausschluss entweder auf der (bedingten) Score-Statistik (COND), der Likelihood-Quotienten-Statistik (LQ) oder der Wald-Statistik (WALD) basieren; zur Aufnahme wird standardmäßig die (bedingte) Score-Statistik verwendet. Hosmer & Lemeshow (2000), Menard (2001) und die technische Dokumentation von SPSS (z.B. v12, 2003) empfehlen nachdrücklich die genauere Likelihood-Quotienten-Statistik; die Wald-Statistik münde bei großen Regressionskoeffizienten in den Fehler II.Art (ein Test erreicht keine Signifikanz, obwohl ein Phänomen vorliegt). Für die Modellspezifikation können die Variablen also blockweise oder einzeln mit einer der folgenden Optionen für Verfahren und Statistik ein- bzw. ausgeschlossen werden: ENTER

„Einschluss" (Voreinstellung), FSTEP (COND) „Vorwärts:Bedingt", FSTEP (LQ) „Vorwärts:LQ", FSTEP (WALD) „Vorwärts:Wald", BSTEP (COND) „Rückwärts:Bedingt", BSTEP (LQ) „Rückwärts:LQ" und BSTEP (WALD) „Rückwärts:Wald":

**ENTER (Einschluss):** Alle Variablen werden in einem Schritt aufgenommen (Voreinstellung; ENTER stoppt somit immer nach Schritt 1). ENTER sollte nur dann verwendet werden, wenn Anzahl und diskriminatorische Effizienz der Einflussvariablen bekannt oder zumindest fest vorgegeben sind, z.B. bei der Berechnung sequentieller logistischer Regressionen. Schrittweise Methoden (über FSTEP oder BSTEP) sollten dann eingesetzt werden, wenn das diskriminatorische Potential unklar bzw. ein effizientes Prognosemodell mit wenigen Variablen ermittelt werden soll.

**FSTEP (Vorwärts+Schrittweise):** Die Variablen bzw. Interaktionseffekte nach FSTEP werden nacheinander auf Aufnahme ins Modell getestet. Die Variable mit dem niedrigsten Signifikanzniveau der Score-Statistik (kleiner als PIN) wird ins Modell aufgenommen. Anschließend werden alle Variablen bereits im Modell auf Ausschluss getestet. Die Variable mit dem höchsten Signifikanzwert in der dazugehörigen Statistik (wahlweise Likelihood-Quotient, Wald, konditional) wird entfernt (größer als POUT). Das verbleibende Modell wird erneut auf Ausschluss überprüft. Sobald keine Variable mehr das Ausschlusskriterium erfüllt, wird das Modell auf Aufnahme von Kovariaten überprüft. Dieser Vorgang wird solange wiederholt, bis alle Variablen den Aufnahme- oder Ausschlusskriterien entsprechen.

**BSTEP (Rückwärts+Schrittweise):** Im ersten Schritt werden alle Variablen bzw. Interaktionseffekte nach BSTEP *auf einmal* ins Modell aufgenommen und nacheinander auf Ausschluss getestet. Der schrittweise Ausschluss bzw. Aufnahme entspricht in etwa dem FSTEP-Ablauf und wird solange wiederholt, bis alle Variablen den Aufnahme- oder Ausschlusskriterien entsprechen. Für FSTEP und BSTEP kann die Teststatistik ausgewählt und in Klammern angegeben werden (COND: bedingt, WALD: Wald, LR: Likelihood-Quotient).

Nach der Methode werden die Effekte, in diesem Falle intervallskalierte Variablen angegeben, im Beispiel sind das „alter", „sys_vt" etc. Es muss mindestens eine Einflussvariable angegeben werden. Wechselwirkungen werden in der Form a*b definiert. Werden kategoriale (diskret gestufte) Faktoren (z.B. die Variablen DIAGNOSE1 und DIAGNOSE2) als Kovariablen angegeben, müssen diese zusätzlich in separaten CONTRAST-Statements aufgenommen werden, z.B.

```
/METHOD= BSTEP (LR) alter sys_vt sys_vn dia_vt dia_vn
                    diagnose1 diagnose2
/CONTRAST (diagnose1) = indicator
/CONTRAST (diagnose2) = indicator
```

Es können mehrere /METHOD Befehlszeilen gleichzeitig angegeben werden, z.B. für sequentielle logistische Regressionen. Das vorgestellte Beispiel untersucht mittels des Auswahlverfahrens „Rückwärts+Schrittweise" und der LQ-Statistik, welche der fünf angegebenen intervallskalierten Variablen möglicherweise einen Effekt auf die abhängige Variable GRUPPE ausüben.

Unter PRINT wird der Output festgelegt. Mit CI (95, Voreinstellung) werden Konfidenzintervalle um das Odds Ratio (Exp(B)) mit 95% definiert; unter CI können ganzzahlige Werte zwischen 1 und 99 angegeben werden. Umschließt das ermittelte Konfidenzintervall (z.B. 95%) den Wert 1, kann daraus geschlossen werden, dass die unabhängigen Variablen im Modell mit 95%iger Wahrscheinlichkeit ohne Einfluss auf die Verhältnisse zwischen den Ausprägungen der abhängigen Variable (und damit das Odds Ratio) sind. GOODFIT fordert z.B. die Hosmer-Lemeshow Statistik der Anpassungsgüte (GOODFIT) an. Das Kennwort ALL würde jeden verfügbaren Output abfragen. SPSS gibt standardmäßig umfangreiche Tabellen aus, die v.a. für schrittweise Analysen multivariater Modelle einen beträchtlichen Umfang annehmen können. Über SUMMARY ist es möglich, sich anstelle der schrittweisen Ausgabe eine zusammenfassende Tabelle aller Stufen ausgeben zu lassen.

Unter CRITERIA können Parameter für die iterierende Ermittlung des Regressionsmodells an SPSS übergeben werden. Die anzugebenden Parameter hängen u.a. davon ab, welche Methode unter METHOD= angegeben wird. Die Iterationen enden, sobald das Zielkriterium (z.B. ITERATE, BCON, oder LCON) erreicht ist. Mit PIN und POUT werden Parameter für die Aufnahme bzw. den Ausschluss von Variablen in das Modell festgelegt. Mit PIN(.05) wird der Wert für eine Aufnahme einer Variablen in das Modell vorgegeben. Eine Variable wird in das Modell aufgenommen, wenn die Wahrscheinlichkeit ihrer Score-Statistik kleiner als der Aufnahmewert ist; je größer der angegebene Aufnahmewert (PIN) ist, umso eher wird eine Variable ins Modell aufgenommen. Das seitens SPSS voreingestellte .05 gilt als relativ restriktiv; zur Aufnahme potenziell relevanter Einflussvariablen ist bis zu .20 akzeptabel. Mit POUT(.10) wird der Wert für den Ausschluss einer Variablen aus dem Modell definiert. Die Variable wird auf der Basis einer bedingten, LR-, oder Wald-Statistik entfernt, wenn die Wahrscheinlichkeit größer als der Ausschlusswert ist; je größer der angegebene Aufnahmewert (POUT) ist, umso eher verbleibt eine Variable im Modell. Der Aufnahmewert muss kleiner sein als der Ausschlusswert. ITERATE(20) legt über eine positive ganze Zahl die maximale Anzahl der Iterationen fest, hier z.B. 20. Maximum-Likelihood-Koeffizienten werden durch ein iteratives Verfahren geschätzt. Wenn die maximale Anzahl der Iterationen erreicht ist, wird die Iteration wird vor Erreichen der Konvergenz abgebrochen.

CUT(.5) legt den Trennwert für die geschätzte Wahrscheinlichkeit fest, mit der die vorhergesagten Werte der ermittelten Variable einer Gruppe zugewiesen werden sollen. CUT beeinflusst u.a. die vorhergesagte Gruppe und die Klassifikationstabellen sowie -plots. Der Standardwert ist 0.5.

Der CLASSPLOT Befehl gibt bei jedem Schritt eine histogrammartige Klassifikation der beobachteten (actual) und der vorhergesagten (predicted) Werte der dichotomen abhängigen Variable an.

Per SPSS Syntax könnten in dem o.a. Syntaxbeispiel noch mehr Output-Optionen eingestellt werden. Für die Berechnung einer logistischen Regression kann das beispielhaft vorgestellte LOGISTIC REGRESSION–Programm entsprechend den eigenen Anforderungen durch zahlreiche Optionen (z.B. CASEWISE, MISSING, SAVE) weiter ausdifferenziert werden. Für Details wird auf die SPSS Syntax Dokumentation und die statistische Spezialliteratur verwiesen.

## 3.2.3     Output und Interpretation

### Logistische Regression

Nach dieser Überschrift folgt die Ausgabe der angeforderten binären logistischen Regression.

**Zusammenfassung der Fallverarbeitung**

| Ungewichtete Fälle[a] | | N | Prozent |
|---|---|---|---|
| Ausgewählte Fälle | Einbezogen in Analyse | 160 | 100,0 |
| | Fehlende Fälle | 0 | ,0 |
| | Gesamt | 160 | 100,0 |
| Nicht ausgewählte Fälle | | 0 | ,0 |
| Gesamt | | 160 | 100,0 |

a. Wenn die Gewichtung wirksam ist, finden Sie die Gesamtzahl der Fälle in der Klassifizierungstabelle.

Die Tabelle „Zusammenfassung der Fallverarbeitung" gibt für jede Analyse die Gesamtzahl der Fälle (z.B. N=160), der einbezogenen Fälle (z.B. N=160) und der fehlenden Fälle (z.B. N=0) an.

**Codierung abhängiger Variablen**

| Ursprünglicher Wert | Interner Wert |
|---|---|
| Kontrolle | 0 |
| Ischämie | 1 |

Die Tabelle „Codierung abhängiger Variablen" gibt die interne Codierung der abhängigen Variablen aus. Ohne diese Angabe können ausgegebene Parameter (Regressionskoeffizienten, Odds Ratio) nicht eindeutig interpretiert werden (v.a. bei kategorialen Prädiktoren). Die ermittelten Statistiken beziehen sich in LOGISTIC REGRESSION immer auf das Ereignis „Ischämie" (1) im Vergleich zur Referenzkategorie 0 („Kontrolle"). Im Beispiel könnte z.B. ein positiver Koeffizient für eine größere Auftretenswahrscheinlichkeit von „Ischämie" als Zielereignis stehen. Sollen sich die Ergebnisse auf „Kontrolle" als Zielereignis beziehen, so ist die abhängige Variable so umzukodieren, dass „Kontrolle" mit 1 kodiert ist (alternativ in Syntax, jedoch nicht in älteren Versionen). Die interne Codierung weicht v.a. bei String-Variablen von der Codierung im Datensatz ab. Lägen kategoriale Variablen vor, würde auch die Parameterkodierung ausgegeben werden. Prädiktoren sollten nicht untereinander korrelieren. Von SPSS kann dazu ein entsprechendes Korrelationsdiagramm angefordert werden.

Für jeden Iterationsschritt werden die eingeschlossenen und entfernten Variablen angezeigt. Die Darstellung der Iterationsschritte beginnt im Iterationsprotokoll immer beim Schritt 0. Der angezeigte Inhalt ist jedoch immer abhängig vom gewählten Verfahren: Zur Erinnerung: Das Beispiel verwendet die „Rückwärts+Schrittweise"-Verfahren und die LQ-Statistik, das bedeutet, dass der Anfangsblock auf einem Modell ohne unabhängige Variablen basiert. Der Anfangsblock wird mittels der Tabellen „Klassifikationstabelle", „Variablen in der Gleichung" und „Variablen nicht in der Gleichung" wiedergegeben.

## Anfangsblock

**Klassifizierungstabelle [a,b]**

| | | | Vorhergesagt | | |
|---|---|---|---|---|---|
| | | | Gruppe | | Prozentsatz der Richtigen |
| Beobachtet | | | Kontrolle | Ischämie | |
| Schritt 0 | Gruppe | Kontrolle | 0 | 62 | ,0 |
| | | Ischämie | 0 | 98 | 100,0 |
| | Gesamtprozentsatz | | | | 61,3 |

a. Konstante in das Modell einbezogen.

b. Der Trennwert lautet ,500

Die „Klassifizierungstabelle" ist im Prinzip eine Kreuztabellierung der beobachteten und der vorhergesagten Werte der abhängigen Variablen und erlaubt damit eine erste Einschätzung der Leistungsfähigkeit des Modells. Je weniger inkorrekt vorhergesagte Werte vorliegen, umso besser ist das Modell. Liegt eine Beobachtung über dem Cutoff (voreingestellt ist 0.5), wird der vorhergesagte Wert der abhängigen Variable als 1 behandelt, andernfalls als 0. Werte auf einer Diagonalen von links oben nach rechts unten repräsentieren korrekte Vorhersagen (z.B. 0 und 98). Werte neben der Diagonalen über Null geben nicht korrekte Vorhersagen an (z.B. 62); lägen 100% korrekte Vorhersagen vor, würden die Zellen neben der Diagonalen nur Nullen enthalten. Das Beispiel-Modell liefert ohne Berücksichtigung der metrischen Prädiktoren insgesamt ca. 61% korrekte Vorhersagen.

**Variablen in der Gleichung**

| | RegressionskoeffizientB | Standardfehler | Wald | df | Sig. | Exp(B) |
|---|---|---|---|---|---|---|
| Schritt 0  Konstante | ,458 | ,162 | 7,960 | 1 | ,005 | 1,581 |

Die Tabellen „Variablen in der Gleichung" und „Variablen nicht in der Gleichung" geben Parameter des Modells zum Schritt 0 wieder. Im Falle der „Variablen in der Gleichung" ist der einzige Parameter die Konstante. Für die Prädiktoren werden u.a. Score („Wert") und Signifikanz („Sig.") angezeigt.

**Variablen nicht in der Gleichung**

| | | | Wert | df | Sig. |
|---|---|---|---|---|---|
| Schritt 0 | Variablen | alter | 3,423 | 1 | ,064 |
| | | sys_vt | 3,325 | 1 | ,068 |
| | | sys_vn | ,146 | 1 | ,702 |
| | | dia_vt | ,505 | 1 | ,477 |
| | | dia_vn | ,430 | 1 | ,512 |
| | Gesamtstatistik | | 15,878 | 5 | ,007 |

Im Falle der „Variablen nicht in der Gleichung" werden die ausgewählten (aber noch nicht aufgenommenen, da „Schritt 0") Variablen und die dazugehörige Score-Statistik angezeigt. Ein Wert wird als signifikant betrachtet, sobald die Signifikanz („Sig.") unter 0.05 liegt. Die Signifikanzen sind je nach gewähltem Verfahren verschieden zu interpretieren: Bei Rückwärts-Methoden wird die Variable mit dem niedrigsten Signifikanzwert (hier z.B. Alter) als erste im Modell *behalten*. Von Vorwärts-Methoden wird die Variable mit dem niedrigsten Signifikanzwert (hier z.B. Alter) als erste in das Modell *aufgenommen*. Bei jedem weiteren Schritt wird die Variable mit dem niedrigsten Signifikanzwert dem Modell hinzugefügt. Die „Gesamtstatistik" wird bei jedem Schritt ermittelt und testet die Nullhypothese, dass jede Variable *nicht* in der Modellgleichung den Koeffizienten 0 aufweist. In diesem Falle ist die „Gesamtstatistik" signifikant. Von allen Variablen *nicht* in der Modellgleichung besitzt *irgendeine* Variable einen Koeffizienten ungleich 0.

### Block 1: Methode = Rückwärts Schrittweise (Likelihood-Quotient)

Diese Überschrift gibt die Nummer des vom Anwender zusammengestellten Variablenblocks an („1"), die gewählte Methode („Rückwärts Schrittweise"), wie auch die gewählte Statistik („Likelihood-Quotient"). Welche Variablen in den Blöcken im Einzelnen enthalten sind, wird später erläutert.

**Omnibus-Tests der Modellkoeffizienten**

|  |  | Chi-Quadrat | df | Sig. |
|---|---|---|---|---|
| Schritt 1 | Schritt | 16,819 | 5 | ,005 |
|  | Block | 16,819 | 5 | ,005 |
|  | Modell | 16,819 | 5 | ,005 |
| Schritt 2 [a] | Schritt | -,213 | 1 | ,645 |
|  | Block | 16,607 | 4 | ,002 |
|  | Modell | 16,607 | 4 | ,002 |
| Schritt 3 [a] | Schritt | -,179 | 1 | ,672 |
|  | Block | 16,427 | 3 | ,001 |
|  | Modell | 16,427 | 3 | ,001 |

a. Ein negativer Wert für Chi-Quadrat zeigt an, daß das Chi-Quadrat der vorherigen Stufen abgenommen hat.

Der Tabelle der „Omnibus-Tests der Modellkoeffizienten" kann ein Maß für die Leistungsfähigkeit des Modells zum jeweiligen Schritt entnommen werden. Das „Chi-Quadrat" gibt die Änderung der –2 Log-Likelihood im Vergleich zum vorangegangenen Schritt, Block, bzw. Modell an. Die Interpretation des p-Werts („Sig.") hängt von der gewählten Methode ab. Bei der Methode „Rückwärts+Schrittweise" (Details s.o.) werden Variablen nacheinander ausgeschlossen. Der Ausschluss macht solange Sinn, solange die Signifikanz der Änderung groß ist, z.B. über 0.10 liegt. Im vorliegenden Beispiel ist die Signifikanz der Änderung in Schritt 3 im Vergleich zum vorangegangenen Schritt 2 bereits bei einer recht geringen Änderung von ca. 0.027 angelangt (0,027=0,672 – 0,645). Ein vierter Schritt wird also deshalb nicht ausgeführt, weil dann das Ausmaß der Änderung bereits unter 0.10 liegt.

**Modellzusammenfassung**

| Schritt | -2 Log- Likelihood | Cox & Snell R-Quadrat | Nagelkerkes R-Quadrat |
|---------|--------------------|-----------------------|-----------------------|
| 1 | 196,818[a] | ,100 | ,135 |
| 2 | 197,031[a] | ,099 | ,134 |
| 3 | 197,210[a] | ,098 | ,132 |

a. Schätzung beendet bei Iteration Nummer 4, weil die Parameterschätzer sich um weniger als ,001 änderten.

Der Tabelle „Modellzusammenfassung" können die zu jedem Schritt ermittelten –2 Log-Likelihood und Pseudo $R^2$-Statistiken (Cox und Snell, Nagelkerke) entnommen werden. Die $R^2$-Statistiken messen approximativ den Anteil der Variation in der abhängigen Variablen, der durch das Modell erklärt wird. Je größer die $R^2$-Statistiken sind (nur bei Nagelkerke's Maß ist das Maximum=1.0), desto größer ist der erklärte Varianzanteil. Im Beispiel sind die $R^2$-Statistiken ausgesprochen bescheiden. Das Modell kann nur einen sehr geringen Varianzanteil erklären, nach Nagelkerke ca. 13%.

**Hosmer-Lemeshow-Test**

| Schritt | Chi-Quadrat | df | Sig. |
|---------|-------------|-----|------|
| 1 | 4,905 | 8 | ,768 |
| 2 | 4,529 | 8 | ,807 |
| 3 | 7,520 | 8 | ,482 |

Der Tabelle „Hosmer-Lemeshow-Test" kann für jeden Iterationsschritt ein Maß für die Güte der Modellanpassung entnommen werden, wobei die Nullhypothese getestet wird, dass das Modell den Daten adäquat angepasst ist. Sobald die Signifikanz *kleiner* als 0.05 ist, ist das Modell *nicht* angemessen angepasst. Der Hosmer-Lemeshow-Anpassungstest ist besonders dann nützlich bei der Bestimmung der gesamten Modellanpassung, wenn fallweise Daten vorliegen, wenn also viele Einflussvariablen vorliegen oder die Einflussvariablen stetig sind. Der Hosmer-Lemeshow-Test ist ein modifizierter Pearson $Chi^2$-Test und basiert auf in 10 gleich große Gruppen verteilte erwartete Häufigkeiten. Die Anzahl der erwarteten Häufigkeiten sollte den Kriterien eines $Chi^2$-Tests entsprechen; bei zu vielen unterbesetzten oder leeren Zellen (s.u.) kann das Ergebnis des Tests unzuverlässig sein.

**Kontingenztabelle für Hosmer-Lemeshow-Test**

| | | Gruppe = Kontrolle | | Gruppe = Ischämie | | |
|---|---|---|---|---|---|---|
| | | Beobachtet | Erwartet | Beobachtet | Erwartet | Gesamt |
| Schritt 1 | 1 | 9 | 10,569 | 7 | 5,431 | 16 |
| | 2 | 8 | 8,497 | 7 | 6,503 | 15 |
| | 3 | 10 | 8,490 | 7 | 8,510 | 17 |
| | 4 | 6 | 7,184 | 10 | 8,816 | 16 |
| | 5 | 9 | 6,871 | 8 | 10,129 | 17 |
| | 6 | 4 | 5,681 | 12 | 10,319 | 16 |
| | 7 | 7 | 5,237 | 10 | 11,763 | 17 |
| | 8 | 4 | 4,277 | 13 | 12,723 | 17 |
| | 9 | 4 | 3,433 | 12 | 12,567 | 16 |
| | 10 | 1 | 1,762 | 12 | 11,238 | 13 |
| Schritt 2 | 1 | 9 | 10,672 | 7 | 5,328 | 16 |
| | 2 | 11 | 9,421 | 6 | 7,579 | 17 |
| | 3 | 6 | 7,972 | 10 | 8,028 | 16 |
| | 4 | 8 | 7,417 | 9 | 9,583 | 17 |
| | 5 | 9 | 6,707 | 8 | 10,293 | 17 |
| | 6 | 5 | 5,580 | 11 | 10,420 | 16 |
| | 7 | 6 | 4,885 | 10 | 11,115 | 16 |
| | 8 | 4 | 4,414 | 13 | 12,586 | 17 |
| | 9 | 3 | 3,361 | 13 | 12,639 | 16 |
| | 10 | 1 | 1,572 | 11 | 10,428 | 12 |
| Schritt 3 | 1 | 8 | 11,200 | 9 | 5,800 | 17 |
| | 2 | 9 | 8,297 | 6 | 6,703 | 15 |
| | 3 | 12 | 8,478 | 5 | 8,522 | 17 |
| | 4 | 6 | 7,184 | 10 | 8,816 | 16 |
| | 5 | 6 | 6,765 | 11 | 10,235 | 17 |
| | 6 | 6 | 5,417 | 10 | 10,583 | 16 |
| | 7 | 7 | 5,224 | 10 | 11,776 | 17 |
| | 8 | 4 | 4,412 | 13 | 12,588 | 17 |
| | 9 | 3 | 3,597 | 14 | 13,403 | 17 |
| | 10 | 1 | 1,426 | 10 | 9,574 | 11 |

Der Tabelle „Kontingenztabelle für Hosmer-Lemeshow-Test" kann zu jedem Iterations-schritt die Datengrundlage für die Berechnung des Hosmer-Lemeshow-Tests entnommen werden. Der Hosmer-Lemeshow-Test basiert auf in 10 in etwa gleich große Gruppen verteil-te erwartete Häufigkeiten. Die Tabelle gibt für jede Ausprägung der dichotomen abhängigen Variable die beobachteten und die vom Modell erwarteten Fallzahlen an. In Schritt 3 fallen in der Ausprägung „Kontrolle" die sehr niedrigen Erwartungswerte in den Untergruppen 8, 9 und 10 auf, wie auch die beiden sehr niedrigen beobachteten Häufigkeiten in den Untergrup-pen 8 und 9.

**Klassifizierungstabelle** [a]

| | | | Vorhergesagt | | |
|---|---|---|---|---|---|
| | | | Gruppe | | Prozentsatz |
| | Beobachtet | | Kontrolle | Ischämie | der Richtigen |
| Schritt 1 | Gruppe | Kontrolle | 21 | 41 | 33,9 |
| | | Ischämie | 16 | 82 | 83,7 |
| | Gesamtprozentsatz | | | | 64,4 |
| Schritt 2 | Gruppe | Kontrolle | 23 | 39 | 37,1 |
| | | Ischämie | 16 | 82 | 83,7 |
| | Gesamtprozentsatz | | | | 65,6 |
| Schritt 3 | Gruppe | Kontrolle | 23 | 39 | 37,1 |
| | | Ischämie | 15 | 83 | 84,7 |
| | Gesamtprozentsatz | | | | 66,3 |

a. Der Trennwert lautet ,500

Die „Klassifizierungstabelle" ist eine Kreuztabellierung der beobachteten und der vorhergesagten Werte der abhängigen Variablen. Im Gegensatz zum Schritt 0 (s.o., 61,3% korrekte
Vorhersagen) liegt in Schritt 3 nach Einbeziehung diverser Einflussvariablen ein Anteil der
Richtigen von ca. 66% vor. Das Modell hat sich durch Hinzunahme metrischer Prädiktoren
um ca. 5% verbessert. Auffällig ist, dass die Gruppe „Ischämie" (ca. 84%) viel besser klassifiziert werden kann als die Gruppe „Kontrolle" (ca. 37%). Alles in allem kann das Modell als
nicht besonders leistungsfähig bezeichnet werden.

**Variablen in der Gleichung**

| | | Regressions-koeffizient B | Standard-fehler | Wald | df | Sig. | Exp(B) | 95% Konfidenzintervall für EXP (B) | |
|---|---|---|---|---|---|---|---|---|---|
| | | | | | | | | Unterer Wert | Oberer Wert |
| Schritt 1 [a] | alter | -,035 | ,014 | 6,293 | 1 | ,012 | ,966 | ,939 | ,992 |
| | sys_vt | ,215 | ,065 | 10,946 | 1 | ,001 | 1,239 | 1,091 | 1,408 |
| | sys_vn | -,029 | ,045 | ,395 | 1 | ,530 | ,972 | ,889 | 1,062 |
| | dia_vt | -,213 | ,095 | 5,079 | 1 | ,024 | ,808 | ,671 | ,973 |
| | dia_vn | ,028 | ,061 | ,213 | 1 | ,645 | 1,028 | ,913 | 1,158 |
| | Konstante | 2,103 | 1,014 | 4,305 | 1 | ,038 | 8,192 | | |
| Schritt 2 [a] | alter | -,035 | ,014 | 6,218 | 1 | ,013 | ,966 | ,940 | ,993 |
| | sys_vt | ,207 | ,063 | 10,928 | 1 | ,001 | 1,231 | 1,088 | 1,392 |
| | sys_vn | -,013 | ,031 | ,181 | 1 | ,671 | ,987 | ,930 | 1,048 |
| | dia_vt | -,200 | ,089 | 4,987 | 1 | ,026 | ,819 | ,687 | ,976 |
| | Konstante | 2,126 | 1,014 | 4,396 | 1 | ,036 | 8,379 | | |
| Schritt 3 [a] | alter | -,035 | ,014 | 6,439 | 1 | ,011 | ,965 | ,939 | ,992 |
| | sys_vt | ,204 | ,062 | 10,838 | 1 | ,001 | 1,227 | 1,086 | 1,385 |
| | dia_vt | -,202 | ,089 | 5,158 | 1 | ,023 | ,817 | ,686 | ,973 |
| | Konstante | 2,077 | 1,004 | 4,280 | 1 | ,039 | 7,980 | | |

a. In Schritt 1 eingegebene Variablen: alter, sys_vt, sys_vn, dia_vt, dia_vn.

Die Tabelle „Variablen in der Gleichung" gibt zu jedem Schritt die Variablen und Parameter
des Modells wieder. Im Schritt 0 befanden sich diese Angaben in der Tabelle „Variablen
nicht in der Gleichung"; die schrittweise ausgegebenen Tabellen „Variablen nicht in der
Gleichung" und „Modellieren, wenn Term entfernt" werden nicht erläutert. In Schritt 0 wurde in der Tabelle „Variablen nicht in der Gleichung" die Score-Statistik („Wert") angegeben,
in dieser Tabelle jedoch die Wald-Statistik. Im Modell sind ausschließlich metrisch skalierte

Variablen enthalten. Die Interpretation ihrer Parameter unterscheidet sich ein wenig von der kategorialer Variablen (vgl. Menard, 2001). Um diese Tabelle zuverlässig interpretieren zu können, muss mind. die Kodierung der abhängigen Variablen bekannt sein (vgl. dazu die Tabelle „Codierungen kategorialer Variablen"). Die ermittelten Statistiken beziehen sich im Beispiel immer auf „Ischämie" im Vergleich zur Referenzkategorie „Kontrolle".

Die Ausgabe für kategoriale Variablen unterscheidet sich nach Variablen mit zwei oder mehr als zwei Ausprägungen. Für Variablen mit mehr als zwei Ausprägungen wird zunächst die Wald-Statistik für die Variable insgesamt ausgegeben (also, ob alle Regressionskoeffizienten außer für die Referenzkategorie gleich Null seien) und dann für jeden Koeffizienten, der die jeweiligen separaten Kategorien repräsentiert. Für Variablen mit nur zwei Ausprägungen wird die Wald-Statistik für die Referenzkategorie ausgegeben. In Klammern ist in der Tabelle die jew. gemeinte Ausprägung bzw. Kategorienkodierung angegeben. Bei Datenlücken stimmen die angegeben Ausprägungen nicht immer mit den Kodierungen überein; es wird daher empfohlen, die Vollständigkeit der Kategorienstufen sorgfältig zu überprüfen. Die letzte Kategorie ist jeweils redundant und ergibt sich aus den anderen Gruppierungen. Konkret bedeutet dies, dass die Wahrscheinlichkeit für die letzte Kategorie ohne explizite Codierung nur mittels der Konstanten, also ohne Regressionskoeffizient berechnet wird.

Für die Prädiktoren werden zahlreiche Parameter angegeben. „B" ist der geschätzte, nicht standardisierte Regressionskoeffizient, dazu wird der Standardfehler von B angezeigt. Der Quotient aus B zu seinem Standardfehler im Quadrat ist gleich der Wald-Statistik. Erreicht die Wald-Statistik („Wald") Signifikanz („Sig."), ist sie also kleiner als 0.05, dann unterscheidet sich ein Parameter von 0 und die betreffende Variable ist nützlich für das Modell.
An den Regressionskoeffizienten B sind Vorzeichen und Betrag wichtig. Positive Koeffizienten bedeuten bei Zunahme der Prädiktorwerte eine zunehmende Wahrscheinlichkeit für die Alternativausprägung der jew. Referenzkategorie; während negative Koeffizienten (z.B. „SYS_VT") bei Zunahme der Prädiktorwerte eine zunehmende Wahrscheinlichkeit für die Referenzkategorie andeuten. Wichtig ist, dass SPSS nicht standardisierte Koeffizienten ausgibt; diese können daher weder absolut, noch relativ zuverlässig eingeschätzt werden. Eine Orientierung bietet dabei das Exp(B): Je größer die betragsmäßig Abweichung des Exp(B) von 1 ist, desto größer ist auch relativ gesehen der jeweilige Regressionskoeffizient (auf Besonderheiten im Zusammenhang mit der Interpretation der Regressionskoeffizienten wird im Anhang verwiesen).
„Exp(B)" ist das Odds Ratio bzw. Chancen-/Quotenverhältnis (nicht zu verwechseln mit dem Maß des *Relativen Risikos*, vgl. zur Tabellenanalyse z.B. das Kapitel 12 in Schendera, 2004) und gibt die vorhergesagte Änderung der Quoten bei einem Anstieg des Prädiktors um eine Einheit an. Exp(B) > 1 zeigen ansteigende Quoten der abhängigen Variable an; Exp(B) < 1 geben abnehmende Quoten der abhängigen Variable an. An Exp(B) ist wichtig, ob die angeforderten Konfidenzintervalle die 1 einschließen. Je größer ihr Wert als 1, umso vergleichsweise stärker ist der Einfluss der jew. Variable. Die relative Bedeutung metrischer, nicht standardisierter Prädiktoren kann am unkompliziertesten am Exp(B) abgelesen werden (B ist nicht standardisiert und kann massiv irreführend sein). Üblicherweise werden nur die Exp(B) signifikanter Prädiktoren interpretiert. Die Wahrscheinlichkeiten können als um die anderen Prädiktoren adjustiert interpretiert werden. Unterhalb der Tabelle ist die Variablenauswahl des Ausgangsmodells (Schritt 0) angegeben.

Im dritten Schritt drückt z.B. das Odds Ratio Exp(B) = 1.227 bei einem Anstieg des Prädiktors „SYS_VT" um eine Einheit wiederum zunehmende Quoten der abhängigen Variablen aus. Wären also die Quoten in der abhängigen Variable (kodiert als 0 und 1) vorher 1 : 1 gewesen, würde ein Anstieg des Prädiktors „SYS_VT" um eine Einheit zum Verhältnis 1 : 1.227 führen. Die mit „1" kodierte Ausprägung der abhängigen Variablen („Ischämie") ist beim Anstieg des Prädiktors um eine Einheit im Vergleich zur Gruppe „Kontrolle" um 22.7 % bzw. 1.227-mal wahrscheinlicher. Beim Prädiktor „Alter" deutet Exp(B) = 0.965 an, dass bei einem Anstieg des Prädiktors „Alter" um eine Einheit die Auftretenswahrscheinlichkeit der Stufe „1" der abhängigen Variable abnimmt. Wären also die Quoten in der abhängigen Variable vorher 1 : 1 gewesen, würde ein Anstieg des Prädiktors „Alter" um eine Einheit zum Verhältnis 1 : 0.965 führen. Die Ausprägung „1" der abhängigen Variablen („Ischämie") ist beim Anstieg des Prädiktors um eine Einheit im Vergleich zur Gruppe „Kontrolle" um 3.5 % bzw. 0.965-mal (weniger) wahrscheinlich. Auch wenn für alle ermittelten Exp(B) das Konfidenzintervall nicht die 1 umschließt (was mit 95%iger Sicherheit gleichbleibende Verhältnisse ausdrücken würde), ändern sich im Beispiel die Chancen-/Quotenverhältnisse nur geringfügig.

Mittels der ermittelten Parameter können über den Umweg eines z-Wertes die Wahrscheinlichkeiten und Gruppenzugehörigkeiten für jeden Fall ermittelt werden. Die z-Werte werden ermittelt über die Multiplikation der nichtstandardisierten Regressionskoeffizienten mit den Werten der unabhängigen Variablen; bei mehreren Variablen im Modell werden die Produkte summiert und um eine Konstante ergänzt (Werte kategorialer Variablen werden leicht abweichend eingesetzt): $z_i = 2{,}077 - (0.035 * Alter) + (0{,}204 * SYS\_VT) - (0{,}202 * DIA\_VT)$. Das Einsetzen von $z_i$ in $p = 1 / (1 + e^{zi})$ ergibt die Wahrscheinlichkeit p des Eintreffens der höchsten Kodierung (hier z.B. 1, „Ischämie"). Über das Einsetzen der Rohdaten von Alter usw. kann dadurch für jeden Fall die Wahrscheinlichkeit und seine Gruppenzugehörigkeit ermittelt werden; alternativ können diese Werte in SPSS über /SAVE PRED PGROUP angefordert und unter PRE_1 bzw. PGR_1 im Datensatz abgespeichert werden.

Der Klassifikationsplot gibt zu jedem Schritt (hier z.B. für den Schritt 3, „Step number: 3") eine histogrammartige Klassifikation der beobachteten (actual) und der vorhergesagten (predicted) Werte der abhängigen Variable aus.

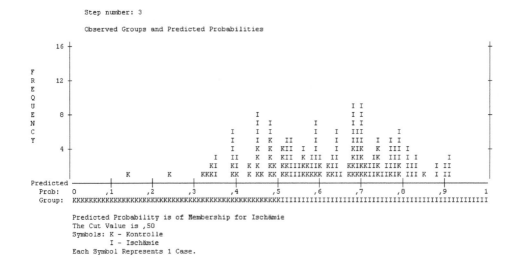

```
Step number: 3

Observed Groups and Predicted Probabilities

    16 +                                                                              +
       
  F
  R    12 +                                                                              +
  E
  Q
  U                                                        I I
  E     8 +                              I                  I I                          +
  N                                      I I       I        I I
  C                             I        I I       I    I   III           I
  Y                             I        I K  II   I    I   III   I I I
       4 +                      I        K K  KII I I    I   KIK   K III I                +
                       I   II   K  K KII   K III II    KIK  IK III I I          I
                       KI  KI K K  KK KKIIIKKIIK KII   KKIKKIIK IIIK III    I II
                   K        K   KKKI  KK  K KK KK KKIIIKKKKK KKII KKKKIIKIIKIK III K  I II
 Predicted  +----+----+----+----+----+----+----+----+----+----+
   Prob:   0    ,1   ,2   ,3   ,4   ,5   ,6   ,7   ,8   ,9    1
   Group:  KKKKKKKKKKKKKKKKKKKKKKKKKKKKKKKKKKKKKKKKKKKKKKKKKKKKKKKIIIIIIIIIIIIIIIIIIIIIIIIIIIIIIIIIIIIIIIIIIIIIIIIIIIIIIIIII

       Predicted Probability is of Membership for Ischämie
       The Cut Value is ,50
       Symbols: K - Kontrolle
                I - Ischämie
       Each Symbol Represents 1 Case.
```

Der Klassifikationsplot stellt dar, inwieweit ein beobachtetes Zielereignis (z.B. „Ischämie") richtig durch das Modell vorhergesagt werden kann und kann somit zur Überprüfung der Modellanpassung und zur Identifikation von Ausreißern verwendet werden.

Die y-Achse gibt die Häufigkeit der Werte der abhängigen Variablen für jede (bedingte) Wahrscheinlichkeit an. Die x-Achse gibt die vorhergesagte Wahrscheinlichkeit der richtigen Klassifizierung in eine der beiden Ausprägungen der abhängigen Variablen an. Der Cutoff für die Klassifizierung ist 0.5. Der Bereich unter 0.5 bezeichnet die Klassifikation „Kontrolle" (Symbol „K"); der Bereich über 0.5 bezeichnet die Klassifikation „Ischämie" (Symbol „I"). Die Wahrscheinlichkeiten der jeweiligen richtigen Klassifikation werden für die Ausprägung „Ischämie" (=„1") ermittelt. Normalerweise sollten sich im Beispiel korrekt identifizierte „I"-Ereignisse *überwiegend rechts* vom Cutoff gegen 1 tendierend befinden und korrekt identifizierte „K"-Ereignisse überwiegend links vom Cutoff gegen 0 (eine Art bimodale Verteilung). Im Bereich um 0.5 befinden sich normalerweise die knappen „fifty-fifty"-Entscheidungen. Zeigt ein Klassifikationsplot vollständig oder überwiegend vollständig getrennte Daten (sog. vollständige bzw. quasi-vollständige Separation), so ist dies entweder als ein Hinweis auf ein ideales Modell, oder zunächst gleichermaßen wahrscheinlich, als ein Hinweis auf Datenfehler zu sehen.

Ein Großteil der vorhergesagten Wahrscheinlichkeiten ist ebenfalls ungenau. Im Bereich von ca. 0.3 bis 0.5 („Kontrolle", <0,5) finden sich inkorrekt vorhergesagte „Ischämie"-Fälle; „Kontrolle"-Fälle finden sich inkorrekterweise im Bereich „Ischämie" (>0,5) von 0,5 hin zu ca. 0,85. Der Klassifikationsplot demonstriert eindeutig, dass das Modell beobachtete Fälle nicht richtig vorherzusagen erlaubt, „Ischämie-Fälle werden also *nicht* immer richtig als „Ischämie" klassifiziert. Stattdessen werden viele „Ischämie"-Fälle als wahrscheinlich zur Gruppe „Kontrolle" gehörig, also als falsche Positive vorhergesagt, was neben einem Hinweis auf mangelnde prädikative Effizienz auch als ein Hinweis auf Ausreißer und schlechte Modellanpassung verstanden werden kann.

**Zusammenfassung**

Eine Stichprobe wurde in Patienten mit dem Krankheitsbild „Ischämie" und eine Kontroll-gruppe aufgeteilt. An beiden Gruppen wurden diverse metrisch skalierte Daten (v.a. Blut-druckparameter) erhoben. Da unklar war, welche Blutdruckparameter wie stark zwischen den beiden Gruppen unterscheiden können, wurde versucht, mittels einer schrittweisen Me-thode ein Modell zu entwickeln, mit dem auf der Basis der unabhängigen Variablen die Wahrscheinlichkeit der Zugehörigkeit zu den Gruppen „Ischämie" oder „Kontrolle" mög-lichst optimal vorhergesagt werden sollte. Das entwickelte Modell ist im letzten, dritten Schritt leistungsfähig (Chi²=16,427, p=0,0001, Omnibus-Tests), erklärt jedoch nur einen sehr geringen Varianzanteil (Nagelkerke: ca. 13%). Nach dem Hosmer-Lemeshow-Test ist das Modell den Daten nicht adäquat angepasst (p=0,031); die Zuverlässigkeit dieses Tests ist wegen unterbesetzten Zellen anzuzweifeln. Das Modell erzielt in Schritt 3 nach Einbezie-hung der Variablen ALTER, SY_VT und DIA_VT ca. 66% richtig klassifizierte Fälle. Die Gruppe „Ischämie" (ca. 84%) wird jedoch eindeutig besser klassifiziert als die Gruppe „Kon-trolle" (ca. 37%). Die ermittelten Odds Ratio („Exp(B)") deuten an, dass sich die Chancen-/Quotenverhältnisse insgesamt nur geringfügig ändern. Der Klassifikationsplot zeigt, dass v.a. „Ischämie"-Fälle als wahrscheinlich zur Gruppe „Kontrolle" gehörig, also als falsche Positive vorhergesagt werden, was u.a. als suboptimale prädikative Effizienz verstanden werden kann.

## 3.2.4    Beispiel und Syntax: Direkte Methode ENTER

Eine Stichprobe (abhängige Variable „GRUPPE") wird in Fälle (GRUPPE-Ausprägung „Fälle") und Kontrollen (GRUPPE-Ausprägung „Kontrolle") unterteilt. An beiden Gruppen wurden diverse metrisch skalierte Laborparameter erhoben. Aus diesen Laborparametern wurde aufgrund von klinischen Erfahrungen ein Testsatz an Variablen (LABOR1, LABOR2 und LABOR3) zusammengestellt. Die Zusammensetzung der Variablen soll überprüft wer-den, ob sie tatsächlich als Kontroll-Set in der Lage ist, wie vermutet die Zugehörigkeit zu den Fällen bzw. Kontrollen eindeutig vorherzusagen. Das Modell wird in diesem Falle mit-tels der direkten Methode überprüft.

**Syntax:**

```
LOGISTIC REGRESSION
  VARIABLES=gruppe
  /METHOD=ENTER labor1 labor2 labor3
  /CLASSPLOT
  /PRINT=GOODFIT
  /CRITERIA PIN(.05) POUT(.10) ITERATE(20) CUT(.5)  .
```

Anm.: Die Syntax entspricht in weiten Teilen dem vorangehenden Beispiel. Es wird daher nur auf analyserelevante Besonderheiten hingewiesen: Unter /METHOD wird mittels des Befehls ENTER die Methode „Einschluss" angefordert. Bei der Methode „Einschluss" wer-den alle Variablen in einem einzigen Schritt auf einmal aufgenommen. Das ENTER-Verfahren stoppt somit immer nach Schritt 1. ENTER sollte nur dann verwendet werden, wenn Anzahl und diskriminatorische Effizienz der Einflussvariablen bekannt oder zumindest fest vorgegeben sind. Wenn das diskriminatorische Potential unklar ist bzw. ein effizientes Prognosemodell mit möglichst wenigen Variablen ermittelt werden soll, sollten eher schrittweise Methoden (über FSTEP oder BSTEP) eingesetzt werden. Nach der Methode werden die Effekte, in diesem Falle intervallskalierte Variablen (hier: LABOR1 etc.) angegeben. Das vorgestellte Beispiel untersucht mittels des Verfahrens „Einschluss", ob die drei Variablen LABOR1, LABOR2 und LABOR3 zusammen eindeutig zwischen Fällen und Kontrollen trennen können.

## 3.2.5    Output und Interpretation

### Logistische Regression

Nach dieser Überschrift folgt die Ausgabe einer binären logistischen Regression.

**Zusammenfassung der Fallverarbeitung**

| Ungewichtete Fälle [a] | | N | Prozent |
|---|---|---|---|
| Ausgewählte Fälle | Einbezogen in Analyse | 157 | 98,1 |
| | Fehlende Fälle | 3 | 1,9 |
| | Gesamt | 160 | 100,0 |
| Nicht ausgewählte Fälle | | 0 | ,0 |
| Gesamt | | 160 | 100,0 |

a. Wenn die Gewichtung wirksam ist, finden Sie die Gesamtzahl der Fälle in der Klassifizierungstabelle.

Die Tabelle „Zusammenfassung der Fallverarbeitung" gibt für die Analyse die Gesamtzahl der Fälle (N=160), der einbezogenen Fälle (N=157) und der fehlenden Fälle (N=3) an.

**Codierung abhängiger Variablen**

| Ursprünglicher Wert | Interner Wert |
|---|---|
| Kontrolle | 0 |
| Fälle | 1 |

Die Tabelle „Codierung abhängiger Variablen" gibt die interne 0/1-Codierung der abhängigen Variablen aus. Die Gruppe „Kontrolle" ist die Referenzkategorie; die ermittelten Statistiken beziehen sich somit immer auf die Gruppe „Fälle". Sollen sich die Ergebnisse auf „Kontrolle" als Zielereignis beziehen, so ist die abhängige Variable umzukodieren oder per Syntax die Referenzkategorie zu wechseln.

Für jeden Iterationsschritt werden die eingeschlossenen und entfernten Variablen angezeigt. Die Darstellung der Iterationsschritte beginnt im Iterationsprotokoll auch beim ENTER-Verfahren immer bei Schritt 0. Der Anfangsblock besteht aus den Tabellen „Klassifikationstabelle", „Variablen in der Gleichung" und „Variablen nicht in der Gleichung".

## Anfangsblock

**Klassifizierungstabelle[a,b]**

| | | | Vorhergesagt | | |
|---|---|---|---|---|---|
| | | | Gruppe | | Prozentsatz |
| | Beobachtet | | Kontrolle | Fälle | der Richtigen |
| Schritt 0 | Gruppe | Kontrolle | 0 | 62 | ,0 |
| | | Fälle | 0 | 95 | 100,0 |
| | Gesamtprozentsatz | | | | 60,5 |

a. Konstante in das Modell einbezogen.

b. Der Trennwert lautet ,500

Die „Klassifikationstabelle" erlaubt damit eine erste Einschätzung der Leistungsfähigkeit des Modells ohne die Prädiktoren. Das Beispiel-Modell liefert in Schritt 0 ca. 60% korrekte Vorhersagen; zu beachten ist, dass Fälle und Kontrollen ungleich korrekt vorhergesagt werden (0 vs. 100%).

**Variablen in der Gleichung**

| | | Regressions-koeffizientB | Standardfehler | Wald | df | Sig. | Exp(B) |
|---|---|---|---|---|---|---|---|
| Schritt 0 | Konstante | ,427 | ,163 | 6,832 | 1 | ,009 | 1,532 |

Die Tabellen „Variablen in der Gleichung" und „Variablen nicht in der Gleichung" geben Parameter des Modells zum Schritt 0 wieder. Im Falle der „Variablen in der Gleichung" ist der einzige Parameter die Konstante. Für die Prädiktoren werden u.a. Score („Wert") und Signifikanz („Sig.") angezeigt.

**Variablen nicht in der Gleichung**

| | | | Wert | df | Sig. |
|---|---|---|---|---|---|
| Schritt 0 | Variablen | labor1 | 4,577 | 1 | ,032 |
| | | labor2 | 10,530 | 1 | ,001 |
| | | labor3 | 3,399 | 1 | ,065 |
| | Gesamtstatistik | | 25,875 | 3 | ,000 |

Im Falle der „Variablen in nicht der Gleichung" werden die ausgewählten (aber noch nicht aufgenommenen) Parameter und ihre Score-Statistik („Wert") angezeigt. Die „Gesamtstatistik" ist signifikant. Irgendeine Variable, die (noch) nicht ins Modell aufgenommen wurde, besitzt einen Koeffizienten ungleich 0.

## Block 1: Methode = Einschluss

Diese Überschrift gibt die Nummer des zusammengestellten Variablenblocks an („1"), wie auch die gewählte Methode („Einschluss").

**Omnibus-Tests der Modellkoeffizienten**

| | | Chi-Quadrat | df | Sig. |
|---|---|---|---|---|
| Schritt 1 | Schritt | 28,494 | 3 | ,000 |
| | Block | 28,494 | 3 | ,000 |
| | Modell | 28,494 | 3 | ,000 |

Der Tabelle der „Omnibus-Tests der Modellkoeffizienten" kann das Maß für die Leistungsfähigkeit des Modells zum Schritt 1 (also nach der vollständigen Aufnahme aller ausgewählter Prädiktoren) entnommen werden. Das „Chi-Quadrat" gibt die Änderung der –2 Log-Likelihood im Vergleich zum vorangegangenen Schritt, Block bzw. Modell an. Die Interpretation des p-Werts („Sig.") hängt von der gewählten Methode ab. Sollen wie z.B. beim EN-TER-Verfahren Variablen eingeschlossen werden, werden diese nur solange eingeschlossen, solange die Signifikanz der Änderung klein ist, z.B. unter 0,05 liegt. Im vorliegenden Beispiel macht der Einschluss des Variablensets Sinn, da die Signifikanz der Änderung der –2 Log-Likelihood im Vergleich zum vorangegangenen Schritt, Block bzw. Modell immer noch unter 0,05 liegt bzw. nicht 0,05 überstiegen hat.

**Modellzusammenfassung**

| Schritt | -2 Log-Likelihood | Cox & Snell R-Quadrat | Nagelkerkes R-Quadrat |
|---|---|---|---|
| 1 | 182,166[a] | ,166 | ,225 |

a. Schätzung beendet bei Iteration Nummer 5, weil die Parameterschätzer sich um weniger als ,001 änderten.

Der Tabelle „Modellzusammenfassung" können die bei jedem Schritt ermittelten –2 Log-Likelihood und Pseudo $R^2$-Statistiken (Cox und Snell, Nagelkerke) entnommen werden. Das Modell kann nur einen geringen Varianzanteil erklären (ca. 22,5%, nach Nagelkerke).

**Hosmer-Lemeshow-Test**

| Schritt | Chi-Quadrat | df | Sig. |
|---|---|---|---|
| 1 | 17,128 | 8 | ,029 |

Laut der Tabelle „Hosmer-Lemeshow-Test" ist das Modell den Daten nicht adäquat angepasst (p=0,029). Allerdings ist die Zuverlässigkeit des Tests fragwürdig (s.u.).

**Kontingenztabelle für Hosmer-Lemeshow-Test**

| | | Gruppe = Kontrolle | | Gruppe = Fälle | | |
|---|---|---|---|---|---|---|
| | | Beobachtet | Erwartet | Beobachtet | Erwartet | Gesamt |
| Schritt 1 | 1 | 15 | 12,590 | 2 | 4,410 | 17 |
| | 2 | 11 | 9,990 | 5 | 6,010 | 16 |
| | 3 | 7 | 8,443 | 9 | 7,557 | 16 |
| | 4 | 3 | 7,983 | 14 | 9,017 | 17 |
| | 5 | 8 | 6,950 | 9 | 10,050 | 17 |
| | 6 | 3 | 5,920 | 14 | 11,080 | 17 |
| | 7 | 8 | 4,113 | 8 | 11,887 | 16 |
| | 8 | 4 | 3,184 | 12 | 12,816 | 16 |
| | 9 | 3 | 2,203 | 13 | 13,797 | 16 |
| | 10 | 0 | ,625 | 9 | 8,375 | 9 |

Die Tabelle „Kontingenztabelle für Hosmer-Lemeshow-Test" gibt für jede Ausprägung der dichotomen abhängigen Variablen die beobachteten und die vom Modell erwarteten Fallzahlen an. In der Ausprägung „Kontrolle" fallen sehr niedrige Erwartungswerte in den Untergruppen 7, 8, 9 und 10 auf. In der Ausprägung „Fälle" fällt ein sehr niedriger Erwartungswert in der Untergruppe 1 auf.

**Klassifizierungstabelle[a]**

| | | | Vorhergesagt | | |
|---|---|---|---|---|---|
| | | | Gruppe | | Prozentsatz |
| | Beobachtet | | Kontrolle | Fälle | der Richtigen |
| Schritt 1 | Gruppe | Kontrolle | 33 | 29 | 53,2 |
| | | Fälle | 16 | 79 | 83,2 |
| | Gesamtprozentsatz | | | | 71,3 |

a. Der Trennwert lautet ,500

Die „Klassifizierungstabelle" zeigt, dass das Modell einschließlich der drei Parameter LABOR1, LABOR2 und LABOR3 die Gruppenzugehörigkeit insgesamt zu ca. 70% richtig vorhersagt. Das Modell ist um ca. 10 Prozentpunkte besser als Modell ohne Prädiktoren; darüber hinaus hat sich die massiv ungleiche Vorhersage von Fällen (von 100% zu 83%) und Kontrollen (von 0% zu 53%) abgeschwächt.

**Variablen in der Gleichung**

| | | Regressions-koeffizient B | Standard-fehler | Wald | df | Sig. | Exp(B) | 95% Konfidenzintervall für EXP (B) | |
|---|---|---|---|---|---|---|---|---|---|
| | | | | | | | | Unterer Wert | Oberer Wert |
| Schritt 1[a] | labor1 | -,070 | ,018 | 14,647 | 1 | ,000 | ,932 | ,900 | ,966 |
| | labor2 | ,038 | ,009 | 16,787 | 1 | ,000 | 1,039 | 1,020 | 1,057 |
| | labor3 | -,021 | ,009 | 5,173 | 1 | ,023 | ,979 | ,961 | ,997 |
| | Konstante | 3,984 | 1,157 | 11,851 | 1 | ,001 | 53,715 | | |

a. In Schritt 1 eingegebene Variablen: labor1, labor2, labor3.

Die Tabelle „Variablen in der Gleichung" gibt die Variablen und Parameter des Modells im Schritt 1 wieder. Im Modell sind ausschließlich metrisch skalierte Variablen enthalten; alle drei Laborparameter sind signifikant. Die Odds Ratio (Exp(B)) liegen alle um 1; damit ist nicht davon auszugehen, dass die Variablen die Quotenverhältnisse (Verhältnisse zwischen den Ausprägungen der abhängigen Variablen) stark beeinflussen.

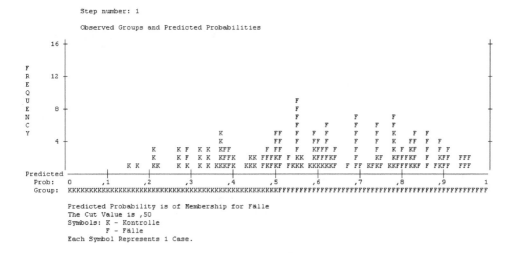

Der Klassifikationsplot gibt zu Schritt 1 („Step number: 1") eine histogrammartige Klassifikation der beobachteten (actual) und der vorhergesagten (predicted) Werte der abhängigen Variablen aus. Der Klassifikationsplot gibt wieder, ob und inwieweit ein beobachtetes Zielereignis (z.B. „Fälle") richtig durch das Modell vorhergesagt werden kann und kann somit zur Überprüfung der Modellanpassung und zur Identifikation von Ausreißern verwendet werden.

Die y-Achse gibt die Häufigkeit der Werte der abhängigen Variablen für jede (bedingte) Wahrscheinlichkeit an. Die x-Achse gibt die vorhergesagte Wahrscheinlichkeit der richtigen Klassifizierung in eine der beiden Ausprägungen der abhängigen Variablen an. Der Cutoff für die Klassifizierung ist 0.5. Normalerweise sollten sich im Beispiel korrekt identifizierte „F"-Ereignisse *überwiegend* rechts vom Cutoff gegen 1 tendierend befinden und korrekt identifizierte „K"-Ereignisse *überwiegend* links vom Cutoff gegen 0 (eine Art bimodale Verteilung). Im Bereich um 0.5 befinden sich normalerweise die knappen „fifty-fifty"-Entscheidungen (zur vollständigen bzw. quasi-vollständigen Separation siehe das erste BSTEP-Beispiel). Viele der vorhergesagten Wahrscheinlichkeiten sind ungenau. Im Bereich von ca. 0.25 bis 0.5 („Kontrolle", <0,5) finden sich einige inkorrekt vorhergesagte „Fälle"-Fälle; zahlreiche „Kontrolle"-Fälle finden sich inkorrekterweise im Bereich „Fälle" (>0,5) von 0,5 bis hin zu ca. 0,85. Der Klassifikationsplot demonstriert eindeutig, dass das Modell eher „Kontrolle"-Fälle als „Fälle"-Fälle falsch klassifiziert, also eher zu falschen Negativen, als zu falschen Positiven tendiert, was neben einem Hinweis auf Ausreißer und schlechte Modellanpassung auch als suboptimale prädikative Effizienz des zusammengestellten Variablensets LABOR1, LABOR2 und LABOR3 zu verstehen ist.

Weiter könnte SPSS anzeigen: Chi-Quadrat für das Modell, Chi-Quadrat für die Verbesserung, Diagramm der Korrelationen zwischen Variablen, beobachteten Gruppen und vorhergesagten Wahrscheinlichkeiten, Chi-Quadrat-Residuen, Log-Likelihood (falls der Term aus dem Modell entfernt wurde).

## 3.2.6 Exkurs: Theorietest vs. Diagnostik bei der logistischen Regression: Modellgüte (goodness of fit) vs. Prädikative Effizienz (predictive efficiency)

Die binäre wie auch die multinomiale logistische Regression verfolgen im Prinzip zwei Ziele, das Testen einer Theorie, wie auch die Genauigkeit der korrekten Klassifikation von Fällen. Oft genug korrespondieren die (idealerweise theoriegeleitet ermittelte und getestete) Modellgüte, wie auch die damit einhergehende Vorhersagegenauigkeit (prädikative Effizienz), wie sie z.B. auch durch eine Kreuzklassifikation abgesichert werden kann.
Modellgüte und Vorhersagegenauigkeit entsprechen einander allerdings nicht immer; es ist sehr wohl möglich, dass ein Modell mit guten Parametern (z.B. Chi², McFadden) eine überraschend verheerende Vorhersagegenauigkeit (prädikative Effizienz) liefert, wie auch umgekehrt ein Modell mit katastrophalen Gütemaßen über eine ausgezeichnete prädikative Effizienz verfügen kann. Woran liegt das?
Der Grund ist darin zu sehen, dass die Maße für die Modellgüte einer logistischen Regression auf den Log-Likelihoods (–2LL) basieren, darin aber nicht das modellspezifische Verhältnis zwischen korrekt und inkorrekt klassifizierten Fällen berücksichtigen. Das Maß der Modellgüte sagt also nichts über die Vorhersagegenauigkeit des Modells aus. Diese prädikative Effizienz (i.S.d. Anteils (in-)korrekter Fälle) kann auch nicht ohne Weiteres mit den üblichen Assoziationsmaßen für Tabellen ermittelt werden (z.B. Phi, Goodman & Kruskal usw., vgl. Menard, 2001). Ein von Menard (2001; vgl. auch dort die Formel) empfohlenes Maß für das Klassifikationsmodell der logistischen Regression ist derzeit nicht in SPSS implementiert.

## 3.2.7 Voraussetzungen für eine binäre logistische Regression

1. Die logistische Regression unterstellt ein Kausalmodell zwischen (mind.) einer unabhängigen Variablen (X) und einer abhängigen (Y) Variable. Nonsensregressionen, z.B. der Einfluss des Einkommens auf das Geschlecht, sind von vornherein sachlogisch auszuschließen. Nur relevante Variablen sind im Modell anzugeben, unwichtige Variablen sind auszuschließen.
2. Die paarweisen Messungen xi und yi müssen zum selben Objekt gehören. In anderen Worten: Die untersuchten Merkmale werden dem gleichen Element einer Stichprobe entnommen.
3. Die unabhängigen und abhängigen Variablen sind idealerweise hoch miteinander korreliert.
4. Abhängige Variable: Die abhängige Variable ist bei der binären logistischen Regression dichotom; bei der multinomialen logistischen Regression besitzt die abhängige Variable

mehr als zwei Kategorien. Bei der binären logistischen Regression ist es wichtig zu überprüfen, ob das interessierende Zielereignis überhaupt (häufig genug) eingetreten ist und
ob die Häufigkeit des Zielereignisses der Grundgesamtheit entspricht oder etwa disproportional vorkommt. Ist das Zielereignis selten, sind üblicherweise die Kosten falscher
Negative höher als die Kosten falscher Positive und legen Cutoffs weit unter 0.5 nahe.

5. Fehlende Daten (Missings): Fehlende Daten können v.a. bei Vorhersagemodellen zu
   Problemen führen. Fehlen keinerlei Daten, ist dies eine ideale Voraussetzung für ein
   Vorhersagemodell. Fehlen Daten völlig zufällig, entscheidet das konkrete Ausmaß, wie
   viele Daten proportional in der Analyse verbleiben, was durchaus zu einem Problem
   werden kann. Stellt sich anhand von sachnahen Überlegungen heraus, dass Missings in
   irgendeiner Weise mit den Zielvariablen zusammenhängen, entstehen Interpretations-
   und Modellierungsprobleme, sobald diese Missings aus dem Modell *ausgeschlossen* werden. Fehlende Daten können z.B. (a) modellierend über einen Missings anzeigenden Indikator und (b) eine Analyse fehlender Werte (Missing Value Analysis) rekonstruierend
   wieder in ein Modell einbezogen werden; jeweils nur unter der Voraussetzung, dass ihre
   Kodierung, Rekonstruktion und Modellintegration gegenstandsnah und nachvollziehbar
   ist (z.B. Schendera, 2007). Konzentrieren sich Missings auf eine Variable, könnte diese
   evtl. auch aus der Analyse ausgeschlossen werden.

6. Die logistische Regression unterstellt eine nichtlineare Funktion zwischen unabhängigen
   und abhängigen Variablen bzw. die Linearität des Logits, einem linearen Zusammenhang
   zwischen den kontinuierlichen Prädiktoren und dem Logit der abhängigen Variablen, was
   man sich als lineares Streudiagramm vorstellen kann. Die unkomplizierte Ausgabe eines
   sog. Logit-Plots ist in SPSS leider (noch) nicht möglich. Ein einfacher Ansatz, die Annahme der Linearität des Logits zu überprüfen ist, das ursprüngliche Regressionsmodell
   um Interaktionsterme zwischen jedem kontinuierlichen Prädiktor und seinem natürlichen
   Logarithmus zu ergänzen (sog. Box-Tidwell Transformation). Gerät einer dieser Interaktionsterme signifikant (zu anderen Interaktionen vgl. Jaccard, 2000), verstößt das Modell
   gegen die Annahme der Linearität des Logit und damit die Annahme eines monotonen
   Zusammenhangs (zu den Risiken des Übersehens eines nichtmonotonen Zusammenhangs
   siehe Böhning, 1998: Kap. 6). Die Schwächen dieses Ansatzes sind, dass er leichte Abweichungen von der Linearität nicht erkennt und bei Signifikanz nichts über die Form der
   Nichtlinearität sagt. Menard (2001) stellt weitere Testvarianten vor. Nichtlinearität ist
   nicht zu verwechseln mit Nichtadditivität.

7. Additivität des Modells: *Nichtlinearität* tritt auf, wenn die Änderung der abhängigen
   Variable um eine Einheit der unabhängigen Variable vom *Wert der unabhängigen* Variable abhängt. *Nichtadditivität* liegt im Vergleich dazu dann vor, wenn die Änderung der
   abhängigen Variable um eine Einheit der unabhängigen Variable vom *Wert einer der anderen unabhängigen Variablen* abhängt. Die Additivität des Modells kann dadurch überprüft werden, indem z.B. entweder auf plausible oder auf alle theoretisch möglichen Interaktionseffekte getestet wird. Der letzte Ansatz ist nur für relativ einfache Modelle geeignet.

8. Dispersionsprobleme (Über- bzw. Unterdispersion, syn.: Over-, Underdispersion): Für
   ein korrekt spezifiziertes Modell sollte ein Maß für die Modellgüte (Pearson, Abweichung) dividiert durch die Anzahl der Freiheitsgrade einen Wert um 1 ergeben. Werte
   weit über 1 weisen auf Überdispersion hin; Werte unter 1 auf die eher seltene Unterdis-

persion. Dispersionsprobleme weisen darauf hin, dass evtl. keine Binomialverteilung der Fehler vorliegt und führen u.a. zu fehlerhaften Standardfehlern. Die in der Analysepraxis recht häufige Überdispersion wird oft dadurch verursacht, dass dem Modell wichtige Prädiktoren fehlen bzw. diese transformiert werden müssten, oder Ausreißer vorliegen. Eine Korrektur der Dispersion kann auch über eine Reskalierung der Kovarianzmatrix vorgenommen werden, ist jedoch erst nach der Prüfung und Behebung der anderen Fehlerquellen sinnvoll.

9.  Referenzkategorie: Die Referenzkategorie hat maßgeblichen Einfluss auf die Höhe bzw. Richtung der ermittelten Ergebnisse. Das Odds Ratio kann z.B. als 1 kodiert 3, aber als 0 kodiert 0.33 betragen; bei den Koeffizienten für dichotome abhängige Variablen (B) ändert sich z.B. das Vorzeichen. Die Prozedur LOGISTIC REGRESSION wählt als Referenzkategorie immer die erste bzw. niedrigste Ausprägung der abhängigen Variablen (wobei das Eintreten des Ereignisses als 1 kodiert wird). Die Prozedur NOMREG wählt als Referenzkategorie standardmäßig die letzte bzw. höchste Ausprägung der abhängigen Variablen (ab Version 12 kann die Referenzkategorie jedoch individuell angegeben werden). Andere Autoren, Analysten oder Software verwenden u.U. andere Referenzkategorien. Überprüfen Sie, ob die (automatisch) gewählte Referenzkategorie dem Auswertungsziel entspricht; ansonsten sollten Sie die abhängige Variable umkodieren. In klinischen bzw. epidemiologischen Studien gilt die Konvention, dass der Fall (Exposition, Ereignis) immer mit „1" und mit „0" immer die Kontrolle (keine Exposition, Ereignis tritt nicht ein) kodiert wird. Für weitere Hinweise wird auf die Voraussetzungen zur multinomialen logistischen Regression verwiesen.

10. Unabhängige Variablen: Die Prädiktoren sollten untereinander nicht korrelieren (Ausschluss von Multikollinearität). Jede Korrelation zwischen den Prädiktoren (z.B. > 0,70) ist ein Hinweis auf Multikollinearität. Multikollinearität wird durch Toleranztests oder auffällig hohe Standardfehler (nicht standardisiert: > 2, standardisiert: > 1) der Parameterschätzer angezeigt. Die Toleranzmaße können dadurch ermittelt werden, indem für dasselbe Modell eine lineare Regression berechnet wird (dieses Vorgehen ist zulässig, weil nur die Toleranzmaße für die Zusammenhänge zwischen den Prädiktoren ermittelt werden; die abhängige Variable ist irrelevant). Ob und inwieweit hohe Multikollinearität behoben werden kann, hängt neben der Anzahl und Relevanz der korrelierenden Prädiktoren u.a. davon ab, an welcher Stelle des Forschungsprozesses der Fehler aufgetreten ist: Theoriebildung, Operationalisierung oder Datenerhebung. "What to do about it if [collinearity] is detected is problematic, more art than science" (Menard, 2001, 80; vgl. auch Pedhazur, 1982², 247).

11. Fälle: Pro Ausprägung der abhängigen Variable sollten mindestens N=25 vorliegen. Je mehr Prädiktoren in das Modell aufgenommen werden bzw. je größer die Power des Modells sein soll, desto mehr Fälle werden benötigt. Hosmer & Lemeshow (2000, 339–346) stellen eine Formel vor, die neben der Stichprobengröße auch die Power und die Testrichtung anzugeben erlaubt. Falls die Kombination mehrerer Prädiktorenstufen zu zahlreichen leeren Zellen führen sollte, können entweder unwichtige Prädiktoren aus dem Modell entfernt werden oder Prädiktorenstufen zusammengefasst werden. Auffällig hohe Parameterschätzer bzw. Standardfehler, wie auch ideal trennende Klassifikationsplots (z.B. vollständige oder quasi-vollständige Separation) weisen auf mögliche Datenprobleme

hin. Das Zusammenfassen von Prädiktorenstufen sollte sorgfältig geschehen, um die Datenintegrität zu bewahren.

12. Events pro Parameter: Die Anzahl der Fälle ist alleine nicht ausreichend; es ist zu gewährleisten, dass die *seltenere* der beiden Ausprägungen des Zielereignisses (abhängige Variable) v.a. bei zahlreichen Kovariaten ausreichend häufig vorkommt. Hosmer & Lemeshow (2000, 346–347) schlagen für einigermaßen symmetrische Verteilungen als Daumenregel mind. $N = 10 * n$ Kovariaten vor (für asymmetrische Ausprägungen des Zielereignisses ist die Situation schwieriger). Als Folge wären entweder Fälle nur für das interessierende Zielereignis zu ziehen, das N generell zu erhöhen und/oder die Anzahl der Kovariaten zu verringern.

13. Hosmer-Lemeshow-Test (Anpassungstest, goodness-of-fit-Test): Der Hosmer-Lemeshow-Test ist ein modifizierter Pearson Chi²-Test und basiert auf in 10 gleich große Gruppen verteilte erwartete Häufigkeiten (siehe Kontingenztabelle, daher rührt auch eine alternative Bezeichnung als sog. ‚deciles of risk'-Test). Die Angemessenheit der erwarteten Häufigkeiten sollte über einen Chi²-Test überprüft werden. Die Anzahl der erwarteten Häufigkeiten sollte z.B. mind. > 2, nur für 20% der Zellen < 5 sein und idealerweise nicht gleich 0 sein. Falls die Zellen unterbesetzt sein sollten und der Anwender eine geringere Power nicht akzeptieren möchte, dann können unwichtige Prädiktoren aus dem Modell entfernt oder Prädiktorenstufen zusammengefasst werden. Bei der Interpretation des Anpassungstests sind Testrichtung und Stichprobengröße zu beachten: Ein *nichtsignifikantes* Ergebnis drückt im Allgemeinen eine gute Modellanpassung aus. Weil aber bei sehr großen Stichproben selbst kleinste Unterschiede signifikant werden, bedeutet ein *signifikantes* Ergebnis nicht automatisch eine schlechte Modellanpassung. Der Hosmer-Lemeshow-Test ist bei fallweisen Daten immer den Gütemaßen Abweichung bzw. Pearson vorzuziehen. Abweichung bzw. Pearson sind für Modelle mit metrisch skalierten Einflussvariablen nicht geeignet.

14. Residuen (Fehler): Die Residuen in LOGISTIC REGRESSION basieren auf fallweisen Daten; für gruppierte Pearson-Residuen kann auf NOMREG ausgewichen werden. Die Ziehungen der untersuchten Merkmale sind unabhängig voneinander. Die Residuen sollten also voneinander unabhängig sein. Die Residuen streuen zufällig um Null, weisen eine konstante Varianz auf (Homoskedastizität), sind binomialverteilt (normal nur bei großen Stichproben) und korrelieren weder untereinander, noch mit Prädiktoren. Die Verteilung der Residuen hängt von der Stichprobengröße ab; für kleine Stichproben gelten Verstöße gegen diese Annahmen als kritischer als bei großen Stichproben (die Zulässigkeit des ZGT vorausgesetzt). Über die Unabhängigkeit der Fehler kann der Ausschluss von Autokorrelation gewährleistet werden. Bei Variablen, die über den Faktor „Zeit" korreliert sein könnten, z.B. im Messwiederholungsdesign, wird auf spezielle Voraussetzungen bzw. Anwendungen logistischer Verfahren in Hosmer & Lemeshow (2000, Kapitel 8.3) verwiesen. Die SPSS Prozedur GENLIN ermöglicht z.B. die Berechnung einer binären logistischen Regression im Messwiederholungsdesign.

15. Modellspezifikation: Die Modellspezifikation sollte eher durch inhaltliche und statistische Kriterien als durch formale Algorithmen geleitet werden. Die Prädiktoren sollten untereinander nicht korrelieren. Viele Autoren raten von der Arbeit mit Verfahren der automatischen Variablenauswahl ausdrücklich ab; als explorative Technik ist sie unter Vorbehalt jedoch sinnvoll. Für beide Vorgehensweisen empfiehlt sich folgendes Vorgehen:

Zunächst Aufnahme inhaltlich relevanter Prädiktoren, anschließend über Signifikanztests Ausschluss statistisch nicht relevanter Variablen. Enthält das Modell signifikante Interaktion zwischen Prädiktoren, verbleiben auch Prädiktoren im Modell, deren Einfluss alleine keine Signifikanz erreicht.

16. Schrittweise Methoden arbeiten z.B. auf der Basis von formalen Kriterien (statistische Relevanz) und sind daher für die *theoriegeleitete* Modellbildung nicht angemessen, da sie durchaus auch Prädiktoren ohne jegliche inhaltliche Relevanz auswählen. Die rein *explorative* bzw. *prädikative* Arbeitsweise sollte anhand von plausiblen inhaltlichen Kriterien gegenkontrolliert werden. Die Rückwärtsmethode sollte der Vorwärtsmethode vorgezogen werden, weil sie im Gegensatz zur Vorwärtsmethode bei der Prüfung von Interaktionen erster Ordnung beginnt und somit nicht das Risiko des voreiligen Ausschlusses von potentiellen Suppressorvariablen besteht. Schrittweise Methoden schließen jedoch keine Multikollinearität aus und sind daher mind. durch Kreuzvalidierungen abzusichern.

17. Cutoff (Trennwert, Klassifikationsschwellenwert): Der Cutoff dient u.a. dazu, das zu erwartende Gesamtrisiko zu verringern und sollte auf die konkrete Fragestellung optimal abgestimmt sein. Der seitens SPSS voreingestellte Cutoff von 0.5, was für gleiche Kosten von Fehlklassifikationen, also falschen Positiven bzw. falschen Negativen steht, sollte nur unter bestimmten Umständen unverändert übernommen werden. Unterschiedliche hohe Cutoffs bewirken verschiedene Klassifikationen und Klassifikationstabellen. Die Höhe des Cutoffs wird durch seine Funktion festgelegt, z.B. einem Abwägen zwischen Sensitivität und Spezifität. *Höhere Cutoffs (>0.5) verringern die Sensitivität und erhöhen die Spezifität; niedrigere Cutoffs (≤0.5) erhöhen die Sensitivität und verringern die Spezifität.* Sind die Kosten der Fehlentscheidungen gleich hoch, gilt ein Cutoff von 0.5. Üblicherweise sind die Kosten falscher Negative größer als die falscher Positive. Optimale Cutoffs können dadurch bestimmt werden, indem einer Fehlentscheidung (falsches Positiv bzw. falsches Negativ) ihre jeweiligen Kosten (Verlust) zugewiesen wird. Die Anzahl der jeweiligen Fehlklassifikationen wird mit ihrem jeweiligen Kostenfaktor multipliziert. In mehreren Durchläufen mit variierten Cutoffs kann z.B. über die Addition der ermittelten Kosten der Fehlklassifikationen das Modell mit den geringsten Unkosten und damit auch dem optimalen Cutoff, ermittelt werden.

18. Ausreißer und einflussreiche Werte: Falls die ermittelte Modellgleichung eine schlechte Anpassung an die Daten hat, kann es passieren, dass einige Fälle, die tatsächlich zur einen Gruppe gehören, als wahrscheinlich zur anderen Gruppe gehörig ausgegeben werden (grafisch auch gut an einem Klassifikationsplot erkennbar). Ausreißer bzw. einflussreiche Werte können über eine Devianzanalyse identifiziert werden (vgl. Hosmer & Lemeshow, 2000, 167–186), indem sie als Residuen bzw. andere Werte in der Arbeitsdatei gespeichert werden. Bei studentisierten Residuen sollten Absolutwerte über 2 genauer untersucht werden; Absolutwerte über 3 weisen eindeutig auf Ausreißer bzw. einflussreiche Fälle hin.

| Auflistung von Ausreißern (z.B.): | ```
if abs(SRE_1) >= 2 AUS-
REISR=2.
exe.
if abs(SRE_1) >= 3 AUS-
REISR=3.
exe.


temp.
select if AUSREISR >= 2.
list variables= ID SRE_1.
``` |
|---|---|
| Pearson-Residuen | |

Nicht in jedem Fall ist ein formal auffälliger Wert immer auch ein inhaltlich auffälliger Wert (v.a. bei sozialwissenschaftlichen Daten).

In älteren Versionen versah SPSS *studentisierte* Residuen (sog. Pearson-Residuen, Outputvariable SRESID) mit dem Label „Standardresiduen", *standardisierte* Residuen, Outputvariable ZRESID) dagegen als „Normalisierte Residuen"). Diese Verwechslungsgefahr ist nun nicht mehr gegeben. SPSS erlaubt zusätzlich das Abspeichern von Statistiken, die den Einfluss der Fälle auf die vorhergesagten Werte wiedergeben, u.a. Cook, Hebelwerte und DfBeta. Das folgende Beispiel fragt Cook-Statistiken ab.

| Auflistung von Ausreißern (z.B.): | ```
if COO_1 >= 1 AUSREISC=1.
exe.
if COO_1 >= 2 AUSREISC=2.
exe.


temp.
select if AUSREISC >= 1.
list variables= ID COO_1.
``` |
|---|---|
| Cook-Statistik | |

Eine Darstellung dieser Parameter über Histogramme oder Boxplots erlaubt Ausreißer unkompliziert zu identifizieren. Das Beispiel untersucht z.B. die Normalverteilung von Pearson-Residuen.

| Normalverteilung (z.B.): | ```
EXAMINE
VARIABLES=SRE_1
/PLOT BOXPLOT HISTOGRAM NPPLOT
/COMPARE GROUP
/STATISTICS DESCRIPTIVES
/CINTERVAL 95
/MISSING LISTWISE
/NOTOTAL.
``` |
|---|---|
```

Das folgende Vorgehen erlaubt gruppenweise Ausreißer bzw. auffällige Werte zu identifizieren. Über die Quadrierung der Pearson-Residuen wird das sog. Delta-Chi² ermittelt, das die Veränderung in der Abweichung abzuschätzen erlaubt.

Delta-Chi²

```
compute DELTACHI=sre 1*sre 1 .
exe.
GRAPH
    /SCATTERPLOT(BIVAR)=
    PRE_1 with DELTACHI BY ID (name).
```

Wird das Delta-Chi² mit den vorhergesagten Werten abgetragen, erlauben Ausreißer die Modellanpassung abzuschätzen. Die beiden Kurven repräsentieren die beiden Kategorien der abhängigen Variablen mit den Ausprägungen 0 bzw. 1. Je höher der jew. Devianzwert ist, v.a. für die 0-Kurve bei hohen vorhergesagten Wahrscheinlichkeiten bzw. für die 1-Kurve bei niedrigen vorhergesagten Wahrscheinlichkeiten, umso schlechter ist die Modellanpassung.

Delta-Beta

```
GRAPH
    /SCATTERPLOT(BIVAR)=
    PRE_1 with COO_1 BY ID (name).
```

Über das Abtragen der Cook-Statistik (auch: Delta-Beta) mit den vorhergesagten Werten kann analog die Modellanpassung abgeschätzt werden. Die Abbildung entspricht recht grob der Wiedergabe von Delta-Chi². Einflussreiche Ausreißer außerhalb einer Punktewolke fallen jedoch sofort auf und sollten aus der Analyse entfernt werden.

Vorhergesagt vs. Residuum

```
GRAPH
    /SCATTERPLOT(BIVAR)=
    PRE 1 with sre 1  BY ID
(name).
```

Analog können über das Abtragen der vorhergesagten Wahrscheinlichkeiten und der Standardresiduen Ausreißer innerhalb jeder Gruppe unkompliziert identifiziert werden.

19. Modellgüte (Fehlklassifikationen): Das Modell sollte in der Lage sein, einen Großteil der beobachteten Ereignisse über optimale Schätzungen korrekt zu reproduzieren. Falls die ermittelte Modellgleichung eine schlechte Anpassung an die Daten hat, kann es jedoch passieren, dass einige Fälle, die tatsächlich zur einen Gruppe gehören, als wahrscheinlich zur anderen Gruppe gehörig ausgegeben werden, z.B. in Klassifikationsplots (siehe auch Ausreißer, s.u.). Werte unter 80% pro Gruppenzugehörigkeit sind nicht akzeptabel; je nach Anwendungsbereich sind sogar weit höhere Anforderungen zu stellen. Die Fälle und

Kosten der Fehlklassifikationen sind zu prüfen (die Kosten falscher Negative sind üblicherweise höher als die Kosten falscher Positive) und ggf. die Klassifikationsphase daran anzupassen. Ob die beobachtete Trefferrate überzufällig ist, lässt sich mit dem Binomialtest überprüfen (vgl. z.B. Menard, 2001, 34).

20. Test der Vorhersagegüte (Ausschluss von Overfitting): Ein Modell sollte nach seiner Parametrisierung *immer* auf die praktische Relevanz seiner Vorhersagegüte getestet werden. Damit soll u.a. auch die Möglichkeit ausgeschlossen werden, dass ein Modell die Anzahl der Fehler erhöht. Wird z.B. ein Modell an der Stichprobe überprüft, anhand der es entwickelt wurde, ist das Modell zu optimistisch und die Trefferraten üblicherweise überschätzt (Overfitting). Overfitting tritt v.a. bei zu speziellen Modellen auf. Ursache sind oft Besonderheiten der verwendeten *Stichprobe* (Bias, Verteilungen usw.). Das Modell enthält damit Besonderheiten, die nicht in der *Grundgesamtheit* auftreten und sich daher auch nicht replizieren lassen. Liefert das Modell große Leistungsunterschiede, werden z.B. mit den Trainingsdaten (80% der Daten) z.B. 80% der Fälle korrekt klassifiziert, an den Test- bzw. Validierungsdaten (20% der Daten) aber vielleicht nur noch 50% der Fälle, dann liegt Overfitting vor. Beim Gegenteil, dem sog. *Underfitting*, werden wahre Datenphänomene übersehen. Underfitting kommt v.a. bei zu einfachen Modellen vor und bedeutet, dass ein Modell nicht alle relevante Variablen enthält (Maßnahme: ggf. einschließen). Overfitting bedeutet, dass ein Modell auch irrelevante Variablen enthalten kann (Maßnahme: ggf. ausschließen). Das Modell sollte daher *immer*, neben dem Klassifikationsplot (siehe oben), auch z.B. über eine Kreuzvalidierung anhand von weiteren Testdaten auf Overfitting geprüft werden. Eine Kreuzvalidierung ist ein Modelltest an einer oder mehreren *anderen (Teil)Stichprobe/n* (sog. „Testdaten"), in LOGISTIC REGRESSION unkompliziert anzufordern über die Option /SELECT [Variable und Bedingung]. Die Daten können vorher über Syntax in Subsets für Training und Validierung zerlegt werden.

21. Besonderheiten bei der Interpretation der Regressionskoeffizienten und Odds Ratio (Exp(B)): (a) Skalenniveau der Prädiktoren: Die Interpretation von Odds Ratio und Regressionskoeffizient unterscheidet sich bei kategorialen und metrischen Prädiktoren. Bei metrischen Variablen kann ihr Einfluss in einem gemeinsamen Wert für den gesamten einheitlichen Definitionsbereich ausgedrückt werden; bei kategorialen Variablen werden Werte für $n - 1$ Ausprägungen bzw. Einheiten ermittelt. Zu beachten ist, dass sich die Kodierung auf die Höhe bzw. Vorzeichen von Odds Ratios bzw. Regressionskoeffizienten auswirkt (bei Koeffizienten für dichotome abhängige Variablen kann sich z.B. das Vorzeichen verkehren; siehe daher dazu auch die Anmerkungen zur Referenzkategorie). (b) Kodierung eines kategorialen Prädiktors: Die Kodierung des Prädiktors hat einen Einfluss auf die Interpretation des Regressionskoeffizienten und auch seine Berechnung. Weicht die Kodierung von 1 für Fall bzw. Ereignis und 0 für Kontrolle ab (siehe dazu auch die Anmerkungen zur Referenzkategorie), müssen die Parameter anders ermittelt werden. (c) Nichtstandardisierte vs. standardisierte Regressionskoeffizienten: Nichtstandardisierte Regressionskoeffizienten können sich von standardisierten massiv unterscheiden und ein völlig falsches Bild vom Einfluss der jew. Prädiktoren vermitteln. Menard (2001) empfiehlt für kategoriale Variablen und Variablen mit natürlichen Einheiten die nicht standardisierten Regressionskoeffizienten bzw. Odds Ratio und für metrische Skalen ohne gemeinsame Einheit standardisierte Regressionskoeffizienten. Standardisierte

Regressionskoeffizienten können für Modelle für metrische Prädiktoren dadurch gewonnen werden, indem vor der Analyse die Prädiktoren selbst standardisiert werden. Die anschließend gewonnenen Koeffizienten können dann als standardisiert interpretiert werden. Für Modelle mit Prädiktoren mit auch kategorialen Prädiktoren ist das Vorgehen komplizierter (siehe Menard, 2001).

Standardisierte Regressionskoeffizienten werden bei der *linearen Regression* üblicherweise für den Vergleich metrischer Variablen innerhalb einer Stichprobe/Population bzw. für metrische Variablen ohne gemeinsame Einheit empfohlen, wobei bei letzterem berücksichtigt werden sollte, dass ihre Ermittlung abhängig von der gewählten Stichprobe sein kann und je nach Modellgüte nur unter Vorbehalt verallgemeinert werden könnte. Nicht standardisierte Regressionskoeffizienten werden für den Vergleich metrischer Variablen zwischen Stichproben/Populationen bzw. für metrische Variablen mit natürlichen bzw. gemeinsamen Einheiten empfohlen. Pedhazur (1982[2], 247–251) rät aufgrund ihrer jeweiligen Stärken und Schwächen dazu, beide Maße anzugeben. Werden die Daten vor der Analyse z-standardisiert, werden Beta-Werte als B-Werte angegeben.

22. Vollständigkeit der Kategorialstufen: Bei Datenlücken stimmen im Ergebnisteil die in Klammer angegeben Ausprägungen nicht mit den Kodierungen überein. Sind die Daten z.B. von 0 bis 7 kodiert, aber es liegen konkret nur die Ausprägungen 0, 1, 5 und 7 vor, werden nicht die Kodierungen (0), (1) und (5) angezeigt, sondern (1), (2) und (3) (die oberste ist jeweils redundant). Es wird daher empfohlen, die Vollständigkeit der Kategorienstufen sorgfältig zu überprüfen, um sicherzugehen, dass die ermittelten Parameter auch mit den richtigen Kategorienstufen in Beziehung gesetzt werden. Im Beispiel könnte z.B. die angegebene Ausprägung (1, erste Stufe) mit der Kodierung (1, zweite Stufe) verwechselt werden. Zur Orientierung ist immer die mit ausgegebene Tabelle „Codierungen kategorialer Variablen" einzusehen.

23. Anzahl der Kovariaten-Muster: Je mehr Prädiktoren mit vielen Ausprägungen vorliegen, umso größer wird die Zahl der Kovariaten-Muster und der damit benötigten Fälle. Die logistische Regression geht davon aus, dass alle Zellen besetzt sind. Leere bzw. unterbesetzte Zellen führen mind. zu Problemen bei der Interpretation Chi²-basierter Statistiken. Wenn mehr Fälle als Kovariaten-Muster vorliegen, sollten die Modellparameter immer gruppenweise ermittelt werden, z.B. mittels Pearson oder Devianz in NOMREG. Abweichung bzw. Pearson sind also für Modelle mit metrisch skalierten Einflussvariablen nicht geeignet. Entspricht die Anzahl der Kovariaten-Muster in etwa der Anzahl der Fälle, so sollten Modellparameter immer fallweise ermittelt werden (z.B. mittels des gruppierenden Hosmer-Lemeshow-Test, nur verfügbar in LOGISTIC REGRESSION; multinomiale Modelle müssen dazu in dichotome Modelle zerlegt werden). Der Hosmer-Lemeshow-Test ist bei fallweisen Daten immer den Gütemaßen Abweichung bzw. Pearson vorzuziehen.

# 3.3     Ordinale Regression

Fragestellungen der ordinalen Regression zeichnen sich v.a. durch ranggeordnete („größerkleiner") Eintrittsmöglichkeiten von abhängigen Ereignissen aus (Hosmer & Lemeshow,

2000, 288–330). Die ranggeordneten abhängigen Ereignismöglichkeiten können klassifizierte stetige Variablen oder ordinale Beurteilungen sein, z.B.:

- Aufgrund welcher Laborparameter können Krebspatienten den Klassifikationen Grading 0 bis 4 zugeordnet werden?
- Lassen sich Merkmale von Konsumenten identifizieren, die auf ein neu eingeführtes Produkt mit den möglichen Reaktionen „nicht", „kaum", „moderat", „gut" und „intensiv" reagieren?
- Aufgrund welcher Produktmerkmale wird ein Produkt „sehr gut", „gut", „schlecht", oder „gar nicht" gekauft?
- Anhand welcher Parameter kann ein seit Kurzem Arbeitsloser als potentiell „kurzzeitarbeitslos" (0–6 Monate), „mittelfristig arbeitslos" (7–12 Monate) oder „langzeitarbeitslos" (>12 Monate) eingestuft werden?
- Welche Therapiemerkmale haben den besten Einfluss auf die Verheilung verbrannten Hautgewebes, z.B. gemessen in Flächenanteilen von 0–10cm², 11–20cm², 21–30 cm² und 31–40cm²?

Sind abhängige Variablen ordinalskaliert, stehen je nach Interpretation des Skalenniveaus mehrere Analysemöglichkeiten zur Verfügung (vgl. z.B. Menard, 2001; Tutz, 2000):

- Auswertung als nominalskaliert: Die Information der Rangordnung der Kategorien wird ignoriert. Das Problem des damit verbundenen Informationsverlustes ist auch, dass womöglich mehr Parameter geschätzt werden, als eigentlich nötig sind, was wiederum das Risiko nichtsignifikanter Ergebnisse erhöht. Geeignete Analyseverfahren wären u.a. multinomiale Regression und Diskriminanzanalyse (Klecka, 1980; Press & Wilson, 1978).
- Auswertung als ordinalskaliert: Die beobachtete Ordinalskala ist ein Repräsentant einer zugrunde liegenden (mind.) Intervallskala (Variante I, klassifizierte stetige Variablen). Die abhängige Variable ist eine echte ordinalskalierte Variable; ihre Ränge repräsentieren nicht grobe Kategorien (Variante II, ranggeordnete Urteile). Geeignete Analyseverfahren wären u.a. die ordinale Regression oder LISREL (WLS). Von der Analyse von Ordinaldaten als *intervallskaliert* wird allgemein abgeraten, weil die unzulässige Informationsanreicherung messtheoretische Interpretationsprobleme nach sich zieht. Im Folgenden wird das Verfahren der ordinalen Regression vorgestellt.

## 3.3.1    Das Verfahren und Vergleich mit anderen Verfahren

Die von SPSS angebotene ordinale Regression basiert auf dem Schwellenwertmodell (syn.: proportional odds-Modell; zu anderen Varianten vgl. Hosmer & Lemeshow, 2000, Kap. 8.2). Die Grundannahme des Modells ist, dass die beobachtbare (manifeste) abhängige ordinale Variable ein klassifizierter Repräsentant einer latenten, aber eigentlich intervallskalierten Variable ist, deren Erwartungswert über eine Linearkombination der erklärenden Variablen bestimmt wird. Die Verknüpfung zwischen der manifesten und der latenten Variable basiert auf dem Schwellenwertmodell. Dabei wird zunächst angenommen, dass die latente, stetige Variable dem untersuchten Prozess zugrunde liegt, aber nur der *kategorisierte, gröber gestufte Repräsentant* der zugrunde liegenden Variablen beobachtbar ist. Anhand der beobachteten Verteilung der abhängigen Variable (Basis: kumulatives Wahrscheinlichkeitsmodell) wird eine Verknüpfungsfunktion (syn.: Linkfunktion, evtl. auch: ‚identity function') gewählt, um über eine angemessene Beschreibung der Beziehung zwischen den unabhängigen und der abhängigen Variablen ein Kontinuum ermitteln zu können.

Diese Festlegung ist bei den logistischen (binär, multinomial) Modellen nicht notwendig, da die Modellfunktion in Gestalt der Logitverteilung a priori linear ist. Bei der ordinalen Regression muss die Wahrscheinlichkeit des Eintreffens der Kategorien der abhängigen Variablen überprüft und vor der ihrer Durchführung festgelegt werden. Sind die Kategorien z.B. gleichmäßig verteilt (wahrscheinlich), wird die Logit-Funktion gewählt; sind höhere Kategorien dagegen wahrscheinlicher, die komplementäre Log-Log Funktion usw. Zur Schwellenwertvariante der ordinalen Regression zählen nach Tutz (2000) u.a. die Modellvarianten des kumulativen Logit-, Probit- und Extremwertmodells, die allesamt von SPSS angeboten werden.

Das latente Kontinuum wird dabei in Abschnitte eingeteilt; wobei sog. „Schwellen" bestimmen, welcher latente Wert (Kurvenposition) die Zugehörigkeit in welche beobachtbare Kategorie der abhängigen Variablen bestimmt. Verständlicherweise gibt es dabei immer eine Schwelle weniger als Kategorien: Eine Schwelle erzeugt zwei Kategorien, zwei Schwellen drei Kategorien, drei Schwellen erzeugen vier Kategorien usw. In Abgleich mit diesen Schwellen führen also die individuellen Positionen auf dem Kontinuum zur Zuteilung in die dazugehörige Kategorie. Liegt eine individuelle Position auf dem Kontinuum unter der ersten Schwelle (Linie), so wird sie der ersten Kategorie zugeteilt; liegt eine individuelle Position auf dem latenten Kontinuum über der zweiten und unter der dritten Schwelle, so wird sie der dritten Kategorie zugeteilt usw. Ein solches Kontinuum lässt sich als eine Dichtekurve vorstellen, die durch die $k-1$ Schwellen in Gestalt senkrechter Linien in $k$ Kategorien unterteilt wird. Die Fläche unter der Kurve entspricht der (kumulativen) Ereigniswahrscheinlichkeit der einzelnen Kategorien (insgesamt 1.0 bzw. 100%; ermittelt über die Linkfunktion). Die einzelnen Kategorien (Kurventeilflächen) repräsentieren innerhalb des jew. Modells eine eigene Ereigniswahrscheinlichkeit für einzelne Prädiktorstufen (einfaktorielles Modell) oder eine Kombination von Prädiktorstufen (multifaktorielles Modell). Die Wahrscheinlichkeit, unter diesen Voraussetzungen einer der Kategorien der abhängigen Variablen zugewiesen zu werden, beträgt somit für jeden Fall und jede einzelne Prädiktorstufe (einfaktorielles Modell) bzw. Kombination von Prädiktorstufen (multifaktorielles Modell) immer 1.0 (100%). Ist über die Linkfunktion für jeden Fall die jeweilige Wahrscheinlichkeit der einzelnen Kategorien ermittelt, wird auf ihrer (kumulativen) Grundlage die wahrscheinlichste Kategorie ermittelt, und zwar für jede Kombination an Prädiktorenstufen, die im Modell enthalten sind. *Für jede Stufe* der abhängigen Variablen liegen somit ebenfalls kumulative Wahrscheinlichkeiten vor. Die erste Stufe basiert somit auf der ersten kumulativen Wahrscheinlichkeit, die zweite auf der zweiten kumulativen Wahrscheinlichkeit, bis auf die letzte; die letzte Kategorie enthält *immer* die kumulative Wahrscheinlichkeit 1.0 hierzu (zur Interpretation siehe Beispiel 2).

**Beispiel:**
Unter Rückgriff auf ein ähnliches Beispiel in Tutz (2000, Kap. 6) zur Arbeitslosigkeit („y"; „kurzzeitarbeitslos", „mittelfristig arbeitslos" und „langzeitarbeitslos") soll als Beispiel der Einfluss der Variable Alter von Arbeitslosen (intervallskaliert, „x") auf ihre Dauer der Ar-

beitslosigkeit in drei Ausprägungen untersucht werden (vgl. auch Hosmer & Lemeshow, 2000, 298–303 zum Gewicht von Müttern und Gewichtsklassen von Neugeborenen). Das Beispiel zur Dauer der Arbeitslosigkeit unterstellt dabei zweierlei: Die beobachtbare ordinalskalierte Variable „Dauer der Arbeitslosigkeit" ist eine angemessene Repräsentation eines intervallskalierten Konstrukts und nur aus illustrativen Gründen, dass Arbeitslose mit zunehmendem Alter auch tatsächlich zunehmend länger arbeitslos sind; zur Kategorie „langzeitarbeitslos" bei älteren Menschen lässt sich z.B. einiges zur Plausibilität einwenden. Diese Annahmen bilden zusammen eine Hypothese über eine altersabhängig zu erwartende Kategorienzugehörigkeit und die dazugehörige Wahrscheinlichkeit, also ein Erwartungsmodell mit den Kategorien „kurzzeitarbeitslos", „mittelfristig arbeitslos" und „langzeitarbeitslos".

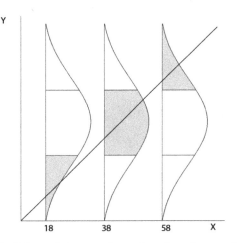

Auf der x-Achse werden nebeneinander zunehmend hohe Alterswerte der Arbeitslosen abgetragen. Über diesen Alterswerten wird jeweils senkrecht eine Dichtekurve des Erwartungswertes der latenten Variablen mit identischen Kategorien abgetragen (in der Abbildung nur bei den Alterswerten 18, 38 und 58). Wenn nun der Erwartungswert der latenten Variable pro Alter zusätzlich als Regressionsgerade über die nebeneinander aufgereihten Dichtekurven hinweg abgetragen wird, dann wird diese Linie in den Kurven unterschiedliche Kategorien kreuzen. Unterschiedlich alte Arbeitslose werden verschiedenen Kategorien der wahrscheinlichen Dauer ihrer Arbeitslosigkeit zugewiesen. Für das Ordinalniveau der kategorisierten manifesten Variable ausgedrückt bedeutet dies, dass mit höherem Alter die Wahrscheinlichkeit der Einteilung in die unterste Ordinalkategorie „kurzzeitarbeitslos" abnimmt und die Wahrscheinlichkeit der Einteilung in die oberste Ordinalkategorie „langzeitarbeitslos" zunimmt. Für das Intervallniveau der latenten Variable gesprochen bedeutet dies, dass mit höherem Alter der Erwartungswert einer längeren Arbeitslosigkeit zunimmt.

Tutz (2000) grenzt die ordinale Regression zu den nominalen (z.B. multinomial-logistische Regression) und zu den metrischen Modellen (z.B. lineare Regression) ab. Demnach sei die ordinale Regression im Vergleich zu kategorial-nominalen Modellen (z.B. multinomiale Regression) wesentlich parameterökonomischer und einfacher zu interpretieren; bei einer Analyse der Ordinalinformation mit kategorial-nominalen Modellen geht darüber hinaus die wesentliche Information über die Ordnung der Kategorien verloren. So gesehen ist die ordinale Regression als eine Erweiterung der multinominalen logistischen Regression zu verstehen. Wer umgekehrt die Analyse der (u.U. auch vielfach gestuften) Ordinalinformation mit metrischen Modellen (z.B. lineare Regression) vornimmt, riskiert dagegen die Konstruktion eines Artefakts.

Die ordinale Modellierung mit dem anspruchsvollen Intervallskalenniveau vermeidet zugleich weitere restriktive Annahmen, u.a. die Normal- und Fehlerverteilung; die ordinale Regression ist bei zeitbezogenen Analysen aufgrund ihrer besseren Adaptivität dem einfachen linearen Modell sogar überlegen. Mittels einer ordinalen Regression können folgende Fragestellungen angegangen werden: die Vorhersage eines Ereignisses bzw. einer Klassifikation, die Überprüfung der Relevanz von Prädiktoren (ggf. ihrer Wechselwirkung untereinander bzw. mit Kovariaten), die Güte eines Klassifikationsmodells und die Schätzung von Einflussgrößen.

Im Folgenden nun zunächst ein Beispiel mit zwei intervallskalierten Prädiktoren, anschließend ein Beispiel mit zwei kategorialen Prädiktoren.

## 3.3.2      Beispiel 1, Maus und Syntax: Intervallskalierte Prädiktoren (WITH-Option)

**Generelle Hinweise zu den Beispielen:**
An Patientinnen wurden neben dem Bodymass-Index (Variable „BMI", ordinal) weitere Daten zu Körpergewicht (Variable „KGEWICHT", dichotom), Eigene Kinder (Variable „EKINDER", dichotom), Hüftumfang (HUEFTE, intervall) und Taille (TAILLE, intervall) erhoben.

Beispiel 1 untersucht den Einfluss zweier intervallskalierter Variablen (Taillen- bzw. Hüftumfang in cm) auf das ordinal skalierte Maß des Bodymass-Index. Die Variable „BMI" ist in vier Kategorien eingeteilt: „<20", „20–25", „26–30" und „>30".

Beispiel 2 untersucht den Einfluss zweier kategorial skalierter Variablen (KGEWICHT: Körpergewicht in kg, EKINDER: Eigene Kinder (ja/nein)) auf das ordinal skalierte Maß des Bodymass-Index (Variable „BMI"). EKINDER ist nominalskaliert. KGEWICHT ist in die Kategorien „39–66" bzw. „67–120" aufgeteilt und streng genommen eine ordinale Variable.

**Beispiel 1: Intervallskalierte Prädiktoren**
Beispiel 1 untersucht den Einfluss zweier intervallskalierter Variablen (Taillen- bzw. Hüftumfang in cm) auf das ordinal skalierte Maß des Bodymass-Index bei Frauen. Die Variable „BMI" ist in vier Kategorien eingeteilt: „<20", „20–25", „26–30" und „>30". Mit einem einfachen Balkendiagramm wird zunächst die Verteilung der abhängigen Variable angezeigt, um eine geeignete Linkfunktion wählen zu können. Mittels dem Rangkorrelationskoeffizienten nach Kendall wird anschließend exploriert, ob zwischen den drei mind. ordinal skalierten Variablen überhaupt eine substantielle Korrelation vorliegt; anschließend wird die ordinale Regression gerechnet.

**Maussteuerung (exemplarisch)**
Bevor Sie eine ordinale Regression anfordern, legen Sie die Verknüpfung (Linkfunktion) fest, indem Sie über „Kreuztabellen" und dem Maß nach Kendall die Variablen auf einen substantiellen Zusammenhang hin überprüfen. Die Verteilung der abhängigen Variablen lassen Sie sich mittels eines Balkendiagramms veranschaulichen. Als Ergebnis wird für die ordinale Regression die Verknüpfung „Probit" gewählt.

*Pfad: Analysieren → Regression → Ordinal...*
Ziehen Sie die Variable BMI in das Fenster „Abhängige Variable". Ziehen Sie die Variablen HUEFTE und TAILLE in das Fenster „Kovariate(n)".

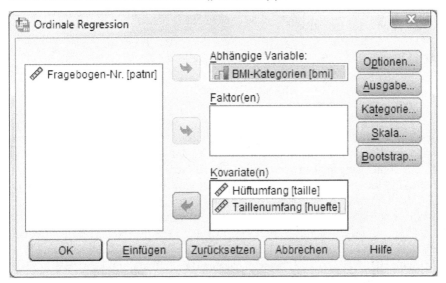

*Unterfenster „Optionen..."*: Übernehmen Sie unter „Kriterien" zunächst alle Voreinstellungen, z.B. „Maximale Anzahl der Iterationen" (100), „Maximalzahl für Schritt-Halbierung" (5), die „Log-Likelihood-Konvergenz" (0), die „Parameter-Konvergenz" (0.000001), „Konfidenzintervall" (95), „Delta" (0) und die „Toleranz für Prüfung auf Singularität" (0.00000001). Wählen Sie „Probit" unter „Verknüpfung". Klicken Sie auf „Weiter".

*Unterfenster „Ausgabe"...*: Markieren Sie „Statistik für Anpassungsgüte", „Auswertungsstatistik", „Parameterschätzer" und eine „Zelleninformation".

Fordern Sie als „Gespeicherte Variablen" die vorhergesagte bzw. tatsächliche Kategorienwahrscheinlichkeit an. Klicken Sie auf „Weiter".

*Unterfenster „Kategorie"...*: Bestimmen Sie „Haupteffekte" als Modell. „F" bezeichnen Faktoren, „C" Kovariaten. Klicken Sie auf „Weiter".

Starten Sie die Berechnung mit „OK".

**Syntax:**

```
NONPAR CORR
  /VARIABLES=bmi huefte taille
  /PRINT=KENDALL TWOTAIL NOSIG
  /MISSING=PAIRWISE .

GRAPH
  /BAR(SIMPLE)=pct BY bmi .

PLUM
  bmi  WITH huefte taille
  /CRITERIA = CIN(95) DELTA(0) LCONVERGE(0) MXITER(100)
   MXSTEP(5) PCONVERGE (1.0E-6) SINGULAR(1.0E-8)
  /LINK = PROBIT
  /PRINT = CELLINFO FIT PARAMETER SUMMARY
  /SAVE = PCPROB ACPROB .
```

Anm.: Der Befehl NONPAR CORR mit der Option PRINT=KENDALL fordert das Zusammenhangsmaß nach Kendall an; für weitere Details wird auf den Abschnitt zu den nichtparametrischen Zusammenhangsmaßen verwiesen (vgl. z.B. Schendera, 2004).

Der Befehl GRAPH fordert mit dem Unterbefehl /BAR (SIMPLE) ein Balkendiagramm für die abhängige Variable BMI an.

Der Befehl PLUM fordert das Verfahren der ordinalen Regression an. Direkt nach PLUM werden die abhängige, ordinal skalierte Variable BMI und nach dem WITH-Befehl die beiden intervallskalierten Prädiktoren HUEFTE und TAILLE in das Modell aufgenommen. Das Modell „BMI with HUEFTE TAILLE" untersucht nur Haupteffekte und keine Wechselwirkungen zwischen den Prädiktoren.

Unter CRITERIA werden v.a. Einstellungen für den Schätzalgorithmus vorgenommen. Mit CIN (95, Voreinstellung) werden Konfidenzintervalle mit 95% definiert; unter CIN können Werte zwischen 50 und 99.99 angegeben werden. Unter DELTA kann ein Wert zwischen 0 und 1 angegeben werden (hier z.B. 0, Voreinstellung), der zu *leeren* Zellen hinzugefügt wird; dadurch wird die Stabilität des Schätzalgorithmus unterstützt. Im Beispiel soll leeren Zellen *kein* Wert hinzugefügt werden. DELTA sollte nicht mit BIAS (nicht verwendet) verwechselt werden; unter BIAS kann ähnlich ein Wert zwischen 0 und 1 angegeben werden, der *allen beobachteten* Zellhäufigkeiten hinzugefügt wird. MXITER(100) und MXSTEP(5) geben die maximale Anzahl der Iterationen bzw. Schritt-Halbierungen an (die Werte müssen positiv und ganzzahlig sein). Die Schätziteration bricht nach den festgelegten Maximalzahlen ab. Über LCONVERGE und PCONVERGE werden sogenannte Konvergenzkriterien für Log-Likelihood Funktion bzw. für die Parameterschätzung an SPSS übergeben. Unter LCONVERGE wird ein Schwellenwert für das Erreichen der Log-Likelihood-Konvergenz angegeben; die Angabe erfolgt außer bei 0 in wissenschaftlicher Notation: 1.0E-1, 1.0E-2, 1.0E-3, 1.0E-4 und 1.0E-5 (0 ist voreingestellt). Der Iterationsprozess wird beendet, wenn die absolute oder relative Änderung der Log-Likelihood zwischen den letzten beiden Iterationen kleiner als dieser Wert ist. Bei einer Vorgabe von 0 wird dieses Kriterium nicht verwendet.

Unter PCONVERGE wird ein Schwellenwert für das Erreichen der Parameter-Konvergenz angegeben; die Angabe erfolgt außer bei 0 in wissenschaftlicher Notation: 1.0E-4, 1.0E-5, 1.0E-6, 1.0E-7 und 1.0E-8 (1.0E-6 ist voreingestellt). Wenn die absolute oder relative Änderung in den Parameterschätzern kleiner als dieser Wert ist, wird davon ausgegangen, dass der Algorithmus die richtigen Schätzer erreicht hat. Bei PCONVERGE(0) wird dieses Kriterium nicht verwendet. Unter SINGULAR kann ein Toleranzwert für die Überprüfung auf Singularität angegeben werden; die Angabe erfolgt in wissenschaftlicher Notation: 1.0E-5, 1.0E-6, 1.0E-7, 1.0E-8, 1.0E-9 und 1.0E-10 (1.0E-8 ist voreingestellt).

Unter LINK können Verknüpfungsfunktionen für die Transformation der kumulativen Wahrscheinlichkeiten zur Schätzung des ordinalen Regressionsmodells festgelegt werden. Aufgrund des Befundes der Exploration wird die Probit-Funktion gewählt. Außer der voreingestellten Logit-Funktion (LOGIT, typische Anwendung: gleichmäßig verteilte Kategorien) stehen zur Auswahl: CAUCHIT (inverse Cauchy-Funktion, typ. Anwendung: latente Variable weist viele Extremwerte auf), CLOGLOG (Komplementäre Log-Log Funktion (synonym: Gumbel), typ. Anwendung: höhere Kategorien wahrscheinlicher), NLOGLOG (Negative Log-Log Funktion, typ. Anwendung: niedrigere Kategorien wahrscheinlicher und PROBIT (Probit-Funktion, typ. Anwendung: latente Variable ist normalverteilt). Entspricht die empirische Verteilung nur wenig den bereitgestellten Modellfunktionen, bestünde auch die Möglichkeit, Kategorien der abhängigen Variablen zusammenzufassen, um eher einer der vorgegebenen Modellfunktionen zu entsprechen, sofern dies konzeptionell zulässig ist.

Unter PRINT wird die SPSS Ausgabe eingestellt. Im Beispiel fordert CELLINFO die Zelleninformation an (u.a. beobachtete und erwartete Häufigkeiten, klassifiziert nach Faktoren, falls angegeben; nicht empfohlen für Modelle mit vielen intervallskalierten Prädiktoren bzw. Faktoren mit vielen Ausprägungen), FIT zwei Chi²-Statistiken für die Anpassungsgüte (Pearson, Likelihood-Ratio), PARAMETER die Parameterschätzer, Standardfehler, Signifikanzen und Konfidenzintervalle und SUMMARY die Modellzusammenfassung (Pseudo $R^2$ nach Cox und Snell, Nagelkerke bzw. McFadden). Die Option TPARALLEL wird im zweiten Beispiel vorgestellt. Weitere Optionen (nicht im Beispiel verwendet) sind CORB und COVB (asymptotische Korrelations- bzw. Kovarianzmatrizen der Parameterschätzer), HISTORY (tabellarisches Protokoll des Iterationsablaufes) und KERNEL (fordert anstelle der vollständigen Log-Likelihood-Funktion nur den Kern der Log-Likelihood-Funktion, also ohne die multinomiale Konstante an).

Über SAVE können errechnete Schätzstatistiken in den aktiven Datensatz gespeichert werden, mit PCPROB z.B. die geschätzte Wahrscheinlichkeit, ein Faktormuster in der *vorhergesagten* Kategorie zu klassifizieren und mit ACPROB die geschätzte Wahrscheinlichkeit, ein Faktormuster in der *tatsächlichen* Kategorie zu klassifizieren. Weitere Optionen werden im zweiten Beispiel vorgestellt.

Durch zusätzliche Unterbefehle und Optionen (z.B. LOCATION, SCALE, TEST) der SPSS Prozedur PLUM kann das vorgestellte Beispiel zur ordinalen Regression über Syntax weiter verfeinert werden. Es wird auf die SPSS Syntax Dokumentation und die statistische Spezialliteratur verwiesen.

### 3.3.3     Output und Interpretation

**Diagramm**

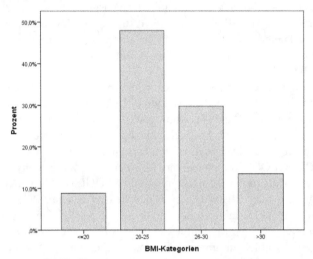

Dem Balkendiagramm kann (zunächst) unterstellt werden, dass die Ausprägungen der abhängigen ordinalskalierten Variable BMI *ungefähr* einer Normalverteilung folgen. Die Annahme einer annähernden Normalverteilung der intervallskalierten (ungruppierten) latenten
BMI-Werte ist nicht unrealistisch; als Linkfunktion wird daher die Probit-Funktion gewählt.
Wäre es konzeptionell zulässig, die beiden untersten Kategorien der abhängigen Variablen
zusammenzufassen, würde dies eindeutig eher der Modellfunktion NLOGLOG entsprechen
und unter Umständen zu (u.a.) besseren Dispersionswerten führen.

**Nichtparametrische Korrelationen**

**Korrelationen**

|  |  |  | BMI-Kategorien | Hüfte (in cm) | Taille (in cm) |
|---|---|---|---|---|---|
| Kendall-Tau-b | BMI-Kategorien | Korrelationskoeffizient | 1,000 | ,628** | ,615** |
|  |  | Sig. (2-seitig) | . | ,000 | ,000 |
|  |  | N | 659 | 634 | 634 |
|  | Hüfte (in cm) | Korrelationskoeffizient | ,628** | 1,000 | ,605** |
|  |  | Sig. (2-seitig) | ,000 | . | ,000 |
|  |  | N | 634 | 637 | 637 |
|  | Taille (in cm) | Korrelationskoeffizient | ,615** | ,605** | 1,000 |
|  |  | Sig. (2-seitig) | ,000 | ,000 | . |
|  |  | N | 634 | 637 | 637 |

**. Die Korrelation ist auf dem 0,01 Niveau signifikant (zweiseitig).

Der Tabelle zu den Korrelationen kann entnommen werden, dass zwischen den Variablen substantielle Korrelationen vorliegen und der Berechnung der eigentlichen ordinalen Regression nichts entgegensteht. Zusammenhangsanalysen sind auch nützlich, um später anhand der Lageschätzer die Richtung des Einflusses der Faktoren leichter interpretieren zu können.

## PLUM – Ordinale Regression

Die SPSS Ausgabe für die eigentliche ordinale Regression beginnt zunächst mit einer Warnung über sog. Null-Häufigkeiten. Die Ursache dafür ist, dass das Modell intervallskalierte Prädiktoren enthält und dass bestimmte Anpassungsstatistiken versuchen, die beobachteten Werte der abhängigen Variable jeder Kombination der angegebenen Prädiktoren (HUEFTE, TAILLE) zuzuordnen. Da diese aber sehr fein skaliert sind und sich daraus sehr viele Kombinationsmöglichkeiten ergeben, bleiben in der Folge viele Zellenkombinationen leer. Aus der Sicht der abhängigen Variable gesehen ist also die Zahl der Beobachtungen zu gering; aus der Sicht der Prädiktoren gesehen ist die Anzahl ihrer Kombinationen (sog. Kovariaten-Muster) zu groß. Entweder sollten also einige Prädiktoren weglassen oder einige Kategorien der (un-)abhängigen Variablen zusammengefasst werden. Oder, falls möglich, mehr Fälle ins Modell einbezogen werden.

**Warnungen**

| |
|---|
| Es gibt 1283 (71,8%) Zellen (also Niveaus der abhängigen Variablen über Kombinationen von Werten der Einflußvariablen) mit Null-Häufigkeiten. |

Dieser Hinweis ist unbedingt zu berücksichtigen, weil bei vielen Zellen mit Null-Häufigkeiten die Gültigkeit der Modellanpassung unklar ist und die Chi²-basierten Anpassungsstatistiken (z.B. Log-Likelihood) schwierig zu interpretieren sein könnten. Die Tabelle zur Zelleninformation (angefordert über die Option CELLINFO) ist aus den genannten Gründen für Beispiel 1 sehr umfangreich und wird daher hier nicht wiedergegeben (siehe dazu das zweite Beispiel).

**Zusammenfassung der Fallverarbeitung**

| | | Anzahl | Randprozentsatz |
|---|---|---|---|
| BMI-Kategorien | <20 | 58 | 9,1% |
| | 20–25 | 302 | 47,6% |
| | 26–30 | 189 | 29,8% |
| | >30 | 85 | 13,4% |
| | Gültig | 634 | 100,0% |
| | Fehlend | 29 | |
| | Gesamt | 663 | |

Die Tabelle zur Zusammenfassung der Fallverarbeitung gibt die kategorialen Variablen des Modells an, hier z.B. neben den absoluten und prozentualen Häufigkeiten der abhängigen Variable BMI, auch die fehlenden Werte (N=29).

**Information zur Modellanpassung**

| Modell | −2 Log-Likelihood | Chi-Quadrat | Freiheitsgrade | Sig. |
|---|---|---|---|---|
| Nur konstanter Term | 1417,108 | | | |
| Final | 827,371 | 589,737 | 2 | ,000 |

Verknüpfungsfunktion: Probit.

Die Tabelle zur Information zur Modellanpassung gibt an, ob das Modell überhaupt in der Lage ist, genaue Vorhersagen zu machen. Der „Chi-Quadrat"- Wert gibt dabei an, ob das Modell mit Prädiktoren (Gesamtmodell einschl. den Prädiktoren HUEFTE und TAILLE, „Final") eine bessere Information liefert als das Modell ohne Prädiktoren, also nur der Konstanten („Nur konstanter Term").

Die −2 Log-Likelihood Werte werden für das Konstanten-Modell („Nur konstanter Term") und das Gesamtmodell („Final") ausgegeben. Kommen im Modell viele leere Zellen (Null-Häufigkeiten) vor, können die Log-Likelihood Angaben selbst fragwürdig sein; der Unterschied zwischen den Log-Likelihoods kann normalerweise aber immer noch als (annähernd) Chi²-verteilt interpretiert werden (McCullagh & Nelder, 1989). Das angegebene Chi-Quadrat (589,737) basiert auf der Differenz zwischen der Log-Likelihood für „Nur konstanter Term" (Konstanten-Modell, 1417,108) und „Final" (Gesamtmodell, 827,371). Die Signifikanz des Chi-Quadrat (p=0.000) ist ein Hinweis darauf, dass das Modell mit Prädiktoren eine bessere Information liefert als das reine Konstanten-Modell. Die Chi-Quadrat-Signifikanz ist eine *erwünschte* Signifikanz. Die folgende Tabelle zur Güte der Modellanpassung informiert darüber, um wie viel besser das Gesamtmodell ist.

**Anpassungsgüte**

| | Chi-Quadrat | Freiheitsgrade | Sig. |
|---|---|---|---|
| Pearson | 1315,705 | 1336 | ,649 |
| Abweichung | 739,990 | 1336 | 1,000 |

Verknüpfungsfunktion: Probit.

Die Anpassungsgüte drückt aus, ob und inwieweit sich die tatsächlichen, beobachteten Zellenhäufigkeiten von den mittels des Modells errechneten, erwarteten Häufigkeiten signifikant unterscheiden. Die Chi-Quadrat-Tests (Pearson, Abweichung) liefern mit p=0,649 bzw. 1.000 keine signifikanten Werte, was für eine hohe Anpassungsgüte des errechneten Modells spricht. Eine Signifikanz wäre bei diesen Tests *unerwünscht*, da sie eine statistisch bedeutsame Abweichung des Modells von den Daten ausdrücken würde. Für logistische Regressionen sei nach Menard (2001) das Abweichungsmaß aufschlussreicher als das Maß nach Pearson. Da das Abweichungsmaß aber nicht nur auf die Trennfähigkeit der unabhängigen Variablen, sondern auch auf die Baserate (z.B. eine mögliche asymmetrische Besetzung der Kategorien der abhängigen Variablen) reagiert, ist entweder McFadden's $R^2$ oder der Likelihood-Quotienten-Test heranzuziehen. Beide Tests basieren im Gegensatz zur Devianz auf einem Log-Likelihood-Verhältnis zwischen Konstanten- und endgültigem Modell; asymmetrische Gruppengrößen wirken sich nicht auf die Teststatistik aus. Die Anwendung von Chi²-basierten Tests ist bei vielen zu gering besetzten oder sogar leeren Zellen generell problematisch (siehe auch die Warnhinweise; dies gilt auch für McFadden). Der Quotient aus dem Chi-Quadrat-Wert der Abweichung und Freiheitsgrade weist auf Unterdispersion hin (739,99/1336=0,55).

**Pseudo R-Quadrat**

| | |
|---|---|
| Cox und Snell | ,606 |
| Nagelkerke | ,666 |
| McFadden | ,387 |

Verknüpfungsfunktion: Probit.

Der Tabelle zum Pseudo R-Quadrat kann entnommen werden, wie groß der Anteil der durch das Modell erklärten Varianz ist. Der Zielwert ist in etwa 1.0 bzw. 100%. Pseudo R-Quadrat entspricht in etwa dem $R^2$ der metrischen Regression. Die Pseudo R-Quadrat Maße nach Cox und Snell, Nagelkerke bzw. McFadden sind sog. Approximationen (Details siehe unten). Nach Menard (2001, 2000) ist McFadden's Maß das am ehesten geeignete Maß für eine logistische Regression. McFadden's Maß ist u.a. unabhängig von Baserate und Stichprobengröße, steht konzeptionell dem OLS $R^2$ am nächsten, ist für polytome nominale, ordinale, wie auch dichotome abhängige Variablen gleichermaßen geeignet und gilt somit auch für den Vergleich von Modellen als eher geeignet (vorausgesetzt, die Annahmen des Chi²-Verfahrens sind erfüllt). McFadden's Maß drückt eine proportionale Reduktion des $-2LL$-Wertes aus; in der Literatur gelten schon Werte im Bereich von 0,2 bis 0,4 als höchst zufriedenstellend. Das erzielte $R^2$ (.387) drückt eine recht gute Modellanpassung aus und damit auch, dass die unabhängigen Variablen gut in der Lage sind, die Gruppenzugehörigkeit der abhängigen Variablen erklären. Nagelkerke's Maß gibt an, dass das Modell ca. 67% der Varianz erklärt.

Die zentralen Unterschiede zwischen den einzelnen Maßen sind u.a. Datenbasis, theoretisches Maximum und Interpretation. McFadden's $R^2$ und Nagelkerke's Maß als Adjustierung von Cox und Snell's Maß reichen von 0 bis 1. Cox und Snell's Maß erreicht dagegen 1 *nicht* auch bei einem perfekten Modell. Beide Maße basieren auf Likelihoods und können als Varianzaufklärung interpretiert werden, werden jedoch auch jeweils von der Stichprobengröße und der Baserate beeinflusst. McFadden's Maß basiert im Vergleich zu diesen beiden Maßen auf dem Quotienten des Chi-Quadrat-Werts des Prädiktorenmodells und des logarithmierten Likelihoods (Log-Likelihoods, $-2LL$) des Konstanten-Modells, variiert zwischen 0 und 1 und ist unabhängig von Stichprobengröße und Baserate (Anteil der Fälle, die das untersuchte Merkmal aufweisen oder nicht). McFadden's Maß kann als Ausmaß der Assoziation bzw. analog zu PRE-Maßen als proportionalem Anteil der Fehlerreduktion interpretiert werden. 1 bedeutet perfekte Vorhersage bzw. perfekten Zusammenhang, 0 bedeutet keine Vorhersagekraft bzw. kein Zusammenhang.

**Exkurs zu McFadden's R²:**

McFadden's R² wird in den einschlägigen Statistikbüchern, auch in SPSS-Büchern ausgesprochen heterogen beschrieben. Prof. Daniel McFadden (University of Berkeley, Pers. Kommunikation 27.01.2004) war so freundlich, einen kurzen Abriss seines R² zu skizzieren.

Definition: McFadden's R² variiert zwischen 0 und 1. Unter besonderen Umständen kann McFadden's R² negativ werden. Die Definition ist McFadden's R² = 1 − LL(MLE)/LL(„Anteile"). LL bedeutet Log Likelihood. MLE bezeichnet die Abschätzung anhand MLE (maximum likelihood estimates). „Anteile" bezeichnet die Abschätzung anhand der konstanten Anteile. Die LL einer Beobachtung abgeschätzt anhand von „Anteilen" ist einfach die Summe der Alternativen des Produkts des Stichprobenanteils multipliziert mit dem Logarithmus des Stichprobenanteils. Dies entspricht einer ML Schätzung eines Modells, das nur alternativen-spezifische Konstanten enthält.

Falls das vollständige Modell die maximale Anzahl linear unabhängiger alternativen-spezifischer Konstanten enthält, dann liegt McFadden's R² zwischen 1 und 0: Nahe 0, falls alle Steigungsparameter nicht signifikant sind; nahe 1, falls sich das Modell einer perfekten Vorhersage annähert. Falls kein ganzer Satz alternativen-spezifischer Konstanten im vollständigen Modell vorliegt, dann kann McFadden's R² auch negativ werden. Unter keinen Umständen kann McFadden's R² größer als 1 werden. McFadden's R² teilt diese Eigenschaft mit dem normalen R². McFadden's R² steht in keinerlei Zusammenhang zu Chi² mit Ausnahme der asymptotischen Verteilung der Likelihood-Ratios.

Interpretation: McFadden's R² ist ein Index für die "goodness of fit", analog zum konventionellen R² in dem Sinn, dass es eine skalen- und stichprobenunabhängige Transformation einer konventionellen Teststatistik für die Güte der Modellanpassung darstellt, in diesem Fall eines Likelihood-Ratio-Test. Wie das konventionelle R² ist McFadden's R² hilfreich als ein Maß zur Beurteilung der Modellanpassung bzw. Assoziation für alternative Modelle mit derselben abhängigen Variablen. McFadden's R² kann jedoch möglicherweise massiv irreführend, falls man damit Modelle mit verschiedenen abhängigen Variablen miteinander vergleichen möchte.

Man kann eine Vorstellung von McFadden's R² Skala bekommen, wenn man sich ein Binomialmodell mit einem konstanten Term und einem Steigungskoeffizienten vorstellt und Beobachtungen, die gleichmäßig (0.5) zwischen den Alternativen teilen. Falls die MLE Schätzer die beobachteten Alternativen mit den Wahrscheinlichkeiten 0.8, 0.9, oder 0.95 vorhersagen, dann sind die entsprechenden Werte von McFadden's R² 0.28, 0.53 und 0.71. Falls die Beobachtungen aber 0.7 zu 0.3 teilen, dann ergeben nun dieselben Vorhersagewahrscheinlichkeiten (0.8, 0.9, oder 0.95) die McFadden's R²-Werte 0.18, 0.47 und 0.68.

**Exkursende**

McFadden's Maß gilt im Allgemeinen als geeigneter für den Vergleich von Modellen (Details siehe oben); ansonsten wäre dieser Parameter wie in diesem Fall vermutlich nicht einfach zu interpretieren. Das zentrale Ergebnis zur durchgeführten ordinalen Regression findet sich in der Tabelle mit den Parameterschätzern.

**Parameterschätzer**

| | | Schätzer | Standard-fehler | Wald | Freiheits-grade | Sig. | Konfidenzintervall 95% | |
|---|---|---|---|---|---|---|---|---|
| | | | | | | | Untergrenze | Obergrenze |
| Schwelle | [bmi = 1,00] | 11,897 | ,746 | 254,505 | 1 | ,000 | 10,436 | 13,359 |
| | [bmi = 2,00] | 14,510 | ,815 | 316,737 | 1 | ,000 | 12,912 | 16,108 |
| | [bmi = 3,00] | 16,323 | ,869 | 352,744 | 1 | ,000 | 14,619 | 18,026 |
| Lage | huefte | ,073 | ,007 | 106,124 | 1 | ,000 | ,059 | ,087 |
| | taille | ,079 | ,009 | 77,509 | 1 | ,000 | ,062 | ,097 |

Verknüpfungsfunktion: Probit.

Die Tabelle „Parameterschätzer" stellt für das berechnete Modell Schätzer, Standardfehler, Signifikanz nach Wald und Konfidenzintervalle zusammen. Für die vier Kategorien der abhängigen Variable BMI werden zunächst drei Schwellen bzw. ihre Schätzer aufgelistet. Die Schwellenschätzer sind so zu interpretieren: Liegt ein Wert unter der ersten Schwelle von 11.897, so fällt er in Kategorie 1; liegt ein Wert zwischen 11.897 und 14.510, liegt er in Kategorie 2 usw. (zur Bedeutung der dazugehörigen Konfidenzintervalle siehe unten). Der Einfluss der beiden intervallskalierten Prädiktoren HUEFTE und TAILLE wird als „Lage" in den letzten beiden Zeilen ausgewiesen. Für die Beurteilung des Einflusses der unabhängigen Variablen sind alleine die Schätzer der Variablen HUEFTE und TAILLE bedeutsam (sog. Lageschätzer). Der Spalte „Sig." kann entnommen werden, welche unabhängigen Variablen überhaupt bedeutsam für das Modell sind; im Beispiel haben HUEFTE und TAILLE jeweils mit p=0.000 einen statistisch bedeutsamen Einfluss auf die abhängige Variable. Es liegen nur positive Lageschätzer vor (0.073 bzw. 0.079); dies bedeutet, dass größere HUEFTE- oder TAILLE-Werte in Richtung höherer BMI-Kategorien wirken. Ein negativer Lageschätzer wäre umgekehrt zu interpretieren; größere HUEFTE- oder TAILLE-Werte würden in Richtung niedrigerer BMI-Kategorien wirken.

Für eine Frau mit den Parametern HUEFTE=75 und TAILLE=60 kann auf der Basis der Linearkombination $Schätzer = HUEFTE*Lageschätzer_{HUEFTE} + TAILLE*Lageschätzer_{TAILLE}$, später mit Hilfe der Schwellenschätzer, die entsprechende BMI-Kategorie ermittelt werden, z.B. Schätzer = (75 * 0.073) + (60 *0.079) = 5.475 + 4.74 = 10.215. Der Wert 10.215 liegt unter der niedrigsten Schwelle von 11.897 (und außerhalb problematischer Konfidenzbereiche) und fällt somit eindeutig in die erste BMI-Kategorie. Eine Frau mit den Werten 75 und 60 in den Variablen HUEFTE und TAILLE fällt somit in die erste BMI-Kategorie.

Für die Schwellen der BMI-Kategorien werden zusätzlich Konfidenzintervalle ausgegeben. Überlappen die Konfidenzintervalle wie in diesem Beispiel (BMI=1: 13.359 (Obergrenze), BMI=2: 12.912 (Untergrenze), bedeutet dies konkret, dass die Schwellen in bestimmten Bereichen nicht eindeutig trennscharf sind. Im Bereich von 12.912 bis 13.359 kann ein Wert z.B. sowohl in die unterste, wie auch die nächsthöhere Kategorie fallen.

### 3.3.4    Beispiel 2 und Syntax: Kategoriale Prädiktoren (BY-Option)

Das zweite Beispiel untersucht den Einfluss zweier kategorialer Variablen (Körpergewicht in kg bzw. Leibliche Kinder (ja/nein)) auf das ordinal skalierte Maß des Bodymass-Index bei Frauen. Die Variable „BMI" ist wie in Beispiel 1 in folgende vier Kategorien unterteilt: „<20", „20–25", „26–30" und „>30". Die Variable KGEWICHT ist in die Kategorien „39–66" bzw. „67–120" aufgeteilt und ist streng genommen eine ordinale Variable. Die Variable „Eigene Kinder" (EKINDER) ist in die Möglichkeiten „ja" und „nein" unterteilt und ist eine nominalskalierte Variable. Mit einem einfachen Balkendiagramm wird zunächst die Verteilung von BMI angezeigt, um eine geeignete Linkfunktion wählen zu können. Mit der Tabellenstatistik Cramer's $V$ wird anschließend exploriert, ob zwischen den beiden Faktoren und der abhängigen Variable überhaupt substantielle Zusammenhänge vorliegen; anschließend wird die ordinale Regression gerechnet.

```
CROSSTABS
  /TABLES=bmi  BY kgewicht ekinder
  /FORMAT= AVALUE TABLES
  /STATISTIC=CHISQ PHI
  /CELLS= COUNT .

GRAPH
  /BAR(SIMPLE)=pct BY bmi .

PLUM
  bmi BY kgewicht ekinder
  /CRITERIA = CIN(95) DELTA(0) LCONVERGE(0) MXITER(100)
   MXSTEP(5) PCONVERGE (1.0E-6) SINGULAR(1.0E-8)
  /LINK = PROBIT
  /PRINT = CELLINFO FIT PARAMETER SUMMARY TPARALLEL
  /SAVE = ESTPROB PREDCAT .
```

Anm.: Der Befehl CROSSTABS mit der Option /STATISTIC=CHISQ PHI fordert u.a. Cramer's $V$ an; für Details wird auf das Kapitel zur Tabellenanalyse verwiesen.

Der Befehl GRAPH fordert mit dem Unterbefehl /BAR (SIMPLE) ein Balkendiagramm für die abhängige Variable BMI an.

Die Syntax für die Prozedur PLUM wurde im vorangegangenen Abschnitt ausführlich erläutert; in diesem Abschnitt werden ausschließlich Besonderheiten für die Analyse kategorialer Prädiktoren vorgestellt. Direkt nach PLUM werden die abhängige, ordinal skalierte Variable BMI und nach dem BY-Befehl die beiden kategorialen Prädiktoren KGEWICHT und E-KINDER in das Modell aufgenommen. Das Modell „BMI by KGEWICHT EKINDER" untersucht nur Haupteffekte und keine Wechselwirkungen zwischen den Prädiktoren.

Unter LINK können Verknüpfungsfunktionen für die Transformation der kumulativen Wahrscheinlichkeiten zur Schätzung des ordinalen Regressionsmodells festgelegt werden. Aufgrund des Befundes der Exploration wird die Probit-Funktion gewählt.

Unter PRINT wird die SPSS Ausgabe eingestellt. Die Option TPARALLEL testet die Paral-lelitätsannahme, wonach die Steigungen über alle Kategorien der abhängigen Variablen gleich sind und fordert für den sog. Parallelitätstest einen Chi²-Test an (Option gilt nur für reine Kategorialmodelle).

Über SAVE können errechnete Schätzstatistiken in den aktiven Datensatz gespeichert wer-den. Mit ESTPROB z.B. die geschätzte Wahrscheinlichkeit, ein Faktormuster richtig in eine abhängige Kategorienstufe zu klassifizieren und mit PREDAT die Responsekategorie, die die höchste erwartete Wahrscheinlichkeit für einen Faktor aufweist.

Über zusätzliche Unterbefehle und Optionen (z.B. LOCATION, SCALE, TEST) der SPSS Prozedur PLUM kann das vorgestellte Beispiel zur ordinalen Regression weiter verfeinert werden.

Mittels der Unterbefehle LOCATION, SCALE und TEST können komplexere Modelle defi-niert werden; sollen z.B. Wechselwirkungen bzw. Skalierungskomponenten berücksichtigt werden, so können diese über LOCATION bzw. SCALE spezifiziert werden. Leere bzw. weggelassene LOCATION oder SCALE Unterbefehle implizieren gleichermaßen die stan-dardmäßige Berechnung einfacher additiver Modelle. Das automatisch berechnete Stan-dardmodell enthält die Konstante (Intercept), alle Kovariaten (falls enthalten) und alle Hauptfaktoren in der Reihe, in der sie angegeben wurden.

Über den Unterbefehl TEST ist es möglich, individuelle Hypothesentests in Form von Null-hypothesen auf der Basis von Linearkombinationen von Parametern zu entwickeln. Die Leis-tungsvielfalt von TEST ist nicht über die Menüsteuerung, sondern nur über die Syntaxpro-grammierung zugänglich. Für Details wird auf die SPSS Syntax Dokumentation und die statistische Spezialliteratur verwiesen.

## 3.3.5    Output und Interpretation

**Diagramm**

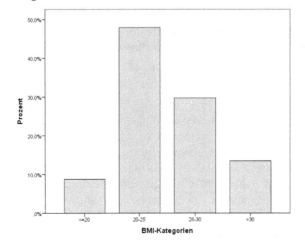

Die Ausprägungen der abhängigen ordinalskalierten Variable BMI entsprechen *ungefähr* einer Normalverteilung. Die Annahme einer Normalverteilung der intervallskalierten (ungruppierten) latenten BMI-Werte ist nicht unrealistisch; als Linkfunktion wird daher die Probit-Funktion gewählt.

## Kreuztabellen

Auf die vollständige Darstellung der Kreuztabellen wird verzichtet; stattdessen werden nur die Statistiken nach Cramer dargestellt. Die erste Statistik beschreibt den Zusammenhang zwischen Körpergewicht und BMI.

### Symmetrische Maße

|  |  | Wert | Näherungsweise Signifikanz |
|---|---|---|---|
| Nominal- bzgl. Nominalmaß | Phi | ,718 | ,000 |
|  | Cramer-V | ,718 | ,000 |
| Anzahl der gültigen Fälle |  | 659 |  |

Die zweite Statistik beschreibt den Zusammenhang zwischen eigenen Kindern und BMI.

### Symmetrische Maße

|  |  | Wert | Näherungsweise Signifikanz |
|---|---|---|---|
| Nominal- bzgl. Nominalmaß | Phi | ,152 | ,002 |
|  | Cramer-V | ,152 | ,002 |
| Anzahl der gültigen Fälle |  | 659 |  |

Den Tabellen kann entnommen werden, dass zumind. zwischen Körpergewicht und BMI eine substantielle Korrelation vorliegt (0.718, p=0.000) und somit der Berechnung der eigentlichen ordinalen Regression nichts entgegensteht. Zusammenhangsanalysen sind auch nützlich, um später anhand der Lageschätzer die Richtung des Einflusses der Faktoren leichter interpretieren zu können.

## PLUM – Ordinale Regression

Die SPSS Ausgabe für die eigentliche ordinale Regression beginnt zunächst mit einer Warnung über Null-Häufigkeiten. Zuvor sollte man sich vergegenwärtigen, dass das Modell auf der Seite der abhängigen Variable vier verschiedene Ausprägungen aufweist und auf der Seite aller kategorialer Prädiktoren insgesamt ebenfalls vier, also multipliziert insgesamt 16 Zellen besitzt. Von diesen 16 Zellen sind 4 Zellen (25%) leer. Die Ursache für die 4 leeren Zellen ist die, dass für bestimmte Ausprägungen oder Kombinationen der kategorial skalierten Prädiktoren keine Werte der abhängigen Variable vorliegen (Details können der Tabelle zur Zelleninformation weiter unten entnommen werden).

**Warnungen**

| Es gibt 4 (25,0%) Zellen (also Niveaus der abhängigen Variablen über Kombinationen von Werten der Einflußvariablen) mit Null-Häufigkeiten. |
|---|

Dieser Hinweis ist unbedingt zu berücksichtigen, weil bei vielen Zellen mit Null-Häufigkeiten die Gültigkeit der Modellanpassung unklar ist und die Chi²-basierten Anpassungsstatistiken (z.B. Log-Likelihood) schwierig zu interpretieren sein könnten.

**Zusammenfassung der Fallverarbeitung**

|  |  | Anzahl | Randprozentsatz |
|---|---|---|---|
| BMI-Kategorien | <=20 | 58 | 8,8% |
|  | 20-25 | 316 | 48,0% |
|  | 26-30 | 196 | 29,7% |
|  | >30 | 89 | 13,5% |
| Körpergewicht (dichotom) | 39-66 | 320 | 48,6% |
|  | 67-120 | 339 | 51,4% |
| Leibliche Kinder | nein | 147 | 22,3% |
|  | ja | 512 | 77,7% |
| Gültig |  | 659 | 100,0% |
| Fehlend |  | 4 |  |
| Gesamt |  | 663 |  |

Die Tabelle zur Zusammenfassung der Fallverarbeitung gibt die kategorialen Variablen des Modells an, hier z.B. neben den absoluten und prozentualen Häufigkeiten der abhängigen Variable BMI, auch die Kategorienausprägungen der Variablen Körpergewicht und Leibliche Kinder.

**Zelleninformation**

Häufigkeit

| Körpergewicht (dichotom) | Leibliche Kinder |  | BMI-Kategorien | | | |
|---|---|---|---|---|---|---|
|  |  |  | <=20 | 20-25 | 26-30 | >30 |
| 39-66 | nein | Beobachtet | 16 | 71 | 5 | 0 |
|  |  | Erwartet | 18,943 | 67,571 | 5,342 | ,144 |
|  |  | Pearson-Residuen | -,759 | ,810 | -,153 | -,380 |
|  | ja | Beobachtet | 42 | 167 | 19 | 0 |
|  |  | Erwartet | 38,722 | 171,663 | 17,069 | ,546 |
|  |  | Pearson-Residuen | ,578 | -,716 | ,486 | -,740 |
| 67-120 | nein | Beobachtet | 0 | 17 | 26 | 12 |
|  |  | Erwartet | ,070 | 14,283 | 28,291 | 12,355 |
|  |  | Pearson-Residuen | -,264 | ,835 | -,618 | -,115 |
|  | ja | Beobachtet | 0 | 61 | 146 | 77 |
|  |  | Erwartet | ,229 | 62,059 | 145,938 | 75,773 |
|  |  | Pearson-Residuen | -,479 | -,152 | ,007 | ,165 |

Verknüpfungsfunktion: Probit.

Die Tabelle zur Zelleninformation ist im Gegensatz zum ersten Beispiel recht übersichtlich und kann hier wiedergegeben werden.

Die Tabelle zur Zelleninformation ist immer aus zwei Perspektiven zu lesen: einer formellen sowie einer inhaltlichen Sichtweise. Die *formelle* Perspektive überprüft, ob vom untersuchten Zielereignis die relevanten Kategorien der abhängigen Variablen überhaupt häufig genug eingetreten sind (dies kann u.a. bei der binären logistischen Regression nicht selten zu recht unangenehmen Erkenntnissen führen). Die *inhaltliche* Perspektive überprüft die empirische Verteilung auf gegenstandsrelevante Auffälligkeiten; in der obigen Tabelle fällt z.B. eine gewisse Gegenläufigkeit auf. In der BMI-Kategorie 20–25 haben bei Körpergewicht 39–66 im Verhältnis gesehen weitaus mehr Frauen *keine* leiblichen Kinder als in allen anderen Kategorien. In weiteren Schritten kann z.B. geprüft werden, ob das Alter der Frauen eine mögliche Erklärung sein könnte.

Die Tabelle stellt in den Spalten die Ausprägungen der abhängigen Variable BMI und in den Zeilen die verschachtelten Ausprägungen der Faktoren Körpergewicht und Eigene Kinder dar; angegeben werden neben der beobachteten und erwarteten Häufigkeit auch Residuen nach Pearson. Die vier leeren Zellen befinden sich bei der höchsten BMI-Kategorie für Frauen mit einem Gewicht zwischen 39 und 66 kg und entgegengesetzt in der niedrigsten BMI-Kategorie für Frauen mit einem Gewicht zwischen 67 und 120 kg, jeweils unabhängig davon, ob diese leibliche Kinder haben oder nicht. Es ist davon auszugehen, dass diese leeren Zellen die Ermittlung der Modellanpassung und der Chi²-basierten Anpassungsstatistiken eindeutig ungünstig beeinflussen und dass bereits zu diesem Zeitpunkt eine Reanalyse auf der Basis rekodierter Daten in Erwägung gezogen werden sollte.

### Information zur Modellanpassung

| Modell | -2 Log-Likelihood | Chi-Quadrat | Freiheits-grade | Sig. |
|---|---|---|---|---|
| Nur konstanter Term | 455,019 | | | |
| Final | 41,634 | 413,385 | 2 | ,000 |

Verknüpfungsfunktion: Probit.

Die Tabelle zur Information zur Modellanpassung gibt an, ob das Modell überhaupt in der Lage ist, genaue Vorhersagen zu machen. Der „Chi-Quadrat" Wert gibt dabei an, ob das Modell mit den beiden kategorialen Prädiktoren („Final") eine bessere Information liefert als das reine Konstanten-Modell („Nur konstanter Term"; zu statistischen Details wird auf Beispiel 1 verwiesen). Das angegebene Chi-Quadrat (413.385) basiert auf der Differenz zwischen der Log-Likelihood für „Nur konstanter Term" und „Final"; die erzielte Signifikanz (p=0.000) ist ein Hinweis darauf, dass das Modell mit Prädiktoren eine bessere Information liefert als das reine Konstanten-Modell. Die Chi-Quadrat-Signifikanz ist eine erwünschte Signifikanz. Die folgende Tabelle zur Güte der Modellanpassung informiert darüber, um wie viel besser das Gesamtmodell ist.

**Anpassungsgüte**

|            | Chi-Quadrat | Freiheits-grade | Sig. |
|------------|-------------|-----------------|------|
| Pearson    | 3,016       | 7               | ,884 |
| Abweichung | 3,990       | 7               | ,781 |

Verknüpfungsfunktion: Probit.

Die Anpassungsgüte drückt aus, ob und inwieweit sich die tatsächlichen, beobachteten Zellenhäufigkeiten von den mittels des Modells errechneten, erwarteten Häufigkeiten signifikant unterscheiden. Die Chi-Quadrat-Tests (Pearson, Abweichung) liefern mit p=0.884 bzw. 0.781 ausschließlich nicht signifikante Werte, was für eine geeignete Anpassungsgüte des errechneten Modells spricht (zu Details zu Pearson und Abweichung (syn.: Devianz) siehe den Abschnitt zur multinomialen logistischen Regression). Eine Signifikanz wäre bei diesen Tests *unerwünscht*, da sie eine statistisch bedeutsame Abweichung des Modells von den Daten bzw. einen bedeutsamen Anteil nicht erklärter Varianz ausdrücken würde. Die Anwendung von Chi²-basierten Tests ist allerdings bei vielen zu gering besetzten oder sogar leeren Zellen nicht angemessen (McCullagh & Nelder, 1989; siehe auch Warnhinweise).

Versteckt in den Maßen zur Anpassungsgüte ist der Hinweis auf Über- oder Unterdispersion. Der Quotient aus dem Chi-Quadrat-Wert der Abweichung (3,990) und den Freiheitsgraden (7) ergibt einen Wert um 1 (0,57). Es liegt ein Hinweis auf Unterdispersion vor.

**Pseudo R-Quadrat**

|              |      |
|--------------|------|
| Cox und Snell | ,466 |
| Nagelkerke    | ,513 |
| McFadden      | ,262 |

Verknüpfungsfunktion: Probit.

Der Tabelle zum Pseudo R-Quadrat kann entnommen werden, wie groß der Anteil der durch das Modell erklärten Varianz ist. Der Zielwert aller Maße außer Cox und Snell ist 1.0 bzw. 100%. Das Nagelkerke's Maß gibt z.B. an, dass das Modell ca. 51% der Varianz erklärt. McFadden's R² (.262) drückt eine recht gute Modellanpassung aus und damit auch, dass die unabhängigen Variablen gut in der Lage sind, die Gruppenzugehörigkeit der abhängigen Variablen erklären. McFadden's Maß bezieht u.a. einen Chi²-Wert ein und ist wegen den leeren Modellzellen vermutlich schwierig zu interpretieren (zu statistischen Details siehe Beispiel 1).

**Parameterschätzer**

| | | Schätzer | Standard-fehler | Wald | Freiheits-grade | Sig. | Konfidenzintervall 95% | |
|---|---|---|---|---|---|---|---|---|
| | | | | | | | Unter-grenze | Ober-grenze |
| Schwelle | [BMI=1,00] | -3,153 | ,142 | 490,180 | 1 | ,000 | -3,432 | -2,874 |
| | [BMI=2,00] | -,774 | ,077 | 101,142 | 1 | ,000 | -,925 | -,624 |
| | [BMI=3,00] | ,622 | ,075 | 69,129 | 1 | ,000 | ,476 | ,769 |
| Lage | [KGEWICHT =,00] | -2,198 | ,126 | 304,062 | 1 | ,000 | -2,445 | -1,951 |
| | [KGEWICHT=1,00] | 0$^a$ | . | . | 0 | . | . | . |
| | [ekinder=,00] | -,134 | ,111 | 1,458 | 1 | ,227 | -,352 | ,084 |
| | [ekinder=1,00] | 0$^a$ | . | . | 0 | . | . | . |

Verknüpfungsfunktion: Probit.
  a. Dieser Parameter wird auf Null gesetzt, weil er redundant ist.

In der Tabelle mit den Parameterschätzern findet sich das zentrale Ergebnis zur durchgeführten ordinalen Regression. Die Tabelle „Parameterschätzer" stellt Schätzer, Standardfehler, Signifikanz nach Wald und Konfidenzintervalle für das berechnete Modell zusammen. Für die vier Kategorien der abhängigen Variable BMI werden zunächst drei Schwellen bzw. ihre Schätzer aufgelistet. Die Schwellenschätzer sind so zu interpretieren: Liegt ein Wert unter der ersten Schwelle –3.153, so fällt er in Kategorie 1; liegt ein Wert zwischen -3.153 und – 0.774, liegt er in Kategorie 2 usw. (zur Bedeutung der dazugehörigen Konfidenzintervalle siehe unten). Der Einfluss der beiden kategorialen Prädiktoren KGEWICHT und EKINDER steht in den „Lage"-Zeilen darunter; für jeden kategorialen Prädiktor gilt, dass die jeweils höchste Kategorie nicht dargestellt wird. Für die Beurteilung des Einflusses der unabhängigen Variablen sind alleine die Schätzer der Variablen KGEWICHT und EKINDER bedeutsam (sog. Lageschätzer). Lage- und Schwellenschätzer ermöglichen zusammen über eine Linearkombination der beobachteten Ausprägungen der Prädiktoren, z.B. in Gestalt der Linearkombination *Schätzer* = KGEWICHT\**Lageschätzer$_{KGEWICHT}$* + EKINDER\* *Lageschätzer$_{EKINDER}$* eine Klassifikation in die Kategorien der abhängigen Variablen. Für eine Frau mit den Parametern KGEWICHT=0 und EKINDER=1 kann analog zu Beispiel 1 die entsprechende BMI-Kategorie ermittelt werden. Der Spalte „Sig." kann entnommen werden, dass der Prädiktor KGEWICHT mit p=0.000 einen statistisch bedeutsamen Einfluss auf die abhängige Variable ausübt. Der Prädiktor EKINDER hat mit p=0.227 keinen statistisch bedeutsamen Einfluss auf die abhängige Variable und kann somit u.U. aus dem Modell ausgeschlossen werden. Die Lageschätzer sind ausschl. negativ (–2.198 bzw. –0.134), was bedeutet, dass die betreffenden KGEWICHT- bzw. EKINDER-Kategorie in Richtung niedrigerer BMI-Kategorien wirken; positive Lageschätzer wären umgekehrt zu interpretieren (EKINDER ist jedoch zu vernachlässigen, da nicht signifikant). Für die Schwellen zur abhängigen Variable BMI werden Konfidenzintervalle ausgegeben. Überlappen die Konfidenzintervalle nicht (wie in diesem Beispiel), bedeutet dies, dass die Schwellen eindeutig zwischen den Kategorien trennen können (zum Problem überlappender Kategorien siehe Beispiel 1). Zur weitergehenden Interpretation siehe den übernächsten Abschnitt.

**Parallelitätstest für Linien[a]**

| Modell | -2 Log-Likelihood | Chi-Quadrat | Freiheits-grade | Sig. |
|--------|-------------------|-------------|-----------------|------|
| Nullhypothese | 41,634 | | | |
| Allgemein | 37,695 | 3,939 | 4 | ,414 |

Die Nullhypothese gibt an, dass die Lageparameter (Steigungskoeffizienten)
über die Antwortkategorien übereinstimmen.

a. Verknüpfungsfunktion: Probit.

Die Tabelle „Parallelitätstest für Linien" enthält für reine Kategorialmodelle das Ergebnis
des Tests der Parallelitätsannahme. Die „Nullhypothese" ist dabei das Modell der durchgeführten ordinalen Regression (einschl. Prädiktoren). „Allgemein" ist ein Modell, bei dem die
Werte der Lageschätzer von einer Kategorie zur anderen variieren dürfen. Das ausgegebene
Chi-Quadrat (3,939) ist die Differenz zwischen den –2 Log-Likelihoods von „Nullhypothese" und „Allgemein". Eine Signifikanz wäre bei diesem Test *unerwünscht*, da er ausdrücken
würde, dass die Lageschätzer über die Kategorien der abhängigen Variable hinweg variieren
würden. Der ausgegebene nichtsignifikante Wert (p=0.414) weist darauf hin, dass die Werte
der Lageschätzer über die BMI-Kategorien konstant sind und dass die Parallelitätsannahme
nicht zurückgewiesen werden kann.

**Fallweise Interpretation der abgespeicherten Werte:**
Über die Optionen ESTPROB und PREDAT wurde SPSS veranlasst, im Datensatz die für
das Modell ermittelten Wahrscheinlichkeiten abzulegen. ESTPROB gibt die geschätzte
Wahrscheinlichkeit an, eine Faktorenkombination richtig in eine abhängige Kategorienstufe
zu klassifizieren. PREDAT gibt die abhängige Kategorie an, die die höchste erwartete Wahrscheinlichkeit für eine Faktorenkombination aufweist. Die folgende Tabelle ist ein Auszug
der ermittelten Daten (ausgegeben über LIST VARIABLES=); wichtig für das Beispiel sind
die kursiven Datenzeilen PATID=2364 bzw. 4795. Die Daten enthalten nicht mehr Probit-
werte, sondern bereits umgerechnete Wahrscheinlichkeiten.

```
PATID BMI KGEWICHT EKINDER EST1_1 EST2_1 EST3_1 EST4_1 PRE_1

  684  4,00   1,00    1,00    ,00    ,21    ,52    ,26   3,00
 2364  2,00    ,00    1,00    ,17    ,76    ,07    ,01   2,00 <-
 3532  2,00   1,00    1,00    ,00    ,21    ,52    ,26   3,00
 3895  1,00    ,00    1,00    ,17    ,76    ,07    ,01   2,00
 4795  4,00   1,00    1,00    ,00    ,21    ,52    ,26   3,00 <-
 5753  2,00    ,00    1,00    ,17    ,76    ,07    ,01   2,00
 6342  3,00   1,00     ,00    ,01    ,25    ,52    ,22   3,00
 7484  2,00    ,00     ,00    ,20    ,74    ,05    ,01   2,00
 8389  3,00   1,00    1,00    ,00    ,21    ,52    ,26   3,00
 9456  2,00    ,00    1,00    ,17    ,76    ,07    ,01   2,00
      etc.
```

Die Spalte PRE_1 gibt dabei für jeden Fall die Responsekategorie an, die die höchste erwartete Wahrscheinlichkeit für einen bestimmten Faktor bzw. eine bestimmte Faktorkombination aufweist. Für PATID 2364 und die Kombination der beiden Faktoren KGEWICHT=0 und EKINDER=1 ist die zweite BMI-Ausprägung die wahrscheinlichste Kategorie, was mit der beobachteten Angabe BMI=2 (ganz links) übereinstimmt. Die erwarteten Ereignisse (unter PRE_1) müssen nicht notwendigerweise mit den beobachteten Kategorien der abhängigen Variablen übereinstimmen. In der Datenzeile für PATID 4795 wird als wahrscheinlichste Kategorie BMI=3 vorhergesagt, obwohl die beobachtete Kategorie BMI=4 war.

Die Variablen EST1_1 bis EST4_1 geben für jeden Fall und die angegebene Faktorkombination die erwartete Wahrscheinlichkeit an. EST1_1 bis EST4_1 ergeben für jeden Fall immer die Wahrscheinlichkeit 1 bzw. 100%. EST1_1 bis EST4_1 sind für die Stufen der Faktorkombination also immer bereits kumulierte Wahrscheinlichkeiten ihres jew. Einflusses. Bei PATID 2364 weist EST_2 für die Kombination KGEWICHT=0 und EKINDER=1 (die Wahrscheinlichkeit für die zweite BMI-Kategorie, also BMI=2) die höchste geschätzte Wahrscheinlichkeit auf (0.76). Diese Wahrscheinlichkeit kann auch so ausgedrückt werden: Eine Person, die die Merkmalskombination KGEWICHT=0 und EKINDER=1 aufweist, besitzt mit einer Wahrscheinlichkeit von 76% die BMI-Kategorie 2. Die vorhergesagte Kategorie ist einfach die BMI-Kategorie mit der höchsten Wahrscheinlichkeit auf der Basis der Wahrscheinlichkeitswerte des betreffenden Falles. Weil der Datensatz 2*2 unabhängige Kategorien enthält, für die die jeweilige Wahrscheinlichkeit des Eintreffens aller vier abhängigen Kategorien ermittelt wird, enthält der Datensatz in EST1_1 bis EST4_1 max. 16 versch. Wahrscheinlichkeitswerte.

**Test der Vorhersagegüte:**
Zur Kontrolle der Vorhersagegüte durch das entwickelte Modell wird abschließend eine Korrelation zwischen BMI und PRE_1 durchgeführt. BMI erhält die Kategorien der *beobachteten* Ereignisse, PRE_1 die Kategorien mit den *erwarteten* Ereignissen. Im Idealfall sollte die Korrelation beider Variablen gleich 1 sein, was darauf schließen ließe, dass das Modell in Gestalt der Variable PRE_1 die Variable BMI fehlerfrei repliziert. Im Folgenden werden die vom Modell vorhergesagten (PRE_1) mit den beobachteten (BMI) Kategorien mittels des Verfahrens nach Kendall korreliert.

**Korrelationen**

| | | | BMI-Kategorien | Vorhergesagte Antwortkategorie |
|---|---|---|---|---|
| Kendall-Tau-b | BMI-Kategorien | Korrelationskoeffizient | 1,000 | ,660** |
| | | Sig. (2-seitig) | . | ,000 |
| | | N | 659 | 659 |
| | Vorhergesagte Antwortkategorie | Korrelationskoeffizient | ,660** | 1,000 |
| | | Sig. (2-seitig) | ,000 | . |
| | | N | 659 | 659 |

**. Die Korrelation ist auf dem 0,01 Niveau signifikant (zweiseitig).

Die Korrelation beträgt r = 0.66. Die Güte der Vorhersage als Globalmaß kann auch aus anderen Gründen nicht als zufriedenstellend bezeichnet werden:

**BMI-Kategorien * Vorhergesagte Antwortkategorie Kreuztabelle**

| | | | Vorhergesagte Antwortkategorie | | |
|---|---|---|---|---|---|
| | | | 20-25 | 26-30 | Gesamt |
| BMI-Kategorien | <=20 | Anzahl | 58 | 0 | 58 |
| | | % von BMI-Kategorien | 100,0% | ,0% | 100,0% |
| | | % der Gesamtzahl | 8,8% | ,0% | 8,8% |
| | 20-25 | Anzahl | 238 | 78 | 316 |
| | | % von BMI-Kategorien | 75,3% | 24,7% | 100,0% |
| | | % der Gesamtzahl | 36,1% | 11,8% | 48,0% |
| | 26-30 | Anzahl | 24 | 172 | 196 |
| | | % von BMI-Kategorien | 12,2% | 87,8% | 100,0% |
| | | % der Gesamtzahl | 3,6% | 26,1% | 29,7% |
| | >30 | Anzahl | 0 | 89 | 89 |
| | | % von BMI-Kategorien | ,0% | 100,0% | 100,0% |
| | | % der Gesamtzahl | ,0% | 13,5% | 13,5% |
| Gesamt | | Anzahl | 320 | 339 | 659 |
| | | % von BMI-Kategorien | 48,6% | 51,4% | 100,0% |
| | | % der Gesamtzahl | 48,6% | 51,4% | 100,0% |

Werden die beiden Variablen zusätzlich kreuztabelliert und die Ausgabe mit Prozentangaben versehen, fällt zweierlei auf: Die Variable PRED_1 enthält nur zwei, anstelle von vier Ausprägungen im Vergleich zur Variable BMI. Die Zellen <20 bzw. > 30 fehlen bei der Variable PRED_1, was konkret heißt, dass ihre Werte sehr wahrscheinlich den Nachbarkategorien zugewiesen wurden. Aber selbst die Rekonstruktion der verbleibenden Kategorien ist nicht optimal gelungen. Die Zellen der Tabelle zeigen z.B. für die BMI-Kategorie „20–25" an, dass nur ca. 75% der Werte richtig zugeordnet werden konnten; für die BMI-Kategorie „26–30" dagegen ca. 88% der Werte.

## 3.3.6 Voraussetzungen für eine ordinale Regression

1. Die ordinale Regression unterstellt ein Kausalmodell zwischen (mind.) einer unabhängigen Variablen (X) und einer abhängigen (Y) Variable. Nonsensregressionen, z.B. der Einfluss der Körpergröße auf Schulnoten, sind von vornherein sachlogisch auszuschließen. Nur relevante Variablen sind im Modell anzugeben, unwichtige Variablen sind auszuschließen.
2. Die paarweisen Messungen $x_i$ und $y_i$ müssen zum selben Objekt gehören. In anderen Worten: Die untersuchten Merkmale werden dem gleichen Element einer Stichprobe entnommen.
3. Die unabhängigen und abhängigen Variablen sind idealerweise hoch miteinander korreliert.
4. Die Anzahl der Beobachtungen ist größer als die mit 5 multiplizierte Anzahl aller Kategorienstufen. Eine Daumenregel besagt, dass eine Analyse *mindestens* fünf Fälle multipliziert mit der Anzahl der Kategorienstufen aller unabhängigen und abhängigen Variab-

len zusammen enthalten sollte. Enthält also das Design z.B. insgesamt 8 Kategorienstufen, so sollten mind. 40 Fälle in die Analyse eingehen, unabhängig davon, ob es sich um
eine Analyse mit einem oder mehreren Prädiktoren handelt (für die Analyse von Wechselwirkungen sind mehr Fälle notwendig). Falls die Kombination mehrerer Prädiktorenstufen zu zahlreichen leeren Zellen führen sollte, können entweder unwichtige Prädiktoren aus dem Modell entfernt werden oder Prädiktorenstufen zusammengefasst werden. Das Zusammenfassen von Prädiktorenstufen sollte sorgfältig geschehen, um die Datenintegrität zu bewahren. Je größer die Power bzw. je kleiner die Effektstärken sein sollen, umso mehr Fälle sollten vorliegen. Hosmer & Lemeshow (2000, 339–347) stellen eine Formel vor, die neben der Stichprobengröße auch die Power und die Testrichtung anzugeben erlaubt und schlagen z.B. für einigermaßen gleichhäufige Verteilungen als
Daumenregel mind. $N = 10 * n$ Kovariaten vor (für asymmetrische Ausprägungen des
Zielereignisses ist die Situation schwieriger). Als Folge wären entweder Fälle nur für das
interessierende Zielereignis zu ziehen, das N generell zu erhöhen und/oder die Anzahl der
Kovariaten zu verringern.

5. Fehlende Daten (Missings): Fehlende Daten können v.a. bei Vorhersagemodellen zu
   Problemen führen. Fehlen keinerlei Daten, ist dies eine ideale Voraussetzung für ein
   Vorhersagemodell. Fehlen Daten völlig zufällig, entscheidet das konkrete Ausmaß, wie
   viele Daten proportional in der Analyse verbleiben, was durchaus zu einem Problem
   werden kann. Stellt sich anhand von sachnahen Überlegungen heraus, dass Missings in
   irgendeiner Weise mit den Zielvariablen zusammenhängen, entstehen Interpretations-
   und Modellierungsprobleme, sobald diese Missings aus dem Modell *ausgeschlossen* werden. Fehlende Daten können z.B. (a) modellierend über eine Missings anzeigenden Indikator und (b) eine Analyse fehlender Werte (Missing Value Analysis) rekonstruierend
   wieder in ein Modell einbezogen werden; jeweils nur unter der Voraussetzung, dass ihre
   Kodierung, Rekonstruktion und Modellintegration gegenstandsnah und nachvollziehbar
   ist (z.B. Schendera, 2007). Konzentrieren sich Missings auf eine Variable, könnte diese
   evtl. auch aus der Analyse ausgeschlossen werden.

6. Um die Zuverlässigkeit der Chi²-basierten Tests (z.B. McFadden's Maß, Pearson) zu
   gewährleisten, sollten die Anforderungen von Chi²-Tests eingehalten werden; z.B. sollten
   max. 20% der Zellen eine erwartete Häufigkeit unter 5 aufweisen.

7. Parallelitätsannahme: Die ordinale Regression unterstellt die Parallelitätsannahme, wonach die Steigungen über alle Kategorien der abhängigen Variablen hinweg gleich sind.
   Diese Annahme ist mit einem Chi²-basierten Test zu überprüfen. Wird der Parallelitätstest signifikant, verstößt das Modell gegen die Annahme konstanter Steigungen. Ursachen können u.a. eine nicht angemessene Linkfunktion, ein inadäquates Modell oder eine
   fragwürdige Ordinalskalierung der abhängigen Variablen sein.

8. Abhängige Variable: Die abhängige Variable ist bei der ordinalen Regression ordinal und
   diskret skaliert. Eine konzeptionelle Variante zur ordinalen Regression ist das Generalisierte Lineare Modell auf der Basis abgeleiteter kumulativer Wahrscheinlichkeiten.

9. Linkfunktion: Anhand der Verteilung der abhängige Variable ist eine geeignete Verknüpfungsfunktion festzulegen. Sind die Kategorien gleichmäßig und symmetrisch verteilt, ist
   die Logit-Funktion zu wählen. Weist die latente Variable viele Extremwerte auf, ist die
   inverse Cauchy-Funktion geeignet. Sind höhere bzw. niedrigere Kategorien wahrscheinlicher, sind die Komplementäre Log-Log Funktion bzw. Negative Log-Log Funktion an-

gemessen. Die Probit-Funktion ist geeignet, wenn die latente Variable normalverteilt (also auch symmetrisch) ist.

10. Dispersionsprobleme (Über- bzw. Unterdispersion, syn.: Over-, Underdispersion): Für ein korrekt spezifiziertes Modell sollte ein Maß für die Modellgüte (Pearson, Abweichung) dividiert durch die Anzahl der Freiheitsgrade einen Wert um 1 ergeben. Werte weit über 1 weisen auf Überdispersion hin; Werte unter 1 auf die eher seltene Unterdispersion. Dispersionsprobleme weisen darauf hin, dass evtl. keine Binomialverteilung vorliegt und führen u.a. zu fehlerhaften Standardfehlern. Die in der Analysepraxis recht häufige Überdispersion wird oft dadurch verursacht, dass dem Modell wichtige Prädiktoren fehlen bzw. diese transformiert werden müssten, Ausreißer vorliegen, oder die falsche Linkfunktion gewählt wurde. Eine Korrektur der Dispersion kann auch über eine Reskalierung der Kovarianzmatrix vorgenommen werden, ist jedoch erst nach der Prüfung und Behebung der anderen Fehlerquellen sinnvoll.

11. Ordinalkodierung der abhängigen Variablen: Die Kodierung der abhängigen Variablen ist in formaler und semantischer Hinsicht zu prüfen. Die Kodierung kann unter Umständen einen Einfluss auf die erzielten Statistiken ausüben und quantitative Verhältnisse evtl. nicht numerisch präzise ausdrücken; es sollte der Effekt verschiedener Kodierungen zumindest überprüft werden. Kodierungsbedingte (unabhängig von Prädiktoren) leere Zellen sollten vermieden werden. Die Ordinalabstände der Kodierung sollten auch semantisch interpretier- und rangsortierbare Intensitäten abbilden können (nicht notwendigerweise semantische Äquidistanzen). Können die Kodierungen nicht in semantisch eindeutig interpretierbare Rangreihen gebracht werden, so ist eine Rekodierung vorzunehmen.

12. Unabhängige Variablen: Die Kodierung der unabhängigen Variablen beeinflusst nicht die Eintretenswahrscheinlichkeit der Kategorien der abhängigen Variable. Die Kombination der Ausprägungen von mehreren unabhängigen Prädiktoren kann jedoch zu Null-Häufigkeiten führen und damit die Validität der Chi²-basierten Tests beeinträchtigen. Zu fein gestufte Kodierungen sollten v.a. bei der Kombination mehrerer Prädiktoren vermieden werden (umso mehr bei intervallskalierten Kovariablen). Sollen Wechselwirkungen zwischen verschiedenen Prädiktoren(stufen) berücksichtigt werden, so können diese über /LOCATION dem Modell hinzugefügt werden. Weist z.B. ein Prädiktor in den Ausprägungen einer weiteren kategorialen Variablen (aber kein Prädiktor) eine jeweils unterschiedliche Variabilität auf, so kann das Modell optional um eine sog. Skalierungskomponente adjustiert werden (in SPSS möglich über /SCALE). Die Skalierungskomponente könnte man in etwa mit einem Gewichtungsfaktor umschreiben und sollte einem Modell erst dann hinzugefügt werden, falls es sich als unergiebig erweisen sollte, auch weil es die Interpretation der Schätzer zunehmend komplizierter macht.

13. Die Vorhersagefehler streuen in Residuenplots zufällig um Null, vorausgesetzt, die Stichprobe ist groß genug.

14. Test der Vorhersagegüte: Ein Modell sollte nach seiner Parametrisierung auch auf die praktische Relevanz seiner Vorhersagegüte getestet werden. Das Modell sollte in der Lage sein, einen Großteil der beobachteten Ereignisse über optimale Schätzungen korrekt zu reproduzieren. Werte unter 90% pro relevanter Kategorienzelle sind nicht akzeptabel; je nach Anwendungsbereich sind sogar höhere Anforderungen zu stellen. Fehlen in der vorhergesagten Antwortvariable keine Kategorien, könnte das Ausmaß der Übereinstimmung auch mit Cohen's Kappa-Koeffizient überprüft werden.

# 3.4     Multinomiale logistische Regression

Die multinomiale logistische Regression (syn.: polytome logistische Regression, polychotome logistische Regression) ist eine Art „Übergang" zwischen der binären logistischen Regression (genauer: ihre Erweiterung) und der ordinalen Regression, da sie einerseits abhängige Variablen mit zwei oder mehr Ausprägungen zu untersuchen erlaubt, ohne aber andererseits ihre Ranginformation berücksichtigen zu können.

Das Rechenverfahren der multinomialen logistischen Regression ist im Prinzip dasselbe wie das der binären logistischen Regression. Ein multinomiales Logit-Modell wird einer polytomen nominalen abhängigen Variable angepasst (auf eine Veranschaulichung wird daher verzichtet; auf Unterschiede zwischen binärer und multinomialer logistischer Regression im Detail wird am Ende des Kapitels eingegangen). Das Verfahren der ordinalen Regression basiert im Gegensatz dazu auf dem Ansatz des kumulativen Logit-Modells und damit einhergehend auf völlig anderen Modellannahmen.

Die multinomiale logistische Regression wird z.B. dann eingesetzt, wenn Fälle anhand von Prädiktoren klassifiziert werden sollen. Fragestellungen der multinomialen logistischen Regression ähneln daher denjenigen der logistischen oder auch der ordinalen Regression, z.B.:

- Aufgrund welcher Laborparameter können Patienten entweder dem Krankheitsbild A, B oder C zugeordnet werden?
- Anhand welcher Bilanzparameter wird ein Bankkunde als eindeutig kreditwürdig, potentiell kreditwürdig oder als nicht kreditwürdig eingestuft? Usw.

Unter bestimmten Voraussetzungen gilt das Verfahren der multinomialen logistischen Regression dem Verfahren der binären logistischen Regression überlegen, wenn z.B. alle Einflussvariablen kategorial sind oder stetige Einflussvariablen nur eine begrenzte Anzahl an Werten annehmen.

Bei einer 0/1 kodierten abhängigen Variable und diskret skalierten Einflussvariablen erzielen LOGISTIC REGRESSION und NOMREG dieselben Ergebnisse (z.B. Wald-Statistik o.ä.) und unterscheiden sich nur in der prozedurspezifischen SPSS Ausgabe.

Bei einer 0/1 kodierten abhängigen Variable und metrisch skalierten Einflussvariablen gelangen LOGISTIC REGRESSION und NOMREG zu verschiedenen Ergebnissen, da NOMREG auf den Einzelfällen aufbaut, während LOGISTIC REGRESSION mit gruppenweisen Daten arbeitet. LOGISTIC REGRESSION sollte daher für metrisch skalierte Einflussvariablen vorgezogen werden. NOMREG gilt bei überwiegend oder gar ausschließlich kategorialen Einflussvariablen als überlegen. Das erste vorgestellte Beispiel verwendet daher ausschließlich kategoriale Prädiktoren; das Beispiel zum Spezialfall der gematchten Fall-Kontrollstudie verwendet ausschließlich metrische Prädiktoren.

## 3.4.1     Beispiel, Maus und Syntax: Haupteffekt-Modell
##           (dichotome AV)

Das Ziel des folgenden Beispiels ist neben einer zunächst einfachen Einführung in die Berechnung und Interpretation einer multinomialen Regression auch zu zeigen, dass eine schrittweise Berechnung eines Modells mit einer dichotomen abhängigen Variable mit NO-MREG dieselben Ergebnisse erzielt wie mittels der Prozedur LOGISTIC REGRESSION, abgesehen von prozedurspezifischem Output.

Die ab SPSS Version 12 neue „stepwise function" in NOMREG erlaubt nun auch in einer multinomialen logistischen Regression, mittels vier schrittweisen Methoden die besten der angegebenen Prädiktoren zu ermitteln.

**Fallbeispiel**

An einem Patientenkollektiv (mit jeweils unterschiedlichen Tumorgrößen) wird untersucht, ob die drei Parameter „Östrogen-Rezeptor" (in den Ausprägungen „positiv" bzw. „negativ", Variable ERPSTAT), „Progesteron-Rezeptor" (in den Ausprägungen „positiv" bzw. „negativ", Variable PRSTAT) und „Lymphknoten vorhanden" (in den Ausprägungen „ja" bzw. „nein", Variable LYMPH) möglicherweise einen Einfluss auf die festgestellte „Tumorgröße" (in den Ausprägungen „klein (<2cm)" bzw. „groß (2–5cm)", Variable TUMOKAT2) haben könnten.

Das Beispiel soll also zwei Fragen beantworten helfen: Unterscheiden sich die beiden Patientenkollektive in den Parametern ERPSTAT, PRSTAT bzw. LYMPH und wie stark ist der Einfluss der jeweiligen Parameter?

**Maussteuerung (exemplarisch)**

*Pfad: Analysieren → Regression → Multinomial logistisch...*

Ziehen Sie die Variable TUMOKAT2 in das Fenster „Abhängige Variable". Legen Sie über „Referenzkategorie" eine Ausprägung der abhängigen Variablen als Referenzkategorie fest (z.B. „Erste", ggf. einschl. Sortierung, z.B. „Aufsteigend"). Ziehen Sie die Variablen LYMPH, ERPSTAT und PRSTAT in das Fenster „Faktor(en)". Stellen Sie unter „Modell" (rechts oben) „Rückwärtsgerichtet schrittweise" ein, eine schrittweise Methode.

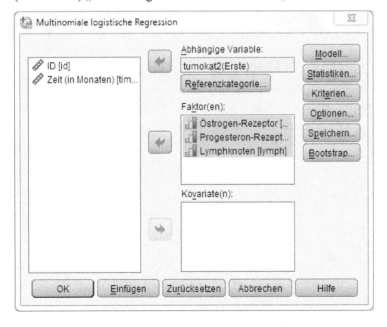

*Fenster „Kovariate(n)":* Dieses Fenster ist für diese Analyse nicht relevant. Das Analysemodell enthält keine stetig skalierten Variablen. Klicken Sie auf „Weiter".

*Unterfenster „Modell...":* Das Markieren der Option „Konstanten Term in Modell einschließen" legt fest, dass das Modell einen Intercept ($b_0$) enthalten soll. Wählen Sie als Methode zur Variablenselektion „Schrittweise/Benutzerdefiniert". Markieren Sie die Variablen LYMPH, ERPSTAT und PRSTAT und klicken Sie diese in das Feld für „Variablen für schrittweisen Einschluss" („F" bezeichnet Faktoren, „C" Kovariaten). Geben Sie unter „Methode" das Variablenselektionsverfahren „Rückwärtsgerichtet schrittweise" vor. Klicken Sie auf „Weiter".

*Unterfenster „Statistiken...":* Fordern Sie unter „Modell" die „Zusammenfassung der Fallverarbeitung", „Pseudo-R-Quadrat", „Zusammenfassung der Schritte", „Informationen zur Modellanpassung", „Zellwahrscheinlichkeiten", „Klassifikationsmatrix" und die „Anpassungsgüte" an. Fordern Sie unter „Parameter" die „Schätzer" und den „Test für Likelihood-Quotienten" an. Geben Sie für „Teilgesamtheiten definieren" vor, dass die angegebenen unabhängigen Faktoren (erste Option) die Kovariaten-Strukturen für die Zellen-Wahrscheinlichkeiten und die Tests zur Anpassungsgüte definieren. Legen Sie über „Konfidenzintervall (%)" den Vertrauensbereich fest. Klicken Sie auf „Weiter".

*Unterfenster „Kriterien...":* Übernehmen Sie unter „Kriterien" zunächst alle Voreinstellungen, z.B. „Maximale Anzahl der Iterationen" (100), „Maximalzahl für Schritt-Halbierung" (5), die „Log-Likelihood-Konvergenz" (0), die „Parameter-Konvergenz" (0.000001), „Delta" (0) und die „Toleranz für Prüfung auf Singularität" (0.00000001). Aktivieren Sie die Option „Prüfen der Datenpunkttrennung aus Iteration vorwärts" und übernehmen Sie den voreingestellten Wert (20). Klicken Sie auf „Weiter".

*Unterfenster „Optionen...":* Ändern Sie unter „Streuungsmaßstab" nicht die Voreinstellung „Keine". Geben Sie unter „Schrittweise Optionen" Kriterien (Wahrscheinlichkeiten) vor, nach denen unabhängige Variablen in die Gleichung aufgenommen (voreingestellt: p=0,05) oder aus dieser entfernt (voreingestellt: p=0,10) werden sollen. Klicken Sie auf „Weiter".

*Unterfenster „Speichern...":* Speichern Sie in diesem Beispiel geschätzte Antwortwahrscheinlichkeiten, vorhergesagte Kategorien und ihre vorhergesagten bzw. tatsächlichen Wahrscheinlichkeiten ab. Klicken Sie auf „Weiter".

Starten Sie die Berechnung mit „OK".

**Syntax:**

```
NOMREG
   tumokat2 (BASE=FIRST ORDER=ASCENDING) BY lymph erpstat prstat
   /CRITERIA CIN(95) DELTA(0) MXITER(100) MXSTEP(5) CHKSEP(20)
             LCONVERGE(0) PCONVERGE(0.000001)
             SINGULAR(0.00000001)
   /MODEL =  | BSTEP =  lymph erpstat prstat
   /STEPWISE = PIN(.05) POUT(0.1) MINEFFECT(0) RULE(SINGLE)
   /INTERCEPT = INCLUDE
```

```
/PRINT = CELLPROB CLASSTABLE FIT PARAMETER SUMMARY
         LRT CPS STEP MFI
/SAVE ESTPROB PREDCAT PCPROB ACPROB .
```

Anm.: Der Befehl NOMREG fordert das Verfahren zur Berechnung einer multinomialen logistischen Regression an. Direkt im Anschluss wird eine polytom (hier: dichotom) skalierte abhängige Variable (hier: TUMOKAT2) angegeben. Die abhängige Variable kann numerisch oder eine polytome (idealerweise kurze) String-Variable sein.

ORDER und BASE definieren zusammen zunächst die Abfolge der Werte der abhängigen Variable und anschließend, welcher Wert die Referenzkategorie (Base) darstellt. Für die Referenzkategorie werden keine Modellparameter ermittelt. ORDER= legt die Abfolge der Werte der abhängigen Variablen fest. Mittels ASCENDING bzw. DESCENDING werden die Werte ansteigend bzw. abnehmend geordnet. Bei ASCENDING (DECENDING) definiert der niedrigste (höchste) Wert die erste Kategorie und der höchste (niedrigste) Wert die letzte Kategorie. Über BASE= kann eine andere als die letzte Kategorie (voreingestellt) der abhängigen Variable als Referenzkategorie eingestellt werden; mittels BASE wird dann genauer spezifiziert, welcher Wert die Referenzkategorie sein soll. Mittels DATA wird aus dem ersten Wert unsortierter Daten die erste und aus deren letztem Wert die letzte Kategorie gebildet. Das Ergebnis mittels BASE=DATA hängt von der Sortierung des Datensatzes ab; unterschiedliche Sortierungen führen also zu verschiedenen Ergebnissen. BASE= legt in der mittels ORDER definierten Werteabfolge die konkrete Referenzkategorie („Basis") der abhängigen Variable fest. Im Beispiel definiert z.B. FIRST die erste (niedrigste) Kategorie als Referenzkategorie. Weitere Möglichkeiten sind LAST oder die Angabe eines numerischen Kodes, auch in Form von Datum, Währung oder String. Nach BY werden die Faktoren des Modells angegeben (hier LYMPH, ERPSTAT und PRSTAT). Faktoren können numerisch oder (idealerweise kurze) String-Variablen sein. Sollen noch intervallskalierte Kovariaten angegeben werden, so müssen diese numerisch sein und in der Syntax den Prädiktoren nach einem WITH folgen.

Unter CRITERIA werden v.a. Einstellungen für den Schätzalgorithmus, wie auch Toleranzwerte für den Singularitätstest angegeben. Mit CIN (95, Voreinstellung) werden Konfidenzintervalle mit 95% definiert; unter CIN können Werte zwischen 50 und 99.99 angegeben werden. Unter DELTA kann ein Wert zwischen 0 und 1 angegeben werden (hier z.B. 0, Voreinstellung), der zu leeren Zellen hinzugefügt wird; dadurch wird die Stabilität des Schätzalgorithmus unterstützt. Im Beispiel soll leeren Zellen kein Wert hinzugefügt werden. DELTA sollte nicht mit BIAS (nicht verwendet) verwechselt werden; unter BIAS kann ähnlich ein Wert zwischen 0 und 1 angegeben werden, der *allen beobachteten* Zellhäufigkeiten hinzugefügt wird.

MXITER(100) und MXSTEP(5) geben die maximale Anzahl der Iterationen bzw. Schritt-Halbierungen an (die Werte müssen positiv und ganzzahlig sein). Die Schätziteration bricht nach den festgelegten Maximalzahlen ab. Unter CHKSEP(20) kann die Iteration angegeben werden, bei der das Verfahren mit der Prüfung auf vollständige oder quasi-vollständige Separation der Daten beginnen soll (voreingestellt ist 20).

Über LCONVERGE und PCONVERGE werden sog. Konvergenzkriterien für Log-Likelihood Funktion bzw. für die Parameterschätzung an SPSS übergeben. Unter LCON-VERGE wird ein Schwellenwert für das Erreichen der Log-Likelihood-Konvergenz angegeben; 0 ist voreingestellt. Die Angabe erfolgt konventionell (im Gegensatz dazu erfolgen bei der Prozedur PLUM die Angaben in wissenschaftlicher Notation). Der Iterationsprozess wird beendet, wenn die absolute oder relative Änderung der Log-Likelihood zwischen den letzten beiden Iterationen kleiner als dieser Wert ist. Bei einer Vorgabe von 0 wird dieses Kriterium nicht verwendet. Unter PCONVERGE wird ein Schwellenwert für das Erreichen der Parameter-Konvergenz angegeben. Die Angabe erfolgt konventionell; 0.000001 ist voreingestellt. Wenn die absolute oder relative Änderung in den Parameterschätzern kleiner als dieser Wert ist, wird davon ausgegangen, dass der Algorithmus die richtigen Schätzer erreicht hat. Bei PCONVERGE(0) wird dieses Kriterium nicht verwendet. Unter SINGULAR kann ein Toleranzwert für die Überprüfung auf Singularität angegeben werden; 0.00000001 ist voreingestellt.

Unter /MODEL können die Modell-Effekte angegeben werden, nach einem senkrechten Strich („ | ") auch Methoden ihrer Auswahl. Soll kein schrittweises Verfahren angewendet werden, entfällt die Angabe von („ | ") und der Option für das Verfahren. Soll ein vollständiges faktorielles Modell gerechnet werden (Unterbefehl /FULLFACTORIAL), so entfällt die Angabe /MODEL komplett, s.u.). Die folgenden Ausführungen beziehen sich auf die Angaben der Variablen nach /MODEL und anschließend auf die Angabe der auszuwählenden Variablen unter BSTEP.

Unter /MODEL werden Haupteffekte des Modells durch das einfache Angeben der Prädiktoren definiert; Interaktionen zwischen Haupteffekten können z.B. über Ausdrücke der Form „(A*B)" oder alternativ „A BY B" angegeben werden. Genestete Effekte, wenn z.B. der Faktor A innerhalb des Faktors B „genestet" ist, können z.B. in der Form „A(B)" oder alternativ „A WITHIN B" spezifiziert werden; auch die Angabe mehrfach genesteter Effekte ist möglich. Um eine Kovariate ins Modell aufzunehmen (mit Kovariaten sind metrisch skalierte Variablen gemeint, die v.a. nicht kontrollierte Varianz der abhängigen Variablen erklären helfen sollen), muss diese unter /MODEL nach einem WITH angegeben sein; Kovariablen können nicht genestet werden. Wird nach /MODEL nichts angegeben oder wird der Befehl ganz weggelassen, wird aus den nach „BY" (unter NOMREG) angegebenen Prädiktoren ein Standardmodell konstruiert. Das Standardmodell enthält zunächst die Konstante (falls eingeschlossen), dann die Kovariaten (falls enthalten) in der angegeben Reihenfolge und dann die Prädiktoren in der angegebenen Reihenfolge.

Sind die Effekte für das Modell festgelegt, kann nach einem senkrechten Strich („ | ") die Methode ihrer Auswahl angegeben werden; es kann unter BACKWARD, FORWARD, BSTEP und FSTEP gewählt werden (Details siehe unten). Soll kein schrittweises Verfahren angewendet werden, sondern ein direktes Hauptfaktorenmodell, entfällt die Angabe von („ | ") und die Angabe des Verfahrens). Bei Anforderung eines vollständig faktoriellen Modells über /FULLFACTORIAL mit allen möglichen Interaktionen der Prädiktoren entfällt die /MODEL-Zeile komplett. Die Befehle MODEL und FULLFACTORIAL bzw. MODEL und TEST können nicht gleichzeitig verwendet werden.

Im Unterbefehl /MODEL darf ein Effekt nicht mehrfach angegeben werden, auch z.B. bei Angabe weiterer Befehle, wie z.B. BSTEP. Wenn also ein Prädiktor theoretisch sowohl nach /MODEL angegeben werden müsste (weil er ins Modell gehört), aber auch nach BSTEP= (weil er zu den schrittweise auszuwählenden Prädiktoren gehört), dann darf er in der Befehlszeile nur einmal, und zwar nach BSTEP angegeben werden (siehe Beispiel). Werden

nach MODEL weniger Prädiktoren als nach BY angegeben, werden diese Variablen nur für die Definition der Teilgesamtheiten, aber nicht zur Konstruktion des Modells verwendet.
Im Beispiel wurde über BSTEP (s.u.) das Verfahren „Rückwärts+Schrittweise" ausgewählt. Nach dem „="-Zeichen werden die zu testenden, aufzunehmenden bzw. auszuschließenden Variablen(interaktionen) etc. aufgeführt (im Beispiel z.B. ERPSTAT, PRSTAT und LYMPH als Haupteffekte). In NOMREG stehen ab SPSS Version 12 für eine multinomiale logistische Regression folgende schrittweise Verfahren der Variablenselektion zur Verfügung:

**BACKWARD (Rückwärts+Ausschluss):** Im ersten Schritt werden alle Variablen (oder genesteten bzw. Interaktionseffekte) nach BACKWARD *auf einmal* ins Modell aufgenommen und nacheinander auf Ausschluss getestet. Die Variable mit dem höchsten Signifikanzwert der Likelihood-Quotienten Statistik (größer als POUT) wird entfernt. Das verbleibende Modell wird erneut überprüft. Dieser Vorgang wird solange wiederholt, bis keine Variable mehr das Ausschlusskriterium erfüllt.

**FORWARD (Vorwärts+Einschluss):** Die Variablen (oder genesteten bzw. Interaktionseffekte) nach FORWARD werden *nacheinander* auf Aufnahme ins Modell getestet. Die Variable mit dem niedrigsten Signifikanzwert der Likelihood-Quotienten Statistik (kleiner als PIN) wird ins Modell aufgenommen. Das entstandene Modell wird erneut überprüft. Dieser Vorgang wird solange wiederholt, bis keine Variable mehr das Aufnahmekriterium erfüllt.

**BSTEP (Rückwärts+Schrittweise):** Im ersten Schritt werden alle Variablen (oder genesteten bzw. Interaktionseffekte) nach BSTEP *auf einmal* ins Modell aufgenommen und nacheinander auf Ausschluss getestet. Die Variable mit dem höchsten Signifikanzwert der Likelihood-Quotienten Statistik (größer als POUT) wird entfernt. Das verbleibende Modell wird erneut überprüft. Dieser Vorgang wird solange wiederholt, bis keine Variable mehr das Ausschlusskriterium erfüllt (bis an diese Stelle entspricht das BSTEP- dem BACKWARD-Verfahren). Im Anschluss daran werden die *Variablen nicht im Modell* auf eine mögliche Aufnahme überprüft. Die Variable mit dem niedrigsten Signifikanzwert der Likelihood-Quotienten Statistik (kleiner als PIN) wird ins Modell aufgenommen. Das entstehende Modell wird erneut überprüft. Dieser Vorgang wird solange wiederholt, bis alle Variablen den Aufnahme- oder Ausschlusskriterien entsprechen.

**FSTEP (Vorwärts+Schrittweise):** Die Variablen (oder genesteten bzw. Interaktionseffekte) nach FSTEP werden *nacheinander* auf Aufnahme ins Modell getestet. Die Variable mit dem niedrigsten Signifikanzwert der Likelihood-Quotienten Statistik (kleiner als PIN) wird ins Modell aufgenommen. Das entstandene Modell wird erneut überprüft (bis an diese Stelle entspricht das FSTEP- dem FORWARD-Verfahren). Anschließend werden alle Variablen bereits im Modell auf Ausschluss getestet. Die Variable mit dem höchsten Signifikanzwert der Likelihood-Quotienten Statistik (größer als POUT) wird entfernt. Das verbleibende Modell wird erneut auf Ausschluss überprüft. Sobald keine Variable mehr das Ausschlusskriterium erfüllt, wird das Modell wieder auf Aufnahme überprüft. Dieser Vorgang wird solange wiederholt, bis alle Variablen den Aufnahme- oder Ausschlusskriterien entsprechen.

Bei Angabe eines beliebigen schrittweisen Verfahrens wird der Unterbefehl TEST ignoriert; es kann auch keine Konstante (Intercept) als Effekt angegeben werden. Das angegebene schrittweise Verfahren beginnt mit den Ergebnissen des Modells, das nach /MODEL angegeben ist; sind dort keine Effekte angegeben, ist das Anfangsmodell das Konstanten-Modell (INTERCEPT=INCLUDE) oder ein Null-Modell (INTERCEPT=EXCLUDE). Bei verbundenen Signifikanzwerten (z.B. gleichen Werten bzgl. PIN) wird der zuerst angegebene Effekt als erstes aufgenommen bzw. entfernt. Für weitere Details und Besonderheiten bei der Anforderung schrittweiser Methoden wird auf die technische Dokumentation von SPSS verwiesen.

Nach /STEPWISE können weitere Einstellungen für schrittweise Methoden vorgenommen werden. Mit PIN und POUT werden Parameter auf der Basis der Likelihood-Quotienten-Statistik für die Aufnahme bzw. den Ausschluss von Variablen in das Modell festgelegt. Mit PIN(.05) wird für FORWARD, BSTEP und FSTEP der Wert für eine Aufnahme einer Variablen vorgegeben. Eine Variable wird in das Modell aufgenommen, wenn ihre Wahrscheinlichkeit kleiner als der Aufnahmewert (z.B. 0.05, voreingestellt) ist; je größer der angegebene Aufnahmewert (PIN) ist, umso eher wird eine Variable ins Modell aufgenommen. Das seitens SPSS voreingestellte 0.05 gilt als relativ restriktiv; zur Aufnahme potentiell relevanter Einflussvariablen ist bis zu 0.20 akzeptabel. Mit POUT(0.1) wird für BACKWARD, BSTEP und FSTEP der Wert für den Ausschluss einer Variablen definiert. Die Variable wird aus dem Modell entfernt, wenn ihre Wahrscheinlichkeit größer als der Ausschlusswert (z.B. 0.1, voreingestellt) ist; je größer der angegebene Aufnahmewert (POUT) ist, umso eher verbleibt eine Variable im Modell. Der Aufnahmewert muss kleiner sein als der Ausschlusswert.

Über MINEFFECT(0) (für BACKWARD oder BSTEP) bzw. MAXEFFECT(0) (für FORWARD oder FSTEP) kann die minimale bzw. maximale Anzahl von Effekten für das endgültige Modell vorgegeben werden; die Konstante (Intercept) zählt nicht als Effekt. Für MINEFFECT beträgt der voreingestellte Wert 0; für MAXEFFECT entspricht der Wert der Gesamtzahl aller unter NOMREG angegebenen Effekte.

Über RULE können im Klammerausdruck weitere Regeln für Aufnahme oder Ausschluss von Modellelementen angegeben werden. Alle Regeln (außer NONE) dienen zur Bestimmung der Hierarchie. Hierarchie macht zur Bedingung, dass höhere Effekte (z.B. A*B) nur dann in das Modell aufgenommen werden können, wenn zuvor ihre Elemente (z.B. A und B) in das Modell aufgenommen worden waren. Allen Regeln (SINGLE, SFACTOR, CONTAINMENT und NONE) ist gemeinsam, dass sie sich darauf beziehen, dass nur jeweils ein Effekt auf einmal aufgenommen oder entfernt werden kann. Die Regeln unterscheiden sich im Umgang mit den Kovariaten. Je nach Modell gelangen SINGLE, SFACTOR und CONTAINMENT trotz derselben Effekte manchmal zu denselben, manchmal auch zu verschiedenen Hierarchien (siehe Beispiele in u.a. Tabelle). SINGLE (Voreinstellung) setzt voraus, dass die Hierarchie für alle Effekte im Modell gilt; Kovariablen werden wie Faktoren behandelt. SFACTOR setzt voraus, dass die Hierarchie nur für alle Faktorenterme im Modell gilt; alle anderen Variablen mit Kovariablen können jederzeit angegeben werden. CONTAINMENT (syn.: Enthaltensein, Einschluss) gilt innerhalb von Kovariableneffekten und setzt voraus, dass die Hierarchie nur für Faktoren mit Kovariaten gilt. Bei NONE brauchen weder Hierarchie, noch Containment gegeben zu sein. Für Details wird auf die SPSS Syntax Dokumentation und die statistische Spezialliteratur verwiesen.

| | Methoden | | |
|---|---|---|---|
| **Effekte (z.B.)** | **SINGLE** | **SFACTOR** | **CONTAINMENT** |
| A, B, A*B | 1. A, B, 2. A*B | 1. A, B, 2. A*B | 1. A, B, 2. A*B |
| A, A**2, A**3 | 1. A, 2. A**2, 3. A**3 | Beliebige Reihenfolge. | Beliebige Reihenfolge. |
| A, B, B(A) | 1. A, B 2. B(A) | Beliebige Reihenfolge. | 1. B, 2. B(A), beliebige Reihenfolge für A. |

Über /INTERCEPT INCLUDE können Konstanten in das Modell eingeschlossen werden. Die Anzahl der Konstanten ermittelt sich über die Anzahl der Ausprägungen der abhängigen Variablen minus 1. Über EXCLUDE können konstante Terme aus dem Modell ausgeschlossen werden.

Über /PRINT wird der Output festgelegt. CELLPROB fordert eine Tabelle der beobachteten und vorhergesagten Häufigkeiten (einschl. Pearson-Residuen) und der beobachteten und vorhergesagten Prozentanteile für die Kovariaten-Muster und Antwortkategorien an. CLASSTABLE fordert eine Tabelle der Klassifikation der beobachteten und der vorhergesagten Werte der abhängigen Variablen in Form einer Kreuztabellierung an und ermöglicht eine erste Einschätzung der Leistungsfähigkeit des Modells. FIT fordert Informationen zur Modellanpassung an und drückt anhand von Pearson Chi²-Statistiken bzw. –2 Log-Likelihood Werten aus, ob das Modell mit Prädiktoren eine bessere Information liefert als das reine Konstanten-Modell. Die Chi-Quadrat-Signifikanz ist eine *erwünschte* Signifikanz. Diese Statistiken basieren auf dem Standardmodell bzw. den unter SUBPOP angegebenen Variablen.

Der Unterbefehl PARAMETER fordert die Schätzer der Parametereffekte (Modellterme) an. SUMMARY fordert die Tabelle „Pseudo-R-Quadrat" an; ihr können die ermittelten Pseudo R²-Statistiken (Cox und Snell, Nagelkerke bzw. McFadden) als Modellzusammenfassung entnommen werden. Die R²-Statistiken messen approximativ den Anteil der Variation in der abhängigen Variablen, der durch das Modell erklärt wird. Je größer die R²-Statistiken sind (nur bei Nagelkerke's Maß ist das Maximum=1.0), desto größer ist der erklärte Varianzanteil (für Details zu diesen Maßen vgl. das Kapitel zur ordinalen Regression).

LRT gibt Likelihood-Quotienten-Tests aus. Die Likelihood-Quotienten-Tests prüfen, ob sich die Koeffizienten der Modelleffekte signifikant von 0 unterscheiden. Die Tabelle enthält Test-Statistiken für das Modell und partielle Modell-Effekte. Ohne die Angabe von LRT wird nur die Test-Statistik für das Modell ausgegeben. CPS zeigt die verarbeiteten Fälle für die angegebenen Variablen. STEP fasst für jeden Schritt einer schrittweisen Methode die aufgenommenen oder entfernten Prädiktoren zusammen (Ausgabe der Schrittübersicht nur für schrittweise Methoden). MFI fordert Informationen zur Modellanpassung in Form eines Vergleiches von Konstanten- und endgültigem Modell an.

Nach /SCALE (nicht in der Beispiel-Syntax) kann ein Korrekturfaktor zur Behebung von Dispersionsproblemen angegeben werden. Mittels DEVIANCE wird der Skalierungswert

unter Verwendung der Abweichungsfunktion (Likelihood-Quotienten-Chi-Quadrat) geschätzt. Laut Menard (2001) sei das Abweichungsmaß aufschlussreicher als das Maß nach
Pearson. Mittels PEARSON wird der Skalierungswert unter Verwendung von Pearson's
Chi²-Statistik geschätzt. Unter N kann auch ein positiver numerischer Skalierungswert angegeben werden. Die Reskalierung betrifft nur die Parameterschätzer (z.B. Standardfehler),
nicht die Schätzung des Modells selbst (z.B. Modellanpassung, Pseudo-R² oder Likelihood-
Quotienten-Tests). /SCALE kann erfahrungsgemäß nur nachträglich, nach dem Entdecken
von Dispersionsproblemen in eine Analyse aufgenommen werden (u.U. wird dadurch die
Interpretation der Schätzer komplizierter).

Über /SAVE können fallweise Schätzstatistiken in den aktiven Datensatz abgespeichert werden. Es können abgespeichert werden: Über ESTPROB die geschätzte Wahrscheinlichkeit,
dass eine Faktor-/Kovariaten-Muster einer Antwortkategorie zugeordnet wird (sog. „Geschätzte Antwortwahrscheinlichkeit"). Es gibt so viele geschätzte Wahrscheinlichkeiten wie
es Ausprägungen der abhängigen Variablen gibt. Gespeichert werden standardmäßig 25.
Über PREDCAT kann die Ausprägung der abhängigen Variablen mit der größten erwarteten
Wahrscheinlichkeit für ein Faktor-/Kovariaten-Muster abgespeichert werden (sog. „Vorhergesagte Kategorie"). Über PCPROB kann die geschätzte Wahrscheinlichkeit abgespeichert
werden, ein Faktor-/Kovariaten-Muster der vorhergesagten Kategorie zuzuordnen; diese
Wahrscheinlichkeit ist zugleich das Maximum der geschätzten Kategorien-
Wahrscheinlichkeiten (sog. „Vorhergesagte Kategorienwahrscheinlichkeit"). Über ACPROB
kann die geschätzte Wahrscheinlichkeit abgespeichert werden, dass ein Faktor-/Kovariaten-
Muster tatsächliche in die beobachtete Ausprägung der abhängigen Variablen klassifiziert
wird (sog. „Tatsächliche Kategorienwahrscheinlichkeit"). Die vorgegebenen Schlüsselwörter
sind zugleich Teile der von SPSS erzeugten Variablennamen, falls nichts anderes angegeben
wird. ESTPROB erzeugt est1_1, est1_2 etc.; im aktiven Datensatz angezeigt als „Geschätzte
Zellenwahrscheinlichkeit" für die jew. Antwortkategorie, z.B. 1, 2 usw. PREDCAT erzeugt
pre_1 („Vorhergesagte Antwortkategorie"). PCPROB erzeugt pcp_1 („Geschätzte Klassifikationswahrscheinlichkeit für vorhergesagte Kategorie"). ACPROB erzeugt acp_1 („Geschätzte Klassifikationswahrscheinlichkeit für tatsächliche Kategorie").

Weitere Optionen (nicht im Beispiel verwendet) sind z.B. CORB und COVB (Matrizen
asymptotisch geschätzter paarweiser Korrelationen bzw. Kovarianzen; bei Missings bzw.
Leerzellen sind einer oder beide Parameter redundant), HISTORY (n) (tabellarische Auflistung aller Funktionswerte und Parameterschätzer zu jeder (n)ten Iteration) und KERNEL
(fordert anstelle der vollständigen Log-Likelihood-Funktion nur den Kern der Log-
Likelihood-Funktion, also ohne die multinomiale Konstante an).

Per SPSS Syntax könnten in dem o.a. Programmbeispiel noch mehr Output-Optionen eingestellt werden. Für die Berechnung einer multinomialen logistischen Regression kann das
vorgestellte NOMREG–Beispiel durch zahlreiche Optionen (z.B. FULLFACTORIAL,
OUTFILE, SUBPOP oder TEST) entsprechend den eigenen Anforderungen weiter ausdifferenziert werden. Für Details wird auf die SPSS Syntax Dokumentation und die statistische
Spezialliteratur verwiesen.

## 3.4.2 Output und Interpretation

### Nominale Regression

Nach dieser Überschrift folgt die Ausgabe einer multinomialen logistischen Regression.

**Verarbeitete Fälle**

| | | Anzahl | Rand-Prozentsatz |
|---|---|---|---|
| Tumorgröße | klein (< 2cm) | 369 | 59,6% |
| | groß (2-5cm) | 250 | 40,4% |
| Lymphknoten | nein | 160 | 25,8% |
| | ja | 459 | 74,2% |
| Östrogen-Rezeptor | negativ | 241 | 38,9% |
| | positiv | 378 | 61,1% |
| Progesteron-Rezeptor | negativ | 274 | 44,3% |
| | positiv | 345 | 55,7% |
| Gültig | | 619 | 100,0% |
| Fehlend | | 243 | |
| Gesamt | | 862 | |
| Teilgesamtheit | | 8 | |

Die Tabelle „Zusammenfassung der Fallverarbeitung" gibt für jede Analyse die Gesamtzahl der gültigen Fälle (N=619) und der fehlenden Fälle (N=243) an. Im Gegensatz zur binären logistischen Regression ist die Darstellung der gültigen Fälle jeweils nach den Ausprägungen der Prädiktoren (LYMPH, ERPSTAT, PRSTAT) und abhängigen Variablen (TUMOKAT2) dargestellt. „Teilgesamtheit" ermittelt sich über alle miteinander multiplizierten Ausprägungen aller Prädiktoren. Da alle drei Prädiktoren zwei Ausprägungen besitzen, ist das Ergebnis 8. Welche Rolle „Teilgesamtheiten" spielen, kann z.B. der Tabelle „Beobachtete und vorhergesagte Häufigkeiten" (s.u.) entnommen werden.

**Information zur Modellanpassung**

| Modell | Aktion | Effekt(e) | −2 Log-Likelihood | Chi-Quadrat | Freiheitsgrade | Sig. |
|---|---|---|---|---|---|---|
| Schritt 0   0 | Eingegeben | <alle>[a] | 38,705 | | | |
| Schritt 1   1 | Entfernt | prstat | 39,113 | ,408 | 1 | ,523 |

Schrittweise Methode: Schrittweise rückwärts

a. Dieses Modell enthält alle Effekte, die im Unterbefehl MODEL explizit oder implizit angegeben wurden.

Unter der Tabelle „Schrittübersicht" ist das eingestellte schrittweise Verfahren angegeben, hier z.B. „Schrittweise rückwärts". Die angezeigten Inhalte hängen z.T. von der gewählten Methode und den Voreinstellungen ab. Unter Schritt 0 ist das −2 Log-Likelihood für das angegebene Ausgangsmodell (alle Effekte eingegeben) angegeben. Unter Schritt 1 wird zunächst der Vorgang („Aktion"), dann die davon betroffene Variable (hier: PRSTAT) und ihre Parameter −2 Log-Likelihood, Chi²-Wert, Freiheitsgrade und Signifikanz angezeigt. Im

Beispiel wird in Schritt 1 mittels der eingestellten Methode „Schrittweise rückwärts" die Variable mit dem höchsten Signifikanzniveau (größer als POUT) aus dem Modell entfernt (hier: PRSTAT). Das verbleibende Modell wird erneut überprüft. Das Beispiel stoppt nach Schritt 1. Alle verbleibenden Variablen (hier: LYMPH, ERPSTAT) entsprechen den Aufnahme- oder Ausschlusskriterien.

**Informationen zur Modellanpassung**

| Modell | −2 Log-Likelihood | Chi-Quadrat | Freiheitsgrade | Sig. |
|---|---|---|---|---|
| Nur konstanter Term | 69,655 | | | |
| Endgültig | 39,113 | 30,542 | 2 | ,000 |

Die Tabelle „Informationen zur Modellanpassung" gibt an, ob das Modell überhaupt in der Lage ist, genaue Vorhersagen zu machen. Der „Chi-Quadrat" Wert (30,542) basiert auf der Differenz der −2 Log-Likelihoods zwischen dem Konstanten- und dem endgültigen Modell und gibt dabei an, ob das Modell mit Prädiktoren (Gesamtmodell einschl. den Prädiktoren ERPSTAT und LYMPH, „Endgültig", 39,113) eine bessere Information liefert als das Modell ohne Prädiktoren, also nur der Konstanten („Nur konstanter Term" , 69,655). Die −2 Log-Likelihood Werte werden für das Konstanten-Modell („Nur konstanter Term") und das Gesamtmodell („Endgültig") ausgegeben. Kommen im Modell viele leere Zellen (Null-Häufigkeiten) vor, können die Log-Likelihood Angaben selbst fragwürdig sein; der Unterschied zwischen den Log-Likelihoods kann normalerweise aber immer noch als (annähernd) Chi²-verteilt interpretiert werden (McCullagh & Nelder, 1989). Die Signifikanz des Chi-Quadrat (p=0,001) ist ein Hinweis darauf, dass das Modell mit Prädiktoren eine bessere Information liefert als das reine Konstanten-Modell. Die Chi-Quadrat-Signifikanz ist eine erwünschte Signifikanz. Die folgende Tabelle zur Güte der Modellanpassung informiert darüber, um wie viel besser das Gesamtmodell ist.

**Güte der Anpassung**

| | Chi-Quadrat | Freiheitsgrade | Sig. |
|---|---|---|---|
| Pearson | 5,332 | 5 | ,377 |
| Abweichung | 4,590 | 5 | ,468 |

Die Anpassungsgüte drückt aus, ob und inwieweit sich die tatsächlichen, beobachteten Zellenhäufigkeiten von den mittels des Modells errechneten, erwarteten Häufigkeiten signifikant unterscheiden. Die Chi-Quadrat-Tests (Pearson, Abweichung) liefern mit p=0,377 bzw. 0.468 keine signifikanten Werte, was für eine hohe Anpassungsgüte des errechneten Modells spricht. Eine Signifikanz wäre bei diesen Tests *unerwünscht*, da sie eine statistisch bedeutsame Abweichung des Modells von den Daten ausdrücken würde. Für logistische Regressionen sei nach Menard (2001) das Abweichungsmaß aufschlussreicher als das Maß nach Pearson; gegen das Abweichungsmaß spricht, dass es nicht nur auf Trennfähigkeit der unabhängigen Variablen, sondern auch auf die Baserate (z.B. eine asymmetrische Besetzung der Kategorien der abhängigen Variablen) reagiert. Die Anwendung von Chi²-basierten Tests ist bei vielen zu gering besetzten oder sogar leeren Zellen generell problematisch. Versteckt in diesen Maßen zur Anpassungsgüte ist der Hinweis auf Über- oder Unterdispersion. Der Quotient aus dem Chi-Quadrat-Wert der Abweichung (4,590) und den Freiheitsgraden (5) ergibt einen Wert um 1 (0,918). Es liegen keine Hinweise auf Über- oder Unterdispersion vor.

**Pseudo-R-Quadrat**

| | |
|---|---|
| Cox und Snell | ,048 |
| Nagelkerke | ,065 |
| McFadden | ,037 |

Der Tabelle zum Pseudo R-Quadrat kann entnommen werden, wie groß der Anteil der durch das Modell erklärten Varianz ist. Der Zielwert ist in etwa 1.0 bzw. 100%. Nagelkerke's Maß gibt an, dass das Modell ca. 6,5% der Varianz erklärt. Auch McFadden's Maß bleibt unter dem Wert von 0.20, der eine gute Modellanpassung repräsentieren würde. Für multinomiale logistische Regressionsmodelle können die $R^2$-Statistiken nicht exakt, sondern nur in Form von Annäherungen berechnet werden.

Das zentrale Ergebnis zur durchgeführten multinomialen logistischen Regression findet sich in der Tabelle mit den Parameterschätzern.

**Likelihood-Quotienten-Tests**

| Effekt | −2 Log-Likelihood | Chi-Quadrat | Freiheitsgrade | Sig. |
|---|---|---|---|---|
| Konstanter Term | 39,113[a] | ,000 | 0 | . |
| lymph | 52,667 | 13,554 | 1 | ,000 |
| erpstat | 54,261 | 15,148 | 1 | ,000 |

Die Chi-Quadrat-Statistik stellt die Differenz der −2 Log-Likelihoods zwischen dem endgültigen Modell und einem reduzierten Modell dar. Das reduzierte Modell wird berechnet, indem ein Effekt aus dem endgültigen Modell weggelassen wird. Hierbei liegt die Nullhypothese zugrunde, nach der alle Parameter dieses Effekts 0 betragen.

a. Dieses reduzierte Modell ist zum endgültigen Modell äquivalent, da das Weglassen des Effekts die Anzahl der Freiheitsgrade nicht erhöht.

Der Likelihood-Quotienten-Test prüft die einzelnen Prädiktoren, ob sie zum Modell beitragen. Die −2 Log-Likelihood wird für das reduzierte Modell berechnet, indem der getestete Prädiktor aus dem endgültigen Modell entfernt wird. Bei einem signifikanten Prädiktor entspricht der Chi-Quadrat-Wert der Differenz der −2 Log-Likelihoods zwischen dem reduzierten und dem endgültigen Modell (siehe LYMPH). Der Likelihood-Quotienten-Test gilt als dem Wald-Test überlegen (Hosmer & Lemeshow, 2000; Menard, 2001, SPSS, 2003). Der Likelihood-Quotienten-Test ist genauer; die Wald-Statistik münde darüber hinaus bei großen Regressionskoeffizienten in den Fehler II.Art. Ein Prädiktor trägt dann zum Modell bei, sobald die Signifikanz unter dem Alpha von (z.B.) 0,05 liegt. Sowohl LYMPH, wie auch ERPSTAT tragen demnach zum Modell bei (jew. p=0,000).

**Parameterschätzer**

| Tumorgröße[a] | | B | Standard-fehler | Wald | Freiheits-grade | Signifikanz | Exp(B) | 95% Konfidenz-intervall für Exp(B) | |
|---|---|---|---|---|---|---|---|---|---|
| | | | | | | | | Unter-grenze | Ober-grenze |
| groß (2–5cm) | Konstanter Term | ,036 | ,113 | ,103 | 1 | ,748 | | | |
| | [lymph=0] | -,727 | ,203 | 12,877 | 1 | ,000 | ,483 | ,325 | ,719 |
| | [lymph=1] | 0[b] | . | . | 0 | . | . | . | . |
| | [erpstat=0] | -,676 | ,176 | 14,752 | 1 | ,000 | ,509 | ,360 | ,718 |
| | [erpstat=1] | 0[b] | . | . | 0 | . | . | . | . |

a. Die Referenzkategorie lautet: klein (< 2cm).

b. Dieser Parameter wird auf Null gesetzt, weil er redundant ist.

Die Tabelle „Parameterschätzer" stellt für die Prädiktoren des berechneten Modells B (Regressionskoeffizienten, nicht standardisiert), Standardfehler, Wald-Statistik, Freiheitsgrade, Signifikanz nach Wald, Exp(B) (Odds Ratio) und Konfidenzintervalle für das Odds Ratio zusammen. Die Wald-Statistik basiert auf dem quadrierten Quotienten aus dem jew. Parameterschätzer und seines Standardfehlers und wird für Variablen mit zwei Ausprägungen nur für die Referenzkategorie ausgegeben. Wichtig für die Interpretation der Parameter sind Signifikanz und Vorzeichen. Ein Parameter unterscheidet sich dann von 0 bzw. ist dann nützlich für das Modell, wenn seine Signifikanz unter (z.B.) Alpha 0,05 liegt. Die angeforderten Konfidenzintervalle um Exp(B) sollten nicht die 1 einschließen. Im Modell sind ausschließlich kategoriale Variablen verblieben. Die Interpretation ihrer Parameter unterscheidet sich ein wenig von der metrischer Variablen (vgl. Menard, 2001). Um diese Tabelle interpretieren zu können, muss daher die Kodierung der Variablen bekannt sein. In Klammern ist die jew. gemeinte Kategorienkodierung angegeben; bei NOMREG ist damit die externe benutzerdefinierte Kodierung gemeint (im Gegensatz zu LOGISTIC REGRESSION, s.u.). Die letzte Kategorie ist jeweils redundant und ergibt sich aus den anderen Gruppierungen (wäre die Konstante nicht in der Modellgleichung enthalten, wären Parameter für die jew. letzte Kategorie nicht redundant). Konkret bedeutet dies, dass die Wahrscheinlichkeit für die letzte Kategorie ohne explizite Kodierung nur mittels der Konstanten, also ohne Regressionskoeffizient berechnet wird.

Parameter mit positiven (negativen) Koeffizienten (siehe „B") erhöhen (mindern) die Wahrscheinlichkeit der jew. Ausprägung der abhängigen Variablen im Vergleich zur jew. Referenzkategorie. Im Beispiel erzielen LYMPH und ERPSTAT jeweils eine statistisch bedeutsame Signifikanz (0,000). Beide Variablen sind statistisch bedeutsame Prädiktoren (ob sie jedoch auch *inhaltlich bedeutsam* sind, ist jedoch eine ganz andere Frage). Die relative Bedeutung kategorialer Prädiktoren kann am unkompliziertesten am Odds Ratio (Exp(B)) abgelesen werden (B ist nicht standardisiert und kann massiv irreführend sein). Je größer ihr Wert als 1, umso vergleichsweise stärker ist der Einfluss der jew. Variable. Die Werte von LYMPH (B=–0,727, (Exp(B))=0,483) sind z.B. so zu interpretieren, dass bei einem LYMPH-Wert 0 („nein") die Kategorie „groß (2–5 cm)" der abhängigen Variable im Vergleich zur Referenzkategorie „klein (< 2 cm)" (siehe Tabellenfußnote) ca. 50% weniger bzw. 2 mal weniger wahrscheinlich ist. Umgekehrt, also für LMYPH=1, ist dieses Ergebnis so zu inter-pretieren, dass bei Lymphknoten „ja" (LYMPH=1) die Wahrscheinlichkeit des Auftretens der abhängigen Kategorie „groß (2–5 cm)" im Vergleich zur Referenzkategorie ca. doppelt so groß ist. Für ERPSTAT ergeben sich ähnliche Resultate.

**Klassifikation**

| Beobachtet | Vorhergesagt | | |
|---|---|---|---|
| | klein (< 2cm) | groß (2-5cm) | Prozent richtig |
| klein (< 2cm) | 228 | 141 | 61,8% |
| groß (2-5cm) | 101 | 149 | 59,6% |
| Prozent insgesamt | 53,2% | 46,8% | 60,9% |

Die „Klassifikation" ist eine Kreuztabellierung der beobachteten und der vorhergesagten Werte der abhängigen Variablen. Werte auf einer Diagonalen von links oben nach rechts unten repräsentieren korrekte Vorhersagen. Die Fehlklassifikationen liegen jew. neben der Diagonalen. Es liegen 60,9 % korrekt vorhergesagte Werte vor. Das Modell ist nicht beson-ders leistungsfähig.

**Beobachtete und vorhergesagte Häufigkeiten**

| Progesteron-Rezeptor | Östrogen-Rezeptor | Lymphknoten | Tumorgröße | Häufigkeit | | | Prozent | |
|---|---|---|---|---|---|---|---|---|
| | | | | Beobachtet | Vorhergesagt | Pearson-Residuum | Beobachtet | Vorhergesagt |
| negativ | negativ | nein | klein (< 2cm) | 48 | 46,217 | ,582 | 82,8% | 79,7% |
| | | | groß (2-5cm) | 10 | 11,783 | -,582 | 17,2% | 20,3% |
| | | ja | klein (< 2cm) | 87 | 85,098 | ,351 | 66,9% | 65,5% |
| | | | groß (2-5cm) | 43 | 44,902 | -,351 | 33,1% | 34,5% |
| | positiv | nein | klein (< 2cm) | 8 | 8,661 | -,389 | 61,5% | 66,6% |
| | | | groß (2-5cm) | 5 | 4,339 | ,389 | 38,5% | 33,4% |
| | | ja | klein (< 2cm) | 36 | 35,839 | ,038 | 49,3% | 49,1% |
| | | | groß (2-5cm) | 37 | 37,161 | -,038 | 50,7% | 50,9% |
| positiv | negativ | nein | klein (< 2cm) | 8 | 11,156 | -2,096 | 57,1% | 79,7% |
| | | | groß (2-5cm) | 6 | 2,844 | 2,096 | 42,9% | 20,3% |
| | | ja | klein (< 2cm) | 25 | 25,529 | -,178 | 64,1% | 65,5% |
| | | | groß (2-5cm) | 14 | 13,471 | ,178 | 35,9% | 34,5% |
| | positiv | nein | klein (< 2cm) | 52 | 49,966 | ,498 | 69,3% | 66,6% |
| | | | groß (2-5cm) | 23 | 25,034 | -,498 | 30,7% | 33,4% |
| | | ja | klein (< 2cm) | 105 | 106,534 | -,208 | 48,4% | 49,1% |
| | | | groß (2-5cm) | 112 | 110,466 | ,208 | 51,6% | 50,9% |

Prozentwerte basieren auf der beobachteten Gesamthäufigkeit in jeder Teilgrundgesamtheit.

Die Tabelle „Beobachtete und vorhergesagte Häufigkeiten" gibt eine Tabellierung der gülti-gen Fälle (N=619) (einschl. Pearson-Residuen) und der beobachteten und vorhergesagten Prozentanteile für die Kovariaten-Muster der Prädiktoren ERPSTAT, LYMPH und PRSTAT und den Kategorien der abhängigen Variablen TUMOKAT2 wieder. Unter den Prozentanga-ben ganz rechts entsprechen die beobachteten in etwa den vorhergesagten Werten, mit Aus-nahme der Teilgesamtheit „Progesteron: Positiv" + „Östrogen: Negativ" + „Lymphknoten: nein" (siehe dort auch die Pearson-Residuen). Die vergleichsweise schlechte Vorhersage dieser Teilgesamtheit könnte durch die Aufnahme eines Prädiktors evtl. verbessert werden. Die Struktur dieser Matrix basiert im Beispiel auf den Haupteffekten, kann über SUBPOP aber auch individuell eingestellt werden. Wenn Teilgesamtheiten eine oder mehrere metri-schen Kovariaten einbeziehen, sind Maße der Modellanpassung dann nicht geeignet, wenn die Kovariaten zu leeren Zellen führen. Wenn der Anteil der leeren Zellen ca. 5% (Daumen-regel) übersteigt bzw. sich auf inhaltlich zentrale Zellen konzentriert, dann ist dies als ein Hinweis auf statistische, wie auch inhaltliche Probleme zu verstehen.

## 3.4.3    Exkurs: Schrittweise Berechnung eines Modells mit einer dichotomen AV: Vergleich der NOMREG- und LOGISTIC REGRESSION-Ausgaben

Die Berechnung eines Modells mit einer dichotomen abhängigen Variablen und demselben Satz an kategorialen Prädiktoren bzw. derselben Methode der Variablenauswahl führt zu denselben Ergebnissen. Das oben vorgestellte Beispiel wurde parallel auch mit LOGISTIC REGRESSION berechnet. Zur Veranschaulichung werden an im Folgenden die zentralen Ergebnisausgaben zum Vergleich angeführt.

Die Tabelle „Modellzusammenfassung" entspricht in etwa NOMREG's „Pseudo-R-Quadrat".

**Modellzusammenfassung**

| Schritt | -2 Log-Likelihood | Cox & Snell R-Quadrat | Nagelkerkes R-Quadrat |
|---------|-------------------|-----------------------|-----------------------|
| 1 | 804,146[a] | ,049 | ,066 |
| 2 | 804,554[a] | ,048 | ,065 |

a. Schätzung beendet bei Iteration Nummer 4, weil die Parameterschätzer sich um weniger als ,001 änderten.

Die Pseudo $R^2$-Statistiken (Cox und Snell, Nagelkerke) stimmen absolut überein. Anstelle von McFadden's $R^2$ gibt LOGISTIC REGRESSION jedoch eine schrittweise ermittelte –2 Log-Likelihood aus.
Die Tabelle „Variablen in der Gleichung" entspricht in etwa NOMREG's „Parameterschät-zer". Die ermittelten Parameter (wie z.B. Regressionskoeffizient B, Wald usw.) stimmen absolut überein. Dass die Parameterschätzer sich auf dieselbe Referenzkategorie beziehen, wurde in der NOMREG-Berechnung mittels BASE=FIRST veranlasst. Die Ergebnis-Tabellen beider Verfahren geben in Klammern an, auf welche Kodierung der jew. Variablen sich die Schätzer beziehen.

**Variablen in der Gleichung**

| | | Regressions-koeffizientB | Standard-fehler | Wald | df | Sig. | Exp(B) | 95,0% Konfidenzintervall für EXP(B) | |
|---|---|---|---|---|---|---|---|---|---|
| | | | | | | | | Unterer Wert | Oberer Wert |
| Schritt 1[a] | lymph(1) | -,734 | ,203 | 13,073 | 1 | ,000 | ,480 | ,322 | ,714 |
| | erpstat(1) | -,606 | ,207 | 8,583 | 1 | ,003 | ,546 | ,364 | ,818 |
| | prstat(1) | -,128 | ,200 | 408 | 1 | ,523 | ,880 | ,594 | 1,303 |
| | Konstante | ,067 | ,123 | ,299 | 1 | ,585 | 1,069 | | |
| Schritt 2[a] | lymph(1) | -,727 | ,203 | 12,877 | 1 | ,000 | ,483 | ,325 | ,719 |
| | erpstat(1) | -,676 | ,176 | 14,752 | 1 | ,000 | ,509 | ,360 | ,718 |
| | Konstante | ,036 | ,113 | ,103 | 1 | ,748 | 1,037 | | |

a. In Schritt 1 eingegebene Variablen: lymph, erpstat, prstat.

NOMREG gibt im Gegensatz zu LOGISTIC REGRESSION keine Tabelle aus, der die SPSS-interne Kodierung kategorialer Variablen entnommen werden könnte. In Klammern ist die jew. gemeinte Kategorienkodierung angegeben. Bei LOGISTIC REGRESSION ist die intern von SPSS vergebene Kodierung („0") gemeint. Bei NOMREG ist die externe, benutzerdefinierte Kodierung („1") gemeint. Da die intern von SPSS vergebene Kodierung („0") bei LOGISTIC REGRESSION der extern benutzerdefinierte Kodierung („1") von NOMREG entspricht, stimmen die ausgegebenen Parameterschätzer absolut überein. Ein kleiner Unterschied dürfte bei LOGISTIC REGRESSION die schrittweise Art der Ergebnisausgabe sein.

## 3.4.4 Spezialfall: Gematchte Fall-Kontrollstudie (1:1) mit metrischen Prädiktoren – Beispiel, Syntax, Output und Interpretation

Die Durchführung der im Folgenden vorgestellten gematchten Fall-Kontrollstudie basiert auf den Unterschieden zwischen Fällen und Kontrollen (vgl. Hosmer & Lemeshow, 2000, u.a. Kapitel 6.3 und 7 zu weiteren Varianten).

Üblicherweise enthält ein Datensatz in einer Zeile die Daten eines Falles (z.B. einer Person). Die zweite Zeile enthält z.B. eine Person mit der ID= 2, der Kodierung „1" für „Fall" usw.

```
ID  FALL   ALTER   SEX    SYS T
1   1      34      0      4
2   1      53      1      3
3   0      34      0      6
4   0      53      1      5
. . .
```

Die Personen aus den Fällen bzw. Kontrollen wurden dabei jeweils in identischen Variablen untersucht, z.B. ALTER, SEX und SYS_T. Die eigentlich interessierende Variable ist SYS_T; zugleich möchte man jedoch den Effekt der Variablen ALTER und SEX ausschließen. Der Datensatz wird für die gematchte Fall-Kontrollstudie nun so vorbereitet, dass aus Fällen und Kontrollen Paare gebildet und in einer eigenen Zeile abgelegt werden. Die Paarbildung erfolgt so, dass ihre Elemente in den potentiell einflussreichen (Stör)Variablen gleich (gematcht) sind, z.B. in Alter, Geschlecht usw. Elemente aus Fall und Kontrolle (z.B. CASSYS_T und CONSYS_T) können also nur dann in einer Zeile zusammengeführt werden, wenn sie in den fraglichen Matching-Variablen (z.B. in Alter (ALTER) und Geschlecht (SEX)) gleiche Werte aufweisen. In jedem anderen Fall ist ein Matching nicht möglich. Die Analysevariablen, deren mögliche Unterschiede interessant sind, werden nicht gematcht, sondern in für Fälle bzw. Kontrollen *separaten* Variablen abgelegt. Werte in SYS_T für Fälle werden als CASSYS_T, Werte für die Kontrollen als CONSYS_T abgelegt usw.

Der Datensatz für die gematchte Fall-Kontrollstudie enthält in jeder Zeile die Daten von Messwert*paaren*, also z.B. zwei Personen. Die zweite Zeile enthält z.B. ein Paar bestehend aus den Personen mit den IDs 2 (Fall) und 4 (Kontrolle).

```
CASE_CON CASE CONTROL ALTER SEX CASSYS_T CONSYS_T
   1_3      1     0      34   0     4        6
   2_4      1     0      53   1     3        5
   . . .
```

Im schlussendlich entstandenen Datensatz sind die Fälle und Kontrollen in den potentiell einflussreichen (Stör)Variablen gleich (gematcht), z.B. in ALTER und SEX. Dies bedeutet, dass der Effekt dieser Variablen durch dieses Matching auf beide Gruppen gleich verteilt (parallelisiert) wurde und somit als (statistischer) (Stör)Effekt ausgeschlossen ist. Der einfachste Weg, zu einer Datei für gematchte Daten zu gelangen ist, die Daten für Fälle und Kontrollen in zwei separate Datensätze abzulegen, die eigentlichen Analysevariablen darin umzubenennen (wegen dem späteren Zusammenfügen), anschließend die beiden Dateien *identisch* zu sortieren und dann über geeignete Schlüsselvariablen wieder zusammenzufügen und abschließend nur die während des Vorgangs des Zusammenfügens ermittelten Paare in die Analyse einzubeziehen. Dieser Ansatz sollte v.a. für Daten mit einer geringen Messwertvariation geeignet sein, z.B. kategorial skalierte Daten. Für intervallskalierte Daten sind Varianten geeigneter, die z.B. das Genauigkeit des „Treffens" von intervallskalierten Daten einzustellen erlauben, v.a. wenn sie zusätzlich auf einem iterativ optimierenden Suchen und Ersetzen-Prinzip basieren.

Die eigentlichen Analysevariablen, deren mögliche Unterschiede interessant sind, werden in einem weiteren Schritt über eine unkomplizierte Differenzbildung ermittelt (auch 0/1-kodierte Variablen und einschließlich der Kodierung für die abhängige Variable).

```
MATCOL = CASE - CONTROL.
DIFF = CASSYS_T CONSYS_T.
```

Für die Variable MATCOL wird nur für Kontrollzwecke eine Differenzbildung vorgenommen. Für Überprüfung der eigentlichen Fragestellung ist diese Variable uninteressant. Wurde alles richtig gemacht, ergibt MATCOL eine Konstante, bei der es zunächst unerheblich ist, welchen konkreten Wert sie annimmt. Weiter unten sind Tipps zur Berechnung und Interpretation angegeben. Die Variablen $DIFF_{1...n}$ bis sind die paarweisen Differenzen von Personenpaaren, die in den (Stör)Variablen gematcht (gleich) sind. Falls sich also im Ergebnis Unterschiede zeigen sollten, sind diese einzig und alleine auf die Zugehörigkeit zur Gruppe Fall bzw. Kontrolle zurückzuführen. Die Analyse dieser gematchten Fall-Kontrollstudie ist nur mit der Prozedur NOMREG möglich, nicht jedoch mit LOGISTIC REGRESSION, da hier die abhängige Variable genau zwei Ausprägungen aufweisen müsste.

```
* Ein Syntaxbeispiel mit SPSS, einen gematchten Datensatz vo-
raussetzend *.

compute matcol = case - control .
exe.
compute diff1 = cassys_t - consys_t .
exe.
compute diff2 = casdia_t - condia_t .
exe.
compute diff3 = cassys_v - consys_v .
exe.
```

Die Differenzbildung hat u.a. einen Einfluss auf die Vorzeichen der Parameter (B), Exp(B) und Konfidenzintervalle. Um später bei der Interpretation der ermittelten Ergebnisse eine bessere Kontrolle zu haben, wird empfohlen, immer die *Abweichung der Kontrollen von den Fällen* in Gestalt der Subtraktion eines Kontroll-Werts vom dazugehörigen Fall-Wert zu berechnen. CONTROL wird somit die Referenzkategorie. Eine zusätzliche Kontrollmöglichkeit ist der Abgleich der *durchschnittlichen Differenzen* (z.B. der Mittelwert von DIFF2) mit den jeweiligen Exp(B) (z.B. das Odds Ratio von DIFF2). Die Vorzeichen der Mittelwerte und der jeweiligen Odds Ratio müssen übereinstimmen. Zusammen mit ihrer Herleitung, also der konkreten Subtraktionsformel, ist es möglich, die Richtung des Effekts eindeutig festzulegen. Für die abhängige Variable sollten die Kontrollen (CASE) mit 0 und die Fälle (CONTROL) mit 1 kodiert sein. Eine korrekte Differenz sollte dann für MATCOL ausschließlich den Wert 1 ergeben. Dieser Wert dient nur der Kontrolle. Die konkrete Ausprägung der Konstanten hat keinen Einfluss auf das Ergebnis.

```
NOMREG
   matcol  (BASE=LAST ORDER=ASCENDING) WITH diff1 diff2 diff3
   /CRITERIA CIN(95) DELTA(0) MXITER(100) MXSTEP(5) CHKSEP(20)
    LCONVERGE(0) PCONVERGE(0.000001) SINGULAR(0.00000001)
   /MODEL
   /STEPWISE = PIN(.05) POUT(0.1) MINEFFECT(0) RULE(SINGLE)
   /INTERCEPT =EXCLUDE
   /PRINT = CLASSTABLE FIT PARAMETER SUMMARY LRT CPS STEP MFI .
```

Die Syntax entspricht in weiten Teilen dem vorangehenden Beispiel. Es wird daher nur auf analyserelevante Besonderheiten hingewiesen: Obwohl die abhängige Variable MATCOL nur eine Ausprägung aufweist, kann mit NOMREG eine gematchte Case-Control-Analyse durchgeführt werden. Bei den Prädiktoren handelt es sich um metrische Variablen; unter /MODEL werden diese daher nach einem WITH angegeben. Da ein schrittweises Verfahren nicht explizit vorgegeben wurde, wird im Beispiel ein direktes Hauptfaktorenmodell gerechnet. Bei /INTERCEPT ist unbedingt EXCLUDE anzugeben; sonst kann diese Analyse nicht durchgeführt werden. Unter /PRINT sollte kein CELLPROB angegeben sein, da eine Tabellierung der beobachteten und vorhergesagten Häufigkeiten metrischer Variablen rechenintensiv, unübersichtlich und in den meisten Fällen auch ineffektiv ist.

**Output und Interpretation**

Output und Interpretation entsprechen ebenfalls in weiten Teilen dem vorangegangenen Beispiel. Im Folgenden soll nur auf analysespezifische Besonderheiten hingewiesen werden:

**Warnungen**

| |
|---|
| Die abhängige Variable besitzt nur einen gültigen Wert. Ein bedingtes logistisches Regressionsmodell wird angepaßt. |

Die ermittelte Regressionsgleichung enthält keine Konstante.

**Verarbeitete Fälle**

| | | Anzahl | Rand-Prozentsatz |
|---|---|---|---|
| matcol | -1 | 160 | 100,0% |
| Gültig | | 160 | 100,0% |
| Fehlend | | 0 | |
| Gesamt | | 160 | |
| Teilgesamtheit | | 98 | |

Die Überschrift der Tabelle „Verarbeitete Fälle" ist irreführend. Sie enthält keine 160 Fälle, sondern 160 Messwertpaare, also Daten von 320 Fällen. Die große Zahl der Teilgesamtheiten ist durch die unterschiedlichen Ausprägungen der metrischen Analysevariablen (Kovariaten) verursacht.

**Güte der Anpassung**

| | Chi-Quadrat | Freiheitsgrade | Signifikanz |
|---|---|---|---|
| Pearson | 219,041 | 95 | ,000 |
| Abweichung | 118,956 | 95 | ,049 |

Die Maße in der Tabelle „Güte der Modellanpassung" sind nicht zuverlässig. Die Maße basieren auf beobachteten und erwarteten Häufigkeiten auch der abhängigen Variablen MATCOL; da MATCOL jedoch eigentlich eine *Konstante* mit nur einer Ausprägung ist, bietet die zugrunde liegende Häufigkeitstabelle für das Chi² keine zureichende Datengrundlage (siehe auch unten die Tabelle „Klassifikation"). Die metrischen Prädiktoren verursachen darüber hinaus zahlreiche Leerzellen.

**Informationen zur Modellanpassung**

| Modell | Kriterien für die Modellanpassung | Likelihood-Quotienten-Tests | | |
|---|---|---|---|---|
| | −2 Log-Likelihood | Chi-Quadrat | Freiheitsgrade | Signifikanz |
| Null | 221,807 | | | |
| Endgültig | 118,956 | 102,851 | 3 | ,000 |

Die Maße in der Tabelle „Informationen zur Modellanpassung" sind zuverlässig; das Endgültige Modell unterscheidet sich vom Null-Modell statistisch bedeutsam (p=0,000).

**Pseudo-R-Quadrat**

| Cox und Snell | ,474 |
|---|---|
| Nagelkerke | ,632 |
| McFadden | ,464 |

McFadden's Maß ist mit 0,464 sehr gut. Das Modell erklärt ca. 63% der Varianz (nach Nagelkerke).

**Parameterschätzer**

| matcol | | B | Standard-fehler | Wald | Freiheits-grade | Signifikanz | Exp(B) | 95% Konfidenzintervall für Exp(B) | |
|---|---|---|---|---|---|---|---|---|---|
| | | | | | | | | Untergrenze | Obergrenze |
| 1 | diff1 | -,105 | ,049 | 4,540 | 1 | ,033 | ,901 | ,818 | ,992 |
| | diff2 | ,366 | ,081 | 20,207 | 1 | ,000 | 1,442 | 1,229 | 1,692 |
| | diff3 | ,131 | ,038 | 11,957 | 1 | ,001 | 1,140 | 1,058 | 1,228 |

Alle drei Differenzen zeichnen sich als statistisch bedeutsame Prädiktoren aus. Die Konfidenzintervalle des Odds Ratio (Exp(B)) umschließen in keinem Falle den Wert 1; alle Prädiktoren dürften mit 95iger Wahrscheinlichkeit einen Einfluss auf die Verhältnisse zwischen den Gruppen ausüben. In welche Richtung dieser Einfluss geht, hängt v.a. von der Richtung der Differenzbildung ab (s.o.). Die ermittelten Vorzeichen sollten immer mit der konkreten Formel ihrer Ermittlung abgeglichen werden, um die erzielten Parameter adäquat interpretieren und Besonderheiten (wie z.B. doppelte Negationen) ausschließen zu können. Das negative Vorzeichen von DIFF1 weist im Beispiel darauf hin, dass die *Kontrollen* in der Variablen SYS_T im Durchschnitt höhere Werte aufweisen als die Fälle. Die positiven Vorzeichen von DIFF2 und DIFF3 bedeuten, dass die *Fälle* jeweils im Durchschnitt höhere Werte aufweisen als die Kontrollen und somit bei einer Zunahme der Prädiktorwerte für eine zunehmende Wahrscheinlichkeit der „Fälle"-Kategorie sprechen. SPSS gibt keine standardisierten Koeffizienten aus; die B für DIFF1, DIFF2 bzw. DIFF3 können daher weder absolut, noch relativ zuverlässig eingeschätzt werden. Eine Orientierung bietet dabei das Exp(B). Das Odds Ratio von z.B. DIFF2 (Exp(B)=1.442) ist so zu interpretieren, dass bei einem Anstieg um eine DIFF2-Einheit die Quoten der abhängigen Variablen zunehmen. Wären also die Quoten in der abhängigen Variable vorher 1 : 1 gewesen, würde ein Anstieg des Prädiktors „DIFF2" um eine Einheit zum Verhältnis 1 : 1.442 führen. Die „Fälle" sind beim Anstieg von DIFF2 um eine Einheit im Vergleich zur Gruppe „Kontrolle" um 44.2 % bzw. 1.442-mal wahrscheinlicher.

**Klassifikation**

| Beobachtet | Vorhergesagt | |
|---|---|---|
| | 1 | Prozent richtig |
| 1 | 160 | 100,0% |
| Prozent insgesamt | 100,0% | 100,0% |

Die Tabelle „Klassifikation" ist unergiebig.

## 3.4.5 Exkurs: LOGISTIC REGRESSION vs. NOMREG (Unterschiede)

Erfahrungsgemäß sorgt SPSS nicht nur deshalb für Irritation, indem es für zwei Verfahren „aus demselben Haus" jeweils eine separate Syntax anbietet, sondern darüber hinaus, dass die augenscheinlich gleichen Maße für die Modellgüte auf unterschiedlichen Berechnungsweisen (fallweise, gruppenweise) basieren. Erschwerend kommt hinzu, dass für bestimmte Berechnungsvarianten die Maße des jeweils anderen Verfahrens bzw. der anderen Syntax verwendet werden sollten.

Die Prozedur LOGISTIC REGRESSION ermittelt für die binäre logistische Regression alle Vorhersagen, Residuen, Einflussstatistiken und Tests der Anpassungsgüte anhand von Daten auf der Ebene von Fällen. Die Prozedur NOMREG fasst für eine multinomiale logistische Regression Fälle zu Gruppen zusammen und bildet so auf der Basis aggregierter Daten sog. Teilgesamtheiten mit identischen Kovariaten-Mustern für die Prädiktoren. Kovariaten-Muster kann man sich als Kombination der Ausprägungen der unabhängigen Variablen vorstellen, in der einfachsten Form als 2x2-Tabelle, in deren Zellen die Werte der abhängigen Variablen verteilt werden. Vorhersagen, Residuen und Tests zur Anpassungsgüte werden auf der Grundlage dieser Teilgesamtheiten erstellt. Die beiden Regressionsverfahren unterscheiden sich somit auch in der Datengrundlage für die Tests zur Anpassungsgüte. Die Analyse der Modellanpassung unterscheidet sich dabei unabhängig von der Anzahl der Ausprägungen der abhängigen Variablen nach Fällen (fallweise) oder nach Kovariaten-Mustern (gruppenweise).

Wenn mehr Fälle als Kovariaten-Muster vorliegen, sollten die Modellparameter immer gruppenweise ermittelt werden, z.B. mittels Pearson oder Devianz in NOMREG. Entspricht die Anzahl der Kovariaten-Muster in etwa der Anzahl der Fälle, so sollten Modellparameter immer fallweise ermittelt werden (z.B. mittels des Hosmer-Lemeshow-Test, nur verfügbar in LOGISTIC REGRESSION; multinomiale Modelle müssen dazu in dichotome Modelle zerlegt werden).

Für weitere Gemeinsamkeiten und Unterschiede in Rechenweise und Leistungsumfang der Prozeduren NOMREG und LOGISTIC REGRESSION wird auf die Übersichtstabelle unter 3.4.4, wie auch die technische Dokumentation von SPSS und die statistische Spezialliteratur verwiesen.

# 3.4.6 Voraussetzungen für eine multinomiale logistische Regression

1. Die multinomiale logistische Regression unterstellt ein Kausalmodell zwischen (mind.) einer unabhängigen Variablen (X) und einer abhängigen (Y) Variable. Nonsensregressionen, z.B. der Einfluss von Körpergröße oder Geschlecht auf die Haarfarbe, sind von vornherein sachlogisch auszuschließen. Nur relevante Variablen sind im Modell anzugeben, unwichtige Variablen sind auszuschließen.
2. Die paarweisen Messungen xi und yi müssen zum selben Objekt gehören. In anderen Worten: Die untersuchten Merkmale werden dem gleichen Element einer Stichprobe entnommen.
3. Die unabhängigen und abhängigen Variablen sind idealerweise hoch miteinander korreliert.
4. Abhängige Variable: Die abhängige Variable ist bei der binären logistischen Regression dichotom; bei der multinomialen logistischen Regression besitzt die abhängige Variable mehr als zwei Kategorien. Auch bei der multinomialen logistischen Regression ist es wichtig zu überprüfen, ob das eigentlich interessierende Zielereignis überhaupt (häufig genug) eingetreten ist und ob die Häufigkeit des Zielereignisses der Grundgesamtheit entspricht oder etwa disproportional vorkommt. Ist das Zielereignis selten, sind üblicherweise die Kosten falscher Negative höher als die Kosten falscher Positive und legen Cutoffs weit unter 0.5 nahe.
5. Fehlende Daten (Missings): Fehlende Daten können v.a. bei Vorhersagemodellen zu Problemen führen. Fehlen keinerlei Daten, ist dies eine ideale Voraussetzung für ein Vorhersagemodell. Fehlen Daten völlig zufällig, entscheidet das konkrete Ausmaß, wie viele Daten proportional in der Analyse verbleiben, was durchaus zu einem Problem werden kann. Stellt sich anhand von sachnahen Überlegungen heraus, dass Missings in irgendeiner Weise mit den Zielvariablen zusammenhängen, entstehen Interpretations- und Modellierungsprobleme, sobald diese Missings aus dem Modell *ausgeschlossen* werden würden. Fehlende Daten können z.B. (a) modellierend über einen Missings anzeigenden Indikator und (b) eine Analyse fehlender Werte (Missing Value Analysis) rekonstruierend wieder in ein Modell einbezogen werden; jeweils nur unter der Voraussetzung, dass ihre Kodierung, Rekonstruktion und Modellintegration gegenstandsnah und nachvollziehbar ist (z.B. Schendera, 2007). Konzentrieren sich Missings auf eine Variable, könnte diese evtl. auch aus der Analyse ausgeschlossen werden.
6. Die multinomiale logistische Regression unterstellt eine nichtlineare Funktion zwischen unabhängigen und abhängigen Variablen bzw. die Linearität des Logits, einem linearen Zusammenhang zwischen den kontinuierlichen Prädiktoren und dem Logit der abhängigen Variablen, was man sich als lineares Streudiagramm vorstellen kann. Die unkomplizierte Ausgabe eines sog. Logit-Plots ist in SPSS leider (noch) nicht möglich. Ein einfacher Ansatz, die Annahme der Linearität des Logits zu überprüfen ist, das ursprüngliche Regressionsmodell um Interaktionsterme zwischen jedem kontinuierlichen Prädiktor und seinem natürlichen Logarithmus zu ergänzen (sog. Box-Tidwell Transformation). Gerät einer dieser Interaktionsterme signifikant, verstößt das Modell gegen die Annahme der Linearität des Logit und damit die Annahme eines monotonen Zusammenhangs (zu den Risiken des Übersehens eines nichtmonotonen Zusammenhangs siehe Böhning, 1998:

Kap. 6). Die Schwächen dieses Ansatzes sind, dass er leichte Abweichungen von der Linearität nicht erkennt und bei Signifikanz nichts über die Form der Nichtlinearität sagt. Menard (2001) stellt weitere Testvarianten vor. Nichtlinearität ist nicht zu verwechseln mit Nichtadditivität.

7. Additivität des Modells: *Nichtlinearität* tritt auf, wenn die Änderung der abhängigen Variablen um eine Einheit der unabhängigen Variablen vom *Wert der unabhängigen Variablen* abhängt. *Nichtadditivität* liegt im Vergleich dazu dann vor, wenn die Änderung der abhängigen Variablen um eine Einheit der unabhängigen Variablen vom *Wert einer der anderen unabhängigen Variablen* abhängt. Die Additivität des Modells kann dadurch überprüft werden, indem z.B. entweder auf plausible oder auf alle theoretisch möglichen Interaktionseffekte getestet wird. Der letzte Ansatz ist nur für relativ einfache Modelle geeignet.

8. Dispersionsprobleme (Über- bzw. Unterdispersion; syn.: Over-, Underdispersion): Für ein korrekt spezifiziertes Modell sollte ein Maß für die Modellgüte (Pearson, Abweichung) dividiert durch die Anzahl der Freiheitsgrade einen Wert um 1 ergeben. Werte weit über 1 weisen auf Überdispersion hin; Werte unter 1 auf die eher seltene Unterdispersion. Dispersionsprobleme treten v.a bei der gruppenweisen Analyse von Daten auf und führen u.a. zu fehlerhaften Standardfehlern. Die in der Analysepraxis recht häufige Überdispersion wird oft dadurch verursacht, dass dem Modell wichtige Prädiktoren fehlen bzw. diese transformiert werden müssten, Ausreißer vorliegen, oder dass eine andere als die angenommene Verteilung vorliegt. Eine Korrektur der Dispersion kann über eine Reskalierung der Kovarianzmatrix vorgenommen werden, ist jedoch erst nach der Prüfung und Behebung der anderen Fehlerquellen sinnvoll.

9. Referenzkategorie: Die Referenzkategorie hat maßgeblichen Einfluss auf die Höhe bzw. Richtung der ermittelten Ergebnisse. Das Odds Ratio kann z.B. als 1 kodiert 3, aber als 0 kodiert 0.33 betragen; bei den Koeffizienten für dichotome abhängige Variablen (B) ändert sich z.B. das Vorzeichen. Die Prozedur NOMREG wählt als Referenzkategorie standardmäßig die letzte bzw. höchste Ausprägung der abhängigen Variablen (BASE=LAST, ab Version 12 kann die Referenzkategorie jedoch individuell angegeben werden). Die Prozedur LOGISTIC REGRESSION wählt als Referenzkategorie immer die erste bzw. niedrigste Ausprägung der abhängigen Variablen (wobei das Eintreten des Ereignisses als 1 kodiert wird). Andere Autoren, Analysten oder Software verwenden u.U. andere Referenzkategorien. Überprüfen Sie, ob die (automatisch) gewählte Referenzkategorie dem Auswertungsziel entspricht. In klinischen bzw. epidemiologischen Studien gilt bei dichotomen Ereignissen die Konvention, dass der Fall (Exposition, Ereignis) immer mit „1" und mit „0" immer die Kontrolle (keine Exposition, Ereignis tritt nicht ein) kodiert wird. Wenn bei multinomialen Analysen die Kategorien mit höheren Wahrscheinlichkeiten auch mit höheren Kodierungen versehen werden, kann dies die Interpretation der Ergebnisse erleichtern. Falls BASE= und/oder ORDER= nicht ausreichen, können die Ausprägungen der abhängige Variable über RECODE umkodiert werden.

10. Unabhängige Variablen: Die Prädiktoren sollten untereinander nicht korrelieren (Ausschluss von Multikollinearität). Jede Korrelation zwischen den Prädiktoren (z.B. > 0,70) ist ein Hinweis auf Multikollinearität. Multikollinearität wird durch Toleranztests oder auffällig hohe Standardfehler (nicht standardisiert: > 2, standardisiert: > 1) der Parameterschätzer angezeigt. Die Toleranzmaße können dadurch ermittelt werden, indem für

dasselbe Modell eine lineare Regression berechnet wird (dieses Vorgehen ist zulässig, weil nur die Toleranzmaße für die Zusammenhänge zwischen den Prädiktoren ermittelt werden; die abhängige Variable ist irrelevant). Ob und inwieweit hohe Multikollinearität behoben werden kann, hängt neben der Anzahl und Relevanz der korrelierenden Prädiktoren u.a. davon ab, an welcher Stelle des Forschungsprozesses der Fehler aufgetreten ist: Theoriebildung, Operationalisierung oder Datenerhebung. "What to do about it if [collinearity] is detected is problematic, more art than science" (Menard, 2001, 80; vgl. auch Pedhazur, $1982^2$, 247).

11. Fälle: Pro Ausprägung der abhängigen Variable sollten mindestens N=25 vorliegen. Je mehr Prädiktoren in das Modell aufgenommen werden bzw. je größer die Power des Modells sein soll, desto mehr Fälle werden benötigt. Hosmer & Lemeshow (2000, 339–347) stellen eine Formel vor, die neben der Stichprobengröße auch die Power und die Testrichtung anzugeben erlaubt. Falls die Kombination mehrerer Prädiktorenstufen zu zahlreichen leeren Zellen führen sollte, können entweder unwichtige Prädiktoren aus dem Modell entfernt werden oder Prädiktorenstufen zusammengefasst werden. Das Zusammenfassen von Prädiktorenstufen sollte sorgfältig geschehen, um die Datenintegrität zu bewahren. Auffällig hohe Parameterschätzer bzw. Standardfehler, wie auch ideal trennende Klassifikationsplots (z.B. vollständige oder quasi-vollständige Separation) sind sowohl als Hinweis auf ein ideales Modell, oder aber auch auf mögliche Datenprobleme bzw. Fehler der Modellspezifikation hin zu verstehen und zu prüfen.

Die Prädiktoren können anhand einfacher Tests darauf hin überprüft werden, ob mit einer vollständigen oder quasi-vollständigen Separation zu rechnen ist. Kategorial skalierte Prädiktoren können z.B. mit der (kategorial skalierten) abhängigen Variablen kreuztabelliert werden. Bestehen zwischen den besetzten Zellen keine nennenswerten Häufigkeitsunterschiede, so sind Separationseffekte unwahrscheinlich. Wahrscheinlicher sind Separationseffekte, wenn ausschließlich Zellen mit massiven Häufigkeitsunterschieden vorliegen. Liegt jedoch z.B. eine Konfiguration derart vor, dass ausschließlich die Zellen auf der Diagonalen Häufigkeiten enthalten, so ist eine vollständige oder quasi-vollständige Separation sehr wahrscheinlich die Folge. Intervallskalierte Prädiktoren können z.B. anhand der (kategorial skalierten) abhängigen Variablen in Form gruppierter Balkendiagramme ausgegeben werden. Die Werte sind entsprechend der Zugehörigkeit zur jeweiligen Ausprägung der kategorial skalierten abhängigen Variablen eingefärbt; je geringer der farbliche Überlappungsbereich zwischen den jeweiligen Verteilungen, umso wahrscheinlicher sind Separationseffekte. Falls Separationseffekte vorliegen, sollte sich eine Überprüfung nicht nur auf die Statistik, sondern auch die Modellierung der Theorie, wie auch die Erhebung einbeziehen. Der Hinweis von SPSS „Bei den Daten liegt möglicherweise eine quasi-vollständige Trennung vor. Entweder existieren die Maximum-Likelihood-Schätzungen nicht, oder einige Parameterschätzungen sind unendlich." ist korrekt, aber unvollständig, denn dieser Hinweis beschränkt sich jedoch nur auf die Statistik als mögliche Ursache. Anwender sollten jedoch noch einen Schritt weiter gehen und auch überprüfen, ob das untersuchte Modell korrekt spezifiziert ist bzw. ob die Daten korrekt erhoben wurden. Ein *positives* Beispiel i.S.e. eines idealen Modells ist z.B. die annähernd perfekte Modellierung (Vorhersage) der Zugehörigkeit zu einer von mehreren Ausprägungen der abhängigen Variablen. Ein bekanntes Beispiel aus der Biologie ist z.B.

die (erfolgreiche) Modellierung von Pflanzentaxonomien u.a. anhand der Länge und Breite von Blütenblättern.

Ein *negatives* Beispiel i.S.e. fehlerhaften Modellspezifikation kann z.B. eine unzureichende Modellierung von Kausalität sein, z.B. die Verwechslung von abhängigen und unabhängigen Variablen. Ein Beispiel für eine „perfekte" Modellierung (Vorhersage) der Zugehörigkeit zu einer von mehreren Ausprägungen der abhängigen Variablen kann auch dadurch verursacht sein, indem z.B. für die Vorhersage, ob jemand sehr jung (z.B. < 5 Jahre) oder sehr alt ist (z.B. > 50 Jahre), Variablen wie z.B. Körpergewicht und Körpergröße verwendet werden. Der Fehler besteht darin, dass die „Prädiktoren" Körpergewicht und Körpergröße eigentlich die abhängigen Variablen sind und nicht die Prädiktoren. Als weitere Ursachen können sich z.B. Erhebungsfehler wie z.B. Bias, Selektions- oder auch Messfehler im Ergebnis bemerkbar machen.

12. Events pro Parameter: Die Anzahl der Fälle ist alleine nicht ausreichend; es ist zu gewährleisten, dass die Ausprägungen des Zielereignisses (abhängige Variable) v.a. bei zahlreichen Kovariaten ausreichend häufig vorkommen. Hosmer & Lemeshow (2000, 346–347) schlagen für einigermaßen symmetrische Verteilungen als Daumenregel mind. $N = 10 * n$ Kovariaten vor (für asymmetrische Ausprägungen des Zielereignisses ist die Situation schwieriger). Als Folge wären entweder Fälle nur für das interessierende Zielereignis zu ziehen, das N generell zu erhöhen und/oder die Anzahl der Kovariaten zu verringern.

13. Residuen (Fehler): Die Pearson-Residuen in NOMREG basieren auf gruppierten Daten; für fallweise Pearson- oder andere Residuen, wie auch eine anspruchsvolle Residuenanalyse im Allgemeinen, sollte auf LOGISTIC REGRESSION ausgewichen werden. Die Ziehungen der untersuchten Merkmale sind unabhängig voneinander. Die Residuen sollten also voneinander unabhängig sein. Die Residuen streuen zufällig um Null, weisen eine konstante Varianz auf (Homoskedastizität), sind multinomialverteilt (normal nur bei großen Stichproben) und korrelieren weder untereinander, noch mit Prädiktoren. Die Verteilung der Residuen hängt von der Stichprobengröße ab; für kleine Stichproben gelten Verstöße gegen diese Annahmen als kritischer als bei großen Stichproben (die Zulässigkeit des ZGT vorausgesetzt). Über die Unabhängigkeit der Fehler kann der Ausschluss von Autokorrelation gewährleistet werden. Bei Variablen, die über den Faktor „Zeit" korreliert sein könnten, z.B. im Messwiederholungsdesign, wird auf spezielle Voraussetzungen bzw. Anwendungen logistischer Verfahren in Hosmer & Lemeshow (2000, Kapitel 8.3) verwiesen.

14. Modellspezifikation: Die Modellspezifikation sollte eher durch inhaltliche und statistische Kriterien als durch formale Algorithmen geleitet werden. Die Prädiktoren sollten untereinander nicht korrelieren. Viele Autoren raten von der Arbeit mit Verfahren der automatischen Variablenauswahl ausdrücklich ab; als explorative Technik unter Vorbehalt jedoch sinnvoll. Für beide Vorgehensweisen empfiehlt sich folgendes Vorgehen: Zunächst Aufnahme inhaltlich relevanter Prädiktoren, anschließend über Signifikanztests Ausschluss statistisch nicht relevanter Variablen. Enthält das Modell signifikante Interaktionen zwischen Prädiktoren, verbleiben auch Prädiktoren im Modell, deren Einfluss alleine keine Signifikanz erreicht.

15. Schrittweise Methoden arbeiten z.B. auf der Basis von formalen Kriterien (statistische Relevanz) und sind daher für die *theoriegeleitete* Modellbildung nicht angemessen, da sie

durchaus auch Prädiktoren ohne jegliche inhaltliche Relevanz auswählen. Die rein *explo-rative* bzw. *prädikative* Arbeitsweise sollte anhand von plausiblen inhaltlichen Kriterien gegenkontrolliert werden. Die Rückwärtsmethode sollte der Vorwärtsmethode vorgezo-gen werden, weil sie im Gegensatz zur Vorwärtsmethode bei der Prüfung von Interaktio-nen erster Ordnung beginnt und somit nicht das Risiko des voreiligen Ausschlusses von potentiellen Suppressorvariablen besteht. Schrittweise Methoden schließen jedoch keine Multikollinearität aus und sind daher mind. durch Kreuzvalidierungen abzusichern.

16. Ausreißer und einflussreiche Werte: Die Ausreißer-Diagnostik in NOMREG ist ausge-sprochen suboptimal. Es wird empfohlen, die multinomiale abhängige Variable in mehre-re dichotom skalierte Variablen zu zerlegen und mehrere separate Ausreißer-Diagnosen mittels LOGISTIC REGRESSION zu berechnen. Detaillierte Hinweise siehe dort.

17. Modellgüte (Fehlklassifikationen): Das Modell sollte in der Lage sein, einen Großteil der beobachteten Ereignisse über optimale Schätzungen korrekt zu reproduzieren. Falls die ermittelte Modellgleichung eine schlechte Anpassung an die Daten hat, kann es jedoch passieren, dass einige Fälle, die tatsächlich zur einen Gruppe gehören, als wahrscheinlich zur anderen Gruppe gehörig ausgegeben werden, z.B. in Klassifikationsplots (siehe auch Ausreißer, s.u.). Werte unter 80% pro Gruppenzugehörigkeit sind nicht akzeptabel; je nach Anwendungsbereich sind sogar weit höhere Anforderungen zu stellen. Die Fälle und Kosten der Fehlklassifikationen sind zu prüfen (die Kosten falscher Negative sind übli-cherweise höher als die Kosten falscher Positive) und ggf. die Klassifikationsphase daran anzupassen. Ob die beobachtete Trefferrate überzufällig ist, lässt sich z.B. mit dem Bi-nomialtest für eine dichotome abhängige Variable überprüfen (vgl. z.B. Bortz, 1993, 579).

18. Test der Vorhersagegüte (Ausschluss von Overfitting): Ein Modell sollte nach seiner Parametrisierung *immer* auf die praktische Relevanz seiner Vorhersagegüte getestet wer-den. Damit soll u.a. auch die Möglichkeit ausgeschlossen werden, dass ein Modell die Anzahl der Fehler erhöht. Wird z.B. ein Modell an der Stichprobe überprüft, anhand der es entwickelt wurde, ist das Modell zu optimistisch und die Trefferraten üblicherweise überschätzt (Overfitting). Overfitting tritt v.a. bei zu speziellen Modellen auf. Ursache sind oft Besonderheiten der verwendeten *Stichprobe* (Bias, Verteilungen usw.). Das Mo-dell enthält damit Besonderheiten, die nicht in der *Grundgesamtheit* auftreten und sich daher auch nicht replizieren lassen. Liefert das Modell große Leistungsunterschiede, wer-den z.B. mit den Trainingsdaten (80% der Daten) z.B. 80% der Fälle korrekt klassifiziert, an den Test- bzw. Validierungsdaten (20% der Daten) nur noch 50% der Fälle, dann liegt Overfitting vor. Das Modell sollte daher *immer* anhand weiterer Testdaten auf Overfitting geprüft werden, z.B. über eine Kreuzvalidierung. Eine Kreuzvalidierung ist ein Modell-test an einer oder mehreren *anderen (Teil-)Stichprobe/n* („Testdaten"). In NOMREG ist eine Kreuzvalidierung dadurch möglich, indem ein Ausgangsdatensatz z.B. in zwei Sub-sets zerlegt wird. Das Modell wird am ersten Subset entwickelt. Zeigt die Validierung des Modells am zweiten Subset eine schlechtere Leistung, dann liegt Overfitting vor (vgl. 2.4 und 3.2.7 zu weiteren Hinweisen und Massnahmen bei *Underfitting*).

19. Besonderheiten bei der Interpretation der Regressionskoeffizienten und Odds Ratio (Exp(B): (a) Skalenniveau der Prädiktoren: Die Interpretation von Odds Ratio und Re-gressionskoeffizient unterscheidet sich bei kategorialen und metrischen Prädiktoren. Bei metrischen Variablen kann ihr Einfluss in einem gemeinsamen Wert für den gesamten

einheitlichen Definitionsbereich ausgedrückt werden; bei kategorialen Variablen werden Werte für n – 1 Ausprägungen bzw. Einheiten ermittelt. Zu beachten ist, dass sich die Kodierung auf die Höhe bzw. Vorzeichen von Odds Ratios bzw. Regressionskoeffizienten auswirkt (bei Koeffizienten für dichotome abhängige Variablen kann sich z.B. das Vorzeichen verkehren; siehe daher dazu auch die Anmerkungen zur Referenzkategorie). (b) Kodierung eines kategorialen Prädiktors: Die Kodierung des Prädiktors hat einen Einfluss auf die Interpretation des Regressionskoeffizienten und auch seine Berechnung. Weicht die Kodierung von 1 für Fall bzw. Ereignis und 0 für Kontrolle ab (siehe dazu auch die Anmerkungen zur Referenzkategorie), müssen die Parameter anders ermittelt werden. (c) Nichtstandardisierte vs. standardisierte Regressionskoeffizienten: Nichtstandardisierte Regressionskoeffizienten können sich von standardisierten massiv unterscheiden und ein völlig falsches Bild vom Einfluss der jew. Prädiktoren vermitteln. Menard (2001) empfiehlt zwar für kategoriale Variablen und Variablen mit natürlichen Einheiten die nicht standardisierten Regressionskoeffizienten bzw. Odds Ratio und für metrische Skalen ohne gemeinsame Einheit standardisierte Regressionskoeffizienten. Standardisierte Regressionskoeffizienten können für Modelle für metrische Prädiktoren dadurch gewonnen werden, indem vor der Analyse die Prädiktoren selbst standardisiert werden. Die anschließend gewonnenen Koeffizienten können dann als standardisiert interpretiert werden. Für Modelle mit Prädiktoren mit auch kategorialen Prädiktoren ist das Vorgehen komplizierter (siehe Menard, 2001).

Standardisierte Regressionskoeffizienten werden bei der *linearen Regression* üblicherweise für den Vergleich metrischer Variablen innerhalb einer Stichprobe/Population bzw. für metrische Variablen ohne gemeinsame Einheit empfohlen, wobei bei letzterem berücksichtigt werden sollte, dass ihre Ermittlung abhängig von der gewählten Stichprobe sein kann und je nach Modellgüte nur unter Vorbehalt verallgemeinert werden könnte. Nicht standardisierte Regressionskoeffizienten werden für den Vergleich metrischer Variablen zwischen Stichproben/Populationen bzw. für metrische Variablen mit natürlichen bzw. gemeinsamen Einheiten empfohlen. Pedhazur ($1982^2$, 247–251) rät aufgrund ihrer jeweiligen Stärken und Schwächen dazu, beide Maße anzugeben. Werden die Daten vor der Analyse z-standardisiert, werden Beta-Werte als B-Werte angegeben.

20. Anzahl der Kovariaten-Muster: Je mehr Prädiktoren mit vielen Ausprägungen vorliegen, umso größer wird die Zahl der Kovariaten-Muster und der damit benötigten Fälle. Die multinomiale logistische Regression geht davon aus, dass alle Zellen besetzt sind. Leere, unterbesetzte bzw. extrem asymmetrisch besetzte Zellen führen mind. zu Problemen bei der Interpretation Chi²-basierter Statistiken. Wenn mehr Fälle als Kovariaten-Muster vorliegen, sollten die Modellparameter immer gruppenweise ermittelt werden, z.B. mittels Pearson oder Devianz in NOMREG. Abweichung bzw. Pearson sind also für Modelle mit metrisch skalierten Einflussvariablen nicht geeignet. Entspricht die Anzahl der Kovariaten-Muster in etwa der Anzahl der Fälle, so sollten Modellparameter immer fallweise ermittelt werden (z.B. mittels des gruppierenden Hosmer-Lemeshow-Test, nur verfügbar in LOGISTIC REGRESSION; multinomiale Modelle müssen dazu in dichotome Modelle zerlegt werden). Der Hosmer-Lemeshow-Test ist ein modifizierter Pearson Chi²-Anpassungstest (goodness-of-fit-Test) und basiert auf in 10 gleich große Gruppen verteilte erwartete Häufigkeiten. Der Hosmer-Lemeshow-Test ist bei fallweisen Daten immer den Gütemaßen Abweichung bzw. Pearson vorzuziehen.

# 3.5 Vergleich der vorgestellten Regressionsansätze

| | *SPSS Prozeduren für Verfahren der kategorialen Regression* | | |
|---|---|---|---|
| Zentrale Unterschiede | **LOGISTIC REGRESSION** | **PLUM** | **NOMREG** |
| **Bezeichnung des Verfahrens** | Binäre logistische Regression | Ordinale Regression | Multinomiale logistische Regression |
| **AV-Stufen** | 2-stufig | 2 Stufen und mehr | 2 Stufen und mehr |
| **AV-Skala** | Nominal | Ordinal | Nominal |
| **Methode** | Direkt und Schrittweise, variable Reihenfolge der Prädiktoren, fallweise Daten | Direkt, feste Reihenfolge der Prädiktoren | Direkt und Schrittweise, feste Reihenfolge der Prädiktoren, gruppenweise Daten |
| **Modell und spezif. Annahmen** | Logistisches Regressions-Modell | Kumulatives Logit-Modell (Parallelitätstest) | Logistisches Regressions-Modell |
| **Parameterschätzer bezieht sich auf …** | Niedrigste Kategorie; üblicherweise Kategorie „0" (voreingestellt), wobei „1" als „Ereignis" gilt | Lagen und Schwellen | Letzte (höchste) Kategorie (voreingestellt); ggf. Rekodierung notwendig |
| **Klassifizierungstabelle** | Ja | Nein | Ja |
| **Modelldiagnostik** | Gut | Schlecht | Schlecht |
| **Abspeicherbare Statistiken** | Umfangreich (zahlr. Residuenvarianten, vorherg. Kategorie, Cook, dfbeta, Abweichung, uvam.) | Wenige: z.B. Pearson, Residuum, vorherg. Kategorie, Beta-Änderung | Pearson Residuum, AIC und BIC (Informationskriterien nach Akaike und Bayes). |
| **Empfehlung für ...[2]** | Dichotome AV, metrische Prädiktoren, Modelltests | Ordinale AV | Überwiegend oder ausschl. kategoriale Prädiktoren, Gematchte Fall-Kontrollstudien |

[2] Vorausgesetzt, die Modellannahmen sind eingehalten.

# 4    Survivalanalysen

Kapitel 4 führt ein in die Verfahren der Überlebenszeitanalyse (Sterbetafel, Kaplan-Meier-Schätzung, Cox-Regression). Die Überlebenszeitanalyse untersucht im Prinzip die Zeit bis zum Eintreten eines definierten Zielereignisses. Dies kann ein erwünschtes Ereignis (z.B. Vertragsverlängerung, Anstellung, Lernerfolg, Heilung usw.) oder auch ein unerwünschtes Ereignis sein (z.B. Kündigung, Defekt, Rückfall, Tod usw.). Aus der unterschiedlichen Bewertung der Zielereignisse rühren auch die ausgesprochen heterogenen Bezeichnungen dieser Verfahrensgruppe, z.B. Survivalanalyse, Lebenszeitanalyse, time to effect bzw. event Analyse etc. Je nach Bewertung der Zielereignisse sind v.a. die ausgegebenen Diagramme unterschiedlich zu interpretieren.

Kapitel 4.1 stellt zunächst das Grundprinzip der Überlebenszeitanalyse sowie beispielhafte Fragestellungen und die Ziele einer Überlebenszeitanalyse vor.

Kapitel 4.2 erläutert die Bestimmung der verschiedenen Überlebensfunktionen (u.a. kumulative S(t), Eins-minus-Überlebensfunktion (1-S(t)), Dichtefunktion f(t), logarithmierte Überlebensfunktion l(t) sowie Hazard-Funktion h(t)).

Kapitel 4.3 führt in die Zensierung von Daten ein. Bei einer Überlebenszeitanalyse kann es vorkommen, dass bei manchen Fällen das Zielereignis *nicht wie erwartet* eintritt, d.h. das Zielereignis tritt *gar nicht* oder *nicht aus den erwarteten* (weil definierten) Gründen ein. Um diese Fälle von denjenigen mit den erwarteten Ereignissen abzugrenzen, werden sie anhand sog. Zensierungen markiert. Links-, Rechts- und Intervallzensierung werden vorgestellt, ebenso wie das Interpretieren von Zensierungen im Rahmen eines (non)experimentellen Untersuchungsdesigns.

Kapitel 4.4 erläutert am Beispiel der versicherungsmathematischen Methode (Sterbetafel-Ansatz) und der Kaplan-Meier-Methode, wie diese Verfahren die Überlebensfunktion rechnerisch ermitteln und dabei mit zensierten Fällen umgehen. Beispiele mit SPSS werden ab Kapitel 4.6 vorgestellt.

Kapitel 4.5 stellt diverse Tests für den Vergleich zwischen Gruppen vor: Log Rang-Test (syn.: Log Rank- bzw. Mantel-Cox-Test), Breslow-Test (syn: modifizierter Wilcoxon-Test, Wilcoxon-Gehan-Test), Tarone-Ware-Test und Likelihood-Ratio-Test. Dieses Kapitel stellt darüber hinaus eine vergleichende Zusammenfassung sowie auch Empfehlungen für die Interpretation dieser Tests zusammen.

In Kapitel 4.6 werden die versicherungsmathematische Methode (SPSS Prozedur SURVIVAL) und der Kaplan-Meier-Ansatz (SPSS Prozedur KM) mit SPSS angewandt und interpretiert. Die Regressionen nach Cox werden in einem eigenen Kapitel behandelt. Bei der Sterbetafel-Methode werden Beispiele mit bzw. ohne Faktoren vorgestellt. Beim Kaplan-Meier-Ansatz werden Beispiele mit/ohne Faktoren, mit Schichtvariablen sowie für die Ermittlung von Konfidenzintervallen vorgestellt.

Kapitel 4.7 führt zunächst in die Besonderheiten des Cox-Modells ein (SPSS Prozedur COXREG) und vergleicht diesen Ansatz mit Sterbetafelmethode, Kaplan-Meier und linearer Regression. Anschließend werden mehrere Varianten der Regression nach Cox (zeitunabhängige Kovariaten, zeitabhängige Kovariaten, Interaktionen sowie sog. „Muster") mit SPSS gerechnet und interpretiert. Separate Abschnitte stellen die Verfahren zur Überprüfung der speziellen Voraussetzungen der Cox-Regression (u.a. Analyse von Zensierungen, Multikollinearität und Proportionalitätsannahme) sowie Möglichkeiten der Bildung von Kontrasten vor („Abweichung", „Einfach", „Helmert" usw.). Separate Abschnitte stellen abschließend jeweils die diversen Voraussetzungen der vorgestellten Ansätze zusammen sowie Ansätze zu ihrer Überprüfung.

# 4.1     Einführung in die Überlebenszeitanalyse

Die Überlebenszeitanalyse (auch: Survivalanalyse, survival analysis, Lebenszeitanalyse, lifetime analysis, failure time analysis, time to effect, time to event analysis etc.) gehört zur Gruppe der zeitbezogenen Analyseverfahren. Die Survivalanalyse untersucht das Ausmaß bzw. die Verteilung von zeitlichen Abständen zwischen zwei Zeitpunkten. Der erste Zeitpunkt ist üblicherweise durch den Beginn einer Studie, der zweite Zeitpunkt durch den Eintritt eines vorher festgelegten Ereignisses definiert. Die Survivalanalyse untersucht also einerseits, wie lange es dauert, bis ein bestimmtes Ereignis eintritt, wie auch andererseits, ob die erwarteten Ereignisse tatsächlich eingetreten sind. Ziel der (Über-)Lebenszeitanalysen ist, den zeitlichen Verlauf bzw. die Wahrscheinlichkeit des sogenannten (Über-)Lebens zu beschreiben.

Anm.: Die Bezeichnung "Überlebens(zeit)analyse" ist insofern etwas unglücklich, weil sie die Anwendung dieser Verfahrensgruppe in den Kontext des unausweichlichen Sterbens bzw. zumindest in die Nähe des negativ Besetzten rückt (siehe auch den Begriff der "Sterbetafel"). Viele Lehrbücher unterstützen diese Tendenz, weil sie z.B. das Überleben von Operationen oder Krankheiten als Beispiele anführen. Genauer betrachtet untersucht eine Survivalanalyse nur die Zeit bis zum Eintreten eines definiertes Zielereignis (daher auch: time to effect oder auch time to event analysis) und dem muss nicht gleich ein letales oder finales Ereignis in der Realität entsprechen. Beispielsweise kann in der Medizin untersucht werden, wie schnell die (erwünschte) Wirkung eines Medikaments bzw. einer Behandlung einsetzt. In der Agrarwissenschaft könnte z.B. das Blühen von Blumenzwiebeln untersucht werden. Als Zielereignis könnte z.B. definiert sein, dass eine Sprosse die Erdoberfläche durchbricht. Diese Survivalanalyse würde z.B. abbrechen, sobald die letzte ausgesetzte Zwiebel das Zielereignis erreicht bzw. das gesetzte Zeit-Limit erreicht ist. Die englischsprachigen Begriffe sind etwas neutraler (siehe „time to effect / event analysis" oder auch „life table", vgl. auch Kalbfleisch & Prentice, 2002). Im Folgenden wird vorwiegend der Begriff Survivalanalyse verwendet.

Beispiele für eine Survivalanalyse sind folgende Fragestellungen (vgl. auch Klein & Mo-eschberger, 2003, Kap.1, 1–20 für vorwiegend medizinische Fragestellungen):

- Wie schnell setzt die (erwünschte) Wirkung eines Medikaments bzw. einer Behandlung ein?
- Wie lange überlebt ein Patient eine Transplantation (z.B. Herz, Leber, Niere)?
- Wie schnell fangen Raucher nach ihrer „letzten" Zigarette wieder mit dem Rauchen an?
- Wie lange bleibt ein Kunde einer Marke bzw. einem Anbieter treu?
- Wie lange verweilt ein Kunde im (online) Geschäft eines Anbieters bis zum Kauf?
- Wie schnell tritt bei einem bestimmten Produkt (Auto, Handy, Glühbirne usw.) ein Aus-fall ein?
- Wie lange fährt ein Fahranfänger unfallfrei bis zum ersten gemeldeten Schadensfall?
- Wie lange bleibt eine Vogelart standorttreu im Vergleich zu anderen Arten?
- Wie lange überleben Fische in einer nicht belasteten Umgebung im Vergleich zu einer kontaminierten Umgebung?
- Wie schnell wächst eine Saatsorte unter bestimmten (z.B. klimatischen) Bedingungen bis zur Blüte?
- Wie schnell wird ein Straftäter wieder rückfällig?

Die drei Ziele einer Survivalanalyse sind (z.B. Kleinbaum & Klein, 2005, 15):

1. Schätzen und Interpretieren von Überlebens- und/oder Hazard-Funktionen
   Fallen z.B. Überlebenszeiten sofort steil ab oder eher allmählich und langsam?
2. Vergleichen von Überlebens- und/oder Hazard-Funktionen
   Sind die z.B. Überlebenszeiten bei einem Treatment (Medikation, Schulung usw.) günsti-ger als ohne Treatment?
3. Untersuchen des Einflusses von Kovariaten (Faktoren) auf die Überlebenszeit
   Gibt es weitere erklärende Faktoren (Alter, Blutdruck usw.) und wie stark ist ihr jeweili-ger Einfluss?

Übersicht und Vergleich (Stand: SPSS v21)

| Kriterium | Sterbetafel | Kaplan-Meier | Cox-Regression |
|---|---|---|---|
| **Zweck** | Beschreibung, Analyse | Beschreibung, Analyse | Beschreibung, Analyse, Prognose |
| **Basis** | Beobachtung | Beobachtung | Funktionswert |
| **Einheit** | Zeitintervall | Einzelwert | Einzelwert |
| **Art der Statusvariablen** | Event (EVENT) | Event (EVENT), Datenverlust (LOST) | Event (EVENT), Datenverlust (LOST) |
| **Metrische Kovariaten** | nein (außer über Kategorisierung) | nein (außer über Kategorisierung) | ja |
| **Zeitabhängige Kovariaten** | nein | nein | ja (Cox-Modell 2) |
| **Kovariaten (Voreinstellung)** | 2 kategoriale Kovariaten | 2 kategoriale Kovariaten (1 x Faktor, 1 x Schicht) | N kategoriale Kovariaten, N metrische Kovariaten, |
| **Modellierung von Wechselwirkungen** | über Menüs: eingeschränkt; flexibler über Syntax | über Menüs: eingeschränkt; flexibler über Syntax | über Menüs: flexibel |
| **Variablenauswahl** | Anwender | Anwender | Anwender / automatisch |
| **Diagramme (voreingestellt)** | ja | ja | ja (Cox-Modell 1), nein (Cox-Modell 2) |
| **Graph. Anzeige v. Zensierungen** | nein | ja | nein |
| **Paarweise Tests über Faktorstufen** | ja | ja | nein |
| **Paarweise Tests über Schichtvariable** | nein | ja | nein |
| **Datenmengen** | mittel bis sehr groß | klein bis mittel | bis sehr groß |
| **Modelldiagnostik** | über Menüs: keine | über Menüs: eingeschränkt | über Menüs: gut |
| **Analyserelevante Besonderheiten** | Analysen aggregierter Daten möglich; ungleich große Intervalle möglich (jew. über Syntax) | - | Einbeziehen von zeitabhängigen Kovariaten; Residuenanalysen möglich |

# 4.2    Das Grundprinzip der Survivalanalyse

Der erste Schritt in einer Survivalanalyse ist die Schätzung der Überlebenszeiten (survival times). Die Überlebensfunktion (survivor function, auch: survival distribution function, SDF, survival function) S(t) wird dazu benutzt, die Lebenszeiten (lifetime) der interessierenden Population zu schätzen.

## 4.2.1    Die Überlebensfunktion S(t)

Die Überlebensfunktion (SDF), geschätzt an *t*, gibt dabei die Wahrscheinlichkeit an, mit der ein Element der Population eine Lebenszeit (life time) T länger bzw. größer als t haben wird:

$$S(t) = Pr(T > t)$$

S(t) bezeichnet die Überlebensfunktion, *t* bezeichnet bestimmte Zeitpunkte und *T* repräsentiert die Lebenszeit (lifetime) eines zufällig ausgewählten Elements. T ist somit eine Zufallsvariable.

In anderen Worten: S(t) gibt dabei die Wahrscheinlichkeit an, dass eine Überlebenszeit *T* vorliegt, die größer ist als der konkrete Zeitpunkt *t*. S(t) beschreibt also die Wahrscheinlichkeit, (mindestens) den Zeitpunkt *t* zu überleben. Da zu Beginn einer Analyse (*t*=0) alle interessierenden Elemente noch vorhanden sind, ist die Wahrscheinlichkeit, diesen „nullten" Zeitpunkt zu „üb/erleben" gleich S(t)=1. Mit zunehmender Zeit (also ansteigender Anzahl an Zeiteinheiten *t*) geht die Wahrscheinlichkeit, den jeweiligen Zeitpunkt zu überleben, gegen Null, S(t)=0. Mit anderen Worten: *t* und S(t) sind gegenläufig. Je mehr die Zeit vergeht, umso wahrscheinlicher wird das Eintreten eines bestimmten Ereignisses. S(t) beginnt als Funktion bei *t*=0 mit dem Wert 1 und strebt mit der Zeit (*t*=max) dem Wert 0 zu (0 wird meist nicht erreicht, da die Betrachtung zu einem bestimmten Zeitpunkt beendet wird).
Grafisch kann man sich S(t) als von 1 aus in Richtung 0 abwärts führende Treppe vorstellen, also monoton fallend,  wobei die einzelnen Stufen unterschiedlich steil bzw. breit sein können (siehe auch die Beispiele weiter unten). Die Steilheit der Treppenstufen wird verursacht durch die Anzahl der ausfallenden Elemente und ihre Breite durch die Anzahl der vergangenen Zeitpunkte *t*. Je breiter und flacher solche Treppenstufen sind, desto höher ist die Überlebenswahrscheinlichkeit der Elemente.
S(t) ist v.a. bei vergleichenden Fragestellungen aufschlussreich, wenn z.B. bei einem Zweigruppenvergleich die Frage untersucht wird, wie langsam/schnell S(t) gegen 0 strebt.

**Beispiel:**
Liegen z.B. folgende Daten vor:

*ID SEE  T*

01   1   534
02   1   463
03   2   157
04   2   98,

Wobei T die individuelle Überlebenszeit einer Fischart angibt, je nachdem, ob ein Individuum in einem unbelasteten, oder in einem wahrscheinlich kontaminierten See lebt. Der Fisch mit der ID 03 hat z.B. in See 2 157 Tage überlebt. Es ist deutlich zu erkennen, dass die Überlebenszeiten in See 1 ausgeprägter sind als in See 2. Für alle Fische ist die Überlebenswahrscheinlichkeit S(t) zu $t$=0 gleich 1; spätestens nach $t$=534 ist für alle Fische Überlebenswahrscheinlichkeit S(t) gleich 0. Die Überlebenswahrscheinlichkeit S(t) für Fische ist daher in See 1 vermutlich größer als in See 2. Die Beispiele sind Schendera (2004) entnommen.

## 4.2.2    Die Bestimmung der Überlebensfunktion S(t)

Die Überlebensfunktion S(t) wird über die Formel S(t) = 1 – d/n bestimmt. Der Wert 1 bezeichnet die Ausgangswahrscheinlichkeit, $d$ die Anzahl der bis zum Zeitpunkt t ausfallenden Elemente und $n$ die Anzahl der verbliebenen Elemente.
Übertragen auf die Daten des Fische-Beispiels (wobei wir jetzt der inhaltlichen Vereinfachung halber so tun, als ob die Fische alle aus demselben See stammen), können anhand der eingangs angegebenen Formel folgende Überlebenswahrscheinlichkeiten ermittelt werden:

| $t$ | $d$ | $n$ | $S(t)$ |
|-----|-----|-----|--------|
| 0   | 0   | 4   | 1      |
| 99  | 1   | 4   | 0.75   |
| 158 | 2   | 4   | 0.5    |
| 464 | 3   | 4   | 0.25   |
| 535 | 4   | 4   | 0      |

Anm.: Um anfänglichen Missverständnissen vorzubeugen, wurde t um jeweils einen Wert erhöht und kennzeichnet jeweils *einen Tag* nach dem Ausfall eines Elements aus der Ausgangsmenge.

Die ermittelten S(t)-Werte bilden eine bei 1 beginnende Treppe, die bei jedem Ereignis um eine Stufe in Richtung 0 absteigt. Würden mehrere Elemente gleichzeitig ausfallen, wäre die jeweilige abwärts führende Stufe steiler (Ausnahme: letzte Stufe zu 0 hin). Mit dem letzten Wert (*t*=535) ist die Überlebenswahrscheinlichkeit 0 erreicht. Für die Überlebenszeit über diesen Wert hinaus kann keine Aussage gemacht werden. Eine Aussage ohne Datengrundlage zu treffen ist unzulässig.

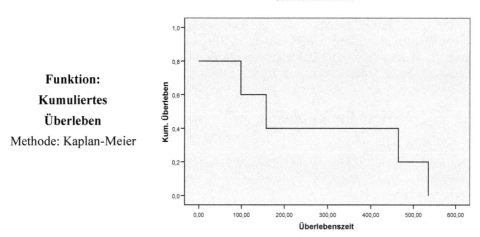

**Funktion:**

**Kumuliertes**

**Überleben**

Methode: Kaplan-Meier

Erläuterung: Das Diagramm „Kum. Überleben„ zeigt die kumulative Überlebensfunktion (vgl. y-Achse) auf einer linearen Skala an. Auf der x-Achse ist die Überlebenszeit abgetragen.
Jede senkrechte Linie steht für einen Ausfallzeitpunkt. Da diese Grafik vier senkrechte Linien enthält, ist dies auch ein Hinweis darauf, dass sie auf den obigen Beispieldaten basiert. Je breiter diese waagerechten Linien sind, umso mehr Zeit vergeht bis zum nächsten Ausfall. Dieser Grafik kann auch entnommen werden, dass zwischen dem zweiten und dritten Ausfall mehr Zeit vergeht als zwischen allen anderen Ausfällen.

Die Überlebensfunktion gibt die Wahrscheinlichkeit wieder, dass ein Fall länger als ein gegebener Zeitpunkt $t$ überlebt (Kleinbaum & Klein, 2005, 9). Die nachfolgend (vgl. 4.2.3) vorgestellte Hazard-Funktion h(t) hat den gegenteiligen Fokus im Vergleich zur Überlebensfunktion.

Übersicht:

| Diagramm / SPSS Prozedur | Sterbetafel SURVIVAL | Kaplan-Meier KM | Cox-Modell COXREG |
|---|---|---|---|
| DENSITY | Ja | - | - |
| HAZARD | Ja | Ja | Ja |
| LML | - | - | Ja* |
| LOGSURV | Ja | Ja | - |
| OMS | Ja | Ja | - |
| SURVIVAL | Ja | Ja | Ja |

\* Wird unter 4.7.6 vorgestellt.

Üblicherweise ist eine Überlebensfunktion für die Analyse von Überlebensdaten mehr als naheliegend. Es kann jedoch Gründe geben, auch auf andere Funktionen zurückzugreifen. Die nachfolgende Hazard-Funktion hat mind. einen ganz pragmatischen Vorzug gegenüber der Überlebensfunktion: Die Überlebensfunktion ist eine *kumulative* Funktion über die Zeit hinweg; die Hazard-Funktion beschreibt dagegen den *unmittelbaren* Effekt zu konkreten Zeitpunkten (bzw. in -intervallen).

## 4.2.3    Weitere Funktionen

**Hazard-Funktion h(t)**
Die Hazard-Funktion h(t) gibt das unmittelbare Potential für eine gegebene Zeiteinheit für den Eintritt des Zielereignisses wieder unter der Voraussetzung, der Fall hat bis zum gegebenen Zeitpunkt t überlebt.
Die Hazard-Funktion fokussiert also den unmittelbaren Eintritt des Zielereignisses, also das *Nichtüberleben* eines Falles. Die Überlebens-Funktion S(t) fokussiert dagegen das Überleben, also den Nichteintritt des Zielereignisses.

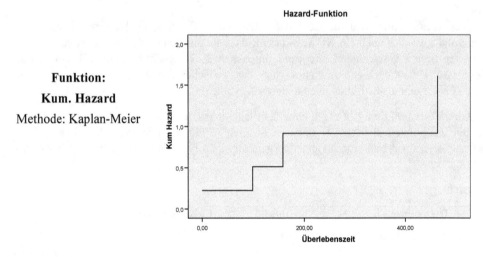

Erläuterung: Das Diagramm „Hazard-Funktion" zeigt die kumulierten Hazard-Werte (vgl. y-Achse) auf einer linearen Skala an. Auf der x-Achse ist die Überlebenszeit abgetragen. Bei konstantem Hazard verläuft die Hazard-Funktion parallel zur x-Achse. Liegt ein solches Diagramm vor, kann von exponentialverteilten Überlebenszeiten ausgegangen werden.
Ein Hazard-Diagramm gibt daher Auskunft, wann bestimmte Zeitpunkte „gefährlicher" sind als andere. Der Ausdruck „gefährlich" ist nur für negative Zielereignisse, z.B. Tod passend; für positive Ereignisse wäre ggf. der Ausdruck „potentieller" geeigneter.
Die sog. Hazard-Rate ist immer nonnegativ, also größergleich 0. Je größer h(t), desto höher ist die Rate des Eintretens des Zielereignisses. Die Hazard-Rate drückt in etwa eine bedingte Ausfall*rate* aus, *nicht* jedoch eine Wahrscheinlichkeit (Kleinbaum & Klein, 2005, 10–12).

**Eins-minus-Überlebensfunktion-Funktion**
Die Eins-minus-Überlebensfunktion ist im Prinzip das Gegenteil des Diagramms zur kumulativen Überlebensfunktion (vgl. 4.2.2) und basiert auf den Differenzen der ermittelten S(t)
zu 1. Die kumulative Überlebensfunktion beschreibt bekanntlich die Überlebenswahrscheinlichkeit. Die kumulative Eins-minus-Überlebensfunktion gibt dagegen die Ausfallwahrscheinlichkeit wieder.

**Funktion:**

**1-Kum. Überleben**

Methode: Kaplan-Meier

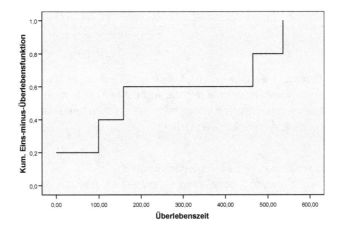

Erläuterung: Das Diagramm „Kum. Eins-minus-Überlebensfunktion" zeigt die Werte der
kumulativen 1-Überlebensfunktion (vgl. y-Achse) auf einer linearen Skala an. Auf der x-
Achse ist die Überlebenszeit abgetragen. Das Diagramm zur kumulativen Überlebensfunktion (vgl. 4.2.2) zeigt die Überlebenswahrscheinlichkeit, die sich von 0,8 bis 0 schrittweise
verringert. Das Diagramm „Kum. Eins-minus-Überlebensfunktion" (s.o.) zeigt dagegen die
Ausfallwahrscheinlichkeit, die von 0,2 auf 1 sukzessiv ansteigt.

**Die Dichtefunktion f(t)**
Die Dichtefunktion f(t) ist eine weitere Variante, die Überlebenszeit zu beschreiben. Die
Dichtefunktion ist dabei nichts anderes als das Produkt der Überlebens- und Hazard-
Funktion (vgl. Hosmer & Lemeshow, 1999, 11–13, 94).
Die Dichtefunktion wird dabei mathematisch aus der Verteilungsfunktion der Überlebenszeit
abgeleitet. Überlebenszeiten werden somit mit Überlebenswahrscheinlichkeiten verknüpft.
Der abgeleitete Dichtewert gibt daher eine Art „Wahrscheinlichkeit" ein, mit der ein Element
*bis* zu einem Zeitpunkt *t* „überlebt".

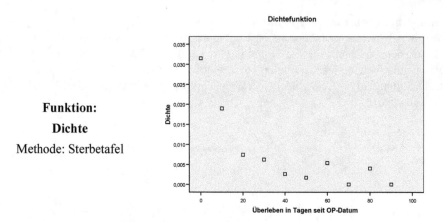

**Funktion:**

**Dichte**

Methode: Sterbetafel

Erläuterung: Das Diagramm „Dichtefunktion" zeigt die kumulierten Dichtewerte (vgl. y-Achse) auf einer linearen Skala an. Auf der x-Achse ist die Überlebenszeit abgetragen.
Die abgetragenen Punkte geben eine Art „Wahrscheinlichkeit" wieder, mit der die Elemente *bis* zu einem Zeitpunkt $t$ „überleben".

### Die logarithmierte Überlebensfunktion l(t)
Die logarithmierte Überlebensfunktion l(t) ist eine weitere Variante, die Überlebenszeit zu beschreiben.

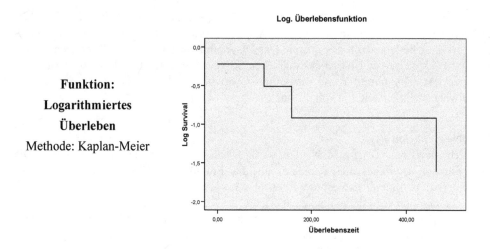

**Funktion:**

**Logarithmiertes
Überleben**

Methode: Kaplan-Meier

Erläuterung: Das Diagramm „Log Survival" zeigt die kumulative Überlebensfunktion auf einer logarithmischen Skala an (vgl. y-Achse). Auf der x-Achse ist die Überlebenszeit abgetragen.

Vor allem bei größeren Studien ist es nicht zuzumuten, zu jedem Zeitpunkt nachzusehen, wie viele Elemente noch in der Ausgangsmenge sind bzw. welche ausgefallen sind; es stellt sich auch die Frage, wie denn mit Werten zu verfahren ist, bei denen nun nicht wie geplant das Zielereignis eintrifft. Gehen diese nun in die Auswertung ein, oder nicht? Und falls ja, wie?

# 4.3      Zensierte Daten

Survivalanalysen sind dadurch charakterisiert, dass das Zielereignis (nämlich der wahrscheinliche Ausfall eines Elements aus einer bestimmten Menge innerhalb eines bestimmten Zeitraumes) auch *nicht* wie erwartet eintreten kann.

Mögliche Gründe können u.a. sein: zeitliche Begrenzung der Untersuchung, Abbruch der Teilnahme, Abwanderung oder Verlust der Untersuchungseinheit. Des Weiteren ist es möglich, dass das Zielereignis eintritt, aber nicht aus den interessierenden Gründen. Ist z.B. der Sterbezeitpunkt in einer Krebsstudie das Zielereignis, ein Patient stirbt aber durch einen Verkehrsunfall, dann muss dieser zu diesem Zeitpunkt als zensiert aus der Studie ausscheiden, da sonst eine Verfälschung des Ergebnisses möglich ist.

## 4.3.1     Unerwartete Ereignisse oder nicht eintretende Zielereignisse

Wenn nun das Zielereignis aus den genannten Gründen nicht wie erwartet eintreten konnte, ist aus den vorliegenden Daten zu den betreffenden Objekten nur bekannt, dass die (Über-) Lebenszeit einen bestimmten Wert übersteigt, aber nicht, wie weit. Eine Zensierung (engl. ‚censoring') ist somit dann vorzunehmen, wenn eine individuelle Überlebenszeit nicht *genau* bekannt ist (Kleinbaum & Klein, 2005, 5). Die exakte (Über-)Lebenszeit, die eigentlich zur Bestimmung von S(t) benötigt wird, bleibt also unbekannt.

Wenn für bestimmte Objekte bzw. Beobachtungen eine (Über-)Lebenszeit aus o.a. Gründen nicht genau bestimmt werden kann, dann werden solche Beobachtungen als „zensierte Beobachtungen„ oder auch einfach nur als Zensierungen bezeichnet. „Zensieren" ist eine Art Markierung, mit der verdeutlicht wird, dass bei einem bestimmten Objekt das erwartete Zielereignis (aus unerwarteten bzw. nicht studienrelevanten Gründen, s.o.) nicht eingetreten ist. Unterschieden wird zwischen Links- und Rechtszensierung, d.h. etwa ein Ausscheiden *bevor* das definierte Zielereignis eintritt oder *danach* immer noch nicht eingetreten ist. Intervallzensierungen sind eine Kombination hieraus; hierbei ist das Intervall bekannt, in dem das Ereignis eintrat, nicht jedoch der genaue Zeitpunkt.

Zensierte Daten erschweren bzw. verhindern ganz die Anwendung traditioneller Methoden wie z.B. T-Test oder Regression. Weil diese Verfahren nicht zwischen normalen Ausfällen bzw. Zensierungen unterscheiden können, geht mit ihrer Anwendung ein Informationsverlust einher.

**Beispiel:**
Eine Studie hat ein Jahr (365 Tage) Zeit, die individuellen Überlebenszeiten einer Fischart zu untersuchen. Fisch (ID=02) lebte nach Abschluss der Studie immer noch. Fisch (ID=05) verschwand vom 265. auf den 266. Tag der Studie spurlos und war nicht mehr aufzufinden.

*ID   T   ZENSUR*

01   214   1
02   365   0
03   183   1
04   257   1
05   265   0 .

Im Datensatz werden die beiden Fische (ID=02, bzw. ID=05) jeweils mit 0 zensiert (vgl. die Variable ZENSUR). ID=02 erhält dabei den maximal möglichen T-Wert, weil dieser Fisch nach Abschluss der Studie immer noch lebte (hier z.B. 365). Da Fisch (ID=05) am 265. Tag noch gesehen worden war, aber nicht nachweisbar aus den erwarteten bzw. wahrscheinlichen Gründen aus der Studie ausfiel, erhält dieser Fisch als T-Wert 265.

In den SPSS Dateien „Breast cancer survival.sav" bzw. „AML survival.sav" sind z.B. Fälle mit einem regulären Eintreten des Zielereignisses (sterben, rückfällig werden) in der Variable STATUS als „1" („died" bzw. „relapsed") definiert. Fälle ohne das reguläre Eintreten des Zielereignisses sind jeweils als „0" kodiert=zensiert („censored"). Gerade weil eine solche Kodierung jedoch im Prinzip willkürlich vergeben werden kann, ist eine einheitliche Vorgehensweise dringend empfohlen. Um eine gewisse Aufmerksamkeit gegenüber dieser zentralen Angabe zu fördern, sind im Folgenden die Zielereignisse bzw. Zensierungen uneinheitlich kodiert (vgl. z.B. 4. 6.1 vs. 4.6.2).

Eine gewisse zusätzliche Verwechslungsgefahr kann darin bestehen, wenn eine Variable ZENSUR bzw. CENSOR benannt wird und nicht den Status, sondern das genaue Gegenteil kodiert, nämlich das Eintreten einer Zensierung (z.B. Hosmer & Lemeshow, 1999, 2–5).

## 4.3.2   Drei Gründe, zensierte Daten anders als nichtzensierte Daten zu behandeln

Zensierungen werden deshalb vorgenommen, damit grundsätzlich beurteilt werden kann, ob die vorliegenden Daten mit den erwarteten Zielereignissen in Beziehung stehen, oder nicht, wie dies eben bei den zensierten Daten der Fall ist. Es gibt weitere Gründe, zensierte Daten anders als nichtzensierte Daten zu behandeln.

Der erste Grund ist, dass bei zensierten Daten die (Über-)Lebenszeiten der jeweiligen Elemente in keiner (oder zumindest nicht eindeutigen) *Kausalbeziehung* zum erwarteten Zielereignis stehen.

Wenn z.B. nach der Behandlung einer allgemein aggressiven Schädlingspopulation mit einem neuen Ansatz der biologischen Schädlingsbekämpfung alle Testschädlinge in der erwarteten Zeit eingegangen sind, dann lässt dieses Ergebnis eindeutige Rückschlüsse auf die Effektivität dieses Ansatzes zu. Wenn jedoch jemand die Testschädlinge einige Tage nach ihrer Behandlung aus Versehen frei lässt, dann sind keine eindeutigen Rückschlüsse auf die Effektivität dieses Schädlingsbekämpfungsansatzes möglich.

Einerseits weiß man, dass die Testschädlinge zumindest bis zu diesem Tag gelebt haben (dies spricht nicht für das erwartete Zielereignis). Aber andererseits sind die verbliebenen Testschädlinge nach dieser Zeit eingegangen (dies dagegen spricht für das erwartete Zielereignis). Man kann aber nicht sicher (genug) sein, ob nicht gerade diejenigen, die entflohen sind, diejenigen waren, die auch diesen Schädlingsbekämpfungsansatz überlebt hätten.

Ein weiterer wichtiger Grund wäre, je *widerstandsfähiger* ein Element ist, umso wahrscheinlicher fällt es durch Zensur als durch Ausfall aus der Ausgangsmenge heraus.

Ein Beispiel für artspezifische Empfindlichkeit aus der Umwelttoxikologie ist z.B., dass vor allem Aale an Disulfoton (einem Organophosphat) eingegangen sind, nachdem nach einem Brand eines Chemielagers pestizidhaltiges Löschwasser in den Rhein gelangt war. Auch für die anderen Fischarten war der Schaden verheerend, aber Aale reagierten besonders empfindlich auf Disulfoton.

Ein dritter Grund wäre z.B. die artspezifische *Langlebigkeit* eines Elements: Je langlebiger ein Element ist, umso wahrscheinlicher fällt es durch Zensur als durch Ausfall aus der Ausgangsmenge heraus.

Untersucht man verschiedene Arten in einem Biotop, so ist z.B. die unterschiedliche Langlebigkeit der verschiedenen Arten zu beachten: Ein Flussaal kann zum Beispiel bis zu 85 Jahre alt werden, ein Karpfen 50, eine Bachforelle 20 und ein Goldfisch 5 Jahre. Fällt also ein Element aus, ist die artspezifische Langlebigkeit zu beachten.

Diese (und andere) Gründe) führen zum Schluss, dass die Unterscheidung zwischen den erwarteten Zielereignissen und dem Ausfall von Daten aus studienirrelevanten Gründen zentral für die inhaltliche Schlüssigkeit von (Über-)Lebenswahrscheinlichkeit ist.

## 4.3.3    Umgehen mit ausfallenden Daten bzw. Zensierungen (drei Ansätze)

Mit ausfallenden Daten bzw. Zensierungen kann in Survivalanalysen auf verschiedene Weise umgegangen werden.

**Ansatz I:**
Die Daten eines unerwartet ausfallenden Elements werden vollständig aus der Analyse ausgeschlossen, weil nicht bekannt ist, ob bzw. wie lange sie die Behandlung überlebt hätten. Beim Insekten-Beispiel könnte es sich z.B. bei den entflogenen Exemplaren gerade um die robustesten gehandelt haben, und das Ergebnis der anderen Testschädlinge stünde zu ihnen in keinem Vergleich.

Beispiel:
Liegt in Ansatz I ein nach 7 Wochen unerwartet ausfallender Fall vor, wird dieser vollständig aus der Analyse ausgeschlossen, und es gehen 7 Wochen Information verloren. Die Funktion wird unterschätzt.

**Ansatz II:**

Die Überlebenszeit eines unerwartet ausfallenden Elements wird so in die Analyse einbezogen, als ob das eigentlich erwartete Zielereignis eingetreten ist, wenn davon ausgegangen werden kann, dass die Gründe für den Ausfall für die anderen Elemente der Ausgangsmenge vergleichbar wahrscheinlich sind und der Ausfall selbst völlig zufällig war.

Wird z.B. am 157. Tag ein Fisch aus einem See geangelt, bevor das Zielereignis eintritt, wird das so behandelt, als ob das Zielereignis wirklich eingetreten wäre, begründet wird dies damit, dass die Wahrscheinlichkeit des Geangeltwerdens für jeden Fisch im Prinzip dieselbe war und insofern rein zufällig war.

Gründe, die für die jeweiligen Elemente eindeutig verschieden wahrscheinlich sind und eher auf systematischen Einfluss anderer Ursachen schließen lassen, z.B. Überleben bei Studienende (aufgrund unterschiedlich individueller Robustheit bzw. Langlebigkeit), fallen nicht unter diese Kategorie, sondern unter Ansatz I). Bei psychologischen bzw. soziologischen Studien sind subjektiv bzw. individuell relevante Motive bzw. Gründe wie z.B. Wegzug oder Verweigerung zu beachten.

Beispiel:

Liegt in Ansatz II ein nach 7 Wochen unerwartet ausfallender Fall vor, wird dieser als wie erwartet eingetreten in die Analyse aufgenommen; es gehen nicht 7 Wochen Information verloren, die Funktion aber wird überschätzt, weil das Element auch nach seiner Zensierung in die Funktion eingeht.

**Ansatz III:**

Die Überlebenszeit eines unerwartet ausfallenden Elements wird so in die Analyse einbezogen, als ob das eigentlich erwartete Zielereignis eingetreten ist. Diese Überlebenszeit spielt in der Funktion nur bis zum Ausfall eine Rolle, danach wird das zensierte Element für den Teil der Funktion nach dem Ausfall ausgeschlossen.

Beispiel:

Ansatz III vermeidet die Nachteile der Ansätze I und II. Liegt ein nach 7 Wochen zensierter Fall vor, wird dieser in die Analyse aufgenommen (es gehen also nicht 7 Wochen Information verloren), aber die Beobachtung geht nach seiner Zensierung nicht mehr als "wie erwartet ausgefallen" in die Funktion ein (die Funktion wird also nicht überschätzt).

Die eingangs vorgestellte Formel zur Überlebensfunktion S(t) basiert auf reinen Fall- bzw. Ausfallzahlen. Die Möglichkeit, zensierte Daten zu berücksichtigen, erlauben u.a. Methoden wie z.B. die Sterbetafel-Methode (syn.: versicherungsmathematischer Ansatz), das Kaplan-Meier-Verfahren und die Cox-Regression.

# 4.4    Verfahren zur Schätzung der Überlebenszeit S(t)

Die gebräuchlichsten statistischen Analyseverfahren für zensierte Daten sind ein versicherungsmathematisches Verfahren (‚actuarial method'; auch: ‚life table'- bzw. ‚Sterbetafel'-

Methode) bzw. das Verfahren von Kaplan-Meier (auch: Produkt-Limit-Methode). Des Weiteren die Varianten der Cox-Regression, die u.a. Kovariablen bzw. mit der Überlebenszeit verbunden Variablen zu berücksichtigen erlauben. Die Sterbetafel-Methode wird unter 4.4.1 vorgestellt, der Ansatz nach Kaplan-Meier unter 4.4.2, die Cox-Regressionen im Abschnitt 4.7. Die grundlegenden Veröffentlichungen von Kaplan und Meier (1958) und Cox (1972) werden übrigens zu den am meisten zitierten Arbeiten der letzten Jahre gezählt (vgl. Ryan & Woodall, 2005, 463–464).

## 4.4.1 Versicherungsmathematische Methode bzw. Sterbetafel-Methode

Der versicherungsmathematische Ansatz heißt so, weil er in diesem Kontext entwickelt wurde; er kann aber auch in anderen Kontexten mit Gewinn eingesetzt werden. Die Grundidee des versicherungsmathematischen Verfahrens besteht in der Zerlegung des Beobachtungszeitraumes in kleinere *konstante* Zeitintervalle.

Alle Elemente, die mindestens über die Länge des jeweiligen Intervalls beobachtet wurden, werden mit einbezogen, um die Wahrscheinlichkeit des Zielereignisses im einzelnen Intervall zu schätzen. Aus den geschätzten Wahrscheinlichkeiten aller Intervalle wird dann die Gesamtwahrscheinlichkeit eines Ereignisses zu unterschiedlichen Zeitpunkten errechnet.

Wenn z.B. das Gesamtintervall $[0,t_{max}]$ in die kleineren Intervalle $[0, t1]$, $[t1, t2]$, $[t2, t3]$ bis $[t_{n-1}, t_{max}]$ zerlegt wird (die eckigen Klammern geben jeweils einzelne Zeiteinheiten an, „T-Werte" jeweils ihre konkreten Grenzen), so lässt sich S(t) über die eingangs bereits vorgestellte Formel S(t) = $1 - d/n$ berechnen, mit dem Unterschied, dass diese sich nicht mehr auf das Gesamtintervall, sondern auf die Ermittlung der Wahrscheinlichkeiten innerhalb der einzelnen Intervalle bezieht.

Zensierte Werte werden folgendermaßen berücksichtigt: Bis zum Intervall, in dem sie zensiert werden, werden sie zu den überlebenden Elementen gezählt; darüber hinaus wird angenommen, dass sie darin bis zur *Mitte* des Intervalls überlebt haben, in dem sie zensiert wurden. Weil am Anfang jedes Intervalls nur die gezählt werden, die am *Ende* des vorangegangenen Intervalls in der Ausgangsmenge verblieben, tauchen die zensierten Werte im nächsten Intervall nicht mehr auf.

**Beispiel:**
Die Wahrscheinlichkeit für das Gesamtintervall wird aus den Wahrscheinlichkeiten der Einzelintervalle errechnet. Bei der Berechnung der Wahrscheinlichkeiten der einzelnen Intervalle werden die vorhandenen Elemente am *Anfang* des Intervalls ins Verhältnis zu den verbliebenen Elementen am *Ende* des Intervalls gesetzt. Elemente, die in der Mitte des Intervalls zensiert wurden, zählen im Nenner als „halbe" Elemente:
119 Elemente befinden sich zu Beginn in einem Zeitintervall (z.B. Monat). Im Verlauf dieses Intervalls werden 5 Elemente zensiert und 1 Element fällt aus. Die geschätzte Überlebenswahrscheinlichkeit S(t) für dieses Zeitintervall beträgt:

S(t) = ((119 – 5 – 1) / (119 – (5/2)) = 113/116.5 = 0.97

Die Wahrscheinlichkeit für das Gesamtintervall wird abschließend aus allen Einzelwahrscheinlichkeiten errechnet.

Unter der Voraussetzung, dass eine Zensierung rein zufällig und nicht systematisch erfolgt, können mit dem versicherungsmathematischen Ansatz gute Schätzungen für S(t) erreicht werden. Dieses Vorgehen ist v.a. bei umfangreichen Stichproben angemessen. SPSS-Beispiele werden unter 4.6.5 und 4.6.6 vorgestellt.

## 4.4.2    Schätzung von S(t) mit der Kaplan-Meier-Methode

Die Kaplan-Meier-Methode (auch: Produkt-Limit Methode, Produktgrenzwert Methode bzw. Schätzung) ist eine Variante der Survivalanalyse für den Fall, wenn bei der Untersuchung der Verteilung der Zeiten zwischen zwei Ereignissen zensierte Daten vorliegen. Der Grundansatz des Verfahrens von Kaplan und Meier unterscheidet sich in zwei wesentlichen Punkten von der Sterbetafel-Methode. Das Kaplan-Meier-Verfahren zerlegt den Beobachtungszeitraum in kleinere Zeitintervalle unterschiedlicher, also *variabler* Länge, und zwar so, dass ein Ausfall am *Ende* eines Intervalls liegt (bzw. die Intervallgrenze definiert). In anderen Worten: Die Prozedur „Kaplan-Meier" legt eine Intervallgrenze fest, sobald ein Element ausfällt, und zwar genau zum jeweiligen Zeitpunkt des Ausfalls dieses Elements. Alle Elemente, die mindestens über die Länge dieses definierten Intervalls vorhanden sind, werden in die Schätzung der Wahrscheinlichkeit des Endereignisses des jeweiligen Intervalls einbezogen.

Mit Zensierungen geht der Kaplan-Meier Ansatz folgendermaßen um: Zensierungen innerhalb des jeweiligen Intervalls werden nicht berücksichtigt. Zensierungen, die genau auf den Zeitpunkt eines Ausfalls fallen, werden berücksichtigt, als ob sie das Intervall vollständig über- bzw. erlebt hätten (was sie de facto ja auch haben). Zensierungen innerhalb oder genau auf Intervallgrenzen werden von nachfolgenden Intervallen nicht mehr berücksichtigt. Die hintere Grenze des vorangehenden Intervalls wird dabei vom nächsten Intervall ausgeschlossen (und setzt damit seine erste Grenze). Die zweite Grenze wird über den Zeitpunkt des nächsten Ausfalls bestimmt.

Genauer besehen schätzt das Kaplan-Meier Verfahren die Überlebenszeit, also die Zeit bis zum Eintreten des Zielereignisses, *in der Gegenwart zensierter Elemente*, und basiert somit auf der Schätzung bedingter Wahrscheinlichkeiten zu jedem Zeitpunkt eines eintretenden Zielereignisses und der Bildung des Produktgrenzwerts dieser Wahrscheinlichkeiten, um die Überlebensrate zu jedem Zeitpunkt schätzen zu können (daher auch die alternative Bezeichnung Produkt-Limit Verfahren). In dem Fall, dass sich bei der Sterbetafelmethode lediglich ein Element in einem Intervall befindet, sind die Überlebenswahrscheinlichkeiten für beide Methoden gleich.

SPSS-Beispiele für den Kaplan-Meier Ansatz werden unter 4.6.1–4.6.3 vorgestellt; die nachfolgenden Beispiele behandeln den Umgang mit Zensierungen.

## 4.4.3      Beispiele ohne und mit Zensierungen (Ansatz: Kaplan-Meier)

Die Wahrscheinlichkeit für das Gesamtintervall wird aus den Wahrscheinlichkeiten der Einzelintervalle errechnet. Die Einzelintervalle sind nicht fix vorgegeben, sondern werden durch die konkreten Ausfallzeitpunkte einzelner Elemente definiert.

**Ein einfaches Rechenbeispiel ohne Zensierungen**
In einem Untersuchungszeitraum von 20 Tagen fallen mehrere Elemente aus, und zwar am 6., 11., 16. und 20. Tag. Zensierungen liegen nicht vor.

| ID | T |
|----|----|
| 01 | 6 |
| 02 | 11 |
| 03 | 16 |
| 04 | 20 |

Mit Ausnahme des ersten Intervalls werden alle Intervalle so dargestellt, dass die Klammern immer den jeweils vorangehenden Ausfallwert (als Grenzwert) ausschließen.

[0,6], ]6,11], ]11,16], ]16,20]

Im Intervall z.B. „]11,16]" definiert „16" die hintere Grenze, und „11" gibt die hintere Grenze des vorangegangenen Intervalls an. In das Intervall „]11,16]" gehen also alle Werte nach 11 und bis einschl. 16 ein, also konkret von 12 bis 16.

**Beispiel**:
Berechnung von S(t) mit zensierten Werte (Ergebnisse von Kaplan-Meier zum Vergleich).

| T | S(t) | D S(t) | Zensur | D(KM) | Kaplan-Meier |
|----|------|--------|--------|-------|--------------|
| 0 | 1 | 0 | - | 0 | S(0) = 1 |
| 6 | 0.75 | 1 | - | 1 | S(6) = 0.75 |
| 11 | 0.5 | 2 | - | 2 | S(11) = 0.5 |
| 16 | 0.25 | 3 | - | 3 | S(16) = 0.25 |
| 20 | 0 | 4 | - | 4 | S(20) = 0 |

Erläuterung: Diese Tabelle enthält zur Veranschaulichung die Ergebnisse auf der Basis einer normalen S(t) (links) und Kaplan-Meier (rechts). Die Ergebnisse sind identisch, da Kaplan-Meier keine zensierten Werte zu berücksichtigen braucht.

**Ein erstes Rechenbeispiel mit Zensierungen (I)**
In einem Untersuchungszeitraum von 20 Tagen fallen mehrere Elemente aus, und zwar am
6., 11., 16. und 20. Tag. Zensierungen liegen für die Tage 8 und 18 vor (siehe ZENSUR=0).
Die Zensierungen fallen *nicht* auf Tage echter Ausfälle.

**Beispiel:**

*ID*   *T*   *ZENSUR*

01     6     1
02     8     0
03     11    1
04     16    1
05     18    0
06     20    1 .

Berechnung von S(t) incl. zensierten Werten durch die Kaplan-Meier-Methode (Beispiel I).

| T | S(t)* | D | Zensur | D(KM) | Kaplan-Meier |
|---|-------|---|--------|-------|--------------|
| 0 | 1 | 0 | - | 0 | S(0) = 1 |
| 6 | 0.833 | 1 | - | 1 | S(6) = 0.833 |
| 8 | 0.666 | 2 | + | 1 | - |
| 11 | 0.5 | 3 | - | 2 | S(11) = 0.625 |
| 16 | 0.333 | 4 | - | 3 | S(16) = 0.417 |
| 18 | 0.166 | 5 | + | 3 | - |
| 20 | 0 | 6 | - | 4 | S(20) = 0 |

Erläuterungen: Diese Tabelle enthält zur Veranschaulichung die Ergebnisse auf der Basis
einer normalen S(t) (links) und Kaplan-Meier (rechts). S(t) behandelt Ausfälle und Zensierungen gleich (N=6). Nicht so die Kaplan-Meier-Methode (siehe rechts): Die S(t)-
Berechnung durch KM erfolgt zwar auf der Basis des Quotienten $1 - d/n$, berücksichtigt
jedoch ein zwischen Ausfällen und Zensierungen differenzierendes N (siehe *D(KM)*). In
anderen Worten: Zensierte Fälle werden nicht in die Berechnung von S(t) einbezogen,
D(KM) bleibt z.B. konstant (vgl. T=6 bzw. 8), werden jedoch bei den verbleibenden Fällen
berücksichtigt. Die Anzahl der Elemente nimmt jedoch um diesen einen Ausfall ab (in dieser
Tabelle nicht erkennbar). D.h. die Survivalkurve verändert ihren Verlauf nur, wenn das Zielereignis tatsächlich eintritt.
Anm.: Diese Tabelle enthält nur Ergebnisse des Kaplan-Meier Verfahrens. Die zugrunde
liegende Stichprobe ist in Tabelle I (s.o.) um ein Element kleiner als in Tabelle II (s.u.). Die
Ergebnisse können daher in keinem Fall identisch sein. Den beiden Tabellen kann entnommen werden, wie differenziert die Kaplan-Meier-Methode Überlebenswahrscheinlichkeiten
trotz Zensierungen berechnen kann. Dieses kann auch den jeweiligen Grafiken der Überlebensfunktionen entnommen werden:

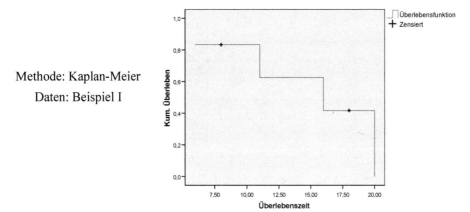

Überlebensfunktion

Methode: Kaplan-Meier

Daten: Beispiel I

## Ein zweites Rechenbeispiel mit Zensierungen (II)

In einem Untersuchungszeitraum von 20 Tagen fallen mehrere Elemente aus, und zwar am 6., 8., 11., 16. und 20. Tag. Zensierungen liegen für die Tage 8 und 18 vor (siehe ZEN-SUR=1). Die Zensierung 8 (ID 19) fällt auf einen Tag eines echten Ausfalls (ID 02). Die Methode Kaplan-Meier verfährt mit dieser Situation anders, als wenn Ausfälle und Zensierungen immer auf verschiedene Tage fallen würden (siehe unten, im Vergleich mit *Beispiel I*).

## Beispiel:

| ID | T | ZENSUR |
|----|----|--------|
| 01 | 6 | 1 |
| 02 | 8 | 1 |
| 19 | 8 | 0 |
| 03 | 11 | 1 |
| 04 | 16 | 1 |
| 05 | 18 | 0 |
| 06 | 20 | 1 |

Berechnung von S(t) incl. zensierten Werten durch die Kaplan-Meier-Methode II.

| ID | T | Zensur | D(KM) | Kaplan-Meier |
|---|---|---|---|---|
| - | 0 | - | 0 | S(0) = 1 |
| 01 | 6 | - | 1 | S(6) = 0.857 |
| 02 | 8 | - | 2 | S(8) = 0.714 |
| 19 | 8 | + | 2 | - |
| 03 | 11 | - | 3 | S(11) = 0.536 |
| 04 | 16 | - | 4 | S(16) = 0.357 |
| 05 | 18 | + | 4 | - |
| 06 | 20 | - | 5 | S(20) = 0 |

Anm.: Diese Tabelle enthält nur Ergebnisse auf der Basis des Kaplan-Meier Verfahrens. Die zugrunde liegende Stichprobe ist um ein Element größer als die der o.a. Tabelle I. Die Ergebnisse können daher in keinem Fall identisch sein mit dem Tabelleninhalt zum Beispiel I.

Methode: Kaplan-Meier

Daten: Beispiel II

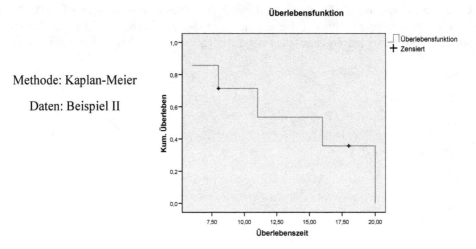

Wie der Abbildung entnommen werden kann, ändert die Überlebenskurve ihren Verlauf zum Zeitpunkt 8, *unabhängig davon*, dass zu diesem Zeitpunkt eine Zensierung stattfindet, die ansonsten keinen Einfluss auf den Verlauf der Survivalkurve hat.

Bis einschließlich dieses Abschnitts wurde die Überlebenswahrscheinlichkeit innerhalb einer einzelnen Gruppe behandelt; der folgende Abschnitt wird den grafischen und statistischen Vergleich der Überlebenswahrscheinlichkeit mehrerer Gruppen vorstellen.

# 4.5 Tests für den Vergleich mehrerer Gruppen

Der Vergleich der Überlebenswahrscheinlichkeit von zwei oder mehr Gruppen kann statistisch oder grafisch durchgeführt werden.

Der grafische Vergleich der Überlebenswahrscheinlichkeit erfolgt dadurch, dass für jede der Gruppen eine separate S(t)-Kurve in eine gemeinsame Grafik eingezeichnet wird. Die Verläufe der einzelnen Gruppen können so einfach miteinander verglichen werden.

Der Vergleich der Überlebenswahrscheinlichkeit zwischen verschiedenen Gruppen kann durch verschiedene nichtparametrische Tests abgesichert werden. Die in SPSS verfügbaren Verfahren sind dabei der Log Rang-Test (auch: Log Rank- bzw. Mantel-Cox-Test), ein Breslow-Test (modifizierter Wilcoxon-Test; auch unter der Bezeichnung Wilcoxon-Gehan-Test zu finden), der Tarone-Ware-Test und der Likelihood-Ratio-Test, der in SPSS v21 lediglich bei der Cox-Regression verfügbar ist. Nicht in SPSS implementierte Verfahren, wie z.B. der Peto- bzw. Fleming-Harrington-Test, werden nicht vorgestellt.

Die SPSS Prozeduren zur Überlebensanalyse bieten unterschiedliche Testmöglichkeiten:

| TEST / SPSS Prozedur | Sterbetafel SURVIVAL | Kaplan-Meier KM | Cox-Modell COXREG |
|---|---|---|---|
| Log Rang | - | ja | - |
| Breslow / Wilcoxon-Gehan | ja | ja | - |
| Tarone-Ware | - | ja | - |
| Likelihood-Ratio | - | - | ja |

Alle Tests gehen von der Nullhypothese aus, dass zwischen den Gruppen keine Unterschiede in Bezug auf ihre Überlebenszeit bestehen und der entsprechenden Alternativhypothese, dass sich die Gruppen bezüglich ihrer Überlebenswahrscheinlichkeit unterscheiden. Die Testansätze unterscheiden sich in diversen Besonderheiten, die im Folgenden kurz dargestellt werden sollen. Der Log Rang-, Breslow- und der Tarone-Ware-Test basieren dabei auf derselben Ausgangsformel.

Die Darstellung orientiert sich an Kleinbaum & Klein (2005, 57–70), Klein & Moeschberger (2003, 205–234) und Hosmer & Lemeshow (1999, 71–72).

**Grundformel**

$$\frac{(\sum_j w(t_j)(m_{ij} - e_{ij}))^2}{\text{var}(\sum_j w(t_j)(m_{ij} - e_{ij}))}$$

wobei:

$i=1,2$

$j=j.$te Ausfallzeit

$w(t_j)=$ Gewicht der j.ten Ausfallzeit

Die Tests unterscheiden sich darin nur in der Gewichtung zu den Ausfallzeiten.

| TEST / SPSS Prozedur | Gewichtung $w(t_j)$ |
|---|---|
| Log Rang | 1 |
| Breslow / Wilcoxon-Gehan | $n_j$ |
| Tarone-Ware | $\sqrt{n_j}$ |

**Log Rang-Test**

Der Log Rang-Test (syn.: Mantel-Cox-Test) prüft die Nullhypothese, dass die Überlebenskurven von zwei oder mehr Gruppen gleich sind. Der Log Rang-Test gewichtet alle Werte gleich und ist approximativ Chi²-verteilt mit der Anzahl der Freiheitsgrade, also Anzahl der Gruppen minus 1. Der Log Rang-Test behandelt alle Ausfälle gleich.

Der Log Rang-Test basiert auf einem Chi²-Test für große Stichproben und vergleicht beobachtete mit erwarteten Fällen unabhängig davon, zu welcher Gruppe sie gehören. Die Kategorien werden über in zeitlicher Reihenfolge des Eintritts des Zielereignisses für alle Daten gebildet. Für jeden Zeitpunkt, zu dem nun ein oder mehrere Zielereignisse auftreten, wird der Erwartungswert errechnet für die Nullhypothese, dass die Wahrscheinlichkeit des Zielereignisses in den Gruppen gleich ist (zensierte Fälle werden bis zu ihrem Auftreten berücksichtigt, danach nicht mehr). Der sich hieraus ergebende Chi²-Wert wird nun mit dem „kritischen" Wert für die entsprechende Anzahl von Freiheitsgraden und der gewählten Irrtumswahrscheinlichkeit verglichen. Ist dieser Wert nun größer als der kritische Referenzwert, kann die Nullhypothese verworfen werden und es kann der Schluss gezogen werden, dass sich die Gruppen statistisch signifikant voneinander unterscheiden.

*Anwendung bzw. Bias:*

Aufgrund seiner gleichmäßig starken Gewichtung von Ausfällen ist der Log Rang-Test vor allem für Situationen geeignet, in denen zu erwarten ist, dass Effekte gleichmäßig auf ein Überleben einwirken bzw. ein konstantes Risiko vorliegt. Der Bias des Log Rang-Tests ist, dass er dazu tendiert, im Vergleich zu den anderen Tests die späteren Ereignisse (Unterschiede) stärker zu gewichten und somit Kurven u.U. als verschieden auszugeben, obwohl sie bis auf das Ende gleich verlaufen.

**Breslow-Test**

Der Breslow-Test (syn.: modifizierter Wilcoxon-Test, Wilcoxon-Gehan-Test) prüft die Nullhypothese, dass die Überlebenskurven zweier oder mehrerer Gruppen gleich sind. Die Zeitpunkte werden mit der Anzahl $n$ der gefährdeten Fälle zu jedem Zeitpunkt gewichtet. Der Wilcoxon-Test behandelt die Werte nicht gleich, sondern gewichtet die Werte am (Kurven)Anfang stärker, da $n$ (Anzahl der Fälle) i.d.R. immer abnimmt. Je früher ein Ausfall vorkommt, umso stärker ist entsprechend sein Gewicht.

Der Breslow-Test ist eine Weiterentwicklung des Wilcoxon-Rangsummen-Tests und nicht mit diesem zu verwechseln. Im Gegensatz zum Rangsummen-Test ist der modifizierte Wilcoxon-Test in der Lage, zensierte Werte zu berücksichtigen.

*Anwendung bzw. Bias:*
Aufgrund seiner verhältnismäßig starken Gewichtung von Ereignissen (Unterschieden) am
Kurvenanfang ist der Breslow-Test vor allem für Situationen geeignet, in denen zu erwarten
ist, dass Effekte eines Treatments auf ein Überleben am stärksten zu Anfang einer Verlaufs-
studie ist und dann zunehmend weniger effektiv wird.
Der Bias des Breslow-Tests ist, dass er dazu tendiert, Kurven als verschieden auszugeben,
obwohl sie bis auf den Anfang gleich verlaufen. Liegt ein solcher Fall möglicherweise vor,
sollte vielleicht besser auf den Log Rang-Test zurückgegriffen werden.


**Tarone-Ware-Test**
Der Tarone-Ware-Test prüft die Nullhypothese, dass die Überlebenskurven zweier oder
mehrerer Gruppen gleich sind. Die Zeitpunkte werden mit der Quadratwurzel der Anzahl der
zu jedem Zeitpunkt gefährdeten Fälle gewichtet, so dass auch hier die frühen Ereignisse
einen stärkeren Einfluss haben, allerdings nicht in dem Ausmaß wie beim Breslow-Test.
Durch die schwächere Gewichtung liegt der Wert des Tarone-Ware-Tests i.d.R. zwischen
den beiden anderen Tests.

*Anwendung bzw. Bias:*
Der Tarone-Ware-Test ist empfehlenswert, wenn sich Ausfälle weder am Anfang, noch am
Ende einer Verteilung konzentrieren. Der Tarone-Ware-Test gilt als besonders geeignet,
wenn sich die Funktion über eine größere Zeitspanne verteilt.


**Vergleichende Zusammenfassung:**
Diese ersten drei Ansätze (Log Rang-, Breslow-, Tarone-Ware-Test) sind als Testverfahren
nicht geeignet, wenn sich die Kurvenverläufe der miteinander zu vergleichenden Gruppen
überschneiden. Die Interpretation des Kurvenverlaufs sollte darüber hinaus weitere Charakteristika wie z.B. Stichprobenumfang, Zeitpunkt der Ereignisse, Anzahl der Ereignisse sowie
Zensierungen berücksichtigen.
Die drei verschiedenen Tests vergleichen die Anzahl der erwarteten und beobachteten Ereignisse inklusive der Zensierungen. Unterschiede bestehen bzgl. der Gewichtung der Fälle.
Während der Log Rang-Test alle Ereignisse gleich gewichtet, werden beim Breslow-Test
alle Fälle mit ihrer Anzahl gewichtet und beim Tarone-Ware-Test mit der Quadratwurzel der
Fälle berücksichtigt. Dies hat zur Folge, dass die letzten beiden Tests die früheren Ereignisse
stärker gewichten und somit der Log Rang-Test die späteren Ereignisse stärker berücksichtigt.
Im Idealfall sollten sich alle drei Tests im Ergebnis gegenseitig stützen. Der zusätzliche Vorteil ist hier, dass es sich beim Ergebnis um einen methodenunabhängigen Befund handelt.
Bei abweichenden Testergebnissen können folgende differenzierende Hinweise berücksichtigt werden.
Es ist der Test vorzuziehen, der der Verteilung am besten angemessen ist: Wenn die Ereig-
nisraten in den verschiedenen Gruppen ein Vielfaches voneinander sind (Multiplikation)
bzw. ein konstantes Risiko aufweisen, so ist der Log Rang Test am mächtigsten, ebenso ist er
empfindlicher für späte Zeitpunkte. Ansonsten wäre der Breslow-Test zu wählen, der allerdings problematisch ist, wenn eine Vielzahl von Zensierungen vorliegt (aufgrund des starken

Einflusses der frühen Fälle). Der Tarone-Ware-Test hat seine Stärken, wenn die Survivalverteilung über eine größere Zeitspanne erfolgt. Ergänzend sollte hinzugefügt werden, dass diese Tests für große Stichproben entwickelt wurden und davon ausgingen, dass die Verteilung der Zielereignisse unabhängig von der Verteilung der Zensierungen ist; Vorsicht sollte man also walten lassen, wenn nur wenige Zielereignisse eintreten oder wenn die Stichprobe ausgesprochen klein ist (Klein & Moeschberger, 2003, 214).

Angesichts dieser Befundlage sollte daher nicht *ex post* der Test mit der höchsten Signifikanz gewählt werden, sondern korrekterweise a priori der Test, der für die Fragestellung am besten geeignet ist (Kleinbaum & Klein, 2005, 66). Bezieht sich die Forschungsfrage z.B. auf den Verlauf unmittelbar nach einer OP, so wäre der Breslow-Test bevorzugen, da er ja Anfangsunterschiede besser erkennt. Umgekehrt wäre z.B. der Log Rang-Test das Verfahren der Wahl, wenn spät eintretende Ereignisse der interessierende Untersuchungsgegenstand sind.

Ist die Verteilung a priori nicht bekannt, sollte der *ex post* gewählte Test zumindest die in den Überlebensdiagrammen vorgefundene Verteilung unterstützen. Hosmer & Lemeshow (1999, 71–73) empfehlen in Publikationen alle verfügbaren Tests anzugeben, um einen entsprechend differenzierten Eindruck davon vermitteln, an welcher Stelle sich die untersuchten Funktionen ähneln bzw. unterscheiden könnten.

**Likelihood-Ratio-Test:**

Der Likelihood-Ratio-Test (syn.: Likelihood-Quotienten-Test, –2Log(LR)-Test, –2LL-Test) wird nur bei der Cox-Regression angeboten. Der Likelihood-Ratio-Test ist als Testverfahren geeignet, wenn sich die Kurvenverläufe der miteinander zu vergleichenden Gruppen überschneiden. Der Likelihood-Ratio-Test ist approximativ Chi²-verteilt.

Kommen der Likelihood-Ratio-Test und die Wald-Statistik zu einem unterschiedlichen Ergebnis, sollte im Zweifelsfalle das Ergebnis des Likelihood-Ratio-Tests bevorzugt werden, da der Wald-Test schlechtere Testeigenschaften hat (z.B. Kleinbaum & Klein, 2005, 90).

# 4.6       Überlebenszeitanalyse mit SPSS

Nichtparametrische Survivalanalysen werden in SPSS mit den Prozeduren KM (Kaplan-Meier, 4.6.1–4.6.3) und SURVIVAL (Sterbetafeln, 4.6.5, 4.6.6) berechnet. Semiparametrische Survivalanalysen (Cox-Regression, Cox mit zeitabhängigen Kovariaten) werden mit der Prozedur COXREG durchgeführt (vgl. Abschnitt 4.7).

## 4.6.1     Beispiel: Kaplan-Meier-Verfahren ohne Faktor

Mittels einer Kaplan-Meier-Analyse sollen die Überlebenszeiten von Patienten nach einer Operation untersucht werden. Eintretende Zielereignisse sind in diesem Beispiel mit „0" kodiert.

*Pfad: Analysieren → Überleben → Kaplan-Meier...*

Ziehen Sie die Variable ÜBERLEB in das Feld „Zeit". Ziehen Sie die Variable UESTATUS in das Feld „Status". Geben Sie unter dem nun aktiven Feld „Ereignis definieren" die Kodie-rung/en für die eintretenden Zielereignisse an, z.B. den Kode „0". Klicken Sie auf „Weiter".

*Unterfenster „Faktor vergleichen...":* Nehmen Sie keine Einstellungen vor.

*Unterfenster „Optionen...":* Markieren Sie unter „Diagramme" die Optionen „Überleben" und „Hazard". Stellen Sie sicher, dass unter „Statistik" die Optionen „Überlebenstabellen", „Mittelwert und Median der Überlebenszeit" und „Quartile" markiert sind. Klicken Sie auf „Weiter".

*Unterfenster „Speichern...":* Nehmen Sie keine Einstellungen vor.

Starten Sie die Berechnung mit „OK".

**Syntax:**

```
KM
  ÜBERLEB
  /STATUS=UESTATUS(0)
  /PRINT TABLE MEAN
  /PERCENTILES
  /PLOT SURVIVAL HAZARD .
```

Anm.: Der Befehl KM fordert die Survivalanalyse nach Kaplan-Meier an. ÜBERLEB reprä-sentiert die Überlebenszeit. Nach STATUS= wird die Statusvariable UESTATUS angege-ben. In Klammern steht der Kode („0") für das Zielereignis; diese Kodierung repräsentiert nicht die Zensierung. Nach PRINT werden über TABLE bzw. MEAN die Tabellen „Überlebenstabelle" und „Mittelwerte und Mediane für die Überlebenszeit" angefordert. Mittels PERCENTILES wird die Tabelle „Perzentile" erzeugt. Über PLOT werden Diagramme für Überlebenskurven angefordert (SURVIVAL: kum. Überlebensfunktion, HAZARD: kum. Hazard-Funktion).

**Output:**

**Funktion:**

**Kum. Überleben**

Methode: Kaplan-Meier

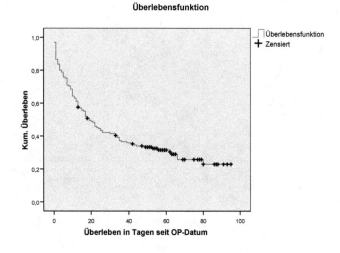

**Funktion: Kum. Hazard**

Methode: Kaplan-Meier

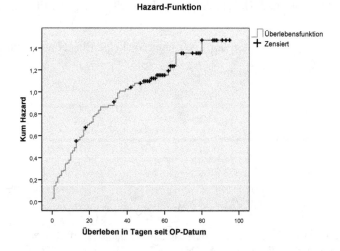

Das Diagramm für das kumulative Überleben zeigt, dass die Überlebenswahrscheinlichkeit mit der Zeit sukzessiv abnimmt. Die Überlebenswahrscheinlichkeit erreicht jedoch nicht Null, weil der letzte Wert zensiert ist (vgl. die Tabelle „Überlebenstabelle", s.u.).

Die Interpretation des Verlaufs der Linie ist abhängig vom untersuchten Forschungsgegenstand. Ist ein Effekt *positiv* (z.B. möglichst früher Zeitpunkt des Eintretens einer günstigen Medikamentenwirkung), so sollte die Linie in der kum. Überlebensfunktion idealerweise möglichst links liegen und steil abfallen; ist ein Effekt dagegen *negativ* (z.B. möglichst spätes Versterben aufgrund von Umweltbelastung), so sollte die Linie idealerweise möglichst langsam abfallen.

An beiden Diagrammen ist zu erkennen, dass sich die Zensierungen zum Ende hin häufen. Dies kann z.B. damit zu erklärt werden, dass Patienten mit einem unkomplizierten OP-Verlauf oft vorzeitig aus dem Krankenhaus entlassen und deswegen vor Studienende ausgeschlossen werden.

**Zusammenfassung der Fallverarbeitung**

| Gesamtzahl | Anzahl der Ereignisse | Zensiert | |
|---|---|---|---|
| | | N | Prozent |
| 165 | 116 | 49 | 29,7% |

Die Tabelle „Zusammenfassung der Fallverarbeitung" gibt die Anzahl der Fälle (N=165), der eintretenden Zielereignisse (N=116) bzw. der Zensierungen (N=49, 29,7%) wieder. Diese Tabelle ist nicht unwichtig, da unter bestimmten Umständen in der Tabelle „Überlebenstabelle" in „Status" nicht immer alle Zensierungen aufgeführt werden (vgl. 4.6.2).

Anm.: Die nachfolgende Tabelle „Überlebenstabelle" ist relativ umfangreich und wird nur aus Platzgründen verkürzt wiedergegeben. Der Umfang der Tabelle „Überlebenstabelle" soll jedoch nicht den Eindruck vermitteln, dass die Kaplan-Meier-Methode für große Stichproben nicht unbedingt geeignet ist und dass eine Analyse mittels einer Sterbetafel ggf. geeigneter sein könnte.

**Überlebenstabelle**

| | Zeit | Status | Kumulierter Anteil Überlebender zum Zeitpunkt | | Anzahl der kumulativen Ereignisse | Anzahl der verbliebenen Fälle |
|---|---|---|---|---|---|---|
| | | | Schätzer | Standard fehler | | |
| 1 | ,000 | verstorben | . | . | 1 | 164 |
| 2 | ,000 | verstorben | . | . | 2 | 163 |
| 3 | ,000 | verstorben | . | . | 3 | 162 |
| 4 | ,000 | verstorben | . | . | 4 | 161 |
| 5 | ,000 | verstorben | ,970 | ,013 | 5 | 160 |
| 6 | 1,000 | verstorben | . | . | 6 | 159 |
| 7 | 1,000 | verstorben | . | . | 7 | 158 |
| 8 | 1,000 | verstorben | . | . | 8 | 157 |
| 9 | 1,000 | verstorben | . | . | 9 | 156 |
| 10 | 1,000 | verstorben | . | . | 10 | 155 |
| 11 | 1,000 | verstorben | . | . | 11 | 154 |
| 12 | 1,000 | verstorben | . | . | 12 | 153 |
| 13 | 1,000 | verstorben | . | . | 13 | 152 |
| 14 | 1,000 | verstorben | . | . | 14 | 151 |
| 15 | 1,000 | verstorben | . | . | 15 | 150 |
| | | ... gekürzt... | | | | |
| 150 | 69,000 | zensiert | . | . | 115 | 15 |
| 151 | 70,000 | zensiert | . | . | 115 | 14 |
| 152 | 75,000 | zensiert | . | . | 115 | 13 |
| 153 | 77,000 | zensiert | . | . | 115 | 12 |
| 154 | 78,000 | zensiert | . | . | 115 | 11 |
| 155 | 79,000 | zensiert | . | . | 115 | 10 |
| 156 | 79,000 | zensiert | . | . | 115 | 9 |
| 157 | 80,000 | verstorben | ,229 | ,045 | 116 | 8 |
| 158 | 80,000 | zensiert | . | . | 116 | 7 |
| 159 | 80,000 | zensiert | . | . | 116 | 6 |
| 160 | 86,000 | zensiert | . | . | 116 | 5 |
| 161 | 87,000 | zensiert | . | . | 116 | 4 |
| 162 | 88,000 | zensiert | . | . | 116 | 3 |
| 163 | 91,000 | zensiert | . | . | 116 | 2 |
| 164 | 93,000 | zensiert | . | . | 116 | 1 |
| 165 | 95,000 | zensiert | . | . | 116 | 0 |

In der Tabelle „Überlebenstabelle" liegen 165 Fälle vor, davon sind 116 Zielereignisse („verstorben") und 49 Zensierungen („zensiert"). „Zeit" gibt die Zeitpunkte an, also z.B. 0, 1 usw. bis 95 Tage bis zum Eintreten des Zielereignisses bzw. bis zur Zensierung.

„Status" gibt an, ob der betreffende Fall als Zielereignis eintritt („verstorben") oder zensiert („zensiert") wurde. In der dritten Spalte „Kumulierter Anteil Überlebender zum Zeitpunkt" wird unter „Schätzer" der abnehmende Anteil der Fälle ab dem Tabellenanfang bis dem betreffenden Zeitpunkt (Überlebenswahrscheinlichkeit) mit dem dazugehörigen Standardfehler angegeben.

Die Zeile „Zeit" 157,00 ist z.B. so zu lesen, dass am 157. Tag aufgrund eines Zielereignisses ein Element aus der Ausgangsmenge ausfiel und dass bis zu diesem Zeitpunkt eine Überlebenswahrscheinlichkeit von 0.229 besteht. Der Standardfehler der Kaplan-Meier Schätzung beträgt 0.049. Am 157. Tag trat das 116. und damit letzte Zielereignis ein (vgl. Spalte „Anzahl der kumulativen Ereignisse"; zensierte Elemente werden hier nicht mitgezählt); es verbleiben noch 8 (zensierte) Elemente in der Ausgangsmenge (vgl. Spalte „Anzahl der verbliebenen Fälle"; zensierte Elemente werden hier mitgezählt).

Wenn für mehrere Fälle das Zielereignis („verstorben") gleichzeitig eintritt (die Fälle 1 bis 5 versterben z.B. alle zum Zeitpunkt 0), werden die Schätzer nur einmal angegeben (z.B. in der Zeile für den Fall 5), gelten jedoch für alle Fälle, für die zu diesem Zeitpunkt das Zielereignis eintrat.

In Beispiel 4.6.2 wird erläutert werden, wie die Kaplan-Meier-Methode zensierte Werte behandelt. Zensierte Fälle werden nicht in die Berechnung von S(t) einbezogen, jedoch nehmen die verbleibenden Fälle um diesen einen Ausfall ab (vgl. „Anzahl der verbliebenen Fälle").

### Mittelwerte und Mediane für die Überlebenszeit

| Mittelwert[a] | | | | Median | | | | |
|---|---|---|---|---|---|---|---|---|
| | | 95%-Konfidenzintervall | | | | 95%-Konfidenzintervall | | |
| Schätzer | Standard-fehler | Untere Grenze | Obere Grenze | Schätzer | Standard-fehler | Untere Grenze | Obere Grenze | |
| 37,384 | 2,969 | 31,565 | 43,204 | 19,0 | 2,974 | 13,170 | 24,830 | |

a. Die Schätzung ist auf die längste Überlebenszeit begrenzt, wenn sie zensiert ist.

Der Tabelle „Mittelwerte und Mediane für die Überlebenszeit" können Schätzer für die Aussage zu einer „mittlerer Überlebenszeit" entnommen werden. Dem Mittelwert entspricht z.B. der (Punkt)Schätzer 37,4 mit unteren bzw. oberen 95%-Konfidenzgrenzen von 31,6 bzw. 43,2. Der Median wird auf 19,0 geschätzt mit einem 95%-Konfidenzintervall von 13,2 bzw. 24,8. Der Standardfehler beträgt jew. ca. 3,0.

Als Punktschätzer bzw. Maß der zentralen Tendenz für die Aussage zu einer „mittleren Überlebenszeit" empfiehlt sich der Median. Der Mittelwert weist drei Schwächen auf:

- Der Mittelwert ist dann abwärts verzerrt, wenn nach dem letzten Zielereignis noch Zensierungen vorkommen.
- Wenn viele Zensierungen vorkommen, wird der obere Bereich einer Verteilung üblicherweise schlecht geschätzt, was wiederum die Schätzung des Mittelwertes beeinträchtigt.
- Der Mittelwert ist anfällig für Ausreißer.

Folgerichtig ist der Median das zu bevorzugende Maß für Überlebensdaten mit Zensierungen. Der Median gibt einen konkreten Wert eines Zeitpunktes wieder, der die Verteilung in 50% der Fälle mit unter- bzw. übermedianen Überlebenszeiten aufteilt (vgl. dazu im Detail die Interpretation von Perzentilen).

**Perzentile**

| 25,0% | | 50,0% | | 75,0% | |
|---|---|---|---|---|---|
| Schätzer | Standardfehler | Schätzer | Standardfehler | Schätzer | Standardfehler |
| 80,00 | . | 19,00 | 2,974 | 7,00 | 1,842 |

Die Tabelle „Perzentile" enthält standardmäßig Schätzer für Quartile und den jeweils dazugehörigen Standardfehler. Diese Angaben können für einen *innerhalb*-Vergleich der Überlebenszeit herangezogen werden. Das I.Quartil (25%) liegt z.B. bei z.B. 80,0 (es gibt es keinen
Standardfehler, weil alle weiteren Werte um 80 zensiert sind (vgl. Tabelle „Überlebenstabelle"). Das II.Quartil (50%, Median, s.o.) liegt bei 19,0, das III.Quartil (75%) bei 7,0. Für die
Interpretation ist zu beachten, dass Überlebenszeiten zwar konstant zunehmen, die Werte der
Perzentile jedoch sukzessive abnehmend angeordnet sind und auch somit gegenläufig zu
interpretieren sind (z.B. QI:80,0 – QII:19,0 – QIII:7,0).

Vergleichbar zum eingangs aufgeführten Diagramm zur Überlebenszeit ist die Interpretation
der Lage der Perzentile abhängig vom untersuchten Forschungsgegenstand. Das 25%Quartil
gibt z.B. an, dass zum Zeitpunkt 80 nur noch ca. 25% der Elemente in der Ausgangsmenge
enthalten sind.
Oft ist ein Vergleich der Perzentile aufschlussreich. Perzentile definieren Verteilungsabschnitte; Differenzen zwischen den Perzentilen bzw. ihre konkrete Lage ergeben Aufschluss
über die Breite eines Zeitintervalls. Die Differenz zwischen 25% und 50% beträgt 61 Tage
und zwischen 50% und 75% 12 Tage. Dies bedeutet, dass ab 7 (75%) in relativ kurzer Zeit
(innerhalb 12 Tage) 25% Elemente aus der Ausgangsmenge herausfallen, so dass bis zum
Zeitpunkt 19 nur noch 50% der Elemente verbleiben. Ab 19 (50%) fallen dagegen verhältnismäßig langsam (über 61 Tage hinweg) weitere 25% Elemente aus der Ausgangsmenge
aus, so dass bis zum Zeitpunkt 80 nur noch 25% der Elemente verbleiben.

### Exkurs: Die Interpretation von Zensierungen
Würde die Kaplan-Meier-Analyse an dieser Stelle abgeschlossen werden, hätte man einen
wesentlichen Aspekt der Ergebnisse übersehen, nämlich die Kumulation der Zensierungen
zum Ende der Verteilung hin. Die Interpretation dieses Phänomens ist abhängig vom Studiendesign, kann sich jedoch immer an den Ebenen Person-, Treatment- und/oder Designeffekt orientieren (vgl. auch Rasch et al., 1996; Rasch et al., 1998, Kap. 6.31.; Sarris, 1992):
Handelt es sich um ein Quasi-Experiment, bei dem die Elemente z.B. nicht zum gleichen
Zeitpunkt in die Studie einbezogen wurden oder auch sonst nicht auf irgendwelche Auffälligkeiten (z.B. Störvariablen) kontrolliert wurden, eröffnen sich folgende Interpretationsmög-
lichkeiten (z.B.):

**Designeffekt:** Die Studie war zu kurz. Fälle, die später als andere in die Studie einbezogen
wurden, lebten am Ende der Studie noch und mussten daher zensiert werden.

**Personeffekt:** Die Studie setzte sich aus zwei Teilpopulationen zusammen, relativ robuste
Fälle und relativ sensible Fälle. Die robusten Fälle überlebten die Studie und wurden daher
am Ende zentriert (Selektionseffekt).

Auch echte Experimente sind gegenüber nichtzufälligen Effekten (Bias) nicht immun. Ganz im Gegenteil, wegen nichtzufälligen Zensierungen ist ein *ursprünglich* echtes Experiment am Ende der Studie keines mehr, weil die Daten nicht mehr das Produkt eines Zufallsprozesses sind. Mögliche Störeffekte können sein:

**Designeffekt:** Die Studie war trotz gleichzeitigem Beginn für alle am Ende für zahlreiche Fälle noch zu kurz (ggf. auch Wechselwirkung mit einem nichtkontrollierten Bias der „Robustheit", vgl. dazu 4.7.5, Beispiel I).

**Treatmenteffekt:** Die Studienplanung unterschätzte einen Treatmenteffekt. In einer Medikamentenstudie traten z.B. aus nicht vorhersehbaren Gründen derart massive unerwünschte Nebenwirkungen ein, dass die Fälle aus medizinischen sowie ethischen Gründen aus der Studie entlassen und zensiert werden mussten (Bias durch treatmentspezifische Reaktivität).

**Personeffekt:** Eine Gruppe von Fällen nahm einer Medikamentenstudie teil, erfuhr jedoch während der Studie von überlegeneren Effekten eines alternativen Treatments und schied aus eigenem Wunsch aus der Studie aus, um das alternative Treatment in Anspruch nehmen zu können (Bias durch Selbstselektion).

Die vorgefundenen Zensierungen sind informativ. Die Zensierungen stehen in einer noch genauer zu explorierenden Beziehung mit der Zeit (Häufung am Ende der Studie) und können von einem (oder mehreren) noch genauer zu explorierenden Faktor verursacht worden sein. Die Voraussetzung des random censoring ist nicht erfüllt. Kausal- und/oder Umgebungsfaktoren während des Studienverlaufs sind vermutlich nicht invariant. Die variierenden Kausalfaktoren und/oder Umgebungsbedingungen verstoßen gegen diese implizite Grundannahme der Survivalanalyse. Die Interpretation der Zensierungen erschließt ein nicht zu übergehendes Phänomen, das auf jeden Fall weiterer Exploration bedarf, gefährdet es doch im Wesentlichen die monokausale Interpretation des Ergebnisses. Weitere Datenexplorationen (z.B. Kontrolle der Zensierungen durch ggf. durch geeignete Kovariaten), wie auch eine retrospektive Analyse des Untersuchungsdesigns wären empfehlenswert.

## 4.6.2    Beispiel: Kaplan-Meier-Verfahren mit Faktor

In drei (fiktiven) Seen mit unterschiedlichen Belastungsgraden („See 1": geschützter See, „See 2": normaler See, „See 3": belasteter See; vgl. „Seen_Syntax.sps" zum Downloaden) soll die jeweilige Überlebenswahrscheinlichkeit einer bestimmten Fischart statistisch und grafisch untersucht werden. Zielereignisse sind mit „1" kodiert, zensierte Daten sind durch „0" markiert. Die eingesetzte Survivalanalyse basiert auf der Methode Kaplan-Meier.

*Pfad: Analysieren → Überleben → Kaplan-Meier…*
Ziehen Sie die Variable TIME in das Feld „Zeit". Ziehen Sie die Variable STATUS in das Feld „Status". Geben Sie unter dem nun aktiven Feld „Ereignis definieren" die Kodierung/en für die eintretenden Zielereignisse an, z.B. den Kode „1". Ziehen Sie die Variable SEE in das Feld „Faktor". Klicken Sie auf „Weiter".

*Unterfenster „Faktor vergleichen…":* Markieren Sie unter „Teststatistiken" die Optionen „Log Rang", „Breslow" und „Tarone-Ware". Wählen Sie die Option „Gemeinsam über

Schichten" (damit werden alle Faktorstufen auf die Gleichheit der Überlebenskurven getestet). Stellen Sie sicher, dass die Option „Linearer Trend für Faktorstufen" nicht markiert ist. Dieser Test ist nur dann geeignet, wenn die Faktorstufen eine natürliche Ordnung aufweisen (z.B. wenn die Faktorstufen aus Dosierungen in unterschiedlicher, idealerweise äquidistanter Höhe gebildet werden). Klicken Sie auf „Weiter".

Anmerkung: Der Unterschied zwischen Faktor- und Schichtvariable ist, dass eine Faktorvariable für einen direkten Vergleich der Überlebensverteilungen herangezogen werden kann, während eine Schichtvariable die Ausgabe separater Analysen bewirkt (vgl. 4.6.3).

*Unterfenster „Optionen..."*: Markieren Sie unter „Diagramme" die Optionen „Überleben", „Eins minus Überleben", „Hazard" und „Log-Überleben". Stellen Sie sicher, dass unter „Statistik" die Optionen „Überlebenstabellen", „Mittelwert und Median der Überlebenszeit" und „Quartile" markiert sind. Klicken Sie auf „Weiter".

*Unterfenster „Speichern..."*: Speichern Sie in diesem Beispiel die Überlebensverteilung, den Standardfehler der Überlebensverteilung, Hazard-Werte und die kumulierten Ereignisse nicht als neue Variablen.

Starten Sie die Berechnung mit „OK".

**Syntax:**

```
KM
   TIME   BY SEE   /STATUS=STATUS(1)
   /PRINT TABLE MEAN
   /PERCENTILES
   /PLOT SURVIVAL OMS HAZARD LOGSURV
   /TEST LOGRANK BRESLOW TARONE
   /COMPARE OVERALL POOLED  .
```

Anm.: Der Befehl KM fordert die Survivalanalyse nach Kaplan-Meier an. TIME repräsentiert die Überlebenszeit. Nach BY folgt der gruppierende Faktor SEE. Nach STATUS= wird die Statusvariable STATUS angegeben. In Klammern steht der Kode („1") für das Zielereignis. Die Kodierung für die Zensierung („0") braucht nicht separat angegeben werden. Nach PRINT werden über TABLE bzw. MEAN die Tabellen „Überlebenstabelle" und „Mittelwerte und Mediane für die Überlebenszeit" angefordert. Über PERCENTILES wird die Tabelle „Perzentile" erzeugt. Werden keine Perzentile über Werte zwischen 0 und 100 angegeben, werden standardmäßig Quartile ausgegeben. Über PLOT werden Diagramme für Überlebenskurven angefordert: Neben SURVIVAL (kum. Überlebensfunktion) werden auch OMS (kum. 1-Überlebensfunktion), HAZARD (kum. Hazard-Funktion) bzw. LOGSURV (log. Überlebensfunktion) angefordert. Über TEST werden mittels LOGRANK, BRESLOW bzw. TARONE die entsprechenden Tests auf Gruppenunterschiede angefordert. Nach COMPARE wird die Vergleichsrichtung festgelegt: OVERALL POOLED fordert den Gruppenvergleich an, d.h. die einzelnen Faktorstufen werden in einem einzelnen Test auf die Gleichheit der Überlebenskurven miteinander verglichen.

**Output:**

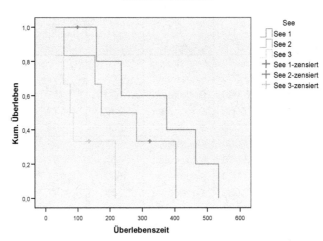

Überlebensfunktionen

Methode: Kaplan-Meier

Daten: See-Beispiel

Die Überlebenswahrscheinlichkeit ist im geschützten See (ganz rechts, „See 1") am höchsten und im belasteten See (ganz links, „See 3") am geringsten. Die Überlebenswahrscheinlichkeit des normalen Sees („See 2", mitte) liegt zwischen diesen beiden Verteilungen.

Die Interpretation der Lage von Linien ist abhängig vom untersuchten Forschungsgegenstand. Ist ein Effekt *positiv* (z.B. Zeitpunkt des Eintretens einer günstigen Medikamentenwirkung), so sollte die Linie der Verteilung idealerweise eher links und unter den anderen Verteilungen liegen. Ist ein Effekt *negativ* (z.B. Zeitpunkt des Versterbens aufgrund von Umweltbelastung), so sollte die Linie der Verteilung idealerweise eher rechts und über den anderen Verteilungen liegen.

Anmerkung: Wäre der jeweils letzte Wert zensiert, würde die betreffende Kurve 0 nicht erreichen können (vgl. 4.6.1).

**Zusammenfassung der Fallverarbeitung**

| See | Gesamtzahl | Anzahl der Ereignisse | Zensiert N | Zensiert Prozent |
|---|---|---|---|---|
| See 1 | 6 | 5 | 1 | 16,7% |
| See 2 | 6 | 5 | 1 | 16,7% |
| See 3 | 6 | 5 | 1 | 16,7% |
| Gesamt | 18 | 15 | 3 | 16,7% |

Die Tabelle „Zusammenfassung der Fallverarbeitung" gibt die Anzahl der Fälle, der eintretenden Zielereignisse bzw. der Zensierungen wieder. Die Faktorstufe „See 1" umfasst z.B. insgesamt sechs Fälle, wovon fünf auf eintretende Zielereignisse bzw. eine Zensierung entfallen. Diese Tabelle ist nicht unwichtig, da in der nachfolgenden Tabelle „Überlebenstabelle" in der Spalte „Status" nicht immer alle Zensierungen aufgeführt werden.

**Überlebenstabelle**

| See | | Zeit | Status | Kumulierter Anteil Überlebender zum Zeitpunkt | | Anzahl der kumulativen Ereignisse | Anzahl der verbliebenen Fälle |
|---|---|---|---|---|---|---|---|
| | | | | Schätzer | Standard fehler | | |
| See 1 | 1 | 158,000 | eingetreten | ,800 | ,179 | 1 | 4 |
| | 2 | 235,000 | eingetreten | ,600 | ,219 | 2 | 3 |
| | 3 | 375,000 | eingetreten | ,400 | ,219 | 3 | 2 |
| | 4 | 464,000 | eingetreten | ,200 | ,179 | 4 | 1 |
| | 5 | 535,000 | eingetreten | ,000 | ,000 | 5 | 0 |
| See 2 | 1 | 57,000 | eingetreten | ,833 | ,152 | 1 | 5 |
| | 2 | 153,000 | eingetreten | ,667 | ,192 | 2 | 4 |
| | 3 | 173,000 | eingetreten | ,500 | ,204 | 3 | 3 |
| | 4 | 282,000 | eingetreten | ,333 | ,192 | 4 | 2 |
| | 5 | 323,000 | zensiert | . | . | 4 | 1 |
| | 6 | 403,000 | eingetreten | ,000 | ,000 | 5 | 0 |
| See 3 | 1 | 31,000 | eingetreten | ,833 | ,152 | 1 | 5 |
| | 2 | 56,000 | eingetreten | ,667 | ,192 | 2 | 4 |
| | 3 | 76,000 | eingetreten | ,500 | ,204 | 3 | 3 |
| | 4 | 86,000 | eingetreten | ,333 | ,192 | 4 | 2 |
| | 5 | 134,000 | zensiert | . | . | 4 | 1 |
| | 6 | 216,000 | eingetreten | ,000 | ,000 | 5 | 0 |

In der Tabelle „Überlebenstabelle" soll stellvertretend der Output für die Faktorstufe „See 1" erläutert werden. Für See 1 liegen sechs Beobachtungen vor, von denen eine zensiert ist (vgl. dagegen „See 2") und somit für 5 Fälle das Zielereignis („Status") eintritt. Wenn der erste Fall einer Reihe gleichzeitig auch eine Zensierung erhält, wird er unter „Status" nicht als zensiert aufgeführt. Dass in „See 1" eine Zensierung vorkommt, ist jedoch in der Tabelle „Zusammenfassung der Fallverarbeitung" erkennbar, wie auch in der Spalte „Anzahl der verbliebenen Fälle"; diese beginnt nicht bei 5 (von sechs Fällen), sondern bereits bei 4 (weil der zensierte Fall übersprungen wurde). „Zeit" gibt die Zeitpunkte an, also z.B. 158, 235 usw. Tage bis zum Eintreten des Zielereignisses bzw. bis zur Zensierung. „Status" gibt an, ob der betreffende Fall als Zielereignis eintritt („eingetreten") oder zensiert („zensiert") wurde. In der dritten Spalte „Kumulierter Anteil Überlebender zum Zeitpunkt" wird unter „Schätzer" der abnehmende Anteil der Fälle ab dem Tabellenanfang bis dem betreffenden Zeitpunkt (Überlebenswahrscheinlichkeit) mit dem dazugehörigen Standardfehler angegeben.

Die Zeile Zeit=235,00 ist z.B. so zu lesen, dass am 235. Tag ein Element aus der Ausgangsmenge ausfiel und dass bis zu diesem Zeitpunkt 60% der Fälle ausfielen bzw. eine Überlebenswahrscheinlichkeit von 0.60 besteht. Der dazugehörige Standardfehler der Kaplan-Meier Schätzung beträgt 0.219. Am 235. Tag trat das zweite Zielereignis ein (vgl. Spalte „Anzahl der kumulativen Ereignisse"); es verbleiben noch drei Elemente in der Ausgangsmenge (vgl. Spalte „Anzahl der verbliebenen Fälle").

An der Tabelle zu „See 2" (Zeit=282) ist z.B. zu erkennen, wie die Kaplan-Meier-Methode zensierte Werte behandelt. Zensierte Fälle werden nicht in die Berechnung von S(t) einbezogen. D(KM) bleibt konstant (vgl. „Anzahl der kumulativen Ereignisse"), jedoch nehmen die verbleibenden Fälle um diesen einen Ausfall ab (vgl. „Anzahl der verbliebenen Fälle").

**Mittelwerte und Mediane für die Überlebenszeit**

| See | Mittelwert [a] | | | | Median | | | |
| | Schätzer | Standard-fehler | 95%-Konfidenzintervall Untere Grenze | 95%-Konfidenzintervall Obere Grenze | Schätzer | Standard-fehler | 95%-Konfidenzintervall Untere Grenze | 95%-Konfidenzintervall Obere Grenze |
|---|---|---|---|---|---|---|---|---|
| See 1 | 353,400 | 69,956 | 216,286 | 490,514 | 375,000 | 153,362 | 74,410 | 675,590 |
| See 2 | 245,167 | 59,011 | 129,506 | 360,827 | 173,000 | 78,996 | 18,168 | 327,832 |
| See 3 | 113,500 | 33,997 | 46,865 | 180,135 | 76,000 | 18,371 | 39,993 | 112,007 |
| Gesamt | 242,744 | 40,782 | 162,812 | 322,675 | 216,000 | 48,648 | 120,650 | 311,350 |

a. Die Schätzung ist auf die längste Überlebenszeit begrenzt, wenn sie zensiert ist.

Der Tabelle „Mittelwerte und Mediane für die Überlebenszeit" können Schätzer für den Mittelwert bzw. Median für einen ersten *Vergleich der Überlebenszeiten zwischen den drei Seen* entnommen werden. Dem Mittelwert für See 1 entspricht z.B. der (Punkt)Schätzer 353,4 mit einem 95%-Konfidenzintervall mit unteren bzw. oberen Grenzen bei 216,286 bzw. 490,514. Der Median und der dazugehörige Standardfehler für See 1 beträgt 375,0 bzw. 153,362. Die Konfidenzintervalle überlappen einander; in das Konfidenzintervall von See 1 [74,4;675,6] fallen z.B. die oberen Grenzen von See 2 und 3 (327,8 bzw. 112,0). Ein deutlicher Unterschied in der „mittleren" Überlebenszeit ist demnach nicht sehr wahrscheinlich.

Anm.: Die Ausgabe für die beiden anderen Seen ist analog aufgebaut und wird nicht weiter erläutert. Die breiten Konfidenzintervalle und die verhältnismäßig hohen Standardfehler sind durch die kleine Stichprobe mitverursacht. Die Stichprobe ist im obigen Beispiel zu klein, um zuverlässige Schätzer für Konfidenzintervalle liefern zu können.

Mittelwert (353,4) bzw. Median (375,0) der Überlebenszeit im geschützten See sind am höchsten, im belasteten See dagegen am geringsten (113,5) bzw. Median (76,0). Die Überlebenszeit des normalen Sees liegt zwischen diesen beiden Seen.

Als Punktschätzer bzw. Maß der zentralen Tendenz für die Aussage zu einer „mittleren" Überlebenszeit empfiehlt sich der Median, da er unabhängig von Ausreißern ist. Der Median gibt den konkreten Wert wieder, bis zu dem 50% der Fälle unterdurchschnittliche Überlebenszeiten aufweisen. Beim arithmetischen Mittel müssten alle Fälle vorliegen, um eine Aussage treffen zu können.

**Perzentile**

| See | 25,0% | | 50,0% | | 75,0% | |
| | Schätzer | Standard-fehler | Schätzer | Standard-fehler | Schätzer | Standard-fehler |
|---|---|---|---|---|---|---|
| See 1 | 464,000 | 79,604 | 375,000 | 153,362 | 235,000 | 84,349 |
| See 2 | 403,000 | . | 173,000 | 78,996 | 153,000 | 110,851 |
| See 3 | 216,000 | . | 76,000 | 18,371 | 56,000 | 28,868 |
| Gesamt | 375,000 | 83,921 | 216,000 | 48,648 | 86,000 | 57,335 |

Die Tabelle „Perzentile" enthält standardmäßig Schätzer für Quartile und den jeweils dazugehörigen Standardfehler. Diese Angaben können für den Vergleich der *Überlebenszeiten innerhalb der drei Seen* herangezogen werden. Für See 1 beträgt das I.Quartil (25%) z.B. 464,0; der dazugehörige Standardfehler ist 79,6. Das II.Quartil (50%, Median, s.o.) liegt bei 375,0, das III.Quartil (75%) bei 235,0. Für die Interpretation ist zu beachten, dass Überlebenszeiten konstant zunehmen, jedoch die Werte der Perzentile sukzessive abnehmend angeordnet sind und auch somit gegenläufig zu interpretieren sind (z.B. QI:464,0 [ QII:375,0 [ QIII:235,0).

Vergleichbar zum eingangs aufgeführten Diagramm zur Überlebenszeit ist die Interpretation der Lage der Perzentile abhängig vom untersuchten Forschungsgegenstand. Das 25%Quartil des Sees 1 gibt z.B. an, dass zum Zeitpunkt 464 nur noch ca. 25% der Elemente in der Ausgangsmenge enthalten sind.

Perzentile definieren Verteilungsabschnitte; Differenzen zwischen den Perzentilen bzw. ihre konkrete Lage ergeben Aufschluss über die Breite eines Zeitintervalls. Für „See 1" beträgt die Differenz zwischen 25% und 50% 89 Tage, zwischen 50% und 75% 140 Tage und zwischen 25% und 75% 229 Tage. „See 2" erreicht Differenzen in Höhe von 230 Tagen (25%–50%), 20 Tagen (50%–75%) und 250 Tagen (25%–75%). „See 3" erreicht schließlich Differenzen in Höhe von 140 Tagen (25%–50%), 20 Tagen (50%–75%) und 160 Tagen (25%–75%).

Wird (aus Gründen der Übersichtlichkeit) der Vergleich auf 25%–50% beschränkt, so ist deutlich zu erkennen, dass das Intervall 25%–50% bei „See 1" 89 Tage breit ist, bei „See2" 230 Tage und bei „See 3" 140 Tage. Dies bedeutet z.B. bei „See 1", dass sich 25% der Fälle auf einen relativ schmalen Zeitraum konzentrieren, während sie sich bei „See 3" auf ein breiteres Intervall von 140 Tagen verteilen. Die Breite des Intervalls ist jedoch nicht mit seiner Lage zu verwechseln (vgl. die deutlich unterschiedlichen Lagen der Perzentile). Für „See 1" lässt sich daher feststellen, dass erst zwischen 375 (50%) und 464 (25%), jedoch in relativ kurzer Zeit (89 Tage) weitere 25% der Elemente aus der Ausgangsmenge ausfallen. Für „See 3" lässt sich dagegen festhalten, dass bereits zu einem viel früheren Zeitpunkt (76,0; 50%,) verhältnismäßig langsam (140 Tage) weitere 25% der Elemente aus der Ausgangsmenge ausfallen, bis sie 216 (QI) erreichen.

**Gesamtvergleiche**

|  | Chi-Quadrat | Freiheitsgrade | Sig. |
|---|---|---|---|
| Log Rank (Mantel-Cox) | 8,536 | 2 | ,014 |
| Breslow (Generalized Wilcoxon) | 7,960 | 2 | ,019 |
| Tarone-Ware | 8,281 | 2 | ,016 |

Test auf Gleichheit der Überlebensverteilungen für die verschiedenen Stufen von See.

Die Tabelle „Gesamtvergleiche" enthält das Ergebnis des Tests auf Gleichheit der Überlebensverteilungen für die drei Seen (sog. Homogenitätstest).

Die Gruppenvergleiche basieren auf dem folgenden Testschema:

$H_0$: Die Überlebenszeitverteilungen der verschiedenen Faktorstufen sind gleich.

$H_1$: Die Überlebenszeitverteilungen der verschiedenen Faktorstufen unterscheiden sich.

Alle drei Teststatistiken erzielen in einem Homogenitätsvergleich über alle Gruppen hinweg mit p=0,014 (Chi²=8,536; Log Rang), 0,019 (Chi²=7,96; Breslow) bzw. 0,016 (Chi²–8,281; Tarone-Ware) denselben Befund dahingehend, dass der Unterschied zwischen den drei Gruppen statistisch signifikant ist. Die Unterschiede der Teststatistik und somit auch der Signifikanz ergeben sich u.a. aus dem Zeitpunkt und der Anzahl der eintretenden Zielereignisse (siehe 4.3).

Das Ergebnis besagt in allen Fällen, dass die Seen sich hinsichtlich ihrer Überlebenszeitverteilungen unterscheiden. Die Tests lassen jedoch nur die Aussage zu: Zwischen den drei Seen gibt es *irgendwo* einen Unterschied; sie sagen nicht, welche Seen sich im Einzelnen unterscheiden. Um dies herauszufinden, sind sogenannte paarweise Vergleiche erforderlich.

## 4.6.3 Vergleiche mittels mit Faktor- und Schichtvariablen (Kaplan-Meier)

In diesem Abschnitt wird zunächst der Effekt einer Schichtvariablen anhand derselben Daten des Beispiels aus 4.6.2 demonstriert. Wird die Variable „See" nicht als „Faktor", sondern stattdessen als Schichtvariable angegeben, ohne dass eine weitere Faktorvariable angegeben wird, ändern sich zwei Aspekte:

- die Überlebens-Diagramme werden schichtweise ausgegeben.
- ein statistischer Vergleich zwischen den Ausprägungen der Schichtvariablen ist nicht möglich.

Im Anschluss daran werden die verschiedenen Vergleichsmöglichkeiten in der Kombination einer Faktor- und einer Schichtvariablen demonstriert.

*Pfad: Analysieren → Überleben → Kaplan-Meier...*
Ziehen Sie die Variable TIME in das Feld „Zeit". Ziehen Sie die Variable STATUS in das Feld „Status". Geben Sie unter dem nun aktiven Feld „Ereignis definieren" die Kodierung/en für die eintretenden Zielereignisse an, z.B. den Kode „1". Ziehen Sie die Variable SEE in das Feld „Schichten". Klicken Sie auf „Weiter".

*Unterfenster „Faktor vergleichen...":* SEE kann nicht als Faktor definiert werden (jedoch jede andere diskret skalierte Variable). Wird unter „Faktor vergleichen" keine Faktorvariable angegeben, so kann kein Vergleich der Überlebensverteilungen vorgenommen werden.

*Unterfenster „Optionen...":* Markieren Sie unter „Diagramme" nur die Option „Überleben". Stellen Sie sicher, dass unter „Statistik" die Optionen „Überlebenstabellen", „Mittelwert und Median der Überlebenszeit" und „Quartile" markiert sind. Klicken Sie auf „Weiter".

Starten Sie die Berechnung mit „OK".

**Syntax:**

```
KM
  TIME
  /STRATA=SEE
  /STATUS=STATUS(1)
  /PRINT TABLE MEAN
  /PERCENTILES
  /PLOT SURVIVAL .
```

Anm.: Der Befehl KM fordert die Survivalanalyse nach Kaplan-Meier an. TIME repräsentiert die Überlebenszeit. Es fehlt ein gruppierender Faktor nach BY. Nach STATUS= ist die Statusvariable angegeben inkl. des Kodes für das Zielereignis. PRINT fordert die Tabellen „Überlebenstabelle" und „Mittelwerte und Mediane für die Überlebenszeit" an, PERCENTILES die Tabelle „Perzentile". PLOT gibt Diagramme für Überlebenskurven aus: Neben SURVIVAL (kum. Überlebensfunktion) werden auch OMS (kum. 1-Überlebensfunktion), HAZARD (kum. Hazard-Funktion) bzw. LOGSURV (log. Überlebensfunktion) angefordert. Es ist keine Option TEST angegeben.

**Output:**

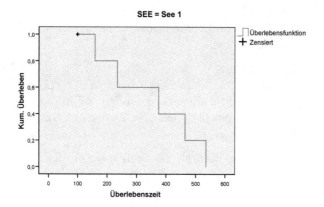

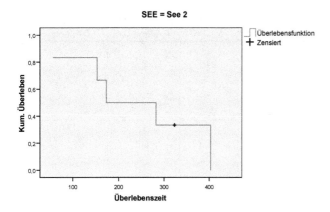

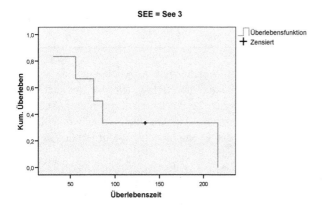

Der weitere Output entspricht exakt dem Beispiel 4.6.2 (vgl. z.B. die Tabelle „Überlebensta-belle").

**Überlebenstabelle**

| See | | Zeit | Status | Kumulierter Anteil Überlebender zum Zeitpunkt | | Anzahl der kumulativen Ereignisse | Anzahl der verbliebenen Fälle |
|---|---|---|---|---|---|---|---|
| | | | | Schätzer | Standard-fehler | | |
| See 1 | 1 | 158,000 | eingetreten | ,800 | ,179 | 1 | 4 |
| | 2 | 235,000 | eingetreten | ,600 | ,219 | 2 | 3 |
| | 3 | 375,000 | eingetreten | ,400 | ,219 | 3 | 2 |
| | 4 | 464,000 | eingetreten | ,200 | ,179 | 4 | 1 |
| | 5 | 535,000 | eingetreten | ,000 | ,000 | 5 | 0 |
| See 2 | 1 | 57,000 | eingetreten | ,833 | ,152 | 1 | 5 |
| | 2 | 153,000 | eingetreten | ,667 | ,192 | 2 | 4 |
| | 3 | 173,000 | eingetreten | ,500 | ,204 | 3 | 3 |
| | 4 | 282,000 | eingetreten | ,333 | ,192 | 4 | 2 |
| | 5 | 323,000 | zensiert | . | . | 4 | 1 |
| | 6 | 403,000 | eingetreten | ,000 | ,000 | 5 | 0 |
| See 3 | 1 | 31,000 | eingetreten | ,833 | ,152 | 1 | 5 |
| | 2 | 56,000 | eingetreten | ,667 | ,192 | 2 | 4 |
| | 3 | 76,000 | eingetreten | ,500 | ,204 | 3 | 3 |
| | 4 | 86,000 | eingetreten | ,333 | ,192 | 4 | 2 |
| | 5 | 134,000 | zensiert | . | . | 4 | 1 |
| | 6 | 216,000 | eingetreten | ,000 | ,000 | 5 | 0 |

Die folgenden Beispiele möchten demonstrieren, welche vier Möglichkeiten SPSS beim Vergleich von Faktorstufen bei der Angabe von Faktor- und Schichtvariable anbietet. Zuvor sei gesagt, dass abgesehen von den jew. angeforderten Testvarianten alle weiteren Ausgaben, z.B. „Überlebenstabelle" usw. absolut übereinstimmen. Aus Gründen der Übersichtlichkeit wird sich daher die Wiedergabe des Outputs auf den exemplarisch angeforderten Log Rang-Test beschränken.

*Unterfenster „Faktor vergleichen...":* Option „Gemeinsam über Schichten".

```
KM
   TIME  BY SEE  /STRATA=SCHICHT  /STATUS=STATUS(1)
   /PRINT TABLE MEAN
   /TEST LOGRANK
   /COMPARE OVERALL POOLED
   /PLOT SURVIVAL   .
```

**Gesamtvergleiche[a]**

| | Chi-Quadrat | Freiheitsgrade | Sig. |
|---|---|---|---|
| Log Rank (Mantel-Cox) | 6,485 | 2 | ,039 |

Test auf Gleichheit der Überlebensverteilungen für die verschiedenen Stufen von See.

a. Korrigiert für Schicht.

Es wird ein Vergleich der Faktorgruppen über alle Schichten (Strata) hinweg vorgenommen; es wird nur ein Homogenitätstest ausgegeben.

*Unterfenster „Faktor vergleichen...": Option „Für jede Schicht".*

```
KM
   TIME  BY SEE  /STRATA=SCHICHT  /STATUS=STATUS(1)
   /PRINT TABLE MEAN
   /TEST LOGRANK
   /COMPARE OVERALL STRATA
   /PLOT SURVIVAL  .
```

**Gesamtvergleiche**

| Schicht | | Chi-Quadrat | Freiheitsgrade | Sig. |
|---|---|---|---|---|
| Schicht A | Log Rank (Mantel-Cox) | 5,307 | 2 | ,070 |
| Schicht B | Log Rank (Mantel-Cox) | 2,518 | 2 | ,284 |

Test auf Gleichheit der Überlebensverteilungen für die verschiedenen Stufen von See.

Es wird ein Vergleich der Faktorgruppen innerhalb jeder Schicht (Strata) vorgenommen; es wird pro Schicht ein Homogenitätstest durchgeführt.

*Unterfenster „Faktor vergleichen...": Option „Paarweise über Schichten".*

```
KM
   TIME  BY SEE  /STRATA=SCHICHT  /STATUS=STATUS(1)
   /PRINT TABLE MEAN
   /TEST LOGRANK
   /COMPARE PAIRWISE POOLED
   /PLOT SURVIVAL  .
```

**Paarweise Vergleiche[a]**

| | | See 1 | | See 2 | | See 3 | |
|---|---|---|---|---|---|---|---|
| | See | Chi-Quadrat | Sig. | Chi-Quadrat | Sig. | Chi-Quadrat | Sig. |
| Log Rank (Mantel-Cox) | See 1 | | | 1,044 | ,307 | 4,927 | ,026 |
| | See 2 | 1,044 | ,307 | | | 2,047 | ,153 |
| | See 3 | 4,927 | ,026 | 2,047 | ,153 | | |

a. Korrigiert für Schicht.

Es werden paarweise Vergleiche der Faktorstufen über alle Schichten hinweg durchgeführt; es werden N – 1 Vergleiche pro N Faktorstufe ausgegeben.

*Unterfenster „Faktor vergleichen...": Option „Paarweise für jede Schicht".*

```
KM
  TIME  BY SEE  /STRATA=SCHICHT  /STATUS=STATUS(1)
  /PRINT TABLE MEAN
  /TEST LOGRANK
  /COMPARE PAIRWISE STRATA
  /PLOT SURVIVAL  .
```

**Paarweise Vergleiche**

| | | | See 1 | | See 2 | | See 3 | |
|---|---|---|---|---|---|---|---|---|
| | Schicht | See | Chi-Quadrat | Sig. | Chi-Quadrat | Sig. | Chi-Quadrat | Sig. |
| Log Rank (Mantel-Cox) | Schicht A | See 1 | | | ,559 | ,455 | 2,469 | ,116 |
| | | See 2 | ,559 | ,455 | | | 2,469 | ,116 |
| | | See 3 | 2,469 | ,116 | 2,469 | ,116 | | |
| | Schicht B | See 1 | | | ,486 | ,485 | 2,557 | ,110 |
| | | See 2 | ,486 | ,485 | | | ,485 | ,486 |
| | | See 3 | 2,557 | ,110 | ,485 | ,486 | | |

Es werden paarweise Vergleiche der Faktorstufen innerhalb jeder Schicht (Strata) durchgeführt; es werden pro Schicht separate Homogenitätstests durchgeführt.

SPSS erlaubt über die Syntax, max. zwei Tests gleichzeitig abzufragen, z.B.

```
/COMPARE OVERALL STRATA
/COMPARE PAIRWISE STRATA
 oder:
/COMPARE OVERALL POOLED
/COMPARE PAIRWISE POOLED .
```

Die Prozedur KM ist seitens Maussteuerung zunächst nicht in der Lage, mehr als einen Faktor in eine Analyse einzubeziehen. Über die Maussteuerung ist es z.B. nicht möglich, neben SEE z.B. auch die Variable SCHICHT als zweiten Faktor aufzunehmen.

Über einen kleinen Trick ist es jedoch möglich, SEE und SCHICHT als zwei Faktoren in eine Überlebensanalyse aufzunehmen (zu Datenmanagement mit SPSS vgl. Schendera, 2005).

```
do if SCHICHT = 1.
     compute SEE_SCH = SEE .
else.
     compute SEE_SCH = SCHICHT + SEE .
end if.
exe.
list var= SCHICHT SEE  SEE_SCH.
```

Der Trick besteht darin, dass mittels DO-IF aus zwei Kategorialvariablen (SEE, 3 Ausprägungen; SCHICHT, 2 Ausprägungen) eine Einzelne gemacht wird (SEE_SCH; max. 2x3 Ausprägungen). Über diesen Ansatz können im Prinzip beliebig viele Variablen zu einem Faktor zusammengefasst und in eine Kaplan-Meier Analyse einbezogen werden.

```
KM
    TIME  BY SEE_SCH /STATUS=STATUS(1)
    /PRINT TABLE MEAN
    /TEST LOGRANK
    /COMPARE OVERALL STRATA
    /PLOT SURVIVAL   .
```

## 4.6.4      Konfidenzintervalle für Kaplan-Meier Analysen

Mit SPSS ist es auch möglich, für Kaplan-Meier-Analysen Konfidenzintervalle zu ermitteln
und grafisch wiederzugeben. Im vorgestellten Ansatz basieren die oberen und unteren Kon-
fidenzgrenzen auf der Summe bzw. Differenz der Schätzer für die ermittelte Überlebensfunktion aus dem Produkt aus Standardfehler und dem gewünschten Vertrauensbereich auf
der Basis der asymptotisch-kumulativen Normalverteilung. Im Folgenden wird für die kumulierte Überlebenswahrscheinlichkeit der Beispieldaten aus 4.6.1 ein Konfidenzintervall mit
95% ermittelt. Die Erläuterungen beschränken sich auf die neuen Schritte.

```
KM
    ÜBERLEB
    /STATUS=UESTATUS(0)
    /PRINT TABLE MEAN
    /PERCENTILES
    /PLOT SURVIVAL HAZARD
    /SAVE SURVIVAL SE .
```

Anm.: Der Befehl KM fordert die Survivalanalyse nach Kaplan-Meier an. Nach SAVE wer-
den mittels SURVIVAL die kumulierte Überlebensfunktion und mittels SE der dazugehörige
Standardfehler abgespeichert. Die Bezeichnungen für die neu angelegten Variablen vergibt
SPSS automatisch. Die Werte der kumulierten Überlebensfunktion werden im Beispiel unter
SUR_1 abgelegt, die Werte des Standardfehlers als SE_1 abgespeichert.

```
compute UCL = SUR_1 + 1.96*SE_1 .
compute LCL = SUR_1 - 1.96*SE_1 .
if (UCL > 1) UCL = 1 .
exe .
sort cases by ÜBERLEB (A) .
variable labels
      UCL "Oberes Konfidenzintervall für"
      LCL "Unteres Konfidenzintervall für" .
exe.
formats
      UCL (F8.2)
      LCL (F8.2).

SAVE OUTFILE='C:\KM_Konf.sav'.
```

Anm.: Über die beiden COMPUTE-Anweisungen wird das Konfidenzintervall ermittelt. UCL („upper confidence limit") definiert die obere Grenze des Intervalls, LCL („lower confidence limit") definiert die untere Grenze des Intervalls. Der Wert mit dem Betrag 1,96, mit dem die einzelnen Standardfehlerwerte der kumulierten Überlebensfunktion multipliziert werden, basiert auf der kumulativen Normalverteilung und definiert dort die Grenze, ab der der Anteil der Fläche 2,5% beträgt. Der Wert –1,96 legt somit die Grenze der Fläche 2,5% fest, der Wert +1,96 die Grenze der Fläche 97,5%. Addiert mit den SUR_1-Werten, definieren UCL und LCL zusammen einen 95% Bereich um die kumulierte Überlebensfunktion herum. Soll das Konfidenzintervall strenger (enger) oder großzügiger (weiter) definiert werden, kann anstelle des Wertes 1,96 ein anderer Wert gesetzt werden.

```
GET FILE='C:\KM_Konf.sav'.

GRAPH
/SCATTERPLOT(OVERLAY)=ÜBERLEB ÜBERLEB ÜBERLEB
 with LCL SUR_1 UCL (PAIR)
/MISSING=LISTWISE .
```

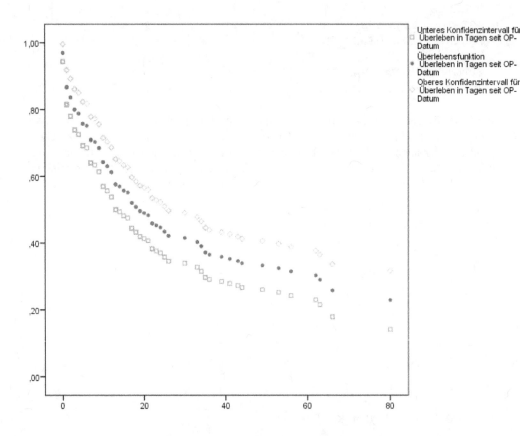

Da dieser Ansatz auf der kumulativen Normalverteilung basiert, sollte als wesentliche Voraussetzung eine Normalverteilung, also zumindest eine angemessen große Stichprobe gegeben sein. Es ist nicht auszuschließen, dass dieser Ansatz für kleine Stichproben suboptimal oder auch gar nicht geeignet ist. Für weitere Möglichkeiten des Herleitens von Konfidenzintervallen wird auf Hosmer & Lemeshow (1999) verwiesen.

## 4.6.5    Beispiel einer Sterbetafel-Berechnung ohne Faktor

Die Kaplan-Meier-Methode ist für große Stichproben nicht unbedingt geeignet (wie z.B. angedeutet im Beispiel 4.6.1). Für große Fallzahlen ist die Analyse mittels einer Sterbetafel ggf. geeigneter.
Die nachfolgende Analyse mittels einer Sterbetafel untersucht analog zu 4.6.1 die postoperativen Überlebenszeiten von N=165 Patienten. Der beobachtete Zeitraum erstreckt sich über 100 Tage; für die Sterbetafel wird die Überlebenszeit daher in Intervalle von jeweils 10 Tage unterteilt.

*Pfad: Analysieren → Überleben → Sterbetafeln...*
Ziehen Sie die Variable ÜBERLEB in das Feld „Zeit". Legen Sie unter „Zeitintervalle anzeigen" das Maximum des Beobachtungszeitraums (z.B. 100) und die Breite der Intervalle fest (z.B. 10). Ziehen Sie die Variable UESTATUS in das Feld „Status". Geben Sie unter dem nun aktiven Feld „Ereignis definieren" die Kodierung/en für die eintretenden Zielereignisse an, z.B. den Kode „0". Geben Sie keine Faktoren an (vgl. dagegen 4.6.6).

*Unterfenster „Optionen...": * Stellen Sie sicher, dass die Option „Sterbetafel(n)" markiert ist. Markieren Sie unter „Diagramme" die Optionen „Überleben", „Log-Überleben", „Hazard", „Dichte" und „Eins minus Überleben". Unteroption „Stufen des ersten Faktors vergleichen...": Da kein Faktor definiert wurde, ist diese Unteroption nicht aktiv (vgl. dagegen 4.6.6). Klicken Sie auf „Weiter".

Starten Sie die Berechnung mit „OK".

**Syntax:**

```
SURVIVAL
 TABLE=überleb
 /INTERVAL=THRU 100 BY 10
 /STATUS=uestatus(0)
 /PRINT=TABLE
 /PLOTS ( SURVIVAL  HAZARD  OMS  LOGSURV  DENSITY )=überleb  .
```

Anm.: Der Befehl SURVIVAL fordert eine Sterbetafel an. Nach TABLE= wird die Variable ÜBERLEB für die Überlebenszeit angegeben. Über INTERVAL= wird die Überlebenszeit (siehe ÜBERLEB) auf ein Intervall von 0 bis 100 (0 THRU 100) mit 10er-Schritten eingeteilt (BY 10). Nach STATUS= wird die Statusvariable UESTATUS angegeben. In Klammern steht der Kode („0") für das Zielereignis. Nach PRINT wird mittels TABLE die Sterbetafel angefordert; über NOTABLE kann die Ausgabe einer Sterbetafel unterdrückt werden. Über PLOT werden Diagramme für Überlebenskurven angefordert (SURVIVAL: kum. Überlebensfunktion, HAZARD: kum. Hazard-Funktion, OMS: „Eins minus Überleben", LOGSURV: „Log-Überleben", DENSITY: „Dichte"; das Anfordern aller Diagramme kann über den Befehl ALL abgekürzt werden).

**Output:**

Sterbetafel[a]

| Anfangszeit des Intervalls | Anzahl der zur Anfangszeit Überlebenden | Anzahl der Ausgeschiedenen | Anzahl der dem Risiko ausgesetzten | Anzahl terminaler Ereignisse | Anteil der Terminierenden | Anteil der Überlebenden | Kumulierter Anteil der Überlebenden am Intervallende | Standardfehler des kumulierten Anteils der Überlebenden am Intervallende | Wahrscheinlichkeitsdichte | Hazard-Rate | Standardfehler der Hazard-Rate |
|---|---|---|---|---|---|---|---|---|---|---|---|
| ,000 | 165 | 0 | 165,000 | 52 | ,32 | ,68 | ,68 | ,04 | ,032 | ,04 | ,01 |
| 10,000 | 113 | 2 | 112,000 | 31 | ,28 | ,72 | ,50 | ,04 | ,019 | ,03 | ,01 |
| 20,000 | 80 | 0 | 80,000 | 12 | ,15 | ,85 | ,42 | ,04 | ,007 | ,02 | ,00 |
| 30,000 | 68 | 1 | 67,500 | 10 | ,15 | ,85 | ,36 | ,04 | ,006 | ,02 | ,01 |
| 40,000 | 57 | 4 | 55,000 | 4 | ,07 | ,93 | ,33 | ,04 | ,003 | ,01 | ,00 |
| 50,000 | 49 | 19 | 39,500 | 2 | ,05 | ,95 | ,32 | ,04 | ,002 | ,01 | ,00 |
| 60,000 | 28 | 9 | 23,500 | 4 | ,17 | ,83 | ,26 | ,04 | ,005 | ,02 | ,01 |
| 70,000 | 15 | 6 | 12,000 | 0 | ,00 | 1,00 | ,26 | ,04 | ,000 | ,00 | ,00 |
| 80,000 | 9 | 5 | 6,500 | 1 | ,15 | ,85 | ,22 | ,05 | ,004 | ,02 | ,02 |
| 90,000 | 3 | 3 | 1,500 | 0 | ,00 | 1,00 | ,22 | ,05 | ,000 | ,00 | ,00 |

a. Der Median der Überlebenszeit ist 19,75

Legende: „Der Median der Überlebenszeit ist 19,75". Der Median gibt den konkreten Zeitpunkt an, zu dem die Verteilung in 50% der Fälle mit unter- bzw. übermedianen Überlebenszeiten aufgeteilt wird.
Dieser Wert besagt, dass bis knapp 20 Tage nach der Operation ca. 50% der Fälle verstorben sind. Inhaltlich ist dies einleuchtend, da die Zeit unmittelbar nach der Operation erfahrungsgemäß die riskanteste ist, gerade wenn es sich nicht um Standardeingriffe handelt. Es sei

noch darauf hingewiesen, dass der Kaplan-Meier-Ansatz einen leicht anderen Median-Wert von 19,00 ermittelt (vgl. 4.6.1).

Anm.: Wäre bei denselben Daten nach Ende der Studie das Zielereignis für weniger als 50% der Fälle eingetreten, so würde dies SPSS mit folgendem Hinweis in der Legende andeuten: „Der Median der Überlebenszeit ist 90,00". Ein solcher Hinweis ist so zu verstehen, dass im letzten Intervall noch mind. 50% der Fälle überlebt haben.

Die Tabelle „Sterbetafel" enthält zahlreiche Angaben; im Folgenden sollen die einzelnen Spalten erläutert werden. N=165 gehen in die Ermittlung der Sterbetafel ein.

*„Anfangszeit des Intervalls":* Der Startpunkt des jeweiligen Intervalls also z.B. 0, 10, ..., 90. Das zweite Intervall beginnt z.B. bei 10 Tagen.

*„Anzahl der zur Anfangszeit Überlebenden":* Die Anzahl der gültigen Fälle, die anfangs in das betreffende Intervall eingehen. In das zweite Intervall fallen anfangs 113 Fälle. Diese Werte nehmen sukzessive ab.

*„Anzahl der Ausgeschiedenen":* Anzahl der ausgeschiedenen Fälle (Zensierungen) im jeweiligen Intervall. Aus dem zweiten Intervall scheiden zwei Fälle wegen Zensierung aus.

*„Anzahl der dem Risiko ausgesetzten":* Anzahl derjenigen, für die das Risiko besteht, dass sie die Operation nicht überleben. Ermittelt wird dieser Wert über die Anzahl derer, die das betreffende Intervall erreichen minus der Hälfte der zensierten Fälle des betreffenden Intervalls. Im Intervall beträgt somit die Anzahl der Fälle, die dem Risiko ausgesetzt sind 112 = 113 – (2/2).

*„Anzahl terminaler Ereignisse":* Anzahl der eingetretenen Zielereignisse im betreffenden Intervall. Im zweiten Intervall sind z.B. 31 Zielereignisse eingetreten.

*„Anteil der Terminierenden":* Anteil der eintretenden Zielereignisse. Der Anteil der Terminierenden ist die bedingte, geschätzte Wahrscheinlichkeit im betreffenden Intervall zu sterben, unter der Voraussetzung, dass das betreffende n-te Intervall lebend erreicht wird. Der Anteil der eintretenden Zielereignisse wird über das Verhältnis aus der Anzahl der dem Risiko ausgesetzten Fälle und der Anzahl terminaler Ereignisse ermittelt. Für das zweite Intervall beträgt der Anteil der Terminierenden daher 0,28 = 31 / 112.

*„Anteil der Überlebenden":* Der Anteil der Überlebenden wird über die Differenz aus 1 minus dem Anteil der Terminierenden ermittelt. Für das zweite Intervall beträgt der Anteil der Überlebenden daher 0,72 = 1 – 0,28. Visualisierung mittels /PLOTS (OMS).

*„Kumulierter Anteil der Überlebenden am Intervallende":* Überlebensfunktion bzw. geschätzte Wahrscheinlichkeit, ab dem Anfang der Tafel das Ende des n-ten Intervalls zu erleben. Ausgehend von der Annahme, dass die Überlebenswahrscheinlichkeiten zwischen den Intervallen unabhängig voneinander sind, wird der kumulierte Anteil der Überlebenden am Intervallende über die Multiplikation des Anteils der Überlebenden des betreffenden mit dem jew. vorausgegangenen Intervall ermittelt. Für das zweite Intervall beträgt der kumulierte Anteil der Überlebenden am Intervallende 0,50  = 0,68 x 0,72. Visualisierung mittels /PLOTS (SURVIVAL).

*„Standardfehler des kumulierten Anteils der Überlebenden am Intervallende"*: Für das zweite Intervall beträgt der Standardfehler des kumulierten Anteils der Überlebenden am Intervallende 0,04.

*„Wahrscheinlichkeitsdichte"*: Schätzer für die Wahrscheinlichkeit des Eintretens des Zielereignisses während des betreffenden Zeitintervalls. Visualisierung mittels /PLOTS (DENSITY).

*„Hazard-Rate"*: Die Hazard-Rate (syn.: Hazard-Funktion / Ausfallrate) entspricht dem Schätzwert der Intervallmitte und bezeichnet die Wahrscheinlichkeit, als Zielereignis einzutreten, sofern ein Fall dieses Intervall erreicht. Für das zweite Intervall beträgt die Hazard-Rate 0,03. Visualisierung mittels /PLOTS (HAZARD).

*„Standardfehler der Hazard-Rate"*: Für das zweite Intervall beträgt der Standardfehler der Hazard-Rate 0,01.

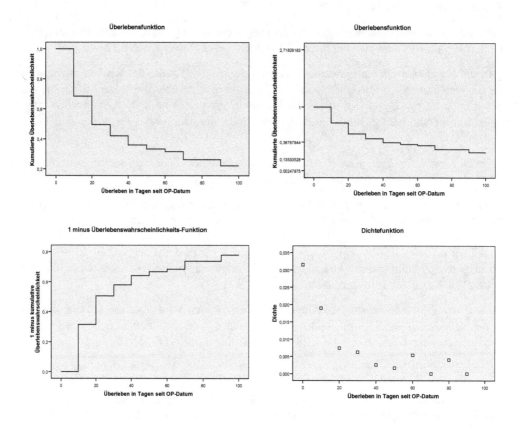

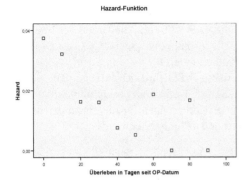

Anm.: Werden die Überlebensfunktionen der Sterbetafel mit dem Kaplan-Meier Ansatz (4.6.1) verglichen, so würde man feststellen, dass die Kaplan-Meier Kurven einen differenzierteren Verlauf zeigen (weil sie auf N=165 Einzelfällen basieren) wie eine Sterbetafel (da hier lediglich 10 Intervalle in die Analyse eingehen). Darüber hinaus zeigen Kaplan-Meier Kurven vorhandene Zensierungen an, Diagramme der Sterbetafeln jedoch nicht.

**Exemplarische Diskussion:**
*Kumulatives Überleben:* Nach einer ziemlich dramatischen Anfangsphase, bei der innerhalb von knapp 20 Tagen nach dem OP-Datum bereits ca. 50% der Fälle ausfielen, stabilisiert sich der Verlauf der Funktion hin zu einer relativ langsamen abnehmenden Linie annähernd parallel zur x-Achse.

*Hazard-Funktion:* Dieses Diagramm gibt das Risiko bzw. Potential an, dass ein Zielereignis in einem bestimmten Intervall eintritt unter der Bedingung, dass der Fall dieses Intervall erreicht. Die ersten beiden Intervalle sind daher am „kritischsten". Die Hazard-Werte weisen aber auch darauf hin, dass in späteren Intervallen (z.B. 7., 9.) durchaus noch Ausfälle eintreten können (z.B. Wechselwirkungen mit Koindikationen, kein richtiges Verheilen von Wunden). Einzelfälle können in Sterbetafeln mit einem suboptimalen Stichprobenumfang durchaus ins Gewicht fallen.

## 4.6.6     Beispiel einer Sterbetafel-Berechnung mit Faktor

Die folgende Analyse ergänzt das Sterbetafel-Beispiel aus 4.6.5 um einen Faktor. Der Verlauf der Überlebenszeiten soll unter der besonderen Berücksichtigung der Ausprägungen einer Faktorvariablen untersucht werden. Ziel ist herauszufinden, ob sich der Verlauf von postoperativen Überlebenszeiten von N=165 Patienten für zwei Gruppen (Medikation vs. Placebo) unterscheidet. Die Behandlungsgruppe erhielt ein Testpräparat, die Kontrollgruppe ein Placebo. Für einen Faktor eignen sich daher nur Variablen mit kategorialer Ausprägung; metrische Variablen können kategorisiert werden, um in eine Sterbetafel einbezogen zu werden. Der beobachtete Zeitraum erstreckt sich in diesem Beispiel ebenfalls über 100 Tage; für die Sterbetafel wird die Überlebenszeit daher in Intervalle von jeweils 10 Tagen unterteilt.

*Pfad: Analysieren → Überleben → Sterbetafeln...*

Ziehen Sie die Variable ÜEBERLEB in das Feld „Zeit". Legen Sie unter „Zeitintervalle anzeigen" das Maximum des Beobachtungszeitraums (z.B. 100) und die Breite der Intervalle fest (z.B. 10). Ziehen Sie die Variable UESTATUS in das Feld „Status". Geben Sie unter dem nun aktiven Feld „Ereignis definieren" die Kodierung/en für die eintretenden Zielereignisse an, z.B. den Kode „0". Ziehen Sie die Variable MED (mit den Ausprägungen 1 für „Testpräparat" und 2 für „Placebo") in das Feld „Faktor". Definieren Sie im nun aktiven Feld „Bereich definieren…" Minimum und Maximum der Kodierungen für die einzubeziehenden Faktorstufen an, z.B. die Kodes „1" (als Minimum) und „2" (als Maximum).

*Unterfenster „Optionen…":* Stellen Sie sicher, dass die Option „Sterbetafel(n)" markiert ist. Markieren Sie unter „Diagramme" die Optionen „Überleben" und „Hazard". Unter der Unteroption „Stufen des ersten Faktors vergleichen…" klicken Sie auf „Insgesamt". Klicken Sie auf „Weiter".

Starten Sie die Berechnung mit „OK".

**Syntax:**

```
SURVIVAL
  TABLE=überleb  BY med(1 2)
  /INTERVAL=THRU 100 BY 10
  /STATUS=uestatus(0)
  /PRINT=TABLE
  /PLOTS ( SURVIVAL  HAZARD )=überleb  BY med
  /COMPARE=überleb  BY med  .
```

Anm.: Der Befehl SURVIVAL fordert eine Sterbetafel an. Nach TABLE= wird die Variable ÜBERLEB für die Überlebenszeit angegeben. Nach BY wird der gruppierende Faktor MED und der Bereich der gewünschten Ausprägungen angegeben. Über INTERVAL= wird die Überlebenszeit (siehe ÜBERLEB) in ein Intervall von 0 bis 100 (0 THRU 100) mit 10er-Schritten eingeteilt (BY 10). Nach STATUS= wird die Statusvariable UESTATUS angegeben. In Klammern steht der Kode („0") für das Zielereignis. Nach PRINT wird mittels TABLE die Sterbetafel angefordert. PLOT gibt zwei Diagramme für Überlebenskurven aus: SURVIVAL (kum. Überlebensfunktion) und HAZARD (kum. Hazard-Funktion); im Gegensatz zu 4.6.5 folgt hier in der Syntax noch ein BY MED. Über das abschließende COMPARE wird die Vergleichsrichtung festgelegt: „ÜBERLEB by MED" fordert den Vergleich der Überlebenszeiten ÜBERLEB nach den Ausprägungen der Variablen MED an.

Die SURVIVAL Syntax ist der Maussteuerung überlegen, weil sie den Anwendern u.a. folgende Möglichkeiten eröffnet:

- Nach TABLES können bis zu 20 Variablen für Überlebenszeiten angegeben werden.
- Die Vorgabe ungleicher Zeitintervalle unter INTERVAL.
- Mehrere Statusvariablen können über mehrere /STATUS-Befehle angegeben werden.

- COMPARE ermöglicht das Vorgeben von Vergleichen, die nur bestimmte und nicht alle (Voreinstellung) Faktoren bzw. Kontrollvariablen einbeziehen.
- Für aggregierte Daten können die geeigneteren approximativen anstelle der exakten Vergleiche gerechnet werden (z.B. über /CALCULATE=APPROXIMATE).

**Output:**

Sterbetafel

| Kontrollgrößen erster Ordnung | | Anfangszeit des Intervalls | Anzahl der zur Anfangszeit Überlebenden | Anzahl der Ausgeschiedenen | Anzahl der dem Risiko Ausgesetzten | Anzahl terminaler Ereignisse | Anteil der Terminierenden | Anteil der Überlebenden | Kumulierter Anteil der Überlebenden am Intervallende | Standardfehler des kum. Anteils der Überlebenden am Intervallende | Wahrscheinlichkeitsdichte | Standardfehler der Wahrscheinlichkeitsdichte | Hazard-Rate | Standardfehler der Hazard-Rate |
|---|---|---|---|---|---|---|---|---|---|---|---|---|---|---|
| Medikamentation | Testpräparat | ,000 | 33 | 0 | 33,000 | 4 | ,12 | ,88 | ,88 | ,06 | ,012 | ,006 | ,01 | ,01 |
| | | 10,000 | 29 | 1 | 28,500 | 4 | ,14 | ,86 | ,76 | ,08 | ,012 | ,006 | ,02 | ,01 |
| | | 20,000 | 24 | 0 | 24,000 | 1 | ,04 | ,96 | ,72 | ,08 | ,003 | ,003 | ,00 | ,00 |
| | | 30,000 | 23 | 1 | 22,500 | 4 | ,18 | ,82 | ,60 | ,09 | ,013 | ,006 | ,02 | ,01 |
| | | 40,000 | 18 | 2 | 17,000 | 1 | ,06 | ,94 | ,56 | ,09 | ,004 | ,003 | ,01 | ,01 |
| | | 50,000 | 15 | 6 | 12,000 | 0 | ,00 | 1,00 | ,56 | ,09 | ,000 | ,000 | ,00 | ,00 |
| | | 60,000 | 9 | 3 | 7,500 | 0 | ,00 | 1,00 | ,56 | ,09 | ,000 | ,000 | ,00 | ,00 |
| | | 70,000 | 6 | 2 | 5,000 | 0 | ,00 | 1,00 | ,56 | ,09 | ,000 | ,000 | ,00 | ,00 |
| | | 80,000 | 4 | 2 | 3,000 | 0 | ,00 | 1,00 | ,56 | ,09 | ,000 | ,000 | ,00 | ,00 |
| | | 90,000 | 2 | 2 | 1,000 | 0 | ,00 | 1,00 | ,56 | ,09 | ,000 | ,000 | ,00 | ,00 |
| | Placebo | ,000 | 132 | 0 | 132,000 | 48 | ,36 | ,64 | ,64 | ,04 | ,036 | ,004 | ,04 | ,01 |
| | | 10,000 | 84 | 1 | 83,500 | 27 | ,32 | ,68 | ,43 | ,04 | ,021 | ,004 | ,04 | ,01 |
| | | 20,000 | 56 | 0 | 56,000 | 11 | ,20 | ,80 | ,35 | ,04 | ,008 | ,002 | ,02 | ,01 |
| | | 30,000 | 45 | 0 | 45,000 | 6 | ,13 | ,87 | ,30 | ,04 | ,005 | ,002 | ,01 | ,01 |
| | | 40,000 | 39 | 2 | 38,000 | 3 | ,08 | ,92 | ,28 | ,04 | ,002 | ,001 | ,01 | ,00 |
| | | 50,000 | 34 | 13 | 27,500 | 2 | ,07 | ,93 | ,26 | ,04 | ,002 | ,001 | ,01 | ,01 |
| | | 60,000 | 19 | 6 | 16,000 | 4 | ,25 | ,75 | ,19 | ,04 | ,006 | ,003 | ,03 | ,01 |
| | | 70,000 | 9 | 4 | 7,000 | 0 | ,00 | 1,00 | ,19 | ,04 | ,000 | ,000 | ,00 | ,00 |
| | | 80,000 | 5 | 3 | 3,500 | 1 | ,29 | ,71 | ,14 | ,05 | ,005 | ,005 | ,03 | ,03 |
| | | 90,000 | 1 | 1 | ,500 | 0 | ,00 | 1,00 | ,14 | ,05 | ,000 | ,000 | ,00 | ,00 |

Die Sterbetafeln entsprechen strukturell dem Beispiel aus Abschnitt 4.6.5. Der einzige Unterschied ist, dass diese Tabelle entsprechend der Ausprägungen des angegebenen Faktors unterteilt wird. Für jede Ausprägung des Faktors („Testpräparat", „Placebo") wird eine Untertabelle ausgegeben.

**Median der Überlebenszeit**

| Kontrollgrößen erster Ordnung | | Median der Zeit |
|---|---|---|
| Medikamentation | Testpräparat | 90,00 |
| | Placebo | 16,63 |

Wird ein Faktor angegeben, wird eine separate Tabelle für den „Median der Überlebenszeit" ausgegeben. Diese Tabelle gibt den Median der Überlebenszeit für jede angegebene Ausprägung des Faktors an. Der Median gibt den konkreten Zeitpunkt an, zu dem die Verteilung in jeder Faktorstufe in 50% der Fälle mit unter- bzw. übermedianen Überlebenszeiten aufgeteilt wird.

Das neue Präparat scheint ein voller Erfolg zu sein. Nach 90 Tagen sind immer noch mehr als 50% der Patienten am Leben, während die Überlebenszeit für die Placebo-Gruppe deutlich schlechter ist. Ab dem 6. Intervall deutet sich ein konstanter Verlauf in der Testpräparat-Gruppe an. Die Einführung eines Faktors bewirkt somit eine differenziertere Betrachtungsweise des Effekts der Medikation (siehe unten).

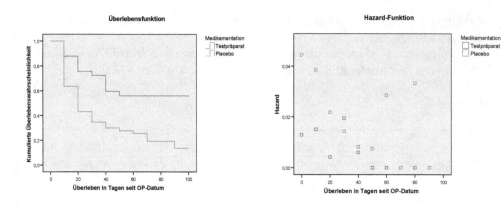

Da ein Effekt (hier: Versterben) *negativ* definiert ist, ist im Diagramm der kum. Überlebens-funktion eindeutig zu erkennen, dass der Verlauf der Kurve für das Testpräparat über dem des Placebos liegt und langsam abfällt.

Das Testpräparat zeigt einen eindeutig günstigeren Effekt, d.h. die Überlebenswahrschein-lichkeit ist größer als in der Placebo-Gruppe. Ab dem 6. Intervall treten keine weiteren Ster-befälle auf (Diagramm links), während in der Kontrollgruppe das Risiko sogar noch einmal ansteigt (Diagramm rechts). Die folgende Tabelle gibt Auskunft, ob dieser Unterschied zwi-schen den beiden Präparaten auch statistische Signifikanz erreicht.

**Vergleichswerte für Kontrollvariable: med**

**Gesamtvergleich[a]**

| Wilcoxon-(Gehan)-Statistik | Freiheits-grade | Sig. |
|---|---|---|
| 11,165 | 1 | ,001 |

a. Die Vergleiche sind exakt.

Die Tabelle „Gesamtvergleich" enthält das Ergebnis eines Tests auf die Gleichheit der Über-lebenszeiten über alle Gruppen hinweg. Die Wilcoxon-(Gehan)-Statistik von 11,165 (df=1, p= 0,001) besagt, dass sich die beiden Gruppen „Testpräparat" und „Placebo" statistisch bedeutsam unterscheiden (da p < 0,05).

Bei mehr als zwei Gruppen besagt eine signifikante Wilcoxon-(Gehan)-Statistik nur, dass sich zwei Gruppen statistisch bedeutsam unterscheiden, aber der Test gibt keine weitere Auskunft darüber, welche beiden. Diese Information würden die paarweisen Tests liefern.

Das neue Testpräparat wirkt sich eindeutig positiv auf die postoperativen Überlebenszeiten aus.

**Fazit:**
Von der Kaplan-Meier Analyse als differenziertes Verfahren ausgehend wurde die Sterbeta-felanalyse für auch sehr große Datenmengen vorgestellt.

Die Modellbildung beschränkt sich bei beiden Ansätzen in der Maussteuerung auf maximal zwei Kategorialvariablen (Kaplan-Meier: Faktor- und Schichtvariable; Sterbetafel: zwei Faktoren). Erst die Syntaxprogrammierung eröffnet der Modellbildung auch komplexe Möglichkeiten wie z.B. die Kategorisierung metrischer Variablen, Zusammenfassung von mehreren Kategorialvariablen zu einer, oder das Einbeziehen ausgewählter Faktoren in die Vergleiche.

Sollen jedoch metrische und vor allem zeitabhängige Variablen in ein Analysemodell einbezogen werden, so ist das Verfahren der Cox-Regression der Ansatz der Wahl (vgl. Abschnitt 4.7).

**Exkurs: Zur Bedeutung der Kategorienbreiten bei der Sterbetafel-Methode**

Bei der Sterbetafel-Methode kann eine gegebene Verteilung im Prinzip völlig frei in Intervalle unterteilt werden.

Die Kategorisierung (Klassierung, Gruppenbildung) der Beobachtungen kann dabei rein formalen Kriterien (z.B. gleiche Anzahl der enthaltenen Elemente, gleiche Intervallbreite, gleiche Verteilungen, Anzahl der Intervalle), oder auch ausschließlich inhaltlichen Vorgaben folgen (z.B. aufgrund bestimmter qualitativer Merkmale, z.B. vorgegebene Schwellen seitens klinischer Tests). Gleich breite Intervalle bedeuten jedoch nicht notwendigerweise die gleiche Anzahl von Elementen innerhalb dieser Intervalle und sind nicht auch automatisch gleichbedeutend mit einer qualitativen Vergleichbarkeit ihres Inhalts. In der Praxis sollte man formalen und inhaltlichen Kriterien zugleich gerecht werden; im Zweifelsfall hat immer das inhaltliche Kriterium Vorrang.

Formal oder semantisch unterschiedliche Intervallbreiten können aufgrund impliziter Gewichtungen auch zu Informationsverzerrungen führen. Die Befolgung rein formaler Kriterien zeigt ihre Tücken spätestens bei der inhaltlichen Interpretation. Intervalle sollten daher nicht über eine Formel völlig atheoretisch, sondern theoriegeleitet-kontrolliert definiert werden. Für formal, wie auch theoriegeleitet definierte Intervalle gilt gleichermaßen ein Ermessensspielraum der Risikoabwägung: Zu breite Intervalle bergen das Risiko, wichtige Verteilungsmerkmale zu kaschieren, während z.B. zu schmale bzw. zu kleine Intervalle anfällig für zufällige Effekte oder Ausreißer sind.

Intervalle können in SPSS gezielt über Bedingungen (IF), COMPUTE oder RECODE definiert werden (vgl. Schendera, 2005).

**Exkursende**

## 4.6.7 Erste Voraussetzungen für die Berechnung einer Survivalanalyse

Die Survivalanalyse erfordert nicht die „üblichen" Voraussetzungen wie z.B. multivariate Normalverteilung, Linearität oder auch Homoskedastizität.

1.  Die Wahl des Nullpunkts ist grundlegend für die Analyse zeitbezogener Daten. Als Nullpunkt wird im Allgemeinen der individuelle Beginn des Einflusses eines Effekts (z.B. Datum des Beginns des Studiums oder einer Behandlung) empfohlen. Geeigneter wären der gleiche Zeitpunkt der randomisierten Zuweisung zu einem Treatment (z.B. das Datum des Beginns einer Studie), oder der Zeitpunkt, der den größten Einfluss auf das Hazard (Risiko) hat (z.B. zum Zeitpunkt einer Diagnose).

2. Im Untersuchungszeitraum treten zeitabhängige Ereignisse auf. In anderen Worten: Es muss mindestens eine Zeitvariable vorliegen, die das Auftreten eines Ereignisses und ggf. den Zeitpunkt einer Zensierung beschreibt.

3. Die Zeitwerte für eine Survivalanalyse müssen positiv, verhältnisskaliert (Nullpunkt!) und alle in der gleichen Zeiteinheit (Jahre, Tage, Monate, Stunden etc.) sein. Negative Werte werden gelöscht.

4. Die Zeitvariable muss in ihrer Skalierung stetig sein, die Faktor- sowie Schichtenvariablen müssen kategorial sein. Die Statusvariable kann kategorial oder stetig sein.

5. Sollen Zensierungen berücksichtigt werden, sollte eine Variable für das Unterscheiden zwischen Zensierung und Nichtzensierung vorhanden sein. Zur Kodierung wird für eine Zensur üblicherweise eine „0" und für Daten ohne Zensur (also Ereignis, Event) eine „1" vergeben. Je nach Autor oder Data Analyst kann die Kodierung jedoch auch eine andere sein und ist daher unbedingt zu prüfen.

6. Es kann für ein Element nur ein Ausfallwert vorliegen; es kann für ein Element nur eine Zensierung vorliegen. Dasselbe Element kann nicht zweimal aus der Ausgangsmenge ausfallen; dasselbe Element kann nicht zweifach zensiert sein.

7. Wahrscheinlichkeiten für das Zielereignis dürfen nur vom Kausalfaktor (z.B. Therapiewirksamkeit) und dem Faktor Zeit abhängen. Es wird dabei davon ausgegangen, dass Kausal- und Umgebungsfaktoren während des Studienverlaufs invariant sind und einen konstanten Effekt auf die Überlebensfunktion ausüben. Variierende Kausalfaktoren oder Umgebungsbedingungen verstoßen gegen diese implizite Grundannahme der Survivalanalyse. Zwischen zu unterschiedlichen Zeiten in die Ausgangsmenge aufgenommenen Elementen (wie z.B. Patienten mit unterschiedlichen Therapieanfängen) sollten z.B. mittels einer Sensitivitätsanalyse keine Unterschiede feststellbar sein.

8. Implizite Faktoren (Schichtvariablen): Wahrscheinlichkeiten für das Zielereignis dürfen nur vom Kausalfaktor und dem Faktor Zeit abhängen. Hängen diese darüber hinaus von weiteren Faktoren ab, z.B. unterschiedlichen Therapieanfängen, so können diese im Effekt die Überlebenszeiten, wie auch die Zensierungen beeinflussen. Sog. „implizite Faktoren" verletzen die Unabhängigkeit der Daten in dem Sinne, dass die Werte (beobachtet, nicht/zensiert) der Stichprobe nicht mehr aus einer einzelnen Population mit derselben Verteilung stammen. Implizite Faktoren können ähnlich einer Blockbildung über die Bildung von Schichtvariablen kontrolliert werden, z.B. Einteilung der Patienten in Gruppen mit jeweils vergleichbaren Therapieanfängen.

9. Zensierungen: Zufällige Zensierungen müssen nichtinformativ sein (sog. random censoring). Zensierungen dürfen in keinerlei Beziehung zu Ausprägungen der Schicht-, Faktor- oder Zeitvariablen stehen. Zensierungen sollten z.B. nicht von den Überlebenszeiten abhängen, Zensierungsmuster in den verschiedenen Gruppen sollten ähnlich sein usw. Der Anteil zufälliger Zensierungen sollte so gering wie möglich sein und ggf. durch geeignete Kovariaten kontrolliert werden. Massive Zensierungen können als Hinweise auf mögliche Probleme der Studie (z.B. zu frühes Ende, Zensierungsmuster usw.) verstanden werden. Zwischen zensierten und nichtzensierten Ereignissen sollten keine systematischen Unterschiede feststellbar sein, da diese sonst einen Bias in die Ergebnisse einführen würden. Der Anteil an Zensierungen sollte in jeder Gruppe in etwa gleich groß sein. Ungleiche Anteile können Hinweise auf einen Bias sein, z.B. wenn in einem Therapievergleich die Patienten in der unterlegenen Therapie schneller aus der Studie herausfallen als die Pati-

enten in der überlegenen Therapie, z. B. wegen Studienabruchs, und somit den Vergleich beeinträchtigen.

10. Interpretation von Kurvenverlauf und Test: Der Log Rang-Test, der Breslow-Test und der Tarone-Ware-Test sind als Testverfahren nicht geeignet, wenn die Kurvenverläufe der miteinander zu vergleichenden Gruppen nicht parallel verlaufen bzw. einander nicht überschneiden. Bei der Interpretation des Testergebnisses sollte der Stichprobenumfang, die Anzahl und Verteilung der Ereignisse und der Zensierungen, wie auch der Schwerpunkt der Gewichtung des jew. gewählten Verfahrens berücksichtigt werden. Kurvenverläufe sollten z.B. auch keine Auffälligkeiten bzgl. der Zensierungen aufweisen; diese sollten in den miteinander verglichenen Gruppen ähnlich sein.

11. Stichprobengröße: Der Log Rang-Test, der Breslow-Test und der Tarone-Ware-Test basieren auf der Chi²-Statistik und sind somit umso genauer, je größer die Stichprobe ist. Je mehr Kovariaten in das Modell aufgenommen werden bzw. je größer die Power des Modells sein soll, desto mehr Fälle werden benötigt. Bei Vergleichen von zwei oder mehr Gruppen ist eine gleiche Gruppengröße das Optimum, zumindest sollten die jeweiligen Gruppen zumindest annähernd gleich groß sein, weil sonst die Nullhypothese fälschlicherweise zurückgewiesen werden könnte (Klein & Moeschberger, 2003, 214). Die Anzahl der Messwerte pro Gruppe beeinflusst die Schätzung der jeweiligen Überlebensfunktion. Unterschiedlich präzis geschätzte Überlebensfunktionen bzw. -kurven miteinander vergleichen zu wollen, macht wenig Sinn. Sind die Stichprobengrößen zu klein bzw. die Größen der Stichproben extrem unterschiedlich, ist der den Chi²-Ansätzen zugrunde liegende asymptotische Ansatz nicht mehr angemessen.

Als Mindeststichprobengröße wird z.B. für die Sterbetafelmethode N=30 pro Zeitintervall empfohlen. Für die Cox-Regression gilt als Daumenregel, pro Faktor bzw. Kovariate 5–10 Zielereignisse bei der Modellierung zu berücksichtigen (Klein & Moeschberger, 2003). Eliason (1993) empfiehlt z.B. für ein Modell mit fünf Kovariaten ein Mindest-N von N=60. Je geringer der Anteil unzensierter Daten ausfällt, umso höher kann der erforderliche Stichprobenumfang sein (vgl. dazu 4.7.6).

12. Auftreten des Zielereignisses: Bei der Survivalanalyse ist es wichtig zu überprüfen, ob das interessierende Zielereignis überhaupt (häufig genug) eingetreten ist und ob die Häufigkeit des Zielereignisses der Grundgesamtheit entspricht oder etwa disproportional vorkommt.

13. Anzahl der Faktoren: In der Kaplan-Meier-Analyse können nur je eine Faktor- und eine Schichtvariable angegeben werden; bei der Sterbetafel können nur zwei Faktoren angegeben werden. Sollen mehrere Faktoren ins Modell aufgenommen werden, müssen diese zuvor über Datenmanagement zu einem Faktor zusammengefasst werden (vgl. 4.6.3).

14. Missings: Missings können bei der Modellierung eines Überlebenszeitmodells zu Problemen führen. Fehlen keinerlei Daten, ist dies eine ideale Voraussetzung für ein Überlebenszeitmodell. Fehlen Daten völlig zufällig, entscheidet das konkrete Ausmaß, wie viele Daten proportional in der Analyse verbleiben, was durchaus zu einem Problem werden kann. Stellt sich anhand von sachnahen Überlegungen heraus, dass Missings in irgendeiner Weise mit den Zielvariablen zusammenhängen, entstehen Interpretations- und Modellierungsprobleme, sobald diese Missings aus dem Modell ausgeschlossen werden. Fehlende Daten können z.B. (a) modellierend über einen Missings anzeigenden Indikator und (b) eine Analyse fehlender Werte (Missing Value Analysis) rekonstruierend wieder in ein

Modell einbezogen werden; jeweils nur unter der Voraussetzung, dass ihre Kodierung, Rekonstruktion und Modellintegration gegenstandsnah und nachvollziehbar ist (z.B. Schendera, 2007). Konzentrieren sich Missings auf eine Variable, könnte diese evtl. auch aus der Analyse ausgeschlossen werden.

Falls die Kombination mehrerer Kategorialvariablen zu zahlreichen leeren Zellen führen sollte, können entweder unwichtige Kategorialvariablen aus dem Modell entfernt werden oder Ausprägungen von Kategorialvariablen zusammengefasst werden. Das Zusammenfassen von Ausprägungen sollte sorgfältig geschehen, um die Datenintegrität zu bewahren.

15. Linearer Trend für Faktorstufen (nur Kaplan-Meier): Der Test „Linearer Trend für Faktorstufen" ist nur dann geeignet, wenn die Faktorstufen eine natürliche Ordnung aufweisen (z.B. wenn die Faktorstufen aus Dosierungen in unterschiedlicher, idealerweise äquidistanter Höhe gebildet werden).

# 4.7    Regression nach Cox

## 4.7.1    Einführung und Hintergrund des Cox-Modells

Das Cox-Modell (syn.: Cox-Regression, proportionales Hazard-Modell) ist eines der am häufigsten eingesetzten Verfahren zur Analyse von Überlebensdaten. Im Gegensatz zu Kaplan-Meier und zur Sterbetafel kann das Cox-Modell z.B. dann eingesetzt werden, wenn der Effekt mehrerer, auch *metrischer* Einflussgrößen (Kovariaten) auf die (zensierten) Überlebenszeiten untersucht werden soll. Bei modellierbaren Faktoren kann es sich z.B. um Gruppenzuweisungen handeln, wie z.B. Treatment vs. Kontrolle in klinischen Therapiestudien. Die Cox-Regression erlaubt somit als genuin multivariate Überlebenszeitanalyse, die Relevanz bzw. das Ausmaß des Therapieeffekts hinsichtlich des Überlebens von Patienten unter gleichzeitiger Berücksichtigung weiterer relevanter Kovariaten zu untersuchen. Die Adjustierung nach prognostisch relevanten Variablen ermöglicht im Allgemeinen genauere Schätzungen (vgl. Klein & Moeschberger, 2003, 250–253; Allison, 2001, 14). Das Standardmodell der Cox-Regression untersucht das Risiko verursacht durch *ein einmalig* auftretendes Ereignis.

Eine erste Anwendungsvariante der Cox-Regression untersucht das Risiko verursacht durch *mehrere gleichwertige („konkurrierende")* einmalig auftretende Ereignisse. Damit ist gemeint, ob und wann ein Zielereignis (z.B. Tod) durch z.B. durch *zwei* (oder mehr vorher) Ursachen ausgelöst werden kann. Von diesen *zwei* oder mehr vorher festgelegten Ursachen darf nur ein Ereignis („entweder-oder"-Prinzip) eintreten. Beispiele für die sog. Überlebensanalyse konkurrierender Risiken (competing risks survival analysis; syn.: multiple destinations models) sind z.B. Tod durch Tumor *oder* Infektion, Vertragskündigung aufgrund von Anbieter- *oder* Tarifwechsel, Rückfälligkeit von Haftentlassenen durch Verstoß gegen Bewährungsauflagen *oder* erneute Straffälligkeit (vgl. z.B. Kleinbaum & Klein, 2005, Kap. 9). Eine zweite Anwendungsvariante der Cox-Regression untersucht *wiederholt* auftretende Ereignisse, z.B. Therapieabbrüche von Alkoholkranken, die Rückfälligkeit von Haftentlassenen, das Auftreten von Kundenbeschwerden ab Vertragsabschluss in bestimmten Service-

Einheiten oder auch wiederholte Herzattacken während einer Behandlung. Dieses Verfahren wird als die Überlebensanalyse wiederkehrender Ereignisse (recurrent event survival analysis; syn: repeated events models, multiple episode models) bezeichnet (vgl. z.B. Kleinbaum & Klein, 2005, Kap. 8). SPSS bietet die Analyse dieser Modelle zurzeit nicht an. Die Darstellung der Überlebensanalyse konkurrierender Risiken und die Überlebensanalyse wiederkehrender Ereignisse ist daher nicht Gegenstand dieses Kapitels.

Das Cox-Modell ist für die Analyse von Überlebensdaten sehr beliebt (vgl. Kleinbaum & Klein, 2005, Altman, 1992; Bland, 1995; Collett, 2003²; Guggenmoos-Holzmann & Wernecke, 1996; Kahn & Sempos, 1989):

- der Effekt mehrerer, auch metrischer Einflussgrößen (Kovariaten) auf die (zensierten) Überlebenszeiten kann untersucht werden.
- Das Cox-Modell setzt keine spezifische Verteilungsform für Überlebenszeiten voraus, ihre *eigentliche* abhängige Variable sind die Hazard-Rates.
- Das Cox-Modell kommt mit einem Minimum an Annahmen aus, um dennoch zuverlässige und robuste Ergebnisse zu liefern (z.B. Hazard-Rates, Ratios, Funktionen).
- Das Cox-Modell gilt als robuster als parametrische Ansätze, sofern die Voraussetzungen erfüllt sind.

*Der Begriff des „Hazard„*

Die Hazard-Funktion ist einer der zentralen Begriffe der Cox-Regression und soll daher im Folgenden etwas genauer erläutert werden. Die Cox-Regression unterscheidet sich in zentralen Aspekten vom konventionellen Studiendesign. In einem (z.B.) Kohortendesign (z.B. vorher-nachher-Vergleich) ist die Beobachtungszeit fest definiert und für alle Elemente gleich lang; daraus leitet sich direkt der Zeitraum für die Vorhersage ab. Bei der Überlebenszeitanalyse ist im Allgemeinen nur der Beginn, jedoch nicht das Ende der Beobachtungszeit fest. Gleich lange Beobachtungszeiten sind im Allgemeinen nicht gegeben, stattdessen sind die Beobachtungszeiten der Elemente eher unterschiedlich lang. Das Konzept des Hazards bzw. der Hazard-Funktion überführt nun verschieden lange Beobachtungszeiten in eine gemeinsame Funktion. Aus ihr kann nun das Risiko abgeleitet werden, dass das Zielereignis (z.B. Kauf, Genesung, Kündigung, Tod) für ein „durchschnittliches" Element zu einem bestimmten Zeitpunkt eintritt, sofern das Zielereignis bis dahin noch nicht eingetreten ist. Je größer ein Hazard-Wert, umso höher ist das Risiko, dass dieses Ereignis eintritt. Eine Hazard-Rate ist wiederum ein Maß für das Hazard innerhalb einer Gruppe; ein Hazard-Ratio ist das Verhältnis der Hazard-Rate einer Gruppe zur Hazard-Rate der zweiten Gruppe. Die Grundannahme der Proportionalität der Hazards impliziert wiederum, dass die Hazard-Rates in den beiden Gruppen innerhalb eines Hazard-Ratios als proportional zueinander und konstant über die Zeit hinweg interpretiert werden können.

Das Cox-Modell liefert eine Schätzung des Effekts (z.B. Medikation, Behandlung) auf die Überlebenszeit, adjustiert um die andere Kovariaten im Modell. Das Cox-Modell erlaubt somit den sog. Hazard (syn.: „Risiko", „Potential"; das Hazard ist *keine* Wahrscheinlichkeit) für ein Element (Fall, Person usw.) in Bezug auf das interessierende Zielereignis zu ermitteln. Voraussetzung hierfür ist, dass gleichzeitig die Werte aller Kovariaten dieses Elements gegeben sind (Kleinbaum & Klein, 2005, 94–103).

Das dem Schätzvorgang zugrundeliegende Modell ist definiert durch $h(t) = h_0(t) \times \exp(\beta_1 X_1 + \beta_2 X_2 + ... + \beta_i X_i)$ (vgl. z.B. Kleinbaum & Klein, 2005, 94–96). $h(t)$ sei die Hazard-Funktion. $h_0(t)$ sei die sogenannte Baseline Hazard-Funktion, die *nur* von der Zeit abhängig ist und nicht negativ sein kann. – Das Baseline Hazard $h_0(t)$ ist somit eine *nicht* spezifizierte Funktion. Wegen dieser Eigenschaft von $h_0(t)$ wird die Cox-Regression auch als semi-parametrisches Modell bezeichnet. – $h_0(t)$ schätzt das Hazard für das Eintreten des Zielereignisses in $t$ unabhängig von den Kovariaten. exp bezeichnet die Exponentialfunktion. $\beta_1 * x_1 + ... + \beta_k * x_k$ ist die lineare Funktion der *zeitunabhängigen* Kovariaten $X_1, ..., X_i$, die exponiert wird, um zu vermeiden, dass negative, nicht handhabbare Werte auftreten. Die einzelnen $X$ stellen ein Bündel („Vektor") von $i$ Kovariaten dar, also die möglichen Einflussfaktoren auf die Risikorate. $\beta_1, ..., \beta_i$ bezeichnen die zu schätzenden Regressionskoeffizienten der Kovariaten.

Das Cox-Modell definiert nun, dass das Hazard zu einem bestimmten Zeitpunkt t das Produkt von nur zwei multiplikativ miteinander verknüpften Größen ist, nämlich der Überlebenszeit und dem Vektor der Kovariaten in der Form $h_0(t) \times \exp(\beta_1 X_1 + \beta_2 X_2 + ... + \beta_i X_i)$. Darin repräsentiert $h_0(t)$ die Überlebenszeit und $\exp(\beta_1 X_1 + \beta_2 X_2 + ... + \beta_i X_i)$ den Vektor der Kovariaten. Die erste Größe, $h_0(t)$, betrifft nur den „Faktor" Zeit, nicht die Kovariaten und wird als die sog. Baseline Hazard-Funktion bezeichnet. Die zweite Größe ist eine Exponentialfunktion (*exp*, s.o.) der linearen Summe von $\beta_i X_i$, wobei die Summe über alle angegebenen Kovariaten X berechnet wird; die Exponentialfunktion betrifft nur die Kovariaten, nicht den „Faktor" Zeit. Bedeutsam für den Cox-Ansatz ist nun die Annahme, dass die Baseline Hazard-Funktion unabhängig von der Zeit ist, nicht jedoch die angegebenen Kovariaten X. Die Exponentialfunktion dagegen basiert ausschließlich auf den Kovariaten X, nicht jedoch der Zeit. Die Kovariaten sind dadurch als *zeitunabhängige* Kovariaten definiert (Cox-Modell 1). Zu den zeitunabhängigen Kovariaten gehören im Allgemeinen Variablen wie z.B. biologisches Geschlecht oder andere Schichtvariablen. Die Zeitunabhängigkeit von intervallskalierten Kovariaten ist *immer* zu prüfen. Die multiplikative Verknüpfung zwischen Überlebenszeit und Kovariatenvektor ergibt zusammen die Hazard-Funktion, aus ihr kann das jeweilige Risiko abgeleitet werden, dass das Zielereignis für ein „durchschnittliches" Element zu einem bestimmten Zeitpunkt eintritt, sofern das Zielereignis noch nicht eingetreten ist. Ein Hazard-Wert entspricht dabei dem Produkt aus Baseline-Hazard und dem Effekt der Kovariaten.

*Die Annahme der Proportionalität der Hazards*
Unter der Annahme der Proportionalität der Hazards erlaubt die Zerlegbarkeit in Baseline Hazard- und Exponentialfunktion auch die Kovariaten regressionsanalytisch zu parametrisieren. Die Regressionskoeffizienten lassen sich als Maße für die Stärke des Zusammenhangs schätzen und analog zur „üblichen" Regression als Maß für die Bedeutung der jeweiligen Kovariaten interpretieren. Verändert sich der Wert einer Kovariaten, dann geben die Koeffizienten $\beta$ die erwartete Veränderung des Hazards wieder, bezogen auf die Veränderung der Einflussvariablen um eine Einheit.

Sind nun alle zeitunabhängigen Kovariaten gleich Null, reduziert sich die Formel auf die Baseline Hazard-Funktion $h_0(t)$. Der Exponentialteil der Cox-Formel wird zum Exponenten zu Null, also 1. Anders ausgedrückt tut die Cox-Regression zunächst so, als ob keine Kovariaten im Modell sind und errechnet vor dem Hintergrund dieser Annahme eine erste Aus-gangsgröße, das sog. Baseline Hazard $h_0(t)$. Das Cox-Modell setzt eigentlich nur voraus, dass die Effekte verschiedener Variablen auf das Überleben über die Zeit konstant und additiv sind (vgl. 4.7.8). Sind diese zentralen Voraussetzungen gegeben, ermöglicht das Cox-Modell, den Einfluss erklärender Variablen, also den Effekt von Kovariaten, auf die Überle-benszeit zu untersuchen. Während der Baseline Hazard nur von der Überlebenszeit abhängt, ist der Kovariateneffekt für alle Zeitpunkte gleich. Das Hazard-Ratio zweier beliebiger Fälle zu jedem beliebigen Zeitpunkt entspricht demnach dem Verhältnis des Effekts ihrer Kovaria-ten. Damit erreicht das Cox-Modell das Ziel, bei minimalen Modellannahmen, die gleichzei-tige Schätzung des möglichen Einflusses mehrerer Kovariaten auf die Überlebenszeit.

Die Grundannahme des Cox-Modells, dass der Quotient der Hazard-Funktionen zweier Gruppen, z.B. Treatment $T$ und Kontrolle $K$ (also im Wesentlichen der Quotient zweier Risi-ken) über die Zeit hinweg konstant ist, ermöglicht eine von der Zeit unabhängige Ableitung des (adjustierten) Hazard-Ratios (z.B. Kleinbaum & Klein, 2005, 108, 215): Hazard-Ratio = $h_T(t) / h_K(t) = konstant$. Unter der Annahme der Proportionalität des Hazards lässt sich somit zweierlei herleiten: a) die Proportionalität der Hazards bleibt über die Zeit konstant. b) das Hazard eines Falles ist immer proportional zum Hazard eines jeden anderen Falles. Grafisch sollte sich diese Annahme in über die Zeit hinweg parallel verlaufenden log Hazard-Funktionen zeigen (vgl. dazu auch das LML-Diagramm als grafischer Voraussetzungstest).

Die zentrale Annahme der Proportionalität der Hazards ist gleichzeitig eine Stärke und eine Schwäche des Cox-Modells. Positiv interpretiert lässt sich aus dem Cox-Modell ableiten (sofern die Proportionalitätsannahme erfüllt ist), dass z.B. ein (Kovariaten)Effekt, sowohl im Vergleich zur Referenzgruppe, wie auch über die Zeit hinweg als konstant interpretiert wer-den kann. Entsprechend wäre z.B. Treatment T *immer* proportional besser als Kontrolle K, wie auch das Hazard eines Falls *immer* proportional *zu jedem anderen* Fall wäre. Aus dem-selben Grund muss die Proportionalitätsannahme der Hazards jedoch auch kritisch betrachtet werden. Denn die Annahme strikt paralleler Funktionen ist für die zu untersuchenden For-schungsgegenstände nicht immer realistisch (vgl. z.B. die Ausführungen und Beispiele im Abschnitt zur Prüfung der Proportionalitätsannahme). Im Gegenteil können je nach Untersu-chungsgegenstand auch einander überkreuzende oder zumindest aufeinander zulaufende Funktionen das Ergebnis sein. In diesem Fall ist die Proportionalitätsannahme nicht erfüllt. Der Annahme proportionaler Hazards kommt daher eine besondere Bedeutung bei der Über-prüfung der Modellannahmen des Cox-Modells zu und wird in einem späteren Abschnitt separat behandelt werden. Die Annahme eines konstanten relativen Risikos gilt daher übli-cherweise nur für einen bestimmten bzw. begrenzten Beobachtungszeitraum. Ergebnisse dürfen über diesen Beobachtungszeitraum hinaus nicht Cox-analytisch interpretiert werden. Beim Nichtvorliegen der proportionalen Hazards darf das Cox-Modell nicht angewendet werden; ggf. können alternative Verfahren eingesetzt werden.

**Vergleiche mit Sterbetafelmethode, Kaplan-Meier und Regression**
Bei der Cox-Regression kann der Einfluss einer metrischen Kovariate auf die Überlebenszeit unkompliziert in ein Modell aufgenommen werden; im Vergleich dazu ist bei den Methoden der Sterbetafel-Methode bzw. des Kaplan-Meier-Ansatzes lediglich eine annäherungsweise, mit Informationsverlust verbundene Kategorisierung möglich. Bei dem Cox-Modell handelt es sich um ein genuin multivariates Verfahren; es sind also Modellierungen möglich, wie sie

mit den beiden eingangs genannten Verfahren nicht möglich sind. Die Cox-Modellierung impliziert auch, dass die Information der Intervallskalierung der Kovariaten nicht durch Kategorisierung (auch der Überlebenszeit, z.B. bei der Sterbetafel) verloren geht. Außerdem kann der Einfluss einer oder mehrerer quantitativer und qualitativer Variablen inkl. möglicher Interaktionen parallel analysiert werden. Die Cox-Modelle ermöglichen es somit, die Determinanten der Überlebensdauer parameterökonomisch und effizient zu identifizieren. Unter Berücksichtigung zensierter Fälle kann zusätzlich der Einfluss von quantitativen und/oder qualitativen Variablen (Kovariaten) auf die Überlebenszeiten bestimmt und durch die regressionsanalytische Komponente vorhergesagt werden.

Vergleichbar zum multiplen bzw. logistischen Regressionsmodell hat auch das Cox-Modell das Ziel der gleichzeitigen Schätzung des Einflusses verschiedener Kovariaten. Zensierte Daten erschweren bzw. verhindern ganz die Anwendung traditioneller Methoden, wie z.B. der Regression. Regressionsanalytische Ansätze sind daher für die Analyse von Überlebenszeiten weniger geeignet. Weil diese Verfahren nicht zwischen Zielereignissen und Zensierungen unterscheiden können, geht mit ihrer Anwendung der Verlust der zusätzlichen Information in Gestalt der Zensierungen einher.

Die klassischen Regressionsmodelle können also aus mehreren Gründen nicht angewandt werden:

- Sie berücksichtigen nicht die Zensierung von Beobachtungen.
- Sie sind im Prinzip nicht darauf hin ausgelegt, zeitabhängige Prädiktoren in das Modell einzubeziehen (vgl. das Problem der Autokorrelation).
- Die interessierende abhängige Variable (also die Überlebenszeit) weist i.d.R. keine geeignete Verteilung auf; v.a. lokale Konzentrationen gleicher Werte verzerren u.a. die Parameterschätzer.

Zusammenfassend ist der Einsatz von Cox-Modellen also dann empfehlenswert, wenn:

- Der Einfluss von Kovariaten auf die Überlebenszeit bestimmt werden soll.
- Keine Vorinformationen über den zeitlichen Verlauf der Hazards vorliegen. Die Schätzung der Hazard-Verteilung mittels der Cox-Modelle ist eine semi-parametrische Lösung, weil die Verteilung der Überlebenszeiten nicht bekannt zu sein braucht. Die Schätzung der Baseline Hazard-Funktion ist somit datengeleitet, die Auswahl und Schätzung der Funktionen bei den parametrischen Ansätzen ist dagegen theoriegeleitet.
- Eine bekannte Hazard-Verteilung nicht adäquat durch einen parametrischen Ansatz modelliert werden kann. Ein parametrisches Modell liegt dann vor, wenn die Überlebenszeit einer bekannten Verteilung folgt, z.B. der Weibull-, Exponential-, Log-Logistische oder auch Gamma-Verteilung. Auf parametrische Modelle wird nicht eingegangen (vgl. dazu z.B. Kleinbaum & Klein, 2005, Kap. 7; Box-Steffensmeier & Jones, 2004, 66).
- Bei der Kontrolle der Veränderungen im Zeitablauf nur die Größe und Richtung der Wirkung von Kovariaten interessieren.

Das Modell 1 der Cox-Regression setzt *zeitunabhängige* Kovariaten voraus. Ein erweitertes Modell erlaubt auch zeitabhängige Kovariaten zu berücksichtigen. Das sog. Modell 2 (erweitertes Cox Modell mit *zeitabhängigen* Kovariaten; vgl. auch Therneau & Grambsch, 2002²) berücksichtigt bei der Modellbildung Variablen, die mit der Zeit kovariieren. Zu zeitabhängigen Kovariaten können z.B. Variablen wie z.B. Alter, jährliches Einkommen, Gedächtnisleistung usw. gehören. Wird ihr Effekt nicht adäquat bei der Modellbildung berücksichtigt, werden die Ergebnisse massiv verfälscht. Die bei einer Cox-Regression durchzuführenden Tests in Bezug auf Zeitunabhängigkeit bzw. Proportionalitätsannahme (vgl. Kap. 4.7.6) entscheiden über die Frage, welches Modell eingesetzt werden kann.

**Exkurs: Hintergrund des zugrunde liegenden Schätzverfahrens**
Das Schätzverfahren der Cox-Regression (vgl. Kleinbaum & Klein, 2005, 98–100; 111–115) geht auf die sogenannte Partial-Likelihood-Methode zurück. Die Partial-Likelihood-Methode wird deshalb so bezeichnet, weil sie nur mit einem Teil der Daten, der beobachteten Abfolge von eingetretenen Zielereignissen arbeitet. Die Hazards werden nur für die Fälle ermittelt, die das Zielereignis erreichen; Zensierungen werden nicht berücksichtigt. Bei der partiellen Likelihood-Funktion wird im Cox-Modell zunächst die Likelihood der sogenannten Baseline-Hazard-Funktion bestimmt (also ohne einen Einfluss von Variablen). Im nächsten Schritt wird das Risiko des Zielereignisses zu jedem Zeitpunkt ermittelt. Anschließend wird die Likelihood-Ratio ermittelt, als negativer zweifacher Log-Likelihood des Modells. Durch eine Maximierung des unspezifizierten Funktionsteiles werden die gewünschten Schätzer mittels einer iterativen, schrittweisen Lösung (Newton-Verfahren) ermittelt, die bei geringfügigem Effizienzverlust in genügend großen Stichproben konsistent und asymptotisch normalverteilt sind, also approximativ einer parametrischen Lösung entsprechen, die sehr robust ist. Sind die Likelihood-Schätzer einmal ermittelt, können inferenzstatistische Verfahren auf die ermittelten Hazard-Ratios angewandt werden (z.B. mittels eines Likelihood-Ratio- oder eines Wald-Tests).

**Berechnung und Interpretation von Cox-Regressionen**
Der Ausgangspunkt für die Modellbildung ist ähnlich wie bei den Ansätzen der Sterbetafel bzw. Kaplan-Meier, dass eine Variable für die Überlebenszeit und eine Statusvariable für die Definition des Zielereignisses benannt werden muss. Bei der Cox-Regression muss mindestens eine Kovariate angegeben werden. Zwei oder mehr Kovariaten können beliebigen Skalenniveaus sein und neben ihrem singulären Einfluss zusätzlich auf Wechselwirkungen hin untersucht werden. Darüber hinaus können auch Blöcke definiert werden, die ebenfalls eine differenzierende Modellbetrachtung ermöglichen. Blöcke sind vorteilhaft, falls einzelne Variablen vermutlich eine ähnliche Wirkungsrichtung haben, z.B. Lebensgewohnheiten, Krankheiten in einer medizinischen Fragestellung usw. Alle nachfolgenden Beispiele zur Cox-Regression verwenden aus Gründen der Übersichtlichkeit die Methode „Einschluss" (ENTER). Das Prinzip der ebenfalls möglichen schrittweisen Methode entspricht dem in den vorangegangenen Kapiteln 2 und 3 erläuterten Verfahren.

Die SPSS-Beispiele in diesem Kapitel behandeln folgende Analysemodelle:

4.7.2 Cox-Regression mit einer metrischen Kovariaten
4.7.3 Cox-Regression mit einer dichotomen Kovariaten  (k=2)
4.7.4 Cox-Regression mit einer kategorialen Kovariaten  (k>2)
4.7.5 Cox-Regressionen für Interaktionen
4.7.6 Überprüfung der Voraussetzungen einer Cox-Regression
4.7.7 Cox-Regression mit zeitabhängigen, metrischen Kovariaten
4.7.8 Spezielle Voraussetzungen der Cox-Regression

## 4.7.2     Cox-Regression mit einer metrischen Kovariaten

**Fragestellung:**
Der Verlauf postoperativer Überlebenszeiten soll unter der Berücksichtigung einer metrischen Kovariaten PLK untersucht werden. Ziel ist herauszufinden, ob und wie sich die Anzahl von Antikörpern (=PLK) auf den Verlauf von postoperativen Überlebenszeiten von N=165 Patienten auswirkt. Abschließend wird ein erster unkomplizierter Voraussetzungstest daraufhin angewandt, ob die Proportionalität der Hazards gegeben ist bzw. Anzahl der Antikörper unabhängig von der Überlebenszeit ist.

*Pfad: Analysieren → Überleben → Cox-Regression...*
Ziehen Sie die Variable ÜEBERLEB in das Feld „Zeit". Ziehen Sie die Variable UESTATUS in das Feld „Status". Geben Sie unter dem nun aktiven Feld „Ereignis definieren" die Kodierung/en für die eintretenden Zielereignisse an, z.B. den Kode „0". Ziehen Sie die Variable PLK in das Feld „Kovariaten". Stellen Sie unter „Methode" „Einschluss" ein.
Bei der Methode „Einschluss" werden alle Variablen in einem einzigen Schritt auf einmal aufgenommen; das Verfahren stoppt somit immer nach einem Schritt. „Einschluss" sollte nur dann verwendet werden, wenn Anzahl und diskriminatorische Effizienz der Einflussvariablen bekannt oder zumindest fest vorgegeben sind. Wenn das diskriminatorische Potential unklar ist bzw. ein effizientes Prognosemodell mit möglichst wenigen Variablen ermittelt werden soll, sollten eher schrittweise Methoden eingesetzt werden.

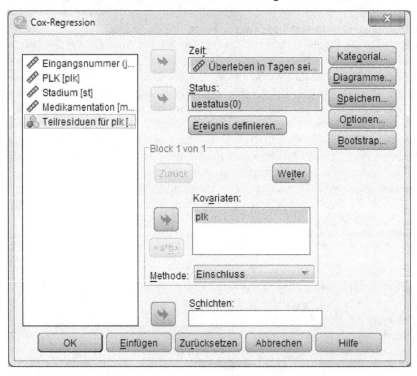

*Unterfenster „Kategorial...":* Nehmen Sie keine Einstellungen vor.

*Unterfenster „Diagramme":* Markieren Sie die Optionen „Überleben" und „Hazard". Nehmen Sie keine weiteren Einstellungen vor.

*Unterfenster „Speichern...":* Kreuzen Sie das Abspeichern der Partiellen Residuen an.

Mittels der DfBetas kann eine Ausreißeranalyse durchgeführt werden. DfBetas werden mittels einer ID-Variablen im einem Streudiagramm abgetragen (vgl. Schendera, 2007; nicht weiter dargestellt). Nehmen Sie keine weiteren Einstellungen vor. Fordern Sie nach dem Durchführen der Cox-Regression ein Streudiagramm für Überlebenszeit auf der x-Achse und den partiellen Residuen für PLK auf der y-Achse an (nicht weiter dargestellt).

*Unterfenster „Optionen...":* Markieren Sie unter „Modell-Statistik" „Konfidenzinterv. für Exp(B)"; übernehmen Sie den voreingestellten Wert 95. Belassen Sie es unter „Wahrscheinlichkeit für schrittweise Methode" bei den voreingestellten Werten für die Aufnahme und für den Ausschluss. Lassen Sie unter „Modellinformationen anzeigen" das voreingestellte „Bei jedem Schritt". Übernehmen Sie unter „Anzahl der Iterationen" mit dem voreingestellten Wert 20 vor, dass das Modell bis zum Abschluss (nur) maximal 20mal iterieren kann. Markieren Sie die Option „Grundlinienfunktion anzeigen" (nicht verfügbar bei zeitabhängigen Kovariaten). Klicken Sie auf „Weiter".
Starten Sie die Berechnung mit „OK".

**Syntax:**

```
COXREG
  überleb  /STATUS=uestatus(0)
  /METHOD=ENTER plk
  /PLOT SURVIVAL HAZARD
  /SAVE PRESID
  /PRINT=CI(95) BASELINE
  /CRITERIA=PIN(.05) POUT(.10) ITERATE(20) .

GRAPH
  /SCATTERPLOT(BIVAR)=überleb WITH PR1_1
  /MISSING=LISTWISE.
```

Anm.: Der Befehl COXREG fordert eine Cox-Regression an. Direkt im Anschluss wird die Variable für die Überlebenszeit angegeben (ÜBERLEB). Nach STATUS= wird die Statusvariable UESTATUS angegeben. In Klammern steht der Kode („0") für das Zielereignis. Unter /METHOD wird mittels des Befehls ENTER die Methode „Einschluss" angefordert. Das ENTER-Verfahren stoppt somit immer nach Schritt 1. Nach ENTER wird der gewünschte Effekt, in diesem Falle die intervallskalierte Variable PLK angegeben. PLOT fordert zwei Diagramme für Überlebenskurven an: SURVIVAL (kum. Überlebensfunktion) und HAZARD (kum. Hazard-Funktion). Unter SAVE werden nach PRESID die partiellen Residuen des Modells im aktiven Datensatz abgelegt. Nach PRINT werden mittels CI(95) Konfidenzintervalle für u.a. das Odds Ratio und mittels BASELINE die Tabelle „Grundlinienfunktion" angefordert.

Nach CRITERIA werden die gewünschten Parameter für die iterierende Ermittlung des Cox-Regressionsmodells an SPSS übergeben. Die anzugebenden Parameter hängen u.a. davon ab, welche Methode unter METHOD= angegeben wird. Die Iterationen enden, sobald das Zielkriterium (z.B. ITERATE, BCON oder LCON) erreicht ist. Mit PIN und POUT werden Parameter für die Aufnahme bzw. den Ausschluss von Variablen in das Modell festgelegt. Mit *PIN(.05)* wird der Wert für eine Aufnahme einer Variablen in das Modell vorgegeben. Eine Variable wird in das Modell aufgenommen, wenn die Wahrscheinlichkeit ihrer Score-Statistik kleiner als der Aufnahmewert ist; je größer der angegebene Aufnahmewert (PIN) ist, umso eher wird eine Variable ins Modell aufgenommen. Das seitens SPSS voreingestellte .05 gilt als relativ restriktiv; zur Aufnahme potentiell relevanter Einflussvariablen ist bis zu .20 akzeptabel. Mit *POUT(.10)* wird der Wert für den Ausschluss einer Variablen aus dem Modell definiert. Die Variable wird auf der Basis einer bedingten, LR- oder Wald-Statistik entfernt, wenn die Wahrscheinlichkeit größer als der Ausschlusswert ist; je größer der angegebene Aufnahmewert (POUT) ist, umso eher verbleibt eine Variable im Modell. Der Aufnahmewert muss kleiner sein als der Ausschlusswert. ITERATE(20) legt über eine positive ganze Zahl die maximale Anzahl der Iterationen fest, hier z.B. 20. Likelihood-Ratio-Koeffizienten (negative zweifache Log-Likelihoods) werden durch ein iteratives Verfahren geschätzt. Wenn die maximale Anzahl der Iterationen erreicht ist, wird die Iteration vor Erreichen der Konvergenz abgebrochen.

**Output:**

**Cox-Regression**

**Auswertung der Fallverarbeitung**

|  |  | N | Prozent |
|---|---|---|---|
| Für Analyse verfügbare Fälle | Ereignis [a] | 116 | 70,3% |
|  | Zensiert | 49 | 29,7% |
|  | Insgesamt | 165 | 100,0% |
| Nicht verwendete Fälle | Fälle mit fehlenden Werten | 0 | ,0% |
|  | Fälle mit negativer Zeit | 0 | ,0% |
|  | Zensierte Fälle vor dem frühesten Ereignis in einer Schicht | 0 | ,0% |
|  | Insgesamt | 0 | ,0% |
| Insgesamt |  | 165 | 100,0% |

a. Abhängige Variable: Überleben in Tagen seit OP-Datum

Die Tabelle „Auswertung der Fallverarbeitung" weist im Abschnitt „Für Analyse verfügbare Fälle" die Anzahl der Zielereignisse („Ereignis", n=116, 70,3%) aus sowie die Anzahl der Zensierungen („Zensiert", N=49, 29,7%) und die Gesamtzahl („Insgesamt", N=165, 100%). Falls Fälle ausgeschlossen sind (nicht im obigen Beispiel), sind Ursachen (z.B. Missings oder negative Werte) dem Abschnitt „Nicht verwendete Fälle" zu entnehmen.

## Block 0: Anfangsblock

„Block 0: Anfangsblock" bedeutet, dass zunächst das Null- bzw. Konstanten-Modell gebildet (der Koeffizient von PLK ist darin gleich Null, also ein Modell „ohne" PLK) und dafür eine erste Referenzgröße ermittelt wird. „Block 0" gibt sozusagen erste Parameter eines Modells vor der Aufnahme von PLK wieder.

Der Aufbau der weiteren COXREG-Ausgabe hängt davon ab, welches Verfahren der Variablenselektion gewählt wurde; die Methode „Einschluss" stoppt z.B. immer nach Schritt 1, schrittweise Verfahren zählen üblicherweise weiter.

**Omnibus-Tests der Modellkoeffizienten**

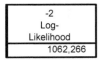

| -2 Log-Likelihood |
|---|
| 1062,266 |

Die Tabelle „Omnibus-Tests der Modellkoeffizienten" gibt Aufschluss darüber, wie leistungsfähig das Modell (Konstanten- bzw. Null-Modell) ohne PLK ist. Als Referenzgröße wurde eine –2 Log-Likelihood von 1062,266 ermittelt. Das –2 Log-Likelihood wird in späteren Schritten wiederholt ermittelt und zum Vergleich der Modellperformanz herangezogen. Die später angezeigten Chi²-Werte drücken die direkte Differenz zwischen den –2 Log-Likelihoods direkt aufeinander folgender Schritte aus.

## Block 1: Methode = Einschluß

**Omnibus-Tests der Modellkoeffizienten[a,b]**

| -2 Log-Likelihood | Gesamt (Wert) | | | Änderung aus vorangegangenem Schritt | | | Änderung aus vorangegangenem Block | | |
|---|---|---|---|---|---|---|---|---|---|
| | Chi-Quadrat | df | Signifikanz | Chi-Quadrat | df | Signifikanz | Chi-Quadrat | df | Signifikanz |
| 1049,572 | 13,787 | 1 | ,000 | 12,694 | 1 | ,000 | 12,694 | 1 | ,000 |

a. Anfangsblocknummer 0, anfängliche Log-Likelihood-Funktion: -2 Log-Likelihood: 1062,266

b. Beginnen mit Block-Nr. 1. Methode = Einschluß

Nach „Block 1: Methode = Einschluss" wird die Tabelle „Omnibus-Tests der Modellkoeffizienten" ausgegeben. „Block 1" gibt nun Parameter eines Modells *nach* Aufnahme der Variablen PLK wieder.

Die Spalte „–2 Log-Likelihood" gibt den Wert nach der Aufnahme von PLK wieder (1049,572). Die Differenz dieses Wertes zum –2 Log-Likelihood aus Block 0 wird durch den Effekt von PLK im Modell verursacht und führt zum Chi-Quadrat-Wert 12,694 in der Spalte zur „Änderung aus vorangegangenem Schritt".

Zunächst findet eine globale Hypothesenprüfung statt, die bei „Gesamt (Wert)" ein signifikantes Ergebnis ergibt (p=,000, „Signifikanz"), ebenso wie bei der Änderung aus dem vorausgegangenen Schritt / Block.

Werden in schrittweisen Verfahren mehrere Variablen auf einmal angegeben (nicht in diesem Beispiel), enthält die Spalte zur „Änderung aus vorangegangenem Block" die schrittweise kumulierten Chi-Quadrat-Werte und Freiheitsgrade der Spalte zur „Änderung aus vorangegangenem Schritt". Bei nur einer Variablen stimmen die Parameter in beiden Spalten absolut überein. Sollten die Log-Likelihood-Statistik und der spätere Wald-Test im Ergebnis nicht übereinstimmen, so ist im Zweifelsfall die Log-Likelihood-Statistik vorzuziehen.

Das Verwerfen der Nullhypothese bedeutet, dass die Annahme zu verwerfen ist, dass keine der aufgenommenen Variablen einen Einfluss auf das Modell hat. Im Beispiel wurde die Nullhypothese erfolgreich zurückgewiesen, dass PLK keinen Einfluss auf die Überlebenszeit hat. Da die Signifikanzen jew. unter 0,05 liegen, kann daraus geschlossen werden, dass PLK statistisch bedeutsam zum Modell beiträgt.

Anm.: Die Differenzen können geringfügige Veränderungen aufweisen, da SPSS intern mit genaueren Werten rechnet, so dass der Output sich durch Rundungen unterscheiden kann.

**Variablen in der Gleichung**

|     | B | SE | Wald | df | Signifikanz | Exp(B) | 95,0% Konfidenzinterv. für Exp(B) | |
|-----|-----|-----|-----|-----|-----|-----|-----|-----|
|     |     |     |     |     |     |     | Untere | Obere |
| plk | ,030 | ,008 | 13,795 | 1 | ,000 | 1,030 | 1,014 | 1,046 |

Die Tabelle „Variablen in der Gleichung" gibt die Variablen und Parameter des ermittelten Modells wieder. Für den Effekt der aufgenommenen Kovariate PLK werden diverse Parameter angegeben. „B" ist der geschätzte, nicht standardisierte Regressionskoeffizient (0,030), dazu wird der Standardfehler von B angezeigt (bei Kategorialvariablen wird eine leicht abweichende Tabelle ausgegeben, vgl. z.B. 4.7.4). Liegt die Signifikanz unter 0,05, lässt dies daraus schließen, dass die Kovariate zum Modell beiträgt.

Am Regressionskoeffizienten B sind Vorzeichen und Betrag wichtig. Positive Koeffizienten (z.B. PLK=0,030) bedeuten, dass die Kovariate (PLK) das Hazard für das Eintreten des Zielereignisses erhöht (bzw. Überlebenswahrscheinlichkeit verringert); negative Koeffizienten verringern das Hazard für das Eintreten des Zielereignis (bzw. erhöhen die Überlebenswahrscheinlichkeit).

Zu beachten ist, dass SPSS nicht standardisierte Koeffizienten ausgibt; diese können daher weder absolut, noch relativ zuverlässig eingeschätzt werden. Eine Orientierung bietet dabei das Exp(B) (s.u.): Je größer die betragsmäßig Abweichung des Exp(B) von 1 ist, desto größer ist auch relativ gesehen der jeweilige Regressionskoeffizient. B und EXP(B) stehen zueinander in folgendem Zusammenhang: EXP(B)=1 entspricht B=0 kein Einfluss der Variablen, EXP(B) >1 entspricht B > 0 (verringernder Einfluss, s.o.) bzw. EXP(B) < 1 entspricht B < 0 (erhöhender Einfluss, s.o.). Der Quotient aus B zu seinem Standardfehler im Quadrat ergibt die Wald-Statistik (B/SE²). Da die Wald-Statistik (13,795, siehe „Wald") statistische Signifikanz (,000, siehe „Signifikanz") erzielt (sie ist kleiner als 0.05), ist PLK nützlich für das Modell.

Exp(B) gibt die vorhergesagte Änderung des Hazard für einen Anstieg des Prädiktors PLK um eine Einheit an. „Exp(B)" ist bei der Cox-Regression das sog. Hazard-Ratio (nicht zu verwechseln mit dem Odds Ratio). Exp(B) gibt an, um das Wievielfache sich die Hazard-Funktion ändert, d.h. ansteigt oder fällt, wenn die erklärende (hier: *metrische*) Variable um eine Einheit erhöht wird. Exp(B) wird immer relativ zu 1 interpretiert. Exp(B) > 1 entsprechen positiven Beta-Koeffizienten und bedeuten: Je größer die Kovariate, desto größer das Hazard für das Eintreten des Zielereignisses. Exp(B) < 1 entsprechen negativen Beta-Koeffizienten und bedeuten: Je größer die Kovariate, desto kleiner das Hazard für das Eintreten des Zielereignisses. Das Hazard-Ratio ist ein Konstante und kann innerhalb und zwischen Gruppen interpretiert werden. An Exp(B) ist wichtig, ob die angeforderten Konfidenzintervalle die 1 einschließen; wird die 1 umschlossen, ist die Kovariate ohne bedeutsamen Effekt. Je größer jedoch ihr Wert als 1, umso vergleichsweise stärker ist der Einfluss der jew. Variable. Die relative Bedeutung metrischer, nicht standardisierter Kovariaten kann am einfachsten am Exp(B) abgelesen werden (B ist nicht standardisiert und kann massiv irreführend sein). Üblicherweise werden nur die Exp(B) signifikanter Kovariaten interpretiert. Die Wahrscheinlichkeiten können als um die anderen Kovariaten adjustiert interpretiert werden. Die bloße Angabe des Exp(B) ist bei metrischen Variablen nicht ausreichend.

Das obige Beispiel untersucht keinen Gruppenvergleich; daher kann die *Hazard-Rate* nur innerhalb der Gruppe interpretiert werden. Die Gültigkeit der Annahme der Proportionalität der Hazards vorausgesetzt, bedeutet z.B. das obige Ergebnis für einen *Vergleich innerhalb einer Gruppe*: Steigt die Kovariate um eine Einheit an, steigt die Hazard-Rate um 1.03 zu 1 bzw. um 3%. Steigt die Kovariate PLK dagegen um fünf Einheiten an ($1.03^5 = 1.159$), erhöht dies die Hazard-Rate um den Faktor 1,159, was wiederum einen Anstieg um 15,9% bedeutet. In einem *Vergleich zwischen Gruppen* kann das *Hazard-Ratio* als Verhältnis zweier *konstanter* Hazard-Rates (die Gültigkeit der Annahme der Proportionalität der Hazards vorausgesetzt) i.S.e. konstant-proportionalen Verhältnis des Kovariateneffekts interpretiert werden. In anderen Worten (und unter der Annahme, dem oben ermittelten Hazard Ratio läge ein Vergleich zwischen Gruppen zugrunde): In diesem Falle kann man sagen, dass das Risiko für PLK in der einen Gruppe im Vergleich zur anderen Gruppe *immer* 1.03 zu 1 beträgt. Im Falle von nur zwei Gruppen in einer 1,0-Kodierung kann das Hazard-Ratio als relatives Risiko interpretiert werden.
Bei der Angabe von Exp(B) sollte immer die Einheit der jeweiligen Variablen mit angegeben werden.

Allison (2001, 117) empfiehlt für quantitative Kovariaten die Formel (Exp(B) – 1)*100 als Interpretationshilfe. Der resultierende Wert repräsentiert die geschätzte prozentuale Veränderung bei einer Veränderung der Kovariaten um eine Einheit. Für PLK resultiert auf diesem Wege (über (1,030 – 1)*100 der Wert 3%, was andeutet, dass mit der Zunahme von PLK um eine Einheit die Überlebenswahrscheinlichkeit um 3% abnehme. Bevor man sich aber (voreilig) auf inhaltliche Implikationen einlässt, sollte man noch die Konfidenzintervalle von Exp(B) überprüfen. Da jedoch die Konfidenzintervalle von Exp(B) die 1 umschließen, kann mit 95%iger Wahrscheinlichkeit davon ausgegangen werden, dass PLK keinen bedeutsamen Effekt ausübt.
Insgesamt stehen als Entscheidungshilfen ein Signifikanztest, eine Punktschätzung (Exp(B)) und ein Konfidenzintervall zur Verfügung. Wie ist damit umzugehen? Konfidenzintervalle ergänzen den Nullhypothesentest bzw. sind diesem in der Analysepraxis sogar vorzuziehen, da sie vom Stichprobenumfang unabhängig sind. Wenn ein Konfidenzintervall den Wert 1 ausschließt, gilt dies als ein Hinweis auf ein statistisch signifikantes Ergebnis, das vom Stichprobenumfang unabhängig ist. Wenn die Resultate von Konfidenzintervallen und Nullhypothesentest einander widersprechen, ist dem Ergebnis auf der Basis des Konfidenzintervalls im Allgemeinen der Vorzug zu geben.

**Überlebenstabelle**

| Zeit | Grundwert für kumulative Hazardrate | Am Mittelwert der Kovariaten | | |
|------|------|------|------|------|
| | | Überlebens- analyse | SE | Kumulative Hazardrate |
| 0 | ,015 | ,971 | ,013 | ,029 |
| 1 | ,072 | ,872 | ,024 | ,137 |
| 2 | ,090 | ,842 | ,027 | ,172 |
| 3 | ,113 | ,807 | ,029 | ,215 |
| 4 | ,120 | ,795 | ,030 | ,229 |
| 5 | ,140 | ,765 | ,032 | ,268 |
| 6 | ,144 | ,759 | ,032 | ,275 |
| 7 | ,174 | ,717 | ,034 | ,333 |
| 8 | ,179 | ,711 | ,034 | ,341 |
| 9 | ,193 | ,693 | ,035 | ,367 |
| 10 | ,226 | ,650 | ,036 | ,431 |
| 11 | ,236 | ,638 | ,037 | ,450 |
| 12 | ,251 | ,619 | ,037 | ,479 |
| 13 | ,284 | ,582 | ,038 | ,541 |
| 14 | ,290 | ,576 | ,038 | ,552 |
| 15 | ,301 | ,563 | ,038 | ,574 |
| 16 | ,307 | ,557 | ,038 | ,586 |
| 17 | ,338 | ,525 | ,038 | ,645 |
| 18 | ,351 | ,512 | ,038 | ,670 |
| 19 | ,365 | ,499 | ,039 | ,696 |
| 20 | ,372 | ,492 | ,039 | ,709 |
| 21 | ,379 | ,486 | ,039 | ,723 |
| 22 | ,408 | ,459 | ,039 | ,778 |
| 23 | ,416 | ,453 | ,039 | ,793 |
| 24 | ,423 | ,446 | ,039 | ,807 |
| 25 | ,439 | ,433 | ,038 | ,837 |
| 26 | ,456 | ,419 | ,038 | ,869 |
| 30 | ,464 | ,413 | ,038 | ,885 |
| 33 | ,481 | ,400 | ,038 | ,917 |
| 34 | ,499 | ,386 | ,038 | ,952 |
| 35 | ,528 | ,366 | ,038 | 1,006 |
| 36 | ,537 | ,359 | ,038 | 1,024 |
| 39 | ,547 | ,352 | ,037 | 1,043 |
| 41 | ,557 | ,346 | ,037 | 1,062 |
| 43 | ,568 | ,339 | ,037 | 1,082 |
| 44 | ,578 | ,332 | ,037 | 1,102 |
| 49 | ,589 | ,325 | ,037 | 1,123 |
| 53 | ,603 | ,317 | ,037 | 1,150 |
| 56 | ,620 | ,307 | ,037 | 1,182 |
| 62 | ,642 | ,294 | ,037 | 1,223 |
| 63 | ,667 | ,280 | ,038 | 1,272 |
| 66 | ,731 | ,248 | ,039 | 1,394 |
| 80 | ,801 | ,217 | ,042 | 1,527 |

Die Tabelle „Überlebenstabelle" gibt den Grundwert für die kumulative Hazard-Rate wieder und, bezogen auf den Mittelwert der angegebenen Kovariaten (z.B.) PLK (unter „Am Mittelwert der Kovariaten"), die durchschnittlichen Hazards („Überlebensanalyse"), deren Standardfehler (SE) und die kumulative Hazard-Rate. Die Spalte „Grundwert für kumulative Hazardrate" enthält Hazard-Schätzer für ein hypothetisches Individuum, wenn dessen Kovariaten alle gleich Null sind; die Hazard-Rates wurden unabhängig von Kovariateneffekten zum gegebenen Zeitpunkt geschätzt. Diese Angabe ist besonders nützlich, wenn standardisierte numerische Variablen vorliegen, weil dann der Mittelwert der Kovariaten gleich Null ist (ansonsten zum Mittelwert der angegebenen Kovariaten) oder wenn *alle* Kovariaten kategorial sind. Der „Grundwert für kumulative Hazardrate" gibt die Hazard-Rate für das Cox-Modell ohne Kovariaten, sondern nur für die Zeit wieder. Entsprechend steigt die Hazard-Rate mit der Zeit kumulativ an. Sind alle Kovariaten kategorial, wurden die Hazard-Rates für die Fälle in der Kategorie 0 ermittelt.

Die Parameter unter „Am Mittelwert der Kovariaten" sind Schätzungen für ein hypothetisches Individuum mit „durchschnittlichen" Kovariaten, was nützlich sein kann für den Vergleich eines hypothetischen Falles mit realen Patienten. Die Nützlichkeit dieses Vergleichs wird möglicherweise eingeschränkt, wenn kategoriale Kovariaten vorliegen. Die Spalte „Überlebensanalyse" enthält den geschätzten Anteil der Patienten (inkl. den dazugehörigen Standfehler, „SE"), die zum betreffenden Zeitpunkt das Zielereignis noch nicht erreicht haben, z.B. in der Krebsstudie zu diesem Zeitpunkt noch leben. Am 3. Tag der Studie ist z.B. bei 80% der Studienteilnehmer das Zielereignis noch nicht eingetreten; am 33. Tag der Studie ist z.B. nur noch für 40% der Studienteilnehmer das Zielereignis noch nicht eingetreten usw. Die Spalte „Kumulative Hazardrate" gibt das (gegenläufige) Risiko an, dass das Zielereignis eintreten wird. Die Hazardfunktion entspricht dem negativen Logarithmus der Überlebensfunktion und ist somit nur ein mathematische Variante für die Angabe der (vorhergesagten) Überlebenswahrscheinlichkeit.

## Kovariaten-Mittelwerte

|      | Mittelwert |
|------|-----------|
| Plk  | 21,733    |

Die Tabelle „Kovariaten-Mittelwerte" gibt den Kovariaten-Wert (hier z.B. PLK) wieder, der Grundlage für die Ermittlung der kumulativen Hazard-Rate ist und auf den sich die Tabelle „Überlebenstabelle" in der Spalte „Am Mittelwert der Kovariaten" bezieht.

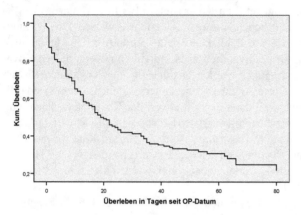

Überlebensfunktion bei Mittelwert der Kovariaten

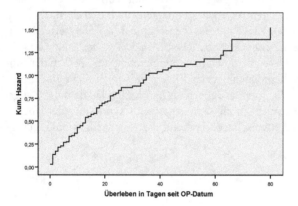

Hazard-Funktion bei Mittelwert der Kovariaten

Die jeweils kumulative Überlebens- und Hazardfunktion verlaufen gegenläufig. Beim kumulativen Überleben nimmt die Wahrscheinlichkeit ab, dass ein Zielereignis nicht eintreten wird. Beim kumulativen Hazard nimmt dagegen das Risiko zu, dass es eintreten wird. Mathematisch entsprechen die beiden Funktionen einander insofern, dass der negative Logarithmus der Überlebensfunktion die Hazardfunktion ergibt. Je nach Anzahl der Patienten können die Kurven etwas „grob" werden, wenn in bestimmten Abschnitten der postoperativen Überlebenszeit weniger Patienten in der Studie verbleiben, z.B. zwischen 60 und 80 Tagen.

Das Diagramm "Kum. Überleben" (oben) zeigt die vom Modell vorhergesagte Überlebenszeit für den „durchschnittlichen" Patienten. Die x-Achse zeigt die Zeit bis zum Eintreten des Zielereignisses; die y-Achse zeigt das „durchschnittliche" kum. Überleben. Jeder Punkt auf der Kurve zeigt die kumulative Wahrscheinlichkeit an, mit der ein „durchschnittlicher" Patient danach noch überleben wird.

Das Diagramm „Kum. Hazard" (unten) zeigt das vom Modell vorhergesagte Risiko für den „durchschnittlichen" Patienten. Die x-Achse zeigt die Zeit bis zum Eintreten des Zielereignisses; die y-Achse zeigt den durchschnittlichen kum. Hazard (entspricht dem negativen Log der Überlebenswahrscheinlichkeit). Jeder Punkt auf der Kurve zeigt das kumulative Risiko an, mit der ein Zielereignis für einen „durchschnittlichen" Patienten eintreten wird.

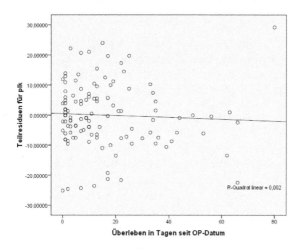

Das abschließend ausgegebene Streudiagramm (ein sog. Schoenfeld-Plot) gibt auf der x-Achse die Überlebenszeit seit OP-Datum und auf der y-Achse die partiellen Residuen für PLK wieder. Ein partielles Residuum für eine Kovariate ist jeweils die Abweichung eines beobachteten Werts von einem auf der Grundlage des Modells erwarteten Wertes. Dieses Diagramm ist ein grafischer Voraussetzungstest für die Proportionalität der Hazards über die Zeit. Eine der Annahmen des Cox-Modells (genauer: des Modells 1 für *zeitunabhängige* Kovariaten) ist die Unabhängigkeit der intervallskalierten Kovariaten (hier z.B. PLK) von der Zeit. Die Zeitunabhängigkeit von Kovariaten ist daher *immer* zu prüfen; ist diese Annahme nicht erfüllt, müsste das Modell 2 für *zeitabhängige* Kovariaten berechnet werden. Sind die Effekte der jeweils abgetragenen Kovariaten über die Zeit hinweg proportional, sollten die Residuen im Durchschnitt jeweils den Wert 0 ergeben. Der Punkteschwarm im Diagramm sollte daher keinerlei systematische Tendenzen aufweisen. Die eingezeichnete Regressionskurve sollte möglichst nahe Null liegen. Die nachträglich eingetragene (lineare) Regressionsfunktion zeigt keine bedeutsame Abweichung von 0 und besagt somit, dass die Effekte der jeweils abgetragenen Kovariaten PLK proportional über die Zeit hinweg sind. Die Voraussetzung der Proportionalität der Hazards über die Zeit ist für diese Analyse mittels Modell 1 erfüllt. Einschränkend ist zu sagen, dass die Zuverlässigkeit dieses Tests von der Anzahl der nichtzensierten Fälle im Modell abhängt. Partielle Residuen werden nur für nichtzensierte Fälle ermittelt. Je mehr nichtzensierte Fälle ein Modell enthält, umso zuverlässiger ist somit dieser grafische Voraussetzungstest. Am Ende des Kapitels zur Cox-Regression werden weitere Voraussetzungstests vorgestellt sowie Maßnahmen für den Fall, dass diverse Voraussetzungen von den Daten nicht erfüllt sind (vgl. 4.7.6, 4.7.7).

Die folgenden Abschnitte zeigen nun, wie dieses Grundmodell der Cox-Regression um kategoriale Kovariaten (Schichtvariablen, Strata) oder auch zeitabhängige Kovariaten erweitert werden kann.

## 4.7.3     Cox-Regression mit einer dichotomen Kovariaten (k=2)

**Fragestellung:**
Ziel dieser Analyse ist zu überprüfen, ob und wie sich eine bestimmte Medikation (Testpräparat vs. Placebo) auf den Verlauf postoperativer Überlebenszeiten von N=165 Patienten auswirkt (vgl. 4.6.6). Die Kovariate MED ist in diesem Beispiel dichotom skaliert. Als Referenzkategorie wird die letzte Kategorie der Variablen MED gewählt.

Aufgrund weiter Überschneidungen mit bereits vorgestellten Beispielen konzentriert sich die folgende Darstellung im Weiteren ausschließlich auf die besonderen Aspekte der aktuellen Analyse. Bereits bekannte Pfade für die Mauslenkung, in SPSS Syntax protokollierte Einstellungen oder auch gleiche oder zumind. sehr ähnliche Outputs werden mit Hinblick der Konzentration auf das Wesentliche nicht nochmals dargestellt bzw. erläutert.

*Pfad: Analysieren → Überleben → Cox-Regression...*
Ziehen Sie die Variable ÜEBERLEB in das Feld „Zeit". Ziehen Sie die Variable UESTATUS in das Feld „Status". Geben Sie unter dem nun aktiven Feld „Ereignis definieren" die Kodierung/en für die eintretenden Zielereignisse an, z.B. den Kode „0". Ziehen Sie die Variable MED in das Feld „Kovariaten". Stellen Sie unter „Methode" „Einschluss" ein.

*Unterfenster „Kategorial...":* Verschieben Sie MED aus dem Auswahlfenster nach „Kategoriale Variablen". Stellen Sie unter „Kontrast ändern" den Kontrast „Indikator" ein. Übernehmen Sie diesen Kontrast, indem Sie auf „Ändern" klicken. Legen Sie unter „Referenzkategorie" die Kategorie fest, mit der alle anderen verglichen werden. „Letzte" verwendet die letzte Kategorie der Variablen MED als Referenzkategorie. Klicken Sie auf „Weiter".
Anm.: Bei „Indikator" bezeichnen Kontraste das Vorhandensein oder Nichtvorhandensein einer Kategoriezugehörigkeit. Die Referenzkategorie wird in der Kontrastmatrix als Zeile mit Nullen dargestellt. Weitere Kontrastvarianten werden ausführlich im Abschnitt 4.7.9 erläutert. Vorab sei darauf hingewiesen, dass dort mit SPECIAL („Speziell") ein vom Anwender definierbarer Kontrast zur Verfügung steht.

*Unterfenster „Diagramme":* Markieren Sie die Optionen „Überleben" und „Hazard". Nehmen Sie keine weiteren Einstellungen vor. Klicken Sie auf „Weiter".

Starten Sie die Berechnung mit „OK".

**Syntax:**

```
COXREG
  überleb  /STATUS=uestatus(0)
  /PATTERN BY med
  /CONTRAST (med)=Indicator
```

```
/METHOD=ENTER med
/PLOT SURVIVAL HAZARD
/CRITERIA=PIN(.05) POUT(.10) ITERATE(20)
/PRINT=CI(95) BASELINE .
```

Anm.: Mit dem Befehl PATTERN BY wird die gruppierende Variable für die angeforderten Diagramme festgelegt. In den Diagrammen wird z.B. für jede Ausprägung von MED eine separate Linie ausgegeben. Die Variable nach BY muss kategorial skaliert sein. In separaten PATTERN BY-Zeilen können weitere kategorial skalierte Kovariaten angegeben werden, sofern diese auch unter /METHOD= bzw. /CONTRAST= spezifiziert wurden. Falls das Modell zeitabhängige Kovariaten enthält, kann PATTERN nicht eingesetzt werden.

Über CONTRAST wird bestimmt, dass Vergleiche zwischen den Ausprägungen der angegebenen kategorial skalierten Kovariaten durchgeführt werden, wie auch, welcher Art diese Vergleiche (Kontraste) sein sollen. Für die Kovariate MED wird der Kontrast „Indikator" durchgeführt. Informationen zu diesem und auch weiteren Kontrastvarianten sind im Abschnitt 4.7.9 zusammengestellt. Vorab sei darauf hingewiesen, dass über Syntax mit SPECIAL ein vom Anwender programmierbarer Kontrast zur Verfügung steht. Es können mehrere CONTRAST-Zeilen angegeben werden, vorausgesetzt, die kategorial skalierten Kovariaten werden mind. auch unter /METHOD angegeben.

**Output:**

**Cox-Regression**

Die Tabelle „Auswertung der Fallverarbeitung" entspricht exakt der Tabelle aus Abschnitt 4.7.2; auf Wiedergabe und Erläuterung wird daher verzichtet.

**Codierungen für kategoriale Variablen[b]**

|  |  | Häufigkeit | (1) |
|---|---|---|---|
| MED[a] | 1=Testpräparat | 33 | 1 |
|  | 2=Placebo | 132 | 0 |

a. Kodierung für Indikatorparameter

b. Kategorie-Variable: MED (Medikamentation)

Die Tabelle „Codierungen für kategoriale Variablen" gibt die interne Kodierung der kategorial skalierten Kovariaten wieder. Ohne diese Angabe können ausgegebene Parameter (B, Hazard-Ratio) nicht eindeutig interpretiert werden (v.a. bei kategorialen Kovariaten). Die ermittelten Statistiken beziehen sich im Beispiel auf das Ereignis „Testpräparat" (MED=1; Dummy-Kodierung=1) im Vergleich zur Referenzkategorie MED=2 („Placebo"; Dummy-Kodierung=0). Sollen sich die Ergebnisse auf „Placebo" mit „Testpräparat" als Referenzkategorie beziehen, so ist eingangs eine andere Referenzkategorie einzustellen. Dies kann z.B. durch das Angeben des konkreten Kodierwertes der betreffenden Variablen aus dem Datensatz erreicht werden („2" würde im Beispiel zum selben Ergebnis führen) oder durch das permanente Umkodieren der Variablen (z.B. über RECODE).

Unter der Tabelle wird über „Indikatorparameter" auf die Art des Kontrastes hingewiesen: Wäre z.B. die Methode „Abweichung" (DEVIATION) eingestellt, wäre hier „Abweichungs-parameter" zu finden. Abschließend werden Variablenname und Label der Kovariaten angegeben.

Die Tabelle „Omnibus-Tests der Modellkoeffizienten" im „Block 0: Anfangsblock" entspricht exakt der Tabelle aus Abschnitt 4.7.2; auf Wiedergabe und Erläuterung wird daher verzichtet.

## Block 1: Methode = Einschluss

**Omnibus-Tests der Modellkoeffizienten[a,b]**

| -2 Log-Likelihood | Gesamt (Wert) | | | Änderung aus vorangegangenem Schritt | | | Änderung aus vorangegangenem Block | | |
|---|---|---|---|---|---|---|---|---|---|
| | Chi-Quadrat | df | Signifikanz | Chi-Quadrat | df | Signifikanz | Chi-Quadrat | df | Signifikanz |
| 1048,786 | 11,539 | 1 | ,001 | 13,479 | 1 | ,000 | 13,479 | 1 | ,000 |

a. Anfangsblocknummer 0, anfängliche Log-Likelihood-Funktion: -2 Log-Likelihood: 1062,266

b. Beginnen mit Block-Nr. 1. Methode = Einschluß

Nach „Block 1: Methode = Einschluss" gibt die Tabelle „Omnibus-Tests der Modellkoeffizienten" die Parameter des Modells nach Aufnahme der Variablen MED wieder.

Die Spalte „–2 Log-Likelihood" gibt den Wert nach der Aufnahme von PLK wieder (1048,786). Die Differenz zum –2 Log-Likelihood aus Block 0 wird durch die Aufnahme von MED ins Modell verursacht und führt zum Chi-Quadrat-Wert 13,479 in den „Änderung"-Spalten.

Da die Werte in „Signifikanz" (p=0,000) unter 0,05 liegen, kann daraus geschlossen werden, dass MED statistisch bedeutsam zum Modell beiträgt.

**Variablen in der Gleichung**

| | B | SE | Wald | df | Signifikanz | Exp(B) | 95,0% Konfidenzinterv. für Exp(B) | |
|---|---|---|---|---|---|---|---|---|
| | | | | | | | Untere | Obere |
| med | -,937 | ,286 | 10,743 | 1 | ,001 | ,392 | ,224 | ,686 |

Die Tabelle „Variablen in der Gleichung" gibt die Variablen und Parameter des ermittelten Modells wieder. Bei Kategorialvariablen mit mehr als zwei Stufen wird eine leicht abweichende Tabelle ausgegeben (vgl. z.B. 4.7.4). Für den Effekt der aufgenommenen *dichotomen* Kovariate MED werden diverse Parameter angegeben. „B" ist der geschätzte, nicht standardisierte Regressionskoeffizient (–0,937), dazu wird der Standardfehler von B angezeigt. Die Wald-Statistik (10,743, zur Ermittlung siehe 4.7.2) erzielt statistische Signifikanz (p=,001). Demnach ist MED nützlich für das Modell. Die dichotome Variable MED hat demnach einen statistisch bedeutsamen Effekt auf den Verlauf postoperativer Überlebenszeiten. Exp(B) gibt die vorhergesagte Änderung des Hazard für einen Anstieg des Prädiktors MED um eine Einheit an (zum Verhältnis von Exp(B) zu B vgl. 4.7.2). Die Konfidenzintervalle von Exp(B) schließen die 1 aus; es kann davon ausgegangen werden, dass MED einen statistischen bedeutsamen Effekt ausübt. Bei dichotom skalierten Variablen wird das Exp(B) etwas anders als bei metrischen Variablen abgelesen (vgl. 4.7.2).

Da es sich bei MED um eine dichotome Kategorialvariable handelt, können die Hazards für die beiden Gruppen Testpräparat und Placebo direkt abgelesen werden. Die (angegebene) Testrichtung „Testpräparat" vs. „Placebo" („Referenzkategorie", Dummy-Kodierung=0) ergibt für die Gruppe mit dem Testpräparat zu einem 0,392mal *geringeren* Risiko im Vergleich zur Placebo-Gruppe. Für (umgekehrte) Testrichtung „Placebo" vs. „Testpräparat" ergibt sich auf der Grundlage des reziproken Exp(B)-Wertes (1 / 0.392 ≈ 2,55) für die Placebo-Gruppe eine ca. 2,5 mal *höhere* Risikorate in der Gruppe mit dem Testpräparat.

In diesem Beispiel entspricht die Tabelle „Überlebenstabelle" in Struktur und Inhalt etwa der Tabelle aus Abschnitt 4.7.2 (siehe auch die unten angegebenen „univariaten" Überlebenskurven (jew. links); auf Wiedergabe und Erläuterung wird daher verzichtet.

**Kovariaten-Mittelwerte und Muster-Werte**

|        |            | Muster |      |
|--------|------------|--------|------|
|        | Mittelwert | 1      | 2    |
| med    | ,200       | 1,000  | ,000 |

Die Tabelle „Kovariaten-Mittelwerte und Muster-Werte" gibt den Kovariaten-Wert (hier z.B. MED) wieder, der Grundlage für die Ermittlung der kumulativen Hazard-Rate ist und auf den sich die Tabelle „Überlebenstabelle" in der Spalte „Am Mittelwert der Kovariaten" bezieht. Die Spalte „Muster" gibt die Ausprägungen der angegebenen kategorialen Kovariaten wieder (z.B. MED); diese Information wird in den gruppierten Liniendiagrammen wieder aufgenommen (vgl. die Überschriften).

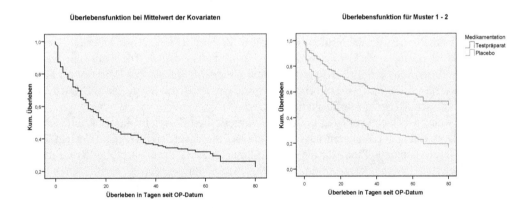

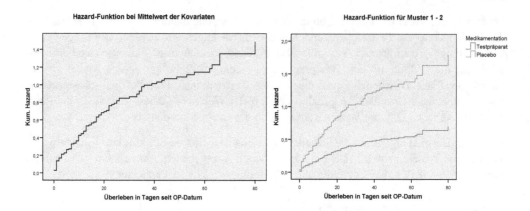

Die Diagramme geben die vom Modell vorhergesagte Überlebenszeit bzw. das vorhergesagte Risiko für den „durchschnittlichen" Patienten wieder (vgl. dazu 4.7.2). Die Diagramme rechts sind nach den Ausprägungen der angegebenen dichotom skalierten Kovariate gruppiert. Die Diagramme links werden für den Mittelwert der angegebenen dichotom skalierten Kovariate ausgegeben, was nur eingeschränkt sinnvoll ist. Deutlich ist zu erkennen, dass die Gruppe „Testpräparat" ein geringeres Risiko aufweist als die Placebo-Gruppe. Exp(B) verkörpert den Abstand zwischen den beiden Linien. Aus der Sicht der Testpräparat-Gruppe ist das Risiko im Verhältnis niedriger, aus der Sicht der Placebo-Gruppe höher.

## 4.7.4 Cox-Regression mit einer kategorialen Kovariaten (k>2)

**Fragestellung:**
Ziel dieser Analyse ist zu überprüfen, ob sich der Verlauf postoperativer Überlebenszeiten von N=165 Patienten zwischen vier Gruppen (k=4) unterscheidet. Die Patienten werden entsprechend der Schwere ihrer Krankheit in die Gruppen I (leicht) bis IV (schwer) eingeteilt. Als Referenzkategorie wird die erste Kategorie der Variablen ST gewählt. Die Kovariate ST ist in diesem Beispiel 4stufig skaliert.
Aufgrund weiter Überschneidungen mit bereits vorgestellten Beispielen konzentriert sich die folgende Darstellung im Weiteren ausschließlich auf die besonderen Aspekte der aktuellen Analyse. Bereits bekannte Pfade für die Mauslenkung, in SPSS Syntax protokollierte Einstellungen oder auch gleiche oder zumind. sehr ähnliche Outputs werden im Hinblick der Konzentration auf das Wesentliche nicht nochmals dargestellt bzw. erläutert.

*Pfad: Analysieren → Überleben → Cox-Regression...*
Ziehen Sie die Variable ST in das Feld „Kovariaten". Stellen Sie unter „Methode" „Einschluss" ein.

*Unterfenster „Kategorial...":* Verschieben Sie ST aus dem Auswahlfenster nach „Kategoriale Variablen". Legen Sie unter „Referenzkategorie" die Kategorie „Erste" fest; mit dieser

Kategorie (ST=1) werden alle anderen Kategorien von ST verglichen (ST=2,3,4). Übernehmen Sie diese Einstellungen, indem Sie auf „Ändern" klicken. Klicken Sie auf „Weiter".
Anm.: Weitere Kontrastvarianten werden ausführlich im Abschnitt 4.7.9 erläutert. Vorab sei
darauf hingewiesen, dass dort mit SPECIAL („Speziell") ein vom Anwender definierbarer
Kontrast zur Verfügung steht.

Starten Sie die Berechnung mit „OK".

**Syntax:**

```
COXREG
   überleb  /STATUS=uestatus(0)
   /PATTERN BY st
   /CONTRAST (st)=Indicator(1)
   /METHOD=ENTER st
   /PLOT SURVIVAL HAZARD
   /PRINT=CI(95) BASELINE
   /CRITERIA=PIN(.05) POUT(.10) ITERATE(20) .
```

Anm.: Über CONTRAST wird über die Angabe in der Klammer die Referenzkategorie angegeben; in diesem Falle werden alle anderen Ausprägungen von ST mit der Ausprägung 1
verglichen.

**Output:**

**Cox-Regression**

Die Tabelle „Auswertung der Fallverarbeitung" entspricht exakt der Tabelle aus Abschnitt
4.7.2; auf Wiedergabe und Erläuterung wird daher verzichtet.

**Codierungen für kategoriale Variablen [b]**

| | | Häufigkeit | (1) | (2) | (3) |
|---|---|---|---|---|---|
| st[a] | 1=I | 70 | 0 | 0 | 0 |
| | 2=II | 33 | 1 | 0 | 0 |
| | 3=III | 54 | 0 | 1 | 0 |
| | 4=IV | 8 | 0 | 0 | 1 |

[a.] Kodierung für Indikatorparameter

[b.] Kategorie-Variable: st (Stadium)

Die Tabelle „Codierungen für kategoriale Variablen" gibt die interne Codierung der kategorial skalierten Kovariaten ST wieder. Aufgrund der vorgegebenen Testrichtung werden die
Ausprägungen 2 bis 4 mit ST=1 (Referenzkategorie) verglichen. Die ermittelten Statistiken
beziehen sich somit immer auf die Referenzkategorie ST=1 („I"; Dummy-Kodierung:
[ 0 0 0 ]). Sollen sich die Ergebnisse auf andere Ausprägungen beziehen, so ist eine andere
Referenzkategorie einzustellen bzw. die Variable permanent umzukodieren.
Unter der Tabelle wird über „Indikatorparameter" auf die Art des Kontrastes hingewiesen:
Wäre z.B. die Methode „Abweichung" (DEVIATION) eingestellt, wäre hier „Abweichungs-
parameter" zu finden. Abschließend werden Variablenname und Label der Kovariaten ange-

geben. Da bei ST n Stufen vorliegen, werden n – 1 Dummy-Variablen definiert, die in die Modellgleichung aufgenommen werden, d.h. es findet eine Ermittlung ihrer Koeffizienten statt, und zwar *einzeln und für den Gesamteinfluss.*

Die Tabelle „Omnibus-Tests der Modellkoeffizienten" im „Block 0: Anfangsblock" entspricht exakt der Tabelle aus Abschnitt 4.7.2 bzw. 4.7.3; auf Wiedergabe und Erläuterung wird daher verzichtet.

## Block 1: Methode = Einschluss

**Omnibus-Tests der Modellkoeffizienten[a,b]**

| -2 Log-Likelihood | Gesamt (Wert) | | | Änderung aus vorangegangenem Schritt | | | Änderung aus vorangegangenem Block | | |
|---|---|---|---|---|---|---|---|---|---|
| | Chi-Quadrat | df | Signifikanz | Chi-Quadrat | df | Signifikanz | Chi-Quadrat | df | Signifikanz |
| 1044,247 | 18,063 | 3 | ,000 | 18,019 | 3 | ,000 | 18,019 | 3 | ,000 |

a. Anfangsblocknummer 0, anfängliche Log-Likelihood-Funktion: -2 Log-Likelihood: 1062,266

b. Beginnen mit Block-Nr. 1. Methode = Einschluß

Nach „Block 1: Methode = Einschluss" gibt die Tabelle „Omnibus-Tests der Modellkoeffizienten" die Parameter des Modells nach Aufnahme der Variablen ST wieder. Die Spalte „–2 Log-Likelihood" gibt den Wert nach der Aufnahme von ST wieder (1044,247). Die Aufnahme von ST verursacht die Differenz zum –2 Log-Likelihood aus Block 0 und führt zum Chi-Quadrat-Wert 18,019.

Da die Werte in „Signifikanz" (p=0,000) unter 0,05 liegen, kann daraus geschlossen werden, dass ST statistisch bedeutsam zum Modell beiträgt.

**Variablen in der Gleichung**

| | B | SE | Wald | df | Signifikanz | Exp(B) | 95,0% Konfidenzinterv. für Exp(B) | |
|---|---|---|---|---|---|---|---|---|
| | | | | | | | Untere | Obere |
| st | | | 17,124 | 3 | ,001 | | | |
| st(1) | ,923 | ,244 | 14,327 | 1 | ,000 | 2,517 | 1,561 | 4,059 |
| st(2) | ,750 | ,227 | 10,925 | 1 | ,001 | 2,116 | 1,357 | 3,300 |
| st(3) | ,595 | ,441 | 1,818 | 1 | ,178 | 1,812 | ,764 | 4,301 |

Die Tabelle „Variablen in der Gleichung" unterscheidet sich bei Kategorialvariablen mit mehr als zwei Stufen leicht von den Tabellen früherer Beispiele (vgl. z.B. 4.7.2–4.7.3). Für den Effekt der aufgenommenen *polytomen* Kovariate ST werden k – 1 Parameter angegeben. Die erste Zeile für ST führt einen Gesamttest für die Variable durch; dieser fällt signifikant aus (Wald=17,125; p=0,001); demnach ist ST nützlich für das Modell. Die kategoriale Variable ST hat demnach einen statistisch bedeutsamen Effekt auf den Verlauf postoperativer Überlebenszeiten der 165 Patienten. Da es sich bei ST um eine polytome Kategorialvariable handelt, werden die Hazard-Ratios anders als bei einer dichotomen Variablen (vgl. 4.7.3) abgelesen. Die folgenden Zeilen behandeln die Vergleiche mit der gewünschten Referenzkategorie (STI):

„st(1)" entspricht ST=2 vs. ST=1: exp(B)=2,517
„st(2)" entspricht ST=3 vs. ST=1: exp(B)=2,116
„st(3)" entspricht ST=4 vs. ST=1: exp(B)=1,812

Die Testrichtung ST=2 vs. ST=1 („Referenzkategorie") ergibt z.B. für die Gruppe ST=2 ein 2,517mal höheres Risiko im Vergleich zur Referenzkategorie ST=1.

Alle Konfidenzintervalle von Exp(B) (außer des letzten Vergleichs) schließen die 1 aus; es kann davon ausgegangen werden, dass hier jeweils ein statistisch bedeutsamer Effekt vorliegt. Der letzte Vergleich basiert von ST=4 aus nur auf N=8 Fällen; als um ein Vielfaches weniger Fälle als die anderen Vergleiche (vgl. die Tabelle „Codierungen für kategoriale Variablen"). Aufgrund dieses geringen Ns sollte der Befund zu „st(3)" nicht voreilig zurückgewiesen werden. Der Effekt der kategorialen Variable ST rührt, wie aus den folgenden Diagrammen zu ersehen ist, auf dem deutlichen günstigeren Verlauf für die Gruppe ST=1.

In diesem Beispiel entspricht die Tabelle „Überlebenstabelle" in Struktur und Inhalt etwa der Tabelle aus Abschnitt 4.7.2 (siehe auch die unten angegebenen „univariaten" Überlebenskurven, jew. links); auf Wiedergabe und Erläuterung wird daher verzichtet.

**Kovariaten-Mittelwerte und Muster-Werte**

|        | Mittelwert | Muster |       |       |       |
|--------|------------|--------|-------|-------|-------|
|        |            | 1      | 2     | 3     | 4     |
| st(1)  | ,200       | ,000   | 1,000 | ,000  | ,000  |
| st(2)  | ,327       | ,000   | ,000  | 1,000 | ,000  |
| st(3)  | ,048       | ,000   | ,000  | ,000  | 1,000 |

Die Tabelle „Kovariaten-Mittelwerte und Muster-Werte" gibt den Kovariaten-Wert (hier z.B. ST) wieder, der Grundlage für die Ermittlung der kumulativen Hazard-Rate ist und auf den sich die Tabelle „Überlebenstabelle" in der Spalte „Am Mittelwert der Kovariaten" bezieht. Die Spalte „Muster" gibt die Ausprägungen der kategorialen Kovariaten ST wieder; diese Information wird in den gruppierten Liniendiagrammen wieder aufgenommen (vgl. die Überschriften).

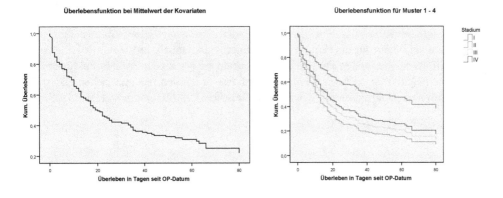

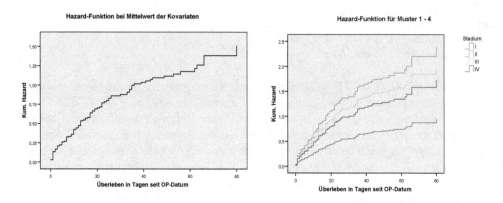

Die Diagramme geben die vom Modell vorhergesagte Überlebenszeit bzw. das Risiko für den „durchschnittlichen" Patienten wieder (vgl. dazu 4.7.2). Die Diagramme rechts sind nach den Ausprägungen der kategorialen Kovariate ST gruppiert. Die Diagramme links werden für ihren Mittelwert ausgegeben, was nur eingeschränkt sinnvoll ist. Deutlich ist zu erkennen, dass die Gruppe „I" ein geringeres Risiko aufweist als die anderen drei Gruppen. Exp(B) verkörpert den Abstand zwischen „I" und den jew. anderen Linien. Die Schwere der Krankheit hat hier einen signifikanten Einfluss auf das Nichtüberleben. Der Effekt der kategorialen Variable ST rührt, wie aus diesen Diagrammen zu ersehen ist, auf dem deutlichen günstigeren Verlauf der Gruppe ST=1.

## 4.7.5 Cox-Regressionen für Interaktionen

Interaktionen können dann modelliert werden, sobald ein Modell mehr als einen Hauptfaktor enthält. Ein einzelner Hauptfaktor ist die Modellierung der unausgesprochenen Annahme, dass nichts außer diesem einzelnen Hauptfaktor einen Einfluss auf die Überlebenszeit habe. Interaktionen zwischen zwei oder mehr Hauptfaktoren sind dagegen Modellierungen der Annahme, dass Wechselwirkungen zwischen den Hauptfaktoren und somit ihrem Einfluss auf die Überlebenszeit bestehen (Klein & Moeschberger, 2003, 250–253).
Kleinbaum & Klein (2005, 26–27) weisen auf den möglichen Effekt von Konfundierungen mit Drittvariablen hin. Allison (2001, 14) empfiehlt, alle Faktoren in ein Modell aufzunehmen, die mögliche Aufschlüsse über das Ausmaß der *Zensierung* liefern könnten.
Interaktionen sind dann für eine Fragestellung interessant, sobald anzunehmen ist, dass sich die Hazard-Ratios eines ersten Faktors ändern, sobald sie mit einem zweiten Faktor in einem gemeinsamen Modell spezifiziert werden. Interaktionen können mit metrischen (Beispiel I) aber auch mit kategorial skalierten Kovariaten (Beispiel II und III) modelliert werden.

**Beispiel I: Zwei metrische Variablen**

**Fragestellung:**
Ziel der nachfolgenden Analyse ist zu überprüfen, ob die beiden metrischen Einflussvariablen T_GROESSE (Tumorgröße) und LYM_KNOT (Anzahl der Lymphknoten) als Haupteffekte oder auch als Wechselwirkung einen Einfluss auf die Überlebenszeiten von N=171 Patienten haben.
Die Darstellung konzentriert sich im Weiteren auf das Wesentliche des aktuellen Analysebeispiels. Bereits bekannte Pfade für die Mauslenkung, in SPSS Syntax protokollierte Einstellungen oder auch gleiche oder zumind. sehr ähnliche Outputs werden nicht nochmals dargestellt bzw. erläutert.

*Pfad: Analysieren → Überleben → Cox-Regression...*
Ziehen Sie die beiden metrischen Variablen T_GROESSE und LYM_KNOT wie bisher in das Feld „Kovariaten". Markieren Sie diese beiden Variablen in der Variablenliste links nochmals und verschieben Sie das Variablenpaar nun gleichzeitig über den unteren Button „≥a*>b" in das Feld „Kovariaten". Stellen Sie unter „Methode" „Einschluss" ein.

Starten Sie die Berechnung mit „OK".

**Syntax:**
```
COXREG
  ueberleb
  /STATUS=uestatus(1)
  /METHOD=ENTER lym_knot t_groesse lym_knot*t_groesse
  /PLOT SURVIVAL HAZARD
  /PRINT=CI(95) BASELINE
  /CRITERIA=PIN(.05) POUT(.10) ITERATE(20)  .
```

Anm.: Unter /METHOD wird mittels des Befehls ENTER die Methode „Einschluss" angefordert. Nach ENTER wird der gewünschte Effekt, in diesem Falle die beiden intervallskalierten Variablen LYM_KNOT und T_GROESSE sowie ihre Interaktion angegeben.

**Output:**

## Cox-Regression

### Auswertung der Fallverarbeitung

|                       |                                                              | N   | Prozent |
|-----------------------|--------------------------------------------------------------|-----|---------|
| Für Analyse verfügbare Fälle | Ereignis[a]                                            | 66  | 38,6%   |
|                       | Zensiert                                                      | 86  | 50,3%   |
|                       | Insgesamt                                                     | 152 | 88,9%   |
| Nicht verwendete Fälle | Fälle mit fehlenden Werten                                  | 19  | 11,1%   |
|                       | Fälle mit negativer Zeit                                      | 0   | ,0%     |
|                       | Zensierte Fälle vor dem frühesten Ereignis in einer Schicht  | 0   | ,0%     |
|                       | Insgesamt                                                     | 19  | 11,1%   |
| Insgesamt             |                                                              | 171 | 100,0%  |

a. Abhängige Variable: Überlebenszeit (Monate)

Die Tabelle „Auswertung der Fallverarbeitung" wird nicht weiter erläutert.

## Block 0: Anfangsblock

**Omnibus-Tests der Modellkoeffizienten**

| -2 Log-Likelihood |
|-------------------|
| 572,873           |

Die Tabelle „Omnibus-Tests der Modellkoeffizienten" wird nicht weiter erläutert.

## Block 1: Methode = Einschluss

### Omnibus-Tests der Modellkoeffizienten[a,b]

| -2 Log-Likelihood | Gesamt (Wert) | | | Änderung aus vorangegangenem Schritt | | | Änderung aus vorangegangenem Block | | |
|---|---|---|---|---|---|---|---|---|---|
|  | Chi-Quadrat | df | Signifikanz | Chi-Quadrat | df | Signifikanz | Chi-Quadrat | df | Signifikanz |
| 496,925 | 104,615 | 3 | ,000 | 75,947 | 3 | ,000 | 75,947 | 3 | ,000 |

a. Anfangsblocknummer 0, anfängliche Log-Likelihood-Funktion: -2 Log-Likelihood: 572,873

b. Beginnen mit Block-Nr. 1. Methode = Einschluß

Die Tabelle „Omnibus-Tests der Modellkoeffizienten" wird nicht weiter erläutert.
Die Tabelle „Überlebenstabelle" (nicht angezeigt) wird nicht weiter erläutert.

**Variablen in der Gleichung**

| | B | SE | Wald | df | Signifikanz | Exp(B) | 95,0% Konfidenzinterv. für Exp(B) | |
|---|---|---|---|---|---|---|---|---|
| | | | | | | | Untere | Obere |
| lym_knot | ,191 | ,048 | 15,917 | 1 | ,000 | 1,211 | 1,102 | 1,330 |
| t_groesse | ,723 | ,082 | 77,429 | 1 | ,000 | 2,060 | 1,754 | 2,420 |
| lym_knot*t_groesse | -,051 | ,017 | 9,498 | 1 | ,002 | ,950 | ,920 | ,982 |

Die beiden intervallskalierten Variablen LYM_KNOT und T_GROESSE sowie ihre Interaktion erreichen statistische Signifikanz. Die Konfidenzintervalle von Exp(B) schließen die 1 aus. Für diese Kovariaten ergeben sich folgende Effekte:

- LYM_KNOT: [(1,211 – 1)*100] = 21,1%. Mit der Zunahme von LMY_KNOT um eine Einheit steigt die Überlebenswahrscheinlichkeit um 21,1%.
- T_GROESSE: [(2,060 – 1)*100] = 106%. Mit der Zunahme von T_GROESSE um eine Einheit steigt die Überlebenswahrscheinlichkeit um 106%.
- LYM_KNOT*T_GROESSE: [0,950 – 1)*100] = –5%. Mit der Zunahme der Wechselwirkung zwischen LYM_KNOT und T_GROESSE um eine Einheit sinkt die Überlebenswahrscheinlichkeit um 5%.

**Kovariaten-Mittelwerte**

| | Mittelwert |
|---|---|
| lym_knot | 1,092 |
| t_groesse | 1,338 |
| lym_knot*t_groesse | 2,492 |

Die Tabelle „Kovariaten-Mittelwerte" wird nicht weiter erläutert.

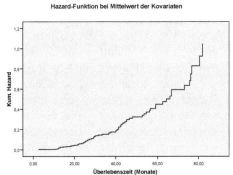

Die Diagramme geben die vom Modell vorhergesagte Überlebenszeit bzw. das vorhergesagte Risiko für den „durchschnittlichen" Patienten wieder und werden nicht weiter erläutert.

**Anmerkung:**

Das Ergebnis, dass mit zunehmender Lymphknotenzahl bzw. Tumorgröße die Überlebenswahrscheinlichkeit ansteigt, erscheint zunächst kontraintuitiv. Eigentlich wäre zu erwarten gewesen, dass die Überlebenswahrscheinlichkeit mit zunehmender Lymphknotenzahl bzw. Tumorgröße abfällt. Wird das Ergebnis aber genauer besehen, dass nämlich *bei der vorliegenden* Stichprobe mit zunehmender Lymphknotenzahl bzw. Tumorgröße die Überlebenswahrscheinlichkeit ansteigt, so deutet diese Lesart mögliche Ursachen in Gestalt von Problemen der Studie selbst an: Die untersuchte Stichprobe setzt sich überproportional aus Fällen zusammen, die trotz ausgeprägter Lymphknotenzahl bzw. Tumorgröße eine deutliche höhere Überlebenszeit aufweisen. Dieses Phänomen soll im Folgenden als hypothetischer Faktor „Robustheit" umschrieben und diskutiert werden. Das kontraintuitive Ergebnis könnte durch mehrere Fehlerarten erklärt und diskutiert werden (z.B.):

- **Konzeptioneller Fehler** (Tumortyp): Tumor ist nicht gleich Tumor. Bei der Protokollierung wurde evtl. übersehen, dass es benigne Tumoren gibt, die deutlich weniger letal sind wie z.B. maligne Tumoren. Wurden nun z.B. ausschließlich Fälle mit benignem Tumor erhoben, dann üben die Faktoren Lymphknotenzahl bzw. Tumorgröße keinen kausalen Effekt auf Überleben aus, sondern sind selbst nur abhängig vom Faktor Zeit (also mit dieser konfundiert): Je länger ein Fall lebt, umso größer wird ein benigner Tumor. Der Tumor selbst ist jedoch nicht die *Ursache* für das Überleben. Die eigentliche Ursache für das Überleben ist die individuelle Robustheit einer Person. – Für die Diskussion weiterer Aspekte nehmen wir jedoch der Einfachheit halber an, dass es sich in dieser Studie ausschließlich um malignen Tumor handele, der eindeutig in einem Zusammenhang mit geringerem Überleben stehen müsste.

- **Ziehungsfehler**: Handelt es sich bei den untersuchten Fällen um Elemente aus einer sog. anfallenden Stichprobe, besteht durchaus auch die Möglichkeit, dass sich die Elemente dieser Stichprobe systematisch in ihren Merkmalen unterscheiden (Bias). Naheliegend ist ein sog. Selektionseffekt: Weil Fälle in eine Survivalanalyse nur dann einbezogen werden können, wenn sie am Leben sind, ist bei Fällen, die noch leben *und* ausgeprägte Tumorparameter haben, das Charakteristikum einer auch ausgeprägten Robustheit nicht ganz auszuschließen. Vor allem dann, wenn Fälle, die wenig robust waren, u.U. bereits an nicht ausgeprägten Tumorparametern verstorben sein könnten. Wurden nun zufällig überwiegend robuste Fälle gezogen, dann kann ihr Überleben auch weniger von den Tumorparametern beeinflusst sein, sondern u.U. umso mehr von ihrer individuellen Robustheit. Die Lymphknotenzahl bzw. Tumorgröße sind vielleicht abhängig von der Zeit, aber selbst nicht notwendigerweise (alleinige) Ursache für das Überleben bzw. Versterben. Im Gegenteil kann zusätzlich angenommen werden, dass die Lymphknotenzahl bzw. Tumorgröße (auch) abhängig sind von der Robustheit. Je robuster ein Fall ist, umso länger lebt er und desto größer ausgeprägter können Tumorparameter werden, ohne dass ein Fall automatisch beeinträchtigte Überlebenschancen hat.

Die Interpretation dieses Ergebnisses erschließt einen nicht zu übergehenden Faktor „Robustheit", der auf jeden Fall weiterer Exploration bedarf, deutet er doch im Wesentlichen möglicherweise massive Fehler des Studiendesigns an.

Weitere Datenexplorationen, wie auch eine retrospektive Analyse des Untersuchungsdesigns wären empfehlenswert. Das Ergebnis ist hier wie so oft in der multivariaten Statistik: Nach der Analyse ist vor der Analyse.

**Beispiel II: Eine metrische und eine kategoriale Variable**

**Fragestellung:**
Ziel der nachfolgenden Analyse ist zu überprüfen, ob die metrische Variable LYM_KNOT (Anzahl der Lymphknoten) und die dichotome Variable HISTGRAD (Histolog. Grad, mit den Ausprägungen 2 und 3) als Haupteffekte oder auch als Wechselwirkung einen Einfluss auf die Überlebenszeiten von N=171 Patienten haben. – Für diese Übung ist ausserdem die Ausprägung 1 von HISTGRAD als Missing zu definieren oder ganz zu löschen. – Die weitere Darstellung konzentriert sich auf das Wesentliche des aktuellen Analysebeispiels. Bereits bekannte Pfade für die Mauslenkung, in SPSS Syntax protokollierte Einstellungen oder auch gleiche oder zumind. sehr ähnliche Outputs werden nicht nochmals dargestellt bzw. erläutert.

**Syntax:**

```
COXREG
  ueberleb /STATUS=uestatus(1)
  /PATTERN BY histgrad
  /CONTRAST (histgrad)=indicator(1)
  /METHOD=ENTER histgrad lym_knot histgrad*lym_knot
  /PLOT SURVIVAL HAZARD
  /PRINT=CI(95) BASELINE
  /CRITERIA=PIN(.05) POUT(.10) ITERATE(20)  .
```

**Output:**

## Cox-Regression

**Auswertung der Fallverarbeitung**

| | | N | Prozent |
|---|---|---|---|
| Für Analyse verfügbare Fälle | Ereignis [a] | 54 | 31,6% |
| | Zensiert | 62 | 36,3% |
| | Insgesamt | 116 | 67,8% |
| Nicht verwendete Fälle | Fälle mit fehlenden Werten | 55 | 32,2% |
| | Fälle mit negativer Zeit | 0 | ,0% |
| | Zensierte Fälle vor dem frühesten Ereignis in einer Schicht | 0 | ,0% |
| | Insgesamt | 55 | 32,2% |
| Insgesamt | | 171 | 100,0% |

a. Abhängige Variable: Überlebenszeit (Monate)

Die Tabelle „Auswertung der Fallverarbeitung" wird nicht weiter erläutert.

**Codierungen für kategoriale Variablen** [b]

|  |  | Häufigkeit | (1) |
|---|---|---|---|
| histgrad [a] | 2=2 | 68 | 0 |
|  | 3=3 | 48 | 1 |

[a]. Kodierung für Indikatorparameter

[b]. Kategorie-Variable: histgrad (Histolog. Grad)

Die Tabelle „Codierungen für kategoriale Variablen" wird nicht weiter erläutert.

## Block 0: Anfangsblock

**Omnibus-Tests der Modellkoeffizienten**

| -2 Log- Likelihood |
|---|
| 428,604 |

Die Tabelle „Omnibus-Tests der Modellkoeffizienten" wird nicht weiter erläutert.

## Block 1: Methode = Einschluss

**Omnibus-Tests der Modellkoeffizienten**[a,b]

| -2 Log- Likelihood | Gesamt (Wert) | | | Änderung aus vorangegangenem Schritt | | | Änderung aus vorangegangenem Block | | |
|---|---|---|---|---|---|---|---|---|---|
|  | Chi-Quadrat | df | Signifikanz | Chi-Quadrat | df | Signifikanz | Chi-Quadrat | df | Signifikanz |
| 416,841 | 15,356 | 3 | ,002 | 11,763 | 3 | ,008 | 11,763 | 3 | ,008 |

[a]. Anfangsblocknummer 0, anfängliche Log-Likelihood-Funktion: -2 Log-Likelihood: 428,604

[b]. Beginnen mit Block-Nr. 1. Methode = Einschluß

Die Tabelle „Omnibus-Tests der Modellkoeffizienten" wird nicht weiter erläutert.
Die Tabelle „Überlebenstabelle" (nicht angezeigt) wird nicht weiter erläutert.

**Variablen in der Gleichung**

|  | B | SE | Wald | df | Signifikanz | Exp(B) | 95,0% Konfidenzinterv. für Exp(B) | |
|---|---|---|---|---|---|---|---|---|
|  |  |  |  |  |  |  | Untere | Obere |
| histgrad | ,620 | ,307 | 4,070 | 1 | ,044 | 1,858 | 1,018 | 3,393 |
| lym_knot | ,098 | ,038 | 6,545 | 1 | ,011 | 1,103 | 1,023 | 1,189 |
| histgrad*lym_knot | -,024 | ,053 | ,202 | 1 | ,653 | ,976 | ,880 | 1,083 |

Die Kategorialvariable HISTGRAD und die intervallskalierte Variable LYM_KNOT erreichen statistische Signifikanz, nicht jedoch ihre Interaktion (p=0,653). Die Konfidenzintervalle von Exp(B) schließen die 1 aus, außer bei der Interaktion. Obwohl die ausgegebenen Pa-

rameter gleich aussehen, sind sie aufgrund ihrer Skalierung unterschiedlich zu interpretieren. Es ergeben sich folgende Effekte:

- Kategorial HISTGRAD (dichotom): Die Hazards können direkt abgelesen werden. Die Testrichtung „3" vs. „2" („Referenzkategorie", Dummy-Kodierung=0) ergibt für die Gruppe „3" ein 1,858mal höheres Risiko im Vergleich Gruppe „2". Für die (umgekehrte) Testrichtung „2" vs. „3" ergibt sich über (1 / 1.858 ≈ 0,538) für die Gruppe „2" ein ca. 0,54mal geringeres Risiko.
- Metrisch: LYM_KNOT: [(1,103 – 1)*100] = 10,3%. Mit der Zunahme von LMY_KNOT um eine Einheit erhöht sich die Überlebenswahrscheinlichkeit um 10,3%.

**Kovariaten-Mittelwerte und Muster-Werte**

|                  | Mittelwert | Muster | |
|------------------|------------|--------|--------|
|                  |            | 1      | 2      |
| histgrad         | ,414       | ,000   | 1,000  |
| lym_knot         | 1,371      | 1,371  | 1,371  |
| histgrad*lym_knot| ,595       | ,000   | 1,371  |

Die Tabelle „Kovariaten-Mittelwerte" wird nicht weiter erläutert.

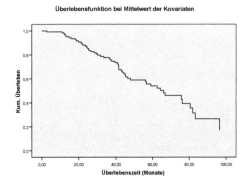

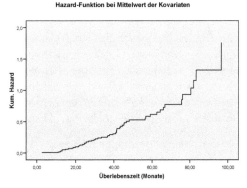

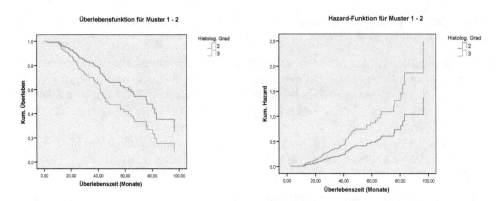

Die Diagramme geben die vom Modell vorhergesagte Überlebenszeit bzw. das vorhergesagte Risiko für den „durchschnittlichen" Patienten wieder und werden nicht weiter erläutert.

**Beispiel III: Separate Überlebensfunktionen für sog. „Muster"**
Enthält ein Cox-Modell mehrere Kategorialvariablen, so ist oft auch die Frage interessant, ob sich die jeweiligen Kombinationen der Ausprägungen der einzelnen Kategorialvariablen (Muster) in ihrem Effekt auf das Überleben unterscheiden. Diese sog. Muster werden durch die *vorhandenen* Ausprägungen der einzelnen Kategorialvariablen und ihre Kombination gebildet. Enthält ein Modell z.B. die Variable „Karzinom" mit den Ausprägungen „ja" bzw. „nein" und die Variable „Histologiegrad" mit den vorhandenen Ausprägungen „I", „III" sowie „IV", dann ergeben sich folgende Kombinationsmöglichkeiten:

Muster 1: „Karzinom"= „ja" bei „Histologiegrad"= „I"
Muster 2: „Karzinom"= „ja" bei „Histologiegrad"= „III"
Muster 3: „Karzinom"= „ ja" bei „Histologiegrad"= „IV"
Muster 4: „Karzinom"= „nein" bei „Histologiegrad"= „I"
Muster 5: „Karzinom"= „nein" bei „Histologiegrad"= „III"
Muster 6: „Karzinom"= „nein" bei „Histologiegrad"= „IV"

Diese Kombinationsmöglichkeiten der vorhandenen Ausprägungen der einzelnen Kategorialvariablen werden als „Muster" bezeichnet und können mit SPSS in ihrem Effekt auf das Überleben untersucht werden.

**Fragestellung:**
Ziel der nachfolgenden Analyse ist zu prüfen, ob die kombinierten Ausprägungen zweier kategorialer Variablen (HISTGRAD, LN_YESNO) unter der Berücksichtigung des Effekts der metrischen Variablen T_GROESSE einen Einfluss auf die jeweiligen Überlebenszeiten der Patienten haben und auch, ob sich dieser Effekt visualisieren lässt. – Für diese Übung ist die Ausprägung 1 von HISTGRAD als fehlend zu definieren oder ganz zu löschen. – Die Darstellung konzentriert sich im Weiteren auf das Wesentliche des aktuellen Analysebeispiels. Bereits bekannte Pfade für die Mauslenkung, in SPSS Syntax protokollierte Einstel-

lungen oder auch gleiche oder zumind. sehr ähnliche Outputs werden nicht nochmals dargestellt bzw. erläutert.

**Syntax:**

```
MEANS
  TABLES=t_groesse
  /CELLS MEAN STDDEV COUNT .
```

Anm.: Über MEANS wird der Mittelwert der metrischen Variablen T_GROESSE bestimmt.
Der Mittelwert von T_GROESSE beträgt 1,3376. Diese Größe wird für die Definition der
einzelnen Muster benötigt (siehe unten).

```
COXREG
  ueberleb
/STATUS=uestatus(1)
/CATEGORICAL = histgrad ln_yesno
/METHOD=ENTER t_groesse histgrad ln_yesno
/OUTFILE=TABLE("C:\cox_surv.sav")
/PATTERN t_groesse(1.3376) histgrad(2) ln_yesno(0)
/PATTERN t_groesse(1.3376) histgrad(3) ln_yesno(0)
/PATTERN t_groesse(1.3376) histgrad(4) ln_yesno(0)
/PATTERN t_groesse(1.3376) histgrad(2) ln_yesno(1)
/PATTERN t_groesse(1.3376) histgrad(3) ln_yesno(1)
/PATTERN t_groesse(1.3376) histgrad(4) ln_yesno(1)
/CRITERIA=PIN(.05) POUT(.10) ITERATE(20)
/PRINT=CI(95) .
```

Anm.: Nach COXREG wird die Variable für die Überlebenszeit angegeben (UEBERLEB).
Mit dem CATEGORICAL-Unterbefehl werden die Variablen HISTGRAD und LN_YESNO
gegenüber SPSS explizit als kategorial skaliert deklariert. Nach /METHOD werden nach
ENTER (Methode „Einschluss") die metrische Variable T_GROESSE sowie die beiden
Kategorialvariablen HISTGRAD und LN_YESNO angegeben. Nach METHOD dürfen nur
Variablen stehen, die auch in den sog. Mustern (vgl. PATTERN, s.u.) berücksichtigt werden
sollen. Mittels OUTFILE= wird die Überlebenstabelle in die SPSS Datei „cox_surv.sav"
geschrieben. Das Schlüsselwort TABLE bewirkt, dass die angelegte Datei die Überlebenszeit
(Variable „Überlebenszeit (Monate)"), die Überlebens-Grundlinienfunktion und den dazugehörigen Standardfehler, die Überlebensfunktion und den dazugehörigen Standardfehler beim
Mittelwert enthält sowie das Überleben für die jeweiligen Kombinationen der Kategorialvariablen (Muster) (z.B. HISTGRAD=2 und LN_YESNO=0) und die dazugehörigen Standardfehler. Für die kumulative Hazard-Funktion werden ebenfalls die Grundlinie, die Funktion
beim Mittelwert sowie für die verschiedenen Muster ausgegeben.
Die jeweiligen Kombinationen der Kategorialvariablen (Muster) werden unter PATTERN an
SPSS übergeben. Für jedes PATTERN gibt SPSS eine separate Linie im Diagramm aus. Die
Analyse und grafische Wiedergabe des Effekts der Variablen T_GROESSE, HISTGRAD
und LN_YESNO wird so vorgenommen, dass zunächst der Mittelwert der metrischen Variablen T_GROESSE bestimmt wird (siehe oben). Anschließend wird die Anzahl der *vorhan-*

*denen* Ausprägungen der Kategorialvariablen miteinander multipliziert, was für die beiden Variablen HISTGRAD und LN_YESNO sechs ergibt. Sofern alle Variablenkombinationen für die Analyse relevant sein sollten (was bei einer zu geringen Datenmenge nicht notwendigerweise immer der Fall zu sein braucht), bedeutet dies, dass insgesamt *sechs* PATTERN-Anweisungen an SPSS übergeben werden müssen.

Die erste PATTERN-Zeile enthält das erste Muster, also nach der intervallskalierten Variablen T_GROESSE deren Mittelwert, nach der ersten Kategorialvariablen (HISTGRAD) die erste *vorhandene* Ausprägung (im Beispiel: 2) und anschließend für die zweite Kategorialvariable (LN_YESNO) die erste *vorhandene* Ausprägung (im Beispiel: 0). Das Vorgehen verläuft für das nächste Muster nach demselben Schema. Nach der intervallskalierten Variablen wird der Mittelwert angegeben; nach den Kategorialvariablen die jeweils nächste *vorhandene* Ausprägung usw. Dieser Prozess wird so lange wiederholt, bis alle (relevanten) Variablenkombinationen (Muster) in Form von PATTERN-Zeilen an SPSS übergeben worden sind. Wurden nach METHOD Variablen angegeben, die nicht in den Mustern berücksichtigt wurden, werden diese von SPSS dennoch in die Analyse einbezogen und können insofern die Interpretation des Ergebnisses deutlich erschweren. Insofern sollten entweder diese Variablen aus der Liste nach METHOD entfernt werden oder in die PATTERN-Zeilen aufgenommen werden. Werden Kategorialvariablen nicht mittels CATEGORIAL explizit gegenüber SPSS als kategorial deklariert, werden diese Variablen als metrisch skaliert in die Analyse einbezogen; in der Folge wird u.a. die Schätzung der Kovariaten-Mittelwerte und Muster-Werte verzerrt. Der Unterbefehl PATTERN kann nicht bei der Analyse zeitabhängiger Kovariaten verwendet werden.

```
GET FILE="C:\cox_surv.sav".

variable labels
    SUR_1    "Überleben für HISTGRAD=2 LN_YESNO=0"
    SUR_2    "Überleben für HISTGRAD=3 LN_YESNO=0"
    SUR_3    "Überleben für HISTGRAD=4 LN_YESNO=0"
    SUR_4    "Überleben für HISTGRAD=2 LN_YESNO=1"
    SUR_5    "Überleben für HISTGRAD=3 LN_YESNO=1"
    SUR_6    "Überleben für HISTGRAD=4 LN_YESNO=1".
exe.
```

Die Variablenlabels werden auf der Grundlage der Tabellen „Codierungen für kategoriale Variablen" und „Kovariaten-Mittelwerte und Muster-Werte" vergeben. Bei der Vergabe der Labels für die Variablen SUV_1, ..., SUV_n sollte mit der gebotenen Sorgfalt vorgegangen werden. Im Beispiel wird aus Platzgründen auf einen Hinweis auf T_GROESSE in den Labels verzichtet. Es ist also bei der Interpretation der Ergebnisse zu beachten, dass die Funktionen auf drei Variablen aufbauen und nicht nur zwei, wie die Labels suggerieren könnten.

```
GRAPH
/SCATTERPLOT(OVERLAY)=UEBERLEB UEBERLEB UEBERLEB UEBERLEB
             UEBERLEB UEBERLEB WITH SUR 1 SUR 2 SUR 3
             SUR_4 SUR_5 SUR_6 (PAIR)
```

```
/MISSING=VARIABLE  .

list var= UEBERLEB SUR_1 SUR_2 SUR_3 SUR_4 SUR_5 SUR_6 .
```

**Output:**

**Mittelwerte**

**Bericht**

Tumorgröße

| Mittelwert | Standardab-weichung | N |
|---|---|---|
| 1,3376 | 1,27055 | 152 |

Der Mittelwert von T_GROESSE beträgt 1,3376. Diese Größe wurde für die Definition der einzelnen Muster benötigt (siehe oben).

## Cox-Regression

**Auswertung der Fallverarbeitung**

| | | N | Prozent |
|---|---|---|---|
| Für Analyse verfügbare Fälle | Ereignis[a] | 66 | 38,6% |
| | Zensiert | 86 | 50,3% |
| | Insgesamt | 152 | 88,9% |
| Nicht verwendete Fälle | Fälle mit fehlenden Werten | 19 | 11,1% |
| | Fälle mit negativer Zeit | 0 | ,0% |
| | Zensierte Fälle vor dem frühesten Ereignis in einer Schicht | 0 | ,0% |
| | Insgesamt | 19 | 11,1% |
| Insgesamt | | 171 | 100,0% |

a. Abhängige Variable: Überlebenszeit (Monate)

Die Tabelle „Auswertung der Fallverarbeitung" wird nicht weiter erläutert.

**Codierungen für kategoriale Variablen[b,c]**

|  |  | Häufigkeit | (1) | (2) |
|---|---|---|---|---|
| histgrad [a] | 2=2 | 61 | 1 | 0 |
|  | 3=3 | 43 | 0 | 1 |
|  | 4=fehlende Daten | 48 | -1 | -1 |
| ln_yesno [a] | 0=No | 116 | 1 |  |
|  | 1=Yes | 36 | -1 |  |

a. Kodierung für Abweichungsparameter

b. Kategorie-Variable: histgrad (Histolog. Grad)

c. Kategorie-Variable: ln_yesno (Lymph Node)

Die Tabelle „Codierungen für kategoriale Variablen" ist für die Interpretation der Tabelle „Kovariaten-Mittelwerte und Muster-Werte" und der Vergabe der Variablenlabels unverzichtbar. Die Tabelle „Codierungen für kategoriale Variablen" wird nicht weiter erläutert.

## Block 0: Anfangsblock

**Omnibus-Tests der Modellkoeffizienten**

| -2 Log- Likelihood |
|---|
| 572,873 |

Die Tabelle „Omnibus-Tests der Modellkoeffizienten" wird nicht weiter erläutert.

## Block 1: Methode = Einschluss

**Omnibus-Tests der Modellkoeffizienten[a,b]**

| -2 Log- Likelihood | Gesamt (Wert) |  |  | Änderung aus vorangegangenem Schritt |  |  | Änderung aus vorangegangenem Block |  |  |
|---|---|---|---|---|---|---|---|---|---|
|  | Chi-Quadrat | df | Signifikanz | Chi-Quadrat | df | Signifikanz | Chi-Quadrat | df | Signifikanz |
| 499,512 | 103,130 | 4 | ,000 | 73,361 | 4 | ,000 | 73,361 | 4 | ,000 |

a. Anfangsblocknummer 0, anfängliche Log-Likelihood-Funktion: -2 Log-Likelihood: 572,873

b. Beginnen mit Block-Nr. 1. Methode = Einschluß

Die Tabelle „Omnibus-Tests der Modellkoeffizienten" wird nicht weiter erläutert.
Die Tabelle „Überlebenstabelle" (nicht angezeigt) wird nicht weiter erläutert.

**Variablen in der Gleichung**

|  | B | SE | Wald | df | Signifikanz | Exp(B) | 95,0% Konfidenzinterv. für Exp(B) | |
|---|---|---|---|---|---|---|---|---|
|  |  |  |  |  |  |  | Untere | Obere |
| t_groesse | ,593 | ,077 | 58,809 | 1 | ,000 | 1,809 | 1,555 | 2,105 |
| histgrad |  |  | 3,405 | 2 | ,182 |  |  |  |
| histgrad(1) | -,229 | ,179 | 1,632 | 1 | ,201 | ,795 | ,559 | 1,130 |
| histgrad(2) | ,296 | ,174 | 2,911 | 1 | ,088 | 1,345 | ,957 | 1,890 |
| ln_yesno | -,354 | ,134 | 6,947 | 1 | ,008 | ,702 | ,539 | ,913 |

Die Kategorialvariable LN_YESNO erreicht statistische Signifikanz. Das Konfidenzintervall schließt die 1 aus. Die Kategorialvariable HISTGRAD erreicht dagegen keine statistische Signifikanz. Die Konfidenzintervalle um das Exp(B) schließen jeweils die 1 ein. Obwohl die ausgegebenen Parameter von T_GROESSE und LN_YESNO gleich aussehen, sind sie aufgrund ihrer Skalierung unterschiedlich zu interpretieren. Die Tabelle „Variablen in der Gleichung" wird nicht weiter erläutert.

**Kovariaten-Mittelwerte und Muster-Werte**

| | Mittelwert | Muster | | | | | |
|---|---|---|---|---|---|---|---|
| | | 1 | 2 | 3 | 4 | 5 | 6 |
| t_groesse | 1,338 | 1,338 | 1,338 | 1,338 | 1,338 | 1,338 | 1,338 |
| histgrad(1) | ,086 | 1,000 | ,000 | -1,000 | 1,000 | ,000 | -1,000 |
| histgrad(2) | -,033 | ,000 | 1,000 | -1,000 | ,000 | 1,000 | -1,000 |
| ln_yesno | ,526 | 1,000 | 1,000 | 1,000 | -1,000 | -1,000 | -1,000 |

Die Tabelle „Kovariaten-Mittelwerte und Muster-Werte" gibt die von SPSS intern verwendeten Kodierungen wieder. Wird auf die Tabelle „Codierungen für kategoriale Variablen" (siehe oben) zurückgegriffen, so ist zu erkennen, dass das Muster 1 der Kombination TGROESSE=1,338, HISTGRAD=2 und LN_YESNO=0 entspricht. Muster 2 entspricht der Kombination TGROESSE=1,338, HISTGRAD=3 und LN_YESNO=0 entspricht usw. Die einzelnen Muster 1, ..., n in der Tabelle werden von SPSS nacheinander als SUV_1, ..., SUV_n ausgegeben. Bei der Vergabe der Labels für die SUV-Variablen sollte mit der gebotenen Sorgfalt vorgegangen werden. Die Tabelle wird nicht weiter erläutert.

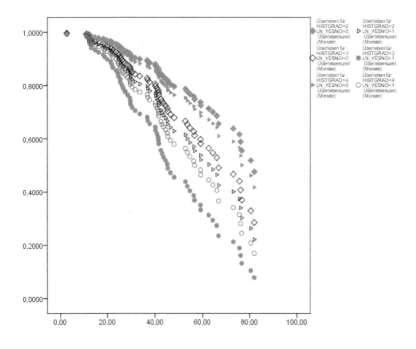

Das Diagramm gibt die vom Modell vorhergesagte Überlebenszeit bzw. das vorhergesagte Risiko für „durchschnittliche" Patienten mit den jeweiligen Mustern wieder. Für „durchschnittliche" Patienten mit dem Muster HISTGRAD=4 und LN_YESNO=1 nimmt die Überlebenszeit z.B. deutlich schneller ab als für „durchschnittliche" Patienten mit dem Muster HISTGRAD=2 und LN_YESNO = 0 (jeweils unter Berücksichtigung des Effekts von T_GROESSE).

```
ueberleb   SUR_1   SUR_2   SUR_3   SUR_4   SUR_5   SUR_6

    2,63   ,9976   ,9959   ,9972   ,9951   ,9917   ,9942
   11,03   ,9951   ,9918   ,9943   ,9901   ,9834   ,9884
                     ... Ausgabe gekürzt ...
   76,63   ,5554   ,3699   ,5008   ,3028   ,1326   ,2454
   80,47   ,5187   ,3295   ,4621   ,2636   ,1049   ,2085
   81,93   ,4764   ,2854   ,4181   ,2217   ,0783   ,1701


Number of cases read:   64    Number of cases listed:   64
```

Abschließend werden die Schätzer der Überlebenszeit für die „durchschnittlichen" Patienten mit dem jeweiligen Mustern ausgegeben.

Mit SPSS ist es möglich, die Diagramme zusätzlich auch um Konfidenzintervalle zu ergänzen. Für Hinweise zum Vorgehen sei auf das Kapitel zur Survivalanalyse nach Kaplan-Meier verwiesen; dort findet sich ein Beispiel, bei dem für die kumulierte Überlebenswahrscheinlichkeit ein Konfidenzintervall mit 95% ermittelt wird.

**Weitere Variante:**
*Separate Überlebensfunktionen für eine Kategorialvariable sowie eine metrische Variable*

```
COXREG
  ueberleb
/STATUS=uestatus(1)
/CATEGORICAL = histgrad
/METHOD=ENTER t_groesse histgrad
/PATTERN t_groesse(1.3376) BY histgrad
/CRITERIA=PIN(.05) POUT(.10) ITERATE(20)
/PRINT=CI(95).
```

Anm.: Bei nur einer Kategorialvariablen lässt sich das Übergeben der Muster an SPSS vereinfachen, indem ein BY verwendet wird. Dieses Vorgehen ist v.a. bei der Analyse einer Kategorialvariablen mit zahlreichen Ausprägungen empfehlenswert. Das BY macht es jedoch erforderlich, dass die Kategorialvariable über /CATEGORICAL gegenüber SPSS explizit als kategorial skaliert deklariert wird.

```
GET FILE="C:\cox_surv.sav".

variable labels
   SUR_1      "Überleben für HISTGRAD=2"
   SUR_2      "Überleben für HISTGRAD=3"
   SUR_3      "Überleben für HISTGRAD=4".
exe.

GRAPH
/SCATTERPLOT(OVERLAY)= UEBERLEB UEBERLEB UEBERLEB
                 WITH SUR_1 SUR_2 SUR_3   (PAIR)
/MISSING=VARIABLE .
```

**Output:**

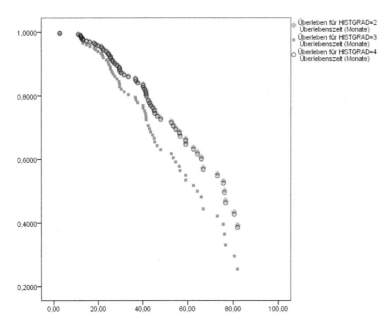

Anm.: Im Diagramm ist die Überlebensfunktion für HISTGRAD=4 kaum zu erkennen, da sie annähernd perfekt von der Überlebensfunktion für HISTGRAD=2 überlagert wird.

## 4.7.6 Überprüfung der Voraussetzungen einer Cox-Regression

Die folgenden Beispiele demonstrieren die Überprüfung diverser Voraussetzungen der Cox-Regression. Die Zusammenstellung der Kriterien basiert vorrangig auf Kleinbaum & Klein (2005) und Hosmer & Lemeshow (1999, v.a. Kap. 6). Zu Kriterien für Datenqualität im Allgemeinen vgl. Schendera (2007).

Übersicht:
- Datengrundlage
- Uni- und multivariate Ausreißer
- Unterschiede zwischen Zensierungen und Zielereignissen (Events)
- Multikollinearität
- Exploration der Proportionalitätsannahme (drei Ansätze)
- Bestimmung des notwendigen Stichprobenumfangs (Beispiel)

**Datengrundlage**
Anhand der Tabelle „Auswertung der Fallverarbeitung" kann eingesehen werden, ob die Zahl der für die Analyse verfügbaren Fälle ausreichend ist.
Missings sollten nicht vorkommen. Falls Missings doch auftreten, dann sollten diese sich völlig zufällig verteilen, was zu überprüfen ist.
Die für zeitbezogene Verfahren typische Annahme, dass der Kontext der Studie invariant bleibt und somit alle Randfaktoren zu Beginn, während und am Ende des Experiments vergleichbar sind, ist je nach Kontext zu prüfen, jedoch erfahrungsgemäß schwierig nachzuweisen.

**Uni- und multivariate Ausreißer**
Ausreißer beeinträchtigen die inferenzstatistischen Schätzungen. Die Daten sind daher auf das Vorliegen von uni- und multivariaten Ausreißern zu überprüfen. Nicht in jedem Fall ist ein formal auffälliger Wert immer auch ein inhaltlich auffälliger Wert (v.a. bei sozialwissenschaftlichen Daten; zur Definition von Ausreißern und zum Umgang mit ihnen vgl. z.B. Schendera, 2007).

*Univariate Ausreißer:*

```
DESCRIPTIVES
   VARIABLES=t_groesse lym_knot
  /SAVE
  /STATISTICS=MEAN STDDEV MIN MAX.
DESCRIPTIVES
   VARIABLES=zt_groesse zlym_knot
  /STATISTICS= MIN MAX .
```

**Deskriptive Statistik**

|  | N | Minimum | Maximum |
|---|---|---|---|
| Z-Wert: Tumorgröße | 152 | -,97404 | 4,45667 |
| Z-Wert: Lymphknoten | 171 | -,38266 | 5,64817 |
| Gültige Werte (Listenweise) | 152 |  |  |

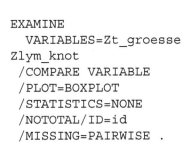

```
EXAMINE
  VARIABLES=Zt_groesse
Zlym_knot
  /COMPARE VARIABLE
  /PLOT=BOXPLOT
  /STATISTICS=NONE
  /NOTOTAL/ID=id
  /MISSING=PAIRWISE .
```

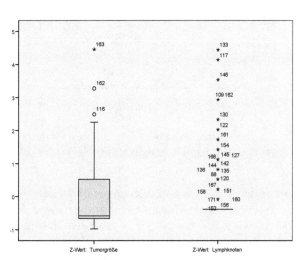

Je nach inhaltlichem und/oder formellem Kriterium sollten Fälle mit Werten über bestimmten Beträgen (z.B. 3) und/oder weiteren Charakteristiken genauer geprüft, transformiert oder ausgeschlossen werden.

*Multivariate Ausreißer:*

```
REGRESSION
  /MISSING LISTWISE
  /STATISTICS COEFF OUTS R ANOVA
  /CRITERIA=PIN(.05) POUT(.10)
  /NOORIGIN
  /DEPENDENT id
  /METHOD=ENTER t_groesse lym_knot
  /SAVE MAHAL .
compute DUMMY=1.
  exe.
EXAMINE
VARIABLES=MAH_1 BY DUMMY /PLOT=BOXPLOT
/STATISTICS=NONE
/NOTOTAL/ID=id .
```

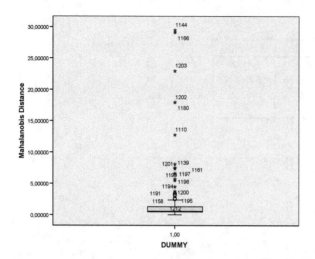

Je nach inhaltlichem und/oder formellem Kriterium sollten Fälle mit bestimmten Charakteristiken genauer geprüft, transformiert oder ausgeschlossen werden.

### Unterschiede zwischen Zensierungen und Zielereignissen (Events)

Die Überlebensanalyse nimmt an, dass die Gruppe der Fälle mit Zensierungen, die aus unerwarteten Gründen aus der Studie ausfielen und somit zensiert werden mussten, sich nicht systematisch von der Gruppe der Fälle mit dem Zielereignis unterscheiden.

Damit einher geht die für zeitbezogene Verfahren typische und je nach Kontext schwierig zu gewährleistende Annahme, dass der Kontext der Studie invariant bleibt und somit alle Randfaktoren zu Beginn, während und am Ende des Experiments vergleichbar sind.

```
COMPUTE event_zens=uestatus.
EXE.

REGRESSION
  /MISSING LISTWISE
  /STATISTICS COEFF OUTS R ANOVA
  /CRITERIA=PIN(.05) POUT(.10)
  /NOORIGIN
  /DEPENDENT event_zens
  /METHOD=ENTER
     t_groesse lym_knot .
```

**Koeffizienten[a]**

| Modell | | Nicht standardisierte Koeffizienten | | Standardisierte Koeffizienten | T | Signifikanz |
|---|---|---|---|---|---|---|
| | | B | Standardfehler | Beta | | |
| 1 | (Konstante) | ,014 | ,035 | | ,398 | ,691 |
| | Tumorgröße | ,294 | ,020 | ,751 | 14,715 | ,000 |
| | Lymphknoten | ,025 | ,009 | ,141 | 2,764 | ,006 |

a. Abhängige Variable: event_zens

Da es sich hier um multiple Testungen handelt, wird das Alpha $\alpha$ (z.B. 0,05, voreingestellt) um die Anzahl $n$ der zu prüfenden Kovariaten relativiert ($\alpha_{korr} = \alpha / n$). Die ausgegebenen Signifikanzen liegen deutlich unter $\alpha_{korr}$=0,025. Es muss der Schluss gezogen werden, dass sich die Fälle mit Zielereignissen von denjenigen mit Zensierungen in den regressionsanalytisch geprüften Variablen T_GROESSE und LYM_KNOT statistisch bedeutsam unterscheiden (alternativ wäre auch der Einsatz einer Diskriminanzanalyse möglich). Die mögliche Ursache kann ein systematischer, also nichtzufälliger Datenverlust sein. Trifft diese Erklärung zu, ändert dies sogar den Status eines ursprünglich echten Experiments: Ein *ursprünglich* echtes Experiment ist am Ende der Studie keines mehr, weil die Daten *am Ende des Experiments* nicht mehr das Produkt eines Zufallsprozesses sind, sondern über die Zeit hinweg durch einen noch unbekannten Bias oder Faktor verzerrt wurden.

Eine Ursache kann sein, dass sich im Verlaufe der Studie der Kontext dahingehend veränderte, dass ausschließlich Fälle mit bestimmten Charakteristika aus unerwarteten Gründen aus der Studie ausschieden. Es ist zu vermuten, dass die auslösenden Kontextfaktoren mit den besonderen Charakteristika der Fälle in einem noch zu explorierenden Zusammenhang stehen.

**Multikollinearität**

Die Überlebensanalyse, v.a. mittels metrischer Kovariaten, ist extrem anfällig für Interkorreliertheit bzw. Multikollinearität.

```
GRAPH
  /SCATTERPLOT(BIVAR)=lym_knot
  WITH t_groesse BY id (IDENTIFY)
  /MISSING=LISTWISE .


FACTOR
  /VARIABLES t_groesse lym_knot
  /MISSING LISTWISE
  /ANALYSIS t_groesse lym_knot
  /PRINT INITIAL EXTRACTION
  /PLOT EIGEN
  /CRITERIA MINEIGEN(1) ITERATE(100)
  /EXTRACTION PAF
  /ROTATION NOROTATE
  /METHOD=CORRELATION .
```

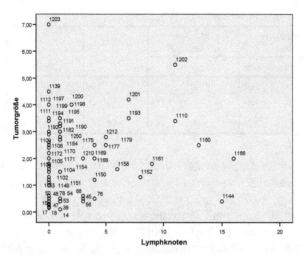

Multikollinearität kann z.B. mittels der Hauptachsen-Faktorenanalyse geprüft werden (s.o.). Variablen mit anfänglichen Kommunalitäten (SMC) > .90 sind zu prüfen und ggf. aus der Analyse zu entfernen. Einfache, paarweise Interkorreliertheit kann z.B. über die Korrelationsanalyse (SPSS Prozedur CORRELATIONS) und ergänzend durch ein Streudiagramm (s.o.) geprüft werden. Korrelationen können durch einflussreiche Werte drastisch verzerrt werden.

**Exploration der Proportionalitätsannahme (drei Ansätze)**
Die Cox-Regression geht davon aus, dass der Verlauf der Überlebenszeiten für verschiedene Gruppen über die Zeit hinweg derselbe ist, was sich in annähernd parallelen Linien ausdrücken sollte. Eine Überprüfung der Proportionalitätsannahme kann in SPSS zunächst grafisch mit dem LML-Diagramm (LML: Log-Minus-Log) exploriert werden und später mittels explizit gebildeter Wechselwirkungstests einer inferenzstatistischen Prüfung unterzogen werden (vgl. 4.7.7). Die unten angegebene Beispiel-Syntax schätzt ein stratifiziertes Modell. Die Variable PR_STAT wird nur als Stratifizierungsvariable (STRATA=), aber nicht ins Modell aufgenommen (METHOD=).
Ist die Annahme der Proportionalität der Hazards erfüllt, dann sollten die Linien des LML-Diagramms parallel sein und sich keinesfalls überschneiden. Wenn sich Kurven schneiden, muss die Proportionalitätsannahme verworfen werden. Für metrische Kovariaten empfiehlt sich eine explorative Unterteilung in kleine, aber bedeutsame Kategorien (Klein & Moeschberger, 2003, 272–273). Bei mehreren Kovariaten können Kombinationen von Kategorien überprüft werden.

**Syntax:**

```
COXREG
   ueberleb /STATUS=uestatus(1)
   /METHOD=ENTER lym_knot
   /STRATA pr_stat
   /PLOT LML
```

```
/PRINT=CI(95) BASELINE
/CRITERIA=PIN(.05) POUT(.10) ITERATE(20)  .
```

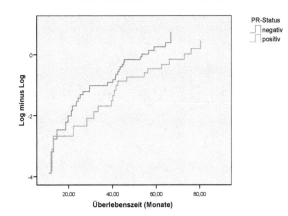

Die Annahme der Proportionalität der Hazards ist nicht erfüllt, da sich die Linien des LML-Diagramms überschneiden. Die Proportionalitätsannahme muss verworfen werden.

Ein alternativer Ansatz (vgl. Kleinbaum & Klein, 2005, 546–548; Rasch et al., 1998, 825–826) basiert auf der Kaplan-Meier-Schätzung. Das Kaplan-Meier-Verfahren schätzt die Überlebenszeiten (abgelegt in SUR_1), diese werden zweimal (einmal negativ) logarithmiert und in ein gruppiertes Streudiagramm ausgegeben. Auch hier sollte der Abstand der Punktelinien des Diagramms zueinander konstant (parallel) bleiben.

**Syntax:**

```
KM
   ueberleb BY pr_stat
   /STATUS=uestatus(1)
   /PRINT TABLE MEAN
   /SAVE=SURVIVAL  .

compute LgLgS=ln(-ln(SUR_1)).
exe.

GRAPH
   /SCATTERPLOT(BIVAR)=
ueberleb WITH LgLgS BY pr_stat
   /MISSING=LISTWISE  .
```

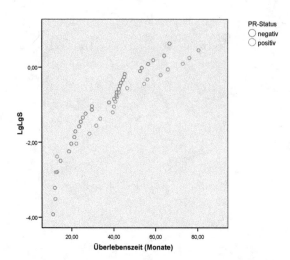

Die Annahme der Proportionalität der Hazards ist nicht erfüllt, da sich die Punktelinien des Diagramms überschneiden.

Ein weiterer Ansatz für multivariate Cox-Modelle ermittelt über PRESID die partiellen Residuen (syn.: Schoenfeld-Residuen, vgl. Kleinbaum & Klein, 2005, 150–153; vgl. auch Hess, 2007). Die abschließende Signifikanz in der Pearson-Korrelation testet die Nullhypothese, dass die Annahme der proportionalen Hazards nicht verletzt ist. Erzielt der Test der Korrelation statistische Signifikanz, so liegt ein Verstoß gegen die Proportionalitätsannahme vor.

**Syntax:**

```
COXREG
 ueberleb /STATUS=uestatus(1)
 /METHOD=ENTER t groesse lym knot   RANK VAR=ueberleb (a)
 /SAVE=PRESID                       /rank
 /CRITERIA=PIN(.05) POUT(.10)       /print=yes
         ITERATE(20)  .             /ties=mean.

filter off.                        CORRELATIONS
use all.                            /VARIABLES=
select if (uestatus=1).              rueberle pr1_1 pr2_1
exe.                                /PRINT=TWOTAIL NOSIG
                                    /MISSING=PAIRWISE.
```

**Korrelationen**

|  |  | Rank of ueberleb | Teilresiduen für t_groesse | Teilresiduen für lym_knot |
|---|---|---|---|---|
| Rank of ueberleb | Korrelation nach Pearson | 1 | ,329** | ,152 |
|  | Signifikanz (2-seitig) |  | ,007 | ,222 |
|  | N | 72 | 66 | 66 |
| Teilresiduen für t_groesse | Korrelation nach Pearson | ,329** | 1 | ,051 |
|  | Signifikanz (2-seitig) | ,007 |  | ,682 |
|  | N | 66 | 66 | 66 |
| Teilresiduen für lym_knot | Korrelation nach Pearson | ,152 | ,051 | 1 |
|  | Signifikanz (2-seitig) | ,222 | ,682 |  |
|  | N | 66 | 66 | 66 |

**. Die Korrelation ist auf dem Niveau von 0,01 (2-seitig) signifikant.

Die Variable T_GROESSE erzielt statistische Signifikanz; hier liegt ein eindeutiger Verstoß gegen die Proportionalitätsannahme vor. Die Variable LYM_KNOT erreicht keine statistische Signifikanz; es spricht hier nichts gegen Annahme, dass die proportionalen Hazards nicht verletzt sind.

Bei der Interpretation ist die Größe der Stichprobe mit in die Betrachtung einzubeziehen. Bei einer großen Stichprobe werden auch leichte Abweichungen signifikant; bei einer kleinen Stichprobe massive Abweichungen womöglich nicht.

**Bestimmung des notwendigen Stichprobenumfangs (Beispiel)**
Die folgende Formel zur Bestimmung des notwendigen Stichprobenumfangs gilt für das Cox-Modell für den Vergleich von zwei Behandlungsgruppen in einer randomisierten Studie. Die folgende Vorgehensweise orientiert sich an Rasch et al. (1998, 816–817):

*Problemstellung*:
Unter der Annahme proportionaler Hazard-Funktionen soll für den Vergleich zweier gleich großer Gruppen und ein vorgegebenes Hazard-Ratio (HR=2) zunächst der erwartete, effektive Stichprobenumfang („$N_{effektiv}$") beider Gruppen so bestimmt werden, dass bei gegebenem Signifikanzniveau (Alpha=5) die Güte des Tests für dieses Hazard-Ratio größer oder gleich 1-Beta (z.B. $100 - 20 = 80$) ist.
Der ermittelte Stichprobenumfang („$N_{effektiv}$") berücksichtigt noch nicht das Auftreten von Zensierungen. In einem zweiten Schritt wird der Gesamtumfang („$N_{Gesamt}$") für einen Anteil von geschätzten 50% unzensierten Beobachtungen („$N_{unzensiert}$") ermittelt.

**Formeln**                                          wobei:

$$N_{effektiv} = \frac{(u_{1-\partial/2} + u_{1-\beta/2})^2}{(\log HR)^2 (1 - N_A) \times N_A}$$

$u_{1-\alpha}$=1-α/2-Quantil der Standardnormalverteilung (α =.05

$u_{1-\beta}$=1-β/2-Quantil der Standardnormalverteilung (β=.20)

logHR=Logarithmus des Hazard-Ratios (HR)

$N_A$=Anteil der Personen, die zu Gruppe A gehören

$N_{Gesamt} = N_{effektiv} \times p_{unzensiert}$        wobei:

$N_{Gesamt}$: Gesamtumfang

$N_{effektiv}$: effektiver Stichprobenumfang

$p_{unzensiert}$: Wahrscheinlichkeit unzensierter Beobachtungen

**Berechnung**                            wobei:

$$N_{effektiv} = \frac{(1,96 + 0,84)^2}{(0,693)^2(1 - 0,5) \times 0,5}$$

$u_{1-\alpha}=1,96$

$u_{1-\beta}=0,84$

lnHR=natürlicher Logarithmus von 2 ergibt 0,693

$$= \frac{7,84}{(0,693)^2 0,25} = \frac{7,84}{0,12} \approx 65$$

$N_A=0,5$ (entspricht 50%)

$N_{Gesamt} = 65 \times (1/50*100) = 130$     wobei:

$N_{effektiv}$: 65

$p_{unzensiert}$: .50 bzw. 50%

Dieser Beispielberechnung können zwei Informationen entnommen werden:

- Unter den vorgegebenen Parametern ist ein Gesamtumfang von N=130 erforderlich.
- Je geringer der Anteil unzensierter Daten ausfällt, umso höher ist der erforderliche Stichprobenumfang. Bei einem Anteil von nur 30% werden ca. N=217 Fälle benötigt (vgl. auch Rasch et al., 1998).

## 4.7.7    Cox-Regression mit zeitabhängigen, metrischen Kovariaten

Die Grundannahme des Cox-Modells 1 bedeutet zweierlei: a) die Proportionalität der Hazards  bleibt über die Zeit konstant. b) das Hazard eines Falles ist immer proportional zum Hazard eines jeden anderen Falles (wobei die Proportionalitätskonstante unabhängig von der Zeit ist). Grafisch kann man sich diese Annahme im Zwei- bzw. Mehrgruppenfall als parallele Linien im LML-Diagramm vorstellen. Diese Annahme dürfte je nach Forschungsbereich (Marktforschung, Medizin) nicht immer gegeben sein.

In der Marktforschung liegt ein solcher Fall z.B. bei unterschiedlich gestalteten Kampagnenmaßnahmen vor. Es gibt Kampagnen, deren Effekte anfangs intensiv sind, aber mit der Zeit (durch die Gewöhnung an sie) immer weniger effektiv werden. Im Kontrast dazu sind auch umgekehrt gestaltete Effekte denkbar, die z.B. in ihrer Wirkung kumulierend aufeinander aufbauen und immer intensiver werden. Würde man nun Kunden aus beiden Kampagnen miteinander vergleichen, wäre aufgrund der diametralen Wirkungsrichtung der Kampagnen davon auszugehen, dass die Proportionalitätsannahme nicht gegeben ist.

Auch in der Medizin kann die Annahme der Proportionalität des Hazards nicht immer ange-messen sein. Zwei fiktive Gruppen von Patienten leiden z.B. an einem malignen Tumor (dieses Beispiel ist Kleinbaum & Klein, 2005, entnommen). Die erste Gruppe wird einem chirurgischen Eingriff unterzogen, der zwar riskant ist, aber als besonders effektive Maß-nahme gilt. Die zweite Gruppe wird keinem chirurgischen Eingriff, sondern einer mittelris-kanten, aber dafür auch „nur" mitteleffektiven Bestrahlung unterzogen. Wie kann man sich nun den Verlauf der Hazards der beiden Patientengruppen nach Beginn des Treatments (chi-rurgischer Eingriff vs. Bestrahlung) vorstellen? Die erste Gruppe ist nach der OP aufgrund des *riskanten* chirurgischen Eingriffs anfangs einem erhöhten Risiko ausgesetzt, das jedoch (sofern erfolgreich) schnell in eine effektive Genesung umschlägt. Man könnte sich dieses Hazard als eine sigmoid *abnehmende* Treppenfunktion vorstellen. Die zweite Gruppe ist aufgrund der Bestrahlung jedoch einem *zunehmenden* Risiko ausgesetzt. Warum? Die Be-handlung ist weniger effektiv als der chirurgische Eingriff, das Risiko seitens des Tumors nimmt mit der Zeit allmählich zu. Man könnte sich dieses Hazard als eine sigmoid *zuneh-mende* Funktion vorstellen. Beide Hazardfunktionen verlaufen gegenläufig und werden sich sogar an irgendeinem Punkt überschneiden. Auch dieses Beispiel zeigt, dass die Proportiona-litätsannahme nicht gegeben bzw. angemessen ist.

Die Annahme der Proportionalität der Hazards kann mit SPSS überprüft (zur grafischen Exploration vgl. 4.7.6) und auf mind. zwei Arten korrigiert werden (z.B. Kleinbaum & Klein, 2005, 153–157): Für jede Kovariate wird eine *Interaktion* mit einer zeitabhängigen Variable gebildet und zusätzlich ins Modell aufgenommen. Werden die Interaktionen *nicht* signifikant, kann die Annahme der Proportionalität der Hazards nicht zurückgewiesen wer-den. Werden die Interaktionen dagegen *signifikant*, kann der ursprüngliche Modelltest immer nur zusammen mit den Interaktionstermen durchgeführt werden. Alternativ kann aus einer metrischen Kovariate (sofern die Information ihres Messniveaus (Intervallskalierung) nicht zentraler Bestandteil der Studie ist) und ihrer Interaktion mit der zeitabhängigen Variablen eine Schichtvariable gebildet und ins Modell aufgenommen werden. Die folgenden Beispiele demonstrieren die Anwendung der Cox-Regression als Test der Proportionalitätsannahme bzw. als Anwendung auf möglicherweise zeitabhängige Kovariaten (sog. Cox-Modell 2).

**Variante 1: Eine zeitabhängige, metrische Kovariate**

**Fragestellung:**
Es soll der Einfluss der metrischen Variablen T_GROESSE (Tumorgröße) auf die Überle-benszeiten von Patienten modelliert werden. Die Annahme ist, dass die Tumorgröße womög-lich zeitabhängig ist (ein Tumor wird größer, je mehr Zeit vergeht) und dass dies somit mög-licherweise einen Verstoß gegen die Annahme proportionaler Hazards des Modells darstellen könnte.
Die Darstellung konzentriert sich im Weiteren auf das Wesentliche des aktuellen Analyse-beispiels. Bereits bekannte Pfade für die Mauslenkung, in SPSS Syntax protokollierte Ein-stellungen oder auch gleiche oder zumind. sehr ähnliche Outputs werden nicht nochmals dargestellt bzw. erläutert.
COXREG bietet mittels einer systeminternen Zeitvariablen („T_") die Möglichkeit zu prü-fen, ob der zeitliche Verlauf einen Einfluss hat, was gleichbedeutend ist mit der Aussage,

dass die Annahmen des proportionalen Hazard-Modells verletzt sind und dieses womöglich nicht angewandt werden kann. Das weitere Vorgehen besteht aus drei Schritten:

- In einer ersten Cox-Regression (ohne die später ermittelte zeitabhängige Kovariate „T_COV_") werden die partiellen Residuen ermittelt und unter PR_1 abgelegt.
- In einem bivariaten Streudiagramm werden die Überlebenszeit auf der x-Achse und die partiellen Residuen von T_GROESSE auf der y-Achse abgetragen. Dieses Diagramm sollte als grafischer Voraussetzungstest keine Besonderheiten aufweisen.
- In einer zweiten Cox-Regression wird nach T_GROESSE die Kovariate „T_COV_" ermittelt und mit ins Modell aufgenommen.

**Syntax:**

```
COXREG
  ueberleb  /STATUS=uestatus(1)
  /METHOD=ENTER t_groesse
  /SAVE=PRESID
  /PRINT=CI(95)
  /CRITERIA=PIN(.05) POUT(.10) ITERATE(20) .

GRAPH
  /SCATTERPLOT(BIVAR)=ueberleb WITH PR1_1
  /MISSING=LISTWISE .

TIME PROGRAM.
COMPUTE T_COV_ = T_*t_groesse .
COXREG
  ueberleb  /STATUS=uestatus(1)
  /METHOD=ENTER t_groesse T_COV_
  /PRINT=CI(95)
  /CRITERIA=PIN(.05) POUT(.10) ITERATE(20) .
```

Anm.: Über SAVE=PRESID werden in der ersten Cox-Regression die partiellen Residuen ermittelt und in der Variablen PR1_1 abgelegt. Im bivariaten Streudiagramm (SCATTER-PLOT) werden UEBERLEB auf der x-Achse und die partiellen Residuen (PR1_1) auf der y-Achse abgetragen. Mittels TIME PROGRAM wird die systeminterne Zeitvariable „T_" definiert. Die angelegte und ebenfalls zeitabhängige Kovariate T_COV_ basiert nun auf dem Produkt aus T_ und t_groesse (vgl. COMPUTE). Diese Kovariate T_COV_ wird in der sich anschließenden zweiten Cox-Regression unter METHOD nach T_GROESSE mit ins Modell aufgenommen. Die Cox-Regression für zeitabhängige Kovariaten ist nicht in der Lage, Diagramme auszugeben.

## Cox-Regression – Inkl. t_groesse

Der komplette Output (z.B. Auswertung der Fallverarbeitung, Variablen in der Gleichung usw.) wird nicht wiedergegeben. Diese Berechnung dient nur, die partiellen Residuen abzuspeichern und als Streudiagramm zu visualisieren.

Das Streudiagramm ist nachbearbeitet. Die Regressionsgerade wurde nachträglich von Hand eingefügt.

## Diagramm

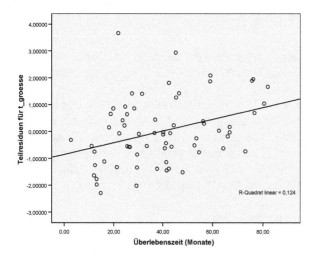

Anhand des Streudiagramms soll die Annahme der proportionalen Hazards überprüft werden. Auf der x-Achse wird die Überlebenszeit abgetragen; auf der y-Achse die partiellen Residuen für die Tumorgröße.

Partielle Residuen für eine Kovariate sind Differenzen zwischen den beobachteten und erwarteten (nach dem spezifizierten Modell; vorausgesetzt, es ist korrekt) Werten der Kovariaten für jeden Fall. Die partiellen Residuen werden nur für die unzensierten Fälle ermittelt; somit basieren die Punkte im Streudiagramm ausschließlich auf den nicht zensierten Fällen.

Ist die Annahme der proportionalen Hazards in Bezug auf die Tumorgröße korrekt, sollte das Streudiagramm keinerlei auffällige Verteilungen enthalten. Das Diagramm deutet nur eine geringfügige positive Korrelation zwischen den partiellen Residuen und der Zeit an, was nahe legt, dass die Größe von Tumoren von der Zeit nur geringfügig beeinflusst zu sein scheint. Um diese Vermutung zu überprüfen, wird eine zeitabhängige Kovariate dem Modell hinzugefügt.

## Cox-Regression – t_groesse und T_COV_

Die Tabelle „Auswertung der Fallverarbeitung" wird nicht wiedergegeben.
Die Block 0-Tabelle „Omnibus-Tests der Modellkoeffizienten" wird nicht wiedergegeben.

## Block 1: Methode = Einschluss

Omnibus-Tests der Modellkoeffizienten[a,b]

| -2 Log- Likelihood | Gesamt (Wert) | | | Änderung aus vorangegangenem Schritt | | | Änderung aus vorangegangenem Block | | |
|---|---|---|---|---|---|---|---|---|---|
| | Chi-Quadrat | df | Signifikanz | Chi-Quadrat | df | Signifikanz | Chi-Quadrat | df | Signifikanz |
| 503,259 | 106,304 | 2 | ,000 | 69,614 | 2 | ,000 | 69,614 | 2 | ,000 |

a. Anfangsblocknummer 0, anfängliche Log-Likelihood-Funktion: -2 Log-Likelihood: 572,873

b. Beginnen mit Block-Nr. 1. Methode = Einschluß

Die Tabelle „Omnibus-Tests der Modellkoeffizienten" wird nicht weiter erläutert.

Die Tabelle „Variablen in der Gleichung" zeigt, dass die angelegte zeitabhängige Variable T_COV_ statistische Signifikanz erreicht (p=0,030). Der dazugehörige Koeffizient B ist zwar ausgesprochen klein (0,009). B ist jedoch nicht standardisiert und kann massiv irreführend sein. Exp(B)=1 fällt darüber hinaus nicht in den 95%Konfidenzbereich. Der Effekt der Kovariate T_GROESSE auf UEBERLEB kovariiert demnach statistisch bedeutsam mit der Zeit. Die Annahme der Proportionalität der Hazards muss zurückgewiesen werden. Der ursprüngliche Modelltest kann nur zusammen mit dem Interaktionsterm durchgeführt werden. Alternativ kann aus der metrischen Kovariate und ihrer Interaktion mit der zeitabhängigen Variablen eine Schichtvariable gebildet und ins Modell aufgenommen werden.

Variablen in der Gleichung

| | B | SE | Wald | df | Signifikanz | Exp(B) | 95,0% Konfidenzinterv. für Exp(B) | |
|---|---|---|---|---|---|---|---|---|
| | | | | | | | Untere | Obere |
| t_groesse | ,327 | ,162 | 4,060 | 1 | ,044 | 1,386 | 1,009 | 1,905 |
| T_COV_ | ,009 | ,004 | 4,728 | 1 | ,030 | 1,009 | 1,001 | 1,017 |

**Variante 2: Mehrere zeitabhängige, metrische Kovariaten**
Soll der Einfluss mehrerer metrischer Variablen modelliert werden, besteht die Möglichkeit, die Annahme proportionaler Hazards über den Logarithmus der Zeitvariablen T_ zu prüfen.

**Fragestellung:**
Es soll der Einfluss der metrischen Variablen T_GROESSE (Tumorgröße) und LYM_KNOT (Lymphknoten) auf die Überlebenszeiten von Patienten modelliert werden. Beide Variablen sind unter Umständen zeitabhängig und stellen möglicherweise einen Verstoß gegen die Annahme proportionaler Hazards des Modells dar.

**Syntax:**

```
COXREG
  ueberleb   /STATUS=uestatus(1)
  /METHOD=ENTER t_groesse lym_knot
  /SAVE=PRESID
  /PRINT=CI(95)
  /CRITERIA=PIN(.05) POUT(.10) ITERATE(20) .

GRAPH
  /SCATTERPLOT(BIVAR)=ueberleb WITH PR1_1
  /MISSING=LISTWISE .
GRAPH
  /SCATTERPLOT(BIVAR)=ueberleb WITH PR2_1
  /MISSING=LISTWISE .

TIME PROGRAM.
COMPUTE T_COV_ = ln(T_) .
COXREG
  ueberleb   /STATUS=uestatus(1)
  /METHOD=ENTER t_groesse
   t_groesse*T_COV_ lym_knot lym_knot*T_COV_
  /PRINT=CI(95)
  /CRITERIA=PIN(.05) POUT(.10) ITERATE(20) .
```

Anm.: Über COMPUTE wird der natürliche Logarithmus der systeminternen Zeitvariable „T_" berechnet und als Kovariate T_COV_ angelegt. In der zweiten Cox-Regression werden nach METHOD zusätzlich die Interaktionen zwischen T_COV_ und den metrischen Kovariaten T_GROESSE und LYM_KNOT aufgenommen.

**Cox-Regression – Inkl. t_groesse und lym_knot**

Der komplette Output (z.B. Auswertung der Fallverarbeitung, Variablen in der Gleichung usw.) wird nicht wiedergegeben. Diese Berechnung dient nur, die partiellen Residuen abzuspeichern und als Streudiagramm zu visualisieren.

## Diagramm

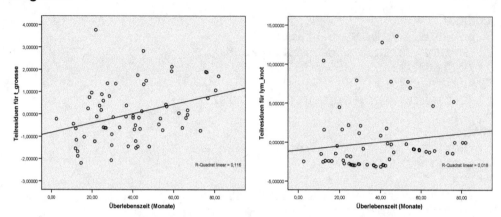

Anhand der Streudiagramme wird die Annahme der proportionalen Hazards geprüft. Die Diagramme deuten eine nur bescheidene positive Korrelation zwischen den partiellen Residuen und der Zeit an, was nahe legt, dass die metrischen Kovariaten von der Zeit eher unabhängig zu sein scheinen. Um diese Vermutung zu überprüfen, werden ihre Interaktionen mit der zeitabhängigen Kovariate dem Modell hinzugefügt.

## Cox-Regression – t_groesse, lym_knot und T_COV_

Die Tabelle „Auswertung der Fallverarbeitung" wird nicht wiedergegeben.
Die Block 0-Tabelle „Omnibus-Tests der Modellkoeffizienten" wird nicht wiedergegeben.

## Block 1: Methode = Einschluss

Omnibus-Tests der Modellkoeffizienten[a,b]

| -2 Log-Likelihood | Gesamt (Wert) | | | Änderung aus vorangegangenem Schritt | | | Änderung aus vorangegangenem Block | | |
|---|---|---|---|---|---|---|---|---|---|
| | Chi-Quadrat | df | Signifikanz | Chi-Quadrat | df | Signifikanz | Chi-Quadrat | df | Signifikanz |
| 502,811 | 109,368 | 4 | ,000 | 70,062 | 4 | ,000 | 70,062 | 4 | ,000 |

a. Anfangsblocknummer 0, anfängliche Log-Likelihood-Funktion: -2 Log-Likelihood: 572,873

b. Beginnen mit Block-Nr. 1. Methode = Einschluß

Die Tabelle „Omnibus-Tests der Modellkoeffizienten" wird nicht weiter erläutert.

Variablen in der Gleichung

| | B | SE | Wald | df | Signifikanz | Exp(B) | 95,0% Konfidenzinterv. für Exp(B) | |
|---|---|---|---|---|---|---|---|---|
| | | | | | | | Untere | Obere |
| t_groesse | -,026 | ,452 | ,003 | 1 | ,955 | ,975 | ,402 | 2,364 |
| lym_knot | -,157 | ,257 | ,373 | 1 | ,541 | ,855 | ,517 | 1,414 |
| t_groesse*T_COV_ | ,185 | ,132 | 1,977 | 1 | ,160 | 1,204 | ,930 | 1,559 |
| lym_knot*T_COV_ | ,057 | ,073 | ,601 | 1 | ,438 | 1,058 | ,917 | 1,222 |

Die ausgegebenen Signifikanzen liegen deutlich über $\alpha_{korr}$. Exp(B)=1 fällt in den 95% Konfidenzbereich. Da es sich hier um multiple Testungen handelt, könnte das Alpha $\alpha$ (z.B. 0,05, voreingestellt) zusätzlich um die Anzahl $n$ der zu prüfenden Interaktionen relativiert werden ($\alpha_{korr} = \alpha$ / n). Aus diesem Grund kann der Schluss gezogen werden, dass keine der Kovariaten statistisch bedeutsam mit der Zeit kovariiert. Die Annahme der Proportionalität der Hazards kann nicht zurückgewiesen werden.

## 4.7.8    Spezielle Voraussetzungen der Cox-Regression

1. Proportionalität der Hazards: Die Cox-Regression für zeitunabhängige Kovariaten geht von der Annahme aus, dass das Hazard-Ratio für zwei Fälle über die Zeit hinweg dasselbe bleibt. Diese zentrale Annahme der Zeitunabhängigkeit von Kovariaten ist *immer* zu prüfen. Liegt keine Proportionalität der Hazards vor, reduziert sich die Zuverlässigkeit der Schätzer des Modells (relative Risiken, Standardfehler, Power) und der auf ihrer Grundlage abgeleiteten Aussagen dramatisch. Die Proportionalität der Hazards kann auf unterschiedliche Weise geprüft werden. Am häufigsten kommen grafische Methoden zum Einsatz, z.B. sog. Schoenfeld-Plots; hier werden die partiellen Residuen der jeweiligen Kovariate auf der y-Achse und die Überlebenszeit jeweils auf der x-Achse abgetragen. Für zwei oder mehr Gruppen können Plots für Hazards, LML (Log-Minus-Log) oder auch Überlebensfunktion angefordert werden. Eine Proportionalität der Hazards sollte sich für verschiedene Gruppen über die Zeit hinweg in annähernd parallelen Linien ausdrücken. Überkreuzen sich die Linien, liegt ein Verstoß gegen die Annahme der Proportionalität der Hazards vor. Log-Minus-Log-Plots gelten als nicht geeignet für Modelle mit ausschließlich kontinuierlichen Kovariaten. Als numerische Ansätze gelten Regression oder Harrell's Rho.

   Liegt keine Proportionalität der Hazards vor, kann mit dieser Situation auf unterschiedliche Weise umgegangen werden. Beispielsweise können Schichtvariablen ins Modell aufgenommen werden. Alternativ kann die Überlebenszeit in Teilbereiche zerlegt und die Hazards für diese Segmente separat geschätzt werden. Auch können z.B. Interaktionsterme zwischen den Kovariaten und der Überlebenszeit ins Modell aufgenommen und getestet werden. Für jede Kovariate wird dabei eine Interaktion mit einer zeitabhängigen Variable gebildet und zusätzlich ins Modell aufgenommen. Werden die *Interaktionen* nicht signifikant, kann die Annahme der Proportionalität der Hazards nicht zurückgewiesen werden. Werden die *Interaktionen* dagegen signifikant, kann der ursprüngliche Modelltest immer nur zusammen mit den Interaktionstermen durchgeführt werden. Die Überlebenszeit kann dabei transformiert werden oder nicht; es gibt keine verbindlichen Vorschriften für die Wahl einer bestimmten Transformationsfunktion, dementsprechend können verschiedene Funktionen durchaus in unterschiedliche Schlussfolgerungen über die Proportionalitätsannahme münden (vgl. Kleinbaum & Klein, 2005, 153–157). Alternativ kann aus einer metrischen Kovariate (sofern sie nicht zentraler Bestandteil der Studie ist) und ihrer Interaktion mit der zeitabhängigen Variablen eine Schichtvariable gebildet und ins Modell aufgenommen werden.

2. Zufallsstichproben: Die Schätzung der Baseline Hazard-Funktion ist datengeleitet, es sollten daher Zufallsstichproben vorliegen. Liegen keine Zufallsstichproben (*non-random*

*samples*) vor, kann dies einen massiven Bias in die Parameterschätzer einführen und u.a. ungenaue Hazard- und Survivalfunktionen zur Folge haben (Boehmke, Morey & Shannon, 2006). Für die Zufallsstichproben gilt: Je größer, desto besser. Für kleine Stichproben sollte die Cox-Regression nicht eingesetzt werden, u.a. wegen der Gefahr des Overfittings bzw. der Generierung eines Artefakts (Box-Steffensmeier & Jones, 2004, 89; Box-Steffensmeier & Jones, 1997, 1434).

3. Zielereignisse: Das Standardmodell der Cox-Regression untersucht das Risiko verursacht durch *ein einmalig* auftretendes Ereignis. Dieses Modell ist nicht zu verwechseln mit dem Modell für mehrere gleichwertige („konkurrierende") einmalig auftretende Ereignisse (competing risks survival analysis) bzw. wiederholt auftretende Ereignisse (recurrent event survival analysis). Die Partial-Likelihood-Methode baut auf der *Abfolge* von Zielereignissen auf. Zielereignisse sollten daher nur ausnahmsweise gleichzeitig (als sog. „Ties") auftreten. Der Anteil von Ties sollte 5% nicht überschreiten. Die Efron-Methode gilt bei wenigen Ties als genauer als die voreingestellte Breslow-Methode.

4. Additivität des Modells: *Nichtlinearität* tritt auf, wenn die Änderung der abhängigen Variable um eine Einheit der unabhängigen Variable vom *Wert der unabhängigen* Variable abhängt. *Nichtadditivität* liegt im Vergleich dazu dann vor, wenn die Änderung der abhängigen Variable um eine Einheit der unabhängigen Variable vom Wert *einer der anderen unabhängigen Variablen* abhängt. Die Additivität des Modells kann dadurch überprüft werden, indem z.B. entweder auf plausible oder auf alle theoretisch möglichen Interaktionseffekte getestet wird. Der letzte Ansatz ist nur für relativ einfache Modelle geeignet.

5. Vollständigkeit der Kategorialstufen bei Kategorialvariablen: Bei Datenlücken stimmen im Ergebnisteil die in Klammer angegeben Ausprägungen nicht mit den Kodierungen überein. Sind die Daten z.B. von 0 bis 7 kodiert, aber es liegen konkret nur die Ausprägungen 0, 1, 5 und 7 vor, werden nicht die Kodierungen (0), (1) und (5) angezeigt, sondern (1), (2) und (3) (die oberste ist jeweils redundant). Es wird daher empfohlen, die Vollständigkeit der Kategorienstufen sorgfältig zu überprüfen, um sicherzugehen, dass die ermittelten Parameter auch mit den richtigen Kategorienstufen in Beziehung gesetzt werden. Im Beispiel könnte z.B. die angegebene Ausprägung (1, erste Stufe) mit der Kodierung (1, zweite Stufe) verwechselt werden. Zur Orientierung ist immer die mit ausgegebene Tabelle „Codierungen kategorialer Variablen" einzusehen.

6. Referenzkategorie von Kategorialvariablen: Die Referenzkategorie hat maßgeblichen Einfluss auf die Höhe bzw. Richtung der ermittelten Ergebnisse. Das Hazard-Ratio kann z.B. als 1 kodiert 3, aber als 0 kodiert 0.33 betragen; bei den Koeffizienten für dichotome abhängige Variablen (B) ändert sich z.B. das Vorzeichen. Die Prozedur COXREG wählt als Voreinstellung immer die letzte Ausprägung der Kategorialvariablen als Referenzkategorie. Andere Autoren, Analysten oder Software(versionen) verwenden u.U. andere Referenzkategorien. Überprüfen Sie, ob die (automatisch) gewählte Referenzkategorie dem Auswertungsziel entspricht; ansonsten ist die Kategorialvariable umzukodieren.

   In klinischen bzw. epidemiologischen Studien gilt die Konvention, dass der Fall (Exposition, Ereignis) immer mit „1" und mit „0" immer die Kontrolle (keine Exposition, Ereignis tritt nicht ein) kodiert wird.

7. Metrische Kovariaten: Bei der Cox-Regression sollten die metrischen Kovariaten untereinander nicht korrelieren (Ausschluss von Multikollinearität). Jede Korrelation zwischen

den Kovariaten (z.B. > 0,70) ist ein Hinweis auf Multikollinearität. Multikollinearität wird z.B. durch auffällig hohe Standardfehler (nicht standardisiert: > 2, standardisiert: > 1) der Parameterschätzer angezeigt. Interkorreliertheit bzw. Multikollinearität können über Korrelation bzw. eine Hauptachsen-Faktorenanalyse geprüft werden (vgl. 4.7.6). Variablen mit anfänglichen Kommunalitäten (SMC) > .90 sind zu prüfen und ggf. aus der Analyse zu entfernen. Ob und inwieweit hohe Multikollinearität behoben werden kann, hängt neben der Anzahl und Relevanz der korrelierenden Kovariaten u.a. davon ab, an welcher Stelle des Forschungsprozesses der Fehler aufgetreten ist: Theoriebildung, Operationalisierung oder Datenerhebung. "What to do about it if [collinearity] is detected is problematic, more art than science" (Menard, 2001, 80; vgl. auch Pedhazur, 1982², 247).

8. Modellspezifikation: Die Modellspezifikation sollte eher durch inhaltliche und statistische Kriterien als durch formale Algorithmen geleitet werden. Die Kovariaten sollten untereinander nicht korrelieren. Viele Autoren raten von der Arbeit mit Verfahren der automatischen Variablenauswahl ausdrücklich ab; als explorative Technik unter Vorbehalt jedoch sinnvoll. Für beide Vorgehensweisen empfiehlt sich folgendes Vorgehen: Zunächst Aufnahme inhaltlich relevanter Kovariaten, anschließend über Signifikanztests Ausschluss statistisch nicht relevanter Variablen. Enthält das Modell signifikante Interaktionen zwischen Kovariaten, verbleiben auch Kovariaten im Modell, deren Einfluss alleine keine Signifikanz erreicht.

9. Schrittweise Methoden arbeiten z.B. auf der Basis von formalen Kriterien (statistische Relevanz) und sind daher für die *theoriegeleitete* Modellbildung nicht angemessen, da sie durchaus auch Kovariaten ohne jegliche inhaltliche Relevanz auswählen. Die rein *explorative* bzw. *prädikative* Arbeitsweise sollte anhand von plausiblen inhaltlichen Kriterien gegenkontrolliert werden. Die Rückwärtsmethode sollte der Vorwärtsmethode vorgezogen werden, weil sie im Gegensatz zur Vorwärtsmethode bei der Prüfung von Interaktionen erster Ordnung beginnt und somit nicht das Risiko des voreiligen Ausschlusses von potentiellen Suppressorvariablen besteht. Schrittweise Methoden schließen jedoch keine Multikollinearität aus und sind daher mind. durch Kreuzvalidierungen abzusichern.

10. Besonderheiten bei der Interpretation der Regressionskoeffizienten und Hazard-Ratios (Exp(B): (a) Skalenniveau der Kovariaten: Die Interpretation von Hazard-Ratios und Regressionskoeffizient unterscheidet sich bei kategorialen und metrischen Kovariaten. Bei metrischen Variablen kann ihr Einfluss in einem gemeinsamen Wert für den gesamten einheitlichen Definitionsbereich ausgedrückt werden; bei kategorialen Variablen werden Werte für n – 1 Ausprägungen bzw. Einheiten ermittelt. Zu beachten ist, dass sich die Kodierung auf die Höhe bzw. Vorzeichen von Hazard-Ratios bzw. Regressionskoeffizienten auswirkt (bei Koeffizienten für dichotome abhängige Variablen kann sich z.B. das Vorzeichen verkehren; siehe daher dazu auch die Anmerkungen zur Referenzkategorie). (b) Kodierung einer kategorialen Kovariate: Die Kodierung der Kovariate hat einen Einfluss auf die Interpretation des Regressionskoeffizienten und auch seine Berechnung. Weicht die Kodierung von 1 für Fall bzw. Ereignis und 0 für Kontrolle ab (siehe dazu auch die Anmerkungen zur Referenzkategorie), müssen die Parameter anders ermittelt werden. (c) Nichtstandardisierte vs. standardisierte Regressionskoeffizienten: Nichtstandardisierte Regressionskoeffizienten können sich von standardisierten massiv unterscheiden und ein völlig falsches Bild vom Einfluss der jew. Kovariaten vermitteln. Menard (2001) empfiehlt für kategoriale Variablen und Variablen mit natürlichen Einheiten die

nicht standardisierten Regressionskoeffizienten bzw. Hazard-Ratios und für metrische Skalen ohne gemeinsame Einheit standardisierte Regressionskoeffizienten. Standardisierte Regressionskoeffizienten können für Modelle für metrische Kovariaten dadurch gewonnen werden, indem sie vor der Analyse selbst standardisiert werden. Die anschließend gewonnenen Koeffizienten können dann als standardisiert interpretiert werden.

Standardisierte Regressionskoeffizienten werden bei der *linearen Regression* üblicherweise für den Vergleich metrischer Variablen innerhalb einer Stichprobe/Population bzw. für metrische Variablen ohne gemeinsame Einheit empfohlen, wobei bei letzterem berücksichtigt werden sollte, dass ihre Ermittlung abhängig von der gewählten Stichprobe sein kann und je nach Modellgüte nur unter Vorbehalt verallgemeinert werden könnte. Nicht standardisierte Regressionskoeffizienten werden für den Vergleich metrischer Variablen zwischen Stichproben/Populationen bzw. für metrische Variablen mit natürlichen bzw. gemeinsamen Einheiten empfohlen. Pedhazur (1982[2], 247–251) rät aufgrund ihrer jeweiligen Stärken und Schwächen dazu, beide Maße anzugeben. Werden die Daten vor der Analyse z-standardisiert, werden Beta-Werte als B-Werte angegeben.

11. Ausreißer: Ausreißer können die inferenzstatistischen Schätzungen beeinträchtigen. Die Daten sind daher auf das Vorliegen von uni- und multivariaten Ausreißen zu überprüfen (zur Definition von Ausreißern und zum Umgang mit ihnen vgl. z.B. Schendera, 2007).

12. Residuenanalyse: Eine Residuenanalyse ist nützlich zur Beurteilung der Güte bzw. Angemessenheit des Modells einer Cox-Regression (z.B. Kleinbaum & Klein, 2005, 151–153; Klein & Moeschberger, 2003, 353–392; Hosmer & Lemeshow, 1999, 197–225). SPSS erlaubt, für eine Residuenanalyse drei verschiedene Residuenarten abzuspeichern: Cox-Snell-Residuen, partielle Residuen oder auch die Differenz in Beta (nur für Modelle mit mind. einer Kovariate).

   – Mittels Cox-Snell-Residuen können einflussreiche Fälle identifiziert werden (SPSS SAVE-Option: HAZARD=RESID).

   – Partielle Residuen (sog. Schoenfeld-Residuen) erlauben, die Annahme proportionaler Hazards inferenzstatistisch und grafisch zu prüfen (vgl. 4.7.6). Mittels partiellen Residuen können einflussreiche Fälle identifiziert werden (SPSS SAVE-Option: PRESID, vgl. 4.7.7).

   – Die Residuen mit der Bezeichnung „Differenz in Beta" geben das Ausmaß der Änderung des Koeffizienten wieder, falls der betreffende Fall entfernt wird (nur für Modelle mit mind. einer Kovariate (SPSS SAVE-Option: DFBETA).

   – Die unkompliziert selbst zu erzeugenden Martingale-Residuen erlauben einen grafischen Test auf Log-Linearität der Kovariaten durchzuführen. Ist die Verteilung im Streudiagramm annähernd linear, besteht die erforderliche Log-Linearität zwischen den Kovariaten und dem Log der Hazard-Funktion.

   Martingale-Residuen können über Cox-Snell-Residuen (syn.: kumulative Hazard-Funktion, abgelegt in der Variablen HAZ_1) und die STATUS-Variable hergeleitet werden. Unter der Annahme, dass die STATUS-Variable als EREIGNIS bezeichnet ist und der Wert 1 den Eintritt eines Ereignisses definiert, können Martingale-Residuen über den folgenden COMPUTE-Schritt ermittelt und in der Variablen MARTGALE abgelegt werden.

```
compute MARTGALE= (EREIGNIS=1) - HAZ_1.
exe.
```

Die Martingale-Residuen sind demnach nichts anderes als „umgepolte" Cox-Snell-Residuen.

Eine Darstellung dieser Parameter über Streudiagramme, Histogramme oder Boxplots erlaubt Ausreißer unkompliziert zu identifizieren. Unter Abschnitt 4.7.7 wird z.B. demonstriert, wie anhand des partiellen Residuums die Proportionalitätsannahme geprüft werden kann (zu anderen Anwendungen vgl. z.B. Klein & Moeschberger, 2003, Kap. 11).

## 4.7.9    Anhang: Kontraste

SPSS stellt für die Cox-Regression folgende Kontraste zur Verfügung (alphabetisch angeordnet, in Klammern die dazugehörige SPSS Option): „Abweichung" (voreingestellt), „Einfach", „Differenz", „Helmert", „Indikator", „Polynomial", „Speziell" (nur über Syntax verfügbar) und „Wiederholt". Bei „Abweichung" und „Einfach" kann die letzte oder die erste Kategorie als Referenzkategorie festgelegt werden. Helmert-, Differenz- und polynomiale Kontraste sind orthogonal, Kontraste vom Typ „speziell" nicht notwendigerweise.
Orthogonale Kontraste sind statistisch unabhängig und frei von Redundanz. Kontraste sind orthogonal, wenn (a) die Summe der Kontrastkoeffizienten in jeder Zeile 0 beträgt und wenn (b) die Summe der Produkte der entsprechenden Koeffizienten aller Paare in disjunkten Zeilen ebenfalls 0 beträgt. Die Darstellung folgt im Weiteren der technischen Dokumentation von SPSS v21.

**„Abweichung" (DEVIATION, voreingestellt)**
Bei der Kontrastvariante „Abweichung" wird jede Faktorstufe außer einer mit dem Gesamtmittelwert über alle Faktorstufen hinweg verglichen. Die Abweichungskontraste weisen folgende Form auf:

Mittelwert ( $1/k$    $1/k$   ...   $1/k$   $1/k$ )
  df(1)    ( $1-1/k$ $-1/k$ ... $-1/k$ $-1/k$ )
  df(2)    ( $-1/k$ $1-1/k$ ... $-1/k$ $-1/k$ )
...

...
  df(k-1)    ( $-1/k$ $-1/k$ ... $1-1/k$ $-1/k$ )

k entspricht der Anzahl der Kategorien in der unabhängigen Variablen. Die letzte Kategorie wird in der Standardeinstellung weggelassen. Die Abweichungskontraste für eine unabhängige Variable mit drei Kategorien lauten beispielsweise wie folgt:

( $1/3$   $1/3$   $1/3$ )
( $2/3$ $-1/3$ $-1/3$ )
( $-1/3$ $2/3$ $-1/3$ )

Soll nicht die letzte, sondern eine andere Kategorie weggelassen, wird die Nummer der weg-
zulassenden Kategorie nach dem Schlüsselwort DEVIATION in Klammern angegeben. Im
folgenden Beispiel werden beispielsweise die Abweichungen für die erste und dritte Kategorie berechnet. Die zweite Kategorie wird weggelassen.

/CONTRAST(FAKTOR)=DEVIATION(2)

Wenn der Faktor drei Kategorien aufweist, wird die Kontrastmatrix nun folgendermaßen
berechnet (der Unterschied liegt in der Kodierung der zweiten Kategorie):

(  1/3   1/3   1/3 )
(  2/3  –1/3  –1/3 )
( –1/3  –1/3   2/3 )

### „Einfach" (SIMPLE)

Bei der Kontrastvariante „Einfach" wird jede Faktorstufe mit der letzten verglichen. Jede
Stufe eines Faktors (außer der letzten) wird mit der letzten Stufe verglichen. Die allgemeine
Matrixform lautet:

Mittelwert ( 1/k 1/k ... 1/k 1/k )
df(1)        ( 1 0 ... 0 –1 )
df(2)        ( 0 1 ... 0 –1 )
.  .
.  .
df(k–1)      ( 0 0 ... 1 –1 )

k entspricht der Anzahl der Kategorien in der unabhängigen Variablen. Die einfachen Kontraste für eine unabhängige Variable mit vier Kategorien lauten beispielsweise wie folgt:

( 1/4 1/4 1/4 1/4 )
( 1   0   0   –1 )
( 0   1   0   –1 )
( 0   0   1   –1 )

Soll nicht die letzte, sondern eine andere Kategorie als Referenzkategorie verwendet werden,
wird die laufende Nummer der Referenzkategorie nach dem Schlüsselwort SIMPLE in
Klammern angegeben. Diese Nummer entspricht nicht notwendigerweise dem Wert dieser
Kategorie. Mit dem folgenden Unterbefehl CONTRAST wird beispielsweise eine Kontrastmatrix berechnet, bei der die zweite Kategorie weggelassen wird:

### /CONTRAST(FAKTOR) = SIMPLE(2)

Wenn Faktor vier Kategorien aufweist, wird die folgende Kontrastmatrix berechnet:

( 1/4 1/4 1/4 1/4 )
( 1  –1   0   0 )
( 0  –1   1   0 )
( 0  –1   0   1 )

## „Differenz" (DIFFERENCE)

Bei Differenzkontrasten (sog. umgekehrten Helmert-Kontrasten) werden die Kategorien einer unabhängigen Variablen mit dem Mittelwert der vorausgehenden Kategorien der Variablen verglichen. Jede Stufe eines Faktors (außer der ersten) wird mit dem Mittelwert der vorausgegangenen Faktorstufen verglichen. Die allgemeine Matrixform lautet:

Mittelwert ( 1/k 1/k 1/k ... 1/k )
df(1) ( –1 1 0 ... 0 )
df(2) ( –1/2 –1/2 1 ... 0 )

. .

. .

df(k–1) ( –1/(k–1) –1/(k–1) –1/(k–1) ... 1 )

k entspricht der Anzahl der Kategorien in der unabhängigen Variablen.

Die Differenzkontraste für eine unabhängige Variable mit vier Kategorien lauten beispielsweise wie folgt:

( 1/4    1/4  1/4  1/4 )
( –1      1    0    0 )
( –1/2 –1/2   1    0 )
( –1/3 –1/3 –1/3  1 )

## „Helmert" (HELMERT)

Bei Helmert-Kontrasten werden die Kategorien einer unabhängigen Variablen mit dem Mittelwert der nachfolgenden Kategorien verglichen. Jede Stufe eines Faktors (außer der letzten) wird mit dem Mittelwert der nachfolgenden Faktorstufen verglichen. Die allgemeine Matrixform lautet:

Mittelwert ( 1/k 1/k ... 1/k 1/k )
df(1) ( 1 –1/(k–1) ... –1/(k–1) –1/(k–1) )
df(2) ( 0 1 ... –1/(k–2) –1/(k–2) )

. .

. .

df(k–2) ( 0 0 1 –1/2 –1/2
df(k–1) ( 0 0 ... 1    –1 )

k entspricht der Anzahl der Kategorien in der unabhängigen Variablen. Eine unabhängige Variable mit vier Kategorien weist beispielsweise eine Kontrastmatrix der folgenden Form auf:

( 1/4 1/4  1/4  1/4 )
( 1  –1/3 –1/3 –1/3 )
( 0    1  –1/2 –1/2 )
( 0    0    1   –1 )

**„Indikator" (INDICATOR)**
Der Indikator-Kontrast ist auch als Dummy-Kodierung bekannt, hierbei kennzeichnen die Kontraste das Vorhandensein oder Nichtvorhandensein einer Kategoriezugehörigkeit. Die Anzahl der neu kodierten Variablen entspricht k–1. Eine dichotome Variable führt daher nur zu einer Variablen; mehrstufige Variablen mit z.B. k Ausprägungen zu k – 1 Variablen. Fälle in der Referenzkategorie werden für alle k–1 Variablen als 0 kodiert. Ein Fall in der i-ten Kategorie wird für fast alle Indikatorvariablen als 0 und lediglich für die i-ten als 1 kodiert. Die Referenzkategorie wird in der Kontrastmatrix als Zeile mit Nullen dargestellt.

**„Polynomial" (POLYNOMIAL)**
Polynomiale Kontraste sind insbesondere bei Tests auf Trends und bei der Untersuchung von Wirkungsflächen nützlich. Polynominale Kontraste prüfen z.B., ob lineare oder quadratische Zusammenhänge über alle Faktorstufen hinweg vorliegen. Polynomiale Kontraste können auch für die nichtlineare Kurvenanpassung verwendet werden, beispielsweise für die kurvilineare Regression. In einem balancierten Design sind polynomiale Kontraste orthogonal. Bei orthogonalen polynomialen Kontrasten enthält der erste Freiheitsgrad den linearen Effekt über alle Kategorien, der zweite Freiheitsgrad den quadratischen Effekt, der dritte Freiheitsgrad den kubischen Effekt und so weiter.
Standardmäßig wird davon ausgegangen, dass der Abstand zwischen den Stufen des Faktors gleich groß ist. Bei „polynomial" kann der Abstand zwischen den Stufen der vom Faktor gemessenen Behandlung jedoch auch explizit angegeben werden. Gleiche Abstände (Voreinstellung) können als aufeinander folgende Ganzzahlen von 1 bis k angegeben werden, wobei k der Anzahl der Kategorien entspricht. Wenn die Variable DOSIS drei Kategorien aufweist, entspricht der Unterbefehl /CONTRAST(DOSIS) = POLYNOMIAL der Anweisung /CONTRAST(DOSIS) = POLYNOMIAL(1,2,3) Gleiche Abstände liegen jedoch nicht immer vor. Angenommen, DOSIS stellt verschiedene Dosierungen eines Wirkstoffs dar, der drei verschiedenen Gruppen verabreicht wurde. Wird der zweiten Gruppe jedoch eine viermal so hohe Dosierung wie der ersten Gruppe und der dritten Gruppe eine siebenmal so hohe Dosierung wie der ersten Gruppe verabreicht, eignet sich die folgende Kodierung: /CONTRAST(DOSIS) = POLYNOMIAL(1,4,7). Für die polynomiale Kodierung ist nur der relative Unterschied zwischen den Stufen des Faktors relevant. POLYNOMIAL(1,2,4) ist dasselbe wie POLYNOMIAL(2,3,5) oder (20,30,50), weil in jeder Variante das Verhältnis des Unterschieds zwischen der 2. und 3. Ausprägung zum Unterschied zwischen der 1. und 2. Ausprägung dasselbe ist. Der Unterschied zwischen der 2. und 3. Ausprägung ist jeweils doppelt so hoch wie der Unterschied zwischen der 1. und 2. Ausprägung.

**„Speziell" (SPECIAL)**
„Speziell" ist ein vom Anwender definierbarer Kontrast. Hierbei können Sie spezielle Kontraste in Form einer quadratischen Matrix angeben, wobei die Anzahl der Zeilen und Spalten der Anzahl der Kategorien in der unabhängigen Variablen entsprechen muss.
Die erste Zeile bildet üblicherweise den Mittelwert-Effekt (konstanter Effekt) und stellt das Set der Gewichtungen dar, mit denen angegeben wird, wie die Mittelwerte anderer unabhängiger Variablen (sofern vorhanden) über die vorliegende Variable ermittelt werden. Im Allgemeinen ist dieser Kontrast ein Vektor, der aus Einsen besteht.

Die verbleibenden Zeilen der Matrix enthalten die speziellen Kontraste, mit denen die gewünschten Vergleiche zwischen den Kategorien der Variable angegeben werden. In der Regel sind orthogonale Kontraste am nützlichsten. Orthogonale Kontraste sind statistisch unabhängig und frei von Redundanz (s.o.).

*Beispiel:*

Ein Faktor weist vier Stufen auf und es sollen die verschiedenen Stufen miteinander verglichen werden. Hierfür eignet sich z.B. der folgende spezielle Kontrast:

( 1  1  1  1 )  Gewichtungen für Berechnung des Mittelwerts
( 3 –1 –1 –1 )  Vergleich 1. mit 2. bis 4.
( 0  2 –1 –1 )  Vergleich 2. mit 3. und 4.
( 0  0  1 –1 )  Vergleich 3. mit 4.

Spezielle Kontraste dürfen keine linearen Kombinationen voneinander darstellen. Falls dies doch der Fall ist, meldet die Prozedur die lineare Abhängigkeit und die Verarbeitung wird abgebrochen.

## „Wiederholt" (REPEATED)

„Wiederholt" beschreibt den Vergleich von aufeinander folgenden Stufen einer unabhängigen Variablen. Jede Stufe eines Faktors (außer der letzten) wird mit der nächsten Faktorstufe verglichen. Kontraste vom Typ „Wiederholt" sind bei der Profilanalyse und in Situationen nützlich, in denen Differenzwerte benötigt werden. Die allgemeine Matrixform lautet:

Mittelwert ( 1/k 1/k 1/k ... 1/k 1/k )
  df(1)    ( 1 –1  0 ... 0  0 )
  df(2)    ( 0  1 –1 ... 0  0 )
.  .

.  .
df(k–1)   ( 0  0  0 ... 1 –1 )

k entspricht der Anzahl der Kategorien in der unabhängigen Variablen. Die wiederholten Kontraste für eine unabhängige Variable mit vier Kategorien lauten beispielsweise wie folgt:

( 1/4 1/4 1/4 1/4 )
( 1  –1  0   0 )
( 0   1 –1   0 )
( 0   0  1  –1 )

# 5 Weitere Anwendungsbeispiele der Regressionsanalyse

Kapitel 5 stellt weitere Anwendungsmöglichkeiten regressionsanalytischer Ansätze anhand exemplarischer SPSS Analysen vor.

Kapitel 5.1 stellt die Partial-Regression in zwei Varianten vor. Kapitel 5.1.1 stellt die Partial-Regression mittels partieller kleinster Quadrate (Partial Least Squares, PLS) vor. Die PLS-Regression kann u.a. dann eingesetzt werden, wenn viele Prädiktoren vorliegen, wenn die Einflussvariablen untereinander hoch korrelieren und/oder wenn die Anzahl der Einflussvariablen die Anzahl der Fälle übersteigt. Die PLS-Regression vereinigt in sich Merkmale der Hauptkomponentenanalyse und der multiplen Regression und ermöglicht dadurch, Kausalverhältnisse zwischen einer beliebigen Anzahl (latenter) Variablen mit beliebigem Messniveau als *lineare* Strukturgleichungsmodelle zu modellieren. PLS unterstützt darüber hinaus gemischte Regressions- und Klassifikationsmodelle. Die unabhängigen sowie abhängigen Variablen können intervall- oder kategorialskaliert sein. Der Befehl PLS steht erst ab SPSS v16 zur Verfügung. PLS basiert auf einer Python-Erweiterung. In Kapitel 5.1.2 wird eine Variante der Partial-Regression auf der Basis der Korrelationsanalyse mittels der SPSS Prozedur REGRESSION vorgestellt.

Kapitel 5.2 stellt die lineare Modellierung sog. individueller Wachstumskurven anhand des Ansatzes linearer gemischter Modelle (SPSS Prozedur MIXED) vor. Individuelle Wachstumskurven (individual growth modeling) können in etwa als „Varianzanalysen mit Messwiederholung für Individuen" grob umschrieben werden. Bei der „normalen" linearen Regression würde eine einzige Regressionslinie (wie sie z.B. auch eine Varianzanalyse mit Messwiederholung mittels des Profildiagramms erzeugen würde) unterschiedlichen individuellen (linearen) Verläufen oft nicht gerecht werden. Eine der Regressions- oder Varianzanalyse mit Messwiederholung vorgeschaltete Modellierung mittels des Zufallskoeffizientenmodells ermöglicht jedoch, individuelle Verläufe anhand von Intercept, Steigung und beiden Parametern zugleich zu schätzen. Anhand einer dreistufigen Beispielanalyse wird im Folgenden demonstriert, ob und inwieweit sich Teilnehmer an einem Trainingsprogramm über die Zeit hinweg in ihrer Performanz unterscheiden. Im Beispiel wird konkret geprüft: (a) bewegen sich die Trainingsteilnehmer auf unterschiedlichen (Leistungs-)Niveaus (Intercept), (b) verbessern sie sich unterschiedlich gut bzw. schnell (Steigung), bzw. (c) verbessern sich die Trainingsteilnehmer unterschiedlich unter zusätzlicher Berücksichtigung ihres Leistungsniveaus (beide Parameter)?

Kapitel 5.3 stellt die Ridge-Regression (SPSS Makro „Ridge-Regression.sps") vor. Die Ridge-Regression ist eine (u.a. visuelle) Möglichkeit, potentiell multikollineare Daten auf eine Analysierbarkeit mittels der multiplen linearen Regressionsanalyse zu überprüfen. Im

Gegensatz zu den anderen statistischen Verfahren wird die Ridge-Regression von SPSS nicht über Menü-Führung, sondern ausschließlich in Form eines Makros angeboten. Die Durchführung einer Ridge-Regression ist jedoch unkompliziert. Dieses Kapitel demonstriert u.a. die Visualisierung von Multikollinearität, wie auch die Berechnung einer Ridge-Regression für einen ausgewählten K-Wert. Das Makro „Ridge-Regression.sps" wurde 2008 von SPSS versehentlich nicht mit Version 16 ausgeliefert. Das exemplarische Beispiel basiert auf dem Makro aus Version 15.

# 5.1    Partial-Regression

Dieses Kapitel stellt die Partial-Regression (syn.: Partielle Regression, Regression mit partiellen kleinsten Quadraten, Partial Least Squares, PLS) vor (z.B. Vinzi et al, 2008; Cohen et al., 2003³; Wentzell & Vega, 2003; Hulland, 1999; Wold, 1985, 1981; Pedhazur, 1982²). PLS schätzt Regressionsmodelle mittels partiellen kleinsten Quadraten und wird alternativ auch als „Projektion auf latente Struktur" (Projection to Latent Structure) bezeichnet. Eine Partial-Regression ist ein genuin multivariates Verfahren. Eine Analyse auf eine Partial-Regression kann also erst dann vorgenommen werden, wenn ein Modell mit zwei oder mehr Prädiktoren und/oder abhängigen Variablen vorliegt.

Das Verfahren Partial Least Squares (PLS) wurde ursprünglich von Herman Wold (z.B. 1981, 1985) für den Bereich der Ökonometrie entwickelt, wurde jedoch schnell auch in anderen Forschungsfeldern eingesetzt, z.B. Chemie, Pharma, Marketing usw. PLS ist grundsätzlich ein sehr allgemeiner Ansatz, der es erlaubt, Kausalverhältnisse zwischen (un-)abhängigen (latenten) Variablen beliebiger Anzahl und beliebigen Messniveaus i.S.v. Strukturgleichungsmodellen zu modellieren. Die in SPSS implementierte Variante ist daraus *der Spezialfall der linearen PLS Regression* (syn.: Partial-Regression) z.B. bei einer metrisch skalierten abhängigen Variablen; ist die abhängige Variable dichotom, wird das Verfahren auch als lineare PLS Diskriminanzanalyse bezeichnet.

PLS kann z.B. dann als Alternative zur OLS-Regression eingesetzt werden, wenn:

- wenn viele Prädiktoren vorliegen (wodurch wiederum die Wahrscheinlichkeit von Multikollinearität ansteigt und damit wiederum die Unzuverlässigkeit der OLS-Regression; wird die Anzahl der Prädiktoren wegen der Multikollinearität verringert, kann dies andererseits eine artifizielle Analysesituation zur Folge haben) und/oder
- wenn die Einflussvariablen untereinander hoch korrelieren (Multikollinearität) und/oder
- wenn die Anzahl der Einflussvariablen die Anzahl der Fälle übersteigt (die OLS-Regression reagiert üblicherweise mit überangepassten („perfekten") Modellen, die jedoch erfahrungsgemäß keine kreuzvalidierenden Tests bestehen) und/oder
- wenn in einem explorativen Forschungsansatz (z.B. vor dem Einsatz komplexerer Regressions- oder Strukturgleichungsmodelle) der Fokus auf der Vorhersage und (zunächst) nicht auf der Interpretation liegt.

PLS kombiniert Merkmale der Hauptkomponentenanalyse mit Merkmalen der mehrfachen Regression. Im Hauptkomponentenschritt extrahiert die PLS zunächst einen Set latenter Faktoren, die einen möglichst großen Anteil der Kovarianz zwischen den unabhängigen und den abhängigen Variablen erklären. Anschließend werden in einem Regressionsschritt die Werte der abhängigen Variablen mit Hilfe der ermittelten Komponenten vorhergesagt.

Auf der Basis dieser Kombination aus Hauptkomponenten- und Regressionsanalyse ermittelt PLS somit einen Satz latenter Faktoren, die die Kovarianz zwischen den unabhängigen und abhängigen Variablen maximal erklären. Latente Faktoren sind demnach Linearkombinationen der beobachteten unabhängigen Variablen. – Diese Ermittlung der unabhängigen latenten Faktoren auf der Basis von Kreuzprodukten, die die Y-Variablen einbeziehen, prädestiniert die PLS einerseits als das Verfahren der Wahl für Vorhersagen, erschwert jedoch gleichzeitig die Interpretation der Ladungen (zusätzlich dadurch, dass alle Variablen im Modell zusätzlich zentriert und standardisiert werden, siehe unten). – Die Prädiktoren (X-Variablen), wie auch die abhängigen Variablen (Y-Variablen) werden dabei mittels der Hauptkomponentenanalyse auf Komponenten reduziert. Die X-Komponenten werden wiederum verwendet, um die Y-Werte vorherzusagen. Die X-Hauptkomponenten werden dabei so (iterativ) ermittelt, dass die Kovarianz jedes X-Wertes mit den Y-Variablen maximiert wird. – Aus diesem genuin hauptkomponentenanalytischen Vorgehen folgt übrigens, dass (1.) eine (mögliche) Multikollinearität unter den ursprünglichen Prädiktoren unerheblich ist; die ermittelten X-Komponenten zur Vorhersage von Y sind letztlich *orthogonal*. Weil (2.) Variablen auf wenige Hauptkomponenten reduziert werden, ist die ursprüngliche Anzahl der Variablen (und damit auch das Verhältnis Variablen/Fälle) unerheblich. – Die vorhergesagten Werte der Y-Variablen werden wiederum mittels einer Regressionsanalyse (bei metrisch skalierten abhängigen Variablen) dazu verwendet, die beobachteten Werte der Y-Variablen optimal vorherzusagen. PLS kann somit mit vielen Variablen, Multikollinearität und der Situation umgehen, wenn mehr Variablen als Fällen vorliegen. PLS wird daher vorrangig zur *Vorhersage* eingesetzt; für die *Erklärung* gilt PLS jedoch als ziemlich unbefriedigend. Der Grund ist, weil PLS kaum in der Lage ist, kausal unbedeutsame Variablen aus dem Modell ausschließen (Tobias, 1997, 1). Das Problem der Multikollinearität wird von PLS genau betrachtet nur scheinbar gelöst. Aufgrund des hauptkomponentenanalytischen Ansatzes spielt Multikollinearität zwar keine Rolle bei der *Ermittlung der Hauptkomponenten*, allerdings dann später bei ihrer *Interpretation*. Wegen Multikollinearität laden Variablen auf mehreren Faktoren (sog. Cross-Loadings). Je ausgeprägter die Multikollinearität unter den Prädiktoren ist, umso schwieriger ist eine einfache Faktorenstruktur herzustellen und zu interpretieren.

PLS gilt der Hauptkomponenten-Regression (principal components regression, PCR; derzeit nicht von SPSS angeboten) als mindestens gleichwertig, wenn nicht sogar überlegen. PLS erzielt überwiegend genauere Vorhersagen und gilt dabei als parameterökonomischer als PCR. PLS kommt demnach auch mit weniger latenten Variablen als PCR aus. Allerdings gelten latente Faktoren der PCR als leichter zu interpretieren (vgl. Wentzell & Vega, 2003, 257).

Die PLS teilt im Wesentlichen alle Annahmen der multiplen linearen Regression (z.B. Linearität, keine Ausreißer usw.) mit den zwei zentralen Ausnahmen der Multikollinearität und des Signifikanztests. Da die lineare PLS ein verteilungsfreies Verfahren ist (und somit auch die Verteilung von PLS unbekannt ist), ist auch kein konventioneller Signifikanztest möglich. Selbstverständlich sind bei der Analyse auch die weiteren regressionsanalytischen Voraussetzungen zu beachten.

Eine lineare Partial-Regression kann in SPSS mittels der Prozedur PLS berechnet werden (5.1.1); eine nichtlineare Partial-Regression (NLPLS) wird derzeit von SPSS nicht angeboten. Für ältere SPSS Versionen wird in 5.1.2 eine andere Variante der Partial-Regression mittels REGRESSION vorgestellt. PLS ist in der Lage, uni- und multivariate Modelle zu schätzen. Bei einer oder mehreren intervallskalierten abhängigen Variablen wird ein Regressionsmodell geschätzt. Bei einer oder mehreren kategorial skalierten abhängigen Variablen wird ein Klassifikationsmodell geschätzt. PLS unterstützt darüber hinaus gemischte Regressions- und Klassifikationsmodelle. Die unabhängigen Variablen (Prädiktoren) können ebenfalls intervall- oder kategorialskaliert sein. Stringvariablen werden automatisch als kategorialskalierte Variablen im Modell geschätzt.

## 5.1.1    Berechnung mit der Prozedur PLS (Python Extension)

### Voraussetzungen

Die Prozedur PLS wird erst erst ab SPSS v16 angeboten. Für Anwender mit älteren SPSS Versionen wird für die Berechnung einer Partial-Regression auf Kapitel 5.1.2 verwiesen. In SPSS ist die PLS-Regression nicht automatisch enthalten; SPSS muss erst mittels sogenannter Extensionen (Erweiterungen) erweitert werden. Diese Extensionen ermöglichen es Anwendern, SPSS um Funktionalitäten (sog. Erweiterungsbefehle, z.B. PLS) zu erweitern, die in externen Programmiersprachen geschrieben wurden, z.B. Python oder auch R. Erweiterungsbefehle sowie Funktionalitäten in externen Programmiersprachen können von Anwendern bereitgestellt werden. In der Erweiterung über *R* werden u.a. folgende Regressionsvarianten zur Verfügung gestellt: Quantilregression, Robuste Regression, Tobit-Regression und auch das Rasch-Modell. Für PLS mit SPSS v21 müssen zuvor u.a. *Python*-Elemente (inkl. Numpy und Scipy) und das Integration-Plugin for Python auf dem System installiert sein, auf dem PLS ausgeführt werden soll. Als unkomplizierteste Aktualisierung für SPSS v21 auf Windows 64Bit gilt z.B. derzeit, die beiden folgenden Programme in dieser Reihenfolge zu installieren:

- Anaconda-1.8.0-Windows-x86_64.exe
- 21.0-IM-S21STATPE-WIN64-FP001.exe

In dieser Konfiguration ist die benötigte Python-Extension PLS.spe bereits enthalten. Die Installation aktuellerer PLS-Extensionen ist eigentlich nicht erforderlich. Für SPSS v22 wird sich die Installation von PLS noch weiter vereinfachen. SPSS v22 ist so voreingestellt, dass die sog. Python Essentials automatisch mitinstalliert werden. Extensionen können über *Extras → Erweiterungsbundles* direkt aus SPSS heraus heruntergeladen und installiert werden. In älteren SPSS Versionen konnte das Anbinden von Python recht umständlich sein, weil es für das jeweils vorhandene Betriebssystem u.a. das Installieren diverser Zusatzmodule in bestimmten Versionen und in einer bestimmten Reihenfolge erforderlich machte. Für Details für die jeweiligen SPSS Versionen wird auf die Supportseiten von IBM verwiesen. Hilfreich kann es sein, die Aktualität der eigenen SPSS Version unter „Hilfe" und „Info..." zu prüfen. Je nach SPSS Version steht diese Information  links unten ist (z.B. „Version21.0.0.1") oder

rechts neben dem SPSS Logo, z.B. „Version16.0.1". Diese Angabe ist wichtig für das Zu-
sammenstellen der richtigen Programme und Module mit der passenden Aktualität.

Anmerkung: Das PLS-Erweiterungsmodul ist von Python-Software abhängig. IBM SPSS ist
nicht der Inhaber bzw. Lizenzgeber der Python-Software. Alle Python-Benutzer müssen den
Bestimmungen der Python-Lizenzvereinbarung zustimmen, die sich auf der Python-Website
befindet. IBM SPSS gibt keinerlei Erklärungen über die Qualität des Python-Programms ab.
IBM SPSS übernimmt keinerlei Haftung in Zusammenhang mit der Verwendung des Python-Programms.

**Beispiel für eine *kategoriale* Response-Variable (Menü-Führung):**

Die Menüführung ermöglicht derzeit (SPSS v21) nur eine PLS-Regression mit einer abhängigen kategorial skalierten Variablen. Die Ausgabe wird ausführlich erläutert am Syntaxbeispiel des Modells einer PLS-Regression mit einer abhängigen metrischen Variablen.

*Pfad: Analysieren → Regression → Partielle kleinste Quadrate ...*

Öffnen Sie den SPSS Datensatz „CP193.sav". Der Datensatz basiert auf dem Beispiel der
Importdaten in Chatterjee & Price (1995[2], 193). Ziehen Sie die metrischen Variablen „Importe", „InProd" und „Lager" in das Feld „Unabhängige Variablen". Ziehen Sie eine *kategoriale*
Variable (nur zur Veranschaulichung: „Konsum") in das Feld „Abhängige Variablen". Verwenden Sie die Variable „Jahr" als „Fallbezeichnervariable".

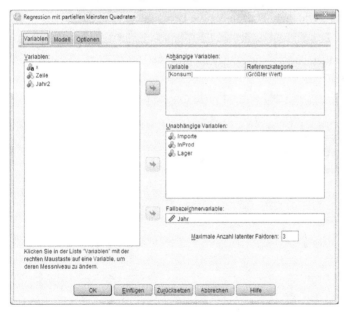

Unter dem Reiter „Optionen" können Schätzer für einzelne Fälle, Ladungen und Gewichtungen latenter Faktoren sowie Schätzer und VIP-Werte der unabhängigen Variablen ermittelt,
visualisiert und in SPSS Dateien abgelegt werden.

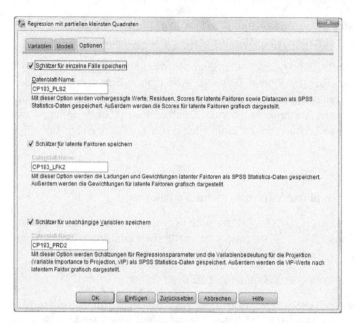

Markieren Sie „Schätzer für einzelne Fälle speichern" an und geben Sie danach den Namen einer SPSS Datei (ohne die Endung „.sav") an, z.B. CP193_PLS. Markieren Sie „Schätzer für latente Faktoren speichern" und geben Sie danach den Namen einer *anderen* SPSS Datei an, z.B. CP193_LFK. Markieren Sie „Schätzer für unabhängige Variablen speichern". Übernehmen Sie die weiteren Voreinstellungen. Starten Sie die Berechnung mit „OK".

Dies ist die ausgegebene PLS Syntax. Die Ausgabe wird nicht weiter erläutert. Weiterführende Hinweise finden Anwender beim Syntaxbeispiel für eine PLS-Regression mit einer abhängigen metrischen Variablen.

```
PLS Konsum MLEVEL=N REFERENCE=FIRST BY Importe InProd Lager
   /ID VARIABLE=Jahr
   /OUTDATASET CASES=CP193_PLS
               LATENTFACTORS=CP193_LFK
               PREDICTORS=CP193_PRD
   /CRITERIA LATENTFACTORS=3.
```

**Beispiel für eine *metrische* Response-Variable (Syntax):**

```
PLS Importe WITH InProd Lager Konsum
/ID VARIABLE = Jahr
/MODEL InProd Lager Konsum
/OUTDATASET CASES=CP193_PLS
            LATENTFACTORS=CP193_LFK
            PREDICTORS=CP193_PRD
/CRITERIA LATENTFACTORS=3.
```

**Erläuterung der Syntax**

Der Befehl PLS fordert die Berechnung einer Partial-Regression an. Direkt nach PLS wird die abhängige (intervallskalierte) Variable angegeben („Importe"). Nach WITH werden die (intervallskalierten) Kovariaten angegeben. Faktoren werden nach BY angegeben. Da die Variablen im Datensatz bereits unter „Messniveau" (unter „Variablenansicht") intervallskaliert sind, erübrigt sich eine explizite Definition bzw. Änderung des Skalniveaus über MLEVEL (nicht im Beispiel).

Über MLEVEL kann das Skalenniveau der (un-)abhängigen Variablen im Modell explizit definiert werden. Bei MLEVEL=S („scale") bei abhängigen Variablen wird automatisch ein Regressionsmodell geschätzt. Bei MLEVEL=N („nominal") bei abhängigen Variablen wird automatisch ein Klassifikationsmodell geschätzt. Variablen können zwar mittels MLE-VEL=O („ordinal") definiert, jedoch derzeit nur als nominal analysiert werden. Im Falle einer abhängigen kategorialskalierten Variable (nicht im Beispiel) erlaubt PLS mittels RE-FERENCE und den Optionen (FIRST, LAST bzw. Wert) die Referenzkategorie für das Schätzen der Parameter anzugeben.

Nach /ID VARIABLE= kann eine Identifikationsvariable (String, numerisch) für eine fallweise Ausgabe bzw. das Abspeichern von Schätzwerten angegeben werden (z.B. „Jahr").

Nach /MODEL können die Modell-Effekte angegeben werden. Haupteffekte werden durch das einfache Angeben der Prädiktoren definiert, z.B. „InProd Lager Konsum" (vgl. Beispiel). Interaktionen zwischen Haupteffekten können z.B. über Ausdrücke der Form „In-Prod*Lager" definiert werden (nicht im Beispiel). PLS unterstützt keine genesteten Ausdrücke.

Nach /OUTDATASET können Modellschätzer in (anzugebenden) Datensätzen abgelegt bzw. in Diagrammen angezeigt werden. PLS ist so voreingestellt, dass Modellschätzer weder abgespeichert bzw. angezeigt werden. Mittels CASES werden die folgenden fallweisen Schätzer unter dem angegebenen Datensatz CP193_PLS abgelegt: Vorhergesagte Werte, Residuen, Distanz zum latenten Faktormodell und latente Faktorwerte; CASES gibt auch Diagramme der latenten Faktorwerte aus. Mittels LATENTFACTORS werden latente Faktorladungen und latente Faktorgewichte unter dem angegebenen Datensatz CP193_LFK abgespeichert bzw. angezeigt; LATENTFACTORS gibt auch Diagramme der latenten Faktorgewichte aus. Mittels PREDICTORS werden Schätzer der Regressionsparameter und VIP-Werte (variable importance in the projection) unter dem angegebenen Datensatz CP193_PRD abgespeichert bzw. angezeigt; PREDICTORS gibt auch Diagramme für VIP-Werte pro Faktor aus.

Nach /CRITERIA kann nach LATENTFACTORS= die Obergrenze der Anzahl zu extrahierenden latenten Faktoren angegeben werden. Im Beispiel sollen maximal drei latente Faktoren extrahiert werden. Die Anzahl der tatsächlich extrahierten Faktoren kann von der voreingestellten Zahl abweichen. Die Anzahl der zu extrahierenden Faktoren ist immer vor einem theoretischen Hintergrund anzugeben.

Anwender- und systemdefinierte Missings werden von PLS aus der Analyse ausgeschlossen. PLS bietet derzeit weder eine Möglichkeit zur Kreuzvalidierung, noch zur Evaluation der Modellgüte anhand von Goodness of Fit-Maßen.

**Output**

## PLS Regression

Die Ausgabe der Prozedur PLS ist derzeit noch auf Englisch.

### Proportion of Variance Explained

| Latent Factors | Statistics | | | | |
|---|---|---|---|---|---|
| | X Variance | Cumulative X Variance | Y Variance | Cumulative Y Variance (R-square) | Adjusted R-square |
| 1 | ,693 | ,693 | ,968 | ,968 | ,966 |
| 2 | ,306 | 1,000 | ,005 | ,973 | ,969 |
| 3 | ,000 | 1,000 | ,000 | ,973 | ,967 |

Die Tabelle „Proportion of Variance Explained" gibt den Anteil der Varianz an, der durch die latenten Faktoren in den unabhängigen und auch abhängigen Variablen erklärt wird. Idealerweise sollte ein Modell sowohl die X-, wie auch die Y-Varianz maximal erklären können; realistischerweise kann manchmal mehr die X-, manchmal mehr die Y-Varianz erklärt werden. Unter CRITERIA wurden nach LATENTFACTORS maximal drei latente Faktoren angefordert; pro latentem Faktor (und Zeile) wird die jeweils erklärte Varianz wiedergegeben.

Der erste („1") latente Faktor erklärt ca. 70% Varianz der Prädiktoren („X Variance") und ca. 97% der abhängigen Variablen („Y Variance"). Der zweite („2") latente Faktor erklärt ca. 30% Varianz der Prädiktoren („X Variance") und ca. 0,5% der abhängigen Variablen („Y Variance"). Zusammen erklären die ersten beiden latenten Faktoren 100% der Varianz der Prädiktoren („Cumulative X Variance") und ca. 97% der abhängigen Variablen („Cumulative Y Variance (R-square)" bzw. „Adjusted R-square"). Der dritte („3") latente Faktor erklärt ca. 0% Varianz der Prädiktoren („X Variance") und ca. 0% der abhängigen Variablen („Y Variance"). Zusammen erklären alle drei latenten Faktoren 100% der Varianz der Prädiktoren („Cumulative X Variance") und ca. 97% der abhängigen Variablen („Cumulative Y Variance (R-square)"). Der dritte latente Faktor trägt also nicht mehr zur Varianzaufklärung auf Seiten der Prädiktoren und abhängigen Variablen bei und könnte aus diesem Grunde aus dem Modell entfernt werden. Im Beispiel erzielt eine Lösung bereits mit zwei latenten Faktoren die annähernd optimale Aufklärung der X-, wie auch die Y-Varianz (100% bzw. 97%). Angesichts 97% Varianzaufklärung bei der abhängigen Variablen und ca. 70% bei den Prädiktoren könnte aus parameterökonomischen Gründen sogar ein Modell mit nur einem latenten Faktor in Betracht gezogen werden, sofern in der Fragestellung die Varianzaufklärung der abhängigen Variablen Vorrang vor derjenigen der unabhängigen Variablen hat:

Je mehr ein latenter Faktor die *Varianz von Y-Variablen* aufklärt, umso mehr ist er in der Lage, die Varianz auch an Daten einer weiteren Stichprobe abhängiger Werte zu erklären. Je mehr ein latenter Faktor die *Varianz von X-Variablen* aufklärt, umso mehr ist er in der Lage, die beobachteten Werte der vorliegenden Stichprobe unabhängiger Variablen zu *beschreiben*.

**Parameters**

| Independent Variables | Dependent Variables |
|---|---|
|  | Importe |
| (Constant) | -19,725 |
| InProd | ,032 |
| Lager | ,414 |
| Konsum | ,243 |

Die Tabelle „Parameters" enthält die standardisierten Schätzer für die Regressionskoeffizienten der Prädiktoren („InProd", „Lager", „Konsum") zur Vorhersage der abhängigen Variablen „Importe". Die Interpretation der Koeffizienten entspricht derjenigen der Regression; wichtig sind also Betrag (Bedeutsamkeit des Effekts) und Vorzeichen (Richtung des Effekts). Alle Prädiktoren hängen positiv mit „Importe" zusammen. „Lager" (0,414) und „Konsum" (0,243) weisen deutlich höhere Beträge auf als „Inprod" (0,032) und sind insofern bedeutsamer für die Vorhersage der Import-Werte.

Im Falle einer kategorial skalierten abhängigen Variablen entspricht die SPSS Ausgabe in etwa derjenigen der logistischen Regression (nicht im Beispiel).

**Variable Importance in the Projection**

| Variables | Latent Factors | | |
|---|---|---|---|
|  | 1 | 2 | 3 |
| InProd | 1,203 | 1,200 | 1,200 |
| Lager | ,325 | ,345 | ,345 |
| Konsum | 1,203 | 1,201 | 1,201 |

Cumulative Variable Importance

Die Tabelle „Variable Importance in the Projection" („VIP") gibt die Wichtigkeit jeder einzelnen unabhängigen Variablen für jeden latenten Faktor im Vorhersagemodell („Projection") wieder (vgl. auch das anschließende Diagramm „Cumulative Variable Importance"). Die sog. VIP-Koeffizienten drücken dabei die Wichtigkeit eines jeden einzelnen Prädiktors beim *Modellieren von X- und Y-Scores (s. u.) gleichzeitig* aus. „InProd" und „Konsum" (jeweils 1,20) weisen demnach eine deutlich höhere Wichtigkeit auf als „Lager" (0,32). Die Bedeutung der Prädiktoren über die ermittelten latenten Faktoren hinweg bleibt annähernd konstant. Nach Wold (1994) könne jede Variable aus dem Modell ausgeschlossen werden, deren VIP kleiner als < 0,80 ist und gleichzeitig einen kleinen Regressionskoeffizienten besitzt (vgl. „Parameters"). Die Prädiktoren „InProd", „Lager" und „Konsum" erfüllen beide Bedingungen nicht und verbleiben daher alle im Modell.

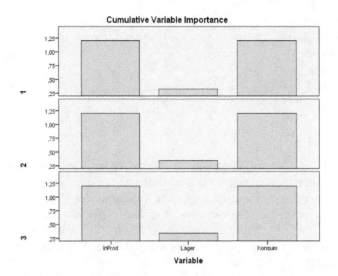

Das Diagramm „Cumulative Variable Importance" gibt die Werte aus der o.a. Tabelle „Variable Importance in the Projection" („VIP") wieder. „InProd" und „Konsum" weisen demnach eine höhere und annähend konstante Wichtigkeit auf als „Lager". Die Bedeutung von „InProd" und „Konsum" ist dabei annähend identisch, während „Lager" demgegenüber mit niedrigeren Werten abweicht.

<table>
<tr><td colspan="4" align="center">**Weights**</td></tr>
</table>

| Variables | Latent Factors | | |
|---|---|---|---|
| | 1 | 2 | 3 |
| InProd | ,694 | ,159 | -,707 |
| Lager | ,188 | -,973 | ,001 |
| Konsum | ,695 | ,172 | ,707 |
| Importe | ,683 | ,073 | ,455 |

**Loadings**

| Variables | Latent Factors | | |
|---|---|---|---|
| | 1 | 2 | 3 |
| InProd | ,688 | ,132 | -,708 |
| Lager | ,234 | -,982 | ,008 |
| Konsum | ,688 | ,134 | ,706 |
| Importe | 1,000 | 1,000 | 1,000 |

Die Tabellen „Weights" und „Loadings" geben die Gewichte und Ladungen der (un-)abhängigen Variablen in den ermittelten latenten Faktoren wieder. Gewichte und Ladungen geben dabei an, wie viel jede unabhängige Variable zum jeweiligen latenten Faktor beiträgt. Gewichte repräsentieren die Korrelation der X-Variablen mit den Y-Werten, Ladungen dagegen die Bedeutung einer jeden X-Variablen. Ladungen werden oft zum Benennen der Faktoren verwendet. Ladungen sind jedoch nicht immer einfach zu interpretieren, z.B. beim Vorliegen sog. Cross-Loadings, dem bedeutsamen Laden einer Variablen auf mehreren Faktoren. – Cross-Loadings sind meist durch Multikollinearität verursacht. Je ausgeprägter die Multikollinearität unter den Prädiktoren ist, umso schwieriger ist eine einfache Faktorenstruktur herzustellen und zu interpretieren. – Laut Hulland (1999, 198) sollen Ladungen in einer *konfirmatorischen* PLS idealerweise mind. 0,7 hoch sein, um zu gewährleisten, dass eine unabhängige Variable durch einen Faktor repräsentiert wird; Raubenheimer (2004) setzt für eine *exploratorische* PLS einen Cutoff bereits bei 0,4 an. Prädiktoren mit niedrigen Gewichten und Ladungen können versuchsweise aus dem Modell ausgeschlossen werden, da dies u.U. die Aufklärung der Y-Varianz verbessern könnte.

Die Tabelle „Weights" zeigt, dass die unabhängige Variable „InProd" mit dem ersten Faktor hoch positiv und mit dem dritten Faktor negativ korreliert. „Lager" korreliert ausschließlich dem zweiten Faktor hoch negativ. „Konsum" korreliert sowohl mit dem ersten Faktor, wie auch dem dritten Faktor hoch positiv. Die nachfolgenden „Factor Weights"-Diagramme geben die Faktorgewichte aus der Tabelle „Weights" wieder.

Die Tabelle „Loadings" zeigt, dass die unabhängige Variable „InProd" auf dem ersten Faktor hoch positiv und auf dem dritten Faktor hoch negativ lädt. „Lager" lädt ausschließlich auf dem zweiten Faktor hoch negativ. „Konsum" lädt bedeutsam auf dem ersten und dritten latenten Faktor. „Konsum" ist daher eine sog. „cross-loading" Variable. Analog zur Faktorenanalyse sind Ladungen immer vor einem theoretischen Hintergrund, nie ausschließlich anhand willkürlich ausgewählter Grenzwerte zu interpretieren. Im Beispiel wird kein Prädiktor aus dem Modell ausgeschlossen. Die Werte liegen über den Cutoffs und die Aufklärung der Y-Varianz ist optimal.

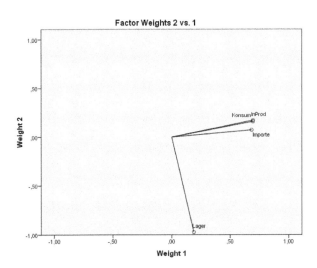

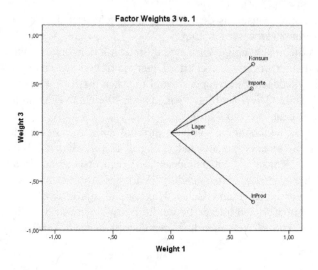

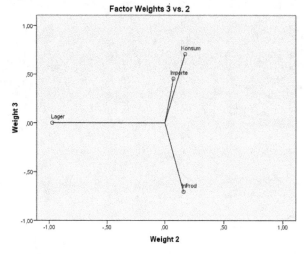

Die „Factor Weights"-Diagramme visualisieren die Gewichte aus der Tabelle „Weights". Da ein Gewicht einer Korrelation entspricht, gibt der Betrag der Korrelation, also der Abstand zum Zentrum den Beitrag einer jeden unabhängigen Variable zum jeweiligen latenten Faktor an. Variablen nahe des Schnittpunkts tragen demnach wenig zum Modell bei und können versuchsweise aus dem Modell ausgeschlossen werden. Je weiter entfernt eine Variable zum Schnittpunkt liegt, umso mehr trägt sie zum Modell bei. In den Diagrammen liegen alle Variablen vom Schnittpunkt entfernt; es wird kein Prädiktor aus dem Modell ausgeschlossen.

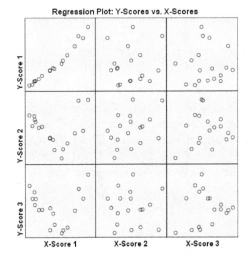

Das Diagramm „Scores" visualisiert die X-Werte des jeweiligen latenten Faktors gegen die X-Werte der jeweils anderen latenten Faktoren. Die Zelle „X-Score 1" und „X-Score 2" trägt z.B. die jeweiligen X-Werte der latenten Faktoren 1 und 2 ab. Das Diagramm „Scores" visualisiert *nicht* die Werte der beobachteten Prädiktoren. Dem Diagramm „Scores" kann entnommen werden, dass keine besonderen Verteilungsmuster vorliegen.

Regression Plot: Y-Scores vs. X-Scores

Das Diagramm „Regression Plot: X-Scores vs. Y-Scores" visualisiert die X- und Y-Werte dreier latenter Faktoren in Gestalt von Regressionsplots (es werden drei latente Faktoren angezeigt, weil drei angefordert wurden). Die X-Werte der jeweiligen Faktoren werden auf der X-Achse, die Y-Werte werden auf der Y-Achse abgetragen. Diesem Diagramm kann der Art, Ausmaß und Richtung des Zusammenhangs zwischen X- und Y-Werten innerhalb eines jeden latenten Faktors entnommen werden. Die Zelle „X-Score 1" und „Y-Score 1" trägt z.B.

die jeweiligen X- und Y-Werte des latenten Faktors 1 ab. Dem Diagramm kann entnommen werden, dass hier besondere Verteilungsmuster vorliegen. Der Zusammenhang zwischen den X- und Y-Werten des ersten latenten Faktors ist eindeutig linear. Dieser Befund deutet auf ein stabiles Modell hin. Der Zusammenhang zwischen den X- und Y-Werten des zweiten latenten Faktors ist dagegen z.B. eindeutig wolkenartig. Dieser Befund deutet auf ein schwaches Modell hin.

Das Diagramm „Scores" visualisiert *nicht* drei verschiedene Modelle, sondern innerhalb eines Modells die geschätzten X- und Y-Werte der angeforderten latenten Faktoren.

Anwender können zusätzlich anhand einer Visualisierung die im Datensatz CP193_PLS abgelegten Residuen auf u.a. Ausreißer, Nonnormalität und Varianzheteroskedastizität überprüfen (die Residuenanalyse wird nicht weiter dargestellt).

## 5.1.2     Berechnung mit der Prozedur REGRESSION

Die Bezeichnung „Partial-Regression" (syn.: Partielle Regressionsanalyse) dieser Analysevariante rührt daher, dass eine Regression zwei oder mehr Prädiktoren enthält, in denen die Regressions- bzw. Korrelationskoeffizienten auf der Basis jeweils zweier Variablen ermittelt werden, die wiederum jeweils zuvor um den Varianzanteil aller anderen Prädiktoren bereinigt wurden (vgl. Cohen, 2003[3] et al., 66–69; Litz, 2002, Kap. 3). Die Partial-Regression kann also z.B. dann zur Anwendung kommen, wenn die Prädiktoren untereinander korreliert sind, also im Falle von Multikollinearität. Mit dieser Variante der Partial-Regression lässt sich untersuchen, ob aus einer Menge von Variablen (z.B. a, b und c) einzelne Variablen (z.B. c) den eigentlich untersuchten Zusammenhang zwischen x (Prädiktor) und y (Kriterium) beeinflussen.

Diese Variante der Partial-Regression basiert im Gegensatz zu PLS (vgl. 5.1.1) auf der Korrelations- bzw. Regressionsanalyse und wird daher mit der SPSS Prozedur REGRESSION berechnet.

Das folgende Syntaxbeispiel untersucht, ob eine oder mehrere Variablen (z.B. a, b, oder c) einen Einfluss auf den eigentlich interessanten Zusammenhang zwischen x und y ausüben. Die dazu erforderliche Vorgehensweise orientiert sich an Litz (2002, 77–91). Auf eine exemplarische Erläuterung anhand von REGRESSION- bzw. PARTIAL CORR-Ausgaben wird verzichtet, da ihre Interpretation an dieser Stelle als mittlerweile bekannt vorausgesetzt werden kann.

Als weitere Schritte sind erforderlich:

### (1) Regressionsanalyse für das bivariate Ausgangsmodell
Berechnung der Regression zwischen x und y ohne Berücksichtigung des möglichen (störenden, intervenierenden) Effektes weiterer Variablen. Dieser Schritt ist erforderlich, um Referenzparameter für das Modell zu ermitteln.

### (2) Berechnung der bivariaten Korrelationen Nullter Ordnung
Berechnung der Korrelationen zwischen x und y mit den Variablen a, b und c, die einen möglichen (störenden, intervenierenden) Einfluss auf den Zusammenhang zwischen x und y

ausüben. Dieser Schritt ist erforderlich, um das Ausmaß der Multikollinearität abschätzen zu können. Signifikant mit x bzw. y korrelierende Variablen a, b oder c sind im nächsten Schritt genauer zu betrachten.

### (3) Ermittlung der Partialkorrelationen des Modells

Berechnung der Partialkorrelationen des Modells, einmal mit den Variablen a, b bzw. c mit x und y auf einmal, einmal nur jeweils einzeln. Dieser Schritt ist erforderlich, um das Ausmaß der Partialisierung (Bereinigung um „Fremdvarianz") abschätzen zu können. Variablen, die den Zusammenhang zwischen x und y deutlich beeinflussen, z.B. c (fiktiv), werden weiterer Rechenschritten unterzogen. Dies ist im Abgleich zwischen den Koeffizienten zwischen x und y in Korrelations- und Partialkorrelationstabellen erkennbar. Ändert sich der Koeffizient für den Zusammenhang zwischen x und y deutlich, dann ist die dafür verantwortliche Variable aus diesem Zusammenhang „herauszurechnen".

### (4) Regressionsanalysen mit einer ausgewählten intervenierenden Variable als Prädiktor

Berechnung zweier separater Regressionsanalysen mit x und y jeweils als Kriterium (auch der Prädiktor aus dem Ausgangsmodell) und der intervenierenden Variable c als Prädiktor. Dieser Schritt ist erforderlich, um x bzw. y um den Effekt von c zu bereinigen. Es werden jeweils die nicht standardisierten Residuen abgespeichert.

### (5) Durchführung der eigentlichen Partial-Regression

Berechnung einer Regressionsanalyse auf der Basis der nicht standardisierten Residuen aus Schritt (4) anstelle der Variablen x bzw. y. Der Zusammenhang zwischen x und y wurde um den Effekt von c bereinigt.

Diese Analyseabfolge sollte u.a. noch um (grafische) Residuenanalysen ergänzt werden. Es gelten alle Voraussetzungen der *linearen* Regressions- bzw. Korrelationsanalyse. Es ist darüber hinaus nicht zulässig, Störvariablen nicht aus einem Modell herauszupartialisieren, nur weil sie einen ursprünglich postulierten, aber faktisch nicht eingetretenen Zusammenhang künstlich stützen.

(1) Regressionsanalyse für das bivariate Ausgangsmodell

```
REGRESSION
  /MISSING LISTWISE
  /STATISTICS COEFF OUTS R ANOVA
  /CRITERIA=PIN(.05) POUT(.10)
  /NOORIGIN
  /DEPENDENT y
  /METHOD=ENTER x
  /SAVE RESID .
```

(2) Berechnung der bivariaten Korrelationen Nullter Ordnung

```
CORRELATIONS
  /VARIABLES= x y BY a b c
  /PRINT=TWOTAIL NOSIG
  /MISSING=LISTWISE .
```

(3) Ermittlung der Partialkorrelationen des Modells

```
PARTIAL CORR
  /VARIABLES= x y BY a b c
  /SIGNIFICANCE=TWOTAIL
  /STATISTICS=DESCRIPTIVES CORR
  /MISSING=LISTWISE .
```

```
PARTIAL CORR
  /VARIABLES= x y BY a
  /SIGNIFICANCE=TWOTAIL
  /MISSING=LISTWISE .
PARTIAL CORR
  /VARIABLES= x y BY b
  /SIGNIFICANCE=TWOTAIL
  /MISSING=LISTWISE .
PARTIAL CORR
  /VARIABLES= x y BY c
  /SIGNIFICANCE=TWOTAIL
  /MISSING=LISTWISE .
```

(4) Regressionsanalysen mit einer intervenierenden Variable als Prädiktor

```
REGRESSION
  /MISSING LISTWISE
  /STATISTICS COEFF OUTS R ANOVA
  /CRITERIA=PIN(.05) POUT(.10)
  /NOORIGIN
  /DEPENDENT x
  /METHOD=ENTER c
  /SAVE RESID .
```

```
REGRESSION
  /MISSING LISTWISE
  /STATISTICS COEFF OUTS R ANOVA
  /CRITERIA=PIN(.05) POUT(.10)
  /NOORIGIN
  /DEPENDENT y
  /METHOD=ENTER c
  /SAVE RESID .
```

(5) Durchführung der eigentlichen Partial-Regression

```
REGRESSION
  /MISSING LISTWISE
  /STATISTICS COEFF OUTS R ANOVA
  /CRITERIA=PIN(.05) POUT(.10)
  /NOORIGIN
  /DEPENDENT res_1
  /METHOD=ENTER res_2 .
```

# 5.2    Individuelle Wachstumskurven (individual growth modeling)

Die Regressionsanalyse kann auch für die Analyse von wiederholten Messungen (z.B. kurzen Zeitreihen) eingesetzt werden. Diese Anwendungsmöglichkeit wird als die Modellierung sog. individueller Wachstumskurven (individual growth modeling) bezeichnet. Da dieser Ansatz die Regressionskoeffizienten der Individuen als Zufallsvariablen verwendet, wird er auch als Zufallskoeffizientenmodell bezeichnet. Es wird angenommen, dass die Regressionskoeffizienten normalverteilt sind. Im nachfolgenden Beispiel werden ausschließlich lineare Modelle berechnet.

Im Abgleich der Modellierung individueller Wachstumskurven mit den Verfahrensfamilien der Zeitreihenanalyse und der Varianzanalyse mit Messwiederholung sollen die Vor- und Nachteile dieses Ansatzes anhand der Unterschiede und Gemeinsamkeiten grob skizziert werden.

Gemeinsam mit der Zeitreihenanalyse und der Varianzanalyse mit Messwiederholung ist also, dass die Daten all dieser Verfahren auf verbundenen Messwertreihen basieren. Bei diesen verbundenen Messwertreihen liegt ein Messwert pro Messzeitpunkt vor. Ein Unterschied zur Zeitreihenanalyse ist, dass bei den individuellen Wachstumskurven die untersuchten Zeitreihen deutlich kürzer sein dürfen (z.B. ab N=3 Messzeitpunkten). Bei der Modellierung sog. individueller Wachstumskurven handelt es sich darüber hinaus um einen regressionsanalytischen Ansatz, der als solcher nicht in der Lage ist, genuin zeitreihenanalytische Effekte wie z.B. Trends, Zyklen, Saisonalität usw. zu modellieren.

Ein Unterschied zur Varianzanalyse mit Messwiederholung ist, dass die Varianzanalyse mit Messwiederholung die eigentlich individuellen Messwiederholungen zu Gruppen zusammenfasst. Bei der Modellierung sog. individueller Wachstumskurven gibt eine Linie in einem Diagramm jeweils die Werte eines Individuums wieder. Eine Visualisierung bei einer Varianzanalyse mit Messwiederholung (z.B. ein Profildiagramm) gibt jedoch in Gestalt einer Linie die zusammengefassten Werte einer *Gruppe* von Fällen wieder. Auf diesen Unterschied wird der nächste Abschnitt zurückkommen. Zuvor noch eine letzte Besonderheit, und zwar speziell der drei vorgestellten individual growth modeling Ansätze. Bei diesen Ansätzen handelt es sich um *lineare Ansätze*, d.h. die Ansätze sind v.a. für mindestens annähernd lineare Wertereihen geeignet. Für *kurvilineare* Datenreihen sind diese Ansätze weniger geeignet.

Nun zurück zur Aggregierung individueller Wachstumskurven (also unabhängig davon ob linear oder kurvilinear): Ein solches Zusammenfassen ist nicht immer angebracht. Zum Beispiel dann, wenn sich (mehrere) Individuen in ihrer Tendenz nach oben oder unten unterscheiden. Eine gemeinsame (non)lineare Regressionslinie für alle Fälle suggeriert, als ob diese diametral unterschiedlichen Tendenzen nicht vorhanden seien. Eine Aggregierung macht diametral unterschiedliche Tendenzen unsichtbar (z.B. auch im Profildiagramm bei der Varianzanalyse mit Messwiederholung). Bei der Modellierung individueller Wachstumskurven werden jedoch Verläufe *pro Fall* als Linie visualisiert und auch analysiert. Dieser Analyseansatz ist also immer dann angebracht, wenn man sich dafür interessiert, ob (mehrere) Individuen in ihrer Verlaufstendenz einheitlich sind oder ob diese ggf. unterschiedliche (non)lineare Verlaufsmuster aufweisen.

Die Modellierung individueller Wachstumskurven ist daher besonders vor der Durchführung von Varianzanalysen mit Messwiederholung empfehlenswert. Denn nur so kann geprüft werden, ob Fälle oder Gruppen von Fällen, die einer Varianzanalyse mit Messwiederholung unterzogen werden sollen, tatsächlich *homogene* Verlaufstendenzen aufweisen. Liegen *heterogene* Verlaufstendenzen vor, ergeben sich somit zwei Möglichkeiten, eine mögliche Fehlervarianz zu minimieren: Gruppen mit heterogenen Verlaufstendenzen können so unterteilt werden, dass Untergruppen mit homogenen Verlaufstendenzen aufweisen. Ungruppierte Daten können in Gruppen mit Fällen mit bestimmten Verlaufsmustern aufgeteilt werden.

Die im Beispiel verwendeten Daten stammen aus einer eigenen Studie des Autors. 39 Personen wurden dabei gebeten, sieben Tage hintereinander an demselben neuropsychologischen Training teilzunehmen. Ziel des Trainings war, die neuropsychologische Performanz der Trainingsteilnehmer zu verbessern. Die Daten enthalten somit die Testleistungen von 39 Personen aus siebenmal aufeinanderfolgenden Testwiederholungen. Pro Person liegen somit sieben Messwerte vor. Angesichts des Diagramms wird davon ausgegangen, dass es sich bei den individuellen Verläufen um annähernd lineare Wertereihen handelt. Die nachfolgende Abbildung gibt die Leistungsverläufe der 39 Testpersonen wieder. Das Ziel der nachfolgenden Analyseschritte ist in drei Schritten zu prüfen, ob das Training erfolgreich war und in welcher Weise sich die einzelnen Patienten in ihrer neuropsychologischen Performanz verbesserten.

**Visualisierung der Rohdaten**

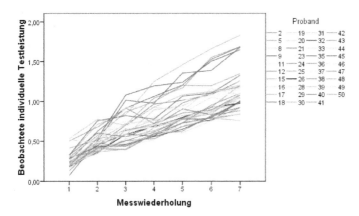

Wie das Diagramm zeigt, ist das neuropsychologische Training überaus erfolgreich. Die meisten Testteilnehmer zeigen zunehmend bessere Leistungen. Allerdings deutet sich auch an, dass die einzelnen Leistungskurven ausgesprochen heterogen sind. Proband 5 scheint eine deutlich beschleunigte Verbesserung der neuropsychologischen Performanz aufzuweisen als z.B. Proband 47. Eine einzige Regressionslinie (wie sie z.B. eine Varianzanalyse mit Messwiederholung erzeugen würde) würde den unterschiedlichen Tendenzen nicht gerecht werden. Eine Modellierung der individuellen Wachstumskurven mittels eines Zufallskoeffizientenmodells wäre ein naheliegender Ansatz.

Diese Analyse geht im Weiteren in drei Schritten vor:
- In Abschnitt 5.2.1 wird geprüft, ob jeder einzelne Fall einen anderen Intercept besitzt. In anderen Worten, es wird die Frage geprüft: Bewegen sich die Trainingsteilnehmer auf unterschiedlichen (Leistungs-)Niveaus?
- In Abschnitt 5.2.2 wird geprüft, ob jeder einzelne Fall eine andere Steigung besitzt. In anderen Worten, es wird die Frage geprüft: Verbessern sich die Trainingsteilnehmer unterschiedlich gut bzw. schnell?
- In Abschnitt 5.2.3 wird geprüft, ob jeder einzelne Fall einen anderen Intercept und eine andere Steigung besitzt. In anderen Worten, es wird die Frage geprüft: Verbessern sich die Trainingsteilnehmer unterschiedlich (Steigung, Ansatz 2) unter zusätzlicher Berücksichtigung ihres Leistungsniveaus (Intercept, Ansatz 1)?

Wie die beiden vorangegangenen Ansätze würde es auch dieser dritte, anspruchsvollste Ansatz im Prinzip darüber hinaus erlauben, Fälle anhand ähnlicher Wachstumskurven in Gruppen einzuteilen (dies wird beim letzten Ansatz exemplarisch versucht). Bei der Visualisierung von individuellen Wachstumskurven ist es jedoch oft nicht leicht, die einzelnen Linien auseinanderzuhalten und die individuelle Performanz zu beurteilen. Da es sich um die Visualisierung und Analyse von *individuellen* Wachstumskurven handelt, könnte dieser Ansatz für größere Datenmengen i.S. zahlreicher Fälle (wie z.B. im SPSS Demodatensatz „testmarket.sav") u.U. nicht immer geeignet sein.

Die visualisierten vorhergesagten Werte dieser Ansätze sind immer mit der Visualisierung der Rohdaten abzugleichen. Der wichtigste Grund ist, dass der Schätzvorgang und somit die ermittelten vorhergesagten Werte suboptimal oder sogar ungültig sein können. Es kann z.B. passieren, dass die endgültige Hesse-Matrix nicht positiv definit ist, obwohl sämtliche Konvergenzkriterien erfüllt sind. Auch sind die Ansätze der zufälligen Intercepts bzw. der zufälligen Steigungen deutlich weniger leistungsfähig wie der Ansatz der zufälligen Intercepts und zufälligen Steigungen und somit u.U. bereits vom Ansatz her nicht in der Lage, die Variation in den Daten vollständig zu erklären.

## 5.2.1    Ansatz 1: Modell zufälliger Intercepts

Der erste Ansatz, einen individuellen Performanzverlauf zu untersuchen (Ansatz der zufälligen Intercepts) nimmt an, dass jeder einzelne Fall einen anderen Intercept besitzt. In anderen Worten: Jeder Trainingsteilnehmer bewegt bzw. verbessert sich auf einem anderen (Leistungs-)Niveau. Es wird also nur das Niveau der Leistung untersucht, nicht ihre Steigerung. Dieses Modell nimmt an, dass die Intercepts eine IID Normalverteilung aufweisen mit einem Mittelwert von Null und einer unbekannten Varianz.

**Syntax für Ansatz 1:**
```
MIXED Y WITH zeit
/FIXED intercept zeit
/METHOD=REML
/RANDOM intercept | SUBJECT(Probandn) COVTYPE(ID)
/PRINT SOLUTION TESTCOV
/SAVE pred(pred_1).
```
Die Variationen in der MIXED Syntax sind fett hervorgehoben.


**Erläuterung der Syntax für Ansatz 1:**
Das Lineare Gemischte Modell (Linear Mixed Model, LMM) erweitert z.B. das Allgemeine Lineare Modell (GLM) so, dass die Daten korrelieren und eine nonkonstante Variabilität (Heteroskedastizität) aufweisen dürfen. Das LMM gilt insofern als etwas flexibler. Die Modellspezifikation geschieht analog zum GLM-Ansatz: Kategoriale Prädiktoren (auch der Messwiederholungsfaktor, wsfactor) werden als Faktoren im Modell spezifiziert; jede Ausprägung des Faktors kann einen anderen linearen Effekt auf den jew. Wert der AV haben. An dieser Stelle muss zusätzlich zwischen festen und zufälligen Effekte unterschieden werden:
- feste Faktoren sind Variablen, deren alle Kategorien bekannt sind und vorliegen.
- zufällige Faktoren sind Variablen, deren vorliegenden Kategorien nur eine zufällige Auswahl aller möglichen Faktor-Ausprägungen sind.

Metrisch skalierte Prädiktoren werden als Kovariaten im Modell spezifiziert; die Kovariaten korrelieren jeweils linear mit der AV, und zwar auch in jeder Kombination aller möglichen Faktorstufen. Das LMM erlaubt darüber hinaus die Kovarianzstruktur für die Zufallseffekte zu spezifizieren; in der Grundeinstellung sind Zufallseffekte unkorreliert und weisen dieselbe Varianz auf.

MIXED fordert ein lineares gemischtes Modell mit Y als metrisch skalierter abhängiger Variablen und TIME als Messwiederholungsfaktor an. ZEIT und INTERCEPT definieren nach FIXED die festen Effekte. Nach METHOD wird die Schätzmethode angegeben; neben der voreingestellten REML (Restricted maximum likelihood) bietet SPSS noch ML (Maximum likelihood) an. Nach RANDOM wird der Zufallseffekt festgelegt; dieser besteht wegen INTERCEPT aus dem Intercept-Term, wobei die einzelnen Fälle (PROBAND) via SUBJECT identifiziert werden. COVTYPE definiert mittels ID die Kovarianzstruktur vom Typ Identität.

Dem aufmerksamen Leser wird an dieser Stelle aufgefallen sein, dass INTERCEPT sowohl unter FIXED, wie auch RANDOM angegeben wurde. Das Interessante hierbei ist: SPSS ermittelt auch beim Weglassen von INTERCEPT unter FIXED einen konstanten Term, wie auch im Weiteren absolut identische Ergebnisse im Vergleich zu einer Vorgabe mit INTERCEPT. Es macht demnach also keinen Unterschied, ob INTERCEPT unter FIXED angegeben ist oder nicht.

Als Optionen für den Lösungsalgorithmus wurden die SPSS Voreinstellungen übernommen, können jedoch unter CRITERIA (nicht angegeben) individuell eingestellt werden. Mit PRINT werden u.a. die Lösung für die Parameter der festen sowie wie zufälligen Effekte (SOLUTION) sowie Tests (u.a. nach Wald) für die Kovarianzparameter (TESTCOV ) angefordert. Die in der Variablen PRED_1 abgelegten vorhergesagten (PRED) Testleistungen werden mittels eines GGRAPH Liniendiagramms visualisiert. Zu statistisch-technischen Details der Prozedur MIXED wird auf die IBM SPSS 21 Command Syntax Reference (2012a) verwiesen.

**Erläuterung der Ergebnisse**

**Analyse von gemischten Modellen**

### Modelldimension[a]

| | | Anzahl Ausprägungen | Kovarianz-struktur | Anzahl Parameter | Subjekt-Variablen |
|---|---|---|---|---|---|
| Feste Effekte | Konstanter Term | 1 | | 1 | |
| | Zeit | 1 | | 1 | |
| Zufallseffekte | Konstanter Term | 1 | Identität | 1 | probandn |
| Residuum | | | | 1 | |
| Gesamt | | 3 | | 4 | |

a. Abhängige Variable: Y.

Die Tabelle „Modelldimension" verschafft eine erste Übersicht über die Parameter des spezifizierten Modells. Für jeden festen und jeden zufälligen Effekt wird die Anzahl der Ausprägungen und die Anzahl der Parameter im Modell ausgegeben. Für die zufälligen Effekte wird darüber hinaus die Art der vorgegebenen Kovarianzstruktur („Identität") sowie die Variable zur Identifizierung der Fälle ausgegeben (vgl. „Zufallseffekte": PROBANDN). Die Legende gibt die abhängige Variable an, „Y".

**Informationskriterien[a]**

| | |
|---|---|
| Eingeschränkte –2 Log Likelihood | –266,978 |
| Akaike-Informationskriterium (AIC) | –262,978 |
| Hurvich und Tsai (IC) | –262,933 |
| Bozdogan-Kriterium (CAIC) | –253,804 |
| Bayes-Kriterium von Schwarz (BIC) | –255,804 |

Die Informationskriterien werden in kleinstmöglichen Formen angezeigt.

a. Abhängige Variable: Y.

Die Tabelle „Informationskriterien" gibt Maße aus, die für den Vergleich verschiedener gemischter Modelle entworfen wurden. Als Grundregel gilt: Je kleiner die Werte, desto besser das Modell. Das Eingeschränkte –2 Log Likelihood ist das einfachste Maß für die Modellauswahl. Das AIC basiert auf dem Log-Likelihood und „korrigiert" Modelle mit mehr Parametern. Das AICC korrigiert das AIC für kleine Stichproben; mit zunehmender Stichprobengröße nähert sich das AICC dem AIC an. Das BIC „bestraft" ebenfalls überparametrisierte Modelle, jedoch strenger als das AIC; mit zunehmender Stichprobengröße nähert sich das CAIC dem BIC an. Die Legende gibt die abhängige Variable an. Um es vorwegzunehmen: Das Intercept-Modell hat die schlechtesten (höchsten) AIC-Werte (–262,978) aller drei Zufallskoeffizientenansätze.

**Feste Effekte**

**Tests auf feste Effekte, Typ III[a]**

| Quelle | Zähler-Freiheitsgrade | Nenner-Freiheitsgrade | F-Wert | Signifikanz |
|---|---|---|---|---|
| Konstanter Term | 1 | 65,032 | 39,134 | ,000 |
| Zeit | 1 | 229,885 | 1434,316 | ,000 |

a. Abhängige Variable: Y.

Die Tabelle „Tests auf feste Effekte, Typ III" gibt F-Tests für jeden festen Effekt im Modell aus. Erreicht ein fester Effekt einen kleinen Signifikanzwert (z.B. < 0,05), dann trägt dieser Effekt zum Modell bei. Die Legende gibt die abhängige Variable an. Der konstante Term bzw. der Faktor ZEIT tragen jeweils mit p=0,000 zum Modell bei. Dies ist jedoch nicht das zentrale Ergebnis der Analyse.

**Schätzungen fester Parameter[a]**

| Parameter | Schätzung | Standard-fehler | Freiheits-grade | T-Statistik | Signifikanz | Konfidenzintervall 95% Untergrenze | Obergrenze |
|---|---|---|---|---|---|---|---|
| Konstanter Term | ,184875 | ,029553 | 65,032 | 6,256 | ,000 | ,125854 | ,243896 |
| Zeit | ,138946 | ,003669 | 229,885 | 37,872 | ,000 | ,131717 | ,146175 |

a. Abhängige Variable: Y.

Die Tabelle „Schätzungen fester Parameter" zeigt den Effekt jedes festen Faktors (z.B. ZEIT) auf die abhängige Variable im Modell. Wichtig ist hier der Wert in der Spalte „Schätzung" für den konstanten Term.

Die Tabelle gibt für das jeweils berechnete Modell nichtstandardisierte Schätzer, Standardfehler, Freiheitsgrade, T-Statistik, Signifikanz und Konfidenzintervalle aus. Üblicherweise werden nur die Parameter signifikanter Prädiktoren interpretiert bzw. Prädiktoren, deren Konfidenzintervall den Wert 1 ausschließen. Die Wahrscheinlichkeiten können als jeweils um die anderen Prädiktoren adjustiert interpretiert werden.

*Hinweis: „Schätzung" ist nicht standardisiert und kann massiv irreführend sein.*

Der Wert in der Spalte „Schätzung" für den konstanten Term gibt den geschätzten Intercept, also das geschätzte (durchschnittliche) Niveau der Regressionslinie in der Grundgesamtheit an. Der statistisch signifikante Effekt (p=0,000) des konstanten Terms bedeutet, dass statistisch nichts dagegen spricht, von einem allgemeinen unterschiedlichen Niveau der Testleistungen bzw. neuropsychologischen Performanz ausgehen zu können. Die Schätzer für die Varianz der zufälligen Intercepts können der Tabelle „Schätzungen von Kovarianzparametern" entnommen werden.

**Kovarianzparameter**

**Schätzungen von Kovarianzparametern[a]**

| Parameter | Schätzung | Std.-Fehler | Wald Z | Sig. | Konfidenzintervall 95% Untergrenze | Obergrenze |
|---|---|---|---|---|---|---|
| Residuum | ,014375 | ,001343 | 10,703 | ,000 | ,011970 | ,017264 |
| Konstanter Term [Subjekt = Varianz probandn] | ,023740 | ,005926 | 4,006 | ,000 | ,014555 | ,038721 |

a. Abhängige Variable: Y.

Die Tabelle „Schätzungen von Kovarianzparametern" stellt die Parameter für die Spezifikation des zufälligen Effekts und der Residualkovarianzmatrix zusammen. Die Tabelle gibt für das jeweils berechnete Modell nichtstandardisierte Schätzer, Standardfehler, Wald's Z, Signifikanz und Konfidenzintervalle aus. Die Residuen sind unabhängig mit einer Varianz von ca. 0,014. Der konstante Term entspricht dem zufälligen Effekt PROBANDN. Der zufällige Effekt besitzt die Kovarianzmatrix vom Typ „Identität" und damit eine Varianz von ca. 0,024 (vgl. jeweils „Schätzung„).

Die Angaben unter „Schätzung„ sind nicht standardisiert und damit möglicherweise irreführend, bei der Interpretation der ausgegebenen Werte ist daher eine gewisse Zurückhaltung angebracht. Angesichts des Ranges der Originaldaten, wie auch der erzielten Signifikanz (p=0,000) kann davon ausgegangen werden, dass unterschiedliche Testpersonen verschiedene Intercepts aufweisen. Dieser Befund wird durch die Visualisierung der vorhergesagten Testleistungen bestätigt.

**Ansatz 1: Modell zufälliger Intercepts**

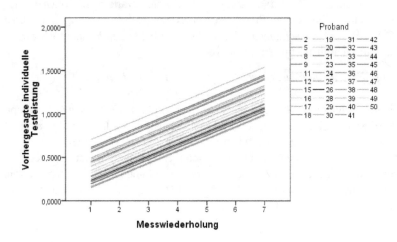

**Erläuterung des Diagramms**
Dieses Diagramm liefert das erste Ergebnis einer dreistufigen Analyse. Die Testpersonen weisen unterschiedliche Intercepts auf (bei in etwa konstanten Steigungen). Die bedeutet zurückübertragen auf das Untersuchungsdesign: Die Trainingsteilnehmer verbessern sich auf einem unterschiedlichen Niveau, d.h., manche Trainingsteilnehmer haben in allen sieben Tests bessere Werte als andere. Dieses Ergebnis bedeutet jedoch auch: Die Trainingsteilnehmer starteten vermutlich nicht mit denselben Ausgangswerten. Manche Trainingsteilnehmer starteten mit höheren, manche mit niedrigeren Leistungswerten. Man könnte mit einiger Begründung von einer uneinheitlichen Baseline ausgehen. Über die Geschwindigkeit des Trainingseffektes sagt dieser Befund noch nichts aus; diese Frage ist Gegenstand des nächsten Analyseschritts.

# 5.2.2     Ansatz 2: Modell zufälliger Steigungen

Der zweite Ansatz, einen individuellen Performanzverlauf zu untersuchen (Ansatz der zufälligen Steigungen) nimmt an, dass jeder einzelne Fall eine andere Steigung besitzt. In anderen Worten: Die Performanz der verschiedenen Trainingsteilnehmer steigt unterschiedlich schnell an (wobei Ansatz 2 einen gemeinsamen Startpunkt, 0, unterstellt). Es wird also nur die Steigerung der Leistung untersucht, nicht ihr Niveau. Dieses Modell nimmt an, dass die Steigungen eine IID Normalverteilung aufweisen mit einem Mittelwert von Null und einer unbekannten Varianz. Von Modell, Syntax und Statistik werden in den folgenden Abschnitten nur noch die neuen bzw. relevanten Aspekte erläutert.

**Syntax für Ansatz 2:**

```
MIXED Y WITH zeit
/FIXED intercept zeit
/METHOD=REML
/RANDOM zeit | SUBJECT(probandn) COVTYPE(ID)
/PRINT SOLUTION TESTCOV
/SAVE pred(pred_2).
```

**Erläuterung der Syntax für Ansatz 2:**
Die Syntax für Ansatz 2 stimmt mit der Syntax für Ansatz 1 bis auf zwei Ausnahmen exakt überein. Die beiden Unterschiede sind: Unter RANDOM wird anstelle von INTERCEPT nun ZEIT angegeben. Unter SAVE wird anstelle PRED_1 nun die Variable PRED_2 als Ablagevariable für die vorhergesagten Performanzwerte nach Ansatz 2 definiert. Die unter PRED_2 abgelegten vorhergesagten Testleistungen werden mittels eines Liniendiagramms visualisiert.

**Erläuterung der Ergebnisse**

## Analyse von gemischten Modellen

**Informationskriterien[a]**

| | |
|---|---|
| Eingeschränkte −2 Log Likelihood | −386,559 |
| Akaike-Informationskriterium (AIC) | −382,559 |
| Hurvich und Tsai (IC) | −382,514 |
| Bozdogan-Kriterium (CAIC) | −373,385 |
| Bayes-Kriterium von Schwarz (BIC) | −375,385 |

Die Informationskriterien werden in kleinstmöglichen Formen angezeigt.

a. Abhängige Variable: Y.

Um es vorwegzunehmen: Das Steigungs-Modell hat die zweitbesten AIC-Werte (−382,559) aller drei Zufallskoeffizientenansätze. Mit allerdings nur einem Parameter erreicht es annähert dieselben Werte wie Ansatz 3 (−388,283) trotz eines zusätzlichen Parameters. Man könnte sagen: Die Performance-Steigerung der Testteilnehmer ist entscheidend für die Modelle und ihre Vergleichbarkeit und weniger das Niveau der Performance. Auch aus parameterökonomischen Gründen könnte es eine Überlegung wert sein, das reine Steigungs-Modell (Ansatz 2) dem Intercept-Steigungs-Modell (Ansatz 3) vorzuziehen. Die Aufnahme des Niveaus der Performance verbessert das Gesamtmodell nicht substantiell im Vergleich zum Ansatz 2, der allein den Effekt der individuellen Leistungssteigerung modelliert.

**Feste Effekte**

**Schätzungen fester Parameter[a]**

| Parameter | Schätzung | Standard-fehler | Freiheits-grade | T-Statistik | Signifikanz | Konfidenzintervall 95% | |
|---|---|---|---|---|---|---|---|
| | | | | | | Untergrenze | Obergrenze |
| Konstanter Term | ,186215 | ,012411 | 230,345 | 15,004 | ,000 | ,161762 | ,210669 |
| zeit | ,138245 | ,006870 | 50,464 | 20,124 | ,000 | ,124451 | ,152040 |

a. Abhängige Variable: Y.

In der Tabelle „Schätzungen fester Parameter" gibt der Wert in der Spalte „Schätzung" für den konstanten Term die geschätzte (durchschnittliche) Steigung der Regressionslinie in der Grundgesamtheit an. Der statistisch signifikante Effekt (p=0,000) des konstanten Terms bedeutet, dass statistisch nichts dagegen spricht, von einem allgemein unterschiedlichen Anstieg der Testleistungen bzw. neuropsychologischen Performanz ausgehen zu können. Die Schätzer für die Varianz der zufälligen Steigungen kann der Tabelle „Schätzungen von Kovarianzparametern" entnommen werden.

**Kovarianzparameter**

**Schätzungen von Kovarianzparametern[a]**

| Parameter | Schätzung | Std.-Fehler | Wald Z | Sig. | Konfidenzintervall 95% | |
|---|---|---|---|---|---|---|
| | | | | | Untergrenze | Obergrenze |
| Residuum | ,008291 | ,000775 | 10,702 | ,000 | ,006904 | ,009958 |
| zeit [Subjekt = Varianz probandn] | ,001520 | ,000364 | 4,172 | ,000 | ,000950 | ,002431 |

a. Abhängige Variable: Y.

Die Tabelle „Schätzungen von Kovarianzparametern" gibt Schätzer für den zufälligen Effekt wieder. Der zufällige Effekt besitzt eine Varianz von ca. 0,001 (vgl. „Schätzung"). Es kann davon ausgegangen werden, dass die Testpersonen unterschiedlich schnell ihre Performanz im Lauf des Trainings steigern. Dieser Befund wird durch die Visualisierung der vorhergesagten Testleistungen bestätigt.

**Ansatz 2: Modell zufälliger Steigungen**

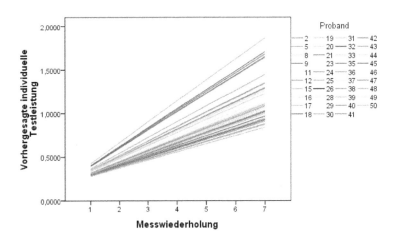

Dieses Diagramm liefert das zweite Ergebnis einer dreistufigen Analyse. Die Testpersonen weisen unterschiedliche Steigungen auf (bei in etwa konstantem Intercept). Die bedeutet zurückübertragen auf das Untersuchungsdesign: Die Trainingsteilnehmer verbessern sich in unterschiedlichen Geschwindigkeiten, d.h., manche Trainingsteilnehmer steigern sich in den sieben Tests mehr als andere. Dieses Ergebnis bedeutet jedoch auch: Über einen möglichen Effekt des Startwertes (Niveaus) sagt dieser Befund noch nichts aus. Man kennt nur die Steigerung, man kennt jedoch nicht das Niveau des Startwertes (Intercepts). Das Ergebnis aus Ansatz 1 legt jedoch nahe, von einer uneinheitlichen Baseline auszugehen. Sollen Niveau und Steigerung der Trainingsperformanz gleichzeitig untersucht werden, ist man beim Gegenstand des dritten und letzten Analyseschritts angelangt.

## 5.2.3 Ansatz 3: Modell zufälliger Intercepts und zufälliger Steigungen

Der dritte Ansatz, einen individuellen Performanzverlauf zu untersuchen (Ansatz der zufälligen Intercepts und zufälligen Steigungen) nimmt an, dass jeder einzelne Fall einen anderen Intercept und eine andere Steigung besitzt. In anderen Worten: Die Performanz der verschiedenen Trainingsteilnehmer bewegt sich auf unterschiedlichen Niveaus und steigt unterschiedlich schnell an. Ansatz 3 untersucht also im Gegensatz zu den beiden anderen Ansätzen das Niveau und die Steigerung der Leistung gleichzeitig. Dieses Modell nimmt an, dass die Intercept- und Steigungspaare eine IID bivariate Normalverteilung aufweisen mit einem Mittelwert von Null und einer unbekannten Kovarianz. Von Modell, Syntax und Statistik werden in den folgenden Abschnitten nur noch die neuen bzw. relevanten Aspekte erläutert.

**Syntax für Ansatz 3:**

```
MIXED Y WITH zeit
/FIXED intercept zeit
/METHOD=REML
/RANDOM intercept zeit | SUBJECT(probandn) COVTYPE(UN)
/PRINT SOLUTION TESTCOV
/SAVE pred(pred_3).
```

**Erläuterung der Syntax für Ansatz 3:**

Die Syntax für Ansatz 3 stimmt mit der Syntax für Ansatz 2 bis auf drei Ausnahmen exakt überein. Die drei Unterschiede sind: Unter RANDOM werden nun INTERCEPT und ZEIT gleichzeitig angegeben. Unter COVTYYPE wird eine Kovarianzstruktur vom TYP UN (*unstrukturiert*, völlig allgemein) angegeben. Unter SAVE wird PRED_3 als Ablagevariable für die vorhergesagten Performanzwerte definiert.

**Erläuterung der Ergebnisse**

**Analyse von gemischten Modellen**

### Informationskriterien[a]

| | |
|---|---|
| Eingeschränkte −2 Log Likelihood | −396,283 |
| Akaike-Informationskriterium (AIC) | −388,283 |
| Hurvich und Tsai (IC) | −388,131 |
| Bozdogan-Kriterium (CAIC) | −369,934 |
| Bayes-Kriterium von Schwarz (BIC) | −373,934 |

Die Informationskriterien werden in kleinstmöglichen Formen angezeigt.

a. Abhängige Variable: Y.

Das Intercept-Steigungs-Modell hat zwar die besten (niedrigsten) AIC-Werte (−388,283) aller drei Zufallskoeffizientenansätze, jedoch auch nur deshalb, weil es zwei Parameter im Modell berücksichtigt. Die Aufnahme des Niveaus der Performance verbessert das Gesamtmodell nicht substantiell im Vergleich zum reinen Steigungsansatz. Aus inhaltlichen, wie auch parameterökonomischen Gründen könnte es eine Überlegung wert sein, das reine Steigungs-Modell (Ansatz 2) dem Intercept-Steigungs-Modell (Ansatz 3) vorzuziehen.

**Schätzungen fester Parameter[a]**

| Parameter | Schätzung | Standard-fehler | Freiheits-grade | T-Statistik | Signifikanz | Konfidenzintervall 95% | |
|---|---|---|---|---|---|---|---|
| | | | | | | Untergrenze | Obergrenze |
| Konstanter Term | ,185831 | ,016386 | 38,073 | 11,341 | ,000 | ,152663 | ,219000 |
| zeit | ,138434 | ,006949 | 37,970 | 19,921 | ,000 | ,124366 | ,152503 |

a. Abhängige Variable: Y.

In der Tabelle „Schätzungen fester Parameter" gibt der Wert in der Spalte „Schätzung" für den konstanten Term die geschätzte (durchschnittliche) Steigung der Regressionslinie unter Berücksichtigung des Intercepts an. Der statistisch signifikante Effekt (p=0,000) bedeutet, dass statistisch nichts dagegen spricht, von einem allgemein unterschiedlichen Anstieg der Testleistungen bzw. neuropsychologischen Performanz auf unterschiedlichen Niveaus ausgehen zu können.

**Kovarianzparameter**

**Schätzungen von Kovarianzparametern[a]**

| Parameter | | Schätzung | Std.-Fehler | Wald Z | Sig. | Konfidenzintervall 95% | |
|---|---|---|---|---|---|---|---|
| | | | | | | Untergrenze | Obergrenze |
| Residuum | | ,007075 | ,000722 | 9,795 | ,000 | ,005792 | ,008643 |
| Konstanter Term + zeit [Subjekt = probandn] | UN (1,1) | ,005318 | ,002446 | 2,174 | ,030 | ,002159 | ,013099 |
| | UN (2,1) | -,000733 | ,000776 | -,944 | ,345 | -,002254 | ,000789 |
| | UN (2,2) | ,001603 | ,000429 | 3,734 | ,000 | ,000948 | ,002709 |

a. Abhängige Variable: Y.

Die Tabelle „Schätzungen von Kovarianzparametern" gibt Schätzer für die zufälligen Effekte wieder. Da das Modell zwei Parameter aufweist, schätzt SPSS die Varianz der Intercepts („UN (1,1)"), die Varianz der Steigungen („UN (2,2)") und die Kovarianz („UN (2,1)") zwischen den Intercepts und Steigungen. Alle Varianzparameter erreichen Signifikanz (p=0, 039 bzw. P=0,000); die Kovarianz erreicht keine Signifikanz (p=0, 345). Die Kovarianz zwischen Intercepts und Steigungen erreicht also keine Signifikanz. Der Effekt einer möglichen

Interaktion zwischen Niveau und Performancesteigerung mag daher nur für wenige, jedoch nicht für alle untersuchten Fälle gelten. Es kann davon ausgegangen werden, dass die Testpersonen unterschiedlich schnell ihre Performanz im Lauf des Trainings steigern, wobei sich einzelne Fälle darüber hinaus auch auf einem unterschiedlichen Niveau bewegen. Dieser Befund wird durch die Visualisierung der vorhergesagten Testleistungen bestätigt und sollte (unabhängig von der nicht erzielten Signifikanz) zum Anlass genommen werden, die Daten weiterführenden Analysen zu unterziehen.

**Ansatz 3: Modell zufälliger Intercepts und Steigungen**

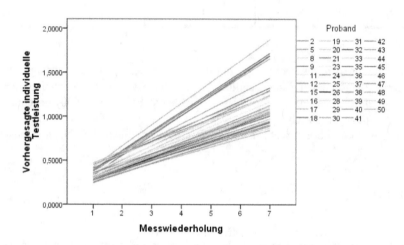

Dieses Diagramm liefert das dritte Ergebnis der dreistufigen Analyse. Die Testpersonen weisen unterschiedliche Steigungen und Intercepts auf. Die bedeutet zurückübertragen auf das Untersuchungsdesign: Die Trainingsteilnehmer verbessern sich in unterschiedlichen Geschwindigkeiten, beginnen jedoch von vornherein auf unterschiedlichen Niveaus. Das Diagramm deutet z.B. an, dass Trainingsteilnehmer mit einer höheren neuropsychologischen Performanz gleich zu Beginn des Trainings ihre Performanz im Laufe des Trainings deutlicher steigern als Trainingsteilnehmer mit einer vergleichsweise niedrigeren neuropsychologischen Performanz. Die untersuchten individuellen Wachstumskurven deuten an, dass sich die 39 Testteilnehmer unter Umständen in zwei Gruppen einteilen lassen und weiteren Analysen unterzogen werden könnten, z.B. einer Diskriminanzanalyse oder auch einer Varianzanalyse mit Messwiederholung für zwei Gruppen.

# 5.3      Ridge-Regression (SPSS Makro)

Dieses Kapitel stellt die Ridge-Regression vor (z.B. Chatterjee & Price, 1995[2], 228–240). Die Ridge-Regression ist eine (v.a.) visuelle Möglichkeit, potentiell multikollineare Daten auf eine Analysierbarkeit mittels der multiplen linearen Regressionsanalyse zu überprüfen. Vereinfacht ausgedrückt werden dabei für ein bestimmtes, zu berechnendes Ausgangsmodell verschiedene Modellvarianten berechnet, in denen jeweils der Grad der originalen Multikollinearität, ausgedrückt in sog. K-Werten (syn.: Ridge-Traces), stufenweise gesenkt wird. Die K-Werte definieren somit auch die (zunehmend) graduelle Abweichung zwischen OLS- und Ridge-Regression. Bei K=0 entsprechen die Schätzungen der Ridge-Regression denen der OLS-Regression (zur Herleitung der Ridge-Traces vgl. z.B. Chatterjee & Price, 1995[2], 229, 236–240). Die K-Werte sind dabei nichts anderes als Konstanten, die der Varianz der jeweiligen Prädiktoren hinzugefügt werden und dadurch wiederum u.a. die Korrelation zwischen den Prädiktoren verringern.

$$r_{12}^2 = \frac{[\sum x_1 x_2 / (n-1)]^2}{sd_1^2 sd_2^2}$$

Wenn z.B. dieser Regressionsgleichung für zwei Prädiktoren $x_n$ ihren Varianzen $sd_n$ jeweils dieselbe Konstante hinzugefügt wird, werden sowohl die Korrelation zwischen den Prädiktoren, wie auch der VIF-Wert verringert (vgl. Cohen et al., 2003[3], 428). Für die Wahl eines angemessenen K-Wertes sind am Ende des Kapitels vier Richtlinien zusammengestellt.

K=0 beginnt somit bei originaler (unveränderter, maximaler) Multikollinearität. Mit zunehmender Erhöhung der K-Werte wird (falls von der Datenseite her möglich) die Multikollinearität schrittweise gesenkt. Für jeden K-Wert werden somit für ein bestimmtes Ausgangsmodell verschiedene Modellvarianten berechnet, in denen jeweils der Grad der Multikollinearität und somit auch die Schätzer der Regressionskoeffizienten um den Grad der Multikollinearität adjustiert sind. Ändern sich ab einem bestimmten K-Wert die Schätzer der Regressionskoeffizienten nicht mehr oder nur marginal, kann von einer stabilen Regressionsschätzung ausgegangen werden, die im Prinzip analog zu einer linearen Regressionsanalyse interpretiert werden kann. Ergibt die Ridge-Regression, dass die Daten für eine lineare Regressionsanalyse nicht geeignet sind, dann empfehlen Chatterjee & Price (1995[2], 229, 222), stattdessen entweder mit weniger Variablen zu arbeiten oder mit der sogenannten Hauptkomponentenmethode (PCR); als Alternative wäre auch die PLS-Regression denkbar. Die Ridge-Regression ist *keine Alternative* zur multiplen linearen Regression (Cohen et al., 2003[3], 427–428; Pedhazur, 1982[2], 247).

## 5.3.1     Visualisierung von Multikollinearität mittels Ridge-Trace

Im Gegensatz zu den anderen statistischen Verfahren wird die Ridge-Regression nicht über die Menü-Führung, sondern ausschließlich in Form des SPSS Makros „Ridge-

Regression.sps" angeboten. Die Durchführung einer Ridge-Regression ist jedoch unkompliziert.

```
GET
   FILE="C:\...\CP193.sav".
INCLUDE "C:\...\Ridge-Regression.sps".

RIDGEREG DEP= Importe
/ENTER= InProd Lager Konsum
/START= 0
/STOP= 1
/INC= 0.05.
```

Über GET FILE wird der SPSS Datensatz „CP193.sav" angefordert. Die Ridge-Regression wird mit allen Zeilen der Importdaten (N=18) berechnet. Der Datensatz basiert auf den Importdaten in Chatterjee & Price (1995², 193). Über INCLUDE wird das SPSS Makro „Ridge-Regression" in die Analyse eingebunden. Nach DEP= wird IMPORTE als abhängige Variable angegeben; INPROD, LAGER und KONSUM werden nach ENTER= als unabhängige Variablen angegeben. Über START, STOP und INC wird der Range und die Zählweise der ausgegebenen Ridge-Traces (K-Werte) eingestellt. Im Beispiel wird festgelegt, dass die K-Werte von 0 bis 1 in 0.05 Schritten gezählt werden sollen. Im Abschnitt 5.2.2 wird mittels eines eigens ausgewählten K-Wertes eine separate Ridge-Regression berechnet.

Vorab ist darauf hinzuweisen, dass, obwohl die Beispiele auf denselben Daten aufbauen, Chatterjee & Price (1995², 193, 232) und das SPSS Makro „Ridge-Regression" zu unterschiedlichen Ergebnissen gelangen (siehe unten). Die Ursache dafür ist zum Zeitpunkt des Erscheinens dieses Buches noch nicht geklärt.

**Output**

Die Tabelle „R-SQUARE AND BETA COEFFICIENTS FOR ESTIMATED VALUES OF K" gibt für das untersuchte Modell (Einfluss der potentiell multikollinearen Prädiktoren INPROD, LAGER und KONSUM auf die abhängige Variable IMPORTE) jeweils K (Ridge-Trace), RSQ ($R^2$) sowie die standardisierten Regressionskoeffizienten BETA aus. Jede Zeile in dieser Tabelle repräsentiert eine andere Ridge-Regression, jeweils definiert über den schrittweise erhöhten K-Wert. Die Tabelle „R-SQUARE AND BETA COEFFICIENTS FOR ESTIMATED VALUES OF K" gibt somit die zentralen BETA- und K-Werte von insgesamt 21 Ridge-Regressionen wieder. Da diese Werte (und somit die Modelle) auf diese Weise nur schwierig miteinander verglichen werden können, werden die ausgegebenen Modellparameter in zwei zusätzlichen Diagrammen visualisiert. Das Diagramm „RIDGE TRACE" gibt die K- und BETA-Werte wieder. Das Diagramm „R-SQUARE vs. K" gibt die K- und RSQ-Werte wieder.

R-SQUARE AND BETA COEFFICIENTS FOR ESTIMATED VALUES OF K

| K | RSQ | InProd | Lager | Konsum |
|---|---|---|---|---|
| ,00000 | ,97304 | ,163887 | ,057789 | ,808704 |
| ,05000 | ,97226 | ,467491 | ,059430 | ,481021 |
| ,10000 | ,97067 | ,459344 | ,061201 | ,466211 |
| ,15000 | ,96820 | ,449564 | ,062609 | ,454175 |
| ,20000 | ,96498 | ,439750 | ,063712 | ,443224 |
| ,25000 | ,96112 | ,430197 | ,064561 | ,432985 |
| ,30000 | ,95672 | ,420980 | ,065196 | ,423309 |
| ,35000 | ,95184 | ,412118 | ,065650 | ,414117 |
| ,40000 | ,94656 | ,403604 | ,065953 | ,405355 |
| ,45000 | ,94094 | ,395427 | ,066127 | ,396985 |
| ,50000 | ,93504 | ,387572 | ,066193 | ,388974 |
| ,55000 | ,92889 | ,380021 | ,066165 | ,381297 |
| ,60000 | ,92254 | ,372760 | ,066059 | ,373929 |
| ,65000 | ,91603 | ,365772 | ,065887 | ,366851 |
| ,70000 | ,90938 | ,359043 | ,065657 | ,360044 |
| ,75000 | ,90262 | ,352558 | ,065380 | ,353492 |
| ,80000 | ,89577 | ,346306 | ,065061 | ,347181 |
| ,85000 | ,88887 | ,340273 | ,064708 | ,341096 |
| ,90000 | ,88191 | ,334448 | ,064326 | ,335225 |
| ,95000 | ,87493 | ,328822 | ,063920 | ,329556 |
| 1,0000 | ,86793 | ,323382 | ,063493 | ,324080 |

Wie der Tabelle „R-SQUARE AND BETA COEFFICIENTS FOR ESTIMATED VALUES"
zu entnehmen ist, ändern sich die Regressionskoeffizienten für die potentiell multikollinearen Prädiktoren INPROD, LAGER und KONSUM von K=0.00 bis K=0.05 extrem, in Modellen mit zunehmend niedrigerer Multikollinearität nur noch marginal. Ab K=0.90 erscheint
das Modell stabil geworden zu sein; ab hier variieren die Regressionskoeffizienten bei IN-
PROD und KONSUM nur noch um die zweite Nachkommastelle. Der Prädiktor LAGER
scheint der insgesamt stabilste Prädiktor zu sein, da er bereits ab K=0.05 nur noch in der
dritten Nachkommastelle variiert.

Das Diagramm „RIDGE TRACE" gibt die K- und BETA-Werte aus der Tabelle „R-
SQUARE AND BETA COEFFICIENTS FOR ESTIMATED VALUES OF K" wieder. Auf
der x-Achse werden die BETA-Werte der jeweiligen Prädiktoren (z.B. INPROD, LAGER
und KONSUM) und auf der y-Achse die K-Werte abgetragen.

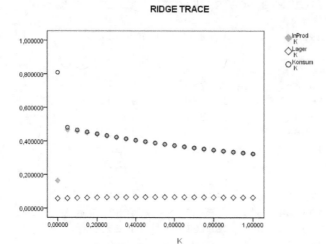

Dem Diagramm „RIDGE TRACE" kann entnommen werden, wie deutlich sich die Regressionskoeffizienten v.a. für die Prädiktoren INPROD und KONSUM von K=0.00 bis K=0.05
ändern. Im weiteren Verlauf liegen die Werte von INPROD und KONSUM übereinander.
Ab K=0.90 erscheint das Modell stabil geworden zu sein; langsam gehen die Funktionen der
geschätzten Regressionskoeffizienten in eine Parallelität zur x-Achse über.

Das Diagramm „R-SQUARE VS. K" gibt die K- und RSQ-Werte aus der Tabelle „R-
SQUARE AND BETA COEFFICIENTS FOR ESTIMATED VALUES OF K" wieder. Auf
der x-Achse werden die K-Werte der jeweiligen Prädiktoren (z.B. INPROD, LAGER und
KONSUM) und auf der y-Achse die RSQ-Werte abgetragen.

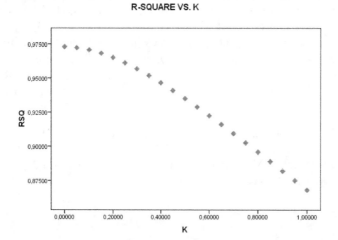

Dem Diagramm „R-SQUARE VS. K" kann entnommen werden, ob und inwieweit die Varianzaufklärung durch die Adjustierung der Multikollinearität betroffen ist. Während bei K=.05 das $R^2$ noch 97% erreicht, senkt sich $R^2$ bei K=0.9 auf 88% (vgl. Tabelle „R-SQUARE AND BETA COEFFICIENTS FOR ESTIMATED VALUES").

Chatterjee & Price (1995[2], 233) stellen vier Richtlinien für die Wahl von K zusammen. Diese Richtlinien, die auf Arbeiten von Hoerl & Kennard (1970) basieren, sollen hier wiedergegeben werden.

1. Ab einem bestimmten K-Wert stabilisiert sich das System; visuell: alle Funktionen der geschätzten Regressionskoeffizienten sind in eine Parallelität zur x-Achse übergegangen.
2. Die ermittelten numerischen Koeffizienten sollten als Änderungsraten inhaltlich plausibel sein.
3. Die ermittelten numerischen Koeffizienten sollten inhaltlich gesehen richtige Vorzeichen haben.
4. Die Modellparameter ($R^2$, Residuen) dürfen sich nicht inakzeptabel verschlechtern.

Die Parameter eines Modells für einen ausgewählten K-Wert (z.B. K=0.05) werden exemplarisch im nächsten Abschnitt ermittelt (vgl. 5.3.2).

## 5.3.2    Berechnung einer Ridge-Regression

Mit der folgenden Syntax wird an der Stelle eines exemplarisch ausgewählten K-Wertes (z.B. K=0.05) eine separate Ridge-Regression angefordert. Demonstriert wird, wie sich die Modellparameter ($R^2$, Residuen) von K=0.0 (nicht dargestellt) zu K=0.05 drastisch verschlechtern. Die Ridge-Regression ist *keine Alternative* zur multiplen linearen Regression (Cohen et al., 2003[3], 427–428; Pedhazur, 1982[2], 247). Dieses Beispiel soll nur die Funktionsweise der SPSS Programmierung demonstrieren und ist nicht als unverändert zu übernehmende Schablone für eine statistische Analyse gedacht.

**Syntax:**

```
RIDGEREG DEP= Importe
/ENTER= InProd Lager Konsum
/START= 0
/STOP= 1
/INC= 0.05
/K= 0.05.
```

Bitte beachten Sie, dass in diesem Falle der Anforderung einer Ridge-Regression die Optionen START, STOP und INC keinen Effekt haben.

**Ergebnis**

```
Run MATRIX procedure:

****** Ridge-Regression with k = 0.05 ******


Mult R      ,986034205
RSquare     ,972263454
Adj RSqu    ,966319909
SE         2,290586357

            ANOVA table
                df        SS         MS
Regress      3,000    2574,856    858,285
Residual    14,000      73,455      5,247


        F value          Sig F
     163,5830760       ,0000000

--------------Variables in the Equation----------------
                    B          SE(B)           Beta
B/SE(B)
InProd         ,09186403     ,00588029      ,46749148   15,62236235
Lager          ,42595908     ,31002801      ,05942954    1,37393742
Konsum         ,14438725     ,00898625      ,48102130   16,06757191
Constant    -17,47526059    2,28784380      ,00000000   -7,63831017


------ END MATRIX -----
```

Nach der Überschrift „Run MATRIX procedure:" werden die Modellparameter einer Ridge-Regression mit K=0.05 ausgegeben. „Mult R", „RSquare" (,9722; entspricht dem Wert aus der Tabelle „R-SQUARE AND BETA COEFFICIENTS FOR ESTIMATED VALUES"), „Adj Rsqu" und „SE", geben multiples R, nonadjustiertes und adjustiertes $R^2$ sowie den dazugehörigen Schätzfehler wieder. „RSquare" hat sich z.B. von 0.0 ($R^2$=0,973) zu 0.05 ($R^2$=0,972) nur marginal verändert. Die Abnahme des $R^2$ ist akzeptabel.

Nach der Überschrift „ANOVA table" wird das Ergebnis einer Varianzanalyse ausgeben. Die Tabelle enthält Quadratsummen der Regression bzw. Residuen, mittlere Quadratsummen, F-Wert und Signifikanz des F-Wertes. Das Modell erzielt mit F=163,58 und p=0,000 statistische Signifikanz. Die Summe der quadrierten Residuen stieg z.B. vom K=0.0-Modell (analoge Berechnung, nicht wiedergegeben) von 71,390 auf 73,45 beim K=0.5-Modell. Der Anstieg der quadrierten Residuen ist akzeptabel.

Nach der Überschrift „Variables in the Equation" wird das Ergebnis einer Ridge-Regression für K=0.05 ausgeben. Die Tabelle enthält nichtstandardisierte (B), standardisierte (BETA) Regressionskoeffizienten und u.a. den Schätzfehler von B. Die aufgeführten standardisierten Regressionskoeffizienten entsprechen den Beta-Werten aus der Tabelle „R-SQUARE AND BETA COEFFICIENTS FOR ESTIMATED VALUES. Dieser Abschnitt wird nicht weiter erläutert.

## 5.3.3 Das SPSS Makro „Ridge-Regression"

**Vorzunehmende Einstellungen**

```
GET FILE "C:\...\IHREDATEN.SAV".
INCLUDE "C:\...\SPSS\Ridge-Regression.sps".

RIDGEREG DEP= Y1
/ENTER = X1 X2 X3 .
/START= 0
/STOP= 1
/INC= 0.05
[/K= 0.05].
```

Über GET FILE wird zunächst der Datensatz angefordert, in dem sich die Variablen befinden, die in die Ridge-Regression einbezogen werden sollen.
Über INCLUDE wird das SPSS Makro „Ridge-Regression" in die Analyse eingebunden. Am Makro muss nichts angepasst werden; es genügt die Einbindung über INCLUDE. Das Makro wird von SPSS mitgeliefert und befindet sich meist im während der Installation von SPSS automatisch angelegten Verzeichnis „C:\...\SPSS".
Nach RIDGEREG brauchen nur noch die abhängige Variable (nach DEP=) und nach EN-TER= die unabhängigen Variablen angegeben werden, für die die Ridge-Regression durchgeführt werden soll. Über START, STOP und INC wird der Range und die Zählweise der ausgegebenen Ridge-Traces (K-Werte) eingestellt. Über K= kann eine separate Ridge-Regression mit einem bestimmten K-Wert angefordert werden. Nach K= kann nur ein Wert angegeben werden. Bitte beachten Sie, dass im Falle der Anforderung einer Ridge-Regression die Optionen START, STOP und INC keinen Effekt haben. Für weitere Informationen wird auf die technische SPSS Syntax Dokumentation verwiesen. Das Makro „Ridge-Regression" kann nicht ausgeführt werden, wenn die Option „Datei aufteilen..." bzw. SPLIT FILE aktiv sind. Das Makro „Ridge-Regression" wurde 2008 versehentlich nicht mit SPSS Version 16 ausgeliefert.

**Das eigentliche Makro**

```
preserve.
set printback=off.
define ridgereg (enter=!charend('/')
                /dep = !charend('/')
```

```
                    /start=!default(0) !charend('/')
                    /stop=!default(1) !charend('/')
                    /inc=!default(.05) !charend('/')
                    /k=!default(999) !charend('/')
                    /debug=!DEFAULT ('N')!charend('/')   ).

preserve.
!IF ( !DEBUG !EQ 'N') !THEN
set printback=off mprint off.
!ELSE
set printback on mprint on.
!IFEND .
SET mxloops=200.


*------------------------------------------------------------.
* Save original active file to give back after macro is done.
*------------------------------------------------------------.
!IF (!DEBUG !EQ 'N') !THEN
SET RESULTS ON.
DO IF $CASENUM=1.
PRINT / "NOTE: ALL OUTPUT INCLUDING ERROR MESSAGES HAVE BEEN
TEMPORARILY"
       / "SUPPRESSED. IF YOU EXPERIENCE UNUSUAL BEHAVIOR, RERUN
THIS"
       / "MACRO WITH AN ADDITIONAL ARGUMENT /DEBUG='Y'."
       / "BEFORE DOING THIS YOU SHOULD RESTORE YOUR DATA FILE."
       / "THIS WILL FACILITATE FURTHER DIAGNOSIS OF ANY PROB-
LEMS.".
END IF.
!IFEND .


save outfile='rr__tmp1.sav'.


*------------------------------------------------------------.
* Use CORRELATIONS to create the correlation matrix.
*------------------------------------------------------------.


* DEFAULT:  SET RESULTS AND ERRORS OFF TO SUPPRESS CORRELATION
PIVOT TABLE *.
!IF (!DEBUG='N') !THEN
set results off errors off.
!IFEND
```

```
correlations variables=!dep !enter /missing=listwise/matrix
out(*).
set errors on results listing .

*------------------------------------------------------------.
* Enter MATRIX.
*------------------------------------------------------------.

matrix.

*------------------------------------------------------------.
* Initialize k, increment, and  number of iterations. If k was
* not specified, it is 999 and looping will occur. Otherwise,
* just the one value of k will be used for estimation.
*------------------------------------------------------------.

do if (!k=999).
. compute k=!start.
. compute inc=!inc.
. compute iter=trunc((!stop - !start ) / !inc ) + 1.
. do if (iter <= 0).
.    compute iter = 1.
. end if.
else.
. compute k=!k.
. compute inc=0.
. compute iter=1.
end if.

*------------------------------------------------------------.
* Get data from working matrix file.
*------------------------------------------------------------.

get x/file=*/names=varname/variable=!dep !enter.

*------------------------------------------------------------.
* Third row of matrix input is the vector of Ns. Use this to
* compute number of variables.
*------------------------------------------------------------.

compute n=x(3,1).
compute nv=ncol(x)-1.
```

```
*-----------------------------------------------------------------.
* Get variable names.
*-----------------------------------------------------------------.

compute varname=varname(2:(nv+1)).


*-----------------------------------------------------------------.
* Get X'X matrix (or R, matrix of predictor correlations) from
* input data Also get X'Y, or correlations of predictors with
* dependent variable.
*-----------------------------------------------------------------.

compute xpx=x(5:(nv+4),2:(nv+1)).
compute xy=t(x(4,2:(nv+1))).


*-----------------------------------------------------------------.
* Initialize the keep matrix for saving results, and the names
* vector.
*-----------------------------------------------------------------.

compute keep=make(iter,nv+2,-999).
compute varnam2={'K','RSQ',varname}.


*-----------------------------------------------------------------.
* Compute means and standard deviations. Means are in the
* first row of x and standard deviations are in the second
* row. Now that all of x has been appropriately stored,
* release x to maximize available memory.
*-----------------------------------------------------------------.

compute xmean=x(1,2:(nv+1)).
compute ybar=x(1,1).
compute std=t(x(2,2:(nv+1))).
compute sy=x(2,1).
release x.


*-----------------------------------------------------------------.
* Start loop over values of k, computing standardized
* regression coefficients and squared multiple correlations.
* Store results
*-----------------------------------------------------------------.

loop l=1 to iter.
. compute b = inv(xpx+(k &* ident(nv,nv)))*xy.
. compute rsq= 2* t(b)*xy - t(b)*xpx*b.
```

```
. compute keep(1,1)=k.
. compute keep(1,2)=rsq.
. compute keep(1,3:(nv+2))=t(b).
. compute k=k+inc.
end loop.


*-------------------------------------------------------------.
* If we are to print out estimation results, compute needed
* pieces and print out header and ANOVA table.
*-------------------------------------------------------------.

do if (!k <> 999).
.!let !rrtitle=!concat('****** Ridge-Regression with k =
',!k).
.!let !rrtitle=!quote(!concat(!rrtitle,' ****** ')).
. compute sst=(n-1) * sy **2.
. compute sse=sst * ( 1 - 2* t(b)*xy + t(b)*xpx*b).
. compute ssr = sst - sse.
. compute s=sqrt( sse / (n-nv-1) ).
. print /title=!rrtitle /space=newpage.
. print {sqrt(rsq);rsq;rsq-nv*(1-rsq)/(n-nv-1);s}
  /rlabel='Mult R' 'RSquare' 'Adj RSquare' 'SE'
  /title=' '.
. compute anova={nv,ssr,ssr/(nv);n-nv-1,sse,sse/(n-nv-1)}.
. compute f=ssr/sse * (n-nv-1)/(nv).
. print anova
   /clabels='df' 'SS','MS'
   /rlabel='Regress' 'Residual'
   /title='          ANOVA table'
   /format=f9.3.
.  compute test=ssr/sse * (n-nv-1)/nv.
.  compute sigf=1 - fcdf(test,nv,n-nv-1).
.  print {test,sigf} /clabels='F value' 'Sig F'/title=' '.


*-------------------------------------------------------------.
* Calculate raw coefficients from standardized ones, compute
* standard errors of coefficients, and an intercept term with
* standard error. Then print out similar to REGRESSION output.
*-------------------------------------------------------------.

. compute beta={b;0}.
. compute b= ( b &/ std ) * sy.
. compute intercpt=ybar-t(b)*t(xmean).
. compute b={b;intercpt}.
```

```
. compute xpx=(sse/(sst*(n-nv-1)))*inv(xpx+(k &*
                         ident(nv,nv)))*xpx*
                         inv(xpx+(k &* ident(nv,nv))).
. compute xpx=(sy*sy)*(mdiag(1 &/ std)*xpx*mdiag(1 &/ std)).
. compute seb=sqrt(diag(xpx)).
. compute seb0=sqrt( (sse)/(n*(n-nv-1)) + xmean*xpx*t(xmean)).
. compute seb={seb;seb0}.
. compute rnms={varname,'Constant'}.
. compute ratio=b &/ seb.
. compute bvec={b,seb,beta,ratio}.
. print bvec/title='--------Variables in the Equation--------'
  /rnames=rnms /clabels='B' 'SE(B)' 'Beta' 'B/SE(B)'.
. print /space=newpage.
end if.


*-----------------------------------------------------------------.
* Save kept results into file. The number of cases in the file
* will be equal to the number of values of k for which results
* were produced. This will be simply 1 if k was specified.
*-----------------------------------------------------------------.


save keep /outfile='rr__tmp2.sav' /names=varnam2.


*-----------------------------------------------------------------.
* Finished with MATRIX part of job.
*-----------------------------------------------------------------.


end matrix.


*-----------------------------------------------------------------.
* If doing ridge trace, get saved file and produce table and
* plots.
*-----------------------------------------------------------------.


!if (!k = 999) !then

get file='rr__tmp2.sav'.
print formats k rsq (f6.5) !enter (f8.6).
report format=list automatic
 /vars=k rsq !enter
 /title=center 'R-SQUARE AND BETA COEFFICIENTS FOR ESTIMATED
VALUES OF K'.
```

```
graph
  /title = 'RIDGE TRACE'
  /footnote = 'K'
  /scatterplot(overlay) k with !enter.

graph
  /title = 'R-SQUARE VS. K'
  /scatterplot k with rsq.

!ifend.

*-------------------------------------------------------------.
* Get back original data set and restore original settings.
*-------------------------------------------------------------.

get file=rr__tmp1.sav.
restore.
!enddefine.
restore.
```

# 6      Weitere Ansätze und Modelle (Ausblick)

SPSS bietet noch viele weitere Möglichkeiten an, „eine Regression" anzufordern. Dieses Kapitel stellt dazu in einer knappen Übersicht die Anforderung weiterer Regressionsverfahren über Menüs oder Syntax vor. Die Übersicht will dabei dem Anwender eine erste Orientierung bei der Auswahl und Anwendung weiterer Regressionsverfahren ermöglichen; sie erhebt keinen Anspruch auf Vollständigkeit. Am Anfang dieses Kapitels werden Regressionsvarianten aus den SPSS Menüs vorgestellt, abschließend Regressionsvarianten in Form von SPSS Syntax. Die Syntaxbeispiele dienen nur der Illustration bzw. Anregung und sind nicht als unverändert zu übernehmende Analysevorlagen gedacht. Es wird empfohlen, sich vor der Anwendung der jeweiligen Regressionsvariante einen Überblick über die v.a. statistischen Besonderheiten der Verfahren(sgruppen) zu verschaffen.

Die Vorstellung der weiteren Anwendungsmöglichkeiten beschränkt sich auf SPSS v21. Andere SPSS Versionen können z.T. anders gestaltete Menüs enthalten, mit möglicherweise auch anderem Leistungsumfang oder abweichend ausgegebener Syntax (z.B. GENLOG anstelle von LOGLINEAR).

## 6.1      Weitere Regressionsansätze über SPSS Menüs

Dieser Abschnitt stellt weitere Regressionsvarianten vor, die über SPSS Menüs angefordert werden können. Links ist dabei jeweils das jeweilige Menü aus SPSS Version 21 dargestellt. Wurde im Buch ein Verfahren aus dem betreffenden Menü bereits vorgestellt, ist rechts davon ein Hinweis auf das entsprechende Kapitel angegeben; in diesem Fall sind weder Kurzbeschreibung, noch Beispielsyntax angegeben. Sind mit dem jeweiligen Menü interessante Regressionsvarianten möglich, die noch nicht vorgestellt wurden, werden diese rechts mit dem Hinweis „Siehe unten" versehen und anschließend mit Kurzbeschreibung und Beispielsyntax vorgestellt. Verfahren, Menüs bzw. Optionen werden rechts mit dem Hinweis „Nicht erläutert" versehen für den Fall, dass ein Menü keine Regressionsvariante zulässt bzw. dieses zum Zeitpunkt der Drucklegung nicht bekannt gewesen sein sollte. Das Menü „Überleben…" ist nicht aufgeführt, da es vollständig in Kapitel 4 erläutert wurde.

**Menü „Regression"**

Das Menü „Regression" enthält z.B. (eine Lizenzierung der erforderlichen SPSS Module vorausgesetzt) die weiteren Varianten „Automatische lineare Modellierung", „Probit...", „Gewichtungsschätzung...", „Zweistufige kleinste Quadrate..." sowie die „Optimale Skalierung...".

Automatische... Modellierung **Siehe unten.**

Linear ... **Kap. 2.1, 2.3**

Kurvenanpassung... **Kap. 1.4.2, 2.2.4**

Partielle kleinste Quadrate... **Kap. 5.1**

Binär logistisch... **Kap. 3.1**

Multinominal logistisch... **Kap. 3.3**

Ordinal... **Kap. 3.2**

Probit... **Siehe unten.**

Nichtlinear... **Kap. 2.2**

Gewichtungsschätzung... **Siehe unten.**

Zweistufige kleinste Quadrate...**Siehe unten.**

Optimale Skalierung... **Siehe unten.**

Mit der Option „Automatische lineare Modellierung kann für eine metrische abhängige Variable („Target") ein Modell mit einer möglichst guten *Vorhersage* ermittelt werden. Dieses Vorhersagemodells wird üblicherweise auf andere bzw. neue Daten angewandt, um sie zu bewerten (Scoring). Die SPSS Prozedur LINEAR erlaubt auch sehr grosse Datenmengen („Inputs") auf die beste Antwort auf die Frage „wie gut ist die Vorhersage?" zu analysieren. Diese eher datengeleitete Technik aus dem Data Mining bzw. maschinellen Lernen strebt damit z.T. dieselben Ziele der klassischen Regressionsanalyse an (vgl. 2.4), auf jedoch anderen Wegen. Ein allgegenwärtiges Risiko dieser Vorgehensweise ist das Overfitting, die „Spezialisierung" des Vorhersagemodells ausschliesslich auf die Trainingsdaten, weil es damit für andere bzw. neue Daten unbrauchbar wird. Die Anwendung von unumgänglichen ex post-Techniken (wie z.B. Validierung an Testdaten oder Bootstrapping) ist eine eigene Wissenschaft, um nicht zu sagen: eine Kunst.

```
LINEAR
  /FIELDS
  TARGET=y
  INPUTS=x1 x2 x3 x4 x5.
```

Mit *„Probit..."* wird die Probit-Analyse für eine dichotome abhängige Variable angefordert (auch „Logit" ist möglich). Die Probit-Analyse entspricht in etwa der logistischen Regression und wird vorrangig für geplante Experimente eingesetzt, darin v.a. für die Untersuchung von Dosis-Wirkungs-Beziehungen auf der Basis von Zähldaten. Die logistische Regression ist dagegen eher für empirische Studien geeignet und wird v.a. für das Ermitteln von Quotenverhältnissen (Odds Ratio) eingesetzt.

```
PROBIT
  n_responses   OF n_obs   WITH X1 X2
  /LOG NONE
  /MODEL BOTH .
```

*„Gewichtungsschätzung…"*: Das Verfahren der Gewichtungsschätzung wird dann interessant, wenn die Voraussetzung der Varianzhomogenität der linearen Regression nicht erfüllt ist. Standardmodelle für die lineare Regression gehen z.B. von einer konstanten Varianz (Varianzhomogenität) in der untersuchten Grundgesamtheit aus. Sobald diese Voraussetzung nicht erfüllt ist (z.B. wenn Fälle mit niedrigen Werten mit einem bestimmten Attribut eine größere Varianz aufweisen als Fälle mit höheren Werten), liefert die lineare Regression (auf der Basis der OLS-Methode) nur suboptimale Modellschätzungen. Können die Differenzen in der Variabilität durch eine weitere Variable vorhergesagt werden (indem z.B. unter SOURCE die Variable mit der Ursache für die Varianzheterogenität angegeben wird), ermöglicht es die WLS-Methode der Gewichtungsschätzung, die Koeffizienten eines linearen Regressionsmodells zu berechnen.

Bei der sog. WLS-Methode erfolgt die Parameterschätzung durch die Minimierung einer gewichteten Summe der Residuenquadrate. Bei der OLS-Methode erfolgt die Parameterschätzung durch die Minimierung der ungewichteten Summe der Residuenquadrate. Die Gewichtung bei der WLS-Methode wird dabei proportional zu den Kehrwerten der Störtermvarianzen gewählt. Nach Chatterjee & Price (1995², 53) ist WLS gleichbedeutend mit der Anwendung von OLS auf die transformierten Variablen y/x und 1/x.

```
WLS
      Y1   WITH X1 X2
      /SOURCE HTSC
      /PRINT BEST.
```

*„Zweistufige kleinste Quadrate…"*: Das Verfahren der zweistufigen kleinsten Quadrate (2SLS-Methode) wird ebenfalls dann interessant, wenn eine bestimmte Voraussetzung der linearen Regression nicht erfüllt ist. Standardmodelle für die lineare Regression setzen z.B. auch voraus aus, dass Fehler im Kriterium nicht mit dem bzw. den Prädiktoren korrelieren. Verstoßen diese Modelle gegen diese Voraussetzung, z.B. bei Wechselwirkungen zwischen den Variablen), so liefert die OLS-Methode ebenfalls nur suboptimale Modellschätzungen. Die 2SLS-Methode verwendet dagegen Hilfsvariablen (vgl. INSTRUMENTS), die mit den Fehlergrößen nicht korrelieren. In einer ersten Stufe werden Näherungswerte für die problematischen Einflussgrößen ermittelt, mit denen dann in der zweiten Stufe eine lineare Regression berechnet werden kann. Die Ergebnisse basieren schlussendlich auf Werten, die nicht mit den Fehlern korrelieren.

```
2SLS
    Y1 WITH X1, X2
    /X1 WITH Y1, X3
    /INSTRUMENTS=X2, X3.
```

*„Optimale Skalierung..."* ist im Prinzip eine quantitative kategoriale Regression, bei der mehrere Prädiktoren (nominal-, ordinal-, aber auch intervallskaliert) über das ALS-Verfahren (alternating least squares) ein optimales Skalenniveau zugewiesen wird. Dieses Vorgehen ermöglicht, eine für die transformierten Variablen optimale lineare Regressionsgleichung zu ermitteln. Der Vorteil dieses Ansatzes ist, dass keine Verteilungsannahmen über die Variablen erforderlich sind.

```
CATREG
    VARIABLES=Y1 X1 X2
    /ANALYSIS=Y1(LEVEL=SPORD,DEGREE=2,INKNOT=2)
               WITH X1(LEVEL=SPORD,DEGREE=2,INKNOT=2)
                    X2(LEVEL=SPORD,DEGREE=2,INKNOT=2)
    /DISCRETIZATION=Y1(GROUPING,NCAT=7,DISTR=NORMAL)
                    X1(GROUPING,NCAT=7,DISTR=NORMAL)
                    X2(GROUPING,NCAT=7,DISTR=NORMAL)
    /MISSING=Y1(LISTWISE) X1(LISTWISE) X2(LISTWISE)
    /PRINT=R COEFF ANOVA.
```

**Menü „Loglinear"**
Das Menü „Loglinear" enthält z.B. (eine Lizenzierung der erforderlichen SPSS Module vorausgesetzt) die weiteren Optionen „Allgemein...", „Logit..." sowie „Modellauswahl...".

Allgemein... **Siehe unten.**

Logit... **Siehe unten.**

Modellauswahl... **Siehe unten.**

Unter *„Allgemein...*" kann das Verfahren „Allgemein loglinear" (SPSS Prozedur GENLOG) angefordert werden. Dieses allgemeine und vielseitige Verfahren wurde für Modellanpassung, Hypothesentest sowie Parameterschätzung von Häufigkeiten (Kategorialdaten) einer Kreuztabelle einschl. (un-)abhängigen Variablen entwickelt. Das Verfahren „Allgemein loglinear" umfasst neben (nicht-)hierarchischen Mehrweg-Kontingenztabellen auch die logistische Regression auf kategoriale Variablen.

```
GENLOG Categ1 Categ2 WITH Covar
    /MODEL= POISSON
    /PRINT= FREQ RESID ADJRESID ZRESID DEV
```

```
/PLOT= RESID(ADJRESID) NORMPROB(ADJRESID)
/CRITERIA= CIN(95) ITERATE(20) CONVERGE(0.001) DELTA(.5)
/DESIGN Categ2 Covar*Categ2 Categ1 Covar*Categ1
/SAVE= ADJRESID.
```

Mit dem Verfahren „*Logit*...“ („Logit-loglinear"..., SPSS Prozedur GENLOG) können ebenfalls Modelle mit unabhängigen und abhängigen kategorialen Variablen geprüft werden. Die abhängigen Variablen müssen, die unabhängigen Variablen können kategorial sein. Das Verfahren „Allgemein loglinear" umfasst u.a. auch die logistische Regression auf kategoriale Variablen. Der in früheren SPSS Versionen ausgeführte LOGLINEAR-Befehl steht nur noch über Syntax zur Verfügung (zu einem technisch-statistischen Vergleich zwischen GENLOG, HILOGLINEAR und LOGLINEAR wird auf die SPSS Command Syntax Reference verwiesen).

```
GENLOG
   DosisGrd1 BY DosisGrd2
/MODEL= MULTINOMIAL
/PRINT= FREQ RESID ADJRESID ZRESID DEV
/PLOT= NONE
/CRITERIA= CIN(95) ITERATE(20) CONVERGE(0.001) DELTA(.5)
/DESIGN .
```

Über „*Modellauswahl*...“ kann das Verfahren „Hierarchische loglineare Analyse" (SPSS Prozedur HILOGLINEAR) angefordert werden. Mit diesem Verfahren können multidimensionale Tabellen (Kontingenztabellen) analysiert werden, indem u.a. über schrittweise Verfahren hierarchische loglineare Modelle angepasst werden.

```
HILOGLINEAR
   DosisGrd1(0 1) DosisGrd2(0 1)
/CWEIGHT= DosisGrd1
/CRITERIA ITERATION(20) DELTA(.5)
/PRINT= FREQ RESID
/DESIGN .
```

Die Prozedur HILOGLINEAR gilt für hierarchische Modelle als effizienter als z.B. GENLOG, gestattet jedoch u.a. nicht, Parameterschätzer für ungesättigte Modelle zu generieren und Kontraste für Parameter zu definieren.

**Menü „Allgemeines lineares Modell"**
Das Menü „Allgemeines lineares Modell" enthält z.B. (eine Lizenzierung der erforderlichen SPSS Module vorausgesetzt) die Optionen „Univariat…", „Multivariat…", „Messwiederholung…" sowie „Varianzkomponenten…".

Univariat… **Siehe unten.**

Multivariat… **Siehe unten.**

Messwiederholung… **Nicht erläutert.**

Varianzkomponenten… **Verweis auf MIXED.**

Mittels *„Univariat…"* können u.a. Regressionsanalysen *für eine abhängige Variable* mit einem oder mehreren Faktoren und/oder Variablen berechnet werden. Faktorvariablen unterteilen dabei die Grundgesamtheit in Gruppen. Es können sowohl balancierte, wie auch nicht balancierte Modelle geprüft werden (vgl. auch das Menü *„Varianzkomponenten…"*).

```
GLM
    Y WITH X1 X2.
```

Mittels *„Multivariat…"* können Regressionsanalysen *für mehrere abhängige Variablen* mit einem oder mehreren Faktoren und/oder Variablen berechnet werden. Faktorvariablen unterteilen dabei die Grundgesamtheit in Gruppen. Es können sowohl balancierte, wie auch nicht balancierte Modelle geprüft werden.

```
GLM
    Y1 Y2 WITH X1 X2 X3.
```

Mittels des Menüs *„Varianzkomponenten…"* kann bei Modellen mit gemischten Effekten (z.B. bei univariaten Messwiederholungen oder Designs mit Zufallsblöcken) der Beitrag jedes Zufallseffekts zur Varianz der abhängigen Variablen ermittelt werden und damit auch, wo die Varianz im Design möglicherweise noch weiter reduziert werden kann. „Varianzkomponenten" (VARCOMP) ist im Prinzip eine Untermenge von MIXED (siehe unten); beide Menüs bzw. Prozeduren liefen daher dieselben Varianzschätzer. Der Leistungsumfang von MIXED geht jedoch über den von VARCOMP deutlich hinaus. MIXED ist daher der Ansatz der Wahl.

**Menü „Verallgemeinerte lineare Modelle"**
Das Menü „Verallgemeinerte lineare Modelle" enthält z.B. (eine Lizenzierung der erforderlichen SPSS Module vorausgesetzt) die Optionen „Verallgemeinerte lineare Modelle…" sowie „Verallgemeinerte lineare Schätzungsgleichungen…".

| | |
|---|---|
| 🖼 Verallgemeinerte lineare Modelle... | **Siehe unten.** |
| 🖼 Verallgemeinerte Schätzungsgleichungen... | **Siehe unten.** |

Unter „*Verallgemeinerte lineare Modelle...*" wird eine Erweiterung des allgemeinen linearen Modells angeboten. In diesem Modell wird der Zusammenhang zwischen Faktoren und
Kovariaten und der abhängigen Variable über eine anzugebende Link-Funktion bestimmt;
auch kann die abhängige Variable eine von der Normalverteilung abweichende Verteilung
aufweisen. Das verallgemeinerte lineare Modell deckt somit auch häufig verwendete Regressionsansätze ab, z.B. die lineare Regression für normalverteilte Responsevariablen, logistische Modelle für binäre Daten sowie loglineare Modelle für Zähldaten (z.B. Poisson-
Regression, Gamma-Regression) sowie zensierte Survival-Daten (z.B. eine komplementäre
Log-Log-Regression für intervallzensierte Survival-Daten). Das verallgemeinerte lineare
Modell kann generell nicht auf korrelierte Daten angewendet werden (vgl. dagegen GEN-
LINMIXED). Das nachfolgende Beispiel zeigt die GENLIN-Syntax für eine binäre logisti-
sche Regression.

```
GENLIN
     Y1 BY X1
     /MODEL X1 DISTRIBUTION=BINOMIAL LINK=LOGIT
     /EMMEANS TABLES=X1 SCALE=ORIGINAL.
```

Die Option „*Verallgemeinerte lineare Schätzungsgleichungen...*" erweitert wiederum das
„Verallgemeinerte lineare Modell" um die Möglichkeit des Modellierens korrelierter Längsschnittdaten (Longitudinaldaten). Das nachfolgende Beispiel zeigt die GENLIN-Syntax für
eine logistische Regression für Messwiederholungen. Das Auswahlmenü für „Verallgemeinerte lineare Schätzungsgleichungen..." unterscheidet sich somit im Vergleich zu den Verallgemeinerten linearen Modellen durch zusätzliche Möglichkeiten für die Analyse für
Messwiederholungen, z.B. die Optionen „Wiederholt" bzw. „Innersubjektvariablen".

```
GENLIN
     Y1 (REFERENCE=LAST)
     BY X1 X2 (ORDER=ASCENDING)
     /MODEL X1 X2 INTERCEPT=YES DISTRIBUTION=BINOMIAL
     LINK=LOGIT
     /CRITERIA METHOD=FISHER(1) CILEVEL=95
     /REPEATED SUBJECT=id WITHINSUBJECT=X2 SORT=YES CORR
     TYPE=UNSTRUCTURED ADJUSTCORR=YES COVB=ROBUST UPDATE
     CORR=1
     /MISSING CLASSMISSING=EXCLUDE
     /PRINT CPS DESCRIPTIVES MODELINFO FIT SUMMARY SOLUTION
     WORKINGCORR.
```

**Menü „Gemischte Modelle"**
Das Menü „Gemischte Modelle" enthält (eine Lizenzierung der erforderlichen SPSS Module vorausgesetzt) derzeit nur die Option „Linear...".

*Linear ...* **Siehe unten.**

*Verallgemeinert linear ...* **Siehe unten.**

Ein Modell wird dann als *gemischtes Modell* („mixed model") bzw. *Modell III* bezeichnet, sobald darin gemischte Faktoren, also zufällige und feste Faktoren gleichzeitig vorkommen. Lineare gemischte Modelle erweitern das allgemeine lineare Modell, indem sie ermöglichen, auch Modelle mit korrelierten Daten oder nicht gegebener Varianzhomogenität analysieren zu können. Gemischte Modelle (SPSS Prozedur MIXED) können für verschiedenste regressionsanalytische Fragestellungen eingesetzt werden, z.B. Mehrebenenmodelle, hierarchische lineare Modelle und Zufallskoeffizientenmodelle (vgl. nachfolgendes Syntaxbeispiel) (vgl. auch die Hinweise unter *„Varianzkomponenten"*, VARCOMP, s.o.). Im Gegensatz zur einfachen linearen Regression erlauben gemischte Modelle z.B., einzelne Fälle in Gestalt eines sog. Zufallskoeffizientenmodells zu beschreiben. Im Gegensatz zur einfachen Regressionslinie, die per definitionem nicht das Verhalten einzelner Fälle beschreiben kann, generiert das Zufallskoeffizientenmodell also *für jeden einzelnen Fall* eine eigene Linie (sog. Performanzprofile). Üblicherweise wird bei diesem Modell zwischen den Untermodellen „Zufallsintercept", „Zufallssteigung" und „Zufallskoeffizient und -steigung" unterschieden. Über Akaike's Information Criterion (AIC) können die Modelle direkt miteinander verglichen werden. Dieser Ansatz wird ausführlich in Kapitel 5.2 vorgestellt.

Beispiel: „Zufallsintercept" (Annahme: Jeder Fall hat einen eigenen Intercept).

```
MIXED
      Y1 WITH TIME
      /FIXED INTERCEPT TIME
      /RANDOM INTERCEPT | SUBJECT(ID) COVTYPE(ID)
      /PRINT SOLUTION TESTCOV.
```
Beispiel: „Zufallssteigung" (Annahme: Jeder Fall hat eine eigene Steigung).

```
MIXED
      Y1 WITH TIME
      /FIXED INTERCEPT TIME
      /RANDOM TIME | SUBJECT(ID) COVTYPE(ID)
      /PRINT SOLUTION TESTCOV.
```

Beispiel: „Zufallskoeffizient und -steigung" (Steigung und Intercept sind zufällig).

```
MIXED
      Y1 WITH TIME
      /FIXED INTERCEPT TIME
```

```
/RANDOM INTERCEPT TIME | SUBJECT(ID) COVTYPE(UN)
/PRINT SOLUTION TESTCOV.
```

Die Prozedur MIXED ist sehr leistungsfähig; neben Split plot-Designs erlaubt sie u.a. auch die Analyse von Mehrebenenmodellen.

Die *Verallgemeinerten linearen gemischten Modelle* (SPSS Prozedur GENLINMIXED) sind ebenfalls vielfältig einsetzbar, von der einfachen linearen Regression bis hin zu komplexen Mehrebenenmodellen. Verallgemeinerte lineare gemischte Modelle sind v.a. dann empfehlenswert, wenn die abhängige Variable eine von der Normalverteilung abweichende Verteilung aufweist oder wenn die Beobachtungen korreliert sind. Eine Voraussetzung dieses Modells ist, dass die abhängige Variable („Ziel") über eine anzugebende Verknüpfungsfunktion in einer *linearen* Beziehung zu Faktoren und Kovariaten steht.

**Menü „Vorhersage"**
Auf Zeitreihen- bzw. Längsschnittdaten mit zeitabhängigen oder saisonalen Strukturen bzw. Einflüssen könnte einerseits die OLS-Regression eingesetzt werden (vgl. z.B. Wooldridge, 2003, v.a. Kap. 10 und 11; Cohen et al., 2003[3], Kap. 15; Chatterjee & Price, 1995[2], Kap. 7). Darüber hinaus könnten aber auch spezielle Verfahren der Zeitreihenanalyse ergiebig sein (z.B. Hartung, 1999, Kap. XII; Schlittgen, 2001; Schlittgen & Streitberg, 2001[9]; Yaffee & McGee, 2000). Das Menü „Vorhersage" (frühere Bezeichnung: „Zeitreihen") enthält z.B. (eine Lizenzierung der erforderlichen SPSS Module vorausgesetzt) die Option „Modelle erstellen..." und darin wiederum die Optionen „Autoregression..." sowie „ARIMA...".

| | |
|---|---|
| Modelle erstellen… | **Siehe unten.** |
| Modelle zuweisen… | **Nicht erläutert.** |
| Exponentielles Glätten | **Nicht erläutert.** |
| Saisonale Zerlegung… | **Nicht erläutert.** |
| Spektralanalyse… | **Nicht erläutert.** |
| Sequenzdiagramme | **Nicht erläutert.** |
| Autokorrelationen… | **Nicht erläutert.** |
| Kreuzkorrelationen… | **Nicht erläutert.** |

Das Menü *„Modelle erstellen…"* enthält den „Expert Modeler", der für eine oder mehrere abhängige Zeitreihen automatisch das jeweils am besten angepasste Modell für eine ARIMA oder eine exponentielle Glättung ermittelt und schätzt. Anwender brauchen sich somit nicht mehr mühsam an das beste Modell herantasten. Anwender können auch ein benutzerdefiniertes ARIMA-Modell oder ein exponentielles Glättungsmodell an SPSS übergeben. Als Maße für die Anpassungsgüte werden u.a. R²-Maße, RMSE, MAE, MAPE, MaxAE, MaxAPE sowie das BIC ausgegeben.

```
DATE DAY 1 3.
PREDICT THRU CYCLE 5 DAY 3 .

TSMODEL
/MODELSUMMARY
           PRINT=[MODELFIT RESIDACF RESIDPACF]
           PLOT=[SRSQUARE RSQUARE RMSE MAPE MAE]
/MODELSTATISTICS DISPLAY=YES
           MODELFIT=[SRSQUARE RSQUARE RMSE MAPE MAE]
/MODELDETAILS
           PRINT=[PARAMETERS RESIDACF RESIDPACF FORECASTS]
           PLOT= [RESIDACF RESIDPACF]
/SERIESPLOT OBSERVED FORECAST FIT FORECASTCI FITCI
/OUTPUTFILTER DISPLAY=ALLMODELS
/AUXILIARY   CILEVEL=95   MAXACFLAGS=24
/SAVE   PREDICTED(Vorhersagewert)
/MISSING USERMISSING=EXCLUDE
/MODEL DEPENDENT=Y1 Y2 Y3 PREFIX='Skala'
/EXPERTMODELER TYPE=[ARIMA EXSMOOTH] TRYSEASONAL=YES
/AUTOOUTLIER  DETECT=ON TYPE=[ ADDITIVE LEVELSHIFT].
```

Unter *„Autoregression…"* werden mehrere Methoden angeboten, um ein lineares Regressionsmodell mit autoregressiven Fehlern erster Ordnung zu schätzen. SPSS stellt dazu u.a. die Methoden nach Brown und Winter zur Verfügung.

```
TSMODEL
        /MODEL DEPENDENT=Y1 Y2 INDEPENDENT=X1
        /EXSMOOTH TYPE=WINTERSADDITIVE.
```

Unter *„ARIMA…"* (Autoregressiver integrierter gleitender Durchschnitt) bietet SPSS zahlreiche Möglichkeiten an, nicht saisonale und saisonale univariate Modelle (sog. Box-Jenkins-Modelle) zu schätzen. Die Datenreihen können transformiert werden; die Periodizität, wie auch andere saisonale Parameter können eingestellt werden.

```
TSMODEL

        /AUXILIARY SEASONLENGTH=12
        /MODEL DEPENDENT=Y1
        /ARIMA AR=[0] ARSEASONAL=[0] MA=[1] MASEASONAL=[1]
         DIFF=1 DIFFSEASONAL=1 TRANSFORM=LN.
```

Der Expert Modeler ermittelt automatisch das Modell der besten Anpassung für eine oder mehrere Zeitreihen. Der Expert Modeler (SPSS Prozedur TSMODEL) ersetzt seit Version SPSS 14.0 die Prozeduren AREG und ARIMA. Anwender müssen sich nun nicht mehr mühsam „von Hand" an das geeignete Modell heranarbeiten. Die TSMODEL Option EXSMOOTH erlaubt u.a. Regressionsmodelle mit AR(1) Fehlern (autoregressiven Fehlern

1.Ordnung) anzupassen. Mit der Option ARIMA können dagegen (non)saisonale univariate ARIMA Modelle mit oder ohne feste Regressoren angepasst werden.

# 6.2     Weitere Regressionsvarianten über Syntax

Dieser Abschnitt stellt weitere Regressionsvarianten vor, die über SPSS Syntax angefordert werden können. Dieses Kapitel stellt somit auch Regressionsansätze vor, die nicht ohne Weiteres über SPSS Menüs zugänglich sind. Die Syntaxbeispiele sollen dabei auch dazu anregen, sich mit dem weiteren, häufig unterschätzten Leistungsumfang von SPSS über die Syntax-Programmierung im Allgemeinen, wie auch der SPSS Command Syntax Reference im Besonderen auseinanderzusetzen. Die Beispiele dienen nur der Illustration und sind nicht als unverändert zu übernehmende Analysevorlagen gedacht.

Mit der Prozedur ANOVA kann eine Regressionsanalyse *für eine abhängige Variable* mit einem oder mehreren Faktoren und/oder Variablen berechnet werden.

```
ANOVA
VARIABLES= Y1 BY X1 (0,1) WITH X2
/METHOD= UNIQUE
/STATISTICS= REG.
```

Mit der Prozedur MANOVA kann eine multivariate lineare Regressionsanalyse *für mehrere abhängige Variablen* mit einem oder mehreren Faktoren und/oder Variablen angefordert werden (nur mittels Syntax möglich).

```
MANOVA
Y1 Y2
WITH X1 X2 X3.
```

Mittels UNIANOVA kann eine Regressionsanalyse für eine abhängige Variable mit einem oder mehreren Faktoren und/oder Variablen berechnet werden.

```
UNIANOVA
      Y1 BY X1 WITH X2 .
```

Mittels LOGLINEAR kann u.a. die logistische Regression auf kategoriale Variablen angefordert werden (mittlerweile nur noch mittels Syntax möglich).

```
LOGLINEAR
DosisGrd1 (1,3) DosisGrd2 (1,8)
/DESIGN= DosisGrd1, DosisGrd2.
```

LOGLINEAR nimmt eine multinomiale Verteilung an. Der Reparametrisierungsansatz von LOGLINEAR kann bei unvollständigen Tabellen in fehlerhafte Freiheitsgrade und damit falsche Analyseergebnisse münden.

**Mehrebenenanalysen**

Auf besonderen Wunsch sind Syntaxbeispiele für die Analyse von Mehrebenenmodellen (syn.: Mehrebenen-Regression) zusammengestellt. Bei der Modellierung ist darauf zu achten, wie viele Ebenen ein Modell enthält, von welcher Ebene die zu modellierenden Prädiktoren und Faktoren jeweils stammen und dass sie in die FIXED *und/oder* in die RANDOM Zeile in der MIXED Syntax aufgenommen werden. Gegebenenfalls sind an den zu modellierenden Prädiktoren Anpassungen vorzunehmen, wie z.B. über Zentrierung. Die Syntaxbeispiele sollten nicht unreflektiert abgeschrieben werden. Die beispielhaft modellierten Kovarianzen dienen nur der Veranschaulichung und sind anhand der Verteilungen der eigenen Daten anzupassen. UN sind z.B. vollständig unstrukturiert. Für Messwiederholungen mit längeren Abständen kann AR1 verwendet werden.

**Referenzmodell einer Mehrebenenanalyse (unkonditionales ="leeres" Modell):**

Individuen (Ebene 1), genestet in Organisation (ORGA, Ebene 2).

```
mixed RESPONSE
/method=ML
/criteria=CIN(95)
/print = solution testcov
/random = intercept | subject(ORGA) COVTYPE(VC).
```

**Modell für eine Mehrebenenanalyse mit zwei Ebenen:**

Individuen (Ebene 1), genestet in Organisation (ORGA, Ebene 2). Prädiktor INUT befindet sich auf Ebene 1.

```
mixed RESPONSE with INPUT
/method=ML
/criteria=CIN(95)
/print = solution testcov
/fixed = INPUT | SSTYPE(3)
/random = intercept INPUT | subject(ORGA) COVTYPE(UN).
```

**Modell für eine Messwiederholung (drei Ebenen):**

Zeit (ZEIT, Ebene 1), genestet in denselben Individuen (ID, Ebene 2), wiederum genestet in Organisation (ORGA, Ebene 3).

```
mixed RESPONSE with ZEIT
/method=ML
/criteria=CIN(95)
/print = solution testcov
/fixed = ZEIT
/repeated = ZEIT | subject(ORGA) COVTYPE(AR1).
```

# 7 Anhang: Formeln

Zur Beurteilung der SPSS Ausgaben sind Kenntnisse ihrer statistischen Definition und Herleitung unerlässlich. Der Vollständigkeit halber sind daher auf den folgenden Seiten ausgewählte Formeln der wichtigsten behandelten Verfahren zusammengestellt. Die Übersicht gibt dabei die Notation und Formelschreibweise wieder, wie sie für die Algorithmen in den Manualen „IBM SPSS Statistics 21 Algorithms" und z.T. in der „IBM SPSS Statistics 21 Command Syntax Reference" (z.B. SPSS, 2012a, c) dokumentiert sind. Der interessierte Leser wird auf diese Dokumentationen für weitere Information weiterverwiesen.

**Formeln der Korrelationsanalyse**

**Prozedur CORRELATIONS**

**Notation:**

| | |
|---|---|
| $N$ | Anzahl der Fälle. |
| $X_{kl}$ | Wert der Variablen $k$ für Fall $l$. |
| $W_k$ | Summe der Gewichte der Fälle, die in die Berechnung der Statistiken für die Variable $k$ einbezogen wurden. |
| $W_{kj}$ | Summe der Gewichte der Fälle, die in die Berechnung der Statistiken für die Variablen $k$ und $j$ einbezogen wurden. |
| $w_l$ | Gewicht des Falles $l$. |

*Mittelwert und Standardabweichung*

$$\overline{X}_k = \frac{\sum_{l=1}^{N} w_l X_{kl}}{W_k} \ ,$$

$$S_k = \sqrt{\left(\sum_{l=1}^{N} w_l X_{kl}^2 - \overline{X}_k^2 W_k\right)/(W_k - 1)}$$

*Kreuzproduktabweichungen und -kovarianzen*

$$C_{ij} = \sum_{l=1}^{N} w_l X_{il} X_{jl} - \left(\sum_{l=1}^{N} w_l X_{il}\right)\left(\sum_{l=1}^{N} w_l X_{jl}\right)/W_{ij}$$

*Pearson-Korrelation*

$$r_{ij} = \frac{C_{ij}}{\sqrt{C_{ii}C_{jj}}}$$

## Formeln der Cox-Regression

## Prozedur COXREG

**Notation:**

*Hazard-Funktion:* Schreibweise und Varianten

$$h(t|\mathbf{x}) = h_0(t)e^{\mathbf{x}'\beta}$$

Die Hazard-Funktion für ein Individuum im Stratum $j$ ist z.B. definiert als:

$$h_j(t|\mathbf{x}) = h_{0j}(t)e^{\mathbf{x}'\beta}$$

$$h(t|\mathbf{x}) = \frac{f(t|\mathbf{x})}{S(t|\mathbf{x})}$$

*Überlebensfunktion* (Proportionalität der Hazards sei gegeben): Schreibweise und Varianten

$$S(t|\mathbf{x}) = \int_t^{\infty} f(u|\mathbf{x})du$$

$$S(t|\mathbf{x}) = [S_0(t)]^{\exp\left(\mathbf{x}'\beta\right)}$$

$$S_0(t) = \exp\left(-H_0(t)\right)$$

*Schätzung des Beta* Log-Likelihood aus der Partial-Likelihoodfunktion:

$$l = \ln L(\beta) = \sum_{j=1}^{m}\sum_{i=1}^{k_j} \mathbf{s}'_{ji}\beta - \sum_{j=1}^{m}\sum_{i=1}^{k_j} d_{ji}\ln\left(\sum_{l\in R_{ji}} w_l e^{\mathbf{x}'_l\beta}\right)$$

Die ersten Ableitungen von $l$ sind

$$D_{\beta_r} = \frac{\partial l}{\partial \beta_r} = \sum_{j=1}^{m}\sum_{i=1}^{k_j}\left(S_{ji}^{(r)} - d_{ji}\frac{\sum_{l\in R_{ji}} w_l x_{lr} e^{\mathbf{x}'_l\beta}}{\sum_{l\in R_{ji}} w_l e^{\mathbf{x}'_l\beta}}\right), \quad r = 1,\ldots,p$$

*Schätzung der Grundlinien-Funktion*

$$\sum_{l\in D_i} \frac{w_l \exp\left(\mathbf{x}'_l\beta\right)}{1-\alpha_i^{\exp(\mathbf{x}'_l\beta)}} = \sum_{l\in R_i} w_l \exp\left(\mathbf{x}'_l\beta\right) \quad i = 1,\ldots,k$$

*R für eine einzelne Variable* (falls Wald >2, andernfalls wird R auf Null gesetzt).

$$R = \left[\frac{\text{Wald}-2}{-2\,\text{log-likelihood for the intial model}}\right]^{1/2} \times \text{sign of MPLE}$$

*R für eine Variable mit mehreren Kategorien* (falls Wald >2df).

$$R = \left[\frac{\text{Wald}-2*\text{df}}{-2\,\text{log-likelihood for the intial model}}\right]^{1/2}$$

## Formeln der Kurvenanpassung

### Prozedur CURVEFIT

**Notation:**

| | |
|---|---|
| $Y_t$ | Beobachtete Reihe $t = 1,\ldots,n$ |
| $E(Y_t)$ | Erwarteter Wert von $Y_t$ |
| $\hat{Y}_t$ | Vorhergesagter Wert von $Y_t$ |

| Modell | Lineargleichung | AV | UV | Koeffizienten |
|---|---|---|---|---|
| Linear | $E(Y_t) = \beta_0 + \beta_1 t$ | $Y$ | $t$ | $\beta_0, \beta_1$ |
| Logarithmisch | $E(Y_t) = \beta_0 + \beta_1 \ln(t)$ | $Y$ | $\ln(t)$ | $\beta_0, \beta_1$ |
| Invers | $E(Y_t) = \beta_0 + \beta_1/t$ | $Y$ | $1/t$ | $\beta_0, \beta_1$ |
| Quadratisch | $E(Y_t) = \beta_0 + \beta_1 t + \beta_2 t^2$ | $Y$ | $t, t^2$ | $\beta_0, \beta_1, \beta_2$ |
| Kubisch | $E(Y_t) = \beta_0 + \beta_1 t + \beta_2 t^2 + \beta_3 t^3$ | $Y$ | $t, t^2, t^3$ | $\beta_0, \beta_1, \beta_2, \beta_3$ |
| Zusammen-gesetzt | $E(Y_t) = \beta_0 \beta_1^t$ | $\ln(Y)$ | $t$ | $\beta_0^*, \beta_1^*$ |
| Potenz/Power | $E(Y_t) = \beta_0 t^{\beta_1}$ | $\ln(Y)$ | $\ln(t)$ | $\beta_0^*, \beta_1$ |
| S | $E(Y_t) = \exp(\beta_0 + \beta_1/t)$ | $\ln(Y)$ | $1/t$ | $\beta_0, \beta_1$ |
| Wachstum | $E(Y_t) = \exp(\beta_0 + \beta_1 t)$ | $\ln(Y)$ | $t$ | $\beta_0, \beta_1$ |
| Exponentiell | $E(Y_t) = \beta_0 e^{\beta_1 t}$ | $\ln(Y)$ | $t$ | $\beta_0^*, \beta_1$ |
| Logistisch | $E(Y_t) = \left(\frac{1}{u} + \beta_0 \beta_1^t\right)^{-1}$ | $\ln(1/y - 1/u)$ | $t$ | $\beta_0^*, \beta_1^*$ |

## Formeln des Kaplan-Meier-Ansatzes

### Prozedur KM

**Notation:**

*Schätzung der Überlebensver-teilung*

$$\hat{S}(t) = \prod_{t_i < t} \left(1 - \frac{d_i}{n_i}\right)$$

*Schätzung der mittleren Über-lebenszeit*

$$\hat{\mu} = \begin{cases} \sum_{i=0}^{k-1} \hat{S}(t_i^+)(t_{i+1} - t_i) \\ \sum_{i=0}^{k-1} \hat{S}(t_i^+)(t_{i+1} - t_i) + \hat{S}(t_k^+)(T_L - t_k) \end{cases}$$

**Formeln der logistischen Regression**

**Prozedur LOGISTIC REGRESSION**

**Notation:**

| | |
|---|---|
| $n$ | Die Anzahl der beobachteten Fälle. |
| $P$ | Die Anzahl der Parameter. |
| Y | $n$ x 1 Vektor mit Element $y_i$, dem beobachteten Wert des $i$ten Falls der dichotomen abhängigen Variablen. |
| X | $n$ x $p$-Matrix mit Element $xy_{ij}$, dem beobachteten Wert des $i$ten Parameters. |
| $\beta$ | $p$ x 1-Vektor mit Element $\beta_j$, dem Koeffizienten für den $j$ten Parameter. |
| w | $n$ x 1-Vektor mit Element $w_i$, dem Gewicht für den $i$ten Fall. |
| $l$ | Likelihood-Funktion. |
| $L$ | Log-Likelihood-Funktion. |
| I | Informationsmatrix. |

*Likelihood-Funktion.*

$$l = \prod_{i=1}^{n} \pi_i^{w_i y_i} \left(1 - \pi_i\right)^{w_i(1-y_i)}$$

*Log-Likelihood-Funktion.*

$$L = \ln(l) = \sum_{i=1}^{n} \left(w_i y_i \ln(\pi_i) + w_i(1 - y_i) \ln(1 - \pi_i)\right)$$

*ML-Schätzer*

$$\sum_{i=1}^{n} w_i(y_i - \hat{\pi}_i) x_{ij} = 0$$

*–2 Log-Likelihood (bei schrittw. Methode)*

$$-2 \sum_{i=1}^{n} \left(w_i y_i \ln(\hat{\pi}_i) + w_i(1 - y_i) \ln(1 - \hat{\pi}_i)\right)$$

*Anpassungsgüte (Goodness of Fit)*

$$\sum_{i=1}^{n} \frac{w_i(y_i - \hat{\pi}_i)^2}{\hat{\pi}_i(1 - \hat{\pi}_i)}$$

*R² nach Cox und Snell*

$$R_{CS}^2 = 1 - \left(\frac{l(0)}{l(\hat{\beta})}\right)^{\frac{2}{W}}$$

*R² nach Nagelkerke, wobei* $\max\left(R_{CS}^2\right) = 1 - \{l(0)\}^{2/W}$

$$R_N^2 = R_{CS}^2 / \max\left(R_{CS}^2\right)$$

*Hosmer-Lemeshow-Test*

$$\chi_{HL}^2 = \sum_{k=1}^{g} \frac{(O_{1k} - E_{1k})^2}{E_{1k}(1 - \xi_k)}$$

*Partielles R* (Informations-
grundlage für Variablen in der
Gleichung; falls Prädiktor
nicht kategorial ist).

$$Partial\_R = \begin{cases} sign\left(\hat{\beta}_i\right) \sqrt{\frac{Wald_i - 2}{-2L(initial)}} \\ 0 \end{cases}$$

*Partielles R* (falls Prädiktor
kategorial ist).

$$Partial\_R = \begin{cases} \sqrt{\frac{Wald_i - 2(m-1)}{-2L(initial)}} \\ 0 \end{cases}$$

**Formeln der multinomialen Regression**

**Prozedur NOMREG**

**Notation:**

| | |
|---|---|
| $Y$ | Response-Variable mit ganzzahligen Werten von 1 bis $J$. |
| $J$ | Die Anzahl der Kategorien der nominalen Response. |
| $M$ | Die Anzahl der Subpopulationen. |
| X | $m$ x $p$-Matrix mit Vektorelement $x_i$, den beobachteten Werten der unabhängigen Variablen des Lokationsmodells an der $i$ten Subpopulation. |
| $f_{ijs}$ | Das Häufigkeitsgewicht für die $s$-te Beobachtung, die zur Zelle entsprechend $Y=j$ an Subpopulation $i$ gehört. |
| $n_{ij}$ | Die Summe der Häufigkeitsgewichte der Beobachtungen, die zur Zelle entsprechend $Y=j$ an Subpopulation $i$ gehören. |
| $N$ | Die Summe aller $n_{ij}$s. |
| $\pi_{ij}$ | Die Zellwahrscheinlichkeit entsprechend $Y=j$ an der Subpopulation $i$. |
| $\log(\pi_{ij} / \pi_{ik})$ | Das Logit der Responsekategorie $j$ zur Responsekategorie $k$. |
| $\beta_j = (\beta_{j1}, ..., \beta_{jp})'$ | $p$ x 1-Vektor unbekannter Parameter im $j$-ten Logit (z.B. Logit der Responsekategorie $j$ zur Responsekategorie $J$). |
| $\mathbf{B} = \left(\beta_1', ..., \beta_{J-1}'\right)'$ | (J–1) $p$ x 1-Vektor unbekannter Parameter. |
| $\hat{\mathbf{B}} = \left(\hat{\beta}_1', ..., \hat{\beta}_{J-1}'\right)'$ | Der Maximum Likelihood-Schätzer von $\mathbf{B}$. |
| $\hat{\pi}_{ij}$ | Der Maximum Likelihood-Schätzer von $\pi_{ij}$. |

*Generalisiertes Logit-Modell:*
*Schreibweise und Varianten*

$$\pi_{ij} = \frac{\exp\left(\mathbf{x}'_{i}\beta_{j}\right)}{1 + \Sigma_{k=1}^{J-1}\exp\left(\mathbf{x}'_{i}\beta_{k}\right)}$$

$$\log\left(\frac{\pi_{ij}}{\pi_{iJ}}\right) = \mathbf{x}'_{i}\beta_{j}\text{, für } j=1, ..., \text{J-1.}$$

*Log-Likelihood des Modells*

$$l(\mathbf{B}) = \sum_{i=1}^{m}\sum_{j=1}^{J} n_{ij}\log\left(\pi_{ij}\right)$$

$$= \sum_{i=1}^{m}\sum_{j=1}^{J} n_{ij}\log\left(\frac{\exp\left(\mathbf{x}'_{i}\beta_{j}\right)}{1+\Sigma_{k=1}^{J-1}\exp\left(\mathbf{x}'_{i}\beta_{k}\right)}\right)$$

*Endgültiges Modell:*
*–2 Log-Likelihood*

$$-2l\left(\tilde{\pi}\right) = -2\sum_{i=1}^{m}\sum_{j=1}^{J} n_{ij}\log\left(\hat{\pi}_{ij}\right)$$

*Chi² des Modells*

$$-2l\left(\tilde{\pi}\right) - \left\{-2l\left(\hat{\pi}\right)\right\}$$

*R² nach Cox und Snell*

$$R_{CS}^{2} = 1 - \left(\frac{L(\tilde{\pi})}{L(\hat{\pi})}\right)^{\frac{2}{n}}$$

*R² nach Nagelkerke*

$$R_{N}^{2} = \frac{R_{CS}^{2}}{1 - L(\tilde{\pi})^{2/n}}$$

*R² nach McFadden*

$$R_{M}^{2} = 1 - \left(\frac{l(\hat{\pi})}{l(\tilde{\pi})}\right)$$

*Anpassungsgüte nach Pearson*

$$X^{2} = \sum_{i=1}^{m}\sum_{j=1}^{J}\frac{\left(n_{ij} - n_{i}\hat{\pi}_{ij}\right)^{2}}{n_{i}\hat{\pi}_{ij}}$$

*Anpassungsgüte als Abweichung*

$$D = 2\sum_{i=1}^{m}\sum_{j=1}^{J} n_{ij}\log\left(\frac{n_{ij}}{n_{i}\hat{\pi}_{ij}}\right)$$

*Wald-Statistik (inkl. Konfidenzintervall)*

$$\text{Wald}_{js} = \frac{\hat{B}_{js}}{\hat{\sigma}_{js}}, \qquad \hat{B}_{js} \pm z_{1-\alpha/2}\hat{\sigma}_{js}$$

**Formeln der Partial Least Squares-Regression**

**Prozedur PLS**

**Notation:**

| | |
|---|---|
| X | $N \times n$-Designmatrix unabhängiger Variablen, zentriert und möglicherweise standardisiert. Zur Beachtung: Ohne Intercept. |
| Y | $N \times m$-Matrix abhängiger Variablen, zentriert und möglicherweise standardisiert. |
| c | $m \times 1$-Spaltenvektor der Gewichte. |
| u | $N \times 1$-Spaltenvektor der Y-Scores. |
| w | $n \times 1$-Spaltenvektor der Gewichte. |
| t | $N \times 1$-Spaltenvektor der X-Scores. |
| $d$ | Anzahl der zu extrahierenden PLS-Faktoren. |
| p | $n \times 1$-Ladungsvektor. |
| q | $m \times 1$-Ladungsvektor. |
| P | $n \times d$-Ladungsmatrix. |
| Q | $m \times d$-Ladungsmatrix. |
| T | $N \times d$-Score-Matrix, $T = XW^*$. |
| U | $N \times d$-Score-Matrix. |
| W | $n \times d$-Matrix der X-Gewichte. |
| W* | $n \times d$-Matrix der X-Gewichte in ursprünglichen Koordinaten. Diese Gewichte können direkt auf **X**, $W^* = W(P'W)^{-1}$ angewandt werden. |
| C | $m \times d$-Matrix der Y-Gewichte. Diese Gewichte können direkt auf Y angewandt werden. |
| B | $n \times m$-Matrix der Regressionsparameter, $B = W^*C'$. |
| E | $N \times n$-Matrix der Residuen, $E = X - TP'$. |
| F | $N \times m$-Matrix der Residuen, $F = Y - UQ' = Y - XB$. |
| DModX | $N \times 1$-Vektor der Distanzen der X-Variablen zum Modell. |
| DModY | $N \times 1$-Vektor der Distanzen der Y-Variablen zum Modell. |
| VIP | $n \times d$-Matrix der VIP (Variable Importance in der Projektion). |

## PLS Algorithmen

Im Falle nur einer abhängigen Variablen Y (m=1) wird der NIPALS Algorithmus verwendet, es ist nur eine Iteration erforderlich. Im Falle mehr als einer abhängigen Variablen (m>1) wird das äquivalente Eigenproblem gelöst. Im Folgenden werden nur ausgewählte Formeln für NIPALS (NonLinear Iterative Partial Least Squares) wiedergegeben.

Das Schema rechts verdeutlicht die Beziehung zwischen den Vektoren und Matrizen innerhalb des NIPALS Algorithmus.

$$p = X't/(t't) \quad \leftarrow \quad t \quad \begin{matrix} Y' & c \\ X' & \nearrow & \searrow & Y \\ & & & u & \rightarrow & q = Y'u/(u'u) \\ X & \searrow & \swarrow & Y' \\ & w & X' \end{matrix}$$

In die rechts angegebene Schleife kann man zu jedem günstigen Schritt einsteigen. Besonders bei m = 1 und c = 1, kann man in Schritt 1 mit u = Y einsetzen. Die Schleife wird bis zur endgültigen Konvergenz wiederholt durchlaufen.

1. $w = X'u/(u'u)$

2. $w := w/\|w\|$

3. $t = Xw$

4. $c = Y't/(t't)$

5. $c := c/\|c\|$

6. $u = Yc$

Obwohl der NIPALS-Algorithm in der Praxis durch eine Eigenproblemlösung ersetzt wird, können über die im Schema definierten Beziehungen alle erforderlichen Matrizen und Vektoren hergeleitet werden.

*Regression von X auf t und Y auf u:*

$p = X't/(t't)$

$q = Y'u/(u'u)$

*Reduzieren der X und Y Matrizen:*

$X := X - tp'$

$Y := Y - tc'$ (c basiert auf Schritt 4, nicht 5, s. o.).

*Matrix der Regressionskoeffizienten zur Vorhersage von Y aus X:*

$B = W^*C'$
$B = W(P'W)^{-1}C'$
$B = X'U(T'XX'U)^{-1}T'Y$

Die Matrix ist durch eine der drei Gleichungen gegeben und unabhängig von der Skalierung von **T** und **U**.

*Lösung der PLS-Regressionsgleichung*

$Y = XB + F$.

*Anteil an Y-Varianz, der durch die Extraktion des Faktors k erklärt wird:*

$$SS_k(\mathbf{Y}) = \left(\mathbf{t}'_{(k)}\mathbf{t}_{(k)}\right) \cdot trace\left(\mathbf{c}_{(k)}\mathbf{c}'_{(k)}\right)$$
$$= \left(\mathbf{t}'_{(k)}\mathbf{t}_{(k)}\right) \cdot \left(\mathbf{c}'_{(k)}\mathbf{c}_{(k)}\right)$$

$$VarProp_k(\mathbf{Y}) = \frac{SS_k(\mathbf{Y})}{trace(\mathbf{Y'Y})}$$

*Kumulativer Anteil erklärter Y-Varianz:*

$$CumVarProp_k(\mathbf{Y}) = \sum_{i=1}^{k} Var_i(\mathbf{Y})$$

*Anteil an X-Varianz, der durch die Extraktion des Faktors k erklärt wird:*

$$SS_k(\mathbf{X}) = \left(\mathbf{t}'_{(k)}\mathbf{t}_{(k)}\right) \cdot trace\left(\mathbf{P}_{(k)}\mathbf{P}'_{(k)}\right)$$
$$= \left(\mathbf{t}'_{(k)}\mathbf{t}_{(k)}\right) \cdot \left(\mathbf{p}'_{(k)}\mathbf{P}_{(k)}\right)$$

$$VarProp_k(\mathbf{X}) = \frac{SS_k(\mathbf{X})}{trace(\mathbf{X'X})}$$

*Kumulativer Anteil erklärter X-Varianz:*

$$CumVarProp_k(\mathbf{X}) = \sum_{i=1}^{k} Var_i(\mathbf{X})$$

*VIP-Statistik (VIP: Variable Importance in the Projection):*

Die VIP-Statistik wird für jede Variable und jeden latenten Faktor als Distanz zum Modell berechnet.

$$VIP_{jk} = \sqrt{\frac{n\sum_{l=1}^{k} w_{jl}^{*2} \cdot SS_l(\mathbf{Y})}{\sum_{l=1}^{k} SS_l(\mathbf{Y})}}$$

*Distanz zum Modell (syn.: DmodX, DmodY):*

$$DModX_i = \sqrt{\mathbf{e}'_i\mathbf{e}_i}$$
$$DModY_i = \sqrt{\mathbf{f}'_i\mathbf{f}_i}$$

*PRESS-Statistik (z.B.)*

$$PRESS = \sum_{i=1}^{N} DModY_i^2$$

## Formeln der ordinalen Regression

### Prozedur PLUM

### Notation:

| | |
|---|---|
| $Y$ | Responsevariable, die ganzzahlige Werte von 1 bis $J$ annimmt. |
| $J$ | Die Anzahl der Kategorien der ordinalen Response. |
| $M$ | Die Anzahl der Subpopulationen. |
| $X^A$ | $m \times p^A$ -Matrix mit Vektorelement $x_i^A$, den beobachteten Werten an der $i$ten Subpopulation, determiniert durch die unabhängigen Variablen im SPSS-Befehl. |

X                                       $m \times p$ -Matrix mit Vektorelement $x_i$, den beobachteten
                                        Werten der unabhängigen Variablen des Lokationsmodells
                                        an der $i$ten Subpopulation.

Z                                       $m \times p$ -Matrix mit Vektorelement $x_i$, den beobachteten
                                        Werten der unabhängigen Variablen des Skalenmodells an
                                        der $i$ten Subpopulation.

$f_{ijs}$                               Das Häufigkeitsgewicht für die $s$te Beobachtung, die zur
                                        Zelle entsprechend $Y=j$ an Subpopulation $i$ gehört.

$n_{ij}$                                Die Summe der Häufigkeitsgewichte der Beobachtungen,
                                        die zur Zelle entsprechend $Y=j$ an Subpopulation $i$ gehören.

$r_{ij}$                                Das kumulative Gesamt bis zu und einschließlich $Y=j$ an
                                        Subpopulation $i$.

$n_i$                                   Die Randhäufigkeit von Subpopulation $i$.

$N$                                     Die Summe aller Häufigkeitsgewichte.

$\pi_{ij}$                              Die Zellwahrscheinlichkeit entsprechend $Y=j$ an der Sub-
                                        population $i$.

$\gamma_{ij}$                           Die kumulative Responsewahrscheinlichkeit bis zu und
                                        einschließlich $Y=j$ an Subpopulation $i$.

$\theta$                                $(J{-}1){\times}1$ Vektor der Schwellenparameters im Lokationsteil
                                        des Modells.

ß                                       $p{\times}1$-Vektor der Lokationsparameter im Lokationsteil des
                                        Modells.

$\tau$                                  $q{\times}1$-Vektor der Skalenparameter im Skalenteil des Mo-
                                        dells.

$\mathbf{B}=(\theta^{T},\beta^{T},\tau^{T})^{T}$   Der $\{(J{-}1) + p + q\}{\times}1$-Vektor unbekannter Parameter im
                                        Allgemeinen Modell.

$\hat{\mathbf{B}} = \left(\hat{\theta}^{T},\hat{\beta}^{T},\hat{\tau}^{T}\right)^{T}$   Der $\{(J{-}1) + p + q\}{\times}1$-Vektor der ML-Schätzer der Para-
                                        meter im Allgemeinen Modell.

$\breve{\mathbf{B}} = \left(\breve{\theta}^{T},\breve{\beta}^{T}\right)^{T}$   Der $\{(J{-}1) + p\}{\times}1$-Vektor der ML-Schätzer der Parameter
                                        im reinen Lokationsmodell.

**Allgemeines Modell**

$$\eta_{ij} = \frac{\theta_j - b^T x_i}{\sigma(z_i)}, \quad \eta_{ij} = \text{link}(\gamma_{ij})$$

*Mögliche Link-Funktionen:*
Logit, komplementäre Log-
Log, negative Log-Log, Pro-
bit, Cauchit (inverse Cauchy).

$$\text{link}(\gamma) = \begin{cases} \log\left(\frac{\gamma}{1-\gamma}\right) \\ \log\left(-\log\left(1-\gamma\right)\right) \\ -\log\left(-\log\left(\gamma\right)\right) \\ \Phi^{-1}\left(\gamma\right) \\ \tan\left(\pi\left(\gamma - 0.5\right)\right) \end{cases}$$

**Log-Likelihood-Funktion**

*Log-Likelihood des Modells*

$$l = \sum_{i=1}^{m} \sum_{j=1}^{J-1} r_{ij}\varphi_{ij} - r_{i(j+1)}g\left(\varphi_{ij}\right) \qquad r_{ij} = \sum_{k=1}^{j} n_k$$

, wobei

und

$$\varphi_{ij} = \log\left(\frac{\gamma_{ij}}{\gamma_{ij+1} - \gamma_{ij}}\right)$$

sowie

$$g\left(\varphi\right) = \log\left(1 + \exp\left(\varphi\right)\right) = \log\left(\frac{\gamma_{ij+1}}{\gamma_{ij+1} - \gamma_{ij}}\right).$$

**Modellinformation**

*−2 Log-Likelihood für End-
gültiges Modell, Allgemein*

$$-2l\left(\hat{\mathbf{B}}\right)$$

*Chi²-Statistik des Modells
(z.B. für Allgemeines Modell
vs. Intercept-Modell)*

$$-2l\left(\mathbf{B}^{(0)}\right) - 2l\left(\hat{\mathbf{B}}\right)$$

*R² nach Cox und Snell*

$$R_{CS}^2 = 1 - \left(\frac{L\left(\mathbf{B}^{(0)}\right)}{L\left(\hat{\mathbf{B}}\right)}\right)^{\frac{2}{n}}$$

*R² nach Nagelkerke*

$$R_N^2 = \frac{R_{CS}^2}{1 - L\left(\mathbf{B}^{(0)}\right)^{2/n}}$$

*R² nach McFadden*

$$R_M^2 = 1 - \left(\frac{l\left(\hat{\mathbf{B}}\right)}{l\left(\mathbf{B}^{(0)}\right)}\right)$$

*Anpassungsgüte nach Pearson*

$$X^2 = \sum_{i=1}^{m} \sum_{j=1}^{J} \frac{\left(n_{ij} - n_i\hat{\pi}_{ij}\right)^2}{n_i\hat{\pi}_{ij}}$$

*Anpassungsgüte als Abwei-
chung*

$$D = 2\sum_{i=1}^{m} \sum_{j=1}^{J} n_{ij} \log\left(\frac{n_{ij}}{n_i\hat{\pi}_{ij}}\right)$$

**Parameter-Statistiken:**

*Wald-Statistik*

$$\text{Wald}_k = \frac{\hat{B}_k}{\hat{\sigma}_k}$$

*Linearer Hypothesentest*

$$\text{Wald}(\mathbf{L}, \mathbf{c}) = \left(\mathbf{L}\hat{\mathbf{B}} - \mathbf{c}\right)^{\mathrm{T}} \left\{\mathbf{L}\text{Cov}\left(\hat{\mathbf{B}}\right)\mathbf{L}^{\mathrm{T}}\right\}^{-1} \left(\mathbf{L}\hat{\mathbf{B}} - \mathbf{c}\right)$$

## Formeln der linearen Regression

## Prozedur REGRESSION

## Notation:

| | |
|---|---|
| $y_i$ | Abhängige Variable für Fall $i$ mit Varianz $o^2 / g_i$ |
| $c_i$ | Fallgewicht für Fall $i$; $c_i = 1$, falls mittels CASEWEIGHT nicht abweichend spezifiziert. |
| $g_i$ | Regressionsgewicht für Fall $i$; $g_i = 1$, falls mittels REGWGT nicht abweichend spezifiziert. |
| $L$ | Anzahl der unterschiedlichen Fälle. |
| $w_i$ | $c_i g_i$ |
| $W$ | $\displaystyle\sum_{i=1}^{l} w_i$ , Summe der Gewichte aller Fälle. |
| $P$ | Anzahl der unabhängigen Variablen. |
| $C$ | $\displaystyle\sum_{i=1}^{l} c_i$ , Summe der Fallgewichte. |
| $x_{ki}$ | Die $k$te unabhängige Variable für Fall $i$. |
| $\overline{X}_k$ | Stichprobenmittelwert für die $k$te unabhängige Variable: $\overline{X}_k = \left(\displaystyle\sum_{i=1}^{l} w_i x_{ki}\right)/W$ |
| $\overline{Y}$ | Stichprobenmittelwert für die abhängige Variable: $\overline{Y} = \left(\displaystyle\sum_{i=1}^{l} w_i y_i\right)/W$ |
| $h_i$ | Hebelwirkung (leverage) für den Fall $i$. |
| $\tilde{h}_i$ | $\dfrac{g_i}{W} + h_i$ , Schätzer der Hebelwirkung für den Fall $i$. |
| $S_{ki}$ | Stichprobenkovarianz für $X_k$ und $X_j$. |

$S_{yy}$   Stichprobenvarianz für $Y$.

$S_{ky}$   Stichprobenkovarianz für $X_k$ und $Y$.

$p^*$   Anzahl der Koeffizienten im Modell. $p^* = p$, falls der Intercept nicht in der Gleichung eingeschlossen ist, sonst $p^* = p + 1$.

R   Die Stichprobenkorrelationsmatrix für $X_1, ..., X_p$ und $Y$.

## Deskriptive Statistiken

*R*

$$\mathbf{R} = \begin{bmatrix} r_{11} & \cdots & r_{1p}r_{1y} \\ r_{21} & \cdots & r_{2p}r_{2y} \\ \cdot & \cdots & \cdot \cdot \\ r_{y1} & \cdots & r_{yp}r_{yy} \end{bmatrix}, \text{wobei}$$

$$r_{kj} = \frac{S_{kj}}{\sqrt{S_{kk}S_{jj}}} \quad \text{und} \quad r_{yk} = r_{ky} = \frac{S_{ky}}{\sqrt{S_{kk}S_{yy}}}.$$

*Multiples R*

$$R = \sqrt{1 - r_{yy}}$$

*R²*

$$R^2 = 1 - r_{yy}$$

*Adjustiertes R²*

$$R^2_{adj} = R^2 - \frac{(1 - R^2)p}{C - p^*}$$

*Änderung in R² (falls ein Block q unabhängiger Variablen hinzugefügt oder entfernt wurde)*

$$\Delta R^2 = R^2_{current} - R^2_{previous}$$

*Änderung im F-Wert und die dazugehörige Signifikanz-Statistik (obere [untere] Formel: Für das Hinzufügen [Entfernen] q unabhängiger Variablen).*

$$\Delta F = \begin{cases} \frac{\Delta R^2(C-p^*)}{q(1-R^2_{current})} \\ \frac{\Delta R^2(C-p^*-q)}{q(R^2_{previous}-1)} \end{cases}$$

*Quadratsumme der Residuen*

$$SS_e = r_{yy}(C-1)S_{yy}$$

*Quadratsumme durch Regression*

$$SS_R = R^2(C-1)S_{yy}$$

*Akaike Information Criterion*

$$AIC = C\ln\left(\frac{SS_e}{C}\right) + 2p^*$$

*Schwarz Bayesian Criterion*

$$SBC = C \ln \left( \frac{SS_e}{C} \right) + p^* \ln (C)$$

*VIF-Werte (VIF: Variance Inflation Factor)*

$$VIF_i = \frac{1}{r_{ii}}$$

*Toleranz-Werte*

$$Tolerance_i = r_{ii}$$

*Regressionskoeffizient für Variablen in der Gleichung*

$$b_k = \frac{r_{yk}\sqrt{S_{yy}}}{\sqrt{S_{kk}}} \text{ for } k = 1, \ldots, p$$

*95%-Vertrauensintervall für Koeffizient*

$$b_k \pm \hat{\sigma}_{b_k} t_{0.975, C-p^*}$$

*Intercept (für ein Modell mit Intercept):*

$$b_0 = \overline{y} - \sum_{k=1}^{p} b_k \overline{X}_k$$

*Beta-Koeffizient*

$$Beta_k = r_{yk}$$

*Semi-partielle Korrelation (part correlation)*

$$Part - Corr(X_k) = \frac{r_{yk}}{\sqrt{r_{kk}}}$$

*Partial-Korrelation (partial correlation)*

$$Partial - Corr(X_k) = \frac{r_{yk}}{\sqrt{r_{kk}r_{yy} - r_{yk}r_{ky}}}$$

*Durbin-Watson-Statistik*

$$DW = \frac{\sum\limits_{i=2}^{l} (\tilde{e}_i - \tilde{e}_{i-1})^2}{\sum\limits_{i=1}^{l} c_i \tilde{e}_i^2} \text{ , wobei } \tilde{e}_i = e_i \sqrt{g_i} \text{ .}$$

## Formeln der Sterbetafel (versicherungsmathematischer Ansatz)

## Prozedur SURVIVAL

## Notation:

| | |
|---|---|
| $X_j$ | Zeit vom Startereignis bis Zielereignis oder Zensierung von Fall $j$. |
| $w_j$ | Gewicht für Fall $j$. |
| $K$ | Anzahl insgesamt der Intervalle. |
| $t_i$ | Zeit zu Beginn des $i$ten Intervalls. |
| $h_i$ | Breite des Intervalls $i$. |
| $c_i$ | Summe der Gewichte der Fälle, die in Intervall $i$ zensiert sind. |

$d_i$                       Summe der Gewichte der Fälle, für die in Intervall $i$ das Zielereignis eintritt.

*Berechnung der Intervalle, Zählen der Ereignisse und der Zensierungen*
$$t_i \leq X_j < t_{i+1}$$

*Anzahl in Ausgangsmenge („lebend")*
$$l_i = l_{i-1} - c_{i-1} - d_{i-1}$$

*Anzahl, die dem Risiko eines Zielereignisses ausgesetzt sind*
$$r_i = l_i - c_i/2$$

*Anteil ausfallender („versterbender") Elemente*
$$q_i = \frac{d_i}{r_i}$$

*Anteil verbleibender („überlebender") Elemente*
$$p_i = 1 - q_i$$

*Kumulativer Anteil verbleibender Elemente am Ende eines Intervalls*
$$P_i = P_{i-1} p_i$$

*Mediane Überlebenszeit*
Falls $P_k > 0.5$, gilt $t_k +$ ansonsten

$$Md = (t_i) + \frac{h_{i-1}(P_{i-1} - 0.5)}{P_{i-1} - P_i}$$

# 8    Literatur

Allison, Paul D. (2001$^5$). Survival Analysis using the SAS System. Cary, NC: SAS Institute Inc.

Altman, Douglas G. (1992). Practical Statistics for Medical Research. London: Chapman & Hall/CRC.

Ayres, Ian (2007). Super Crunchers: How anything can be predicted. London: John Murray Publ.

Barnett, Jane (2008). Link between online gaming and violence killed off. Paper presented at the British Psychological Society's Annual Conference (Dublin, 02.04.2008).

Berry, Michael J.A. & Linoff, Gordon, S. (2000). Mastering Data Mining: The Art and Science of Custer Relationship Management. New York: John Wiley & Sons.

Bland, Martin (1995$^3$). An Introduction to Medical Statistics. Oxford: Oxford University Press.

Boehmke, Frederick J.; Morey, Daniel S. & Shannon, Megan (2006). Selection bias and continuous-time duration models: Consequences and a proposed solution. American Journal of Political Science 50, 1, 192–207.

Böhning, Dankmar (1998). Allgemeine Epidemiologie und ihre methodischen Grundlagen. München Wien: R.Oldenbourg Verlag.

Borg, Walter R. & Gall, Meredith D. (1989$^5$). Educational Research: An Introduction. White Plains, NY: Longman.

Bortz, Jürgen (1993$^4$). Statistik für Sozialwissenschaftler. Heidelberg: Springer.

Box-Steffensmeier, Janet M. & Jones, Bradford S. (1997). Time is of the essence: Event history models in political science. American Journal of Political Science, 41, 4, 1414–1461.

Box-Steffensmeier, Janet M. & Jones, Bradford S. (2004). Event history modeling: A guide for social scientists. NY: Cambridge University Press.

Bredenkamp, Jürgen (1972). Der Signifikanztest in der psychologischen Forschung. Frankfurt/M.: Akademische Verlagsanstalt.

Cha, Kwang Y.; Wirth, Daniel P.; Lobo, Rogerio A. (2001). Does prayer influence the success of in vitro fertilization-embryo transfer? Journal of Reproductive Medicine, 46, 781–787.

Chapman, Pete; Clinton, Julian; Khabaza, Thomas; Reinartz, Thomas; Wirth, Rüdiger (1999). The CRISP-DM Process Model. Discussion Paper. The CRISP-DM consortium NCR System Engineering Copenhagen (Denmark), DaimlerChrysler AG (Germany), Integral Solutions Ltd. (England) and OHRA Verzekeringen en Bank Groep B.V (The Netherlands).

Chatterjee, Samprit & Price, Bertram (1995[2]). Praxis der Regressionsanalyse. München Wien: R.Oldenbourg Verlag.

Cohen, Jacob et al. (2003[3]). Applied Multiple Regression/Correlation Analysis for the Behavioral Sciences. Mahwah NJ: Lawrence Erlbaum Ass.

Collett, David (2003[2]). Modeling Survival Data in Medical Research. London: Chapman & Hall/CRC.

Cox, David R. (1972) Regression models and life tables. Journal of the Royal Statistical Society, Series B, 34, 187–220.

Cox, David R. & Snell, Joyce E. (1989). The Analysis of Binary Data. London: Chapman and Hall.

Cox, David R. & Oakes, David (1984). Analysis of Survival Data. London: Chapman & Hall/CRC.

Darlington, Richard B. (1990). Regression and Linear models. New York: McGraw-Hill.

Diehl, Joerg & Kohr, Heinz (1999). Deskriptive Statistik. Eschborn bei Frankfurt/M.: Verlag Dietmar Klotz.

Elandt-Johnson, Regina C. & Johnson, Norman L. (1999). Survival Models and Data Analysis. New York: John Wiley & Sons.

Eliason, Scott R. (1993). Maximum-Likelihood Estimation: Logic and Practise. (Series: Quantitative Applications in the Social Sciences). Thousand Oaks: Sage Publications.

Elmore, Patricia B. & Woehlke, Paula L. (1998). Research Methods employed in "American Educational Research Journal", "Educational Researcher", and "Review of Educatinal Research" from 1978 to 1995 (Paper presented at the Annual Meeting of the American Educational Research Association, San Diego (CA), April 13–17, 1998).

Elmore, Patricia B. & Woehlke, Paula L. (1996). Research Methods employed in "American Educational Research Journal", "Educational Researcher", and "Review of Educatinal Research" from 1978 to 1995 (Paper presented at the Annual Meeting of the American Educational Research Association, New York (NY), April 8–12, 1996).

Ferguson, Christopher J. (2007). Evidence for publication bias in video game violence effects literature: A meta-analytic review. Aggression and Violent Behavior, 12, 4, 470–482.

Finney, David J. (1996). A note on the history of regression. Journal of Applied Statistics, 23, 5, 555–558.

Gale, Catharine R.; Deary, Ian J.; Schoon, Ingrid & Batty, G. David (2007). IQ in childhood and vegetarianism in adulthood: 1970 British cohort study. British Medical Journal, February 3, 334 (7587), 245.

Goertzel, Ted (2002). Myths of murder and multiple regression. The Skeptical Inquirer, 26, 1/2, 19–23.

Goodwin, Laura D. & Goodwin, William L. (1985). An analysis of statistical techniques used in the Journal of Educational Psychology, 1979–1983. Educational Psychologist, Volume 20, 1, 13–21.

Graber, Marion (2000). Data Mining: Eine mächtige Methode im Business-Intellligence-Prozess. IT-Management, 1/2, 1–6 (Sonderdruck).

Green, Sam (1991). How many subjects does it take to do a regression analysis? Multivariate Behavioral Research, 26, 455–510.

Guggenmoos-Holzmann, Irene & Wernecke, Klaus-Dieter (1996). Medizinische Statistik. Berlin: Blackwell Wissenschaftsverlag.

Hackbarth, Diana (2008). Research Reporting and Evidence of Effectiveness: Why "No Difference" Matters. American Journal of Crititical Care, 17(3), 218–220.

Hartung, Joachim (1999[12]). Statistik. München Wien: R.Oldenbourg Verlag.

Hess, Kenneth R. (2007). Graphical methods for assessing violations of the proportional hazards assumption in cox regression. Statistics in Medicine, 14, 15, 1707–1723.

Hoerl, Arthur E. & Kennard, Robert W. (1970). Ridge-Regression: Biased estimation for nonorthogonal problems. Technometrics, 12, 69–82.

Hox, Joop J. (2002). Multilevel Analysis, Techniques and Applications. Mahwah: Erlbaum.

Hosmer, David W. & Lemeshow, Stanley (2000). Applied Logistic Regression. Second Edition. Wiley & Sons: New York.

Hosmer, David W. & Lemeshow, Stanley (1999). Applied Survival Analysis. John Wiley and Sons: New York.

Howarth, Richard J. (2001). A history of regression and related model-fitting in the earth sciences (1636?–2000). Natural Resources Research, 10, 4 (12), 241–286.

Hsu, Tse-chi (2005). Research methods and data analysis procedures used by educational researchers. International Journal of Research & Method in Education, 28, 2, 109–133.

Hulland, John (1999). Use of Partial Least Squares (PLS) in Strategic Management Research: A review of four recent studies. Strategic Management Journal, 20, 195–204.

Jaccard, James (2001). Interaction Effects in Logistic Regression Analysis (Series: Quantitative Applications in the Social Sciences). Thousand Oaks: Sage Publications.

Kahn, Harold A. & Sempos, Christopher T. (1989). Statistical Methods in Epidemiology. New York – Oxford: Oxford University Press.

Kalbfleisch, John D. & Prentice, Ross L. (2002). Statistical Analysis of Failure Time Data. New York: John Wiley & Sons.

Kaplan, Edward L. & Meier, Paul (1958). Nonparametric estimation from incomplete observations. Journal of the American Statistical Association, 53, 457–481.

Khabaza, Tom (2005). Hard hats for data miners: Myths and pitfalls of data mining. Chicago: SPSS Inc.

Klecka, William R. (1980). Discriminant Analysis. Quantitative Applications in the Social Sciences Series, No. 19. Thousand Oaks, CA: Sage Publications.

Klein, John P. & Moeschberger, Melvin L. (2003). Survival Analysis: Techniques for Censored and Truncated Data. Springer-Verlag: New York.

Kleinbaum, David G. & Klein, Mitchel (2005²). Survival Analysis: A Self-Learning Text. Springer-Verlag: New York.

Kreft, Ita G. & de Leeuw, Jan (1998). Introducing Multilevel Modeling, London: Sage Publications.

Kutner, Lawrence & Olson, Cheryl K. (2008). Grand Theft Childhood: The surprising truth about violent video games and what parents can do. New York: Simon & Schuster.

Lawless, Jerald F. (2002²). Statistical Models and Methods for Lifetime Data. New York: John Wiley & Sons.

Lee, Elisa T. (1992²). Statistical Methods for Survival Data Analysis. New York: John Wiley & Sons.

Litz, Hans Peter (2000). Multivariate statistische Methoden. München: Oldenburg.

Lorenz, Rolf J. (1992³). Grundbegriffe der Biometrie. Stuttgart: Gustav Fischer Verlag.

Luke, D. A. (2004). Multilevel modeling. Sage University paper series in quantitative applications in the social sciences; 143. Thousand Oaks: Sage.

Mantel, Nathan (1970). Why stepdown procedures in variable selection. Technometrics, 12, 3, 621–625.

Menard, Scott (2000). Coefficients of determination for multiple logistic regression analysis. The American Statistican, 54, 17–24.

Menard, Scott (2001²). Applied Logistic Regression Analysis (Series: Quantitative Applications in the Social Sciences). Thousand Oaks: Sage Publications.

McCulloch, Charles C. & Searle, Shayle R. (2001). Generalized, Linear and Mixed Models. New York: John Wiley & Sons. Wiley Series in Probability & Statistics.

McFadden, Daniel (2004). Persönliche Information, 27.01.2004.

Nagelkerke, Nico J. D. (1991). A note on the general definition of the coefficient of determination. Biometrica, 78, 691–692.

Nelson, Wayne (1981). Analysis of Performance-Degradation Data. IEEE Transactions on Reliability. Vol. 2, R-30, No. 2, 149–155.

Pearson, Karl (1896). Mathematical Contributions to the Theory of Evolution. III. Regression, Heredity and Panmixia. Philosophical Transactions of the Royal Society of London, 187, 253–318.

Pedhazur, Elazar J. (1982²). Multiple Regression in Behavioral Research: Explanation and Prediction. Fort Worth: Holt, Rinehart and Winston Inc.

Pötschke, Manuela & Simonson, Julia (2003). Konträr und ungenügend? Ansprüche an Inhalt und Qualität einer sozialwissenschaftlichen Methodenausbildung. ZA-Information, 52, 72–92.

Press, S. James & Wilson, Sandra (1978). Choosing between logistic regression and discriminant analysis. Journal of the American Statistical Association, Vol. 73: 699–705.

Rasch, Dieter; Herrendörfer, Günter; Bock, Jürgen; Victor, Norbert und Guiard, Volker (Hrsg.) (1996). Verfahrensbibliothek: Versuchsplanung und -auswertung. Band I. München Wien: R.Oldenbourg Verlag.

Rasch, Dieter, Herrendörfer, Günter, Bock, Jürgen, Victor, Norbert und Guiard, Volker (Hsg.) (1998). Verfahrensbibliothek: Versuchsplanung und -auswertung. Band II. München Wien: R.Oldenbourg Verlag.

Raubenheimer, Jenny E. (2004). An item selection procedure to maximize scale reliability and validity. South African Journal of Industrial Psychology, 30, 4, 59–64.

Rexer, Karl; Gearan, Paul & Allen, Heather N. (2007). Surveying the Field: Current Data Mining Applications, Analytic Tools, and Practical Challenges, Data Miner Survey Summary Report, August 2007. Source: www.RexerAnalytics.com.

Rigby, Alan; Armstrong, Gillian; Campbell, Michael & Summerton, Nick (2004). A survey of statistics in three UK general practice journals. BMC Medical Research Methodology, 13, 28.

Ripoll, Ramón Mora; Terren, Carlos Ascaso; Vilalta, Joan Sentís (1996). The current use of statistics in biomedical investigation: A comparison of general medicine journals. Medicina Clinica, 106, 451–456.

Rothman, Kenneth J. & Greenland, Sander (1998²). Modern Epidemiology. Philadelphia: Lippincott Williams & Wilkins.

Rud, Olivia (2001). Data Mining Cookbook. New York: John Wiley & Sons.

Ryan, Thomas P. & Woodall, William H. (2005). The Most-Cited Statistical Papers. Journal of Applied Statistics, 32, 5, 461–474.

Sarris, Viktor (1992). Methodologische Grundlagen der Experimentalpsychologie. Band 2: Versuchsplanung und Stadien des psychologischen Experiments. München: UTB Reinhardt.

Schendera, Christian FG (2010). Clusteranalyse mit SPSS: Mit Faktorenanalyse. München Wien: R.Oldenbourg Verlag.

Schendera, Christian FG (2008). Regressionsanalyse mit SPSS. München Wien: R.Oldenbourg Verlag (1.Auflage).

Schendera, Christian FG (2007). Datenqualität mit SPSS. München Wien: R.Oldenbourg Verlag.

Schendera, Christian FG (2005). Datenmanagement mit SPSS. Heidelberg: Springer.

Schendera, Christian FG (2004). Datenmanagement und Datenanalyse mit dem SAS System. München: Oldenburg.

Schlittgen, Rainer & Streitberg, Bernd H.J. (2001[9]). Zeitreihenanalyse. München Wien: R.Oldenbourg Verlag.

Schlittgen, Rainer (2001). Angewandte Zeitreihenanalyse. München Wien: R.Oldenbourg Verlag.

SPSS: eigentlich: IBM SPSS (2012a). IBM SPSS Statistics 21 Command Syntax Reference. IBM Corporation.

SPSS: eigentlich: IBM SPSS (2012b). IBM SPSS Modeler [=Clementine] 15 Modeling Nodes. IBM Corporation.

SPSS: eigentlich: IBM SPSS (2012c). IBM SPSS Statistics 21 Algorithms. IBM Corporation.

Stanton, Jeffrey M. (2001). Galton, Pearson, and the Peas: A Brief History of Linear Regression for Statistics Instructors. Journal of Statistics Education, Vol. 9, No. 3 [online].

Therneau Terry M. & Grambsch, Patricia M. (2002[2]). Modeling Survival Data: Extending the Cox Model. Heidelberg: Springer.

Tobias, Randall D. (1997). An introduction to partial least squares regression. Cary, NC: SAS Institute.

Turner, Erick H. ; Matthews, Annette M. ; Linardatos, Eftihia ; Tell, Robert A. & Rosenthal, Robert (2008). Selective Publication of Antidepressant Trials and Its Influence on Apparent Efficacy. The New England Journal of Medicine, January, 3, Vol. 358:252–260.

Tutz, Gerhard (2000). Die Analyse kategorialer Daten. München Wien: R.Oldenbourg Verlag.

Vinzi, Vincenzo E.; Chin, Wynne W.; Henseler, Joerg & Wang, Huiwen (2008) (Eds.). Handbook of Partial Least Squares: Concepts, methods and applications in marketing and related fields. Series: Springer Handbooks of Computational Statistics. New York: Springer-Verlag.

Weinzimmer, Laurence G.; Mone, Mark A. & Alwan, Layth C. (1994). An examination of perceptions and usage of regression diagnostics in organization studies. Journal of Management, 20, 1, 179–192.

Wentzell, Peter D. & Vega Montoto, Lorenzo (2003). Comparison of principal components regression and partial least squares regression through generic simulations of complex mixtures. Chemometrics and Intelligent Laboratory Systems, 65, 2, 257–279.

West, Prof. Stephen G. (New York, pers. Kommunikation 05.09.2006).

Witte, Erich H. (1980). Signifikanztest und statistische Inferenz: Analysen, Probleme, Alternativen. Stuttgart: Enke.

Wold, Herman (1981). The fix-point approach to interdependent systems. Amsterdam: North Holland.

Wold, Herman (1985). Partial Least Squares, 581–591; in: Kotz, Samuel & Johnson, Norman L. (Eds.), Encyclopedia of Statistical Sciences, Vol. 6, New York: Wiley.

Wold, Herman (1994). PLS for multivariate linear modeling. In: Van der Waterbeemd, H. (Ed.). QSAR: Chemometric methods in molecular design: Methods and principles in medicinal chemistry. Weinheim: Verlag-Chemie.

Wooldridge, Jeffrey M. (2003²). Introductory econometrics: A modern approach. Mason, Ohio: South Western.

Yaffee, Robert & McGee, Monnie (2000). Times Series Analysis and Forecasting. Orlando/Fl.: Academic Press.

# 9 Ihre Meinung zu diesem Buch

Das Anliegen war, dieses Buch so umfassend, verständlich, fehlerfrei und aktuell wie möglich abzufassen, dennoch kann sich sicher die eine oder andere Ungenauigkeit oder Missverständlichkeit den zahlreichen Kontrollen entzogen haben. In vielleicht zukünftigen Auflagen sollten die entdeckten Fehler und Ungenauigkeiten idealerweise behoben sein. Auch SPSS hat sicher technische oder statistisch-analytische Weiterentwicklungen durchgemacht, die vielleicht berücksichtigt werden sollten.

Ich möchte Ihnen an dieser Stelle die Möglichkeit anbieten mitzuhelfen, dieses Buch zu SPSS noch besser zu machen. Sollten Sie Vorschläge zur Ergänzung oder Verbesserung dieses Buches haben, möchte ich Sie bitten, eine *E-Mail* an folgende Adresse zu senden:

SPSS3@method-consult.de

im „Betreff" das Stichwort „Feedback SPSS-Buch" anzugeben und unbedingt mind. folgende Angaben zu machen:

5. Auflage
6. Seite
7. Stichwort (z.B. ‚Tippfehler')
8. Beschreibung (z.B. bei statistischen Analysen)
   Programmcode bitte kommentieren.

Herzlichen Dank!
Christian FG Schendera

# 10   Autor

Wissen und Erkenntnis sind methodenabhängig. Um Wissen und Erkenntnis beurteilen zu können, auch um die Folgen und Qualität darauf aufbauender Entscheidungen abschätzen zu können, muss transparent sein, mit welchen (Forschungs)Methoden diese gewonnen wurden.

**Über den Autor**

Dr. Schendera ist zertifizierter Data Scientist und Statistical Analyst und betreut seit über zwei Jahrzehnten grosse und kleine Projekte im Zusammenhang mit der Verarbeitung, Analyse, Visualisierung und Kommunikation von Daten.
Dr. Schenderas Hauptinteresse gilt daneben der rationalen (Re-)Konstruktion von Wissen, also des Einflusses von (nicht-)wissenschaftlichen (Forschungs-)Methoden (u.a. Statistik) jeder Art auf die Konstruktion und Rezeption von Wissen.

Der Kompetenzbereich von Dr. Schendera umfasst u.a. *Scientific Focus:* Wissenschaftliche Ansätze, Forschungsmethoden, Statistik, Wissenskonstruktion, Lehre und Scientific Consulting. *Business Focus:* Big Data, Business / Decision Intelligence, Data Science, Data Quality. *Management Focus:* Projects, People, Partners, Products. *Methods Focus:* Advanced Analytics, Data Mining, Predictive Modelling, Data/Business Process Reengineering, Six Sigma (DMAIC), Evaluation, Visualisierung und Präsentation. Datenqualität (COPQ, Missings, Einheitlichkeit, Doppelte etc.). Programmierung komplexer Berechnungen, Hochrechnungen und ETL Prozesse. Performanz und Effizienz in der Verarbeitung von Big Data (SAS): Konzepte, Einstellungen, Tuning, Automatisierung etc. Aktueller persönlicher Rekord: Ca. 5,5+ Milliarden Datenzeilen. Bevorzugte Systeme: SAS und SPSS einschließlich Programmierung (BASE, STAT, Macro etc.) und Trouble-Shooting. Zu den Kunden von Dr. Schendera gehören namhafte Unternehmen (u.a. Banken und Versicherungen, TelCo und Medizin), aber auch der Public Sector (u.a. Universitäten und regierungsnahe Einrichtungen) aus Deutschland, Österreich und der Schweiz.

Umfangreiche Veröffentlichungen zu Datenanalyse, Datenqualität, SAS und SPSS. Weitere Informationen finden Sie auf *www.method-consult.ch*.

Dr. Schendera arbeitet auch gerne mit Ihnen zusammen.

# Syntaxverzeichnis

# Sachverzeichnis

www.ingramcontent.com/pod-product-compliance
Lightning Source LLC
La Vergne TN
LVHW080110070326
832902LV00015B/2507